全国注册土木工程师（岩土）继续教育必修教材（之二）

地基基础设计方法及实例

住房和城乡建设部执业资格注册中心　组编

朱炳寅　娄　宇　杨　琦　编著

U0202440

中国建筑工业出版社

图书在版编目（CIP）数据

地基基础设计方法及实例/朱炳寅，娄宇，杨琦编
著；住房和城乡建设部执业资格注册中心组编. —北
京：中国建筑工业出版社，2012.4
全国注册土木工程师（岩土）继续教育必修教材
（之二）
ISBN 978-7-112-14095-4

Ⅰ. ①地… Ⅱ. ①朱…②娄…③杨…④住… Ⅲ.
①地基-基础（工程）-建筑设计-工程技术人员-继续教
育-教材 Ⅳ.①TU47

中国版本图书馆 CIP 数据核字（2012）第 046148 号

　　本书是受住房和城乡建设部执业资格注册中心委托编写。做为全国注册土木工程师
（岩土）继续教育必修材料。本书就地基基础设计过程中遇到的实际问题，对地基基础设计的
相关规定予以剖析，指出在实际应用中的具体问题和可能带来的相关结果，提出在现阶段
执行规范的变通办法，并对地基基础设计的工程实例进行解剖分析，其目的是对注册土木
工程师（岩土）在遵守规范规定和解决具体问题方面对建筑结构设计人员有所帮助。

　　本书力求通过对地基基础设计案例的剖析，重在对工程特点、设计要点的分析并指出
地基基础设计中的常见问题，以有别于一般的工程实例手册。

　　本书为全国注册土木工程师（岩土）继续教育必修教材，也可供建筑结构设计人员和
大专院校土建专业师生应用。

＊　　＊　　＊

　　　责任编辑：赵梦梅
　　　责任校对：王誉欣

全国注册土木工程师（岩土）继续教育必修教材（之二）
地基基础设计方法及实例
住房和城乡建设部执业资格注册中心　组编
朱炳寅　娄　宇　杨　琦　编著

＊

中国建筑工业出版社出版、发行（北京西郊百万庄）
各地新华书店、建筑书店经销
霸州市顺浩图文科技发展有限公司制版
廊坊市海涛印刷有限公司印刷

＊

开本：787×1092 毫米　1/16　印张：30　字数：749 千字
2012 年 4 月第一版　　2014 年 11 月第三次印刷
定价：**68.00** 元
ISBN 978-7-112-14095-4
（22090）

版权所有　翻印必究
如有印装质量问题，可寄本社退换
（邮政编码 100037）

前　　言

受住房和城乡建设部执业资格注册中心委托编写此书，作为全国注册土木工程师（岩土）继续教育必修课教材。我国幅员辽阔，地质条件千差万别，不同地区工程地质条件各不相同。因此，在地基基础设计中，形成以国家规范为总纲各地方规范为细则的规范体系。

地基基础设计是工程设计的重要组成部分，作为建设投资的首要部分，建设方也将投入更多的关注，安全适用、经济合理、确保质量、保护环境是地基基础的设计的基本原则。

地基基础设计方案个体差异很大，它与上部结构设计的最大不同点在于没有现成的模式可以照搬。地基基础的设计过程中应重视工程经验的积累，地基基础的设计过程也是工程经验不断总结的过程，只有在工程实践中不断创新和提高，才能设计出符合工程要求的地基基础。

研究建筑工程的地基基础问题主要是研究地基主要受力层范围内的问题，主要受力层不仅直接影响地基承载力，而且还决定着地基的沉降，抓住了地基主要受力层问题，也就抓住了地基基础设计的根本问题。

编者在地基基础设计过程中常常遇到规范规定难以直接应用的问题，往往需要结合其他相关规范的规定采用相应的变通手段，以达到满足规范的相关要求之目的。为便于注册土木工程师（岩土）系统地理解和应用规范，编者将在实际工程中对规范难点的认识和体会，结合规范相关背景资料予以综合并结合工程实例加以说明，以形成一本地基基础设计指南。

现就本书的适用范围、编制依据、编制意图和方式等方面作如下说明：

一、适用范围

本书的内容主要适用于各类民用建筑的地基基础，工业厂房类建筑可参考使用。

二、编制依据

本书的内容依据的主要结构设计规范、规程如下：

[1]《岩土工程勘察规范》GB 50021 以下简称《勘察规范》；

[2]《高层建筑岩土工程勘察规程》JGJ 72 以下简称《高层勘察规程》；

[3]《建筑地基基础设计规范》GB 50007 以下简称《地基规范》；

[4]《建筑地基处理技术规范》JGJ 79 以下简称《地基处理规范》；

[5]《地下工程防水技术规范》GB 50108 以下简称《防水规范》；

[6]《建筑抗震设计规范》GB 50011 以下简称《抗震规范》；

[7]《高层建筑混凝土结构技术规程》JGJ 3 以下简称《混凝土高规》；

[8]《建筑桩基技术规范》JGJ 94 以下简称《桩基规范》。

三、特点

　　本书拟在理解规范规定及执行规范条文确有困难时，将规范的复杂内容及枯燥的规范条文变为直观明了的相关图表，以期在理解规范及如何采用其他变通手段满足规范的要求等方面对结构设计人员有所帮助。

　　四、本书的编写方式说明

　　（一）关于"说明"及要点

　　在本书所讨论的每章前面增加一"说明"，说明该章所讨论的主要内容，规范的主要编制依据，重要的设计原则，以及编者对该章主要问题的理解。在每一节前则增加一个专门的"要点"，以点出该节将探讨的重点问题。

　　（二）相关设计规定

　　就该节所讨论的地基或基础形式，列出相关规范的具体规定，作为讨论和分析的依据，并对多本规范的规定进行必要的梳理。

　　1. 为便于读者对照规范原文，此处列出规范名称及相应的条款号；

　　2. 为便于读者区分一般规定和强制性条文，对相关规范的黑体字部分仍按规范原样引用；

　　3. 根据编者对相关规定的理解，将其中的关键词下用着重号表示；

　　4. 对特别重要的问题，在【注意】中予以说明。

　　（三）理解与分析

　　对规范规定的含义予以剖析，辅之以必要的图表使规范要求清晰明了。

　　（四）结构设计的相关问题

　　对执行规范过程中所遇到的相关问题予以分析，指出在设计工作中所遇到的难以避免的问题。

　　（五）设计建议

　　针对地基基础设计过程中遇到的问题提出编者的设计建议。需要指出的是，此部分内容为编者依据相关规范、资料及设计经验而得出的，读者应根据工程的具体情况结合当地经验参考采用，当相关规范、规程有新的补充规定时，应以规范、规程的新规定为准。

　　（六）工程实例

　　此处列出地基基础设计的工程实例，便于与上述内容对照应用。在实例分析中剖析具体工程地基基础的设计特点，说明结构设计的基本方法及对相关问题采取的主要结构措施。

　　（七）结构设计的常见问题

　　就某一特定地基基础形式，指出结构设计中的常见问题和这些问题产生的原因，提出避免出现问题的设计建议，供设计时参考。

　　五、特别说明

　　（一）规范中较多地提出难以定量把握的要求（如：适当增加、适当提高、刚度较大等），读者应根据工程经验加以判断和把握。对规范认识的不同可能会造成定量把握程度的偏差，但总体应在规范要求的同一宏观控制标准上。在本书中，编者结合工程实践提出相关定量控制的大致要求，供读者分析比较选用。

　　（二）现行的施工图审查制度有益于结构的安全，但死抠规范条文的审查则会束缚设计人员的手脚，制约结构设计的创新与提高。因此，编者建议：在对规范中宏观控制要求的定量把握时，应留给结构设计人员更大的空间。

（三）一代结构宗师、现代预应力混凝土之父林同炎教授要求我们成为"不断探求应用自然法则而不盲从现行规范的结构工程师"。要不盲从规范，就得先理解规范，本书的目的不是鼓励读者死抠规范，而是在正确理解规范的前提下灵活运用规范。

六、编者分工

杨琦，负责本书相关工程实例的搜集整理工作；娄宇，负责本书相关工程实例的搜集整理工作；朱炳寅，负责本书的其他编著工作。

本书在组编过程中，建设综合勘察研究设计院有限公司武威总工程师、住房和城乡建设部执业资格注册中心王平处长给予了大力支持和帮助，在此谨致诚挚的谢意。

限于编者水平，不妥之处请予指正。

编　者
电话：010-68302515
邮箱：zhuby@cadg.cn
博客：搜索"朱炳寅"进入
2012 年 3 月

目　录

第一章　建筑工程地基勘察要求

说明

本章内容涉及下列主要规范，其他地方标准、规范的主要内容在相关索引中列出。

1. 《岩土工程勘察规范》（GB 50021—2001）（以下简称《勘察规范》）；

2. 《高层建筑岩土工程勘察规程》（JGJ 72—2004）（以下简称《高层勘察规程》）；

3. 《建筑地基基础设计规范》（GB 50007—2002）（以下简称《地基规范》）。

场地勘察资料是建筑物基础设计的依据，在设计前必须充分了解地基状态，尤其是基底土层的受力及变形性能。在设计工作中，结构工程师应按不同的设计阶段，向勘察单位分别提出选址勘察、初勘和详勘的技术要求。应明确提出设计所需的地质资料、钻探点和钻探深度，对重要建筑物的复杂地基，必要时提出补充勘察要求。

勘探点布设和勘察方案的经济合理性，很大程度上取决于场地、地基的复杂程度和对其了解及掌握的程度，故勘探方案应当由勘察或设计单位的注册岩土工程师在充分了解建筑设计要求，详细消化委托方所提供资料的基础上，结合场地工程地质条件按规范的相关要求布设。设计或委托方提供的布孔图可以作为布设的参考依据，但不能"照打不误"。

勘察方案的确定、勘察及勘察报告的主要工作由勘察单位和具有相应资质的岩土工程师完成，正因为如此，结构设计人员往往不重视地质勘察及勘察过程，致使结构设计不能完全反映勘察报告的意图，或者勘察报告不能完全体现结构设计的特点。因此，结构工程师应对勘察方案提出设计建议并对勘察报告的内容和深度进行复核，作出是否满足结构设计需要的正确判断，并在不满足设计要求时适时提出补充勘察要求。

依据有关规定，结构设计应采用经施工图审查合格的勘察报告。由于施工图审查的滞后性，有条件时结构设计应提请对勘察报告进行先行审查的要求，避免因勘察报告的审查修改引起施工图设计的返工。

勘察的主要任务是摸清地基主要受力层范围内的问题，主要受力层不仅直接影响地基承载力，而且还决定着地基的沉降，抓住了地基主要受力层问题，也就抓住了勘察设计的根本问题。

本章结合工程实例，分析具体工程中对应于结构设计各具体过程的勘察要求和编写方法，为工程设计提供参考。

第一节　建筑工程地基勘察的基本规定

【要点】

本节列出建筑工程地基勘察的基本规定，勘察设计所需与结构设计相关的基本资料，以及勘察设计应完成的主要任务等，同时说明结构设计在勘察方案确定过程中的辅助作用。

一、勘察工作的基本要求

1. (《勘察规范》第1.0.3条) 各项工程建设在设计和施工之前，必须按基本建设程序进行岩土工程勘察。岩土工程勘察应按工程建设各勘察阶段的要求，正确反映工程地质条件，查明不良地质作用和地质灾害，精心勘察、精心分析，提出资料完整、评价正确的勘察报告。地质勘探报告是结构设计的重要依据性资料，勘探资料的准确与否将直接影响到结构设计的质量。

2. (《勘察规范》第4.1.1条) 房屋建筑物的岩土工程勘察，应在搜集建筑物上部荷载、功能特点、结构类型、基础形式、埋置深度和变形限制等方面资料的基础上进行。

二、岩土工程勘察阶段划分及分级标准

岩土工程的勘察阶段根据建筑物的重要性、场地和地基的复杂程度综合确定。

1. (《勘察规范》第3.1节) 工程重要性等级、场地和地基复杂程度的等级划分见表1.1.1。

工程重要性等级、场地和地基复杂程度的等级　　　　　　　　　　表1.1.1

项　目	等　级	细　化　标　准	备　注
工程重要性等级	一级工程	重要工程,后果很严重	按工程的规模和特征,以及由于岩土工程问题造成工程破坏或影响正常使用的后果分级
	二级工程	一般工程,后果严重	
	三级工程	次要工程,后果不严重	
场地复杂程度等级	一级场地(复杂场地)	符合下列条件之一: 1)对建筑抗震危险的地段; 2)不良地质作用强烈发育; 3)地质环境已经或有可能受到强烈破坏; 4)地形地貌复杂; 5)有影响工程的多层地下水、岩溶裂隙水或其他水文地质条件复杂,需专门研究的场地	从一级开始向二级三级推定,以最先满足的为准
	二级场地(中等复杂场地)	符合下列条件之一: 1)对建筑抗震不利的地段; 2)不良地质作用一般发育; 3)地质环境已经或有可能受到一般破坏; 4)地形地貌较复杂; 5)基础位于地下水位以下的场地	
	三级场地(简单场地)	1)抗震设防烈度等于或小于6度,或对建筑抗震有利的地段; 2)不良地质作用不发育; 3)地质环境基本未受破坏; 4)地形地貌简单; 5)地下水对工程无影响	
地基复杂程度等级	一级地基(复杂地基)	符合下列条件之一: 1)岩土种类多,很不均匀,性质变化大,需特殊处理; 2)严重湿陷、膨胀、盐渍、污染的特殊性岩土,以及其他情况复杂,需作专门处理的岩土	从一级开始向二级三级推定,以最先满足的为准
	二级地基(中等复杂地基)	符合下列条件之一: 1)岩土种类较多,不均匀,性质变化较大; 2)除一级地基以外的特殊性岩土	
	三级地基(简单地基)	1)岩土种类单一,均匀,性质变化不大; 2)无特殊性岩土	

2. (《勘察规范》第 3.1.4 条)岩土工程勘察分级见表 1.1.2。

岩土工程勘察等级　　　　　　　　　　表 1.1.2

项　目	等级	细化标准	备　注
工程勘察等级	甲级	在工程重要性等级、场地复杂程度等级和地基复杂程度等级中,有一项或多项为一级	根据工程的重要性等级、场地的复杂程度等级和地基复杂程度等级确定
	乙级	除勘察等级为甲级和丙级以外的勘察项目;建筑在岩质地基上的一级工程,当场地复杂程度等级和地基复杂程度等级均为三级时	
	丙级	工程重要性、场地复杂程度和地基复杂程度等级均为三级	

3. (《勘察规范》第 4.1.2 条,《高层勘察规程》第 3.0.2 条)建筑物岩土工程勘察阶段划分的一般要求见表 1.1.3。

建筑物岩土工程勘察的一般要求　　　　　　表 1.1.3

序号	情　况	勘　察　要　求	备　注
1	勘察阶段划分的一般原则	可行性研究勘察、初步勘察和详细勘察三阶段进行	
2	场地条件复杂或有特殊要求的工程	除 1 要求外,还宜进行施工勘察	
3	场地较小且无特殊要求的工程	可合并勘察阶段	
4	当建筑平面布置已经确定,且场地附近已有岩土工程资料时	可根据实际情况,直接进行详细勘察	
5	对城市中重点的、勘察等级为甲级的高层建筑	勘察阶段宜分为可行性研究、初步勘察、详细勘察三阶段进行	
6	当场地勘察资料缺乏、建筑平面位置未定,或场地面积较大,为高层建筑群时	勘察阶段宜分为初步勘察和详细勘察两阶段进行	
7	对场地及其附近已有一定勘察资料,或勘察等级为乙级的单体建筑且建筑总平面图已定时	可将初步勘察阶段与详细勘察阶段合并为一阶段,按详细勘察阶段进行	勘察等级见表 1.1.2
8	对一级(复杂)场地或一级(复杂)地基的工程	可针对施工中可能出现的或已经出现的问题,进行施工勘察	分级见表 1.1.1

4. (《高层勘察规程》第 3.0.1 条)高层建筑岩土工程勘察等级划分见表 1.1.4,高层建筑的勘察等级应不低于乙级。

高层建筑岩土工程勘察等级　　　　　　表 1.1.4

勘察等级	高层建筑、场地、地基特征及破坏后果的严重性	备　注
甲级	符合下列条件之一、破坏后果很严重的勘察工程: 1)30 层以上或高度超过 100m 的超高层建筑; 2)体形复杂,层数相差超过 10 层的高低层连成一体的高层建筑; 3)对地基变形有特殊要求的高层建筑; 4)高度超过 200m 的高耸构筑物或重要的高耸工业构筑物; 5)位于建筑边坡上或邻近边坡的高层建筑和高耸构筑物; 6)高度低于 1、4 规定的高层建筑或高耸构筑物,但属于一级(复杂)场地,或一级(复杂)地基; 7)对原有工程影响较大的新建高层建筑; 8)有三层及三层以上地下室的高层建筑或软土地区有二层及二层以上地下室的高层建筑	场地和地基复杂程度的划分见表 1.1.1
乙级	不符合甲级、破坏后果严重的高层建筑勘察工程	

三、勘察所需基本资料

(《高层勘察规程》第 3.0.3 条)进行勘察工作前,应详细了解、研究建设设计要求,宜取得由委托方提供的下列资料:

1. 初步勘察前：

1）建设场地的建筑红线范围及坐标，初步规划主体建筑与裙房的大致布设情况，建筑群的幢数及大致布设情况；

2）建筑的层数和高度及地下室的层数；

3）场地的拆迁及分期建设等情况；

4）勘察场地地震背景、周边环境条件及地下管线和其他地下设施情况；

5）设计方的技术要求。

2. 详细勘察前：

1）附有建筑红线、建筑坐标、地形、±0.000 高程的建筑总平面图；

2）建筑结构类型、特点、层数、总高度、荷载及荷载效应组合、地下室层数、埋深等情况；

3）预计的地基基础类型、平面尺寸、埋置深度、允许变形要求等；

4）勘察场地地震背景、周边环境条件及地下管线和其他地下设施情况；

5）设计方的技术要求。

四、勘察工作的主要任务

1.（《勘察规范》第4.1.1条）房屋建筑物和构筑物勘察工作应包括下列主要内容：

1）查明场地和地基的稳定性、地层结构、持力层和下卧层的工程特性、土的应力历史和地下水条件以及不良地质作用等；

2）提供满足设计、施工所需的岩土参数，确定地基承载力，预测地基变形性状；

3）提出地基基础、基坑支护、工程降水和地基处理设计与施工方案的建议；

4）提出对建筑物有影响的不良地质作用的防治方案建议；

5）对于设防烈度等于或大于6度的场地，进行场地与地基的地震效应分析。

2.（《勘察规范》第4.1.2条）各勘察阶段的主要勘察要求见表1.1.5。

各勘察阶段的主要勘察要求　　　　　　　表 1.1.5

序　号	勘察阶段	勘察要求	勘察时机
1	可行性研究阶段	应符合选择场址方案的要求	在可行性研究阶段完成
2	初步勘察阶段	应符合初步设计的要求	应在初步设计开展前完成
3	详细勘察阶段	应符合施工图设计的要求	应在施工图设计开展前完成

五、勘察方案的确定

（《高层勘察规程》第3.0.4条）勘察方案（包括勘探点布设等）应由注册岩土工程师根据委托单位的技术要求，结合场地质条件复杂程度制定，并对勘察方案的质量、技术经济合理性负责。

第二节　可行性研究勘察

【要点】

本节就可行性研究阶段提出相应的勘察要求，针对实际工程中结构设计人员一般很难有机会接触建筑物可行性研究勘察（选址勘察）工作的实际情况，提出在结构设计介入初期对已完成的可行性研究报告进行必要的分析研究工作，必要时应及时提出相关要求，并在后续勘察阶段中补充完善。

一、可行性研究勘察要求

（《勘察规范》第 4.1.3 条）可行性研究勘察应符合选择场址方案的要求。应对场地的稳定性和适宜性作出评价，并应符合下列要求：

1. 搜集区域地质、地形地貌、地震、矿产、当地的工程地质、岩土工程和建筑经验等资料；

2. 在充分搜集和分析已有资料的基础上，通过踏勘了解场地的地层、构造、岩性、不良地质作用和地下水等工程地质条件；

3. 当拟建场地工程地质条件复杂，已有资料不能满足要求时，应根据具体情况进行工程地质测绘和必要的勘探工作；

4. 当有两个或两个以上拟选场地时，应进行比较分析。

二、设计建议

1. 可行性研究勘察的目的是为了取得几个场址方案的主要工程地质资料，对拟建场地的稳定性和适宜性作出工程地质评价和方案比较。

2. 一般说来，可行性研究阶段的勘察仅适用于城市中少数重点的、勘察等级为甲级的高层建筑、城市中具有历史意义和深远影响的标志性建筑以及规划新建的大型厂矿企业。对于城市大量的民用建筑工程和工业区建筑，一般都已积累了大量的工程勘察资料，因而，无需再进行可行性研究勘察工作。

3. 可行性研究勘察的主要工作为搜集整理地质资料。

4. 选择场址时，宜避开下列工程地质条件恶劣的地区或地段：

1）不良地质现象发育且对建筑物构成直接危害或潜在危险的场地；

2）设计地震 8 度或 9 度的发震断裂带；

3）受洪水威胁或地下水不利影响严重的场地；

4）在可开采的地下矿床或矿区的未稳定采空区上的场地。

5. 对民用建筑而言，一般说来，结构设计技术人员很难有机会直接参与工程的可行性研究阶段工作。对大范围的建设，如新建大学城或大型工业园区等，小区开发主管部门一般都制定有较为详细的地基基础设计概要或指引，因此，对重大工程，结构设计技术人员应仔细研读其可行性研究报告。当可行性研究报告的勘察深度不满足结构设计需要时，应及时提出并在后续勘察阶段中补充完善。

三、相关索引

关于重要工程的地震安全性评价要求见本章第六节。

第三节 初 步 勘 察

【要点】

本节说明初步勘察阶段的主要任务和结构设计人员应重点关注的涉及结构设计方案的重大地质现象和相应的勘察要求，分析影响两阶段勘察和一阶段勘察的关键因素，指出初步设计勘察与详细勘察的相互关系。

一、初步勘察要求

1.（《勘察规范》第 4.1.4 条）初步勘察应对场地内拟建建筑地段的稳定性作出评价，对建筑总图布置提出建议，对地基基础方案和基坑工程方案进行初步论证，为初步设计提供资料，对下阶段的详勘工作的重点内容提出建议。

2.（《勘察规范》第 4.1.4 条）初步勘察工作的主要内容：

1）搜集拟建工程的有关文件、工程地质和岩土工程资料以及工程场地范围的地形图；

2）初步查明地质构造、地层结构、岩土工程特性、地下水埋藏条件；

3）查明场地不良地质作用的成因、分布、规律、发展趋势，并对场地的稳定性作出评价；

4）对抗震设防烈度等于或大于 6 度的场地，应对场地和地基的地震效应作出初步评价；

5）季节性冻土地区，应调查场地土的标准冻结深度；

6）初步判定水和土对建筑材料的腐蚀性；

7）高层建筑初步勘察时，应对可能采取的地基基础类型、基坑开挖与支护、工程降水方案进行初步分析评价。

3.（《勘察规范》第 4.1.5 条）初步勘察工作的基本要求：

1）勘探线应垂直地貌单元、地质构造和地层界线布置；

2）每个地貌单元均应布置勘探点，在地貌单元交接部位和地层变化较大的地段，勘探点应予加密；

3）在地形平坦地区，可按网格布置勘探点。

4.初步勘察勘探孔布置的基本要求：

1）（《勘察规范》第 4.1.6 条）初步勘察勘探点布置和勘探孔深度，应根据建筑物特性和岩土工程条件确定。对岩质地基，勘探线和勘探点的布置，勘探孔的深度，应根据地质构造、岩体特性、风化程度等，按地方标准或当地经验确定；对土质地基，勘探线和勘探点的布置，勘探孔的深度应符合下列各项要求。

（1）初步勘探线、勘探点间距可按表 1.3.1 确定，局部异常地段应予加密。

初步勘探线、勘探点间距（m）　　　　　　　　　　表 1.3.1

地基复杂程度等级	勘探线间距	勘探点间距	备　　注
一级（复杂）	50～100	30～50	1.地基复杂程度等级划分见表 1.1.1；
二级（中等复杂）	75～150	40～100	2.控制性勘探点宜占勘探点总数的 1/5～1/3，且每
三级（简单）	150～300	75～200	个地貌单元均应有控制性勘探点

（2）（《勘察规范》第 4.1.7 条）初步勘探孔的深度按表 1.3.2 确定。

初步勘探孔的深度（m）　　　　　　　　　　表 1.3.2

工程重要性系数	一般性勘探孔	控制性勘探孔	备　　注
一级（重要工程）	≥15	≥30	
二级（一般工程）	10～15	15～30	1.勘探孔包括钻孔、探井和原位测试孔等；
三级（次要工程）	6～10	10～20	2.特殊用途钻孔除外

2)《勘察规范》第 4.1.8 条）当遇有表 1.3.3 所列情形之一时，应适当增减勘探孔深度。

初步勘探孔深度的调整　　　　　　　　　　表 1.3.3

序号	情　况	要　求	备注
1	当勘探孔的地面标高与预计整平地面标高相差较大时	应按其差值调整勘探孔深度	
2	在预定深度内遇基岩时	控制性勘探孔仍应钻入基岩适当深度,其他勘探孔达到确认的基岩后即可终止钻进	
3	在预定深度内有深度较大,且分布均匀的坚实土层(如:碎石土、密实砂、老沉积土等)时	控制性勘探孔应达到规定深度,一般性勘探孔的深度可适当减小	
4	当预定深度内有软弱土层时	勘探孔深度应适当增加,部分控制性勘探孔应穿透软弱土层或达到预计控制深度	
5	对重型工业建筑	应根据结构特点和荷载条件适当增加勘探孔深度	

5.（《勘察规范》第 4.1.10 条）初步勘察应进行的水文地质工作内容

1）调查含水层的埋藏条件，地下水类型、补给排泄条件，各层地下水位，调查其变化幅度，必要时应设置长期观察孔，监测水位变化；

2）当需绘制地下水位等水位线图时，应根据地下水埋藏条件和层位，统一测量地下水位；

3）当地下水可能浸湿基础时，应采取水试样进行腐蚀性评价。

二、理解与分析

1. 初步勘察可以对应于结构设计的方案阶段后至初步设计前，并为结构的初步设计提供依据。

2. 对拟建场地作出稳定性评价是初步勘察的主要内容。

3. 高层建筑的地基基础，基坑的开挖与支护及工程降水等问题，有时相当复杂，而在详勘阶段往往因为时间仓促，难以很好地解决，因此，在初步设计阶段就应提出初步判断，为详勘时进一步评价打下基础。

4. 岩质地基的特征与土质地基不同，它与岩体特征、地质构造和风化规律有关，且沉积岩与岩浆岩、变质岩，地槽区与地台区，情况有很大的不同。

5. 初步勘察勘探点疏密程度主要取决于地基的复杂程度；而勘探孔的深度则主要取决于建筑物的基础埋深、基础宽度和荷载大小等因素，但在初勘时，又缺乏这些数据，故只可按岩土工程勘察等级分档确定，勘探孔的孔深应根据地质条件和工程要求适当增减。

6. 初步勘察的主要任务

1）查明建筑场地不良地质现象的成因、分布范围、危害程度及其发展趋势，以便使场地内主要建筑物的布置避开不良地质现象发育的地段，确定建筑总平面布置；

2）初步查明地层及其构造、岩石和土的物理力学性质、地下水埋藏条件以及土的冻结深度，为主要建筑物地基基础方案的确定以及对不良地质现象的防治方案提供工程地质资料。

7. 关于勘探孔的布设

勘探点的布设和勘探方案的合理性，很大程度上取决于场地、地基的复杂程度和对其了解及掌握程度，勘探孔的布设应由最了解场地和地基复杂程度的岩土工程勘察人员，在充分消化委托方所提供的资料基础上，结合场地工程地质条件并按规范要求布设。设计或委托方提供的布孔图可以作为勘探孔布设的主要依据，而不能作为唯一依据。

8. 关于分阶段勘察的问题

出于对勘察费用及勘察周期的考虑，结构设计中经常遇到初勘与详勘合阶段（按详细勘察阶段要求）勘察的问题，限于对拟建场地地质情况了解的程度不同，勘探点及勘探孔深度的确定有较大的难度。操作不当往往会造成勘察报告不准确或难以满足设计和施工要求的情况。有时会造成后续补勘的被动局面。

三、设计建议

1. 有条件时应优先考虑分阶段勘察。

2. 当场地的工程地质条件复杂，且事先没有与之相邻的工程勘察报告参考时，宜采取分阶段（初步勘察阶段和详细勘察阶段）勘察。

1）由于场地地质情况涉及到基础形式的确定，而不同的基础形式又对勘探提出不同的要求，如采用天然地基和采用桩基础，则勘探孔的布置及孔深要求差异很大，因此，对基础形式难以准确确定或地质条件相对复杂而难以准确把握的工程，应优先考虑分阶段勘察；

2）分阶段勘察可以避免由于对场地条件的不熟悉或不全面了解而引起的勘探不准确问题。通过初步勘察可以对复杂地质条件进行初步摸底，为结构初步设计提供依据，不仅为综合确定地基基础方案提供了第一手资料，而且为详细勘察提供了准确的基础形式，还可以在详细勘察阶段对初步勘察阶段提出的勘探孔布置和深度要求进行适当的修正；

3）当场地的工程地质条件比较复杂，且与之相邻的工程勘察报告资料不足而无法准确判定本工程的地质状况时，应避免采用合阶段（按详细勘察阶段要求）勘察；

4）当对拟建工程场地情况确有了解，或通过对相邻的已建工程勘察报告的分析判断，确定拟建工程的地质条件比较简单且变化不大时，可合阶段（按详细勘察阶段要求）勘探（如本章第七节之工程实例 1.5，拟建工程所处为黄河冲积平原，地质条件比较简单且变化不大）。

四、相关索引

不同地区的勘察要求见各地方勘察规范。

1.《北京地区建筑地基基础勘察设计规范》（DBJ 01—501—92）；

2. 上海市标准《地基基础设计规范》（DBJ 08—11—1999）；

3. 广东省标准《建筑地基基础设计规范》（DBJ 15—31—2003）；

4. 福建省标准《建筑地基基础技术规范》（DBJ 13—07—2006）；

5. 浙江省标准《建筑地基基础设计规范》（DB 33/1001—2003，J10252—2003）；

6. 天津市标准《岩土工程技术规范》（DB 29—20—2000）。

第四节　详　细　勘　察

【要点】

详细勘察为结构施工图设计提供基础性资料，与结构设计关系密切的主要问题有：基础的选型建议、地基持力层的选取、设防水位和抗浮设计水位的确定和地基沉降数值的估算等。本节就结构设计人员如何正确研读勘察报告，应重点关注哪些问题，及就抗浮设计水位的合理优化等相关问题提出设计建议。应特别注意地基主要受力层问题。

一、详细勘察要求

1. 《勘察规范》第 4.1.11 条）详细勘察应根据单体建筑物或建筑群提出详细的岩土工程资料和设计、施工所需的岩土参数；对建筑物地基做出岩土工程评价，并对地基类型、基础形式、地基处理、基坑支护、工程降水和不良地质作用的防治等提出建议。

2. 《勘察规范》第 4.1.11、4.1.12 条）详细勘察工作的主要内容

1）搜集附有坐标和地形的建筑总平面图，场区的地面整平标高，建筑物的性质、规模、荷载、结构特点，基础形式、埋置深度，地基允许变形等资料；

2）查明不良地质作用的类型、成因、分布范围、发展趋势和危害程度，提出整治方案的建议；

3）查明建筑范围内岩土层的类型、深度、分布、工程特性，分析和评价地基的稳定性、均匀性和承载力；

4）对需进行沉降计算的建筑物，提供地基变形计算参数，预测建筑物的变形特征；

5）查明埋藏的河道、沟滨、墓穴、防空洞、孤石等对工程不利的埋藏物；

6）查明地下水的埋藏条件，提供地下水位及其变化幅度；

7）在季节性冻土地区，提供场地土的标准冻结深度；

8）判定水和土对建筑材料的腐蚀性；

9）对抗震设防烈度不小于 6 度的场地，要求详见本节 5；

10）当建筑物采用桩基时，要求详见本节 4；

11）当需进行基坑开挖、支护和降水时，应进行基坑工程勘察；

12）工程需要时，应论证地基土和地下水在建筑施工和使用期间可能产生的变化及其对工程和环境的影响，提出防治方案、防水设计水位和抗浮设计水位的建议。

3. 详细勘察勘探孔布置的基本要求

1）（《勘察规范》第 4.1.14 条）详细勘察勘探点布置和勘探孔深度，应根据建筑物特性和岩土工程条件确定。对岩质地基，勘探线和勘探点的布置，勘探孔的深度，应根据地质构造、岩体特性、风化情况等，结合建筑物对地基的要求，按地方标准或当地经验确定；对土质地基，勘探线和勘探点的布置，勘探孔的深度应符合下列各项要求。

2）（《勘察规范》第 4.1.15、4.1.16、4.1.17 条）详细勘察勘探点布置的基本要求。

（1）详细勘察勘探点的间距见表 1.4.1；

详细勘察勘探点的间距（m）　　　　　　　　　　　　　表 1.4.1

地基复杂程度等级	一级（复杂）	二级（中等复杂）	三级（简单）	注：地基复杂程度等级划分
勘探点间距	10～15	15～30	30～50	见表 1.1.1

（2）勘探点宜按建筑物周边线和角点布置，对无特殊要求的其他建筑物可按建筑物或建筑群的范围布置；

（3）同一建筑范围内的主要受力层或有影响的下卧层起伏较大时，应加密勘探点，查明其变化；

（4）重大设备基础应单独布置勘探点；重大的动力机器基础和高耸构筑物，勘探点不

宜少于 3 个；

（5）宜采用钻探与触探相配合的勘探手段，在复杂地质条件、湿陷性土、膨胀岩土、风化岩和残积土地区，宜布置适量探井；

（6）详细勘察的单栋高层建筑勘探点的布置，应满足对地基均匀性评价的要求，且不应少于 4 个；对密集的高层建筑群，勘探点可适当减少，但每栋建筑物至少应有 1 个控制性勘探点。

3）（《勘察规范》第 4.1.18、4.1.19 条）详细勘察的勘探孔深度自基础底面算起，应符合下列规定：

（1）勘探孔深度应能控制地基主要受力层，当基础底面宽度不大于 5m 时，勘探孔的深度对条形基础不应小于基础底面宽度的 3 倍，对单独柱基不应小于 1.5 倍，且不应小于 5m；

（2）对高层建筑和需作变形计算的地基，控制性勘探孔的深度应超过地基变形计算深度；高层建筑的一般性勘探孔应达到基底下 0.5～1.0 倍的基础宽度，并深入稳定分布的地层；

（3）对仅有地下室的建筑或高层建筑的裙房，当不能满足抗浮设计要求，需设置抗浮桩或锚杆时，勘探孔深度应满足抗拔承载力评价的要求；

（4）当有大面积地面堆载或软弱下卧层时，应适当加深控制性勘探孔的深度；

（5）在上述规定深度内当遇基岩或厚层碎石土等稳定地层时，勘探孔深度应根据情况进行调整；

（6）地基变形计算深度，对中、低压缩性土可取附加压力等于上覆土层有效自重压力 20%的深度；对于高压缩性土层可取附加压力等于上覆土层有效自重压力 10%的深度；

（7）建筑总平面内的裙房或仅有地下室部分（或当基底附加压力 $p_0 \leqslant 0$ 时）的控制性勘探孔的深度可适当减小，但应深入稳定分布地层，且根据荷载和土质条件不宜少于基底下 0.5～1.0 倍基础宽度；

（8）当需进行地基整体稳定性验算时，控制性勘探孔深度应根据具体条件满足验算要求；

（9）当需确定场地抗震类别而邻近无可靠的覆盖层厚度资料时，应布置波速测试孔，其深度应满足确定覆盖层厚度的要求；

（10）大型设备基础勘探孔深度不宜小于基础底面宽度的 2 倍；

（11）当需进行地基处理时，勘探孔的深度应满足地基处理设计与施工要求；

（12）当采用桩基时，勘探孔的深度应满足桩基础勘察的补充要求。

4. 桩基础勘察的补充要求

1）（《勘察规范》第 4.9.1 条）桩基岩土工程勘察的主要内容：

（1）查明场地各层岩土的类型、深度、分布、工程特性和变化规律；

（2）当采用基岩作为桩的持力层时，应查明基岩的岩性、构造、岩面变化、风化程度，确定其坚硬程度、完整程度和基本质量等级，判定有无洞穴、临空面、破碎岩体或软弱岩层；

（3）查明水文地质条件，评价地下水对桩基设计和施工的影响，判定水质对建筑材料的腐蚀性；

（4）查明不良地质作用，可液化土层和特殊性岩土的分布及其对桩基的危害程度，并提出防治措施的建议；

（5）评价成桩可能性，论证桩的施工条件及其对环境的影响。

2）（《勘察规范》第4.9.2条）勘探点的间距要求：

（1）对端承桩宜为12～24m，相邻勘探孔揭露的持力层层面高差宜控制为1～2m；

（2）对摩擦桩宜为20～30m；当地层条件复杂，影响成桩或设计有特殊要求时，勘探点应适当加密；

（3）复杂地基的一柱一桩工程，宜每柱设置勘探点。

3）（《勘察规范》第4.9.4条）勘探孔的深度要求：

（1）一般性勘探孔的深度应达到预计桩长以下$3d$～$5d$（d为桩径），且不得小于$3d$；对大直径桩，不得小于5m；

（2）控制性勘探孔深度应满足下卧层验算要求；对需验算沉降的桩基，应超过地基变形计算深度；

（3）钻至预计深度遇软弱层时，应予加深；在预计勘探孔深度内遇稳定坚实岩土时，可适当减小；

（4）对嵌岩桩，应钻入预计嵌岩面以下$3d$～$5d$，并穿过溶洞、破碎带，到达稳定地层；

（5）对可能有多种桩长方案时，应根据最长桩方案确定。

4）（《勘察规范》第4.9.8条）桩基工程的岩土工程勘察报告的其他要求：

（1）提供可选的桩基类型和桩端持力层；提出桩长、桩径方案的建议；

（2）当有软弱下卧层时，验算软弱下卧层强度；

（3）对欠固结土和有大面积堆载的工程，应分析桩侧产生负摩阻力的可能性及其对桩基承载力的影响，并提供负摩阻力系数和减少负摩阻力措施的建议；

（4）分析成桩的可能性，成桩和挤土效应的影响，并提出保护措施的建议；

（5）持力层为倾斜地层，基岩面凹凸不平或岩土中有洞穴时，应评价桩的稳定性，并提出处理措施的建议。

5.（《勘察规范》第5.7节）场地和地基的地震效应

1）抗震设防烈度等于或大于6度的地区，应进行场地和地基地震效应的岩土工程勘察，并应根据国家批准的地震动参数区划和有关的规范，提出勘察场地的抗震设防烈度、设计基本地震加速度和设计特征周期分区。

2）在抗震设防烈度等于或大于6度的地区进行勘察时，应划分场地类别，划分对抗震有利、不利或危险的地段。

3）对需要采用时程分析的工程，结构设计应要求勘察报告提供土层剖面，覆盖层厚度和剪切波速等有关参数。必要时可要求进行地震安全性评估或抗震设防区划。

4）其他要求见《勘察规范》第5.7节相关内容。

二、理解与分析

1. 经过可行性研究和初勘之后，场地工程地质条件已经基本查明，详勘的任务就在于针对具体建筑物地基或具体的地质问题，为进行施工图设计和施工提供可靠依据及设计参数。

2. 详勘的主要目的

1）查明建筑物范围内的地层结构、岩石和土的物理力学性质，对地基的稳定性和地基承载力作出评价；

2）提供不良地质现象的防治工作所需的计算指标及资料；

3）查明地下水的埋藏条件及侵湿性、地层透水性和水位变化的规律情况等。

3. 详勘的主要手段

1）主要以勘探、原位测试和室内土工试验为主；

2）必要时补充物探和工程地质测绘工作。

4. 勘探孔的布置

1）对复杂场地或重要的建筑物，勘探点宜按柱列线布置；

2）对其他场地和建筑物，可沿建筑周边或按建筑群布置；

3）勘探孔的深度以能控制地基主要受力层为原则；

4）对需进行变形验算的地基，控制性勘探孔应达到地基压缩层计算深度。

5. 地基主要受力层指：条形基础底面下深度为 $3b$（b 为基础底面宽度），独立基础下为 $1.5b$，且厚度均不小于 5m 的范围。

三、结构设计的相关问题

1. 结构设计中，往往首先要求提供地质勘探的布孔及孔深要求，对于合阶段勘察的工程，应事先尽量多了解与拟建工程邻近的已有工程地质情况，以获取对拟建场地地质条件的初步判断。在对拟建场地地质条件基本了解的情况下，依据拟建工程的结构布置、荷载情况等条件，提出结构设计对勘察孔布置及孔深的基本要求，为岩土工程师确定勘察孔布置及孔深提供设计依据。

2. 关于初步勘察与详细勘察的合阶段勘察的其他相关说明，见本章第三节。

3. 由于其他因素的影响，部分工程在提供勘察报告以前，结构设计未能参与，此时，结构设计应根据实际工程的具体情况，仔细研读勘察报告，当勘察报告不满足结构设计要求时，应及时提出补充勘察要求，并要求出具经审查通过的补充勘察报告。

4. 结构设计中经常出现将防水设计水位和抗浮设计水位混淆的情况。

四、设计建议

1. 勘察报告的基本要求

1）对重要建筑或结构特别复杂的特殊建筑，设计单位应按《地基规范》第 3.0.1 条要求，根据建筑物地基基础的设计等级提出相应的勘察要求，各类工程的勘察基本要求见《勘察规范》第 4.1 节，必要时应根据工程的具体情况提出补充勘察要求；

需要说明的是，勘探点布设和勘察方案的经济合理性，很大程度上取决于场地、地基的复杂程度和对其了解及掌握的程度，勘探方案应当由勘察或设计单位的注册岩土工程师在充分了解建筑设计要求，详细消化委托方所提供资料的基础上，结合场地工程地质条件按规范的相关要求布设。设计或委托方提供的布孔图可以作为勘察单位确定勘察方案的参考依据，但不能按设计提供的资料"照打不误"；

2）对无特殊要求的一般建筑物也可由勘察单位根据建筑平面布置按《勘察规范》的一般要求布点勘察；

3）勘察报告应包含勘察内容、图表、场地稳定性评价、地基基础形式和施工建议等，对有抗浮设计要求的工程，应提供计算水浮力的抗浮设计水位；

4）结构设计应采用经审查合格的勘察报告。

2. 对勘察报告的检查

结构设计前应检查勘察报告是否满足结构设计的基本要求，大致判断过程如下：

1）对持力层的判断

根据拟建建筑物基础的底面标高，判断相应标高处土层作为持力层的可行性，核查勘察报告对持力层的选择是否准确；尤其应重视对地基主要受力层范围内的情况分析。

2）对持力层地基承载力的判断

估算地基承载力是否满足结构设计需要，是否存在软弱下卧层（对软弱层的判断，见本书第二章第四节），若有，则应对其进行承载力验算。

3）对地基变形的判断

根据规范的要求，判断本工程是否需要进行地基变形计算（判断要求见本书第二章第三节），若需要，则与地基变形相关的各土层〔（地基变形计算深度内）参数（地基变形计算公式中涉及的相关计算参数，见公式（2.3.1）〕是否齐全，以及是否提供估算的地基最终沉降量（应重视地基变形的经验值，并将其与理论计算的地基变形值进行对比分析，避免计算值与沉降经验值差异过大）。

4）对地下水的判断

（1）应核查有无地下水水质分析报告和相关结论，地下水对混凝土、钢筋及钢结构的腐蚀程度分析与结论。

（2）根据实际工程有无地下室情况，确定对地下水位、抗浮设计水位的需求。

当无地下室时，一般可仅考虑地下水对基础施工的影响；

当有地下室或地下室层数较多，实际工程有漂浮验算可能时，应核查勘察报告是否提供抗浮设计水位、及抗浮设计水位提供的合理性，必要时，可提请建设单位委托勘察方对抗浮设计水位进行专项论证。

（3）关于防水设计水位和抗浮设计水位

① 防水设计水位，主要用于地下室建筑外防水和确定地下室结构外墙及基础底板混凝土的抗渗等级，涉及的是建筑和结构的防水设计标准问题，与整体结构及结构构件的抗浮设计无关。

② 抗浮设计水位，用于结构的整体稳定验算及结构构件的设计计算，一般情况下取历史最高水位（可结合当地具体情况综合确定）。

防水设计水位及抗浮设计水位，应根据当地具体情况确定。北京地区可按《北京市建筑设计技术细则》（结构专业）确定（表1.4.2）。

北京地区防水设计水位及抗浮设计水位的确定 表 1.4.2

序号	情 况	设计水位确定原则	备 注
1	地下室内有重要机电设备,或存放贵重物质等,一旦进水将使建筑物正常使用受到重大影响或造成巨大损失者	应按 1971～1973 年最高水位(水位高度包括上层滞水)	采用防水设计水位
2	凡地下室为一般人防或车库等,万一进水不致有重大影响者	可取 1971～1973 年最高水位与最近 3～5 年最高水位的平均值(水位高度包括上层滞水)	
3	验算地下室外墙承载力时	可取最近 3～5 年最高水位	采用抗浮设计水位
4	验算防水板的承载力时	可取最近 3～5 年最高水位	

（4）关于设计水位的合理优化

设计地下防水结构所考虑的地下水压（浮）力是根据地质勘察资料，并结合工程所在地的历史水位变化情况确定的。换言之，结构设计中用于计算地下水浮力的设计水位，是勘察单位根据已有水文地质资料，对结构使用期内（如未来 50 年或未来 100 年等）工程所在地的地下水浮力设计水位作出的判断；设计水位数据的准确与否直接影响到结构投资，同时，设计水位可研究深化的余地较大。

对重大工程或抗浮设计水位对结构投资影响较大的工程，可建议建设单位委托勘察单位对抗浮设计水位进行专项分析研究，应进行必要的水文试验并经专家论证后确定，以提高抗浮设计水位的准确性，减少投资。

（5）南水北调工程对地下水位的影响分析

我国水资源总量约为 28000 亿 m³，居世界第六，但人均占有量仅为世界平均数的 1/4，在世界排名第 88 位，属于缺水国家。我国水资源分布很不均匀，长江流域及其以南地区水资源占全国的 80％以上，耕地面积不到全国的 40％，属富水区；而黄河、淮河、海河三大流域耕地面积占全国的 45％，人口占 36％，水资源量只占全国的 12％，属缺水区。

南水北调工程分东、中、西线，调水的主要目的是解决北方地区工业与生活用水，兼顾生态和农业用水。相关资料表明，工程投资（按 2000 年物价计算）对水成本的影响很大（表 1.4.3），因此，从经济角度看，南水北调的水资源不可能直接用于回灌，因此不会引起北方地区地下水位的明显改变。

南水北调工程中线一期沿线平均水价（人民币元/m³）　　　　　表 1.4.3

地　　区	河　南　省	河　北　省	北　京　市	天　津　市
水价	0.529	1.241	2.324	2.358

5）地震区建筑的抗震要求

勘察报告应能满足本节对地震区地质勘察的基本要求，明确对抗震有利、不利和危险地段、划分场地土类型和场地类别，并对饱和砂土及粉土进行液化判别。

6）勘察点的布置和勘察深度是否满足上述要求，若不满足，则应提出补充勘察要求。

3. 建筑场地的安全性评价

1）查验地质灾害的危险性评价（一般由勘察单位提出）报告。主要地质灾害一般包括岩溶、土洞、塌陷、滑坡、崩塌、泥石流、地面沉降、地裂缝、活动断裂、斜坡变形等，对于山坡、湖海岸边等建筑应特别注意其可能存在的地质灾害（见《勘察规范》第五章）；

2）查验地震安全性评价（一般由地震部门提出）报告。对重要工程应按国务院《地震安全性评价管理条例》（中华人民共和国国务院第 323 号令 2001 年 11 月 26 日）及各省、自治区、直辖市人民政府颁布的实施细则的规定进行地震安全性评价（见本章第六节）。

五、相关索引

《北京地区建筑地基基础勘察设计规范》（DBJ 01—501—92）对勘察报告的相关规定见其第五章。

第五节　施工勘察及监测

【要点】

　　本节讨论特殊工程的施工勘察及监测问题，施工勘察过程是对勘察报告的验证过程，既可以弥补勘察报告的不足，同时也为后续施工提供详细的地质资料。施工监测，可以及时发现施工过程中的隐患，有利于确保施工质量。

　　一、施工勘察及监测要求

　　1.（《勘察规范》第4.1.21条）基坑和基槽开挖后，当岩土条件与勘察资料不符或发现必须查明的异常情况时，应进行施工勘察。高层建筑中，对于一级（复杂）场地或一级（复杂）地基的工程，可针对施工中可能出现或已出现的岩土工程问题，进行施工勘察。

　　2. 在工程施工及使用期间，当地基土、边坡体、地下水发生未曾估计到的变化时，应进行监测，并对工程和环境的影响进行分析评价。

　　二、理解与分析

　　1. 下列情况应进行施工勘察：

　　1）复杂场地和复杂地基工程；

　　2）在施工中可能出现一些岩土工程问题的工程（例如岩溶地区施工中发现地质情况有异常等）；

　　3）岩质基坑开挖后，各主要结构面才全面暴露，为便于处理，需进行工程地质测绘和施工地质处理的工程；

　　4）地基处理需进一步提供参数；

　　5）复合地基需进行设计参数检测；

　　6）建筑物平面位置有移动需要补充勘察等；

　　7）详细勘察不满足设计要求（如岩溶地质条件，采用一柱一桩的基础未能每柱布置勘探孔）时。

　　2. 下列情况应进行施工及使用期间的监测：

　　1）对勘察等级为甲级的高层建筑应进行沉降观测；

　　2）当地下水水位较高，宜进行地下水长期观测；

　　3）当地下室埋置较深，且采取箱形、筏形基础需考虑回弹或回弹再压缩变形时，应进行回弹或回弹再压缩变形测试和观测；

　　4）对基坑工程应进行基坑位移、沉降和邻近建筑、管线的变形观测。

　　三、结构设计的相关问题

　　1. 作为基础设计主要技术资料的勘察报告需要在结构设计前完成，因而对特殊地质条件下的勘察报告，其深度通常情况下不能满足设计要求（如上述岩溶地质条件，当采用一柱一桩的基础时，一般在详细勘察阶段不能做到每柱布置勘探孔），因此，适当的施工勘察是必须的，它不仅可以弥补勘察报告的不足，同时也可以为后续施工提供详细的地质资料，有利于确保施工质量。

　　2. 高层建筑基础埋置深，基础设计时需要考虑基坑开挖卸荷后的回弹量，同时也需要了解地基的回弹再压缩量。因此，从基础顶面或首层地面开始的沉降监测是不全面的。

四、设计建议

1. 对复杂地质条件下的工程，结构设计应充分检查地质报告的准确性和完善性以及所采用基础方案的可实施性，必要时应提出施工勘察要求以摸清场地地质情况，同时为施工及施工监测提供依据。

2. 针对不同需要，采取下列恰当的监测措施：

1）当需要考虑基坑开挖卸荷后的回弹量时，应在基坑开挖前埋设监测标点；

2）当需要了解地基的回弹再压缩量时，应在基础底板浇筑时设置监测标点，从基础底面起即进行观测，以能测得回弹再压缩的全过程。

五、相关索引

各地方的特殊要求见当地地基基础设计规范。

第六节　地震安全性评价

【要点】

对重大工程必须按规定进行地震安全性评价，对属于特别重大的工程中的单体工程，有条件时，单体工程的地震安全性评价可执行系统工程的总体地震安全性评价结论。

一、地震安全性评价的规定

中华人民共和国国务院第 323 号令 2001 年 11 月 26 日（见附录 A）"地震安全性评价管理条例"（以下简称"条例"）对地震安全性评价作出如下规定。

1. 建设工程地震安全性评价的范围

下列建设工程必须进行地震安全性评价：

1）国家重大建设工程；

2）受地震破坏后可能引发水灾、火灾、爆炸、剧毒或者强腐蚀性物质大量泄露或者其他严重次生灾害的建筑工程，包括水库大坝、堤防和贮油、贮气、贮存易燃易爆、剧毒或者强腐蚀性物质的设施以及其他可能发生严重次生灾害的建设工程；

3）受地震破坏后可能引发放射性污染的核电站和核设施建设工程；

4）省、自治区、直辖市认为对本行政区域有重大价值或者有重大影响的其他建设工程。

2. 建设工程地震安全性评价的要求

1）地震安全性评价应由建设单位委托；

2）承揽地震安全性评价业务的地震安全性评价单位应具有相应的资质；

3）地震安全性评价单位对建设工程进行地震安全性评价后，应当编制该工程的地震安全性评价报告。主要包括下列内容：

（1）工程概况和地震安全性评价的技术要求；

（2）地震活动环境评价；

（3）地震地质构造评价；

（4）设防烈度或者设计地震动参数；

（5）地震地质灾害评价；

（6）其他有关技术资料。

4）建设单位应将地震安全性评价报告报送国务院地震工作主管部门或者省、自治区、直辖市人民政府负责管理地震工作的部门或者机构评审。

3. 地震安全性评价实施细则

各地方人民政府根据国务院第 323 号令的要求制定有相关补充规定（或实施细则），应根据这些规定进行。

二、理解与分析

1. 建设工程地震安全性评价主要针对上述四类重要的建设工程，对建筑工程一般为第 1）、4）项。"国家重大建设工程"可依据国家相关规定来确定，如国家体育场工程可确定为国家重大建设工程；而第 4）项"省、自治区、直辖市认为对本行政区域有重大价值或者有重大影响的其他建设工程"，应根据各地方人民政府制定的相关补充规定（或实施细则）来确定，必要时可依据省、自治区、直辖市人民政府制定的建设工程等级确定，如福建广播电视中心工程被列为福建省重点建设项目，则可认为是符合第 4）项要求的工程。

2. "条例"明确了建设工程需要进行地震安全性评价的主体是建设单位，并且由建设单位进行相关的委托和申报审批工作。

3. "条例"规定：建设工程地震安全性评价报告的审批单位为国家及省、自治区、直辖市地震工作主管部门或机构，一般指：国家地震局及省、自治区、直辖市地震局。结构设计应采用经审批通过的建设工程地震安全性评价报告。

三、设计建议

1. 在重要建设工程的可行性研究阶段或规划方案阶段及结构设计初次介入时，应依据国务院第 323 号令（见附录 A）及各地方人民政府的补充规定（或实施细则）对重大工程是否需要进行地震安全性评价作出判断，必要时应给建设单位提出建议。

2. 设计单位在建设工程地震安全性评价阶段主要工作是当好建设单位的参谋，避免因建设工程地震安全性评价工作影响工程进展。

3. 对国家重点建设工程中的分部工程，可依据全部工程的地震安全性评价报告（如拉萨火车站工程，属于新建青藏铁路拉萨至格尔木段的分部工程之一，故可直接引用新建青藏铁路的总地震安全性评价报告）。

四、相关索引

1. 北京市建设工程抗震设防要求和地震安全性评价监督管理工作有关规定（暂行）（京震发抗［2003］1 号）及补充规定（京震发抗［2003］14 号）见附录 B。

2. 依据国务院第 323 号令，全国其他省、市、自治区都相继颁布了相应的建设工程抗震设防要求和地震安全性评价监督管理办法，重大工程设计前应仔细核查。

第七节　　工程实例及实例分析

【要点】

本节通过工程实例及实例分析，系统地表达针对实际工程应提出的主要勘察要求，针对结构设计过程中所遇到的与勘察相关的实际问题，就其采用的方法展开分析，指出采用该方法的原因和适用条件并提出相关设计建议，以期对读者以有益的启示。

【实例1.1】 某大学城新校区地基处理及基础设计技术指南（提纲）

1. 工程实例

1）工程简介

（1）前言；

（2）近期目标和远期规划。

2）地质条件

（1）场区工程地质条件概况；

（2）环区道路工程地质条件和水文地质条件；

（3）土层的物理力学性能。

3）道路地质条件及地基处理

（1）地基处理的方法分类及适用范围；

（2）地基处理方案的选择和设计要求；

（3）环区道路工程的地基处理方案和建议。

4）建筑地基及基础

（1）地基基础的设计依据；

（2）建筑地基基础分类和适用范围；

（3）建筑地基基础方案的选择和设计原则；

（4）浅基础；

（5）桩基础。

5）检测与监测

（1）道路施工监控；

（2）道路路基质量检测；

（3）建筑物变形监测；

（4）建筑物地基基础检测。

6）相关图表

2. 实例分析

1）本例为说明新建大学城或大型工业园区等项目的开发主管部门，先期制定的本区域地基处理及基础设计技术指南（提纲），其目的在于使读者对相关资料有接触性了解；

2）前言部分可包括园区位置、周围自然环境等；

3）一般情况下，对大型园区分期建设是必不可少的，在技术指南中应将近期目标和远期规划予以明确，便于技术上统筹考虑；

4）园区地质条件，可以提供园区地质情况的大致变化规律，此部分内容属于可行性勘察阶段的工作内容，主要通过相关调查及对已有相关地质资料的分析，摸清园区范围内地质情况的主要分布规律和水文地质条件，为下阶段勘察和结构设计提供基础性资料，此研究报告与实际情况越吻合，对园区建设的指导意义就越大；

5）大型园区建设往往投资大、周期长，采取分区域、分阶段合理选用安全可靠而经济实用的基础形式或地基处理方案，对节约建设投资意义重大。

【实例 1. 2】　福建龙岩会展中心工程初步勘察说明[12]

1. 工程实例

1) 工程概况

本工程为集会议、展览和观演为一体的综合性大型公共建筑，地上五层（无地下室），结构最大高度 45m，总平面为椭圆形，长轴 167m，短轴 122m，总建筑面积 50000m²，钢筋混凝土框架结构，总平面共分为六个温度区段，每区段结构长度约 70m。屋顶采用钢筋混凝土结构（局部采用钢桁架结构）。

与勘探相关的设计数据：框架柱的最大轴力设计值约 22500kN。

2) 勘探孔的布置及孔深要求

(1) 依据总平面布置，本次勘探共布置勘探孔 21 个（图 1.7.1），其中控制性勘探孔 7 个（图中用实心圆表示），一般性勘探孔 14 个（图中以空心圆表示）。

(2) 勘探孔的深度应根据场地的具体情况，适合本工程的基础形式并结合当地勘探经验确定，此处提供孔深的一般要求，供勘探单位参考选用。

① 一般勘探孔，孔深不宜小于 15m；

② 控制性勘探孔，孔深不宜小于 30m，并不小于进入稳定基岩层内 3m。

应特别注意，本工程框架柱下的地基承载力要求。孔深还应满足提供相应变形计算参数的要求。

依据《勘察规范》的规定，设计提供的勘探孔布设和孔深要求只可作为勘察单位确定勘察方案时的参考。上述勘探孔的布置和孔深，勘探单位认为有必要时，可结合当地具体情况与设计另行商定。

3) 勘察报告应提供下列资料

(1) 对地质灾害的危险性作出评价，查明场地内有无影响建筑场地稳定性的不良地质条件及其危害程度；

(2) 对建筑物范围内的地层结构及其均匀性作出评价，提供各岩土层的物理力学性质（含各钻孔剖面图及相应图表）；

(3) 地下水埋藏情况、类型和水位变化幅度及规律，以及对建筑材料的腐蚀性；

(4) 明确对抗震有利、不利和危险地段、划分场地土类型和场地类别，并对饱和砂土及粉土进行液化判别，对地震安全性作出评价；

(5) 对可供采用的地基基础设计方案进行论证分析，提出经济合理的设计方案建议；

(6) 提供与设计要求相对应的地基承载力及变形计算参数（当采用桩基时，还应提供桩基承载力及变形计算的相关技术指标和参数），并对设计与施工时应注意的问题提出建议；

(7) 勘探报告的深度应满足相关规范及规程的要求。

4) 设计建议的勘探布点图

2. 实例分析

1) 根据结构设计的现场调查，本工程地处龙岩山区，位于龙岩盆地中部涛溪Ⅰ级堆积阶地上（基岩为石灰岩且有岩溶发育的可能性大），可初步判断为地质条件复杂地区，因此提出分阶段勘察要求；

2) 对复杂地段的勘探，按表 1.3.1 从严确定勘探点线的间距，本工程控制勘探点间距在 30m 左右；

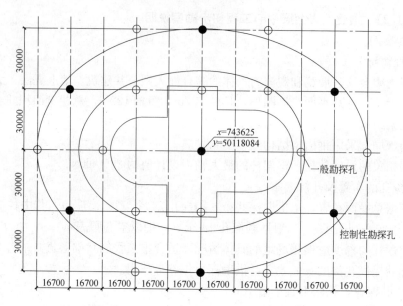

图 1.7.1　龙岩会展中心初步勘探布点图

3）对复杂地段的勘探，按表 1.3.2 从严确定勘探点深度，本工程规定一般勘探孔的最小深度为 15m，控制性勘探孔的最小孔深为 30m，考虑到受山坡基岩走向的影响，孔深控制较为困难，因而提出原则性补充要求，同时考虑上部结构柱轴力变化很大，有采用单柱单桩的可能，故要求勘探孔进入基岩层不小于 3m；

4）控制性勘探孔的数量应能把握本工程场地的全部地质状况，达到平面涵盖、不同地质条件涵盖的基本要求，同时应便于详细勘察阶段增补孔位；

5）分解段勘察的工程，在初步勘察孔布设时，应对本工程的全部勘察工作（初步勘察和详细勘察）有一个统一的考虑，便于今后详细勘察工作的开展（如本工程采用 30m×33.4m 线网布置，详细勘察时，可扩展为 15m×16.7m，或 30m×16.7m 及 15m×33.4m 线网）。

【实例 1.3】　莫斯科中国贸易中心工程初步勘察说明[19]

1. 工程实例

1）工程概况

莫斯科中国贸易中心工程，拟建于俄罗斯联邦莫斯科市，横跨威廉匹克大街，紧邻规划四环路和城市轻轨及地铁 6 号线的 BOTANICHESKY SAD 站，是集办公、商业、公寓及中国园林为一体的综合建筑群，总建筑面积 20 万 m²。按功能和区域将总平面地块划分为三个地块，各区段主要功能及结构形式见表 1.7.1。

本工程功能分区情况　　　　　　　　　　　　　表 1.7.1

地块划分	主要建筑	层数		建筑高度(m)	主要结构形式	基础标高处的结构重量估算值(kN/m²)
		地下	地上			
1 号地	接待中心	1	2	<15	钢筋混凝土框架结构	50
2 号地	超高层塔楼	2	44	180	钢筋混凝土框架-筒体结构	900
	裙房	2	6	27	钢筋混凝土框架结构	160
3 号地	高层公寓	2	22	87	钢筋混凝土框架-剪力墙结构	500
	商业裙房	1	3	21	钢筋混凝土框架结构	100

2) 勘探孔的布置及孔深要求

(1) 依据总平面布置，本次勘探共布置勘探孔 37 个（图 1.7.2），其中控制性勘探孔 10 个（图中用实心圆表示），一般性勘探孔 27 个（图中以空心圆表示）。

(2) 勘探孔的深度应根据场地的具体情况，适合本工程的基础形式并结合当地勘探经验确定，此处提供孔深的一般要求，供勘探单位参考选用。

① 一般勘探孔，超高层塔楼及高层公寓孔深不宜小于 25m；其他各处孔深不宜小于 15m；

② 控制性勘探孔，孔深不宜小于 50m，并不小于进入稳定基岩层内 3m。

应特别注意，勘探孔深度在满足本工程各区段不同的地基承载力要求的同时，还应满足提供相应变形计算参数的要求。

3) 勘察报告应提供下列资料

(1) 对地质灾害的危险性作出评价，查明场地内有无影响建筑场地稳定性的不良地质条件及其危害程度；

(2) 对建筑物范围内的地层结构及其均匀性作出评价，提供各岩土层的物理力学性质（含各钻孔剖面图及相应图表）；

(3) 地下水埋藏情况、类型和水位变化幅度及规律，以及对建筑材料的腐蚀性；

(4) 明确对抗震有利、不利和危险地段、划分场地土类型和场地类别，并对饱和砂土及粉土进行液化判别，对地震安全性作出评价；

(5) 确定地基土的冻胀性，提供季节性冻土的标准冻深及建议采用的防冻害措施；

(6) 对可供采用的地基基础设计方案进行论证分析，提出经济合理的基础设计方案建议；

(7) 提供与设计要求相对应的地基承载力及变形计算参数（当采用桩基时，还应提供桩基承载力及变形计算的相关技术指标和参数），并对设计与施工时应注意的问题提出建议。

4) 设计建议的勘探布点图

5) 勘探应执行的规范、规程和标准

(1) 本次勘探及相应勘探文件应满足俄罗斯相关规范和标准的要求；

(2) 本次勘探及相应勘探文件应同时满足中华人民共和国下列规范、规程的要求：

① 中华人民共和国国家标准《岩土工程勘察规范》GB 50021—2001；

② 中华人民共和国行业标准《高层建筑岩土工程勘察规程》JGJ 72—2004。

6) 特别说明

(1) 勘探报告文件的编制深度应同时满足中、俄两国相关规范及规程的要求。

(2) 依据中国规范的相关规定，设计提供的勘探孔布设和孔深要求只可作为勘察单位确定勘察方案时的参考。上述勘探孔的布置和孔深，勘探单位认为有必要时，可结合当地具体情况与设计另行商定。

(3) 本工程实行分阶段勘察，详勘要求将根据本次初步勘察报告结合结构设计进程，在适当时候提出。

(4) 本工程地基基础设计等级一级，勘察等级甲级。

(5) 本勘察说明按中华人民共和国国家现行规范要求提出。

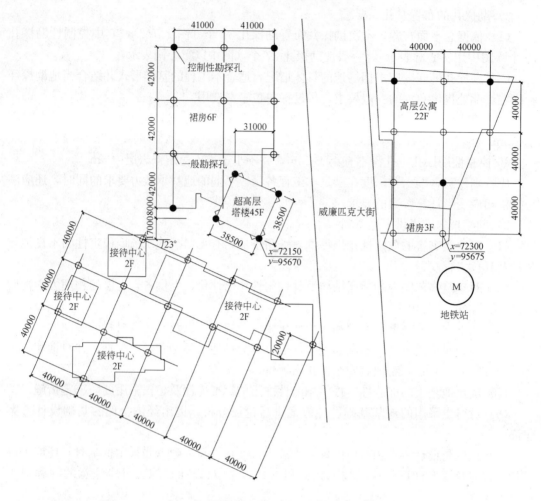

图 1.7.2 莫斯科中国贸易中心初步勘探布点图

2. 实例分析

1) 本工程为中方投资的境外工程，是中俄经济和文化交流的象征。

2) 按业主要求，本工程应满足俄罗斯国家规范要求，由于历史的原因，使我们对俄罗斯建筑结构设计的了解严重滞后，对俄罗斯相关规范规程的了解深度远远不够，目前情况下远不可能实现按俄罗斯规范进行结构设计的要求，为此，采取中方按中国规范设计，寻求俄罗斯相关设计单位对中方的结构设计进行复核性审查，中方按俄方的审查意见进行设计修改，最后达到满足俄罗斯规范的目的。

3) 本工程采用两阶段勘察，分初步勘察和详细勘察，其主要原因如下：

（1）考虑本工程的重要性、各区段建筑规模的大小和各主要建筑高度悬殊较大的实际情况；

（2）考虑中方结构设计人员对场地情况了解不深的实际情况，采用分阶段勘察，能应对各种可能出现的场地情况，并根据初勘所揭露的场地实际情况，有针对性地提出详勘要求，弥补因初勘不合理而造成的不足，避免出现合阶段勘察给结构设计带来的被动；

（3）考虑适当减少勘察费用，避免不合理勘察造成的损失。

4）由于采用分阶段勘察，从而大大降低了对初步勘察的勘探点布置及孔深的准确性要求，可以根据工程的重要性程度和地基基础等级等情况综合确定；

5）考虑本工程超高层塔楼和高层公寓的建筑高度明显高于其他建筑，因此，在一般性勘探孔的孔深要求中予以体现，考虑控制性勘探孔为摸清场地的主要特性，因而通过调整控制性勘探孔的布置（在超高层塔楼和高层公寓平面范围内，适当增加控制性勘探孔的数量，适当减少其他各处控制性勘探孔的布置）来实现；

6）根据设计的进展情况，接待中心平面及布局有调整的可能性，因此，钻探孔平面布置考虑上述因素；

7）勘探孔的间距控制在 40m 左右，控制性勘探孔深为 50m（可按地基变形计算深度公式（2.3.4）确定，超高层塔楼取边长为 45m 的正方形平面计算）；

8）对涉外工程，明确设计依据和要求是必要的，同时还应考虑国内习惯做法在国外的适用性问题。

【实例 1.4】　福建龙岩会展中心工程[12]详细勘察说明

1. 工程实例

1）工程概况

工程概况同本节实例 1.2。

与勘探相关的设计数据：框架柱的最大轴力设计值约 22500kN；

2）勘探孔的布置及孔深要求

（1）依据总平面布置，本次勘探共布置勘探孔 58 个，其中控制性勘探孔 10 个（图中用实心圆表示），一般性勘探孔 48 个（图中以空心圆表示）；

（2）勘探孔的深度应根据场地的具体情况，适合本工程的基础形式并结合当地勘探经验确定，此处提供孔深的一般要求，供勘探单位参考选用。

a. 一般勘探孔，孔深不宜小于 20m；

b. 控制性勘探孔，孔深不宜小于 30m，并不小于进入稳定基岩层内 3m。

依据《勘察规范》规定，设计提供的勘探孔布设和孔深要求只可作为勘察单位确定勘察方案时的参考。上述勘探孔的布置和孔深，勘探单位认为有必要时，可结合当地具体情况与设计另行商定。

（3）勘探孔布置见图 1.7.3，图中以空心三角形表示初勘一般性勘探孔，实心三角形表示初勘控制性勘探孔。

3）勘察报告应提供下列资料

（1）对地质灾害的危险性作出评价，查明场地内有无影响建筑场地稳定性的不良地质条件及其危害程度；

（2）对建筑物范围内的地层结构及其均匀性作出评价，提供各岩土层的物理力学性质（含各钻孔剖面图及相应图表），提供设计所需的防水设计水位和抗浮设计水位；

（3）地下水埋藏情况、类型和水位变化幅度及规律，以及对建筑材料的腐蚀性；

（4）明确对抗震有利、不利和危险地段、划分场地土类型和场地类别，并对饱和砂土及粉土进行液化判别，对地震安全性作出评价；

（5）对可供采用的地基基础设计方案进行论证分析，提出经济合理的设计方案建议；

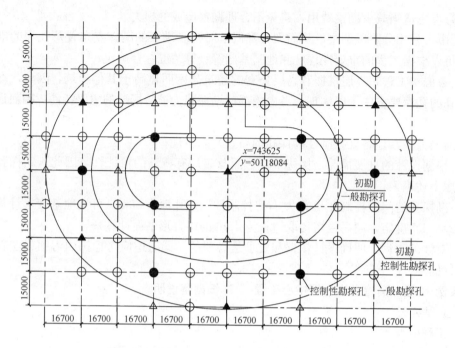

图 1.7.3　龙岩会展中心详细勘探孔平面布置图

提供与设计要求相对应的地基承载力及变形计算参数（当采用桩基时，还应提供桩基承载力及变形计算的相关技术指标和参数），并对设计与施工时应注意的问题提出建议；

（6）提供估算的地基最终沉降量；

（7）勘探报告的深度应满足相关规范及规程的要求。

4）本工程结构设计采用经审查合格后的勘察报告

2. 实例分析

1）本工程初步勘察报告揭示的基本情况：

（1）地表以下依次为耕土层①、淤泥质黏土夹砂层②、砾砂层③、含卵石粉质黏土层④、含角砾粉质黏土层⑤、黏土层⑥、粉质黏土层⑦、下伏微风化石灰岩基岩⑧（部分地段分布有"开口形"溶洞填充物），典型地质剖面见图 1.7.4，场地岩土层的岩性变化较大，层位较不稳定，土层相互交错重叠，下伏石灰岩顶面起伏变化较大（相邻钻孔水平距离 30m 而岩层顶面最大高差达 24.7m，岩层顶面坡度接近 40°）；

（2）初步勘察报告揭露的情况验证了初勘之初对本工程场地复杂程度的基本判断（场地位于地质条件复杂地区），本工程实行分阶段勘察是必要的，故提出详细勘察阶段的勘察要求。

2）根据初步勘察报告提供的建议，本工程基础可采用天然地基及钻孔灌注桩基础。由于提供详细勘察要求时，上部结构设计正在进行，基础形式倾向于采用桩基础。因此，按采用桩基的详细勘察要求确定本工程的详细勘探要求。

3）考虑本工程桩基持力层为石灰岩层，且场区持力层为岩溶地貌，详细勘察应最大限度地摸清岩溶分布情况，同时柱网布置尚有一定的不确定性且基础形式尚未最后确定，最终将根据详细勘察报告和基础选型情况，确定是否进行施工勘察。

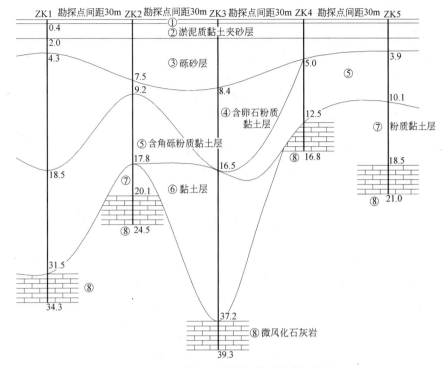

图 1.7.4 初步勘察揭露的典型地质剖面图

【实例 1.5】 山东东营会展中心工程[15]详细勘察说明

1. 工程实例

1）工程概况

东营会展中心工程由展厅和会议中心组成。其中展厅两层，底部钢筋混凝土框架结构，屋顶采用钢管桁架上覆膜材，屋顶（最大高度约30m）桁架跨度为75m，由两端框架柱支撑，为减小结构跨度及活跃建筑立面，在桁架跨中位置设置拉索（塔架高度约60m）（主展厅剖面见图1.7.5）。会议中心两层，为钢筋混凝土结构（局部钢结构）。

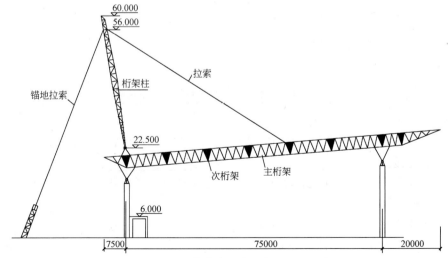

图 1.7.5 东营会展中心主展厅剖面图

与勘探相关的设计数据：

（1）框架柱及塔架的最大轴力设计值约 9500kN；

（2）拉索最大拉力设计值约 5000kN。

2）勘探孔的布置及孔深要求

（1）依据总平面布置，本次勘探共布置勘探孔 69 个，其中控制性勘探孔 22 个（图中用实心圆表示），一般性勘探孔 47 个（图中以空心圆表示）。

（2）勘探孔的深度应根据场地的具体情况，适合本工程的基础形式并结合当地勘探经验确定，此处提供孔深的一般要求，供勘探单位参考选用。

a. 一般勘探孔，孔深不宜小于 20m；

b. 控制性勘探孔，孔深不宜小于 35m；

应特别注意，本工程落地索基础的受拉承载力要求和拉索支撑塔架基础的受压承载力要求。孔深还应满足提供相应变形计算参数的要求。

依据《勘察规范》规定，设计提供的勘探孔布设和孔深要求只可作为勘察单位确定勘察方案时的参考。上述勘探孔的布置和孔深，勘探单位认为有必要时，可结合当地具体情况与设计另行商定。

（3）勘探孔布置见图 1.7.6。

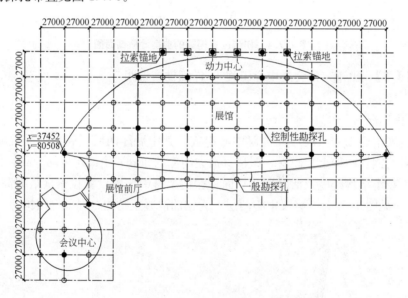

图 1.7.6　东营会展中心详细勘察孔平面布置图

3）勘察报告应提供下列资料

（1）对地质灾害的危险性作出评价，查明场地内有无影响建筑场地稳定性的不良地质条件及其危害程度；

（2）对建筑物范围内的地层结构及其均匀性作出评价，提供各岩土层的物理力学性质（含各钻孔剖面图及相应图表）；

（3）地下水埋藏情况、类型和水位变化幅度及规律，以及对建筑材料的腐蚀性，提供设计所需的防水设计水位；

（4）明确对抗震有利、不利和危险地段、划分场地土类型和场地类别，并对饱和砂土及粉土进行液化判别，对地震安全性作出评价；

（5）确定地基土的冻胀性，提供季节性冻土的标准冻深及建议采用的防冻害措施；

（6）对可供采用的地基基础设计方案进行论证分析，提出经济合理的设计方案建议；提供与设计要求相对应的地基承载力及变形计算参数（当采用桩基时，还应提供桩基承载力及变形计算的相关技术指标和参数），并对设计与施工时应注意的问题提出建议；

（7）提供估算的地基最终沉降量；

（8）勘探报告的深度应满足相关规范及规程的要求。

4）本工程结构设计采用经审查合格后的勘察报告

5）勘探布点见图1.7.6

2. 实例分析

1）与本工程相邻的已建工程的勘察资料显示其地质情况大致如下：

（1）地形地貌

拟建场地所处的范围在大地构造上位于华北地台济阳凹陷区内之东营凹陷区，地表被第四纪河流冲积及海陆交互相沉积物所覆盖。场地地形起伏稍大，地表相对高差不大。该场区地貌单元属于第四纪黄河三角洲冲积平原；

（2）土层分布

场区主要地质土层分布见表1.7.2。

场区主要地质土层分布表　　　　表1.7.2

土层名称	素填土	粉质黏土	粉土	粉质黏土	粉土	粉质黏土	粉土	以下为粉质黏土和粉土夹层
土层厚度(m)	0.6~2.5	3.4~5.8	0.6~3.5	1.0~3.7	1.9~4.4	0.9~8.6	1.2~5.9	
f_{ak}(kPa)	—	80	110	85	130	100	140	

2）本工程位于黄河冲积平原，相邻工程的地质情况具有一定的参考价值，可以判定工程地质条件相对简单均匀。故将初步勘察与详细勘察合阶段（按详细勘察阶段要求）勘察；

3）本工程展馆主钢桁架轴线间距为27m，周围结构轴线间距9m，为与主结构布置相呼应，详细勘探线间距取27m；

4）受展馆结构功能的影响，展馆主结构和一般结构柱荷载差异较大，因此对一般柱布置区域，布设一般勘探孔，对展馆结构关系重大的主要构件（如主桁架支承柱、拉索锚地墩处等）处，布设控制性勘探孔；

5）展馆的室内空旷区域可适当减少勘探孔的数量，但对于软土地区应注意满足展馆功能对地面荷载的设计要求，适当布置勘探孔；

6）勘探孔的深度，参考周围已建工程的勘察报告及本工程荷载和可能采用的基础（根据已有参考勘察报告揭露的情况判断，本工程采用桩基础的可能性很大，因此，勘探孔的深度还应满足提供相应变形计算参数的要求）情况综合确定；

7）依据《勘察规范》规定，勘探孔的定位和孔深主要由勘察单位根据场地的实际情况确定，结构设计提供的要求仅作为勘察单位的参考，因此，对复杂结构及特殊结构提供详细的上部结构设计资料，对做好勘察工作是十分有益的。提供工程概况的目的在于有助于勘察单位了解工程的实际情况，有利于正确确定勘探点的位置；

8）提供主要设计参数如：柱底内力、锚地拉索的拉力等，目的在于可以使勘察单位根据设计提供的主要参数，确定基础形式及估算地基变形的主要深度范围以及较准确地估算相应的地基沉降量。

【实例 1.6】 福建龙岩会展中心工程[12]施工勘察要求

1. 工程实例

1）工程概况

工程概况见本节工程实例 1.2。

2）勘探孔的布置及孔深要求

（1）依据总平面布置，施工勘探要求每柱一孔（柱下已有勘探孔时，可不再设孔）；

（2）孔深要求进入岩层不小于 3m，以探明岩溶位置及其对柱下桩基的影响；

（3）当已有勘探孔（初步勘察和详细勘察）位置与柱相差不大于 1m 时，可利用原有勘探孔替代施工勘察孔；

（4）当原有勘察孔（初步勘察和详细勘察）的深度不满足上述（2）要求时，应补钻至满足要求。

3）勘察报告应提供下列资料

（1）绘制各钻孔剖面图及相应图表；

（2）勘探报告的深度应满足相关规范及规程的要求。

2. 实例分析

1）该工程详细勘察报告揭示的地层情况：

（1）场地岩土层的岩性变化较大，层位较不稳定，土层相互交错重叠，下伏石灰岩顶面起伏变化较大（相邻钻孔水平距离 30m 而岩层顶面最大高差达 24.7m，岩层顶面坡度接近 40°），基岩层以上各土层不适合作为本工程的基础持力层；

（2）本工程可采用钻孔灌注桩基础，宜一柱一桩，桩底持力层为微风化石灰岩；

（3）考虑本工程场区持力层为岩溶地貌，且柱网布置与勘探孔布置不可能完全一致，故应进行施工勘察，以摸清岩溶和土洞对持力层的影响。

2）设计采用钢筋混凝土钻孔灌注桩基础（一柱一桩），基础持力层为石灰岩层，由于岩层顶面起伏较大，且岩溶发育情况不规则；

3）由于设计进程所限，在详细勘察阶段确定勘察要求时，勘探孔间距较大且平面布置不能满足"复杂地基的一柱一桩工程，宜每柱设置勘探点"的要求；

4）为摸清持力层埋藏情况，同时为基础施工提供详细资料，便于施工及施工监测，结构设计提出"每柱设置勘探点"的施工勘察要求。

【实例 1.7】 福建广播电视中心工程[13]地震安全性评价

1. 工程实例

1）工程概况

福建广播电视中心工程，建于风景秀丽的闽江北岸，位于福州市西二环路原福建机器厂厂区，是集福建省级广播电视节目制作、播出和传输于一体的综合性建筑群，总用地面积 7.72hm² （公顷）；总建筑面积 119947m²。各部分基本情况见表 1.7.3，总平面分区见图 1.7.7。

各部分基本情况　　　　　　　　　　　　　　　表 1.7.3

区 域 名 称		地上层数	地下层数	檐口高度(m)	结 构 形 式
电视中心区	主楼	29	1	110.85	钢筋混凝土框架-剪力墙结构
	辅楼	5	1(五级人防地下室)	22.950	钢筋混凝土框架结构
广播中心区	主楼	19	1	72.150	钢筋混凝土框架-剪力墙结构
	辅楼	6	1	18	钢筋混凝土框架结构
演播中心区	候播楼	3	1		钢框架结构
	演播楼	3	—		钢筋混凝土框架结构
	剧场式演播楼	3			

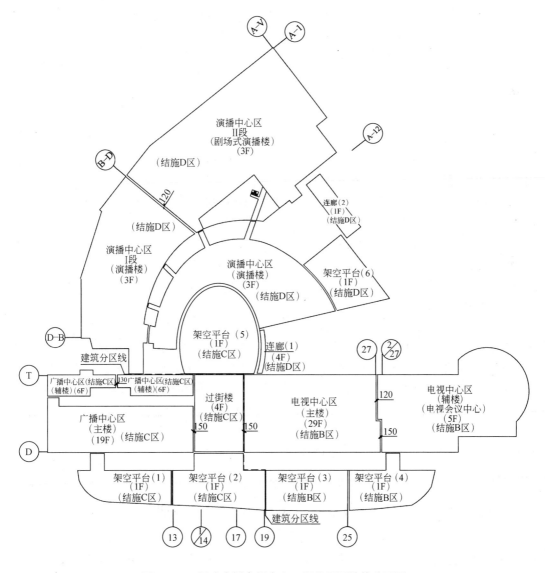

图 1.7.7　福建广播电视中心工程总平面结构分区图

2）地震安全性评价

（1）地震安全性评价由建设单位委托福建省地震地质工程勘察院进行；

（2）福建省地震局"关于《福建省广播电视中心工程场地地震安全性评价报告》的批复（闽震［2001］123号）；

（3）《福建省广播电视中心工程场地地震安全性评价报告》[16]（工程编号：2000A025，福建省地震地质工程勘察院2001年11月），报告的主要内容如下：

① 地震危险性分析

区域地震活动性：区域地震活动性分析、历史地震对场地的影响分析、区域现代构造应力场分析和地震活动性综合分析；

区域地震构造环境：区域大地构造环境分析、区域地球物理场与地壳结构分析、区域地震构造分析和强震发生的地质构造环境分析；

近场地震活动性和地震构造概述：近场地震活动性概述、主要断裂及活动性概述、近场地震构造综合性分析；

地震危险性概率计算：地震危险性分析的概率模型、统计单元及其地震活动性参数的确定、潜在震源区的划分及其活动性参数的确定、地震动衰减关系、地震危险性分析结果。

② 场地地震反应分析与地震地质灾害评判

场地隐伏断层汞气测量分析；

场地浅层地震勘探：工程区概况和测线位置、探测方法原理、现场地震数据采集、室内资料处理、资料分析与解释和探测结果综述；

场地剪切波速与常时微动测试与分析：场地土剪切波速测试与分析和工程场地常时微动测试与分析；

场地地震动参数的确定：场地土动力参数的确定、合成地震动时程、地震动反应分析结果和场地地震动时程的合成和选择；

工程场地震害效应评估：场地工程地质特征和场地地震效应评估。

③ 结论

④ 土动三轴试验

（4）《福建省广播电视中心工程场地地震安全性评价报告》的主要结论

通过对福建广播电视中心工程场地开展的地震安全性评价工作，得出如下结论：

① 场地位于华南沿海地震带北段，地震活动性主要受该地震带影响，历史上对场地影响最大的地震是1574年8月19日福州——连江之间的$5\frac{3}{4}$级地震和1604年12月19日泉州海外$7\frac{1}{2}$级大震，影响烈度均为Ⅶ。区域内主要断裂构造有北北东——北东向的滨海断裂带、长乐——诏安断裂带等，滨海断裂带是福建省沿海地区活动最强的地震构造。

② 近场发生过的最大破坏性地震为1574年8月19日福州——连江间$5\frac{3}{4}$级地震。自1971年以来至2000年12月31日止，近场共发生43次$M_L \geqslant 2.0$级地震，地震主要集中在福州盆地东北部和西南部的南通一带，最大为1999年9月24日福州白庙$M_L = 3.8$级地震。近场发育的主要断裂构造有北东向、北东东向和北西向三组，存在发生5～6级

地震的构造背景。其中距场地较近的断裂构造为北西向桐口——洪山桥张性断层，为晚更新世早期活动断层。

③ 根据场地地震危险性概率分析结果，本场址 50 年超越概率 10% 的烈度值为 6.8 度。对场地危险性影响最大的泉州海外 8.0 级潜在震源区，其次是场址所在的福州 6.0 级潜在震源区。三种超越概率基岩地表水平峰值加速度见表 1.7.4。

三种超越概率基岩地表水平峰值加速度 表 1.7.4

基 准 期	50 年		
超越概率	63%	10%	2%
裸露基岩面水平峰值加速度	30	86	165

④ 根据抗震设防要求经计算给出本场地地震动参数见表 1.7.5，竖向地震动反应谱取对应水平向地震动峰值的 2/3 作为其加速度峰值，其谱形参数与水平谱形参数相同。合成的场地地震加速度时程数据可供建筑物结构抗震验算使用。

场地不同超越概率的场地地震动参数值 表 1.7.5

超越概率	$T_1(s)$	$T_g(s)$	$A_{max}(gal)$	β_{max}	C	α_{max}
50 年 63%	0.1	0.56	44	2.30	1.0	0.101
50 年 10%	0.1	0.58	111	2.30	1.0	0.255
50 年 2%	0.1	0.62	201	2.30	1.0	0.462

注：$\alpha_{max} = A_{max}\beta_{max}/1000$。

⑤ 通过对工程场地物、化探法探测和震害效应评估结果表明：在设防烈度 Ⅶ 度的地震作用下，该工程场地不存在软土震陷、地震边坡效应场地条件；据浅层地震勘探仅在场地西南面约 200m 发现一条断层，可能是北向西的桐口——洪山桥主断裂延伸的边界断层，非全新世活动断层，依据《建筑抗震设计规范》GB 50011—2010 第 4.7.1 条规定，可不考虑断层的错位效应；场地土第三层（③中砂层）除 ZK5、11 孔局部位置存在中等液化势，液化深度分别为 2.7～10.0m 和 5.0～11.0m 外，其他可不考虑液化的震害效应；场地土第五层（⑤中砂层）除 ZK2、5、7、8、9、11、12 七孔为临界——轻微液化，液化深度在 10.0～17.0m 不等外，其余孔不考虑液化。本场地饱和砂土层（③、⑤中砂层）不会因液化而产生侧向滑移。

⑥ 根据《建筑抗震设计规范》（GB 50011—2010）第 3.1.1 条规定，本工程属抗震不利地段。

2. 实例分析

1）本工程为福建省重点工程，属于"省、自治区、直辖市认为对本行政区域有重大价值或者有重大影响的其他建设工程"，应进行地震安全性评价。

2）结构设计对地震安全性评价报告可重点关注其结论部分，并将其提供的主要结果与《建筑抗震设计规范》（GB 50011—2010）的相关规定比较，结构设计中宜取两者之大值。

3）结构设计可依据地震安全性评价报告提供的地震加速度时程数据进行建筑物结构抗震验算，并不小于规范规定的计算结果。

【实例1.8】 青藏铁路拉萨站站房工程[14]地震安全性评价

1. 工程实例

1）工程概况

拉萨火车站工程，建于拉萨市柳吾新区拉萨河南岸，最大建筑高度25m，最大层数2层（局部设一层地下室，作为六级人防地下室及设备用房），他是青藏线上一座最具藏文化特色的现代建筑，也是雪域高原上一座代表性的综合性建筑群，它由主站房和附属用房及站蓬（站蓬施工图由铁道第一勘察设计院设计）组成，总用地面积10.8hm²（公顷），车站总建筑面积21900m²（见图1.7.8）。

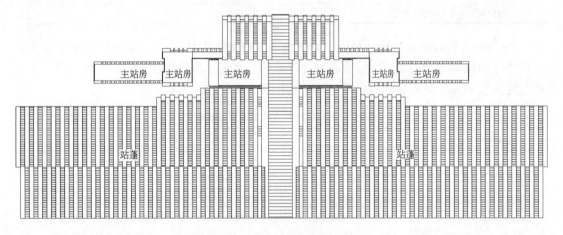

图1.7.8 拉萨火车站平面示意图

2）地震安全性评价

由于本工程属于新建铁路青藏线格尔木至拉萨段工程组成部分之一，执行新建青藏铁路地震安全性评价报告的结论。

2. 实例分析

1）本工程属于"国家重大建设工程"，应进行地震安全性评价；

2）由于本工程属于新建铁路青藏线格尔木至拉萨段工程组成部分之一，而新建青藏铁路已通过地震安全性评价，故作为分项工程可不再要求对本工程进行地震安全性评价。

第八节 与勘察相关的常见设计问题分析

【要点】

本节针对结构设计过程中常出现的与勘察相关的设计问题展开讨论，分析出现问题的主要原因，指出解决问题的办法，以提醒读者，避免在设计工作中出现类似问题。应特别注意勘察深度与地基主要受力层范围的关联性。

一、无勘察报告时的结构设计

1. 原因分析

1）工程场地条件复杂多变、不直观，且对结构设计影响重大，因此拟建场地的工程地质勘察报告是结构设计的重要依据，结构设计必须采用经审查合格的拟建场地勘察报告；

2）建设单位的进度要求、工期紧张，也不能作为无勘察设计的理由；

3）相邻建筑的勘察报告可作为结构设计的参考资料，不能作为设计依据；

4）无勘察报告时的结构施工图设计，常造成结构设计的下列后果：

（1）给结构设计带来安全隐患；

（2）造成结构设计浪费；

（3）造成结构设计返工，从而影响整个工程进度。

2. 设计建议

1）无勘察报告时，不宜进行结构的施工图设计；

2）无勘察报告时，不应进行高层结构的施工图设计；

3）结构施工图设计，应采用经过审查合格的勘察报告，避免造成设计返工影响工程进度；

4）工程进度需要且无拟建场地的工程勘察报告时，可参考相邻建筑的勘察报告或根据地质调查结果，进行结构的初步设计。

二、勘探点位置不满足要求时的结构设计

1. 原因分析

1）由于建筑功能的改变及建筑平面的变动，使得原勘探点的位置不再能满足结构设计要求。

2）钻孔位置不准确或数量不满足要求时，将影响对场地均匀性的判断，当为复杂场地时，将影响对场地异常情况的分析和判别，给设计和施工留有隐患。

2. 设计建议

1）对多层建筑，可要求原勘察单位提供勘察咨询报告，并通过施工图审查要求；

2）对高层建筑，应提出相应的补勘要求；

3）对均匀场地的建筑，当勘察点布置与建筑平面位置相差不大于 20%（或不大于20m）时，可不提出补勘要求。

三、勘探孔深度不满足要求时的结构设计

1. 原因分析

1）建筑功能的改变，如增设地下室等；

2）基础形式的改变，如原结构采用天然地基，最终需采用桩基础时；

3）对主要受力层深度预估不足，导致勘察深度不满足结构设计要求；

4）钻孔深度不足时，无法满足地基变形验算要求，当持力层下存在软弱下卧土层时，无法进行较为准确的下卧层验算。

2. 设计建议

勘察阶段可根据地基主要受力层深度确定相应的勘察深度，采用不同基础形式时的勘察孔深度建议见表 1.8.1。

四、加固加建工程未进行地基评价

1. 原因分析

旧有建筑的加固改造工程，采用原设计的地质勘察报告。

不同基础形式时的勘察孔深度建议　　　　　　　　　　　　表 1.8.1

序号	基础形式	示意图	z_n(m)	勘察孔深度 h(m)	备注
1	独立基础	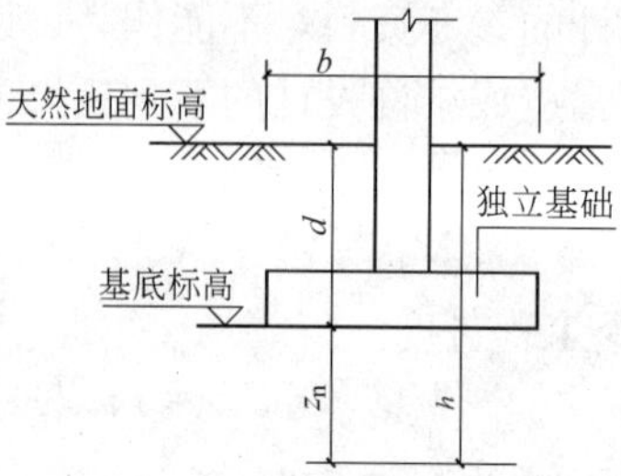 天然地面标高　b　独立基础　基底标高　d　$\frac{z_n}{2}$　h	公式(2.3.4)计算值及 $1.5b$ 和 5m 的最大值		
2	条形基础	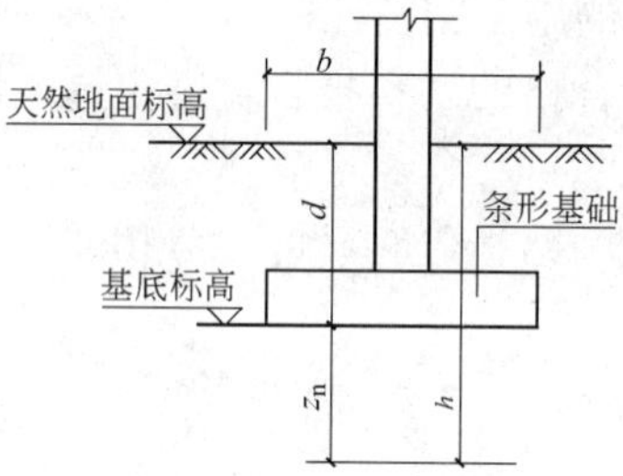 天然地面标高　b　条形基础　基底标高　d　$\frac{z_n}{2}$　h	公式(2.3.4)计算值及 $3b$ 和 5m 的最大值	$h=d+z_n$	z_n 除满足公式(2.3.4)要求外,还应满足图 2.3.5～图 2.3.7 的要求
3	箱基及筏基	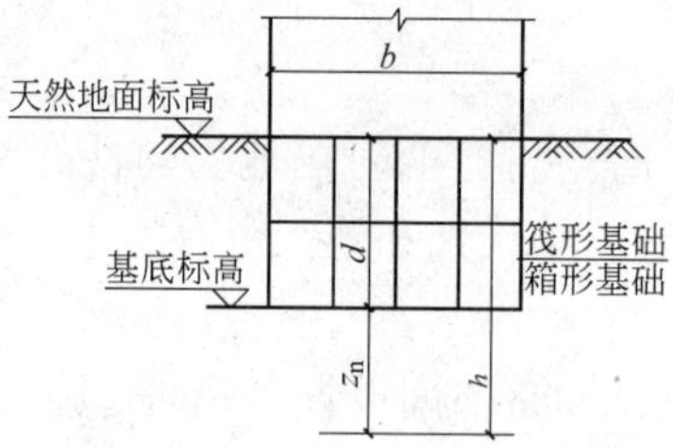 天然地面标高　b　筏形基础　箱形基础　基底标高　d　$\frac{z_n}{2}$	公式(2.3.4)计算值		
4	桩基	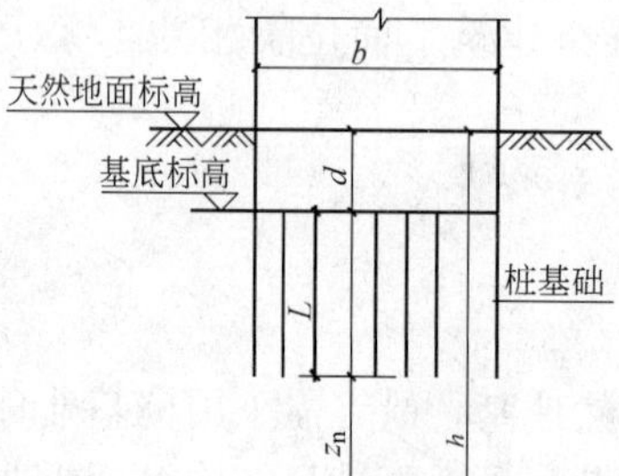 天然地面标高　b　基底标高　d　桩基础　l　$\frac{z_n}{2}$　h	公式(2.3.4)计算值		

2. 设计建议

1) 当加固加建引起的基础底面压力标准值增加幅度不超过地基承载力特征值 10% 时,可根据《建筑抗震鉴定标准》GB 50023—95 的要求考虑地基土长期压密对承载力的提高作用;

2) 当加固加建引起的基础底面压力标准值增加幅度超过地基承载力特征值 10% 时,应提出进行地基评估要求,由有资质的评估单位提出相应的评估报告,并通过施工图审查。

五、结构设计采用未通过施工图审查的勘察报告

1. 原因分析

1）为缩短设计周期，采用未通过审查的勘察报告，给结构设计带来修改的风险；

2）设计单位未及时提醒建设方进行勘察报告的超前审查。

2. 设计建议

1）勘察报告的审查属于施工图审查的内容，但作为结构设计依据性文件的勘察报告，应提前按施工图审查要求进行审查，避免施工图设计的返工；

2）设计单位应在适当时机提出进行勘察报告的超前审查要求，为施工图设计创造条件。

六、勘察报告中未提出建议采用的基础方案

1. 原因分析

1）工程场地具有很强的地域性和隐蔽性，不同区域场地条件差别很大，勘察单位的工作性质决定其比设计单位更清楚地了解地质情况和地质变化，因而对地基基础的设计建议更具针对性；

2）合理的地基基础方案，需要注册结构工程师和注册岩土工程师的密切配合。

2. 设计建议

当勘察报告中未明确基础方案时，应建议勘察单位出具补充说明予以明确。

七、地下水位较高时，勘察报告中未明确提出防水设计水位和抗浮设计水位或抗浮设计水位明显不合理

1. 原因分析

1）防水设计水位和抗浮设计水位是结构设计中的两个重要设计参数，对地下室结构的费用影响较大（尤其是抗浮设计水位）；

2）对抗浮设计水位的确定，规范没有统一的规定，各勘察单位根据各自的理解和当地经验确定，因而差别较大；

3）抗浮设计水位是勘察单位根据已有水文地质资料，对结构使用期内（如未来 50 年或未来 100 年等）工程所在地的地下水浮力设计水位作出的判断，抗浮设计水位只能进行事后验证，而无法进行即时验证，受勘探资料数量及准确性的影响，其抗浮设计水位的准确性各不相同。

2. 设计建议

对重要工程或当抗浮设计水位对结构设计及结构费用影响较大时，应提请业主进行抗浮设计水位的再论证，以合理设计节约造价。

参 考 文 献

[1] 中华人民共和国国家标准. 岩土工程勘察规范（GB 50021—2001）. 北京：中国建筑工业出版社，2002.

[2] 中华人民共和国国家标准. 高层建筑岩土工程勘察规程（JGJ 72—2004）. 北京：中国建筑工业出版社，2004.

［3］ 中华人民共和国国家标准. 建筑地基基础设计规范（GB 50007—2002）. 北京：中国建筑工业出版社，2002.

［4］ 中华人民共和国国家标准. 建筑抗震设计规范（GB 50011—2010）. 北京：中国建筑工业出版社，2001.

［5］ 北京市标准. 北京地区建筑地基基础勘察设计规范（DBJ 01-501-92）. 北京：1992.

［6］ 全国民用建筑工程设计技术措施（结构）. 北京：中国计划出版社，2003.

［7］ 华南工学院等四校合编. 地基及基础. 北京：中国建筑工业出版社，1981.

［8］ 龚思礼主编. 建筑抗震设计手册（第二版）. 北京：中国建筑工业出版社，2002.

［9］ 邹仲康，莫沛锵. 建筑结构常用疑难设计. 长沙：湖南大学出版社，1987.

［10］ 朱炳寅，陈富生. 建筑结构设计新规范综合应用手册（第二版）. 北京：中国建筑工业出版社，2004.

［11］ 朱炳寅. 建筑结构设计规范应用图解手册. 北京：中国建筑工业出版社，2005.

［12］ 福建龙岩会展中心工程结构设计. 中国建筑设计研究院. 2000.

［13］ 福建省广播电视中心工程结构设计. 中国建筑设计研究院. 2002.

［14］ 青藏铁路拉萨站站房结构设计. 中国建筑设计研究院. 2005.

［15］ 山东东营会展中心工程结构设计. 中国建筑设计研究院. 2006.

［16］ 福建省广播电视中心工程场地地震安全性评价报告，福建省地震地质工程勘察院 2001 年 11 月.

［17］ 福建龙岩会展中心工程地质勘察报告，福建省龙岩工程勘察院，1999 年 12 月.

［18］ 山东东营会展中心工程地质勘察报告，山东省岩土工程勘察院，2005 年 12 月.

［19］ 莫斯科中国贸易中心工程结构设计，中国建筑设计研究院，2007.

第二章 天 然 地 基

说明

1. 本章内容涉及下列主要规范：

1)《建筑地基基础设计规范》（GB 50007—2002）（以下简称《地基规范》）；

2)《冻土地区建筑地基基础设计规范》（JGJ 118—98）（以下简称《冻土规范》）；

3)《湿陷性黄土地区建筑规范》（GB 50025—2004）（以下简称《湿陷性黄土规范》）；

4)《膨胀土地区建筑技术规范》（GBJ 112—87）（以下简称《膨胀土规范》）；

5)《高层建筑箱形与筏形基础技术规范》（JGJ 6—99）（以下简称《箱筏规范》）。

2. 支承建筑物的那部分天然地层称为天然地基。当天然地基的承载力和地基沉降满足要求时，天然地基是结构设计中首选的地基形式，对其进行深入的理解有利于合理利用天然地基，使地基基础设计达到安全、经济、合理的目的。

1) 地基设计的基本原则是：保证地基土在上部荷载作用下不发生强度破坏、失稳，同时使地基变形所导致的建筑物沉降量不超过此类建筑物的变形许可值。

2) 地基设计的任务是：根据地基与建筑物的已知条件来选用合理的地基承载力。

(1) 进行必要的承载力变形或稳定性验算；

(2) 考虑上部结构刚度对地基不均匀性的适应程度；

(3) 考虑施工和使用期间可能发生的问题，提出处理措施和建议。

3. 天然地基的力学性能与很多因素有关，了解了土的物理性质特征及其变化规律，就能掌握土的特性，掌握天然地基的使用方法。

4. 结构工程师应根据工程勘察报告的建议采用合理的地基形式，当勘察报告所建议的地基形式不符合本工程的具体情况时，应与勘察单位进行适当的沟通以了解勘察建议的出发点，便于综合考虑。

5. 建筑工程地基基础的设计应执行《地基规范》，但地基基础的设计与各工程所处场地的具体情况密不可分，我国幅员辽阔，各工程所处场地条件千差万别，用一本规范很难全面覆盖。有些省市或地区（如北京、上海、天津、浙江、福建及深圳等）已颁布结合当地特点的基础及桩基设计规范。《地基规范》给出地基基础的基本理论及设计总原则。

新修订的《地基规范》吸取了国外规范的经验，并考虑我国加入 WTO 后在规范体系上与国际接轨的要求，反映了近 10 年来地基基础领域成熟的科研成果及原规范实施以来设计和工程实践的成功经验，填补了原设计规范的空缺，完善充实了原设计规范的内容；规范强调按变形控制设计地基基础的重要性，提出了相关勘察、设计、检验的方法与措施。

1) 变形控制的总原则

《地基规范》与以往规范的最大不同点在于采用了变形控制的总原则，地基基础的相关计算均建立在变形控制的总前提之下。

2）地基土工程特性指标的代表值

地基土工程特性指标的代表值分别为标准值、平均值及特征值。抗剪强度指标取标准值，压缩性指标取平均值，载荷试验承载力取特征值。

3）地基承载力特征值

地基承载力特征值，指由荷载试验测定的地基土压力变形曲线线性变形段内规定的变形所对应的压力值，其最大值为比例界限值。

4）在地基承载力特征值的确定过程中强调变形控制，地基承载力不再是单一的强度概念，而是一个满足正常使用要求（即与变形控制相关）的土的综合特征指标。

5）地基承载力是指地基所能承受的荷载。一般分为极限承载力和承载力特征值（我国部分地区也采用承载力标准值——编者注）。地基处于极限平衡状态时所能承受的荷载即为极限承载力。从结构设计出发，不仅要考虑建筑地基是否处于安全状态，同时还应考虑是否发生过大的沉降和不均匀沉降，在确保地基稳定性的前提下同时满足建筑物实际所能承受的变形能力，此时的承载力通常称为承载力特征值（或容许承载力）。

6．应重视对主要受力层范围内地基问题的研究。

7．对特殊地基（如冻土地基、湿陷性黄土地基和膨胀土地基等），设计中应优先考虑通过采取相应的建筑措施和结构措施来减小其对结构的影响。

8．应重视对地基沉降经验的积累。笔者认为，地基的沉降量不应该完全依赖于计算，在地基沉降量的确定过程中，工程经验往往比理论计算更重要，有时甚至是决定性的因素。合理的沉降量是结构设计计算的前提，它使得基础计算，变成一种在已知地基总沉降量前提下的基础沉降的复核过程，同时也是基础配筋的确定过程。

9．地基承载力验算和地基变形计算应采用规范规定的荷载组合值，当不符合规范要求时，可对荷载组合值进行适当的变换（见第四章第二节设计建议之7）。

第一节　地基岩土的分类及重要参数的确定

【要点】

本节介绍对地基土性质有重大影响的主要参数：无黏性土的密实度、黏性土的界限含水量、黏性土的塑性指数、土的压缩模量等，可结合附录C了解土工试验的常用方法及主要适用范围，有利于认识地基土、了解地基土和利用地基土。

要利用地基岩土首先要了解和认识岩土，在结构设计中虽然有岩土工程师提供的勘察报告，但要很好地利用勘察报告并依据勘察报告的合理建议恰当地选择基础形式，是结构工程师在结构设计中首先遇到的且是不可回避的问题。本节就结构工程师必须了解的若干问题进行分析。

一、地基土的分类

岩土分类是根据用途和岩土的各种性质差异将其划分为一定的类别，岩土的合理分类具有很大的实际意义，例如根据分类名称可以大致判断岩土的工程特性、评价岩土的承载力等。对岩土的分类一般由注册岩土工程师负责并在工程地质勘察报告中描述，结构工程师应对其有大致了解，以便对勘察报告的合理性作出判别，并为后续配合施工作好准备。

岩土分类的方法很多，在将岩土作为地基承受建筑物荷载的建筑工程中，主要着眼于岩土的工程性质（特别是强度和变形特性）及其他地质成因的关系进行分类。

地基土根据地质成因可分为洪积土、冲积土、淤积土、残积土、坡积土、冰积土和风积土等；按堆积物的颗粒级配或塑性指数可分为碎石土、砂土和黏性土；根据土的工程特殊性质可分为各种特殊土。作为建筑地基的岩土一般可分为岩石、天然土和人工填土。

1. 岩石的分类

岩石根据其成因和强度及风化程度等分类见表 2.1.1。

岩石分类表　　　　　　　　　　　　　　　表 2.1.1

分　类　标　准		特征及代表性岩石
按成因分类		沉积岩、岩浆岩和变质岩
按强度分类	硬质岩石(强度＞30000kPa)	如：花岗岩、花岗片麻岩、闪长岩、石灰岩、石英砂岩、大理岩等
	软质岩石(强度＜30000kPa)	如：页岩、千枚岩、片岩等
按风化程度分类	微风化岩石	岩质新鲜，仅节理面有铁锰质侵染
	中等风化岩石	岩石节理面重风化，岩石的颜色几乎完全改变，风化裂隙发育，岩石用手不能折断，用岩心钻可钻进
	强风化岩石	岩石整个受到风化，易风化的矿物成分大部分变质，颗粒间连结力减弱，岩块用手可捏碎，用镐可以挖掘，手镐钻不易钻进。标准贯入试验锤击数大于 50 击

2. 天然土的分类

天然土可分为碎石土、砂土、黏性土、软土等。

1)（《地基规范》第 4.1.5 条）碎石土的分类

碎石土是指粒径大于 2mm 颗粒的质量超过总质量 50％的土。

碎石土根据颗粒级配及形状分为漂石或块石、卵石或碎石、圆粒或角粒，其分类标准见表 2.1.2。

常作为结构设计中主要基础持力层，其可按沉积年代、地质成因、颗粒级配及特殊性质等分类见表 2.1.2。

碎石按颗粒级配及形状分类　　　　　　　　　　表 2.1.2

土的名称	颗　粒　形　状	颗　粒　级　配
漂石	圆形及亚圆形为主	粒径大于 200mm 颗粒的质量超过总质量的 50％
块石	棱角形为主	
卵石	圆形及亚圆形为主	粒径大于 20mm 颗粒的质量超过总质量的 50％
碎石	棱角形为主	
圆砾	圆形及亚圆形为主	粒径大于 2mm 颗粒的质量超过总质量的 50％
角砾	棱角形为主	

2）（《地基规范》第 4.1.7 条）砂土的分类

砂土是指粒径大于 2mm 颗粒的质量不超过总质量 50%，且塑性指数 I_P 不大于 3 的土。

砂土按颗粒级配分为砾砂、粗砂、中砂、细砂和粉砂，其分类见表 2.1.3（分类时根据粒组含量由大到小，以最先符合者确定）。

砂土按颗粒级配分类　　　　　　　　　　表 2.1.3

土 的 名 称	颗 粒 级 配
砾砂	粒径大于 2mm 颗粒占总质量的 25%～50%
粗砂	粒径大于 0.5mm 颗粒超过总质量的 50%
中砂	粒径大于 0.25mm 颗粒超过总质量的 50%
细砂	粒径大于 0.1mm 颗粒超过总质量的 75%
粉砂	粒径大于 0.1mm 颗粒不超过总质量的 75%

3）（《地基规范》第 4.1.9 条）黏性土分类

黏性土是指塑性指数 I_P（由相应于 76g 的圆锥体沉入土样中深度为 10mm 时测定的液限计算而得）大于 3 的土。

黏性土在工程中遇到的概率最大，其工程性质与土的成因、生成年代的关系密切，不同成因、不同年代的黏性土，尽管某些物理指标值可能很接近，但其工程性质可能相差很悬殊。

黏性土按沉积年代可分为老黏土、一般黏性土和新近沉积黏性土，其分类见表 2.1.4。

黏性土按沉积年代分类　　　　　　　　　　表 2.1.4

土的名称	沉 积 年 代	工 程 特 性	主要分布区域
老黏土	第四纪晚更新世（Q_3）及以前沉积的黏性土	沉积年代久、工程性质很好，具有较高的强度和较低的压缩性，物理力学性质比具有相近物理指标的一般黏性土要好得多	长江中下游、湘江两岸及内蒙古包头地区等
一般沉积土	第四纪全新世（Q_4）（文化期以前）沉积的黏性土	工程性质变化很大	分布面积最广
新近沉积土	第四纪全新世（Q_4）中、晚期形成的土	一般呈欠压密状态、强度低，常含有人类文化活动产物（如砖瓦片、木炭渣、陶瓷片等物）和较多的有机质与螺壳、蚌壳等	分布面积很广

黏性土按塑性指数 I_P 可分为轻亚黏土、亚黏土和黏土，其分类见表 2.1.5。

黏性土按塑性指数 I_P 分类　　　　　　　　　　表 2.1.5

土的名称	粉 土	粉质黏土	黏 土
塑性指数 I_P	$3 < I_P \leqslant 10$	$10 < I_P \leqslant 17$	$I_P > 17$

4）特殊天然土分类

特殊天然土是指在特定的地理环境条件下形成的特殊性质的土。它的分布具有明显的区域性。特殊天然土主要包括湿陷性土、膨胀土、软土和混合土等。其分类见表 2.1.6。

特殊天然土分类　　　　表 2.1.6

土的名称	特　征		
湿陷性土	室内压缩试验在 200kPa 压力下附加湿陷量与土样原高度之比不小于 0.015 的土或野外浸水载荷试验在 200kPa 压力下附加湿陷量与承压板宽度之比不小于 0.023 的土		
膨胀土	土中含有大量的亲水黏土矿物成分,在环境湿度变化的条件下产生强烈胀缩变形的土		
软土	粉土或黏性土	孔隙比大($e \geq 1$)	
		天然含水量高($w \geq w_L$)	
		土的压缩性高($E_s < 4$MPa)	
		强度低($C_u < 30$kPa)	
		具有灵敏结构性的土	
	淤泥	$e \geq 1.5$	在静水或缓慢的流水环境中沉积,经生物化学作用形成的软土
	淤泥质土	$1.0 \leq e < 1.5$	
混合土	颗粒级配不连续,主要由黏粒、粉粒、砾粒和漂粒组成,其成因主要为洪积、坡积、冰水沉积和残积		

在工程设计中应注意特殊性质土层（含特殊性质土的夹层），对其工程性质不稳定及继续发展的特点应予以高度重视，如常以夹层形式构造于一般黏性土中的泥炭或泥炭质土（在潮湿和缺氧环境中由未充分分解的植物遗体堆积而成的一种有机质土，其有机含量超过 25%），其含水量极高，压缩性很大且很不均匀，对工程十分不利。

3. 人工填土的分类

人工填土由人类活动堆积而成，其物质成分杂乱，一般均匀性差、强度低、压缩性高，常具有湿陷性。

工程设计中遇到的人工填土各不相同，历代古都的人工填土，一般都保留有人类文化活动的遗物或古建筑的碎砖瓦砾，新城市的市区所遇到的人工填土不少是炉渣、煤渣、建筑垃圾及生活垃圾等。人工填土未经恰当处理一般不得作为基础持力层。

人工填土按堆积年代和组成等分类见表 2.1.7。

人工填土分类　　　　表 2.1.7

分类标准	名　称	细　化　标　准	
按堆积时间分类	老填土	超过 10 年的填黏土和填粉质黏土,超过 5 年的填粉土	
	新填土	不超过 10 年的填黏土和填粉质黏土,不超过 5 年的填粉土	
按组成分类	素填土	由碎石土、砂土、黏性土等一种或数种组成的填土,常含有少量砖瓦片及其他人为产物	
	杂填土	含有大量的建筑垃圾、工业废料或生活垃圾等杂物的填土	
	房渣土	以建筑垃圾为主要成分的杂填土	
	冲填土	由水力冲填泥砂形成的填土	
	炉灰	炉灰　无凝聚性、一般堆积年代不久,呈褐红色或黑灰色	煤及煤土混合物经过燃烧而成的无机物质
		变质炉灰　堆积年代较久的炉灰经风化变质而成,稍具黏性,手捻呈粉末、变软	

二、地基土的主要技术参数

影响天然地基承载力和变形能力的因素很多，主要因素如密实度 S_r、标准贯入试验锤击数 N（用于测定砂土的密实度）、重型圆锥动力触探锤击数 $N_{63.5}$（用于测定碎石土的密实度)、黏性土的液性指数 I_L、土的压缩模量 E_s 等。

1. 无黏性土的密实度

无黏性土的密实度与其工程特性有密切的关系,当呈密实状态时,强度较大,可作为良好的天然地基;当呈松散状态时,则是一种软弱地基。对于同一种无黏性土,当其孔隙比 e 小于某一限度时,处于密实状态,随着孔隙比的增大,则处于中密、稍密直到松散状态。无黏性土的上述特性是由其所具有的单粒结构决定的。

砂土的相对密实度 D_r 与天然孔隙比 e 之间具有相关的规律性,可直接采用天然孔隙比 e 的指标值将砂土划分为密实、中密、稍密和松散四种密实度状态,见表 2.1.8。

砂土密实度状态的划分　　　　　　　　　　表 2.1.8

土的名称	密 实 度 状 态			
	密实	中密	稍密	松散
砾砂、粗砂、中砂	$e\leqslant0.60$	$0.60<e\leqslant0.75$	$0.75<e\leqslant0.85$	$e>0.85$
细砂、粉砂	$e\leqslant0.70$	$0.70<e\leqslant0.85$	$0.85<e\leqslant0.95$	$e>0.95$

碎石土可以根据野外鉴别方法划分密实、中密及稍密三种密实度状态。

2. 黏性土的界限含水量

黏性土由于其含水量的不同而分别处于固态、半固态、可塑状态及流动状态,黏性土由一种状态转到另一种状态的分界含水量就是界限含水量。它对黏性土分类及工程性质的评价具有重要意义。相关名词意义见表 2.1.9 及图 2.1.1。

黏性土物理状态的界限　　　　　　　　　　表 2.1.9

界 限 名 称	物 理 意 义
液限 w_L(也称流限或塑性上限含水量)	土由可塑状态转到流动状态的界限含水量
塑限 w_P(也称塑性下限含水量)	土由半固体状态转到可塑状态的界限含水量
缩限 w_s	土由半固体状态不断蒸发水分,体积逐渐缩小,直到体积不再缩小时土的界限含水量

1) 黏性土的液限 w_L

w_L 常采用锥式液限仪来测定(见图 2.1.2),将调成均匀的浓糊状试样装满盛土杯内(盛土杯置于底座上),刮平杯口表面,将 76g 重圆锥体轻放在试样表面中心,使其自重作用下徐徐沉入试样,若锥体经 15s 恰好沉入 10mm 深度,则此时杯内土样的含水量就是液限 w_L 值;

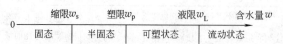

图 2.1.1　黏性土的物理状态与含水量关系

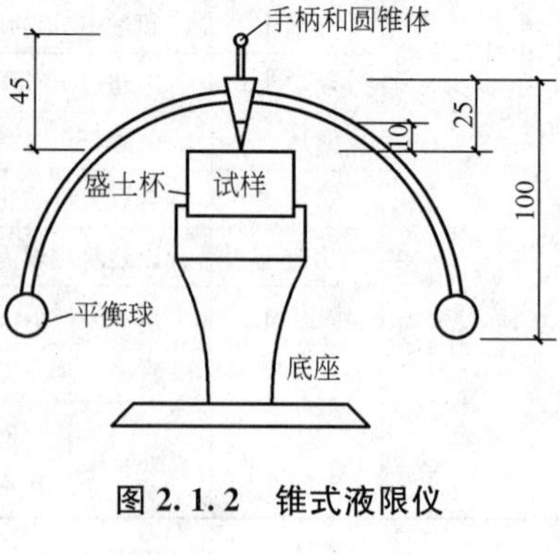

图 2.1.2　锥式液限仪

2) 黏性土的塑限 w_P

w_P 常采用"搓条法"测定,就是用双手将天然湿度的土样搓成直径小于 10mm 的小圆球,放在毛玻璃上再用手掌慢慢搓滚成小细条,若土条搓到直径 3mm 时恰好开始断裂，则此断裂条的含水量就是塑限 w_P 值；由于"搓条法"受人为因素影响较大，成果不稳定，因此，常可采用联合测定法求塑限 w_P 值并与"搓条法"进行比较；

3）黏性土的缩限 w_s

w_s 常采用收缩皿法，即用收缩皿（或环刀）盛满含水量为液限的试样，烘干后测定收缩体积和干土重，从而求得干缩含水量，并与试验前试样的含水量相减即得缩限 w_s 值。

3. 黏性土的塑性指数

黏性土的塑性指数 I_P 指液限和塑限的差值，即土处在可塑状态的含水量变化范围内：

$$I_P = w_L - w_P \tag{2.1.1}$$

塑性指数 I_P 反映的是土的颗粒组成、土粒的矿物成分以及土中水的离子成分和浓度等因素的关系，土粒越细且细颗粒（黏粒）含量越高，其表面和可能的结合水含量越高，则 I_P 也随之加大；如果土中不含黏粒，则 $I_P = 0$；当黏粒含量在 3% 以上（$I_P \geqslant 3$）时，土就表现出黏性土的特性。

由于塑性指数 I_P 在一定程度上综合反映了影响黏性土特征的各种重要因素，故工程中可根据黏性土的塑性指数 I_P 对黏性土进行适当的分类（见表 2.1.5）。

4. 黏性土的液性指数 I_L

黏性土的液性指数 I_L 指天然含水量和塑限的差值与塑性指数 I_P 之比：

$$I_L = \frac{w - w_P}{w_L - w_P} = \frac{w - w_P}{I_P} \tag{2.1.2}$$

当土的天然含水量 w 小于 w_P 时，I_L 小于 0，天然土处于坚硬状态；当土的天然含水量 w 大于 w_L 时，I_L 大于 1，天然土处于流动状态；当土的天然含水量 w 在 w_P 与 w_L 之间时，I_L 在 0～1 之间，天然土处于可塑状态；因此可以用液性指数 I_L 来反映黏性土的软硬程度，I_L 越大，土质越软；反之，土质越硬。

工程中根据黏性土的液性指数 I_L 数值将其划分为坚硬、硬塑、可塑、软塑和流塑五种状态，见表 2.1.10。

黏性土软硬状态的划分   表 2.1.10

状态	坚硬	硬塑	可塑	软塑	流塑
液性指数 I_L	$I_L \leqslant 0$	$0 < I_L \leqslant 0.25$	$0.25 < I_L \leqslant 0.75$	$0.75 < I_L \leqslant 1.0$	$I_L > 1.0$

5. 土的压缩模量 E_s

土的压缩模量 E_s 指的是土在完全侧限条件下的竖向附加压力与相应的应变增量之比值。土的压缩模量 E_s 可根据下式计算：

$$E_s = \frac{\Delta P}{\Delta H / H} = \frac{1 + e}{a} \tag{2.1.3}$$

按压缩模量 E_s 可将土分类如表 2.1.11 所示。

土按压缩模量分类   表 2.1.11

状态	特高压缩性	高压缩性	中高压缩性	中压缩性	中低压缩性	低压缩性
E_s(MPa)	$E_s \leqslant 2$	$2 < E_s \leqslant 4$	$4 < E_s \leqslant 7.5$	$7.5 < E_s \leqslant 11$	$11 < E_s \leqslant 15$	$E_s > 15$

三、相关索引

《北京地区建筑地基基础勘察设计规范》（DBJ 01—501—92）关于砂土、粉土及黏性土的分类标准见其第 3.0.4 条。

第二节 地基承载力

【要点】

地基承载力与上部结构的承载力概念不同，它与地基变形密切相关。本节说明规范对地基承载力的要求及地基承载力计算中相关参数的取值要点，对规范未明确规定的问题，提出现阶段解决问题的实用设计建议。应注意用于地基承载力修正的计算埋深与基础实际埋深的区别。

地基承载力是指地基所能承受的荷载。一般分为极限承载力和承载力特征值（我国部分地区也采用承载力标准值——编者注）。地基处于极限平衡状态时所能承受的荷载即为极限承载力。从结构设计出发，不仅要考虑建筑地基是否处于安全状态，同时还应考虑是否发生过大的沉降和不均匀沉降，在确保地基稳定性的前提下同时满足建筑物实际所能承受的变形能力，此时的承载力通常称为承载力特征值（或容许承载力）。

地基承载力特征值，指由荷载试验测定的地基土压力变形曲线线性变形段内规定的变形所对应的压力值，其最大值为比例界限值。

在地基承载力特征值的确定过程中强调变形控制，地基承载力不再是单一的强度概念，而是一个满足正常使用要求（即与变形控制相关）的土的综合特征指标。

结构工程师应根据工程勘察报告的建议采用合理的地基形式，当勘察报告所建议的地基形式不符合工程的具体情况时，应与勘察单位进行适当的沟通以了解勘察建议的出发点，便于综合考虑。

天然地基是结构设计中首选的地基形式，对其进行深入的理解有利于合理利用天然地基。

一、地基承载力的控制要求

1. (《地基规范》第 5.2.3 条) 地基承载力特征值可由载荷试验或其他原位测试、公式计算、并结合工程实践经验等方法综合确定。

2. (《地基规范》第 5.2.4 条) 当基础宽度大于 3m 或埋置深度大于 0.5m 时，从载荷试验或其他原位测试、经验值等方法确定的地基承载力特征值，尚应按下式修正：

$$f_a = f_{ak} + \eta_b \gamma (b-3) + \eta_d \gamma_m (d-0.5) \qquad (2.2.1)$$

式中 f_a——修正后的地基承载力特征值；

f_{ak}——地基承载力特征值，由勘察报告提供；

η_b、η_d——基础宽度和埋深的地基承载力修正系数，按基底下土的类别查表 (2.2.1) 取值；

【注意】

η_b、η_d 只与基础底面处土的性质有关，而与基础底面以上土的性质无关。

γ——基础底面以下土的重度，地下水位以下取浮重度；

【注意】

计算的是基础底面以下的持力层地基土重度，与 γ_m 不同。

b——基础底面宽度 (m)，当基宽小于 3m 按 3m 取值，大于 6m 按 6m 取值；

γ_m——基础底面以上土的加权平均重度，地下水位以下取浮重度；

【注意】

计算的是基础底面以上的土平均重度，与 γ 不同，由 γ_m 引起的相关问题见本节"结构设计的相关问题"之 2。

d——基础埋置深度（m），一般自室外地面标高算起。在填方整平地区，可自填土地面标高算起，但填土在上部结构施工后完成时，应从天然地面标高算起。对于地下室，如采用箱形基础或筏基时，基础埋置深度自室外地面标高算起；当采用独立基础或条形基础时，应从室内地面标高算起。

承载力修正系数   表 2.2.1

土 的 类 别		η_b	η_d
淤泥和淤泥质土		0	1.0
人工填土		0	1.0
e 或 I_L 大于等于 0.85 的黏性土			
红黏土	含水比 $\alpha_w > 0.8$	0	1.2
	含水比 $\alpha_w \leqslant 0.8$	0.15	1.4
大面积压实填土	压实系数大于 0.95、黏粒含量 $\rho_c \geqslant 10\%$ 的粉土	0	1.5
	最大干密度大于 2.1t/m³ 的级配砂石	0	2.0
粉土	黏粒含量 $\rho_c \geqslant 10\%$ 的粉土	0.3	1.5
	黏粒含量 $\rho_c < 10\%$ 的粉土	0.5	2.0
e 及 I_L 均小于 0.85 的黏性土		0.3	1.6
粉砂、细砂（不包括很湿与饱和时的稍密状态）		2.0	3.0
中砂、粗砂、砾砂和碎石土		3.0	4.4

注：1. 强风化和全风化的岩石，可参照所风化成的相应土类取值，其他状态下的岩石不修正；

    2. 地基承载力特征值按《地基规范》附录 D 深层平板载荷试验确定时 η_d 取 0。

【注意】

此处的基础埋深是指地基承载力修正所需的数值，不完全等同于基础的实际埋深，为便于与实际埋深相区别，此处可称其为计算埋深。关于本条的理解说明见本节设计建议 4。

3.（《地基规范》第 5.2.5 条）当偏心距 $e_k \leqslant 0.033b$ 时，根据土的抗剪强度指标确定地基承载力特征值可按下式计算，并应满足变形要求：

$$f_a = M_b \gamma b + M_d \gamma_m d + M_c c_k \qquad (2.2.2)$$

式中 f_a——由土的抗剪强度指标确定的地基承载力特征值；

M_b、M_d、M_c——承载力系数，按表 2.2.2 确定；

    b——基础底面宽度，大于 6m 时按 6m 取值，对于砂土小于 3m 时按 3m 取值；

    c_k——基底下深度 B（B 为基础的短边宽度）范围内土的黏聚力标准值；

    e_k——相应于荷载效应标准组合时的偏心距，按公式（2.2.12）计算。

4.（《地基规范》第 5.2.6 条）岩石地基承载力特征值，可按《地基规范》附录 H 岩基载荷试验方法确定。对完整、较完整和较破碎的岩石地基承载力特征值，可根据室内饱

承载力系数 M_b、M_d、M_c　　　　　　表 2.2.2

土的内摩擦角标准值 $\varphi_k(°)$	M_b	M_d	M_c	土的内摩擦角标准值 $\varphi_k(°)$	M_b	M_d	M_c
0	0	1.00	3.14	22	0.61	3.44	6.04
2	0.03	1.12	3.32	24	0.80	3.87	6.45
4	0.06	1.25	3.51	26	1.10	4.37	6.90
6	0.10	1.39	3.71	28	1.40	4.93	7.40
8	0.14	1.55	3.93	30	1.90	5.59	7.95
10	0.18	1.73	4.17	32	2.60	6.35	8.55
12	0.23	1.94	4.42	34	3.40	7.21	9.22
14	0.29	2.17	4.69	36	4.20	8.25	9.97
16	0.36	2.43	5.00	38	5.00	9.44	10.80
18	0.43	2.72	5.31	40	5.80	10.84	11.73
20	0.51	3.06	5.66				

注：φ_k——基底下深度 B（B 为基础的短边宽度）范围内土的内摩擦角标准值。

和单轴抗压强度按下式计算：

$$f_a = \psi_r \cdot f_{rk} \tag{2.2.3}$$

式中　f_a——岩石地基承载力特征值（kPa）；

　　　f_{rk}——岩石饱和单轴抗压强度标准值（kPa），可按《地基规范》附录 J 确定；

　　　ψ_r——折减系数（未考虑施工因素及建筑物使用后风化作用的继续）。根据岩体完
整程度以及结构面的间距、宽度、产状和组合，由地区经验确定。无经验
时，对完整岩体可取 0.5；对较完整岩体可取 0.2～0.5；对较破碎岩体可取
0.1～0.2。

对于黏土质岩，在确保施工期及使用期不致遭水浸泡时，也可采用天然湿度的试样，
不进行饱和处理。

对破碎、极破碎的岩石地基承载力特征值，可根据地区经验取值，无地区经验时，可
根据平板载荷试验确定。

5. 对于沉降已经稳定的建筑或经过预压的地基，可适当提高地基承载力。

6. 对软弱下卧层地基验算的相关规定见本章第四节。

7.（《地基规范》第 5.2.1 条）非抗震结构的地基承载力验算

1）天然地基在荷载作用下的竖向承载力验算：

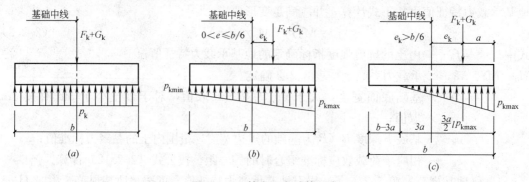

图 2.2.1　基底压力计算示意

(a) $e_k = 0$；(b) $0 < e_k \leqslant b/6$；(c) $e_k > b/6$

（1）当轴心荷载作用时（图 2.2.1a）　　　$p_k \leqslant f_a$ 　　　　　　　（2.2.4）

（2）当偏心荷载作用时（图 2.2.1b）　　　$p_{kmax} \leqslant 1.2f_a$ 　　　　　（2.2.5）

式中　p_k——相应于荷载效应标准组合时，基础底面处的平均压力值（kPa）；

　　　p_{kmax}——相应于荷载效应标准组合时，基础底面边缘的最大压力值（kPa）；

　　　f_a——修正后的地基承载力特征值（kPa）。

2）（《地基规范》第 5.2.2 条）基础底面的压力，可按下列公式确定：

（1）当轴心荷载作用时（图 2.2.1a）

$$p_k = \frac{F_k + G_k}{A}$$ 　　　　　　　　　（2.2.6）

（2）当偏心荷载作用时（图 2.2.1b）

$$p_{kmax} = \frac{F_k + G_k}{A} + \frac{M_k}{W}$$ 　　　　　　　（2.2.7）

$$p_{kmin} = \frac{F_k + G_k}{A} - \frac{M_k}{W}$$ 　　　　　　　（2.2.8）

式中　F_k——相应于荷载效应标准组合时，上部结构传至基础顶面的竖向压力值（kN）；

　　　G_k——基础自重和基础上的土重（kN）；

　　　A——基础的底面面积（m²）；

　　　M_k——相应于荷载效应标准组合时，作用于基础底面的力矩值；

　　　W——基础底面的抵抗矩；

　　　p_{kmin}——相应于荷载效应标准组合时，基础底面边缘的最小压力值（kPa）。

当偏心距 $e_k > b/6$（b 为力矩作用方向基础底面边长）时（图 2.2.1c），p_{kmax} 应按下式计算：

$$p_{kmax} = \frac{2(F_k + G_k)}{3la}$$ 　　　　　　　（2.2.9）

式中　l——垂直于力矩作用方向的基础底面边长（m）；

　　　a——合力作用点至基础底面最大压力边缘的距离。

3）非抗震设计时基础底面与地基土之间零应力区面积及基础偏心距要求：

（1）（《混凝土高规》第 12.1.6 条）高宽比 $H/B > 4$ 的高层建筑，基础底面不宜出现零应力区；

对矩形平面的基础，上述要求可表达为：　　　$e_k \leqslant b/6$ 　　　　（2.2.10）

（2）（《混凝土高规》第 12.1.6 条）高宽比 $H/B \leqslant 4$ 的高层建筑，基础底面与地基土之间零应力区面积不应超过基础底面积的 15%；

对矩形平面的基础，上述要求可表达为：　　　$e_k \leqslant 1.3b/6$ 　　　（2.2.11）

式中　b——为力矩作用方向基础的底面边长；

　　　e_k——相应于荷载效应标准组合时的偏心距，按下式计算：

$$e_k = \frac{M_k}{F_k + G_k}$$ 　　　　　　　（2.2.12）

其中　F_k——相应于荷载效应标准组合时，上部结构传至基础顶面的竖向力值；

　　　M_k——相应于荷载效应标准组合时，作用于基础底面的力矩值；

　　　G_k——基础自重和基础上的土重。

（3）（《混凝土高规》第12.1.5条，《地基规范》第8.4.2条）高层建筑筏基偏心距 e_q 的限值。

位于均匀地基上及无相邻建筑荷载影响条件下的单栋建筑，基底平面形心宜与结构竖向永久荷载重心重合。当不能重合时，在荷载效应准永久组合下，其偏心距宜符合下列要求：

$$e_q = \frac{M_q}{F_q + G_k} \leqslant 0.1W/A \qquad (2.2.13)$$

对矩形平面的基础，上述要求可表达为： $\qquad e_q \leqslant b/60 \qquad (2.2.14)$

式中　F_q——相应于荷载效应准永久组合时，上部结构传至基础顶面的竖向力值；

　　　M_q——相应于荷载效应准永久组合时，作用于基础底面的力矩值；

　　　G_k——基础自重和基础上的土重；

　　　W——与偏心距方向一致的基础底面边缘抵抗矩；

　　　A——基础底面面积；

　　　b——与偏心距方向一致的基础底面宽度。

8. 抗震结构的地基承载力验算

1)（《抗震规范》第4.2.2条）规定，**天然地基基础抗震验算时，应采用地震作用效应的标准组合，且地基抗震承载力应取地基承载力特征值乘以地基抗震承载力调整系数计算。**

2)（《抗震规范》第4.2.3条）地基抗震承载力应按下式计算：

$$f_{aE} = \zeta_a f_a \qquad (2.2.15)$$

式中　f_{aE}——调整后的地基抗震承载力；

　　　ζ_a——地基承载力调整系数，应按表2.2.3取值；

　　　f_a——经深宽修正后的地基承载力特征值。

地基土抗震承载力调整系数 ζ_a 表2.2.3

岩土名称和性状	ζ_a
岩石，密实的碎石土，密实的砾、粗、中砂，$f_{ak} \geqslant 300$kPa 的黏性土和粉土	1.5
中密、稍密的碎石土，中密和稍密的砾、粗、中砂，密实和中密的细、粉砂，150kPa$\leqslant f_{ak} < 300$kPa 的黏性土和粉土，坚硬黄土	1.3
稍密的细、粉砂，100kPa$\leqslant f_{ak} < 150$kPa 的黏性土和粉土，可塑黄土	1.1
淤泥，淤泥质土，松散的砂，杂填土，新近堆积黄土及流塑黄土	1.0

3)（《抗震规范》第4.2.4条）地震作用下天然地基的竖向承载力验算

基础底面压力应符合下式要求：

当轴心荷载作用时 $\qquad\qquad\qquad p \leqslant f_{aE} \qquad (2.2.16)$

当偏心荷载作用时 $\qquad\qquad\qquad p_{max} \leqslant 1.2 f_{aE} \qquad (2.2.17)$

式中　p——相应于地震作用效应标准组合时，基础底面处的平均压力值；

　　　p_{max}——相应于地震作用效应标准组合时，基础底面边缘的最大压力值。

4) 基础底面与地基土之间零应力区面积及基础偏心距要求

（《抗震规范》第4.2.4条）抗震设计时的基础除满足上述非抗震设计时的一般要求外，还需满足基础底面与地基土之间零应力区面积的特殊要求：

（1）高宽比 $H/B > 4$ 的高层建筑，在地震作用下基础底面不宜出现零应力区；

对矩形平面的基础，上述要求可表达为： $\qquad e_E \leqslant b/6 \qquad (2.2.18)$

（2）其他建筑，基础底面与地基土之间零应力区面积不应超过基础底面积的15％；

对矩形平面的基础，上述要求可表达为：　　　　　$e_E \leqslant 1.3b/6$　　　　（2.2.19）

式中　b——为力矩作用方向基础的底面边长；

　　　e_E——相应于地震作用效应标准组合时的偏心距，按下式计算：

$$e_E = \frac{M_{kE}}{F_{kE} + G_k}$$　　　　（2.2.20）

其中　F_{kE}——相应于地震作用效应标准组合时，上部结构传至基础顶面的竖向力值；

　　　M_{kE}——相应于地震作用效应标准组合时，作用于基础底面的力矩值；

　　　G_k——基础自重和基础上的土重。

二、理解与分析

1. 地基承载力标准值 f_{ak} 的三种确定方式如下：

1）载荷试验法；

2）其他原位测试法；

3）经验值方法。

2. 在基坑开挖前，受土体自重应力的作用，土样处于三向应力状态，基坑开挖和土样采集过程中，土体受到扰动，已改变了其实际的受力状态，为弥补土工试验及现场浅层平板实验与土样实际受力情况的差异，应考虑基础埋置深度对地基承载力的影响，关注的是土颗粒所受到的其上土层自重应力的影响（受地下水影响时，应计算土颗粒实际受到的上部的土体自重压力，即按浮重度考虑）。当地基承载力标准值 f_{ak} 按深层载荷试验法确定时，不应再进行深度修正（即按公式（2.2.1）计算时，应取 $\eta_d = 0$）。

3. 当采用大面积压实填土时，不考虑承载力的宽度修正（注意：仍应考虑深度修正）。

4. 基础的埋置深度计算要求见图2.2.2。

5. 对主楼和裙楼一体的结构，当 $B_1 + B_2 > 2B$ 时，主楼基础的埋深计算时可将基础底面以上范围内的荷载，作为基础两侧的超载考虑并将其折算成等效埋深，见图2.2.3。

6. 长期压密对地基承载力的提高作用。

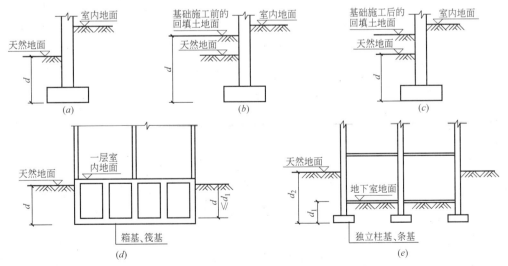

图2.2.2　不同情况下基础的埋置深度计算

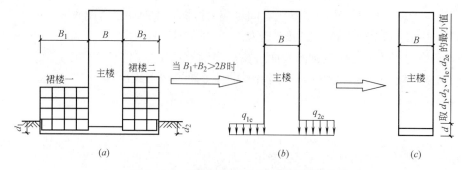

图 2.2.3　带裙房的主楼基础埋置深度计算

1）对适当提高地基承载力的幅度，《地基规范》未予具体规定，可执行《建筑抗震鉴定标准》（GB 50023—95）的规定。

2）《建筑抗震鉴定标准》（GB 50023—95）规定，对长期压密地基土承载力的提高系数 ζ_c，按表 2.2.4 取用，相应地考虑地基土长期压密影响的地基承载力特征值 f_{ac} 按下式计算：

$$f_{ac} = \zeta_c f_a \tag{2.2.21}$$

式中　f_a——经深宽修正后的地基承载力特征值。

地基土承载力长期压密提高系数 ζ_c　　　　　　　表 2.2.4

年限与岩土类别	p_a/f_a			
	1.0	0.8	0.4	<0.4
2 年以上的砾、粗、中、细、粉砂 5 年以上的粉土和粉质黏土 8 年以上地基土承载力特征值大于 100kPa 的黏土	1.2	1.1	1.05	1.0

注：1. p_a 为相应于荷载效应标准组合时，基础底面的实际平均压力（kPa）；

2. 使用期不够表中年限或岩土为岩石、碎石土、其他软弱土，其提高数值 ζ_a 可取 1.0。

7. 对基础偏心距（e_k、e_q、e_E）的限制，其本质就是控制基础底面的压力和基础的整体倾斜，对于不同的建筑、不同类型的基础，其控制的重点各不相同。

1）对高层建筑由于其楼身质心高，荷载重，当整体式基础（筏形或箱形）开始产生倾斜后，建筑物总重对基础底面形心将产生新的倾覆力矩增量，而倾覆力矩的增量又产生新的倾斜增量，倾斜可能伴随时间而增长，直至地基变形稳定为止。为限制基础在永久荷载下的倾斜而提出基础偏心距 e_q 的限值要求（当高层建筑采用非整体式基础时，建议也应考虑本条要求——编者注），采用的是荷载效应的准永久组合（与 e_k 不同）；

2）对其他类型的基础（非整体式基础——编者注），则通过对基底偏心距 e_k 的控制，实现对基底压力和整体倾斜的双重控制，采用的是荷载效应的标准组合（与 e_q 不同）。

8. 比较式（2.2.10）与式（2.2.14）可以发现规范对整体式基础（筏基及箱基）的偏心距限值（$e_q \leqslant b/60$），较非整体式基础的偏心距限值（$e_k \leqslant b/6$）严格得多，仅为后者的 10%。

9. 老《抗震规范》规定验算天然地基地震作用下的竖向承载力时，基础底面与地基土之间零应力区面积不应超过基础底面积的 25%，新《抗震规范》则区分不同情况规定了相应的基础底面零应力区面积（即相应的 e_E）要求，其限值比老规范严格。

10. 非抗震设计时，基础底面与地基土之间零应力区面积要求（表现为对 e_k 的限值）只适用于高层建筑；高层建筑箱形基础及筏形基础还有偏心距 e_q 的要求，而对高层建筑以外的其他建筑则不作要求。

11. 抗震设计的基础，基础底面与地基土之间零应力区面积要求（表现为对 e_E 的限值）适用于各类建筑。

三、结构设计的相关问题

1. 关于基础埋深

基础埋置深度的计算问题，其本质是对地基承载力特征值的修正提高问题［见公式 (2.2.1)］。对填方整平地区基础埋深的计算，规范依据填土的时机确定填方对地基承载力特征值的影响，先期填土（在结构施工前完成）对地基土承载力有一定的压密提高作用（对照表 2.2.4 可以发现，长期压密对地基土承载力的提高，与填土年限及地基土类别有关），而后填土（在上部结构施工后）则不考虑其对地基土承载力的压密提高作用，仅作为地面超载考虑。

2. 关于公式 (2.2.1) 中 γ_m 的取值问题

公式 (2.2.1) 对地基承载力的修正，主要是考虑土样与地基原状土实际所受的应力状态之间的差异：位于基底标高处的地基原状土，处于自重应力作用下的三向受力状态，而在土工试验室的土样，其承载力并没有考虑其原状土的自重应力，因此原状土的实际承载力要高于土工试样，进行适当的修正是合理的。

回顾地下水位以下原状土（饱和土）的应力状态，可以发现土体颗粒在上部土的自重压力和地下水压（属于土体孔隙水压，水压反作用于四周土体）的共同作用下处于平衡状态，土体所受到的压力应是上部土压力和地下水压力的总和。由于土工试验的土样也是饱和土样（即土颗粒间的空隙已由地下水填满），因此，当在地下水位以下时，公式 (2.2.1) 中 γ_m 采用浮重度，从概念上与土样试验不符（但偏于安全）。

3. 关于回填土的回填历史

结构设计中应充分考虑回填土的回填历史（是否真正实现长期压密），同时应将规范的规定理解为适用于适当厚度的填土，对于厚度过厚、回填时间过短的回填土，应慎重考虑其对地基承载力特征值的有利影响。情况不同时，计算结果差异较大，举例说明如下：

某工程现有地质条件如图 2.2.4 所示，① 为中砂层厚 1m，$\rho = 2.1t/m^3$，$f_{ak} = 180kPa$；② 为粉土（黏粒含量 $\rho_c < 10\%$）层，$f_{ak} = 150kPa$，未见地下水，上部结构荷重为 $150kN/m^2$。结构施工周期 6 个月，比较不同施工方案对土层②地基承载力特征值的影响；方案一，施工前在现有地面上采用级配砂石分层回填碾压（厚度 2m），压实系数 0.95，级配砂石的干密度不小于 $2.1t/m^3$，回填地基的承载力特征值 $180kPa$；方案二，主体结构施工后回填，级配砂石的其他要求同方案一，比较结果（不考虑基础宽度对地基承载力的修正）见表 2.2.5。

由表 2.2.5 可以发现，填土时间相差半年（地基土的压密时间远没有达到表 2.2.4 的要求），其计算的地基承载力标准值差异很大，由此可见，不加限制地套用规范的规定对某些特殊工程是不合适的（施工速度越快，施工周期越短，越要引起重视）。

不同填土方案时土层的地基承载力比较　　　　　　　　　表 2.2.5

方案	增加土重 （kN/m²）	土层 f_a （kN/m²）	对上部结构的使用 荷载限值（kN/m²）	比 较 结 果
方案一	42	255	192	满足上部荷重要求
方案二	42	171	108	不满足上部荷重要求

四、设计建议

1. 对于主楼和裙楼一体的结构，当 $B_1 + B_2 \leqslant 2B$（即不符合图 2.2.3 条件）时，规范未规定主楼基础埋深的计算方法，建议均可按图 2.2.3 计算。

2. 对于主楼和裙楼之间设沉降缝分开的结构（即主楼和裙楼不为一体的结构），规范未规定主楼基础埋深的计算方法，建议也可按图 2.2.3 计算。

3. 对于地下室底面防水板下有软垫层的基础埋置深度，应按软垫层下的实际地基反力 q（防水板自重、地下室地面建筑做法重及地下室地面的活荷载按《荷载规范》第 4.1.2 条要求折减后的数值）来确定基础的等效埋深 d_e，$d = d_e = q/\gamma_m$，见图 2.2.5。

4. 需要说明的是，公式（2.2.1）中关于基础埋置深度 d（m）的解释"对于地下室，如采用箱形基础或筏基时，基础埋置深度自室外地面标高算起"是有条件的，只有当基础底面地基反力的平均值不小于挖去的原有土重时，才可以按上述规定计算。当为超补偿基础（即建筑物的重量小于挖去的土重，这种情况一般出现在地基承载力较低的及大面积纯地下室结构中）时，应按建筑物重量的等效土层厚度计算基础等效埋置深度 d_e，并取 $d = d_e$。

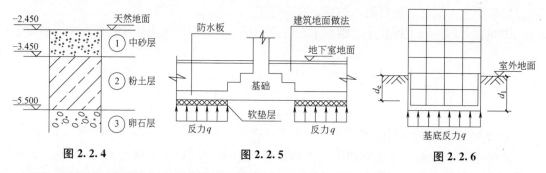

图 2.2.4　　　　　　　　　　图 2.2.5　　　　　　　　　　图 2.2.6

对于所有各类带地下室（底面有软垫层的地下室除外）基础的埋置深度计算，均可按基底标高处实际底反力 q 来确定基础的等效埋深 d_e，$d = d_e = q/\gamma_m$，需同时满足条件 $d_e \leqslant d_1$，见图 2.2.6。

5. 各类岩土的地基承载力特征值（参考值）见表 2.2.6～表 2.2.12。

1）碎石土的地基承载力特征值见表 2.2.6。

碎石土的地基承载力特征值（kPa）　　　　　　　　　表 2.2.6

土 的 名 称	密 实 度		
	稍密	中密	密实
卵石	300～400	500～800	800～1000
碎石	200～300	400～700	700～900
圆砾	200～300	300～500	500～700
角砾	150～200	200～400	400～600

注：1. 表中数值适用于骨架颗粒空隙全部由中砂、粗砂或硬塑、坚硬状态的黏性土所填充；

2. 当粗颗粒为中等风化或强风化时，可按风化程度适当降低其承载力。当颗粒间呈半胶结状时，可适当提高其承载力。

2）砂土的地基承载力特征值见表 2.2.7。

砂土的地基承载力特征值（kPa）　　　　　　　　表 2.2.7

土 的 名 称		密 实 度		
		稍密	中密	密实
粒砂、粗砂、中砂（与饱和度无关）		160～220	240～340	400
细砂、粉砂	稍湿	120～160	160～220	300
	很湿		120～160	200

3）老黏土的地基承载力特征值见表 2.2.8。

老黏土的地基承载力特征值（kPa）　　　　　　　　表 2.2.8

含水比 u	0.4	0.5	0.6	0.7	0.8
承载力	700	580	500	430	380

注：1. 含水比 u 为天然含水量 w 与液限 w_L 的比值，即：$u = w/w_L$；
　　2. 本表适合于压缩模量 E_s 大于 15MPa 的老黏性土。

4）一般黏性土的地基承载力特征值见表 2.2.9。

一般黏性土的地基承载力特征值（kPa）　　　　　　　　表 2.2.9

孔隙比 e	塑性指数 I_P								
	≤10			>10					
	液性指数 I_L								
	0	0.5	1.0	0	0.25	0.50	0.75	1.00	1.20
0.5	350	310	280	450	410	370	340		
0.6	300	260	230	380	340	310	280	250	
0.7	250	210	190	310	280	250	230	200	160
0.8	200	170	150	260	230	210	190	160	130
0.9	160	140	120	220	200	180	160	130	100
1.0		120	100	190	170	150	130	110	
1.1					150	130	110	100	

5）沿海地区（内陆地区可参照使用）的淤泥及淤泥质土，其地基承载力特征值见表 2.2.10。

沿海地区淤泥和淤泥质土的地基承载力特征值（kPa）　　　　表 2.2.10

天然含水量 w(%)	36	40	45	50	55	65	75
承载力	100	90	80	70	60	50	40

6）广西、云南和贵州地区（其他地区当成因类型、物理力学性质相似时，可参照使用）的红黏性土，其地基承载力特征值见表 2.2.11。

红黏土的地基承载力特征值（kPa）　　　　　　　　表 2.2.11

含水比 u	0.50	0.55	0.60	0.65	0.70	0.75	0.80	0.85	0.90	0.95	1.00
承载力	350	300	260	230	210	190	170	150	130	120	110

7）填土时间超过 10 年的黏土及粉质黏土和超过 5 年的粉土，其地基承载力特征值见表 2.2.12。

黏性填土的地基承载力特征值（kPa）　　　　　表 2.2.12

压缩模量 E_s（MPa）	7	5	4	3	2
承载力	150	130	110	80	60

6. 地基中附加压力的分布规律及关注重点。

地基中的附加压力随深度扩散具有非线型性质，对条形基础大约在相当于一倍基础宽度的范围内，土中压力扩散较慢，当深度为一倍基础宽度时，土中压力将比基础底面压力减少 50％左右，当深度超过基础宽度以后，土中压力急剧衰减。因此，地基的承载力，主要取决于基础底面下一倍基础宽度以内的土层性质。

五、相关索引

《北京地区建筑地基基础勘察设计规范》（DBJ 01—501—92）第 6.3.5 条规定，对于具有条形基础或独立基础的地下室，其基础埋置深度按图 2.2.2 分别计算：

1. 外墙基础的埋置深度：

$$d = \frac{d_1 + d_2}{2} \tag{2.2.22}$$

2. 内墙基础的埋置深度：

1）一般第四纪沉积土

$$d = \frac{3d_1 + d_2}{4} \tag{2.2.23}$$

2）新近沉积土及人工填土

$$d = d_1 \tag{2.2.24}$$

第三节　地　基　变　形

【要点】

地基的变形问题是地基基础设计的关键问题，涉及变形控制的标准、地基变形的计算等问题，关注的重点应该是地基主要受力层范围。本节着重讨论基底压力的分布规律及影响深度、深基坑的回弹再压缩、地基沉降量值的合理确定、上部结构对地基反力及变形的影响及根据已确定的沉降值反算结构配筋等问题。应重视地区经验对地基变形值确定的指导意义。

建筑物的建造使地基土中原有的应力状态发生变化［地基的应力一般包括由土自重引起的自重应力 p_c 和由建筑物重量引起的附加应力 p_0，房屋建造的过程，使地基的应力状态由 $p_c \rightarrow (p_c + p_0)$ 的过程］，从而引起地基变形，出现基础沉降。

建筑物的地基变形涉及建筑物的正常使用及结构承载能力的计算，控制建筑物的地基变形能有效地实现建筑物的功能要求。

一、地基变形的控制要求

1.（《地基规范》第 5.3.1 条）**建筑物的地基变形计算值，不应大于地基变形允许值。**

2.（《地基规范》第 5.3.2 条）地基变形特征可分为沉降量、沉降差、倾斜、局部倾斜。

3.（《地基规范》第 5.3.3 条）在计算地基变形时，应符合下列要求：

1）由于建筑地基不均匀、荷载差异很大、体型复杂等因素引起的地基变形，对于砌体承重结构应由局部倾斜值控制；对于框架结构和单层排架结构应由相邻柱基的沉降差控制；对于多层或高层建筑和高耸结构应由倾斜值控制；必要时尚应控制平均沉降量。

2）在必要情况下，需要分别预估建筑物在施工期间和使用期间的地基变形值，以便预留建筑物有关部分之间的净空，选择连接方法和施工顺序。一般多层建筑物在施工期间完成的沉降量，对于砂土可认为其最终沉降量已完成 80% 以上，对于其他低压缩性土可认为已完成最终沉降量的 50%～80%，对于中压缩性土可认为已完成 20%～50%，对于高压缩性土可认为已完成 5%～20%。

4.（《地基规范》第 5.3.4 条）**建筑物的地基变形允许值，按表 2.3.1 规定采用。对表中未包括的建筑物，其地基变形允许值应根据上部结构对地基变形的适应能力和使用上的要求确定。**

建筑物的地基变形允许值　　　　　　　　　　　　　表 2.3.1

变　形　特　征	地基土类别	
	中、低压缩性土	高压缩性土
砌体承重结构基础的局部倾斜	0.002	0.003
工业与民用建筑相邻柱基的沉降差 (1)框架结构 (2)砌体墙填充的边排柱 (3)当基础不均匀沉降时不产生附加应力的结构	$0.002l$ $0.007l$ $0.005l$	$0.003l$ $0.001l$ $0.005l$
单层排架结构(柱距为 6m)柱基的沉降量(mm)	(120)	200
桥式吊车轨面的倾斜(按不调整轨道考虑) 纵向 横向	0.004 0.003	
多层和高层建筑的整体倾斜　　$H_g \leqslant 24$ 　　　　　　　　　　　　$24 < H_g \leqslant 60$ 　　　　　　　　　　　　$60 < H_g \leqslant 100$ 　　　　　　　　　　　　$H_g > 100$	0.004 0.003 0.0025 0.002	
体型简单的高层建筑基础的平均沉降量(mm)	200	
高耸结构基础的倾斜　　$H_g \leqslant 20$ 　　　　　　　　　$20 < H_g \leqslant 50$ 　　　　　　　　　$50 < H_g \leqslant 100$ 　　　　　　　　　$100 < H_g \leqslant 150$ 　　　　　　　　　$150 < H_g \leqslant 200$ 　　　　　　　　　$200 < H_g \leqslant 250$	0.008 0.006 0.005 0.004 0.003 0.002	
高耸结构基础的沉降量(mm)　$H_g \leqslant 100$ 　　　　　　　　　　　$100 < H_g \leqslant 200$ 　　　　　　　　　　　$200 < H_g \leqslant 250$	400 300 200	

注：1. 表中数值为建筑物地基实际最终变形允许值；
　　2. 有括号者仅适用于中压缩性土；
　　3. l 为相邻柱基的中心距离（mm）；H_g 为自室外地面起算的建筑物高度（m）；
　　4. 倾斜指基础倾斜方向两端点的沉降差与其距离的比值；
　　5. 局部倾斜指砌体承重结构沿纵向 6～10m 内基础两点的沉降差与其距离的比值。

5. (《地基规范》第5.3.5条）计算地基变形时，地基内的应力分布，可采用各向同性均质线性变形体理论。其最终变形量可按下式计算：

$$s = \psi_s s' = \psi_s \sum_{i=1}^{n} \frac{p_0}{E_{si}} (z_i \bar{\alpha}_i - z_{i-1} \bar{\alpha}_{i-1}) \qquad (2.3.1)$$

式中　　s——地基最终变形量（mm）；

　　　　s'——按分层总和法计算出的地基变形量；

　　　　ψ_s——沉降计算经验系数，根据地区沉降观测资料及经验确定，无地区经验时可采用表2.3.2的数值；

　　　　n——地基变形计算深度范围内所划分的土层数（图2.3.1）；

　　　　p_0——相应于荷载效应准永久组合时的基础底面处的附加压力（kPa）；

　　　　E_{si}——基础底面下第i层土的压缩模量（MPa），应取土的自重压力p_c至土的自重压力与附加压力之和（$p_c + p_0$）的压力段计算；

　z_i、z_{i-1}——基础底面至第i层土、第$i-1$层土底面的距离（m）；

　α_i、α_{i-1}——基础底面计算点至第i层土、第$i-1$层土底面范围内平均附加应力系数，可按《地基规范》附录K采用。

沉降计算经验系数ψ_s　　　　　　　　　表 2.3.2

基底附加压力 p_0	$\bar{E}_s$(MPa)				
	2.5	4.0	7.0	15.0	20.0
$p_0 \geqslant f_{ak}$	1.4	1.3	1.0	0.4	0.2
$p_0 \leqslant 0.75 f_{ak}$	1.1	1.0	0.7	0.4	0.2

注：$\bar{E}_s$为变形计算深度范围内压缩模量的当量值，应按下式计算：

$$\bar{E}_s = \frac{\sum A_i}{\sum \frac{A_i}{E_{si}}} \qquad (2.3.2)$$

式中　A_i——第i层土附加应力系数沿土层厚度的积分值。

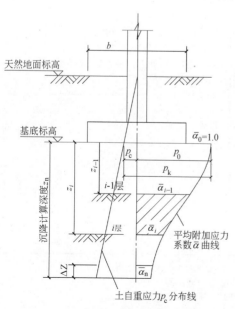

图 2.3.1　基础沉降计算的分层示意

6. (《地基规范》第5.3.6条）地基变形计算深度z_n（图2.3.1），应符合下式要求：

$$\Delta s'_n \leqslant 0.025 \sum_{i=1}^{n} \Delta s'_i \qquad (2.3.3\text{-}1)$$

或　　　　$\Delta s'_n / \sum_{i=1}^{n} \Delta s'_i \leqslant 0.025$　　$(2.3.3\text{-}2)$

式中　$\Delta s'_i$——在计算深度范围内，第i层土的计算变形值；

　　　$\Delta s'_n$——在由计算深度向上取厚度为Δz的土层计算变形值，Δz见图2.3.1并按表2.3.3确定。

如确定的计算深度下部仍有较软土层时，应继续计算。

7. (《地基规范》第5.3.7条）当无相邻荷载影响，基础宽度在$1 \sim 30$m范围内时，基础中点的地基变形计算深度也可按下列简化公

		Δz		表 2.3.3
b(m)	$b \leqslant 2$	$2 < b \leqslant 4$	$4 < b \leqslant 8$	$b > 8$
Δz(m)	0.3	0.6	0.8	1.0

式计算（见图 2.3.4）：

$$z_n = b(2.5 - 0.4 \ln b) \tag{2.3.4}$$

式中 b——基础宽度（m）。

在计算深度范围内存在基岩时，z_n 可取至基岩表面（图 2.3.5）；当存在较厚的坚硬黏性土层，其孔隙比小于 0.5、压缩模量大于 50MPa，或存在较厚的密实砂卵石层，其压缩模量大于 8MPa 时，z_n 可取至该层土表面（图 2.3.6、图 2.3.7）。

8. （《地基规范》第 5.3.8 条）计算地基变形时，应考虑相邻荷载的影响，其值可按应力叠加原理，采用角点法计算（图 2.3.12、图 2.3.13）。

9. （《地基规范》第 5.3.9 条）当建筑物地下室基础埋置较深时，需要考虑开挖基坑地基土的回弹，该部分回弹变形量可按下式计算：

$$s_c = \psi_c \sum_{i=1}^{n} \frac{p_c}{E_{ci}}(z_i \overline{a}_i - z_{i-1} \overline{a}_{i-1}) \tag{2.3.5}$$

式中 s_c——地基的回弹变形量；

　　　ψ_c——考虑回弹影响的沉降计算经验系数，按地区经验确定 ψ_c 取 $\leqslant 1.0$；

　　　p_c——基坑底面以上土的自重压力（kPa），地下水位以下应扣除浮力；

　　　E_{ci}——土的回弹模量，按《土工试验方法标准》（GB/T 50123—1999）确定。

10. （《地基规范》第 5.3.10 条）在同一整体大面积基础上建有多栋高层和低层建筑时，应该按照上部结构、基础与地基的共同作用进行变形计算。

二、理解与分析

1. 各类建筑物的地基变形控制特征见表 2.3.4。

各类建筑物的变形控制特征　　　表 2.3.4

建筑物类型	砌体承重结构	框架结构和单层排架结构	多层或高层建筑或高耸结构	必要时尚应控制平均沉降量
地基变形的控制特征	局部倾斜	相邻柱基的沉降差	倾斜	

2. 建筑物施工期间完成的沉降量占建筑物总沉降的比值见表 2.3.5。

建筑物施工期间完成的沉降量占建筑物总沉降量的比值　　　表 2.3.5

地基主压缩层土的类别		施工期间完成的沉降量占总沉降的比值
低压缩性土	砂土	$\geqslant 80\%$
	其他低压缩性土	$50\% \sim 80\%$
中压缩性土		$20\% \sim 50\%$
高压缩性土		$5\% \sim 20\%$

3. 地基土的压缩性，可按 p_1、p_2 相对应的压缩系数 a_{1-2}（1-2 表示压力从 $p_1 = 1 \text{kg/cm}^2 = 100 \text{kPa}$ 到 $p_2 = 2 \text{kg/cm}^2 = 200 \text{kPa}$）划分为低、中、高压缩性，并按表 2.3.6 进行分类。

地基压缩性分类表　　　　　　　　　　表 2.3.6

土的类型	低压缩性土	中压缩性土	高压缩性土
a_{1-2}(MPa^{-1})	$a_{1-2}<0.1$	$0.1\leqslant a_{1-2}<0.5$	$a_{1-2}\geqslant 0.5$

4. 沉降差 Δs 控制

1）框架结构——应由相邻柱基的沉降差 Δs 控制（见图 2.3.2），即

$$\Delta s\leqslant[\Delta s] \qquad (2.3.6)$$

2）多层及高层建筑——应由整体倾斜角控制，即

$$\beta\approx\tan\beta\leqslant[\beta] \qquad (2.3.7)$$

式中　Δs——相邻柱基中线的沉降差；

　　　$[\Delta s]$——允许沉降差（见表 2.3.1），相对于柱基中心距离 l 的沉降量（mm）；

　　　β——基础倾斜方向基础边缘两端点的沉降差与其距离的比值，即倾斜角 $\beta\approx$ $\tan\beta=\Delta s/b$（见图 2.3.3）；

　　　$[\beta]$——允许倾斜角（见表 2.3.1）。

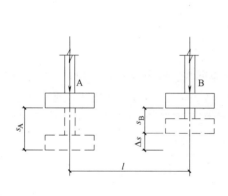

图 2.3.2

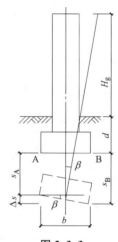

图 2.3.3

5. 表 2.3.1 中关于多、高层建筑基础的允许倾斜角 $[\beta]$ 值，是参考《箱基规范》的有关规定及相关资料制定的，即：

1）《箱基规范》规定横向整体倾斜的计算值 α，在非地震区宜符合 $\alpha\leqslant b/(100H)$，式中，b 为箱形基础的宽度（m），H 为建筑物的高度（m）；地震区 α 值宜用 $b/(150H)\sim b/(200H)$；

2）对于高层房屋的允许倾斜角值主要取决于人类感觉的敏感程度，倾斜值达到明显可见的程度大致为 1/250，结构损坏则大致在倾斜值达到 1/150 时开始。

6. 关于公式（2.3.1）

1）公式（2.3.1）中地基内的应力分布采用各向同性的匀质变形体理论。

2）考虑下列因素而引入沉降计算经验系数 ψ_s，消除的是计算模型理论与实际的差异。

（1）地基土工程地质特性的不同；

（2）选用各天然土层单一的压缩模量与实际的出入；

（3）地基土层的非匀质性对附加应力的影响；

（4）荷载性质的不同；

（5）分层总和法计算最终沉降量的缺陷。

3）通过公式（2.3.1）可以发现，当 $p_0=0$ 时无计算沉降，此时应注意，对有地下室的深基坑基础，公式（2.3.1）不适用，应按公式（2.3.5）计算由基坑回弹再压缩引起的沉降。

7. 关于地基的主要受力层及变形计算深度 z_n

1）地基主要受力层范围〔指条形基础底面下深度为 $3b$（b 为基础底面宽度），独立基础下为 $1.5b$，且厚度均不小于 5m 的范围，对其他基础可取 z_n〕内的变形是地基变形的决定因素；

2）z_n 的取值原则如下：

（1）一般情况下 z_n 可按公式（2.3.4）确定（图 2.3.4）；

（2）在按公式（2.3.4）计算的 z_n 范围内存在基岩时，实际 z_n 取至基岩表面（图 2.3.5）；

（3）在按公式（2.3.4）计算的 z_n 范围内存在较厚的坚硬黏性土层（孔隙比 $e<0.5$、压缩模量 $E_s>50$MPa）时，实际 z_n 取至该土层表面（图 2.3.6）；

（4）在按公式（2.3.4）计算的 z_n 范围内存在较厚的密实砂卵石层（压缩模量 $E_s>80$MPa）时，实际 z_n 取至该卵石层表面（图 2.3.7）。

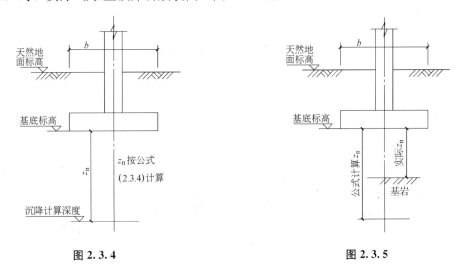

图 2.3.4   图 2.3.5

3）沉降按应力叠加原理，采用角点法计算，应考虑相邻荷载的影响。

当建筑物的基础形状不规则时，可采用分块集中力法计算基础下的压力分布，并应按刚性基础的变形协调原则调整，分块大小应由计算精度确定。

4）用分层总和法及式（2.3.1），可计算基础中点的沉降量，以及验算基础倾斜角时，基础边缘中点或角点的沉降量。此时，式（2.3.1）中的平均附加应力系数 $\overline{\alpha_i}$、$\overline{\alpha_{i-1}}$，也应取中点或边缘点下至第 i 层土和第 $i-1$ 层土范围内的值，故利用《地基规范》附录 K 的系数表计算时，需按角点法对基础进行分块，再对同一角点的 $\overline{\alpha}$ 值进行叠加，可得基础中点或边缘点的 $\overline{\alpha}$ 值。

8. 关于基底压力

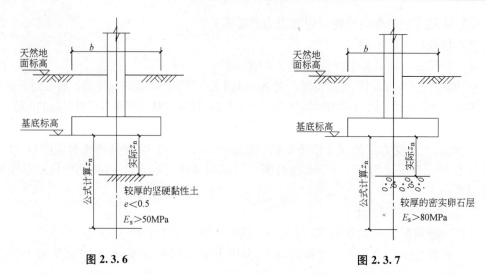

图 2.3.6   图 2.3.7

1）建筑物的荷载通过基础传给地基，在基础底面与地基之间便产生了接触面压力，它既是基础作用于地基的基底反力，同时又是地基作用于基础的基底反力。在进行地基基础设计时都必须研究基底反力的分布规律。

2）影响基底反力分布的主要因素。

基底反力的分布与基础刚度、基础尺寸、作用于基础的荷载大小和分布、地基土的力学性质及基础的埋深等诸多因素有关。

对刚性基础模型在砂土及硬黏土上分有无地面超载情况所做的对比试验结果（见图 2.3.8）表明，当①基础底面尺寸由小到大；②基础的荷载由大到小；③土的性质由松散到紧密；④基础的埋深（或地面超载）由小到大时，刚性基础的基底反力分布（①～④分别作用或共同作用时）呈现由钟形到抛物线形再到马鞍形的变化规律。

在软土地基上刚性基础的基底反力也遵循以上规律，某高层建筑箱形基础（刚性基础）底面实测的反力分布见图 2.3.9。

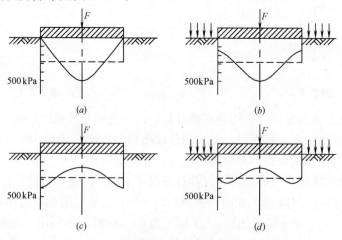

图 2.3.8   圆形刚性基础模型底面反力分布图

(a) 在砂土上（无超载）；(b) 在砂土上（有超载）；

(c) 在硬黏土上（无超载）；(d) 在硬黏土上（有超载）

对工业与民用建筑，当基础底面尺寸较小（如柱下单独基础、墙下条形基础等）时，一般基底压力可近似按直线分布的图形计算。

3）基底压力数值为地基基础设计的基本数据，涉及地基承载力验算、地基的变形验算、基础的截面设计及配筋设计等。

9. 基底附加压力

1）由建筑物建造后的基底反力中扣除基底处原先存在的土体自重应力后，在基础底面处新增加于地基的压力即基底附加压力。

2）地基附加应力计算的基本假定

（1）地基是各向同性均质的线性变形体；

（2）地基在深度和水平方向都是无限延伸的半空间（半无穷体）；

（3）基底压力是柔性荷载（不考虑基础刚度的影响）。

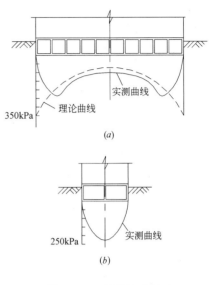

图 2.3.9 箱形基础底面
反力分布实测资料
（a）纵剖面；（b）横剖面

3）地基附加应力的分布规律

（1）地基附加应力的扩散分布，即地基附加应力 σ_z 不仅发生在基底面积之下，而且分布在基底面积以外相当大的范围之下；

（2）在离基础底面不同深度 z 处各个水平面上，以基底中心点下轴线处的 σ_z 为最大，距离中轴线越远则 σ_z 越小；

（3）在荷载分布范围内任意点沿垂线的 σ_z 值，随深度越向下越小；

（4）比较图 2.3.11（a）和图 2.3.11（b）可以发现：方形荷载所引起的 σ_z，其影响深度要比条形荷载小得多（这也就是工程设计中，应尽量采用柱下方形独立基础的重要原因之一），例如方形荷载中心下 $z=2B$ 处 $\sigma_z \approx 0.1p_0$，而在条形荷载下 $\sigma_z=0.1p_0$ 的等值线约在中心下 $z \approx 6B$ 处；

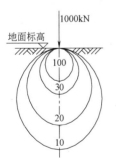

图 2.3.10
集中荷载下 σ_z（kPa）分布图

（5）由图 2.3.11 中 σ_x 和 τ_{xz} 等值线图不难发现：σ_x 的影响范围较浅，所以基础下地基土的侧向变形主要发生在浅层；而 τ_{xz} 的最大值出现在基础边缘，所以基础边缘下地基土容易发生剪切滑动而出现塑性变形区。

4）基底的附加应力数值为地基变形验算的主要依据。对浅基础而言，地基变形主要由附加应力引起。

10. 建筑物地下室基础埋深对地基沉降的影响

1）高层建筑由于基础埋置较深，地基回弹再压缩变形往往在总沉降中占重要地位，当某些高层建筑设置 3～4 层（甚至更多层）地下室时，总荷载将有可能等于或小于该深度土的自重压力，这时高层建筑地基沉降变形将由地基回弹再压缩变形决定。

2）对地下室"埋置较深"的把握，规范未予具体规定，一般可根据基础埋置深度内的土自重压力与总荷载的比值来确定，当二者数值比较接近，或地下室层数大于两层时，

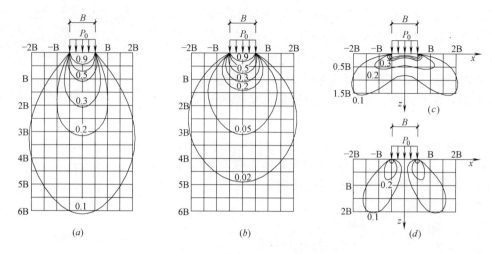

图 2.3.11　均布荷载下附加应力分布图

(a) 等 σ_z 线（条形荷载）；(b) 等 σ_z 线（方形荷载）；

(c) 等 σ_x 线（条形荷载）；(d) 等 τ_{xz} 线（条形荷载）

可确定为埋置较深。

3）考虑回弹影响的沉降计算经验系数 ψ_c 应按地区经验确定，宜取 $\psi_c \leqslant 1.0$。

11. 上部结构的架越作用对地基沉降的影响分析

1）由于上部结构刚度的存在，使其在与基础共同工作中起到了拱的作用，从而减小了基础的内力和变形，工程记录表明：

（1）施工底部几层时，基础钢筋的应力随楼层同步增长，变形曲率也逐渐加大，施工到基础以上 4、5 层时，钢筋应力达到最大值；

（2）施工以上楼层时，在楼层增高及其荷载同步增加的情况下，基础钢筋的应力增长速率反而逐渐减小，变形曲率也趋缓；

（3）出现上述情况的主要原因是，在施工底部几层时，楼层结构的混凝土强度尚未形成，这时，上部结构的荷载全部由基础来承担；而随着施工过程的不断进行，上部结构的刚度逐渐形成并不断加大，与基础的共同作用增强，产生明显的拱的作用，表明在上部结构与基础共同工作时，结构弯曲变形的中和轴已从基础自身中和轴位置明显上移；

（4）试算表明，上部结构对基础刚度的贡献与上部结构选型、基础形式、地基刚度等密切相关。对框架结构，上部结构的架越作用主要出现在基础以上约 8 层高度范围内；

（5）上部结构为钢结构的房屋，其架越作用的原理与混凝土结构相似，由于上部钢结构的刚度较小其影响程度明显小于混凝土结构。

2）目前的结构设计中，将上部结构的底部取为固定端，没有考虑基础变形对上部结构的影响；而基础设计计算中，常不考虑上部结构对基础刚度的贡献，这种上部结构与地基基础相脱离的设计方法，主要考虑设计习惯和实际工程的设计效果，同时也受制于对地基基础的研究和认识。

3）有条件时，应考虑上部结构和基础的共同工作，但应将上部结构和基础同时成对考虑，不能单方面考虑。

三、结构设计的相关问题

1. 受多种因素的制约，沉降计算数值的准确性大打折扣。

2. 对地下室"埋置较深"的定量把握问题。

3. 对于地基变形计算深度确定中所遇到的"较厚的"坚硬黏性土和密实砂卵石层的定量把握问题。

4. 《地基规范》第5.3.10条的规定过于原则,可操作性不强,对是否可分栋计算还是必须大底盘上所有建筑联合计算、上部结构与地基基础的共同作用如何考虑等关键问题未作规定,事实上计算模型和基本假定的不同将直接影响计算分析的可信度。

5. 规范未规定地基回弹再压缩与基坑回弹的关系。

6. 回弹模量及回弹再压缩模量的确定问题。

7. 关于地基沉降和地基反力计算中的板土不"密贴"问题。

四、设计建议

1. 影响地基最终沉降量的因素很多,一般情况下地基的最终沉降量很难通过公式准确计算,应结合工程经验综合考虑,且工程经验往往起决定作用。

2. 当预期地基沉降对结构设计影响较大且难以准确计算分析时,在勘察设计阶段应提请勘察单位根据结构设计提供的上部结构布置及荷载分布情况,提供估算的沉降量值。

3. 对图2.3.6、图2.3.7中的硬土层"较厚的"定量把握,应根据工程经验确定,当无当地经验时,可将其厚度$\geq 0.5z_n$确定为硬土层较厚。

4. 当$0.75f_{ak} < p_0 < f_{ak}$时,可采用插入法按表2.3.2确定沉降计算经验系数ψ_s。

5. 关于《地基规范》第5.3.10条

1)就现有计算手段而言,由于地基变形计算的准确性、计算程序的适应性等诸多方面的问题,对大底盘多塔楼建筑采取联合计算,其计算结果的可信度往往不能满足工程设计的需要,某些情况下,采取单栋计算反而概念清晰。

2)对于整体基础,如交叉地基梁、筏板、桩筏基础等,现有计算软件可采用多种方法考虑上部结构对基础的影响,这些方法包括:上部结构刚度凝聚法,上部结构刚度无穷大的倒楼盖法,上部结构等代刚度法。结构设计时可选用适合实际工程的计算模型和假定。

3)对特别复杂的大底盘建筑,考虑基础与上部结构共同作用下的变形验算应委托相关权威部门进行。

6. 角点法的应用

1)基底土层在均布压力作用下

基底土层在轴心荷载产生的均布压力作用下,当需计算任意点M的沉降量及M点下的$\bar{\alpha}$值,以及M点位于基础中点、边中点、外部边中点和外部角点时,可分别采用图2.3.12所示的分块图,相应的$\bar{\alpha}^M$算式为:

中点M(图2.3.12a) $\overline{\alpha^M} = 4\bar{\alpha}_{123M}$

边中点M(图2.3.12b) $\overline{\alpha^M} = 2\bar{\alpha}_{123M}$

外部边中点M(图2.3.12c) $\overline{\alpha^M} = 2(\bar{\alpha}_{813M} - \bar{\alpha}_{523M})$

外部角点M(图2.3.12d) $\overline{\alpha^M} = \bar{\alpha}_{713M} - \bar{\alpha}_{784M} - \bar{\alpha}_{623M} + \bar{\alpha}_{654M}$

图2.3.12(a)及图2.3.12(b)可分别用作计算基础中点及两边中点的沉降量;图2.3.12(c)及图2.3.12(d)可用于计算对相邻基础的沉降影响;

2)基底土层在三角形分布压力作用下

（1）当基础上作用偏心荷载时，地基土上的压力分布呈梯形分布（图 2.3.13）或三角形分布。对于梯形压力分布图可分解为均布压力部分及三角形压力部分，然后对两者分别计算 M 点下的 $\overline{\alpha^M}$ 值并进行相加，可得梯形压力作用的 $\overline{\alpha^M}$ 值。上述压力分布图可用于计算基础的倾斜角 β。

（2）三角形压力作用下：

边中点 M（图 2.3.13）$\overline{\alpha^M} = 2\,\overline{\alpha_{123M}}$

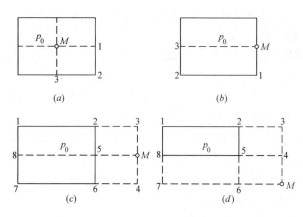

图 2.3.12　用角点法计算 M 点下的 $\overline{\alpha}$ 值　　　　**图 2.3.13　分解梯形压力计算 M 点下的 $\overline{\alpha}$ 值**

7. 均布荷载下不同基础形状时的沉降变化规律

在均布荷载作用下，采用角点法很容易求得地基表面任意点的沉降，按基础刚度、基础形状及计算位置确定的沉降影响系数 ω 见表 2.3.7。

沉降影响系数 ω　　　　　　　　　　　　　　　表 2.3.7

基础形状	圆形	方形	矩　　形										
l/b	—	1.0	1.5	2.0	3.0	4.0	5.0	6.0	7.0	8.0	9.0	10.0	100.0
ω_c	0.64	0.56	0.68	0.77	0.89	0.98	1.05	1.11	1.16	1.20	1.24	1.27	2.00
ω_0	1.00	1.12	1.36	1.53	1.78	1.96	2.10	2.22	2.32	2.40	2.48	2.54	4.01
ω_m	0.85	0.95	1.15	1.30	1.50	1.70	1.83	1.96	2.04	2.12	2.19	2.25	3.70
ω_r	0.79	0.88	1.08	1.22	1.44	1.61	1.72	—	—	—	—	2.12	—

1）表 2.3.7 中，l、b 分别为基础的长和宽；ω_c、ω_0、ω_m、ω_r 分别为基础角点沉降影响系数、中点沉降影响系数、平均沉降影响系数和刚性基础的平均沉降影响系数；对圆形基础 ω_c 为基础边缘的沉降影响系数；

2）由表 2.3.7 可以发现下列规律：

（1）在基础面积相同的情况下，圆形基础的沉降要小于方形基础（表中方形基础的角点离中点距离为等面积圆半径的 1.25 倍，不宜直接比较——编者注）；方形基础的沉降要小于矩形基础；长宽比较小的矩形基础的沉降要小于长宽比较大的矩形基础；

（2）方形和矩形基础的角点沉降为其中点沉降的一半；

（3）对圆形、方形及常用矩形基础（$l/b \leqslant 3.0$），其平均沉降约为中点沉降的 85%；

（4）对圆形、方形及常用矩形基础（$l/b \leqslant 3.0$），按绝对刚性基础计算的平均沉降 ω_r 约为按柔性荷载计算所得中点沉降 ω_0 的 80%；

（5）应优先采用沉降相对较小的圆形基础、方形基础；

（6）矩形基础的沉降随基础长宽比的增加而加大，因此，应避免采用长宽比过大的矩形基础，一般应将基础的长宽比控制在 3 以内，即 $l/b \leqslant 3.0$，以获得比较满意的技术经济效果。

8. 地基回弹再压缩与基坑回弹的实用计算方法

为便于设计，本实用计算方法需作如下假定：

1）基坑的回弹仅限基坑范围，基坑回弹 s_c 与基坑土自重应力 σ_c 成线性关系，即：基坑边缘不受基坑开挖影响，基坑开挖完毕基坑回弹全部完成；

2）基坑的回弹再压缩量 s_c' 在回弹量值范围内（即：$s_c' \leqslant s_c$）时，采用基坑回弹计算公式（2.3.5），用回弹再压缩模量 E_{ci}' 代替回弹模量 E_{ci}；

3）基坑的回弹再压缩超出回弹量值范围（即：$s_c' > s_c$）时，其超出部分 Δs 按式（2.3.1）计算；

上述过程说明可见图 2.3.14；

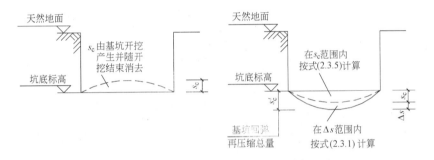

图 2.3.14　基坑的回弹再压缩计算假定

4）地基土回弹模量及回弹再压缩模量一般应由勘察报告提供，当方案阶段或初步设计阶段需估算地基沉降时，地基土回弹模量及回弹再压缩模量可取同一数值，一般可取土层压缩模量的 2～3 倍。

9. 目前在地基基础设计中普遍采用的地基沉降和地基反力计算方法，采用各自的计算理论和计算模型，地基的沉降与基础变形从变形规律和量值上均有很大差异，有时分布规律不尽相同，导致板土不"密贴"（相关问题的讨论见第六章）。

10. 在地基基础的设计计算中，地基基床系数的确定等直接关系到地基的沉降，因此，基础计算的关键问题是地基的沉降问题，在沉降量的确定过程中，工程经验尤为重要，有时可能是决定性的因素。合理的沉降量是结构设计计算的前提，它使得基础计算，变成一种在已知地基总沉降量前提下的基础沉降的复核过程，同时也是对基础配筋的确定过程。

五、相关索引

1. 对地基土压缩性的规定见《地基规范》第 4.2.5 条。

2. 对柱下单独基础、墙下条形基础等基底反力的计算规定见《地基规范》第 5、8 章的相关内容。

3. 非匀质各向异性地基中的附加压力及深基础和筏板基础的基底压力及变形计算见第 6 章相关内容。

4. 群桩基础的沉降可按实体深基础法计算，采用单向压缩层分层总和法计算（见第七章）。

第四节　软弱地基及软弱下卧层地基

【要点】

　　本节明确软弱层的定义，重点阐述遇有软弱地基及软弱下卧层地基时，应采取的主要建筑措施和结构措施，提出软弱地基建筑物设计的总原则，通过采取综合措施，提高建筑物的耐受变形能力，满足使用要求。

　　基础底面以下，当土层的地基承载力低于持力层 1/3 时，则该土层为软弱下卧层。

　　软弱地基指主要由淤泥、淤泥质土、冲填土、杂填土或其他高压缩性土构成的地基（图 2.4.1），其主要问题是：承载力不足及地基变形过大。

　　软弱下卧层地基指在地基受力层范围内存在软弱地基土层的地基（图 2.4.2）。

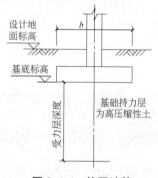

图 2.4.1　软弱地基

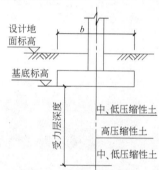

图 2.4.2　软弱下卧层地基

　　应避免在软弱地区进行工程建设，不应在未经处理的软土地基上建造高层建筑。

　　结构设计中应采取切实有效的措施，控制地基的变形。可通过优化建筑布局减少上部建筑对软弱地基的影响，同时采取地基处理、调整基础设计及加大基础与上部结构刚度等必要的结构手段控制建筑物的沉降和不均匀沉降。

　　利用软弱地基时应对建筑的体型、荷载情况、结构类型和地质条件进行综合分析，采取合理措施和地基处理方法。在结构设计中采用复合地基处理技术加固地基，以地基土与竖向增强体共同承担荷载，能较好地满足建筑物的承载力和变形要求，有条件时应优先采用。

一、软弱地基及软弱下卧层地基的相关设计规定

　　1.（《地基规范》第 5.2.7 条）当地基受力层范围（应为主要受力层范围——编者注）内有软弱下卧层时，应按下式验算：

$$p_z + p_{cz} \leqslant f_{az} \tag{2.4.1}$$

式中　p_z——相应于荷载效应标准组合时，软弱下卧层顶面处的附加压力值；

　　　　p_{cz}——软弱下卧层顶面处土的自重压力值；

　　　　f_{az}——软弱下卧层顶面处经深度修正后地基承载力特征值。

　　对条形基础和矩形基础，式（2.4.1）中的 p_z 值可按下列公式简化计算：

条形基础

$$p_z = \frac{b(p_k - p_c)}{b + 2z\tan\theta} \tag{2.4.2}$$

矩形基础

$$p_z = \frac{lb(p_k - p_c)}{(b + 2z\tan\theta)(l + 2z\tan\theta)} \tag{2.4.3}$$

式中 b——矩形基础或条形基础底边的宽度；

l——矩形基础底边的长度；

p_c——基础底面处土的自重压力值；

z——基础底面至软弱下卧层顶面的距离；

θ——地基压力扩散线与垂直线的夹角，可按表 2.4.1 采用。

用于软弱下卧层验算的硬土层地基压力扩散角 θ 表 2.4.1

E_{s1}/E_{s2}	z/b	
	0.25	0.50
3	6°	23°
5	10°	25°
10	20°	30°

注：1. E_{s1} 为上层土压缩模量；E_{s2} 为下层土压缩模量；

2. $z/b < 0.25$ 时取 $\theta = 0°$，必要时，宜由试验确定；$z/b \geqslant 0.50$ 时 θ 值不变。

2. (《地基规范》第 7.2.1 条) 利用软弱土层作为持力层时，可按下列规定：

1) 淤泥和淤泥质土，宜利用其上覆较好土层作为持力层，当上覆土层较薄，应采取避免施工时对淤泥和淤泥质土扰动的措施；

2) 冲填土、建筑垃圾和性能稳定的工业废料，当均匀性和密实度较好时，均可利用作为持力层；

3) 对于有机质含量较多的生活垃圾和对基础有侵蚀性的工业废料等杂填土，未经处理不宜作为持力层。

3. (《地基规范》第 7.2.7 条) **复合地基设计应满足建筑物承载力和变形要求。对于地基土为欠固结土、膨胀土、湿陷性黄土、可液化土等特殊土时，设计时要综合考虑土体的特殊性质，选用适当的增强体和施工工艺。**

4. (《地基规范》第 7.2.8 条) **复合地基承载力特征值应通过现场复合地基载荷试验确定，或采用增强体的载荷试验结果和其周边土的承载力特征值结合经验确定。**

5. (《地基规范》第 7.3.1 条) 在满足使用和其他要求的前提下，建筑体型应力求简单。当建筑体型比较复杂时，宜根据其平面形状和高度差异情况，在适当部位用沉降缝将其划分成若干个刚度较好的单元；当高度差异或荷载差异较大时，可将两者隔开一定距离，当拉开距离后的两单元必须连接时，应采用能自由沉降的连接构造。

6. (《地基规范》第 7.4.1 条) 为减少建筑物沉降和不均匀沉降，可采用下列措施：

1) 选用轻型结构，减轻墙体自重，采用架空地板代替室内填土 (图 2.4.10)；

2) 设置地下室或半地下室，采用覆土少、自重轻的基础形式 (图 2.4.11)；

3）调整各部分的荷载分布、基础宽度或埋置深度；

4）对不均匀沉降要求严格的建筑物，可选用较小的基底压力。

7.（《地基规范》第7.5.2条）地面堆载应均衡，并应根据使用要求、堆载特点、结构类型和地质条件确定允许堆载量和范围，堆载量不应超过地基承载力特征值。

堆载不宜压在基础上。大面积的填土，宜在基础施工前三个月完成。

二、理解与分析

1. 关于软弱下卧层

1）软弱层顶面处的地基承载力特征值 f_{az} 只考虑深度修正，即不考虑公式（2.2.1）右端中间项。

2）对公式（2.4.1）的理解见图2.4.3。

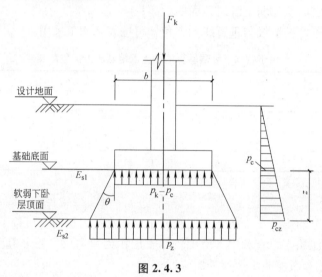

图 2.4.3

2. 关于软弱地基

我国幅员辽阔，海岸线长，河流、湖泊遍布，故软弱地基分布广泛。我国沿海地区软土的物理力学特性（每5～10个工程土样试验统计平均值）见表2.4.2。其主要表现为以下特点：

1）天然含水量高（大于或等于液限即 $w \geq w_L$），孔隙比 $e > 1$，在土体结构未被破坏时，具有固态特征，而结构一经扰动或破坏后，即转变为稀释流动状态；

2）高压缩性，并随液限的增加而增加；

3）抗剪强度低，并与加荷速度及排水条件有关；

4）渗透性差，在加载初期常易出现较高的孔隙水压，对地基强度影响大；

5）流变性，除了固结引起地基变形的因素外，在剪力作用下的流变性质使地基长期处于变形过程中，对边坡、堤岸、码头甚至有损坏的可能。

3. 软弱土地区建筑的设计要求

软弱土地区建筑物裂缝或损坏的主要原因，是由于地基的不均匀沉降超过上部结构所能承受的不均匀变形能力。因此，设计时根据地基的不均匀沉降的分布规律，从建筑布置及结构处理两方面采取必要的措施。

1）建筑布置

我国沿海地区软土的物理力学特性 表 2.4.2

地区	土层厚度 (m)	含水量 w (%)	重度 γ (kN/m³)	孔隙比 e	饱和度 S_r(%)	液限 w_L(%)	塑限 w_P(%)	塑性指数 I_P	渗透系数 k (m/s)	压缩系数 a_{1-2} (MPa⁻¹)
天津	7~14	34	18.2	0.97	95	34	19	15	1×10^{-9}	0.51
塘沽	8~17	47	17.7	1.31	99	42	20	22	2×10^{-9}	0.97
	0~8 17~24	39	18.1	1.07	96	34	19	15		0.65
上海	6~17	50	17.2	1.37	98	43	23	20	6×10^{-9}	1.24
	1.5~6 >20	37	17.9	1.05	97	34	21	13	2×10^{-8}	0.72
杭州	3~9	47	17.3	1.34	99	41	22	19		
	9~19	35	18.4	1.02	99	33	18	15		1.17
宁波	2~12	50	17.0	1.42	97	39	22	17	3×10^{-10}	0.95
	12~28	38	18.6	1.08	94	36	21	15	7×10^{-10}	0.72
舟山	2~14	45	17.5	1.32	99	37	19	18	7×10^{-8}	1.10
	17~32	36	18.0	1.03	97	34	20	14	3×10^{-9}	0.63
温州	1~35	63	16.2	1.79	99	53	23	30		1.93
福州	3~19	68	15.0	1.78	98	54	25	29	8×10^{-10}	2.03
	1~3 19~25	42	17.1	1.17	95	41	20	21	5×10^{-9}	0.70
龙溪	0~6	89	14.5	2.45	97	65	34	31		2.33
广州	0.5~10	73	16.0	1.82	99	46	27	19	3×10^{-8}	1.18

建筑的规则性与否直接影响到建筑物的荷重和刚度的分布，对软土地基上建筑而言，合理而均匀的荷载和刚度分布，有利于满足软土地基的承载力和变形要求。宜采用单元组合设计原则，就是对体型复杂或超长的建筑物，设置沉降缝将其分割为若干独立的单元，增强各单元建筑的刚度和强度，使每个单元具有一定的调整不均匀变形的能力。

2）结构措施

结构设计可以从减小结构的单元长度、增加结构单元的整体刚度、适当增加基础的刚度和强度等方面着手（具体措施见本节设计建议），采取恰当的结构措施，保证软弱地区建筑安全并确保使用功能的实现。

4. 关于复合地基

1）近年来，工程建设中常采用复合地基方案解决软弱地基问题，实践证明这是一种经济合理、安全可靠的解决方式；

2）采用复合地基处理技术加固地基，以地基土与竖向增强体共同承担荷载，复合地基的设计应满足建筑物承载力和变形要求，其变形量不应超过表2.3.1规定的允许值；

3）和其他地基承载力的确定原则相同，《地基规范》对复合地基承载力特征值的确定，强调应通过现场复合地基载荷试验确定，有经验时可采用竖向增强体和周边土的载荷试验确定。

三、结构设计的相关问题

1.《地基规范》（第5.2.7条）规定的"地基受力层范围"，未见具体量化规定；

2.《地基规范》(第 7.2.1 条)规定的"上覆较好土层"、"上覆土层较薄"及"均匀性和密实度较好"的定量把握困难。

四、设计建议

1. 关于软弱下卧层地基

1) 关于"地基主要受力层范围"应根据工程经验结合地基土具体情况综合确定,可取地基压缩层下限面的深度,以该深度以下土层的压缩变形小到可以忽略不计为原则,一般情况下可取至地基附加应力 σ_z 等于地基自重应力 σ_c 的 20%处,即 $\sigma_z = 0.2\sigma_c$ 处,当该深度以下有高压缩性土时,则应继续往下计算至 $\sigma_z = 0.1\sigma_c$ 处,"地基受力层范围"也可按公式(2.3.4)近似确定;

2)《地基规范》未列出偏心荷载作用下验算下卧层承载力的有关规定,建议参照公式(2.2.5)进行验算;

3) 当 z/b 在 0.25~0.50 之间时,地基压力扩散角 θ 的取值,规范未具体规定,编者建议可按线性内插法确定;

4) $z/b < 0.25$ 时取 $\theta = 0°$,必要时,宜由试验确定;$z/b \geqslant 0.5$ 时取 $z/b = 0.5$ 时的 θ 值;

5) E_{s1}/E_{s2} 不为 3、5、10 时的 θ 取值,规范未作具体规定,当无可靠试验资料时,编者建议取值如下:

(1) $E_{s1}/E_{s2} < 3$ 时,取 $\theta = 0$,即不考虑地基压力扩散;

(2) E_{s1}/E_{s2} 数值在 3~10 之间时,可按线性内插法确定 θ 值;

(3) $E_{s1}/E_{s2} > 10$ 时,按 $E_{s1}/E_{s2} = 10$ 取相应的 θ 值。

6) 注意:本节中地基压力扩散角 θ(表 2.4.1)为用于软弱下卧层验算的硬土层地基压力扩散角 θ,它由实测的软土层顶地基压力值反算求得,仅适用于进行软弱下卧层地基验算,对其他情况不一定适用。

2. 关于软弱地基

1) 软弱地基建筑物设计的总原则:

(1) 采用合理的建筑体型;

(2) 建筑应遵循单元组合的设计原则;

(3) 控制建筑物的长高比(对砌体结构尤为重要);

(4) 合理布置纵横墙;

(5) 采取措施增强结构的整体刚度;

(6) 适当加强基础的刚度和强度;

(7) 合理设置沉降缝和连接体的构造;

(8) 合理设置钢筋混凝土圈梁;

(9) 减小基底附加荷载;

(10) 充分利用表层硬土;

(11) 合理安排施工顺序;

(12) 合理控制活荷载的加载速率;

(13) 采取减小建筑物相邻影响的措施;

(14) 采取减小地面荷载影响的措施;

(15) 采取恰当的地基处理措施,减小或消除局部软弱地基的影响。

2）关于上覆土层

（1）对"上覆土层较薄"的量的把握应根据工程经验确定，当无可靠设计经验时，可根据基础底面下上覆土层的厚度 h 是否覆盖地基主要受力层范围来确定，当 $h \leqslant 5m$ 及当条形基础下 $h \leqslant 3b$（b 为基础底面宽度）、独立柱基时 $h \leqslant 1.5b$ 时，可确定"上覆土层较薄"（见图 2.4.4），其他情况也可参考本条确定。

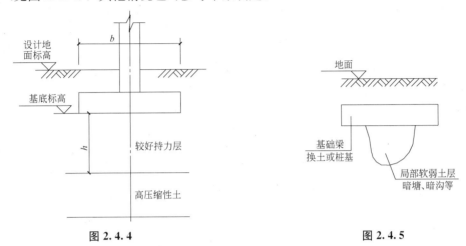

图 2.4.4　　　　　　　　　　　　　　　　　图 2.4.5

（2）"上覆填土较好"可理解为填土是一般中、低压缩性土。

（3）对"均匀性和密实度较好"的判断应根据工程经验确定。

（4）对"有机物含量较多"的量的把握应根据工程经验确定，当无可靠设计经验时，可将有机物含量大于 5% 确定为有机物含量较多。

3）对局部软弱土层以及暗塘、暗沟等，可采用基础梁、换土、桩基或其他方法处理（见图 2.4.5）。

4）对增强体顶部应设褥垫层。褥垫层可采用中砂、粗砂、砾砂、碎石、卵石等散体材料。碎石、卵石宜掺入 20%～30% 的砂。

（1）增强体顶部应设褥垫层的根本目的在于能使增强体与地基土共同发挥承载作用。

（2）褥垫层的厚度一般可取 300～500mm。

5）对地基土压缩性有"显著差异"的量的把握，规范未予具体规定，应根据工程经验确定。当无可靠设计经验时，对地基土的压缩性可以从下列两方面去理解并把握：

（1）地基土本身的可压缩性，依据《地基规范》第 4.2.5 条规定，可将地基土分为低、中、高压缩性三档，当压缩性不为同一档时，可理解为地基土压缩性有"显著差异"；

（2）当地基土的压缩层厚度急剧变化（深度的变化幅度超过 50%）时，也可理解为地基土压缩性有"显著差异"。

3. 软弱土地区建筑布置的基本要求

1）建筑物的下列部位，宜设置沉降缝：

（1）建筑平面的转折部位；

（2）高度差异或荷载差异处；

（3）长高比过大的砌体承重结构或钢筋混凝土框架结构的适当部位；

（4）地基土的压缩性有显著差异处；

　(5) 建筑结构或基础类型不同处;

　(6) 分期建造房屋的交界处。

2) 沉降缝应有足够的宽度,缝宽可按表 2.4.3 选用。

房屋沉降缝的宽度　　　　　　　　　　　　　表 2.4.3

房 屋 层 数	沉降缝宽度(mm)
二～三	50～80
四～五	80～120
五层以上	不小于 120

3) 应将复杂平面分割为简单平面(见图 2.4.6)。

4) 不同结构单元、荷载及刚度相差较大时,应采取措施确保各结构单元自由沉降。

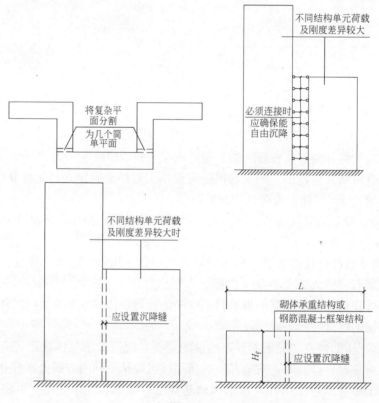

图 2.4.6

5) 应考虑相邻建筑物的影响

软弱地基中,影响相邻建筑物基础间净距的主要因素为:

(1) 影响建筑物的沉降(影响源),与该建筑物的荷重有关,可以理解为建筑高度因素。

(2) 建筑物的长高比,建筑物的长高比越大(建筑物越长、建筑物高度越小)受影响的程度越大。

(3) 在软弱地基中,对同时施工的相邻建筑物,应分别按不同的影响建筑和被影响建筑确定相邻建筑物的基础净距;对先后建造的相邻建筑,其基础间的净距不仅应考虑后施工建筑对已有建筑的影响，还应考虑已建建筑物的后续沉降（可取建筑物的后续沉降量作为表2.4.4中的 s 值）对新建建筑物的影响，并取两种计算的大值设计。

（4）相邻建筑物基础间的净距，可按表2.4.4选用。

相邻建筑物基础间的净距（m）　　　　　　　　　　　　表 2.4.4

影响建筑的预估平均沉降量 s(mm)	被影响建筑的长高比	
	$2.0 \leqslant \dfrac{L}{H_f} < 3.0$	$3.0 \leqslant \dfrac{L}{H_f} < 5.0$
70～150	2～3	3～6
160～250	3～6	6～9
260～400	6～9	9～12
>400	9～12	≥12

注：1. 表中 L 为建筑物长度或沉降缝分隔的单元长度（m）；H_f 为自基础底面标高算起的建筑物高度（m）；
　　2. 当被影响建筑的长高比为 $1.5 < L/H_f < 2.0$ 时，其间净距可适当缩小。

6）相邻高耸结构或对倾斜要求严格的构筑物的外墙间隔距离，应根据倾斜允许值计算确定（见图2.4.8）。

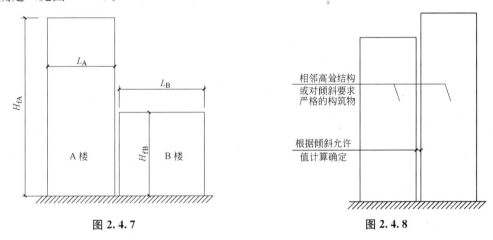

图 2.4.7　　　　　　　　　　　　　　　　图 2.4.8

7）建筑物各组成部分的标高，应根据可能产生的不均匀沉降采取下列相应措施：

（1）室内地坪和地下设施的标高，应根据预估沉降量予以提高。建筑物各部分（或设备之间）有联系时，可将沉降较大者标高提高。

（2）建筑物与设备之间，应留有净空。当建筑物有管道穿过时，应预留孔洞，或采用柔性的管道接头等（见图2.4.9）。

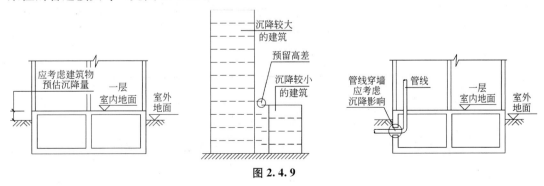

图 2.4.9

4. 软土地区建筑的主要结构措施

采取合理的结构措施可以较好地解决软弱地基上建筑物的沉降和差异沉降问题，满足使用要求。

1）为控制建筑物的不均匀沉降，应根据不同的基础形式，适当调整基底压力。

当基础埋深相同时，上部荷载较大的基础，其底面积可适当加大；

当基础形式不同时，应加大对沉降敏感的基础底面积（可依据地基附加应力的影响深度确定，如同时采用独立基础和条形基础时，一般可适当加大条形基础的底面积）见图 2.4.10～图 2.4.13。

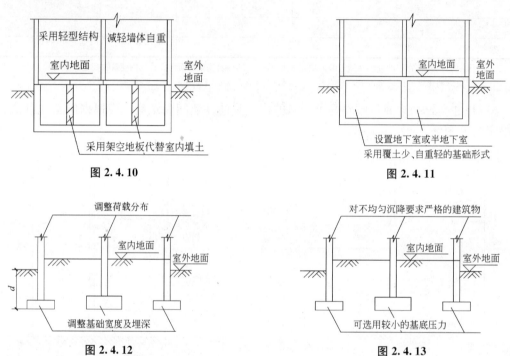

图 2.4.10　　　　　　　　　　　　　　图 2.4.11

图 2.4.12　　　　　　　　　　　　　　图 2.4.13

2）对于建筑体型复杂、荷载差异较大的框架结构，可采用箱基、桩基、筏基等加强基础整体刚度，减少不均匀沉降（见图 2.4.14）。

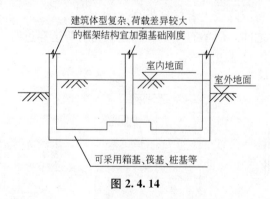

图 2.4.14

3）对于砌体承重结构的房屋，宜采用下列措施增强整体刚度和强度（图 2.4.15～图 2.4.19）：

(1) 对于三层和三层以上的房屋,其长高比 L/H_f 宜小于或等于 2.5;当房屋的长高比为 $2.5 < L/H_f \leqslant 3.0$ 时,宜做到纵墙不转折或少转折,并应控制其内横墙间距或增强基础刚度和强度。当房屋的预估最大沉降量小于或等于 120mm 时,其长高比可不受限制;

(2) 墙体内宜设置钢筋混凝土圈梁或钢筋砖圈梁;

(3) 在墙体上开洞时,宜在开洞部位配筋或采用构造柱及圈梁加强。

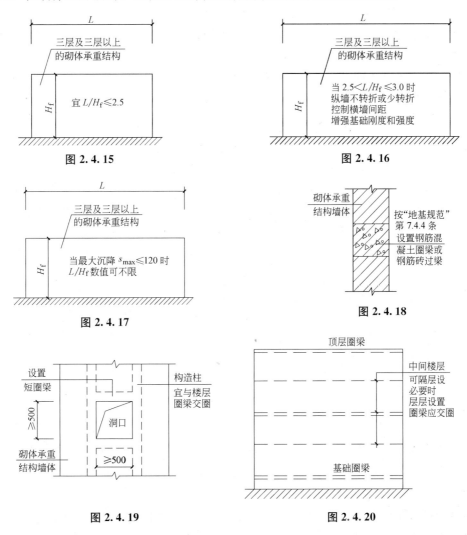

图 2.4.15

图 2.4.16

图 2.4.17

图 2.4.18

图 2.4.19

图 2.4.20

4) 砌体承重结构的圈梁应按下列要求设置(图 2.4.20):

(1) 在多层房屋的基础和顶层处宜各设置一道,其他各层可隔层设置,必要时也可层层设置。单层工业厂房、仓库,可结合基础梁、连系梁、过梁等酌情设置;

(2) 圈梁应设置在外墙、内纵墙和主要内横墙上,并宜在平面内连成封闭系统。

五、相关索引

1. 规范的其他规定见《地基规范》第 7 章相关内容;

2.《建筑地基处理技术规范》(JGJ—79—2002)的相关规定见其第 4 章。

第五节　特殊岩土地基

【要点】

本节讨论冻土地基、湿陷性黄土地基、膨胀土地基和液化地基，着重分析遇有特殊地基时应采取的相应结构措施。通过采取综合防治措施，减小或消除特殊地基对建筑物的不利影响，满足使用要求。

我国幅员辽阔，地基岩土的种类多，分布不均匀，岩土性质差别很大。合理利用天然地基，确保建筑物的安全和正常使用，是每个结构工程设计人员必须面对的问题。本节对冻土地基、湿陷性黄土地基及膨胀土地基设计中的主要问题展开讨论。

一、冻土地基

土（岩）温处于负温或零温且其中含有冰的土（岩）称为冻土。如果土中含水量很少或矿化度很高或为重盐渍土，虽然负温很低，但也不含冰，则称其为寒土而不是冻土，只有其中含冰其物理力学特性才发生突变，才是真正的冻土。

季节性冻土是地表层冬季冻结夏季全部融化的土（岩），其在我国分布很广，华北、东北、西北地区，季节性冻土层厚度均在 0.5m 以上，最大的可达 3m 左右，上述地区是我国季节性冻土的主要分布区。多年冻土指冻结状态持续两年或两年以上的土（岩），在我国主要分布在纬度较高的黑龙江省大小兴安岭及海拔较高的青藏高原和甘新高寒山区。

我国冻土可分为三类：多年冻土、季节冻土和瞬时冻土。由于瞬时冻土存在时间短、冻深很浅，对建筑物影响很小，故不属于冻土地基范围。作为建筑地基的冻土，根据持续时间可分为季节冻土和多年冻土（分为低温冻土和高温冻土两类，此处的高温指：土温接近零度或土中的水分绝大部分尚未到相变的温度）；根据其变形特性可分为坚硬冻土、塑性冻土与松散冻土；根据冻土的融沉性与土的冻胀性又可分为若干类。

低温冻土地基的工程性质很好，其强度高，变形小，甚至可以看成是不可压缩的。而高温冻土（又称塑性冻土）在外荷载的作用下，具有相当大的压缩性（与低温冻土比），即表现出明显的塑性。高温冻土的压密作用是一种非常复杂的物理力学过程，这种过程受其所有成分［气体、液体（未冻水）、黏塑性体（冰）及固体（矿物颗粒）等］的变形及未冻水的迁移作用所控制。

地基冻融对建筑物造成的主要危害有：墙身开裂、天棚抬起、倾斜及倾倒、轻型构筑物基础逐年上拔、门前台阶冻起、散水坡冻裂或形成倒坡等。

1. 冻土的分类

1)（"冻土规范"第 3.1.5 条）季节冻土与多年冻土季节融化层土，根据土冻胀率 η 的大小可分为不冻胀、弱冻胀、冻胀、强冻胀和特强冻胀五类（见表 2.5.1）。

$$\eta = (\Delta z / z_d) \times 100\% \tag{2.5.1}$$

式中　Δz——地表冻胀量（m）；

　　　z_d——设计冻深（m）。

地基土的冻胀性分类　　　　　　　　　　　　　　　　　　表 2.5.1

土的名称	冻前天然含水量 $w(\%)$	冻结期间地下水位距冻结面的最小距离 h_w(m)	平均冻胀率 $\eta(\%)$	冻胀等级	冻胀类别
碎(卵)石,砾、粗、中砂（粒径小于 0.075mm 的颗粒含量大于 15%），细砂（粒径小于 0.075mm 的颗粒含量大于 10%）	$w\leqslant12$	>1.0	$\eta\leqslant1$	I	不冻胀
		≤1.0	$1<\eta\leqslant3.5$	II	弱冻胀
	$12<w\leqslant18$	>1.0			
		≤1.0	$3.5<\eta\leqslant6$	III	冻胀
	$w>18$	>0.5			
		≤0.5	$6<\eta\leqslant12$	IV	强冻胀
粉砂	$w\leqslant14$	>1.0	$\eta\leqslant1$	I	不冻胀
		≤1.0	$1<\eta\leqslant3.5$	II	弱冻胀
	$14<w\leqslant19$	>1.0			
		≤1.0	$3.5<\eta\leqslant6$	III	冻胀
	$19<w\leqslant23$	>1.0			
		≤1.0	$6<\eta\leqslant12$	IV	强冻胀
	$w>23$	不考虑	$\eta>12$	V	特强冻胀
粉土	$w\leqslant19$	>1.5	$\eta\leqslant1$	I	不冻胀
		≤1.5	$1<\eta\leqslant3.5$	II	弱冻胀
	$19<w\leqslant22$	>1.5			
		≤1.5	$3.5<\eta\leqslant6$	III	冻胀
	$22<w\leqslant26$	>1.5			
		≤1.5	$6<\eta\leqslant12$	IV	强冻胀
	$26<w\leqslant30$	>1.5			
		≤1.5	$\eta>12$	V	特强冻胀
	$w>30$	不考虑			
黏性土	$w\leqslant w_P+2$	>2.0	$\eta\leqslant1$	I	不冻胀
		≤2.0	$1<\eta\leqslant3.5$	II	弱冻胀
	$w_P+2<w\leqslant w_P+5$	>2.0			
		≤2.0	$3.5<\eta\leqslant6$	III	冻胀
	$w_P+5<w\leqslant w_P+9$	>2.0			
		≤2.0	$6<\eta\leqslant12$	IV	强冻胀
	$w_P+9<w$	>2.0			
		≤2.0	$\eta>12$	V	特强冻胀
	$w>w_P+15$	不考虑			

注：1. w_P——塑限含水量（%）；

　　　　w——在冻土层内冻前天然含水量的平均值；

　　2. 盐渍化冻土不在表列；

　　3. 塑性指数大于 22 时，冻胀性降低一级；

　　4. 粒径小于 0.005mm 的颗粒含量大于 60% 时，为不冻胀土；

　　5. 碎石类土当充填物大于全部质量的 40% 时，其冻胀性按充填物的类别判断；

　　6. 碎石土、砾砂、粗砂、中砂（粒径小于 0.075mm 的颗粒含量不大于 15%），细砂（粒径小于 0.075mm 的颗粒含量不大于 10%）均按不冻胀考虑。

2)（《地基规范》第 5.1.7 条，《冻土规范》第 5.1.2 条）季节性冻土地基的设计冻深 z_d 应按下式计算：

$$z_d = z_0 \psi_{zs} \psi_{zw} \psi_{ze} \qquad (2.5.2)$$

式中　z_d——设计冻深（m）。若当地有多年实测资料时，也可 $z_d = h' - \Delta z$，其中 h' 为实测冻土层厚度（m），Δz 为地表冻胀量（m）；

　　　z_0——标准冻深（m）。系采用在地表平坦、裸露、城市之外的空旷场地中不少于 10 年实测最大冻深的平均值。当无实测资料时，按《地基规范》附录 F 采用；

　　　ψ_{zs}——土的类别对冻深的影响系数，按表 2.5.2 取值；

　　　ψ_{zw}——土的冻胀性对冻深的影响系数，按表 2.5.3 取值；

　　　ψ_{ze}——环境对冻深的影响系数，按表 2.5.4 取值。

土的类别对冻深的影响系数　　　　　表 2.5.2

土的类别	黏性土	细砂、粉砂、粉土	中砂、粗砂、砾砂	碎石土
影响系数 ψ_{zs}	1.00	1.20	1.30	1.40

土的冻胀性对冻深的影响系数　　　　　表 2.5.3

冻胀性	不冻胀	弱冻胀	冻胀	强冻胀	特强冻胀
影响系数 ψ_{zw}	1.00	0.95	0.90	0.85	0.80

环境对冻深的影响系数　　　　　表 2.5.4

周围环境	村、镇、旷野	城市近郊	城市市区
影响系数 ψ_{ze}	1.00	0.95	0.90

注：环境影响系数一项，当城市市区人口为 20 万～50 万时，按城市近郊取值；当城市市区人口大于 50 万小于或等于 100 万时，按城市市区取值；当城市市区人口超过 100 万时，按城市市区取值，5km 以内的郊区应按城市近郊取值。

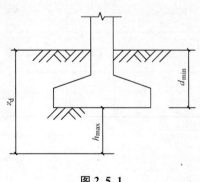

图 2.5.1

2. 防冻害措施

1)（《地基规范》第 5.1.8 条）确定基础埋深应考虑地基的冻胀性，当建筑基础底面之下允许有一定厚度的冻土层，可用下式计算基础的最小埋深（见图 2.5.1）：

$$d_{min} = z_d - h_{max} \qquad (2.5.3)$$

式中　h_{max}——基础底面下允许残留冻土层的最大厚度，按表 2.5.5 查取。当有充分依据时，基底下允许残留冻土层厚度也可根据当地经验确定。

（1）基础底面下允许残留冻土层的最大深度 h_{max} 与地基土的冻胀性、基础形式、采暖方式及基底平均压力有关，对外墙基础可按不采暖情况确定。

建筑基底下允许残留冻土层最大厚度 h_{max} （m）　　　表 2.5.5

冻胀性	基础形式	采暖情况	基底平均压力(kPa)						
			90	110	130	150	170	190	210
弱冻胀土	方形基础	采暖		0.94	0.99	1.04	1.11	1.15	1.20
		不采暖		0.78	0.84	0.91	0.97	1.04	1.10
	条形基础	采暖	>2.50						
		不采暖		2.20	2.50	>2.50			
冻胀土	方形基础	采暖		0.64	0.70	0.75	0.81	0.86	
		不采暖		0.55	0.60	0.65	0.69	0.74	
	条形基础	采暖		1.55	1.79	2.03	2.26	2.50	
		不采暖		1.15	1.35	1.55	1.75	1.95	
强冻胀土	方形基础	采暖		0.42	0.47	0.51	0.56		
		不采暖		0.36	0.40	0.43	0.47		
	条形基础	采暖		0.74	0.88	1.00	1.13		
		不采暖		0.56	0.66	0.75	0.84		
特强冻胀土	方形基础	采暖	0.30	0.34	0.38	0.41			
		不采暖	0.24	0.27	0.31	0.34			
	条形基础	采暖	0.43	0.52	0.61	0.70			
		不采暖	0.33	0.40	0.47	0.53			

注：1. 本表只计算法向冻胀力，如果基侧存在切向冻胀力，应采取防切向力措施；
　　2. 本表不适用于宽度小于 0.6m 的基础，矩形基础可取短边尺寸按方形基础计算；
　　3. 表中数据不适用于淤泥、淤泥质土和欠固结土；
　　4. 表中基底平均压力数值为永久荷载标准值乘以 0.9，可以内插。

（2）结构设计中常采用的 $d_{min} \geqslant z_d$ 及 $d_{min} \geqslant 0.5m$，是对基础最小埋深的近似计算，对砂、石类土应加强核算。

2)（《地基规范》第 5.1.9 条）在冻胀、强冻胀、特强冻胀地基上，应采用下列防冻害措施：

（1）对在地下水位以上的基础，基础侧面应回填非冻胀性的中砂或粗砂，其厚度不应小于 10cm。对在地下水位以下的基础，可采用桩基础、自锚式基础（冻土层下有扩大板或扩底短桩）或采取其他有效措施（图 2.5.2 及图 2.5.3）；

（2）宜选择地势高、地下水位低、地表排水良好的建筑场地。对低洼场地，宜在建筑四周向外一倍冻深（此处应理解为设计冻深——编者注）距离范围内，使室外地坪至少高出自然地面 300～500mm（图 2.5.4）；

（3）防止雨水、地表水、生产废水、生活污水浸入建筑地基，应设置排水设施。在山区应设截水沟或在建筑物下设置暗沟，以排走地表水和潜水流；

（4）在强冻胀性和特强冻胀性地基上，其基础结构应设置钢筋混凝土圈梁和基础梁，并控制上部建筑的长高比，增强房屋的整体刚度；

（5）当独立基础联系梁下或桩基础承台下有冻土时，应在梁或承台下留有相当于该土层冻胀量的空隙（当使用中不容许预留空隙时，宜采用聚苯板等可压缩材料填充——编者注），以防止因土的冻胀将梁或承台拱裂（见图 2.5.6 及图 2.5.7）；

（6）外门斗、室外台阶和散水坡等部位宜与主体结构断开，散水坡分段不宜超过1.5m，坡度不宜小于3%，其下宜填入非冻胀性材料（见图2.5.8）；

（7）对跨年度施工的建筑，入冬前应对地基采取相应的防护措施；按采暖设计的建筑物，当冬季不能正常采暖，也应对地基采取保温措施；

（8）降低或消除切向冻胀力的措施有：基侧保温法、基侧换土法、改良水土条件法、人工盐滞化法、使土颗粒聚集或分散法、增水处理法以及基础锚固法；

（9）应采取提高基础整体性和上部结构整体刚度的措施，如对砌体结构设置钢筋混凝土基础圈梁，对钢筋混凝土柱下独立基础及条形基础设置基础拉梁，控制建筑的长高比等。

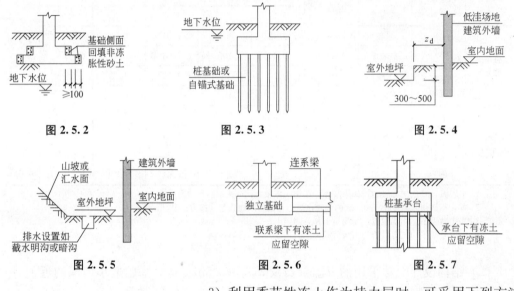

图2.5.2　　　　　图2.5.3　　　　　图2.5.4

图2.5.5　　　　　图2.5.6　　　　　图2.5.7

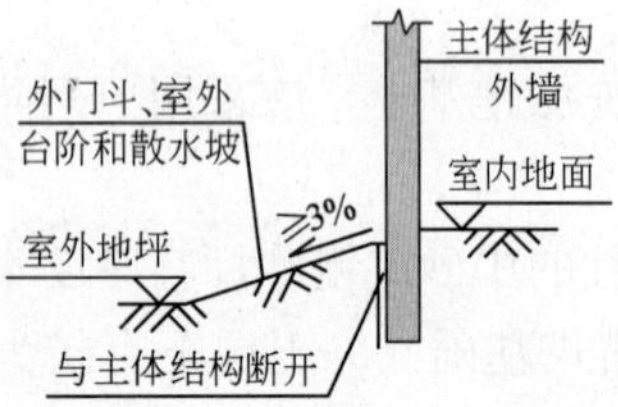

3）利用季节性冻土作为持力层时，可采用下列方法处理：

（1）挖除基础以下冻土，换填砂、砂石或毛石混凝土垫层；

（2）当仅考虑地基土冻胀和融陷影响时，基础可浅埋。

4）根据工程经验和科研成果，基础浅埋的技术措施如下：

（1）基础埋置深度以基础中段为主，角段加深部分可用非冻胀性的砂、砂石换填夯实；

（2）当基础梁下有冻胀性土时，在基础梁下与冻胀土之间预留50～200mm的空隙，空隙两侧采用砌体封堵（图2.5.9）；

（3）当地基土为强冻胀或特冻胀土时，基础剖面宜为正梯形，且梯形斜面与铅垂线夹角不小于9度（图2.5.10）；

（4）室外散水坡下，根据冻胀土的冻胀性，应采用砂、砂石换填夯实。对弱冻胀、冻胀性土换填深度为0.3～0.4m，对强冻胀、特强冻胀土换填深度为0.5～0.7m；

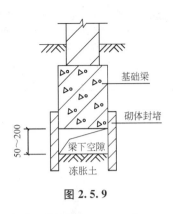

图 2.5.9

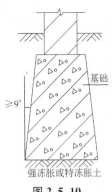

图 2.5.10

（5）基础埋深见表 2.5.6；

（6）基础浅埋设计除满足规范要求外，基底可残留冻土厚度应满足以下要求：强冻胀土不大于 0.3m；冻胀土不大于 0.5m；弱冻胀土不大于 0.7m；非冻胀土不限制。

基础埋置深度（m）　　　　　　　　　　　　　　表 2.5.6

室内外高差	≤0.3m			≤0.45m			≤0.60m			≤0.75m			>0.75m		
室内采暖情况	不采暖	采暖		不采暖	采暖		不采暖	采暖		不采暖	采暖		不采暖	采暖	
基础部位	全部	外墙		全部	外墙		全部	外墙		全部	外墙		全部	外墙	
		中段	角段		中段	角段		中段	角段		中段	角段		中段	角段
冻胀性土 $z_0=1.8$	1.6	1.0	1.3	1.6	1.1	1.4	1.6	1.2	1.5	1.6	1.3	1.5	1.6	1.5	1.5
冻胀性土 $z_0=2.1$	1.9	1.2	1.5	1.9	1.3	1.6	1.9	1.4	1.7	1.9	1.5	1.7	1.9	1.7	1.7
冻胀性土 $z_0=2.4$	2.2	1.4	1.7	2.2	1.5	1.8	2.2	1.6	1.9	2.2	1.7	1.9	2.2	1.9	1.9
非冻胀性土	基础宽度≤1.0m 时，取 0.8m，基础宽度>1.0m 时，取 1.0m														

注：1. 基础埋深为室外设计地面到基础底面的距离（注意：此处的基础埋深与第二节地基承载力特征值修正时所用的基础埋深计算值不完全同——编者注）；

2. 外墙角段指：从外墙阳角顶点起两边各 4m 范围的基础，其余部分为外墙中段；

3. z_0 为标准冻深（m）；当 z_0 为其他数值时，可采用插入法取值。

5）基础浅埋设计的建筑物，外墙转角 3.0m 内不宜设置门洞、楼梯间和不采暖房间。

6）基础浅埋设计的建筑物，底层的阳台宜设计成悬挑式结构。

7）春融期浅埋基础施工时，应采取下列措施：

（1）内外墙基础底面应置于同一标高，预留基底可残留冻土厚度应不大于表 2.5.7 的要求；

（2）内外墙的基槽应同时、同深开挖；

（3）对于场地复杂、地质条件特殊的情况，经验槽确认，应将全部冻层清理；

（4）基础砌体第一阶高度应不小于 0.4m，并应全槽同时砌筑，随砌随回填。

春融期浅埋基础施工时预留可残留冻土厚度　　　　　　　表 2.5.7

地基土冻胀类别	特强冻胀	强冻胀	冻胀	弱冻胀	非冻胀
可残留冻土厚度(m)	0.2	0.3	0.5	0.7	0.9

8）浅埋基础越冬时应采取下列措施：

（1）对于非冻胀性地基土上的浅埋基础，应将基础两侧用原状土回填夯实；

（2）对于冻胀性地基土上的浅埋基础，除基础两侧用原状土回填夯实外，尚应进行保温处理；

（3）对于建造在冻胀性地基土上的底层已具备封闭条件的采暖建筑，应将底层封闭后取暖越冬。

9）对于 7 层以下的砌体承重结构和框架结构的建筑，地基的融沉量应不大于 10mm。

10）可增加建筑物的整体刚度。设置钢筋混凝土封闭式圈梁和基础梁，并控制建筑物的长高比。

11）平面应力求简单，体型复杂时，宜采用沉降缝隔开。

12）宜采用独立基础。

13）当墙长度不小于 7m，高度不小于 4m 时，宜增加内隔墙或扶壁柱。

14）可加大上部荷重或缩小基础与冻胀土的接触表面积。

二、湿陷性黄土地基

在一定压力下受水浸湿，土结构迅速破坏，并产生显著附加下沉的黄土称为湿陷性黄土。

湿陷性黄土在我国分布很广，主要分布在山西、陕西、甘肃大部分地区，河南西部和宁夏、青海、河北的部分地区，此外，新疆、内蒙古、山东、辽宁以及黑龙江的部分地区也有分布，但不连续。

湿陷性黄土是一种非饱和的欠压密土，具有大孔和垂直节理，在天然湿度下，其压缩性较低，强度较高，但遇水浸湿时，土的强度明显降低，在附加压力或附加压力与自重压力下引起的湿陷变形，是一种下沉量大、下沉速度快的失稳性变形，对建筑物的危害性大。因此，在湿陷性黄土地区进行建设，应根据湿陷性黄土的工程特点和工程要求，因地制宜，采取综合措施，防止地基浸水湿陷对建筑物产生危害。

防止湿陷性黄土地基湿陷的综合措施可分为地基处理、防水措施和结构措施三种，采取以地基处理为主的综合措施，即以治本为主，治标为辅，标本兼治，突出重点，消除隐患。防水措施和结构措施一般用于地基不处理或用于消除地基部分沉陷的建筑，以弥补地基处理（或不处理）的不足。

1. 建筑物的分类及湿陷等级的划分

1）建筑物的分类

（《湿陷性黄土规范》第 3.0.1 条）拟建在湿陷性黄土场地上的建筑物，应根据其重要性、地基受水浸湿可能性的大小和在使用期间对不均匀沉降限制的严格程度，分为甲、乙、丙、丁四类，并应符合表 2.5.8 的规定。

湿陷性黄土场地上的建筑物分类 表 2.5.8

建筑物分类	各类建筑的划分
甲类	高度大于 60m 和 14 层及 14 层以上体型复杂的建筑物
	高度大于 50m 的建筑物
	高度大于 100m 的高耸结构
	特别重要的建筑
	地基受水浸湿可能性大的重要建筑
	对不均匀沉降有严格限制的建筑
乙类	高度为 24～60m 的建筑
	高度为 30～50m 的构筑物
	高度为 50～100m 的高耸结构
	地基受水浸湿可能性较大的重要建筑
	地基受水浸湿可能性大的一般建筑
丙类	除乙类建筑以外的一般建筑和构筑物
丁类	次要建筑

2)(《湿陷性黄土规范》第 4.4.7 条）湿陷性黄土地基的湿陷等级，应根据湿陷量的计算值（Δ_s）和自重湿陷量的计算值（Δ_{zs}）等因素，按表 2.5.9 判定。

湿陷性黄土地基的湿陷等级 表 2.5.9

Δ_s(mm)	湿陷类型		
	非自重湿陷性场地	自重湿陷性场地	
	$\Delta_{zs} \leqslant 70mm$	$70mm < \Delta_{zs} \leqslant 350mm$	$\Delta_{zs} > 350mm$
$\Delta_s \leqslant 300$	Ⅰ（轻微）	Ⅱ（中等）	—
$300 < \Delta_s \leqslant 700$	Ⅱ（中等）	Ⅱ*（中等）或Ⅲ（严重）	Ⅲ（严重）
$\Delta_s > 700$	Ⅱ（中等）	Ⅲ（严重）	Ⅳ（很严重）

* 当湿陷量的计算值 $\Delta_s > 600mm$、自重湿陷量的计算值 $\Delta_{zs} > 300mm$ 时，可判为Ⅲ级，其他情况可判为Ⅱ级。

2. 设计措施

1）场址选择

（《湿陷性黄土规范》第 5.2.1 条）场址选择应符合下列要求：

（1）具有排水畅通或利于组织场地排水的地形条件；

（2）避开洪水威胁的地段；

（3）避开不良地质环境发育和地下坑穴集中的地段；

（4）避开新建水库等可能引起地下水位上升的地段；

（5）避免将重要建设项目布置在很严重的自重湿陷性黄土场地或厚度大的新近堆积黄土和高压缩性的饱和黄土等地段；

（6）避开由于建设可能引起工程地质环境恶化的地段。

在地基湿陷等级高或厚度大的新近堆积黄土、高压缩性饱和黄土等地段，地基处理难度大，工程造价高，所以应避免将重要建设项目选择在上述地段。场址选择一旦失误，后果将难以设想，不是给工程建设造成浪费，就是不安全。作为结构设计人员，若不能在选择场址时参与，则在结构设计之初应运用自己的专业知识对工程场址的选择进行审查，同时应给业主提出结构设计专业人员的合理化建议，避免造成浪费。

2）总平面设计

（《湿陷性黄土规范》第5.2.2条）总平面设计应符合下列要求：

（1）合理规划场地，做好竖向设计，保证场地、道路和铁路等地表排水畅通；

（2）在同一建筑物范围内，地基土的压缩性和湿陷性变化不宜过大；

（3）主要建筑物宜布置在地基湿陷等级低的地段；

（4）在山前斜坡地带，建筑物宜沿等高线布置，填方厚度不宜过大；

（5）水池类构筑物和有湿润生产工艺的厂房等，宜布置在地下水流向的下游地段或地形较低处。

合理总平面布置，可以避免不必要的挖方、填方、地基受水浸湿及相邻基础的影响。

3）建筑设计

（《湿陷性黄土规范》第5.3节）建筑设计应符合下列要求：

（1）建筑物的体型和纵横墙的布置，应利于加强其空间刚度，并具有适应或抵抗湿陷变形的能力。多层砌体承重结构的建筑，体型应简单，长高比不宜大于3；

（2）妥善处理建筑物的雨水排水系统，多层建筑的室内地坪应高出室外地坪450mm；

（3）用水设施宜集中设置，缩短地下管线并远离主要承重基础，其管道宜明装；

（4）在防护范围内设置绿化带，应采取措施防止地基土受水浸湿。

建筑设计还包括屋面排水的组织、建筑物周围的散水、地面防、排水处理及各种地下管线的综合布置等方面。合理有效的建筑措施，不仅为合理的结构布置创造了条件，同时也为湿陷性黄土地基上建筑的安全及满足正常使用要求提供了重要保证。

4）结构设计

（《湿陷性黄土规范》第5.4节）应针对不同情况，采用严格程度不同的结构措施，以保证建筑物在使用期间内满足承载力及正常使用的要求。

（1）当地基不处理或仅消除地基的部分湿陷量时，结构设计应根据建筑物类别、地基湿陷等级或地基处理后下部未处理湿陷性黄土层的湿陷起始压力值或剩余湿陷量以及建筑物的不均匀沉降、倾斜和构件等不利情况，采取下列结构措施：

① 选择适宜的结构体系和基础形式；

② 墙体宜选用轻质材料；

③ 加强结构的整体性与空间刚度；

④ 预留适应沉降的净空。

（2）当建筑物的平面、立面布置复杂时，宜采用沉降缝将建筑物分成若干个简单、规则，并具有较大空间刚度的独立单元。沉降缝两侧，各单元应设置独立的承重结构体系。

（3）高层建筑的设计，应优先选用轻质高强材料，并应加强上部结构刚度和基础刚度。当不设沉降缝时，宜采取下列措施：

① 调整上部结构荷载合力作用点与基础形心的位置，减小偏心；

② 采用桩基础或采用减小沉降的其他有效措施，控制建筑物的不均匀沉降或倾斜值在允许范围内；

③ 当主楼与裙房采用不同的基础形式时，应考虑高、低不同部位沉降差的影响，并

采取相应的措施。

（4）丙类建筑的基础埋置深度，不应小于1m。

（5）当有地下管道或管沟穿过建筑物的基础或墙时，应预留洞孔。洞顶与管道及管沟顶间的净空高度；对消除地基全部湿陷量的建筑物，不宜小于200mm；对消除地基部分湿陷量和未处理地基的建筑物，不宜小于300mm。洞边与管沟外壁必须脱离。洞边与承重外墙转角处外缘的距离不宜小于1m；当不能满足要求时，可采用钢筋混凝土框架加强。洞底距基础底不应小于洞宽的1/2，并不宜小于400mm，当不能满足要求时，应局部加深基础或在洞底设置钢筋混凝土梁。

（6）砌体承重结构建筑的现浇钢筋混凝土圈梁、构造柱或芯柱，应按下列要求设置：

① 乙、丙类建筑的基础内和屋面檐口处，均应设置钢筋混凝土圈梁。单层厂房与单层空旷房屋，当檐口高度大于6m时，宜适当增设钢筋混凝土圈梁。

乙、丙类中的多层建筑：当地基处理后的剩余湿陷量分别不大于150mm、200mm时，均应在基础内、屋面檐口处和第一层楼盖处设置钢筋混凝土圈梁，其他各层宜隔层设置；当地基处理后的剩余湿陷量分别大于150mm和200mm时，除在基础内应设置钢筋混凝土圈梁外，并应每层设置钢筋混凝土圈梁。

② 在Ⅱ级湿陷性黄土地基上的丁类建筑，应在基础内和屋面檐口处设置配筋砂浆带；在Ⅲ、Ⅳ级湿陷性黄土地基上的丁类建筑，应在基础内和屋面檐口处设置钢筋混凝土圈梁。

③ 对采用严格防水措施的多层建筑，应每层设置钢筋混凝土圈梁。

④ 各层圈梁均应设在外墙、内纵墙和对整体刚度起重要作用的内横墙上，横向圈梁的水平间距不宜大于16m。

圈梁应在同一标高处闭合，遇有洞口时应上下搭接，搭接长度不应小于其竖向间距的2倍，且不得小于1m。

⑤ 在纵、横圈梁交接处的墙体内，宜设置钢筋混凝土构造柱或芯柱。

（7）规范规定的其他结构措施

应注意，我国湿陷性黄土地区大部分属于抗震设防地区，在工程设计中应将地质条件、抗震设防要求及温度区段的长度等因素综合考虑。

对砌体承重结构提出适当的构造措施，其根本目的在于提高砌体结构的整体刚度，形成约束砌体的结构形式，提高结构的耐受变形能力，从而满足建筑的使用功能要求。

5）设备专业设计

（《湿陷性黄土规范》第5.5节）各设备专业的给排水管道设计，应采取必要的防排水措施及防结露措施，避免渗漏。

6）地基计算

（1）（《湿陷性黄土规范》第4.4.4条）湿陷性黄土场地自重湿陷量的计算值Δ_{zs}应按下式计算：

$$\Delta_{zs} = \beta_0 \sum_{i=1}^{n} \delta_{zsi} h_i \qquad (2.5.4)$$

式中 δ_{zsi}——第i层土的自重湿陷系数，由勘察报告提供；

         h_i——第i层土的厚度（mm）；

β_0——因地区土质而异的修正系数，在缺乏实测资料时，可按表 2.5.10 取值。

修正系数 表 2.5.10

地区	陇西地区	陇东—陕北—晋西地区	关中地区	其他地区
修正系数 β_0	1.50	1.20	0.90	0.50

自重湿陷量的计算值 Δ_{zs}，应自天然地面（当挖、填方的厚度和面积较大时，应自设计地面）算起，至其下非湿陷性黄土层的顶面止，其中自重湿陷系数 δ_{zs} 值小于 0.015 的土层不累计。

（2）（《湿陷性黄土规范》第 4.4.5 条）湿陷性黄土地基受水浸湿饱和，其湿陷量 Δ_s 应按下式计算：

$$\Delta_s = \sum_{i=1}^{n} \beta \delta_{si} h_i \tag{2.5.5}$$

式中　δ_{si}——第 i 层土的湿陷系数；

　　　h_i——第 i 层土的厚度（mm）；

　　　β——考虑基底下地基土的受水浸湿可能性和侧向挤出等因素的修正系数，在缺乏实测资料时，可按下列规定取值：

① 基底下 0~5m 深度内，取 $\beta=1.5$；

② 基底下 5~10m 深度内，取 $\beta=1$；

③ 基底下 10m 以下至非湿陷性黄土层顶面，在自重湿陷性黄土场地，可取工程所在地区的 β_0 值。

湿陷量的计算值 Δ_s 的计算深度，应自基础底面（如基底标高不确定时，自地面下 1.50m）算起；在非自重湿陷性黄土场地，累计至基底下 10m（或地基压缩层厚度）深度止；在自重湿陷性黄土场地，累计至非湿陷黄土层的顶面止。其中湿陷系数 δ_s（10m 以下为 δ_{zs}）小于 0.015 的土层不累计。

（3）（《湿陷性黄土规范》第 5.6.2 条）当湿陷性黄土地基需要进行变形验算时，其变形计算按公式（2.3.1）计算。但其中沉降计算经验系数 ψ_s 可按表 2.5.11 取值。

沉降计算经验系数 ψ_s 表 2.5.11

$\overline{E}_s$(MPa)	3.3	5.0	7.5	10.0	12.5	15.0	17.5	20.0
ψ_s	1.80	1.22	0.82	0.62	0.50	0.40	0.35	0.30

注：$\overline{E}_s$ 为变形计算深度范围内压缩模量的当量值，按公式（2.3.2）计算。

（4）（《湿陷性黄土规范》第 5.6.3 条）湿陷性黄土地基承载力的确定，应符合下列规定：

① 地基承载力特征值，应保证地基在稳定的条件下，使建筑物的沉降量不超过允许值；

② 甲、乙类建筑的地基承载力特征值，可根据静载荷试验或其他原位测试、公式计算，并结合工程实践经验等方法综合确定；

③ 当有充分依据时，对丙、丁类建筑，可根据当地经验确定；

④ 对天然含水量小于塑限含水量的土（即 $w<w_p$），可按塑限含水量 w_p 确定土的承

载力。

（5）（《湿陷性黄土规范》第5.6.4条）基础底面积，应按正常使用极限状态下荷载效应的标准组合，并按修正后的地基承载力特征值确定。当偏心荷载作用时，相应于荷载效应标准组合，基础底面边缘的最大压力值，不应超过修正后的地基承载力特征值的1.2倍。

（6）（《湿陷性黄土规范》第5.6.5条）当基础宽度大于3m或埋置深度大于1.5m时，地基承载力特征值应按下式修正：

$$f_a = f_{ak} + \eta_b \gamma (b-3) + \eta_d \gamma_m (d-1.5) \qquad (2.5.6)$$

式中符号意义同公式（2.2.1）。

基础宽度和埋置深度的地基承载力修正系数　　　　表2.5.12

土的类别	有关物理指标	承载力修正系数	
		η_b	η_d
晚更新世(Q_3)、全新世(Q_4^1)湿陷性黄土	$w \leqslant 24\%$	0.20	1.25
	$w > 24\%$	0	1.10
新近堆积(Q_4^2)黄土		0	1.00
饱和黄土[1][2]	e及I_L都小于0.85	0.20	1.25
	e或I_L大于0.85	0	1.10
	e及I_L都不小于1.00	0	1.00

[1]只适用于$I_P > 10$的饱和黄土；[2]饱和度$S_r \geqslant 80\%$的晚更新世（Q_3）、全新世（Q_4）黄土。

7）桩基础

（1）（《湿陷性黄土规范》第5.7.2）在湿陷性黄土场地采用桩基础，桩端必须穿透湿陷性黄土层，并应符合下列要求：

① 在非自重湿陷性黄土场地，桩端应支承在压缩性较低的非湿陷性黄土层中；

② 在自重湿陷性黄土场地，桩端应支承在可靠的岩（或土）层中。

（2）（《湿陷性黄土规范》第5.7.3条）在湿陷性黄土场地较常用的桩基础，可分为下列几种：

① 钻、挖孔（扩底）灌注桩；

② 挤土成孔灌注桩；

③ 静压或打入的预制钢筋混凝土桩。

选用时，应根据工程要求、场地湿陷类型、湿陷性黄土层厚度、桩端持力层的土质情况、施工条件和场地周围环境等因素确定。

（3）（《湿陷性黄土规范》第5.7.5条）在非自重湿陷性黄土场地，当自重湿陷量的计算值小于50mm时，单桩竖向承载力的计算应计入湿陷性黄土层内的桩长按饱和状态下的正侧阻力。在自重湿陷性黄土场地，除不计湿陷性黄土层内的桩长按饱和状态下的正侧阻力外，尚应扣除桩侧的负摩擦力。对桩侧负摩擦力进行现场试验确有困难时，可按表2.5.13中的数值估算。

桩侧平均负摩擦力特征值（kPa）　　　　　　　　　表 2.5.13

自重湿陷量计算值 Δ_{zs}(mm)	钻、挖孔灌注桩	预制桩
70～200	10	15
>200	15	20

（4）单桩水平承载力特征值，宜通过现场水平静载荷浸水试验的测试结果确定。

（5）桩设计及施工尚应符合其他相关规定和要求。

湿陷性黄土场地，地基一旦浸水，便会引起湿陷给建筑物带来危害，特别是对于上部结构荷载大并集中的甲、乙类建筑、对整体倾斜有严格要求的高耸结构、对主要承受水平荷载和上拔力的建筑或基础等，均应从消除湿陷性的危害角度出发，针对建筑物的具体情况和场地条件，首先从经济技术条件上考虑采取可靠的地基处理措施，当采用的地基处理不能满足设计要求或经济技术分析比较，采用地基处理不适宜的建筑，可采用桩基础。

3. 地基处理

1）（《湿陷性黄土规范》第 6.1.1 条）当地基的湿陷变形、压缩变形或承载力不能满足设计要求时，应针对不同土质条件和建筑物的类别，在地基压缩层内或湿陷性黄土层内采取处理措施，各类建筑的地基处理应符合下列要求：

（1）甲类建筑应消除地基的全部湿陷量或采用桩基础穿透全部湿陷性黄土层，或将基础设置在非湿陷性黄土层上；

（2）乙、丙类建筑应消除地基的部分湿陷量。

2）（《湿陷性黄土规范》第 6.1.10 条）地基处理主要用于改善土的物理力学性质，减小或消除地基的湿陷变形。可消除地基的全部或部分湿陷量，或采用桩基础穿透全部湿陷性黄土层，或将基础设置在非湿陷性黄土层上。

湿陷性黄土地基处理方法，应根据建筑物类别、湿陷性黄土的特征、施工条件、材料来源等综合考虑。常可按表 2.5.14 选择其中一种或多种相结合的最佳处理方法。

湿陷性黄土地基常用处理方法　　　　　　　　　表 2.5.14

序号	名称	适用范围	可处理的湿陷性黄土层厚度(m)
1	垫层法	地下水位以上，局部或整片处理	1～3
2	强夯法	地下水位以上，S_r≤60%湿陷性黄土，局部或整片处理	3～12
3	挤密法	地下水位以上，S_r≤65%湿陷性黄土	5～15
4	预浸水法	自重湿陷性黄土场地，地基湿陷等级为Ⅲ级或Ⅳ级，可消除地面 6m 以下湿陷性土层的全部湿陷性	6m 以上，尚应采用垫层或其他方法处理或根据当地经验确定
5	其他方法	经试验研究或工程实践证明行之有效	

3）（《湿陷性黄土规范》第 6.2 节）垫层法

（1）垫层法包括土垫层和灰土垫层。当仅要求消除基底下 1～3m 湿陷性黄土的湿陷量时，宜采用局部（或整片）土垫层进行处理，当同时要求提高垫层土的承载力及增强水稳性时，宜采用整片灰土垫层进行处理。

（2）土（或灰土）垫层的施工质量，应用压实系数 λ_c（垫层的设计干密度与试验测得的最大干密度之比）控制，并应符合下列规定：

① 小于或等于 3m 的土（或灰土）垫层，不应小于 0.95；

② 大于 3m 的土（或灰土）垫层，其超过 3m 部分不应小于 0.97。

（3）土（或灰土）垫层的承载力特征值，应根据现场原位（静载荷或静力触探等）试验结果确定。当无试验资料时，对土垫层不宜超过 180kPa，对灰土垫层不宜超过 250kPa。

4）（《湿陷性黄土规范》第 6.3 节）强夯法

（1）采用强夯法消除湿陷性黄土层的有效深度预估值（m）见表 2.5.15。

采用强夯法消除湿陷性黄土层的有效深度预估值（m）　　　表 2.5.15

单击夯击能(kN·m)	土 的 名 称	
	全新世(Q₄)、晚更新世(Q₃)黄土	中更新世(Q₂)黄土
1000~2000	3~5	—
2000~3000	5~6	—
3000~4000	6~7	—
4000~5000	7~8	—
5000~6000	8~9	7~8
7000~8500	9~12	8~10

注：1. 在同一栏内，单击夯击能小的取小值，单击夯击能大的取大值；
　　2. 消除湿陷性黄土层的有效深度，从最初起夯面算起。

（2）强夯应先试夯后检测，并符合相关规定的其他要求。

5）（《湿陷性黄土规范》第 6.4 节）挤密法

（1）采用挤密法时，对甲、乙类建筑或在缺乏建筑经验的地区，应于地基处理施工前，在现场选择有代表性的地段进行试验或试验性施工，试验结果应满足设计要求，并应取得必要的参数再进行地基处理施工。

（2）当处理深度较大时可采取预钻孔措施，当处理深度不大时可采取不预钻孔的挤密法。

6）（《湿陷性黄土规范》第 6.5 节）预浸水法

（1）预浸水法宜用于处理湿陷性黄土层厚度大于 10m，自重湿陷量的计算值不小于 500mm 的场地。浸水前宜通过现场试坑浸水试验确定浸水时间、耗水量和湿陷量等。

（2）采用预浸水法处理地基，应符合下列规定：

① 浸水坑边缘至既有建筑物的距离不宜小于 50m，并应防止由于浸水影响附近建筑物和场地边坡的稳定性；

② 浸水坑的边长不得小于湿陷性黄土层的厚度，当浸水坑的面积较大时，可分段进行浸水；

③ 浸水坑内的水头高度不宜小于 300mm，连续浸水时间以湿陷变形稳定为准，其稳定标准为最后 5d 的平均湿陷量小于 1mm/d。

4. 施工保护

1）（《湿陷性黄土规范》第 8.1.1 条）**在湿陷性黄土场地，对建筑物及其附属工程进行施工，应根据湿陷性黄土的特点和设计要求采取措施防止施工用水和场地雨水流入建筑物地基（或基坑内）引起湿陷。**

2）（《湿陷性黄土规范》第 8.1.5 条）**在建筑物邻近修建地下工程时，应采取有效措**

施，保证原有建筑物和管道系统的安全使用，并应保持场地排水畅通。

5. 使用与维护

1）（《湿陷性黄土规范》第9.1.1条）**在使用期间，对建筑物和管道应经常进行维护和检修，并应确保所有防水措施发挥有效作用，防止建筑物和管道的地基浸水湿陷。**

2）（《湿陷性黄土规范》第9.2.2条）必须定期检查检漏设施。对采用严格防水措施的建筑，宜每周检查1次；其他建筑，宜每半个月检查1次。发现有积水或堵塞物，应及时修复和清除，并作记录。

3）（《湿陷性黄土规范》第9.3节）建筑物使用期间，应加强对建筑物沉降及地下水位的观测。

施工保护和使用维护对防止和减少湿陷事故的发生，保证建筑物的安全和正常使用意义重大，结构设计文件中对此应予以明确要求。

三、膨胀土地基

膨胀土是指土中黏粒成分主要由强亲水性矿物组成，同时具有较大胀缩性能的黏性土。

1. 膨胀土的特性

（《膨胀土规范》第1.0.3条）膨胀土具有吸水膨胀、失水收缩的性质，对建筑、路基、边坡等有破坏作用，且不易修复。

2. 膨胀土的分布

膨胀土主要分布在我国黄河流域及其以南地区。

3. 膨胀土地基的主要变形形式有

1）在气候干燥、土的天然含水量偏低地区的上升型变形；

2）在亚干旱区、亚湿润区及地形平坦地带随干旱、季节性降雨、霜冻等因素而周期性变化的上升下降波动型变形；

3）在地下有热源或邻近边坡建筑的下降型变形。

4. 膨胀土地基的设计及处理（《膨胀土规范》第三章）

1）膨胀土地区的工程建设，必须根据膨胀土的特性和工程要求，综合考虑气候特点、地形地貌条件、土中水份的变化情况等因素，因地制宜，采取治理措施。

2）膨胀土地基的设计，可按建筑场地的地形地貌条件分为下列两种情况：

（1）位于平坦场地上的建筑物地基，按变形控制设计；

（2）位于坡地场地上的建筑物地基，除按变形控制设计外，尚应验算地基的稳定性。

3）平坦场地上的建筑物地基设计，应根据建筑结构对地基不均匀变形的适应能力，采取相应的措施。木结构、钢和钢筋混凝土排架结构，以及建造在常年地下水位较高的低洼场地上的建筑物，可按一般地基设计。

4）注意采取减少地坪开裂的设计措施。

5）注意绿化树种的选择，避免具有较多根系、吸水量大的阔叶树种对膨胀土的影响，房屋四周应选择秋末至春初落叶树，既有利于绿化，同时也不影响房屋地基的变形。同时不要在距建筑物4m以内种植较大的树种。

四、液化地基

地基的液化主要指：在地震作用下，饱和砂土或饱和粉土中的孔隙水压迅速释放导致土体丧失承载能力的情况。液化地基对结构抗震极为不利,应采取相应的技术措施加以处理。

1. 相关设计要求

1)(《抗震规范》第4.3.1条)对饱和砂土和饱和粉土的液化判别要求见表2.5.16。

对饱和砂土和饱和粉土的液化判别要求 　　　　表2.5.16

设防烈度	情况	液化的处理要求
6度	一般情况	可不进行判别和处理
	对液化敏感的乙类建筑	可按7度的要求进行判别和处理
	甲类建筑	需专门研究
7~9度	甲类建筑	需专门研究
	乙类建筑	可按本地区抗震设防烈度的要求进行判别和处理
	丙、丁类建筑	按《抗震规范》第4.3.2条要求进行液化判别

2)(《抗震规范》第4.3.3条)饱和的砂土或粉土(不含黄土),满足表2.5.17条件之一时,可初步判别为不液化或可不考虑液化影响。

可判别为不液化的条件 　　　　表2.5.17

序号	设防烈度	可判别为不液化的条件		
1	6度	一般不考虑液化影响		
2	7度、8度	地质年代为第四纪晚更新世(Q_3)及其以前		
3	7度	粉土的黏粒(粒径小于0.005mm的颗粒)含量百分率不小于10		
4	8度	粉土的黏粒(粒径小于0.005mm的颗粒)含量百分率不小于13		
5	9度	粉土的黏粒(粒径小于0.005mm的颗粒)含量百分率不小于16		
6	7~9度	天然地基的建筑,当上覆非液化土层厚度和地下水位深度符合右侧条件之一时,可不考虑液化影响	$d_u > d_0 + d_b - 2$	
			$d_w > d_0 + d_b - 3$	
			$d_u + d_w > 1.5d_0 + 2d_b - 4.5$	

表中 d_w——地下水位深度(m),宜按设计基准期内平均最高水位采用,也可按近年内最高水位采用;

d_u——上覆非液化土层厚度(m),计算时宜将淤泥和淤泥质土层扣除;

d_b——基础埋置深度(m),不超过2m时应采用2m;

d_0——液化土特征深度(m),可按表2.5.18采用。

液化土特征深度 d_0 (m) 　　　　表2.5.18

饱和土类别	7度	8度	9度
粉土	6	7	8
砂土	7	8	9

3)(《抗震规范》第4.3.6条)当液化土层较平坦且均匀时,宜按表2.5.19选用地基抗液化措施,尚可计入上部结构重力荷载对液化危害的影响,根据液化震陷量的估计适当调整抗液化措施。

不宜将未经处理的液化土层作为天然地基持力层。

抗液化措施

表 2.5.19

建筑抗震设防类别	地基的液化等级		
	轻微	中等	严重
乙类	部分消除液化沉陷,或对基础和上部结构处理	全部消除液化沉陷,或部分消除液化沉陷且对基础和上部结构处理	全部消除液化沉陷
丙类	基础和上部结构处理,亦可不采取措施	基础和上部结构处理,或更高要求的措施	全部消除液化沉陷,或部分消除液化沉陷且对基础和上部结构处理
丁类	可不采取措施	可不采取措施	基础和上部结构处理,或其他经济的措施

4)(《抗震规范》第4.3.7条)全部消除地基液化沉陷的措施,应符合下列要求:

(1) 采用桩基时,桩端伸入液化深度以下稳定土层中的长度(不包括桩尖部分),应按计算确定,且对碎石土、砾、粗、中砂,坚硬黏性土和密实粉土尚不应小于0.5m,对其他非岩石类土尚不宜小于1.5m(图2.5.11);

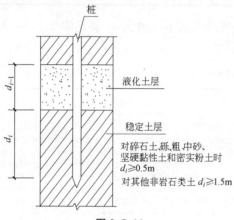

图 2.5.11

(2) 采用深基础时,基础底面应埋入液化深度以下的稳定土层中,其深度不应小于0.5m(图2.5.12);

(3) 采用加密法(如振冲、振动加密、挤密碎石桩、强夯等)加固时,应处理至液化深度下界(图2.5.13);振冲或挤密碎石桩加固后,桩间土的标准贯入锤击数不宜小于《抗震规范》第4.3.4条规定的液化判别标准贯入锤击数临界值(图2.5.14);

(4) 用非液化土替换全部液化土层(图2.5.15);

(5) 采用加密法或换土法处理时,在基础边缘以外的处理宽度,应超过基础底面下处理深度的1/2且不小于基础宽度的1/5(图2.5.16)。

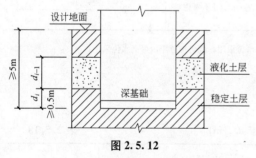

图 2.5.12

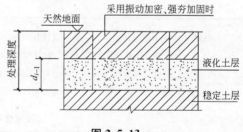

图 2.5.13

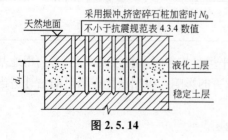

图 2.5.14

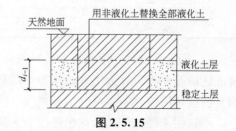

图 2.5.15

5）（《抗震规范》第 4.3.8 条）部分消除地基液化沉陷的措施，应符合下列要求：

（1）处理深度应使处理后的地基液化指数减小，当判别深度为 15m 时，其值不宜大于 4，当判别深度为 20m 时，其值不宜大于 5（图 2.5.17）；对独立基础和条形基础，尚不应小于基础底面下液化土特征深度和基础宽度的较大值（图 2.5.18）。

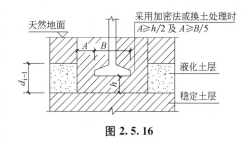

图 2.5.16

（2）采用振冲或挤密碎石桩加固后，桩间土的标准贯入锤击数不宜小于按《抗震规范》第 4.3.4 条规定的液化判别标准贯入锤击数临界值（图 2.5.14）。

（3）基础边缘以外的处理宽度，应符合图 2.5.16 的要求。

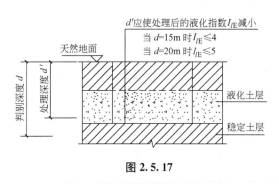

图 2.5.17

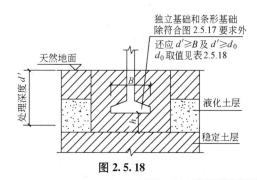

图 2.5.18

6）（《抗震规范》第 4.3.9 条）减轻液化影响的基础和上部结构处理，可综合采用下列各项措施：

（1）选择合适的基础埋置深度。

（2）调整基础底面积，减少基础偏心。

（3）加强基础的整体性和刚度，如采用箱基、筏基或钢筋混凝土交叉条形基础，加设基础圈梁等。

（4）减轻荷载，增强上部结构的整体刚度和均匀对称性，合理设置沉降缝，避免采用对不均匀沉降敏感的结构形式等。

（5）管道穿过建筑处应预留足够尺寸或采用柔性接头等。

7）（《抗震规范》第 4.3.10 条）液化等级为中等液化和严重液化的故河道、现代河滨、海滨，当有液化侧向扩展或流滑可能时，在距常时水线约 100m 以内不宜修建永久性建筑（图 2.5.19），否则应进行抗滑动验算、采取防土体滑动措施或结构抗裂措施。

注：常时水线宜按设计基准期内年平均最高水位采用，也可按近期年最高水位采用。

2. 理解与分析

1）液化地基的判别和处理要求见图 2.5.20。

2）抗液化措施是对液化地基的综合治理，不是所有液化地基都需要根治。

3）对"液化土层较平坦"的规定可理解为场地液化土层坡度不大于 10°。

4）本条规定不适用于场地液化土层坡度大于 10°和液化土层严重不均匀的情况。

5）理论分析和振动台试验均表明，液化的主要危害来自基础的外侧，液化持力层范围

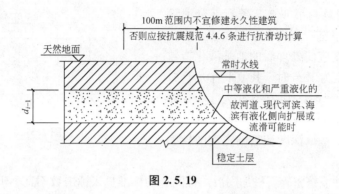

图 2.5.19

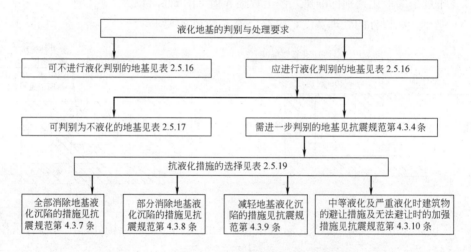

图 2.5.20 液化地基的判别和处理要求框图

内位于基础直下方的部位其实最难液化，由于最先液化区域对基础直下方未液化部分的影响，使之失去侧边土的压力支持。因此，在外侧易液化区的影响得到控制的情况下，轻微液化的土层仍可作为基础的持力层。

6）液化的危害主要来自震陷，特别是不均匀震陷。震陷量主要决定于土层的液化程度和上部结构的荷载影响，可按震陷量来评价液化的危害程度，见表 2.5.20。

不同震陷量时的抗液化措施　　　　　　　　　　　　　　　　表 2.5.20

序号	震陷量 S_E(mm)	抗液化措施	
1	<50	可不采取抗液化措施	在同等震陷量下，乙类建筑应该采取比丙类建筑更高的抗液化措施
2	50~150	可优先考虑采取结构和基础的构造措施	
3	>150	需进行地基处理，基本消除液化震陷	

S_E 按下式计算：

砂土

$$S_E = \frac{0.44}{B} \xi S_0 (d_1^2 - d_2^2)(0.01p)^{0.6} \left(\frac{1-D_r}{0.5}\right)^{1.5} \quad (2.5.7)$$

粉土

$$S_E = \frac{0.44}{B} \xi k S_0 (d_1^2 - d_2^2)(0.01p)^{0.6} \quad (2.5.8)$$

式中　S_E——液化震陷量平均值，液化层为多层时，先按各层次分别计算后再相加；

　　　B——基础宽度（m），对住房等密集型基础取建筑平面宽度；当 $B \leqslant 0.44d_1$ 时，取 $B = 0.44d_1$；

　　　S_0——经验系数，对7、8、9度分别取0.05、0.15和0.3；

　　　d_1——由地面算起的液化深度（m）；

　　　d_2——由地面算起的上覆非液化土层深度（m），液化层为持力层时取 $d_2 = 0$；

　　　p——宽度为 B 的基础底面地震作用效应标准组合的压力（kPa）；

　　　D_r——砂土相对密度（%），可依据标准贯入锤击数 N 取 $D_r = \left(\dfrac{N}{0.23\sigma_v + 16} \right)^{0.5}$；

　　　k——与粉土承载力有关的经验系数，当承载力特征值不大于80kPa时，取0.30，当不小于300kPa时取0.08，其他可按线性内插法确定；

　　　ξ——修正系数，直接位于基础下的非液化厚度满足表2.5.17中第6项 d_u 的要求时，取 $\xi = 0$；无非液化土层时，$\xi = 1$；中间情况按线性内插法确定。

五、相关索引

1. 冻土地基设计的相关问题见《冻土地区建筑地基基础设计规范》（JGJ 118—98）。
2. 湿陷性黄土地基设计的相关问题见《湿陷性黄土地区建筑规范》（GB 50025—2004）。
3. 膨胀土地基设计的相关问题见《膨胀土地区建筑技术规范》（GBJ 112—87）。
4. 液化地基的设计问题见《建筑抗震设计规范》（GB 50011—2010）。

第六节　工程实例及实例分析

【要点】

　　本节通过工程实例及实例分析，进一步说明天然地基的承载力确定及地基的沉降计算过程，剖析设计计算的关键点，指出设计计算过程中应把握的主要问题，通过实例加深读者对规范要求的理解。重点应把握对地基承载力的修正要求。

【实例2.1】　各类情况下用于基底地基承载力修正的基础埋置深度计算

　1. 地下室设置条形基础及独立基础时的基础埋置深度计算：

　　某地下室如图2.6.1所示，室外地面与现有天然地面相同，外墙下采用钢筋混凝土条形基础，内部为钢筋混凝土柱下独立基础。地基持力层为一般第四纪沉积土，计算用于基底地基承载力修正的基础埋置深度。

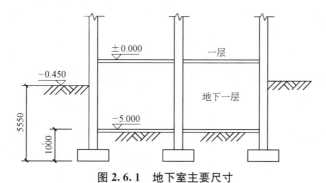

图2.6.1　地下室主要尺寸

计算过程：

1）地下室外墙下基础埋置深度计算

对应于图 2.2.2（e），$d_1 = 6 - 5 = 1$m，$d_2 = 6 - 0.45 = 5.55$m，按公式（2.2.22）计算外墙基础埋置深度 d，$d = \dfrac{d_1 + d_2}{2} = \dfrac{1 + 5.55}{2} = 3.28$m

2）内部框架柱下基础埋置深度计算

对应于图 2.2.2（e），$d_1 = 6 - 5 = 1$m，$d_2 = 6 - 0.45 = 5.55$m，按公式（2.2.23）计算柱下基础的埋置深度 d，$d = \dfrac{3d_1 + d_2}{4} = \dfrac{3 \times 1 + 5.55}{4} = 2.14$m

2. 地下室设置条形基础及独立基础加防水板时的基础埋深计算：

某地下室，室外地面与现有天然地面相同，外墙下采用钢筋混凝土条形基础，内部为钢筋混凝土柱下独立基础，设钢筋混凝土防水板如图 2.6.2 所示（防水板及上部填土重量可按 20kN/m³ 计算，基础底面以上土的平均重度为 18kN/m³，地基持力层为一般第四纪沉积土，无地下水问题），计算用于基底地基承载力修正的基础埋置深度。

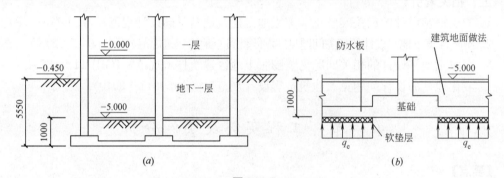

图 2.6.2

（a）地下室主要尺寸；（b）防水板做法

计算过程：

防水板底面处对地基土的压力 $q_e = 20 \times 1.0 = 20$kN/m²，折算土厚 $h_e = 20/18 = 1.11$m。

1）地下室外墙下基础埋置深度计算

对应于图 2.2.2（e），$d_1 = h_e = 1.11$m，$d_2 = 6 - 0.45 = 5.55$m，按公式（2.2.22）计算外墙基础埋置深度 d，$d = \dfrac{d_1 + d_2}{2} = \dfrac{1.11 + 5.55}{2} = 3.33$m

2）内部框架柱下基础埋置深度计算

对应于图 2.2.2（e），$d_1 = h_e = 1.11$m，$d_2 = 6 - 0.45 = 5.55$m，按公式（2.2.23）计算柱下基础的埋置深度 d，$d = \dfrac{3d_1 + d_2}{4} = \dfrac{3 \times 1.11 + 5.55}{4} = 2.22$m

3. 地下室设置钢筋混凝土筏形基础时的基础埋置深度计算：

某地下室，室外地面与现有天然地面相同，采用钢筋混凝土筏形基础，如图 2.6.3 所示（基础及上部填土重量可按 20kN/m³ 计算，基础底面以上土的平均重度为 18kN/m³，地基持力层为一般第四纪沉积土，无地下水问题）。分别计算当地基底反力 $q = 150$kN/m²

和 $q=90kN/m^2$ 时，用于基底地基承载力修正的基础埋置深度。

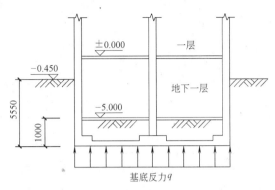

计算过程：

1）当地基底反力 $q=150kN/m^2$ 时

基础底面的地基反力折算土厚度 $h_e=150/18=8.33m>$室外填土厚度 $d_2=5.55m$。

用于基底地基承载力修正的地下室基础埋置深度 $d=d_2=5.55m$

2）当地基底反力 $q=90kN/m^2$ 时

基础底面的地基反力折算土厚度 $h_e=90/18=5m<$室外填土厚度 $d_2=5.55m$。

图 2.6.3 地下室主要尺寸

用于基底地基承载力修正的地下室基础埋置深度 $d=h_e=5m$

4. 带裙楼高层建筑的基础埋置深度计算

某带裙楼高层建筑，室外地面与现有天然地面相同，采用钢筋混凝土筏形基础，如图 2.6.4 所示（基础及上部填土重量可按 $20kN/m^3$ 计算，基础底面以上土的平均重度为 $18kN/m^3$，裙房的平均地基底反力分别为 $q_{1e}=90kN/m^2$ 和 $q_{2e}=150kN/m^2$，地基持力层为一般第四纪沉积土，无地下水问题）。计算用于主楼地基承载力修正的基础埋置深度。

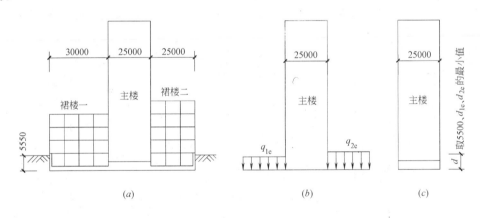

图 2.6.4

(a) 主楼与裙楼关系；(b) 裙楼基底压力；(c) 主楼基础埋深

计算过程：

对应图 2.2.3 (a) 和图 2.6.4 (a) 可知：$B_1=30m$、$B_2=25m$、$B=25m$，

则：$B_1+B_2=30+25=55m>2B=2×25=50m$，可按图 2.2.3 (b) 和图 2.2.3 (c) 计算主楼的基础埋置深度 d。

1）裙楼一平均地基反力 q_{1e} 的折算土厚度 $h_{1e}=90/18=5m<$室外填土厚度 $d_2=5.55m$，裙楼一地下室基础的等效埋置深度 $d_{1e}=h_{1e}=5m$。

2）裙楼二平均地基反力 q_{2e} 的折算土厚度 $h_{2e}=150/18=8.33m>$室外填土厚度 $d_2=5.55m$，裙楼二地下室基础的等效埋置深度 $d_{2e}=5.55m$。

3）主楼基础用于基底地基承载力修正的计算埋置深度 d 取 5500、d_{1e}、d_{2e} 之最小值，即$d=d_{1e}=5\text{m}$。

5. 实例分析

1）基础埋置深度有实际埋置深度和用于持力层地基承载力修正的计算埋置深度两种（为便于说明问题可将其分别确定为"实际埋置深度"和"计算埋置深度"），本例主要为表述各不同情况下，计算埋置深度的确定过程；

2）对独立基础和条形基础计算埋置深度的确定，本例参照北京地基规范计算，当工程所在地有地方地基规范时，应按当地规范计算；

3）位于地下室中部独立基础的计算埋置深度，本例中考虑地下室外墙基础实际埋置深度对中部基础的有利影响，当地下室足够大［中部基础边缘与地下室外墙基础的水平距离 l 大于两倍外墙基础实际埋置深度 d_2，即 $l>2d_2$（图 2.6.5）］时，建议可不考虑其有利影响，而直接取中部基础埋置深度 $d=d_1$；

4）对于整体式基础（如筏形基础或箱形基础等），由于其整体性强、基础及上部结构刚度大，因此，地下室平面中部区域基础的计算埋置深度，可按本例方法计算；

5）对于虽为整体式基础，但基础自身刚度不大（如柱下局部加厚的板式筏基等）时，对位于地下室平面中部区域基础的计算埋置深度，可适当取小值；

6）带裙楼高层建筑主楼基础的埋置深度，当 $B_1+B_2\leqslant 2B$ 时，建议也可按本例方法计算（偏于安全）；

7）当高层建筑主楼与裙楼用沉降缝分开时（图 2.6.6），建议基础的埋置深度也可按本例方法计算；

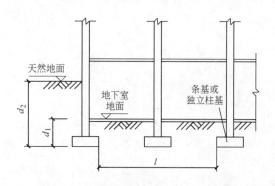

图 2.6.5　地下室中部独立基础的计算埋置深度

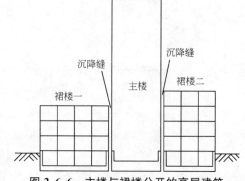

图 2.6.6　主楼与裙楼分开的高层建筑

8）按基础底面实际反力折算成等效土厚度的方法，适合于全部整体式基础，但任何情况下，等效土厚度都不应超过基础的实际埋置深度；

9）为便于简单说明问题，本例中未考虑地下水的影响，当实际工程中需考虑地下水时，只需将地下水顶面标高以下的土重度按浮重度考虑即可。

【实例 2.2】　独立基础中心点处的最终沉降量计算

1. 图 2.6.7 所示矩形（5m×6m）基础，相应于荷载效应准永久组合时的柱底轴力为 $F=4000\text{kN}$。土层分布情况见表 2.6.1，计算基底中心点处的最终沉降量。

计算过程：

1）基础底面处地基竖向自重应力 σ_c 计算：

土层分布情况　　　　　　　　　　表 2.6.1

土层	土层厚度(m)	重度(kN/m³)	f_{ak}(kPa)	压缩模量 E_S(MPa)
填土层	2	18	—	—
粉质黏土层	3	19	150	15
黏土层	>20	20	180	20

$\sigma_c = 18 \times 2 = 36 \text{kPa}$

2）基础底面附加压力 p_0 计算：

（1）基础及其以上的土重为 $G = 20 \times 2 \times 5 \times 6 = 1200 \text{kN}$；

（2）基础底面附加压力 $p_0 = \dfrac{4000 + 1200 - 36 \times 5 \times 6}{5 \times 6} = 137.3 \text{kPa}$

3）沉降计算深度 z_n 计算及 Δz 的确定：

按公式（2.3.4）计算，基础宽度 $b = 5\text{m}$，则 $z_n = 5 \times (2.5 - 0.4 \ln 5) = 9.28\text{m}$，取 10m 计算；

查表 2.3.3 可知 $\Delta z = 0.8\text{m}$

4）沉降计算：

（1）公式（2.3.1）可以改写为：

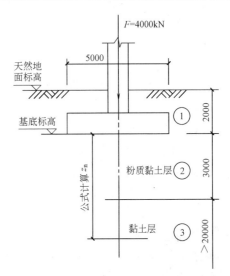

图 2.6.7　沉降计算

$$s = \psi_s s' = \psi_s \sum_{i=1}^{n} \frac{p_0}{E_{si}}(z_i \overline{\alpha}_i - z_{i-1} \overline{\alpha}_{i-1}) = \psi_s p_0 \sum_{i=1}^{n} \frac{z_i \overline{\alpha}_i - z_{i-1} \overline{\alpha}_{i-1}}{E_{si}} = \psi_s p_0 s_{c1} \quad (2.6.1)$$

沉降计算的数值与 $\psi_s p_0$ 和 $\sum_{i=1}^{n} \dfrac{z_i \overline{\alpha}_i - z_{i-1} \overline{\alpha}_{i-1}}{E_{si}}$ 有关，而其中 $\psi_s p_0$ 为常数，沉降计算的过程从本质上说就是各相关系数的计算过程，按公式（2.3.3-2）计算的沉降比值就是公式（2.6.1）中各相关系数的比值。将 5m×6m 的基础分成完全相同的四块，取 $b = 2.5\text{m}$，$l = 3\text{m}$，查《地基规范》表 K.0.1-2 得 α 数值，基础中点下地基的平均附加应力系数为 $\overline{\alpha}_i = 4\overline{\alpha}$，本例各相关系数计算见表 2.6.2；

地基最终沉降计算系数表　　　　　　　　　　表 2.6.2

点	z (m)	z/b	l/b	$\overline{\alpha}_i$	$z_i \overline{\alpha}_i$	$z_{i-1} \overline{\alpha}_{i-1}$	$\Delta s_{c1} = \frac{z_i \overline{\alpha}_i - z_{i-1} \overline{\alpha}_{i-1}}{E_{si}}$	$s_{c1} = \sum \Delta s_{c1}$	$\frac{\Delta s_{c1}}{s_{c1}}$
1	3	1.2	1.2	0.8796	2.6388		0.176	0.176	
2	9.2	3.68	1.2	0.5051	4.6471	2.6388	0.100	0.276	
3	10	4	1.2	0.4756	4.7560	4.6471	0.005	0.281	0.0178

（2）沉降计算经验系数 ψ_s：

已知 $p_0 = 137.3 \text{kPa} = 0.92 f_{ak}$

①层土的附加应力系数沿土层厚度的积分值为 $A_1 = 2.6388$；在 $z = 3 \sim 10\text{m}$ 范围内，②层土的附加应力系数沿土层厚度的积分值为 $A_2 = 4.6471 - 2.6388 = 2.0083$。

由公式（2.3.2）知：

$$\overline{E}_s=\frac{4.6471}{\dfrac{2.6388}{15}+\dfrac{2.0083}{20}}=\frac{4.6471}{0.1759+0.1004}=16.82\text{MPa},\text{ 查表 2.3.2 得 }\psi_s=0.327$$

（3）地基的最终沉降量 s

由公式（2.6.1）得 $s=\psi_s p_0 s_{c1}=0.327\times137.3\times0.281=12.6\text{mm}$。

2. 实例分析

1）由公式（2.3.1）可以看出，影响地基最终沉降量的直接因素有：

（1）荷载效应：影响基础底面附加应力 p_0 的所有荷载如：柱底内力、基础及其上部土重等，附加应力越大，地基最终沉降量越大；

（2）基础尺寸效应：基础的边长直接影响到地基平均附加应力系数的分布（相关分析比较见本章第二节）；

（3）地基深度效应：离基础底面越深，受基础底面附加压力的影响越小，表现为地基平均附加应力系数的减小（相关分析比较见本章第二节）。

2）由上例可以看出，基础沉降的计算过程，其主要表现为基础的平均附加应力系数 $\overline{\alpha}$ 面积的计算过程；

3）《地基规范》附录 K 给出的是基础角点的平均附加应力系数，当求位于基础中点下地基的最终沉降量 s 时，应将基础分割成 4 个相同的矩形面积计算；

4）沉降计算深度 z_n 可按公式（2.3.4）估算，当在估算 z_n 范围内的沉降比值（或相应的系数比值）不能满足公式（2.3.3）要求时，应继续往下计算直至满足其要求；

5）由本例计算可以发现，地下水位及地基自重应力对地基最终沉降数值的影响，在公式（2.3.1）中没有直接体现，它反映在地基土承载力特征值及压缩模量等的数值中；

6）在进行地基最终沉降量计算时，应特别注意各公式和相关表格中 b 的意义，不能混用。

【实例 2.3】 深圳某迎宾馆工程软土地基基础设计[12]

1. 工程实例

深圳某迎宾馆，平面尺寸（长×宽）47.04m×16.8m，地上三层，无地下室，室外地面下 25m 范围内均为淤泥质土，重度 $\gamma=18\text{kN/m}^3$，地基承载力特征值 $f_{ak}=70\text{kPa}$，地基土压缩模量 $E_s=3.5\text{MPa}$，地下水位顶标高在室外地面下 2m 处，相应于荷载效应标准组合时，基础底面处的平均压力值为 60kN/m^2，相应于荷载效应准永久组合时，基础底面处的平均压力值为 55kN/m^2，不考虑基础宽度对承载力的修正，其他相关数据见图 2.6.8。

1）上部结构

上部结构采用钢筋混凝土框架结构，现浇钢筋混凝土楼板；

2）基础设计

采用钢筋混凝土梁板式筏形基础，首层结合建筑要求设置地笼墙及钢筋混凝土预制板架空层，地面设置钢筋混凝土整浇层。

3）主要设计计算过程

（1）地基承载力验算

① 对于淤泥质土承载力修正系数 $\eta_d=1.0$，$\eta_b=0$，故 $f_a=80\text{kPa}$；

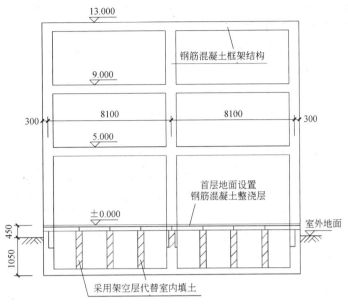

图 2.6.8　横剖面图

② 基础底面处地基土的总压力：$p_k=60kN/m^2<f_a$，（可）。

（2）地基的最终沉降量计算

① 基础底面处地基土的自重压力：$\sigma_c=18\times1.05=18.9kN/m^2$；

② 基础底面处地基的附加应力 $p_0=55-18.9=36.1kN/m^2$；

③ 地基变形的计算深度 [按公式（2.3.4）计算] $z_n=16.8（2.5-0.4In16.8）=23m$，根据基础宽度查表 2.3.3 知，$\Delta z=1.0m$，将基础平面分成相等的四块，则每块 $b=8.4m$，$l=23.52m$ 沉降计算各系数见表 2.6.3（相关计算过程要求可参见本节实例 2.2）。

地基最终沉降计算系数表　　　　　　表 2.6.3

点	z (m)	z/b	l/b	$\overline{\alpha_i}$	$z_i\overline{\alpha_i}$	$z_{i-1}\overline{\alpha_{i-1}}$	$\Delta s_{cl}=\frac{z_i\overline{\alpha_i}-z_{i-1}\overline{\alpha_{i-1}}}{E_{si}}$	$s_{cl}=\sum\Delta s_{cl}$	$\frac{\Delta s_{cl}}{s_{cl}}$
1	22	2.62	2.8	0.7172	15.778		4.508	4.508	
2	23	2.74	2.8	0.7028	16.164	15.778	0.110	4.618	0.024

④ 沉降计算经验系数的确定

本实例为单一土层，即 $\overline{E_s}=E_s=3.5MPa$，$p_0=36.1kN/m^2=0.52f_{ak}$，查表 2.3.2 得 $\psi_s=1.03$。

⑤ 地基的最终沉降量 $s=1.03\times36.1\times4.618=171.7mm<200mm$（可）。

2. 实例分析

1）本工程为三层建筑，结构设计的最大问题是如何满足软弱土场地上建筑的地基承载力要求和地基的变形控制要求。

2）地基承载力问题

由于结构层数不多，地基土承担的附加应力不大，地基的承载力特征值满足在软弱土地区建造三层建筑的要求。

3）地基的变形控制问题

本工程在地基变形控制上围绕着减小基础底面地基土的附加应力、加大基础和上部结构刚度及耐受地基变形的能力方面作文章。

（1）采用钢筋混凝土梁板式筏基，可以加大基础的刚度和整体性，有利于减小基础底面的附加压力，使上部结构传给地基的附加压力变化均匀，有利于控制地基的变形和变形协调；

（2）采用架空地板代替室内填土，能最大限度的减少基础以上填土重量，并减小基础底面的附加应力，从而减小地基的最终沉降量；

（3）上部结构采用刚度较大，耐受变形能力较强，对地基变形相对不十分敏感的钢筋混凝土框架结构，能最大限度地消化地基的不均匀沉降，满足使用功能要求；

（4）结构设计中，要求建筑及相关专业采取小分块、多设缝等相应的措施，确保建筑的使用要求。

4）本工程建成后的实测资料显示，变形量在结构设计预期的范围内，使用效果良好。

【实例 2.4】 采用挤密桩处理湿陷性黄土地基[14]

1. 工程实例

某高层建筑，采用筏板基础，基础底面平均压力标准值为 370kPa。基底以下为古土壤（Q_3^{1el}），褐红色，团粒结构，虫孔发育，含钙质结核，硬塑状态，层厚 2.20～2.40m，层底埋深 8.50～8.70m，不具湿陷性，地基承载力特征值为 190kPa。再往下为黄土（Q_2^{2eol}）层和古土壤（Q_2^{1el}）层交互分布，黄土为黄褐色～褐黄色，大孔隙发育，硬塑～坚硬状态，每层厚 3～5m，地基承载力特征值为 170～190kPa；古土壤为红褐色，团粒结构，虫孔发育，含腐殖质及钙质结核，硬塑状态，每层厚 1～2m，地基承载力特征值为 190～220kPa。土层及地基处理剖面如图 2.6.9 所示。勘察深度内未见地下水。根据试验结果，基底以下所有土层均为中等压缩性土，且从 8.5～23.5m 埋深范围内的土均具自重湿陷性，按基础埋深为 6.5m 计算，在计算的 4 个勘探孔中，Δ_{zs} 均大于 70mm，因此，拟建场地为自重湿陷性黄土场地，计算得到的总湿陷量 Δ_s 介于 40～91mm 之间，地基的湿陷等级为 Ⅲ 级（严重）～Ⅳ 级（很严重），且以 Ⅲ 级（严重）居多，因此，地基的湿陷等级按 Ⅲ 级（严重）考虑。

地基处理采用孔内强夯法（即 DDC 工法），等边三角形满堂布桩，周边外放 4m。桩中心距 1.0m，桩长 16m，先采用长螺旋钻，钻 $\phi400$ 的孔到设计深度，孔内分层回填 3∶7 灰土，用 1.5～2.0t 重长圆柱形锤分层夯扩，成桩直径为 0.55～0.6m。

施工后检测结果：湿陷性完全消除，静载荷试验测定复合地基承载力特征值大于350kPa。经深度、宽度修正后，完全可以满足地基承载力要求。

2. 实例分析

1）湿陷性黄土地基，当湿陷性土层较厚时，通常采用挤密桩法处理，以消除湿陷性黄土的湿陷量，常用的方法有灰土挤密桩法和孔内强夯法（即 DDC 工法）。由于设备原因，目前处理厚度在 20m 以内。挤密处理以后，桩孔间的平均挤密系数不小于 0.93，对丙类建筑，桩孔间的平均挤密系数不小于 0.83，而对甲、乙类建筑，桩孔间的平均挤密系数不小于0.88。经挤密处理并达到此处理程度以后，可作为复合地基，其未经深度和宽度修正的承载力特征值可达 220～350kPa（一次挤密，即用沉管成孔，用 100kg 小能量的夯锤分层夯实灰土时取低值；二次挤密，即用沉管成孔，用 1.5～2.0t 的大能量夯锤分层夯实灰土时取高

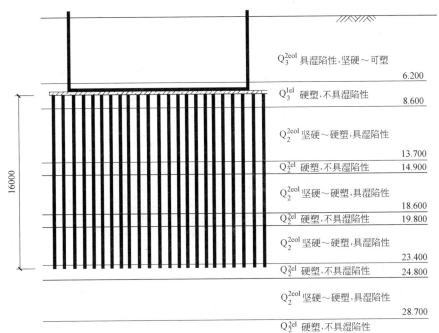

图 2.6.9　土层及地基处理剖面图

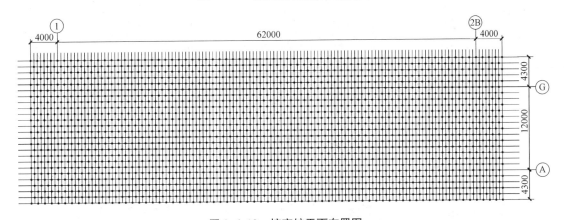

图 2.6.10　挤密桩平面布置图

值；孔内强夯法时可取更高值)。若将桩添料换成 1:6 的水泥土，则复合地基承载力特征值还会更高。正是由此，对于层数不是太高的高层建筑（一般不超过 20 层），结合湿陷性地基处理，同时提高地基承载力，挤密桩法是最为经济合理的地基处理方法。

2) 有的工程为了更大幅度地提高复合地基承载力，亦有将 CFG 桩、夯扩桩（大头桩）等与挤密桩间隔施工的方法。这样做的好处是，相对于前述的普通挤密桩法处理湿陷性黄土地基，其复合地基承载力更高，而相对于普通的纯 CFG 桩和夯扩桩，该方法既能消除湿陷性黄土的湿陷量（应当明确：纯 CFG 桩和夯扩桩挤土效应很差，不宜用于湿陷性黄土地基），又能降低成本。

【实例 2.5】　采用灰土挤密桩加钢筋混凝土钻（挖）孔灌注桩处理湿陷性黄土地基[14]

1. 工程实例

地质条件同实例 2.4，采用灰土挤密桩与钢筋混凝土钻孔灌注桩共同处理湿陷性黄土地基，平面布置如图 2.6.11 所示。

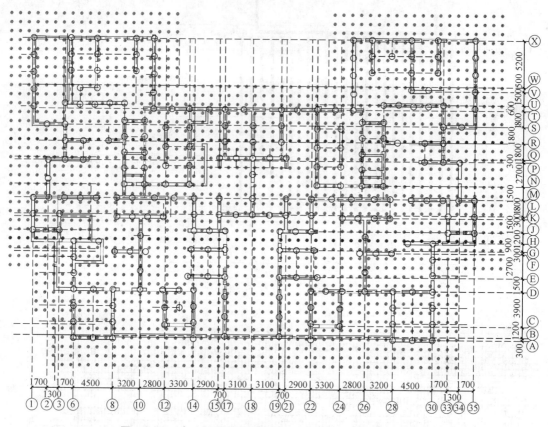

图 2.6.11   灰土挤密桩与钢筋混凝土钻孔灌注桩平面布置图

2. 实例分析

1) 上部建筑传到基底的平均压力标准值为 540kPa。扣除承载力的深度和宽度修正部分，需要复合地基的承载力特征值大于 450kPa。复合地基的承载力不满足要求。

2) 对于湿陷性黄土场地，特别是湿陷性土层厚度大于 10m 的场地，由于湿陷性的影响，桩的承载力较之于无湿陷性黄土场地的同条件桩要大打折扣。

(1) 在非自重湿陷性黄土场地，当自重湿陷量的计算值小于 50mm 时，单桩竖向承载力的计算应计入湿陷性黄土层内的桩长按饱和状态下的正侧阻力。

(2) 在自重湿陷性黄土场地，单桩竖向承载力的计算除不计入湿陷性黄土层内的桩长按饱和状态下的正侧阻力外，尚应扣除桩侧的负摩阻力（在这一段内的桩长为无效桩长）。

因此，在湿陷性黄土场地拟采用桩基时应先进行经济比较，确实需要时，也应根据工程场地的实际情况，采用不同的桩型。当无良好的桩端持力层（如中粗砂、砾石及未风化岩石等）时，应采用细长桩，尽量减少桩的数量，以达到减小无效桩长，降低工程造价的目的。当有厚度较大的密实中粗砂、砾石或未风化岩石层，且埋藏较浅（基底以下 10～20m）时，可考虑使用大直径的钻孔或人工挖孔桩，必要时还可扩底或桩端后压浆。这种大直径的短桩按端承桩设计，桩侧摩阻力所占的份量很小，故也十分有效。

在实际工程中，也有先进行湿陷性处理（可以是强夯、灰土挤密桩或孔内强夯等），然后再采用桩基的实例。这时应注意两点，一是先做经济比较，以确认这样做是经济合理的；二是不宜用预制桩，因为湿陷性黄土的结构强度高，含水量一般较低，呈硬塑状，使预制桩送桩难度加大，经挤密后更甚。

3）地基处理方案比较

（1）方案一：采用钢筋混凝土钻孔灌注桩处理湿陷性黄土地基

采用钢筋混凝土钻孔灌注桩时，无效桩长为17m。根据地质勘察资料提供的桩侧阻及桩端阻值，满足承载力要求的桩基估算结果为：ϕ1000桩，按墙下S形错位布桩，桩间距为：顺墙向2.3m，垂直于墙向偏轴±0.5m（平均每根桩分摊荷载面积9m²），桩长51m，单桩竖向承载力特征值4950kN；ϕ800桩，墙下单排布桩，间距2.3m（平均每根桩分摊荷载面积9m²），桩长58m，单桩竖向承载力特征值4860kN。每1000kN承载力混凝土量，ϕ1000桩：8.088m³，ϕ800桩为：5.996m³，后者仅为前者的74%。而且前者需S形布桩，承台梁也较后者宽出许多。因此，应优先选用后者。

（2）方案二：采用灰土挤密桩与钢筋混凝土钻孔灌注桩共同处理湿陷性黄土地基

先用灰土挤密桩处理湿陷性黄土，灰土桩桩径400，于钢筋混凝土钻孔灌注桩之间隙布置，并沿建筑基底周边外放一排，桩距1.0～1.1m，以消除钢筋混凝土钻孔灌注桩之桩间土的湿陷性，使桩侧阻力由负变正，且数值大幅增加。钢筋混凝土钻孔灌注桩采用墙下单排布桩，经计算采用ϕ600桩，桩长40m，桩间隔1.8m（每根桩平均分摊荷载面积7m²），单桩竖向承载力特征值3800kN，即可满足承载力要求，每1000kN承载力混凝土量为：2.975m³。

（3）经济比较

上述两种方案对应于单位基底面积的材料用量列于表2.6.4，其中包括了对应于上述不同方案时基础筏板的钢筋混凝土用量，表中造价系按当时西安地区的市场价计算得到的，其中钢筋混凝土钻孔灌注桩单方造价分别按800元/m³（旋挖成孔，用于ϕ800的58m长桩）和700元/m³（锅锥成孔，用于桩长40m的ϕ600桩），灰土挤密桩按70元/m³计算。可以看出，方案二的造价仅为方案一的61%左右。

单位基础面积时不同地基处理方案经济比较　　　　　表2.6.4

方案　一		方案　二		
桩基钢筋混凝土量(m³)	造价(元)	桩基钢筋混凝土量(m³)	灰土桩用量(m³)	造价(元)
3.24	2592	1.61	6.56	1586

【实例2.6】 多层建筑中采用灰土挤密桩及人工挖孔灌注桩处理湿陷性黄土地基[15]

1. 工程实例

某多层框架结构，自然地面以下土层分布为：①填土，厚3.4～5.0m，压缩性不匀，压缩系数$a_{(1-2)}$为0.17～0.94MPa，属高压缩性土；②Ⅳ级自重湿陷性黄土，厚度5.0～6.6m，计算湿陷量40.0～51.0cm；③角砾层，勘察孔未穿透，中密～密实，重型圆锥动力角探（$N_{63.5}$）击数为24～32。经比较分析后本工程采用人工挖孔扩底灌注桩处理方案。

2. 实例分析

按工程荷载、湿陷性黄土厚度和施工的可行性等情况分析，本工程有两种可行的方案：灰土挤密桩法和大直径端承桩。

1) 方案一：灰土挤密桩

用灰土挤密桩处理湿陷性黄土，消除黄土的湿陷性并在一定程度上提高天然地基的承载力。灰土挤密桩桩径 400，桩中心距 0.9m，桩长 10m，平面按等边三角形布置，在基底范围内整片处理，并沿建筑基底周边外放 3m；

2) 方案二：人工挖孔扩底灌注桩

采用钢筋混凝土人工挖孔扩底灌注桩，一柱一桩，桩径 800～1500mm，桩端扩底至 1200～2200mm，桩长 10m，桩端进入角砾石层 1000～1500mm。以桩径 1000mm，桩端扩底至 1500mm 为例，经按《建筑桩基技术规范》（JGJ 94—94）和《湿陷性黄土地区建筑规范》（GB 50025—2004）相关公式计算，桩总负摩阻力特征值为 212.06kN，总端阻力特征值为 2507.90kN，桩总负摩阻力特征值仅占总端阻力特征值的 10% 左右。且随着桩径的增大，该比例会更小。因负摩阻力与桩径成线性关系，而端阻力与桩径的平方成线性关系，故随着桩径的增大桩端阻力增大更快；

3) 方案比较

两种方案的经济比较见表 2.6.5，表中已包含了因采用灰土挤密桩需设筏板基础的费用（采用人工挖孔扩底灌注桩时不需设筏板基础，仅设单桩承台），和人工挖孔扩底灌注桩检测所增加的费用（人工挖孔扩底灌注桩检测费用远大于灰土挤密桩）。其中灰土挤密桩单价为 15 元/m³，钢筋混凝土筏板单价为 700 元/m³，人工挖孔扩底灌注桩单价为 736.55 元/m³。

不同处理方案的经济比较　　　　　　　　　　　表 2.6.5

方　案　一			方　案　二		
挤密桩造价(万元)	筏板造价(万元)	合计造价(万元)	挖孔桩造价(万元)	检测差价(万元)	合计造价(万元)
75.90	65.28	141.18	82.00	28.00	110.00

【实例 2.7】　莫斯科中国贸易中心工程防冻设计概要

1. 工程实例

1) 工程概况

莫斯科中国贸易中心工程，工程概况见第一章实例 1.3。

2) 防冻设计

(1) 对浅基础采取适当深埋的结构措施，避免季节性冻土的冻融对结构的不利影响；

(2) 与建筑及各设备工种密切配合，避免室外台阶、地下管线等非结构受力构件受冻融影响，对处于冻深范围内的台阶基础，采取局部消除冻融措施（局部换填）。

2. 实例分析

1) 莫斯科地处高纬度地区，冬季最低温度−37℃，夏季最高温度 30℃，属季节性冻土，设计冻深 1.5m；

2) 对高层建筑及带有地下室的多层建筑，由于基础埋置深度较大，可不考虑冻深对基础的影响；

3) 对中国式园林建筑（单层），有条件时考虑基础适当深埋，避免冻深对基础的影响。当无法避免时，对基础范围、基础梁宽度范围的地基进行换填处理；

4）对非结构构件、各类管线、管沟，采取局部换填或局部处理措施，确保安全。

第七节　天然地基的常见设计问题分析

【要点】

本节列举了在天然地基设计中的常见设计问题，并通过对这些问题的分析，找出出现这些问题的主要原因，提出解决问题的相应设计建议，以使读者在实际工程中少走弯路。

一、地基承载力修正时参数取值差错

1. 原因分析

对公式（2.2.1）的意义理解不透，导致各系数取值出现偏差：

1）η_b、η_d 取值不当，未取用基础底面土层的数值；

2）γ 取值不当，未取用基础底面以下持力层的数值；

3）γ_m 取值不当，未取用基础底面以上土的加权平均重度（地下水位以上取浮重度）。

2. 设计建议

1）正确理解公式各系数含义，准确应用公式（2.2.1）计算；

2）对地方地基规范，应分清与国家《地基规范》在地基承载力计算上的差异，准确应用相关计算公式。

二、对基础埋深理解的常见问题

1. 原因分析

1）混淆基础埋深（如天然地基上基础满足建筑高度的 1/15 等）要求和对地基承载力修正的基础计算埋深［公式（2.2.1）中 d，为便于说明问题，此处将 d 定义为基础的计算埋深］之间的关系；

2）关于基础埋深

（1）基础埋深的根本目的是满足地基稳定和变形要求；

（2）基础具有一定的埋深后，地下室前后墙体的被动土压力和侧墙的摩擦力对基础的摆动有一定的限制作用，同时可使基础底面的压力趋于平缓；

（3）基础有一定的埋置深度对抗震有利，可以减小上部结构的地震反应；

（4）对多、高层建筑，设置地下室可以降低地基的附加应力从而减小地基的沉降量。

3）关于基础计算埋深 d

（1）基础的计算埋深 d 考察的是基础的自重应力状态对地基承载力的影响程度；

（2）基础的计算埋深 d 与基坑开挖前的自重应力状态有关，其最大计算埋深应不大于基坑开挖前基础的实际埋深。

2. 设计建议

1）应根据建筑物的高度、体型、结构形式、地质情况和抗震设防烈度等因素，综合确定基础的埋深；

2）应区分不同情况确定基础埋深

（1）对天然地基，在满足地基稳定和变形要求的前提下应浅埋，一般情况下，宜≥$H/$

15（H为建筑高度，建筑高度指室外地面到主体结构顶面的高度）最小埋深宜≥0.5m；

（2）桩基础，宜≥H/(1/18～1/20)，不包括桩长；

（3）岩石地基，可不考虑埋深要求，但应验算倾覆，必要时应采取可靠的锚固措施。

3）新建房屋的基础埋深应不深于原有建筑或相邻基础的埋深，否则应采取确保原有建筑安全的有效结构措施（如合理放坡或采用护坡措施等）；

4）有可靠工程经验时，可适当放宽对基础埋深的限制（需经研究并通过相关审查）。

三、房屋高度计算不正确

1. 原因分析

1）房屋高度是确定基础埋深的主要指标；

2）"主要屋面"和"室外地面"的确定是计算房屋高度的关键。

2. 设计建议

1）对屋顶层面积与其下层面积相比有突变者，当屋面面积小于其下层面积的50％时，可作为屋顶"局部突出"考虑，房屋高度的计算范围内不包含"局部突出"的楼层（见图2.7.1）；

2）对屋顶层面积与其下层面积相比缓变者，当屋面面积小于其下缓变前标准楼层面积的50％时，可作为屋顶"局部突出"考虑，房屋高度的计算范围内不包含"局部突出"的楼层（见图2.7.2）；

3）对砌体结构（见图2.7.3～图2.7.7），当坡屋面的阁楼面积小于顶层楼面面积时，可根据阁楼层面积占顶层面积的比例确定房屋的高度。当阁楼面积/顶层面积≤0.5，且阁楼层最低处高度≤1.8m时，阁楼不作为一层计算，高度也不计入总高度。而将此阁楼作为房屋的局部突出按《抗震规范》第5.2.4条规定进行抗震验算。

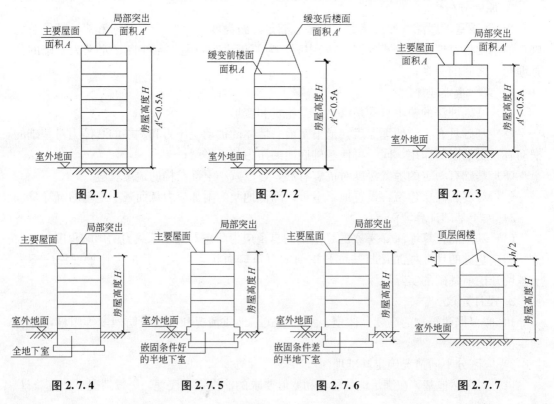

图2.7.1　　　　　　　图2.7.2　　　　　　　图2.7.3

图2.7.4　　　　　图2.7.5　　　　　图2.7.6　　　　　图2.7.7

四、地基承载力验算时，基础计算埋深 d 的常见问题

1. 原因分析

1) 将基础的计算埋深 d 与回填土厚度挂钩，对单独基础、条形基础和整体式基础，只考虑基础顶面填土的影响；

2) 对超补偿的整体式基础（地下室层数较多，埋深很大，或地上楼层较少），没有考虑基础底面的实际压力情况，按基础埋深进行地基承载力验算；

3) 对欠补偿的整体式基础（地下室层数不多，埋深不大，或地上楼层较多），只考虑基础底面的实际压力情况，没有按基础的实际埋深进行地基承载力验算；

4) 对独立柱基加防水板基础，未考虑防水板下软垫层对地基承载力的影响，按独立基础或整体式基础进行地基承载力的验算；

5) 对为消除高层建筑与其裙房的过大的沉降差异，主楼采用整体式基础（减小主楼沉降），裙房采用独立柱基（或条形基础）加防水板基础（加大裙房沉降）时，未考虑裙房基础对主楼边缘基础下的地基承载力的影响；

6) 采用单独基础和条形基础时，地下室周边基础与内部基础采用相同的基础计算埋深等。

2. 设计建议

地基承载力修正时采用的基础埋深与基础的实际埋深不完全一致：

1) 当为超补偿基础（基础底面以上建筑的总重量小于挖去的土重）时，基础的计算埋深小于基础的实际埋深；

2) 当为欠补偿基础（基础底面以上建筑的总重量大于挖去的土重）时，基础的计算埋深取等于基础的实际埋深（注意：计算埋深应≤基础的实际埋深）；

3) 当为独立柱基加防水板基础时，应根据防水板底面的反力取折算埋深；

4) 任何情况下，均可根据基础底面的实际反力确定折算的基础埋深（≤基础的实际埋深）。

五、地基承载力验算时，上部结构的柱（墙）底内力取值不正确

1. 原因分析

1) 对规范在地基承载力验算时对上部结构荷载取值要求（组合形式、取值部位和荷载代表值）不完全理解；

2) 片面追求结构安全而取用柱底最大内力；

3) 地震区建筑结构，基础设计未采取相应的结构措施（或不满足《抗震规范》可以不进行抗震验算的条件）时，不考虑地震对基础的影响。

2. 设计建议

1)《地基规范》规定：

(1) 地基承载力验算时，上部结构的柱底内力取用相应于荷载效应标准组合时的数值；

(2) 上部结构的竖向荷载（即柱底轴力）算至基础顶面（注意：与弯矩计算要求不同）；

(3) 上部结构对基础的弯矩（由弯矩和剪力引起）算至基础底面（注意：与轴力计算要求不同）；

(4) 基础及其以上填土重量取标准值。

2) 除按《抗震规范》要求可以不考虑地震作用对地基影响的建筑外，其他建筑结构的基础均应分别进行地基的非抗震验算和地震作用验算。

3）基础中结构构件的设计，与地基设计有本质的差别，采用的是结构构件的一般设计原则，对于不同构件、不同计算部位和不同计算要求，按"荷载规范"的规定采用相应的荷载代表值。

4）基础设计时，荷载代表值可按下列原则换算：

（1）荷载特征值＝荷载标准值；

（2）荷载设计值＝1.3荷载特征值（或荷载标准值）；

（3）荷载特征值（或荷载标准值）＝0.77荷载设计值；

（4）当为可变荷载效应控制的组合时，上述系数1.3和0.77分别可取1.25和0.8；

（5）当建筑物各楼层的均布活荷载标准值很大时，应按实际情况确定换算系数；

（6）当基础设计需考虑地震作用组合，并采用非抗震的计算公式时，可取荷载设计值＝0.8地震作用效应设计值；

（7）当需进行地基抗震验算时，可直接采用相应验算公式（2.2.16）、公式（2.2.17）。

六、采用独立柱基加防水板基础时，地基承载力调整计算出现错误

1. 原因分析

1）将独立柱基加防水板基础等同于一般独立基础，基础的计算埋深错误；

2）将独立柱基加防水板基础等同于一般筏板基础，基础的计算埋深错误；

3）未能正确理解基础的计算埋深与基础实际埋深的关系，导致基础的计算埋深取值出现偏差。

2. 设计建议

1）正确理解防水板的作用和防水板下软垫层对地基承载力的影响，合理取用基础的计算埋深，并按本章规定的相关公式计算；

2）正确理解在独立柱基加防水板基础中，基础的计算埋深与基础实际埋深的关系，并将其与整体式基础加以区分。

七、地下室采用独基或条基时，周边挡土墙基础与中间独立基础采用相同的地基承载力特征值

1. 原因分析

1）地下室挡土墙两侧不同高度的填土对基础下地基承载力的有利影响各不相同，简单地按较小填土厚度计算，计算过于保守，易造成设计浪费；

2）挡土墙内外侧不同高度的回填土对基础下地基承载力的影响与建筑物建成以后的地面堆土不同，当填土厚度不大于基础的实际埋深时，填土对地基承载力提高有利，当填土厚度大于基础实际埋深时，超出基础设计埋深的部分转化为基础的地面堆载，对基础承载不利。

2. 设计建议

按本章的相关公式计算，合理确定两侧不同填土时挡土墙基础的计算埋深，并核算基础上部不同填土厚度对地基和基础的影响。

八、天然地基的设计中，只注重地基的承载力要求而忽略地基沉降的问题

1. 原因分析

1）地基的承载力与上部结构的承载力概念不同，地基的承载力特征值与地基的变形性能密不可分；

2）地基基础设计中，应注意避免出现强度重于变形的静力结构设计理念；

3）应注意地基设计与基础设计的不同。

2. 设计建议

1）应明确地基承载力概念与地基变形的不可分割性，地基设计的根本问题是地基的变形问题；地基的承载力特征值，其本质是一种变形控制的要求，满足的是正常使用极限状态的要求（注意：这一点与结构构件设计的强度要求差异很大，不可混淆），即在发挥正常使用功能时，所能提供的抗力设计值。

2）和上部结构设计不同，在地基设计中，变形控制是根本性的问题。

九、建造在斜坡上的建筑物，未采取切实有效的结构措施

1. 原因分析

坡地上的建筑，受场地约束条件的限制，一般不具备双向均匀对称的条件，在地震作用或风等水平荷载作用下，建筑物将产生很大的扭转，属于抗震不规则结构。

2. 设计建议

1）应重视坡地质灾害的防治和建筑物对地质灾害的诱发作用，避免在坡地上建造建筑物；

2）在抗震设防区域，尤其是高烈度区，当未采取有效的结构处理措施时，不得在坡地上建造高层建筑；

3）有条件时，应采取措施营造减小坡地建筑扭转的小环境，就是通过场地的局部平整，使建筑物坐落在四周同一标高的场地上，房屋临近坡顶的一侧，设置永久性支挡结构（见图 2.7.8）。

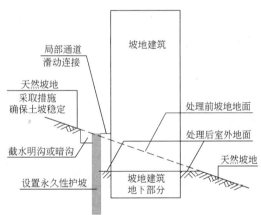

图 2.7.8　坡地建筑的结构处理措施

参 考 文 献

[1]　中华人民共和国国家标准. 建筑地基基础设计规范 GB 50007—2002. 北京：中国建筑工业出版社，2002.

[2]　中华人民共和国行业标准. 建筑地基处理技术规范 JGJ 79—2002. 北京：中国建筑工业出版社，2002.

[3]　中华人民共和国行业标准. 冻土地区建筑地基基础设计规范 JGJ 118—98. 北京：中国建筑工业出版社，1998.

[4]　中华人民共和国国家标准. 湿陷性黄土地区建筑规范 GB 50025—2004. 北京：中国建筑工业出版社，2004.

[5]　中华人民共和国国家标准. 膨胀土地区建筑技术规范 GBJ 112—87. 北京：中国计划出版社，1989.

[6]　北京市标准. 北京地区建筑地基基础勘察设计规范 DBJ 01—501—92. 北京：1992.

[7]　全国民用建筑工程设计技术措施（结构）. 北京：中国计划出版社，2003.

[8]　华南工学院等四校合编. 地基及基础. 北京：中国建筑工业出版社，1981.

[9]　邹仲康，莫沛锵. 建筑结构常用疑难设计. 长沙：湖南大学出版社，1987.

[10]　朱炳寅，陈富生. 建筑结构设计新规范综合应用手册（第二版）. 北京：中国建筑工业出版社，2004.

[11]　朱炳寅. 建筑结构设计规范应用图解手册. 北京：中国建筑工业出版社，2005.

[12]　深圳某迎宾馆工程结构设计. 中国建筑设计研究院，1992.

[13]　莫斯科中国贸易中心工程结构设计. 中国建筑设计研究院，2007.

[14]　某高层建筑结构设计. 中国建筑西北设计研究院，2004.

[15]　某多层建筑结构设计. 宁夏建筑设计研究院，2004.

第三章 地 基 处 理

说明

1. 本章内容涉及的主要规范如下:

1)《建筑地基处理技术规范》(JGJ 79—2002)(以下简称《地基处理规范》);

2)《建筑地基基础设计规范》(GB 50007—2002)(以下简称《地基规范》)。

2. 随着地基处理设计水平的提高、施工工艺的改进和施工设备的更新,地基处理技术发展很快。对于各种不良地基,经恰当的地基处理后,一般都能满足要求。地基处理技术在近年建筑工程设计中应用相当普遍,新技术和新材料的应用,极大地提高了地基处理的效果,达到了安全、经济的目的。

3. 传统意义上的地基处理,主要是对软弱地基的处理。近年来,对一般地基采取地基加固的工程屡见不鲜,以获得工程对地基承载力和沉降量的更高要求,节约工程费用。

4. 软弱地基指主要由淤泥、淤泥质土、冲填土、杂填土或其他高压缩性土层构成的地基。地基处理的根本目的就是提高地基的承载力和减小地基的沉降量。地基处理的方法大致可分为五类,见表 3.0.1。

软弱土地基处理方法分类   表 3.0.1

序号	分类	主要处理方法	原理及作用	适用范围
1	碾压夯实	碾压法 重夯法 强夯法	通过机械碾压及夯击压实土的表层,强夯法则利用强大的夯击功迫使深层土液化和动力固结而密实	适用于砂土及含水量不高的黏性土。强夯法应注意其震动对附近建筑物的影响
2	换土垫层	砂垫层 碎石垫层 素土垫层	挖去浅层软土,换土、砂、砾石等强度较高的材料,从而提高持力层的承载力,减少部分沉降量	适用于处理浅层软弱土地基,一般只应用于荷载不大的建筑物基础
3	排水固结	预压法 砂井预压法 排水纸板法 井点降水预压法	通过改善地基的排水条件和施加预压荷载,加速地基的固结和强度增长,提高地基的稳定性,并使基础沉降提前完成	适用于处理厚度较大的饱和软弱土层,但需要具有预压条件(预压的荷载和时间)对于厚度较大的泥炭层,则要慎重对待
4	振动及挤密	挤密砂桩 振冲桩 挤实土桩 CFG桩	通过挤密或振动使深层土密实,并在振动挤压过程中,回填砂、砾石等,形成砂桩或碎石桩,与土层一起组成复合地基,从而提高地基的承载力,减少沉降量	适用于处理砂土、粉砂或部分黏土粒含量不高的黏性土
5	化学加固	电硅化法 旋喷法 深层石灰搅拌法	通过注入化学浆液,将土粒胶结,或通过化学作用或机械拌和等,改善土的性质,提高地基的承载力	适用于处理软土,特别是对已建成的工程事故处理或地基的加固等

第一节　换填垫层法

【要点】

本节介绍换填垫层法的适用范围、基本要求及注意事项。换填垫层可以是整片换填，也可以是局部换填，在设计中可灵活应用。

一、换填垫层的要求

1. 适用范围

（《地基处理规范》第 4.1.1 条）换填垫层法适用于浅层软弱地基及不均匀地基的处理。

2. 设计要求

1）（《地基处理规范》第 4.1.2 条）应根据建筑体型、结构特点、荷载性质、岩土工程条件、施工机械设备及填料性质和来源等进行综合分析，进行换填垫层的设计和选择施工方法。

2）（《地基处理规范》第 4.2.1 条）承载力的确定。

（1）垫层的厚度 z 应根据需置换软弱土的深度或下卧土层的承载力确定，并符合公式（2.4.1）的要求。

垫层的压力扩散角宜通过试验确定，当无试验资料时可按表 3.1.1 采用。

地基压力扩散角 θ（°）　　　　　　　　　　　　　　　　表 3.1.1

z/b	换填材料		
	中砂、粗砂、砾砂、圆砾、角砾、石屑、卵石、碎石、矿渣	粉质黏土、粉煤灰	灰土
≤0.25	0	0	28
0.25	20	6	
≥0.50	30	23	

注：当 $0.25<z/b<0.5$ 时，θ 值可内插确定。

换填垫层的厚度不宜小于 0.5m，也不宜大于 3m。

（2）垫层的承载力宜通过现场载荷试验确定，并应进行下卧层承载力的验算。

3）（《地基处理规范》第 4.2.2 条）垫层底面宽度的确定。

垫层底面的宽度应满足基础底面应力扩散的要求（图 3.1.1），可按下式确定：

$$b' \geqslant b + 2z\tan\theta \tag{3.1.1}$$

式中　b'——垫层底面宽度（m）；

θ——压力扩散角，可按表 3.1.1 采用。

整片垫层底面的宽度可根据施工的要求适当加宽。垫层顶面宽度可从垫层底面两侧向上，按基坑开挖期间保持边坡稳定的当地经验放坡确定。垫层顶面每边超出基础底边不宜小于 300mm（图 3.1.2）。

4）（《地基处理规范》第 4.2.4 条）地基变形计算

（1）一般地基的变形计算按公式（2.3.1）计算；

（2）对于垫层下存在软弱下卧层的建筑，在进行地基变形计算时应考虑邻近基础对软

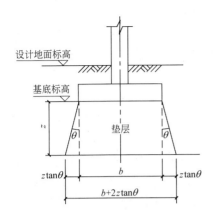

图 3.1.1 单个垫层的宽度

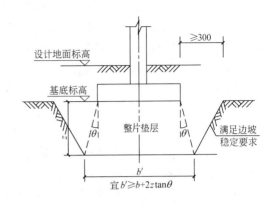

图 3.1.2 整片垫层的宽度

弱下卧层顶面应力叠加的影响。当超出原地面标高的垫层或换填材料的重度高于天然土层重度时，宜早换填，并应考虑其附加的荷载对建筑及邻近建筑的影响。

垫层地基的变形由垫层自身变形和下卧层变形组成。换填垫层在满足公式（2.4.1）、（3.1.1）和表 3.1.2 的条件时，垫层地基的变形可仅考虑其下卧层的变形。对沉降要求严格或垫层厚度较大的建筑，应计算垫层自身的变形。

垫层下卧层的变形量可按公式（2.3.1）计算。

5）（《地基处理规范》第 4.2.5 条）垫层材料

（1）砂石；宜选用碎石、卵石、角砾、圆砾、砾砂、粗砂、中砂或石屑（粒径小于 2mm 的部分不应超过总重的 45%），应级配良好，不含植物残体、垃圾等杂质。当使用粉细砂或石粉（粒径小于 0.075mm 的部分不超过总重的 9%）时，应掺入不少于总重 30% 的碎石或卵石。砂石的最大粒径不宜大于 50mm。对湿陷性黄土地基，不得选用砂石等透水材料；

（2）粉质黏土；土料中有机质含量不得超过 5%，亦不得含有冻土或膨胀土。当含有碎石时，其粒径不宜大于 50mm。用于湿陷性黄土或膨胀土地基的粉质黏土垫层，土料中不得夹有砖、瓦和石块；

（3）灰土；体积配合比宜为 2：8 或 3：7。土料宜用粉质黏土，不宜使用块状黏土和砂质粉土，不得含有松软杂质，并应过筛，其颗粒不得大于 15mm。石灰宜用新鲜的消石灰，其颗粒不得大于 5mm；

（4）粉煤灰；可用于道路、堆场和小型建筑、构筑物等的换填垫层。粉煤灰垫层上宜覆土 0.3～0.5m。粉煤灰垫层中采用掺加剂时，应通过试验确定其性能及适用条件。作为建筑物垫层的粉煤灰应符合有关放射性安全标准的要求。粉煤灰垫层中的金属构件、管网宜采取适当防腐措施。大量填筑粉煤灰时应考虑对地下水和土壤的环境影响；

（5）矿渣；垫层使用的矿渣是指高炉重矿渣，可分为分级矿渣、混合矿渣及原状矿渣。矿渣垫层主要用于堆场、道路和地坪，也可用于小型建筑、构筑物地基。选用矿渣的松散重度不小于 11kN/m³，有机质及含泥总量不超过 5%。设计、施工前必须对选用的矿渣进行试验，在确认其性能稳定并符合安全规定后方可使用。作为建筑物垫层的矿渣应符合对放射性安全标准的要求。易受酸、碱影响的基础或地下管网不得采用矿渣垫层。大量填筑矿渣时，应考虑对地下水和土壤的环境影响；

（6）其他工业废渣：在有可靠试验结果或成功工程经验时，对质地坚硬、性能稳定、无腐蚀性和放射性危害的工业废渣等均可用于填筑换填垫层。被选用工业废渣的粒径、级配和施工工艺等应通过试验确定；

（7）土工合成材料。由分层铺设的土工合成材料与地基土构成加筋垫层。所用土工合成材料的品种与性能及填料的土类应根据工程特性和地基土条件，按照现行国家标准《土工合成材料应用技术规范》（GB 50290）的要求，通过设计并进行现场试验后确定。

作为加筋的土工合成材料应采用抗拉强度较高、受力时伸长率不大于 $4\%\sim5\%$、耐久性好、抗腐蚀的土工格栅、土工格室、土工垫或土工织物等土工合成材料；垫层填料宜用碎石、角砾、砾砂、粗砂、中砂或粉质黏土等材料。当工程要求垫层具有排水功能时，垫层材料应具有良好的透水性。

在软土地基上使用加筋垫层时，应保证建筑稳定并满足允许变形的要求。

6)（《地基处理规范》第 4.2.6 条）垫层的压实标准

垫层的压实标准可按表 3.1.2 选用。

各种垫层的压实标准 表 3.1.2

施工方法	换填材料类别	压实系数 λ_c
碾压、振密或夯实	碎石、卵石	0.94～0.97
	砂夹石（其中碎石、卵石占全重的 $30\%\sim50\%$）	
	土夹石（其中碎石、卵石占全重的 $30\%\sim50\%$）	
碾压、振密或夯实	中砂、粗砂、砾砂、角砾、圆砾、石屑	0.94～0.97
	粉质黏土	
	灰土	0.95
	粉煤灰	0.90～0.95

注：1. 压实系数 λ_c 为土的控制干密度 ρ_d 与最大干密度 ρ_{dmax} 的比值，即 $\lambda_c = \rho_d / \rho_{dmax}$；土的最大干密度宜采用击实试验确定，碎石或卵石的最大干密度可取 $2.0\sim2.2t/m^3$；

2. 当采用轻型击实试验时，压实系数 λ_c 宜取高值，采用重型击实试验时，压实系数 λ_c 可取低值；

3. 矿渣垫层的压实指标为最后二遍压实的压陷差小于 2mm。

3. 设计对施工的基本要求

垫层的施工方法、分层铺填厚度、每层的压实遍数等宜通过试验确定。对于工程量较大的换填垫层，应按所选用的施工机械、换填材料及场地的土质条件进行现场试验，以确定压实效果。

1)（《地基处理规范》第 4.3.2 条）垫层厚度

（1）一般情况下，垫层的分层铺填厚度可取 200～300mm；

（2）接触下卧软土层的底部应根据施工机械设备及下卧层土质条件综合确定；

（3）为保证分层压实质量，应控制机械碾压速度。

2)（《地基处理规范》第 4.3.3 条）最优含水量的确定

粉质黏土和灰土垫层土料的施工含水量宜控制在最优含水量 $w_{op} \pm 2\%$ 的范围内，粉煤灰垫层的施工含水量宜控制在 $w_{op} \pm 4\%$ 的范围内。最优含水量可通过击实试验确定，也可按当地经验取用。

3)（《地基处理规范》第 4.3.4 条）垫层底部古井等软硬不均匀部位的处理

当垫层底部存在古井、古墓、洞穴、旧基础、暗塘等软硬不均的部位时，应根据建筑对不均匀沉降的要求予以处理，并经检验合格后，方可铺填垫层。

4）（《地基处理规范》第4.3.5条）避免坑底土层扰动的措施

基坑开挖时应避免坑底土层受扰动，可保留约200mm厚的土层暂不挖去，待铺填垫层前再挖至设计标高。严禁扰动垫层下的软弱土层，防止其被践踏、受冻或受水浸泡。在碎石或卵石垫层底部宜设置150～300mm厚的砂垫层或铺一层土工织物，以防止软弱土层表面的局部破坏，同时必须防止基坑边坡坍土混入垫层。

5）（《地基处理规范》第4.3.6条）基坑的排水要求

换填垫层施工应注意基坑排水，除采用水撼法施工砂垫层外，不得在浸水条件下施工，必要时应采用降低地下水位的措施。

6）（《地基处理规范》第4.3.7、4.3.8条）其他施工要求

（1）垫层底面宜设在同一标高上，如深度不同，基坑底土面应挖成阶梯或斜坡搭接，并按先深后浅的顺序进行垫层施工，搭接处应夯压密实；

（2）粉质黏土及灰土垫层分段施工时，不得在柱基、墙角及承重窗间墙下接缝。上下两层的缝距不得小于500mm。接缝处应夯压密实。灰土应拌合均匀并应当日铺填夯压。灰土夯压密实后3d内不得受水浸泡。粉煤灰垫层铺填后宜当天压实，每层验收后应及时铺填上层或封层，防止干燥后松散起尘污染，同时应禁止车辆碾压通行；

（3）垫层竣工验收合格后，应及时进行基础施工与基坑回填；

（4）铺设土工合成材料时，下铺地基土层顶面应平整，防止土工合成材料被刺穿、顶破。铺设时应把土工合成材料张拉平直、绷紧，严禁有折皱；端头应固定或回折锚固；切忌曝晒或裸露；连结宜用搭接法、缝接法和胶结法，并均应保证主要受力方向的连结强度不低于所采用材料的抗拉强度。

4. 质量检测

1）（《地基处理规范》第4.4.1条）检测方法

（1）对粉质黏土、灰土、粉煤灰和砂石垫层的施工质量检验可用环刀法、贯入仪、静力触探、轻型动力触探或标准贯入试验检验；

（2）对砂石、矿渣垫层可用重型动力触探检验。并均应通过现场试验以设计压实系数所对应的贯入度为标准检验垫层的施工质量。压实系数也可采用环刀法、灌砂法、灌水法或其他方法检验。

2）（《地基处理规范》第4.4.2条）**垫层的施工质量检验必须分层进行。应在每层的压实系数符合设计要求后铺填上层土。**

3）（《地基处理规范》第4.4.3条）采用环刀法检测垫层施工质量时的基本要求

（1）取样点要求：采用环刀法检验垫层的施工质量时，取样点应位于每层厚度的2/3深度处；

（2）检测点数量要求：检验点数量，对大基坑每50～100m² 不应少于1个检验点；对基槽每10～20m 不应少于1个点；每个独立柱基不应少于1个点。

4）采用贯入仪或动力触探检测垫层施工质量时，每分层检验点的间距应小于4m。

5）（《地基处理规范》第4.4.4条）采用载荷试验检验垫层承载力时的基本要求：

（1）用于竣工验收阶段；采用载荷试验检验垫层承载力时，每个单体工程不宜少于

3点；

（2）对于大型工程则应按单体工程的数量或工程的面积确定检验点数。

二、理解与分析

1. 换填垫层法适合处理各类浅层软弱地基，当建筑范围内上层软弱土层较薄时，则可采用全部置换处理，并可取得良好的效果。

2. 当上部软弱土层较厚且地下水埋深较浅时，置换效果将受影响。对于结构刚度差、体型复杂、荷重较大的建筑，由于附加荷重对下卧层的影响较大，如仅换填软弱层的上部，地基仍将产生较大的变形和不均匀变形，仍有可能对建筑物造成破坏，因此，对于深厚软弱土层，不应采用局部换填垫层法处理地基。

3. 采用换填垫层时，必须考虑建筑体型、荷载分布、结构刚度等因素对建筑物的影响，对不同特点的工程，应分别考虑换填材料的强度、稳定性、耐久性、价格和对环境的影响等，一般说来，对于受振动荷载的地基，不应选用砂垫层进行换填处理，对放射性超过标准的矿渣（如：用于发电的燃煤常伴生有微量放射性同位素，因而粉煤灰也有弱放射性），不应用于建筑物的换填垫层处理（作为建筑物垫层的粉煤灰应满足国家标准《工业废渣建筑材料放射性物质控制标准》（GB 9196—88）及《放射卫生防护基本标准》（GB 4792—84）的相关要求）。

4. 垫层设计应满足建筑地基的承载力和变形要求，垫层的主要作用体现在以下三个方面：

1）垫层能换除基础下直接承受建筑荷载的软弱土层，代之以能满足承载力要求的土层；

2）荷载通过垫层的应力扩散，使下卧层顶面受到的压力满足下卧层承载力的要求；

3）基础持力层被低压缩性垫层代替，能大大减小基础的沉降量。

5. 用于下卧层顶面附加压力值的计算的扩散角法，其计算简单，易于理解和接受，且其计算的垫层厚度比理论计算（双层地基理论）结果略偏安全，故在工程设计中得到广泛的认可和使用。

6. 经换填处理后的地基，由于理论计算方法不够完善且较难选取有代表性的参数等原因，现阶段很难通过计算来确定垫层地基的承载力，一般可通过试验，尤其是通过现场原位试验确定。对安全等级为三级的建筑物及不太重要的小型建筑，或对沉降要求不严的建筑，或结构设计初期可按表 3.1.3 确定换填地基的承载力特征值，按表 3.1.4 确定换填地基的垫层模量。

7. 换填垫层的施工参数，应根据垫层材料、施工机械设备及设计要求等通过现场试验确定，以求得最佳夯实效果。在不具备试验条件的场合，可参考表 3.1.5 选用。

8. 大面积填土产生的大范围地面负荷影响深度较深，地基压缩变形量大，变形延续时间长，与换填垫层法浅层处理地基的特点不同，其设计与施工应执行国家相关规范的规定。

三、结构设计的相关问题

1. 强调通过现场试验确定垫层地基的承载力是《地基处理规范》的特殊要求，垫层顶面的地基承载力可通过原位载荷试验获得。

2. 换填垫层法适宜于处理各类浅层软基础。当在建筑物范围内上层软土较薄时，则

垫层的承载力　　　　　　　　　　　　　　　　　　　表 3.1.3

换 填 材 料	承载力特征值(kPa)	备 注
碎石、卵石	200～300	压实系数小的垫层，承载力特征值取低值，反之取高值，原状矿渣垫层取低值，分级矿渣或混合矿渣垫层取高值
砂夹石(其中碎石、卵石占全重的 30%～50%)	200～250	
土夹石(其中碎石、卵石占全重的 30%～50%)	150～200	
中砂、粗砂、砾砂、圆砾、角砾	150～200	
粉质黏土	130～180	
石屑	120～150	
灰土	200～250	
粉煤灰	120～150	
矿渣	200～300	

垫层模量　　　　　　　　　　　　　　　　　　　　　表 3.1.4

垫 层 材 料	模量(MPa)		备 注
	压缩模量(E_s)	变形模量(E_0)	
粉煤灰	8～20		压实矿渣的 E_0/E_s 比值按 1.5～3 取用
砂	20～30		
碎石、卵石	30～50		
矿渣		35～70	

垫层每层铺填厚度及压实遍数　　　　　　　　　　　　表 3.1.5

施 工 设 备	每层铺填厚度(m)	每层压实遍数
平碾(8～12t)	0.2～0.3	6～8(矿渣 10～12)
羊足碾(5～16t)	0.2～0.35	8～16
蛙式夯(200kg)	0.2～0.25	3～4
振动碾(8～15t)	0.6～1.3	6～8
插入式振动器	0.2～0.5	
平板式振动器	0.15～0.25	

可进行全部置换处理。对于较深厚的软弱土层，当仅采用垫层局部置换上部软弱土时，虽然能解决软弱地基的承载力问题（提高持力层的承载力，满足设计的承载力要求），但不能解决深层土质软弱的问题，下卧软弱土层在荷载下的长期变形可能依然很大，从而造成的地基变形量大，对上部建筑物造成危害。

3. 在实际工程中，经常会遇到首层地面较多地高出天然地面的问题（大面积堆土），其换填层超过天然地面的部分能否作为基础的有效埋深来考虑，对结构设计关系较大。天然地面以上部分的回填，从严格意义上说，已超出换填地基的范畴，而转变为大面积堆土。对软弱地基，大面积堆土将引起下列问题：

1）堆土面积大，应力扩散范围广，地基压缩层厚度大；

2）使建筑物中部沉降多，四周沉降少，地面凹陷（其状如碟）增加；

3）由于地面堆载均为地基的附加荷载，形成大面积附加应力，使基础沉降量大，并产生内倾；

4）基础沉降稳定时间延长。

四、设计建议

1. 对于较深厚的软弱土层、或者对于体型复杂、整体刚度小或对差异变形敏感的建筑物，均不应采用浅层局部置换的处理方法。

2. 采用换填垫层地基，有条件时，应优先考虑采用有利于确保垫层均匀性的碾压法。

3. 大面积堆土对地基的承载力和变形都将产生较大的影响，结构设计中应特别引起重视。结构设计中宜采取下列措施：

1）应尽量提前完成大面积堆载工作，给地基以充分的堆压时间，有利于地基土的固结；

2）一般情况下不得在主体结构施工完成后进行大面积地面堆载（天然地面以上部分的回填）；

3）必须在主体结构施工完成后进行大面积地面堆载时，应控制堆载限额范围和速率，避免大量、迅速、集中堆载；

4）增强建筑物的整体刚度，采取提高建筑物的整体变形能力的措施，抵抗由于地基不均匀沉降对建筑物产生的影响。如对钢筋混凝土结构，应适当增加构件的配筋，提高其抗裂性能；对砌体承重结构，尤其应加强圈梁构造柱的设置，提高对砌体结构的约束性能，增强整体性；

5）对堆土特别厚重的特定建筑物（如中小型仓库等次要建筑物），必要时可尽量采用静定、简支结构；以减小地基不均匀沉降对建筑物的不利影响；

6）必要时可考虑砂井-堆载预压，以加速土的固结；

7）应采取措施提高建筑首层地面耐变形能力，提高其整体性，并宜安排在建筑完工前的最后期间施工，给首层地面以充分的自重固结时间；

8）当采取上述措施仍不能达到满意的设计效果时，可考虑采用桩基础。

五、相关索引

1.《建筑地基技术处理规范》（JGJ 79—2002）的相关规定见其第 4 章。

2.《北京地区建筑地基基础勘察设计规范》（DBJ 01-501-92）的相关规定见其第7.4节。

第二节 水泥粉煤灰碎石桩（CFG 桩）法

【要点】

水泥粉煤灰碎石桩（CFG 桩）法不仅可以提高地基的承载力，而且可以有效减少地基总沉降及差异沉降，因而被广泛应用于建筑地基处理中。结构设计时，对水泥粉煤灰碎石桩（CFG 桩）法不仅应提出承载力要求，还应提出地基总沉降及差异沉降要求。应注意桩顶褥垫层对水泥粉煤灰碎石桩（CFG 桩）复合地基的调节作用。

一、水泥粉煤灰碎石桩（CFG 桩）法的相关规定

1. 适用范围

（《地基处理规范》第 9.1.1 条）水泥粉煤灰碎石桩（CFG 桩）法适用于处理黏性土、

粉土、砂土和已自重固结的素填土等地基。对淤泥质土应按地区经验或通过现场试验确定其适用性。

2. 设计要求

1）（《地基处理规范》第 9.2.1、9.2.2、9.2.3 条）一般设计要求见表 3.2.1。

水泥粉煤灰碎石桩（CFG桩）设计的一般要求　　　　表 3.2.1

项　目	要　求
设置范围	可只在基础范围内
桩径	宜取 350~600mm
桩距	宜取 3~5 倍桩径
桩顶和基础之间设置的褥垫层	厚度宜取 150~300mm（桩径大或桩距大时取高值）

2）（《地基处理规范》第 9.2.5 条）承载力的确定：

（1）水泥粉煤灰碎石桩复合地基承载力特征值，应通过现场复合地基载荷试验确定，初步设计时也可按下式估算：

$$f_{\text{spk}} = m\frac{R_{\text{a}}}{A_{\text{p}}} + \beta(1-m)f_{\text{sk}} \tag{3.2.1}$$

式中　f_{spk}——复合地基承载力特征值（kPa）；

m——面积置换率；

R_{a}——单桩竖向承载力特征值（kN）；

A_{p}——桩的截面积（m²）；

β——桩间土承载力折减系数，宜按地区经验取值，如无经验时可取 0.75~0.95，天然地基承载力较高时取大值；

f_{sk}——处理后桩间土承载力特征值（kPa），宜按当地经验取值，如无经验时，可取天然地基承载力特征值。

（2）（《地基处理规范》第 9.2.6 条）单桩竖向承载力特征值 R_{a} 的取值，应符合下列规定：

① 当采用单桩载荷试验时，应将单桩竖向极限承载力除以安全系数 2；

② 当无单桩载荷试验资料时，可按下式估算：

$$R_{\text{a}} = u_{\text{p}}\sum_{i=1}^{n}q_{\text{si}}l_{\text{i}} + q_{\text{p}}A_{\text{p}} \tag{3.2.2}$$

式中　u_{p}——桩的周长（m）；

n——桩长范围内所划分的土层数；

q_{si}、q_{p}——桩周第 i 层土的侧阻力、桩端端阻力特征值（kPa），由勘察报告提供或按《地基规范》确定；

l_{i}——第 i 层土的厚度（m）。

（3）（《地基处理规范》第 9.2.8 条）地基变形计算。

（1）地基处理后的变形计算应按公式（2.3.1）计算。复合土层的分层与天然地基相同，各复合土层的压缩模量等于该层天然地基压缩模量的 ζ 倍，ζ 值可按下式确定：

$$\zeta = f_{spk}/f_{ak} \qquad (3.2.3)$$

式中　f_{ak}——基础底面下天然地基承载力特征值（kPa）。

变形计算经验系数 ψ_s 根据当地沉降观测资料及经验确定，也可采用表 3.2.2 数值。

变形计算经验系数 ψ_s　　　　　　　　　　　　　　　　表 3.2.2

$\overline{E}_s$(MPa)	2.5	4.0	7.0	15.0	20.0
ψ_s	1.1	1.0	0.7	0.4	0.2

注：$\overline{E}_s$ 为变形计算深度范围内压缩模量的当量值，应按下式计算：

$$\overline{E}_s = \sum A_i / \sum (A_i/E_{si}) \qquad (3.2.4)$$

式中　A_i——第 i 层土附加应力系数沿土层厚度的积分值；

　　　E_{si}——基础底面下第 i 层土的压缩模量值（MPa），桩长范围内的复合土层按复合土层的压缩模量取值。

（2）地基变形计算深度应大于复合土层的厚度，并符合公式（2.3.3）、式（2.3.4）及相关要求。

3. 设计对施工的基本要求

1）（《地基处理规范》第 9.3.1 条）水泥粉煤灰碎石桩的施工，应根据现场条件选用表 3.2.3 的施工工艺。

水泥粉煤灰碎石桩的施工工艺选用　　　　　　　　　　　表 3.2.3

序号	施 工 工 艺	适 用 范 围
1	长螺旋钻孔灌注成桩	地下水位以上的黏性土、粉土、素填土、中等密实以上的砂土
2	长螺旋钻孔、管内泵压混合料灌注成桩	黏性土、粉土、砂土，以及对噪声或泥浆污染要求严格的场地
3	振动沉管灌注成桩	粉土、黏性土及素填土地基

2）（《地基处理规范》第 9.3.5 条）褥垫层铺设宜采用静力压实法，当基础底面下桩间土的含水量较小时，也可采用动力夯实法，夯填度（夯实后的褥垫层厚度与虚铺厚度的比值）不得大于 0.9。

4. 质量检测

1）（《地基处理规范》第 9.4.2 条）**水泥粉煤灰碎石桩地基竣工验收时，承载力检验应采用复合地基载荷试验；**

2）（《地基处理规范》第 9.4.3 条）水泥粉煤灰碎石桩地基检验应在桩身强度满足试验荷载条件时，并宜在施工结束 28d 后进行。试验数量宜为总桩数的 0.5%～1%，且每个单体工程的试验数量不应少于 3 点；

3）（《地基处理规范》第 9.4.4 条）应抽取不少于总桩数的 10% 的桩进行低应变动力试验，检测桩身完整性。

二、理解与分析

1. 水泥粉煤灰碎石桩是由水泥、粉煤灰、碎石、石屑或砂加水拌和形成的高粘结强度桩（简称 CFG 桩），桩、桩间土和褥垫层是组成复合地基的三大要素，并共同构成复合地基。

CFG 桩与素混凝土桩的区别仅在于桩体材料的构成不同，而在其受力和变形方面几乎没有区别。

2. CFG 桩复合地基具有承载力提高幅度大，地基变形小等特点，并具有较大的适用范围。

1）就基础形式而言，既可适用于条形基础、独立基础，也可适用于箱形基础、筏形基础；

2）就建筑类型而言，既可适用于工业建筑，也适用于民用建筑；

3）就地基土性质而言，适用于处理黏土、粉土、砂土和正常固结的素填土等地基。对淤泥质土应通过现场试验确定其适用性；

4）就地基土承载力而言，CFG 桩不仅适合于处理承载力较低的土，也适用于承载力较高（如承载力特征值 $f_{ak} \geqslant 200 \text{kPa}$）但变形不满足要求的地基，以减小地基变形满足规范要求。

3. CFG 桩的施工工艺决定了其具有较强的置换作用，在其他参数相同时，桩越长、桩的荷载分担比（CFG 桩承担的荷载与复合地基总荷载的比值）越高。

4. 关于 CFG 桩的桩底持力层选择问题

1）设计时将桩端落在相对好的土层上，这样可以很好地发挥桩的端阻力，也可避免场地岩性变化大可能造成建筑物沉降的不均匀；

2）随着工程经验的丰富和对 CFG 桩研究的深入，CFG 桩桩底持力层的选择已打破同一持力层的传统要求。在实际工程中，不同桩底标高的多个桩底持力层（一般为两个）的 CFG 桩正不断出现，以达到满足结构设计所需的地基承载力要求，调整地基沉降及节省投资的目的。

需要说明的是，这种同一工程、同一结构单元，多桩底持力层 CFG 桩的设计应用，应在对场地条件充分了解、对 CFG 桩有独到研究的基础上进行，一般情况下，不宜作为首选方案，只有当其他方案难以实现时方可考虑之。CFG 桩的设计中，应优先考虑通过桩间距来调整桩的数量，以满足不同承载力、不同地基沉降对 CFG 桩的布置要求。

5. CFG 桩顶褥垫层的主要作用如下：

1）保证桩、土共同承担荷载，它是 CFG 桩形成复合地基的重要条件；

2）通过改变褥垫厚度，调整桩垂直荷载的分担，一般情况下，褥垫层越薄，CFG 桩承担的荷载比越大，反之则越低；

3）减少基础底面的应力集中；

4）调整桩、土水平荷载的分担，褥垫层越厚，土分担的水平荷载占总荷载的比例越大，桩分担的水平荷载占总荷载的比例越小，反之亦然。

6. CFG 桩的复合地基承载力特征值应通过试验确定，这与《地基规范》对地基承载力特征值的要求相同。

7. CFG 桩复合地基的压缩模量，采用与地基处理前后承载力提高幅度挂钩的简单计算方法，将复合地基承载力对原天然地基承载力的比值，作为处理后复合地基压缩模量的提高系数。

三、结构设计的相关问题

1. 在软土中 CFG 桩复合地基承载力的提高幅度应通过试验确定，且应考虑 CFG 桩复合地基的"徐变"过程对复合地基承载力的影响。

2. CFG 桩复合地基的承载力提高幅度应适当，不可过大。

3. 建筑物倾斜、开裂等事故中，由地基变形不均匀所致的比例较大，因此，应重视地基变形的控制，只按承载力控制进行地基基础的设计是远远不够的，也是很危险的，轻者造成建筑物的开裂，重者可能会导致更为严重的工程事故。

4. 结构设计中对 CFG 桩桩顶褥垫层的作用认识不足，常忽略或将其等同于一般垫层看待。

四、设计建议

1. CFG 桩复合地基设计属于地基加固范畴，应由具有相应资质的注册岩土工程师完成。CFG 桩复合地基应能满足上部结构设计所需的地基承载力要求和地基变形控制要求，结构设计人员应为 CFG 桩的设计提供准确的上部结构荷载分布资料，地基变形控制要求（总变形量控制要求、差异沉降控制要求及高层建筑的倾斜控制要求）等。

2. CFG 桩施工完成后，应通过试验对复合地基做出评价，并作为基础设计及施工的依据。

3. 应对 CFG 桩顶垫层的重要性有足够的认识，此处的褥垫层不是一般意义上的褥垫，应将其作为 CFG 桩复合地基的重要组成部分来重视。

4. CFG 桩复合地基的设计应结合如地基液化处理等综合进行，合理的 CFG 桩复合地基设计，可以达到一桩多能的效果，工程经济效益明显。

1) 对一般黏性土、粉土或砂土，桩端具有较好的持力层，经 CFG 桩处理后可作为高层建筑地基。

2) 对可液化地基，可采用碎石桩和水泥粉煤灰碎石桩多桩型复合地基，一般先施工碎石桩，然后在碎石桩中间施工沉管水泥粉煤灰碎石桩，既可以消除地基的液化，又可获得很高的复合地基承载力。

五、相关索引

1. 《地基处理规范》对水泥粉煤灰碎石桩法的其他规定见其第 9 章。

2. 全国民用建筑工程设计技术措施（结构）对水泥粉煤灰碎石桩法的其他规定见其第 3.5 节。

第三节 强夯及强夯置换法

【要点】

强夯及强夯置换法广泛应用于远离城区的新区开发和软土地区的大面积加固，应注意其适用性和地基加固的不均匀性，多层建筑应慎用，高层建筑不应采用。

一、强夯及强夯置换法的相关规定

1. 适用范围

1)（《地基处理规范》第 6.1.1 条）强夯及强夯置换法的适用范围见表 3.3.1。

强夯及强夯置换法的适用范围   表 3.3.1

地基处理方法	适 用 范 围
强夯法	处理碎石土、砂土、低饱和度的粉土与黏性土、湿陷性黄土、素填土和杂填土等地基
强夯置换法	适用于高饱和度的粉土与软塑～流塑的黏性土等地基上对变形控制要求不严的工程

2）(《地基处理规范》第6.1.2条) **强夯置换法在设计前必须通过现场试验确定其适用性和处理效果。**

2. 设计要求

1）强夯法

(1)(《地基处理规范》第6.2.1条) 强夯法的有效加固深度应根据现场试夯或当地经验确定。在缺少试验资料或经验时可按表3.3.2估算。

强夯法的有效加固深度估算值（m）　　　　　　　表3.3.2

单击夯击能(kN·m)	碎石土、砂土等粗颗粒土	粉土、黏性土等细颗粒土
1000	5.0～6.0	4.0～5.0
2000	6.0～7.0	5.0～6.0
3000	7.0～8.0	6.0～7.0
4000	8.0～9.0	7.0～8.0
5000	9.0～9.5	8.0～8.5
6000	9.5～10.0	8.5～9.0
8000	10.0～10.5	9.0～9.5

注：1. 强夯法的有效加固深度从最初起夯面算起；
　　2. 对湿陷性黄土的有效加固深度见表2.5.15。

(2)(《地基处理规范》第6.2.2条) 夯点的夯击次数。

应按现场试夯得到的夯击次数和夯沉量关系曲线确定，并应同时满足下列条件：

① 最后两击的平均夯沉量不宜大于表3.3.3的数值；

最后两击的平均夯沉量限值要求　　　　　　　表3.3.3

序　号	单击夯击能(kN·m)	最后两击的平均夯沉量(mm)
1	<4000	50
2	4000～6000	100
3	>6000	200

② 夯坑周围地面不应发生过大的隆起；

③ 不因夯坑过深而发生提锤困难。

(3)(《地基处理规范》第6.2.3条) 夯击遍数

① 应根据地基土的性质确定，可采用点夯2～3遍，对于渗透性较差的细颗粒土，必要时夯击遍数可适当增加。最后再以低能量满夯2遍，满夯可采用轻锤或低落距锤多次夯击，锤印搭接。

② 两遍夯击之间应有一定的时间间隔，间隔时间取决于土中超静孔隙水压力的消散时间。当缺少实测资料时，可根据地基土的渗透性确定，对于渗透性较差的黏性土地基，间隔时间不应少于3～4周；对于渗透性好的地基可连续夯击。

(4)(《地基处理规范》第6.2.5条) 夯击点位置

可根据基底平面形状，采用等边三角形、等腰三角形或正方形布置。第一遍夯击点间距可取夯锤直径的2.5～3.5倍，第二遍夯击点位于第一遍夯击点之间。以后各遍夯击点间距可适当减小。对处理深度较深或单击夯击能较大的工程，第一遍夯击点间距宜适当增大；

（5）（《地基处理规范》第 6.2.6 条）强夯处理范围

应大于建筑物基础范围，每边超出基础外缘的宽度宜为基底下设计处理深度的 1/2 至 2/3，并不宜小于 3m（图 3.3.1）；

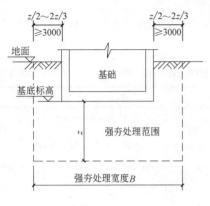

图 3.3.1

（6）（《地基处理规范》第 6.2.7 条）根据初步确定的强夯参数，提出强夯试验方案，进行现场试夯。应根据不同土质条件待试夯结束一至数周后，对试夯场地进行检测，并与夯前测试数据进行对比，检验强夯效果，确定工程采用的各项强夯参数。

（7）（《地基处理规范》第 6.2.8 条）强夯地基承载力特征值应通过现场载荷试验确定，初步设计时也可根据夯后原位测试和土工试验指标按《地基规范》规定确定。

（8）（《地基处理规范》第 6.2.9 条）强夯地基变形按《地基规范》要求计算。夯后有效加固深度内土层的压缩模量应通过原位测试或土工试验确定。

2）强夯置换法

（1）（《地基处理规范》第 6.2.10 条）强夯置换墩的深度由土质条件决定，除厚层饱和粉土外，应穿透软土层，到达较硬土层上。深度不宜超过 7m；

（2）（《地基处理规范》第 6.2.11 条）强夯置换法的单击夯击能应根据现场试验确定；

（3）（《地基处理规范》第 6.2.12 条）墩体材料可采用级配良好的块石、碎石、矿渣、建筑垃圾等坚硬粗颗粒材料，粒径大于 300mm 的颗粒含量不宜超过全重的 30%；

（4）（《地基处理规范》第 6.2.13 条）夯点的夯击次数应通过现场试夯确定，且应同时满足下列条件：

① 墩底穿透软弱土层，且达到设计墩长；

② 累计夯沉量为设计墩长的 1.5～2.0 倍；

③ 最后两击的平均夯沉量不大于表 3.3.3 的数值。

（5）当墩间净距较大时，应适当提高上部结构和基础的刚度；

（6）强夯置换处理范围与强夯法要求相同；

（7）（《地基处理规范》第 6.2.18 条）墩顶应铺设一层厚度不小于 500mm 的压实垫层，垫层材料可与墩体相同，粒径不宜大于 100mm；

（8）（《地基处理规范》第 6.2.19 条）强夯置换设计时，应预估地面抬高值，并在试夯时校正；

（9）（《地基处理规范》第 6.2.20 条）强夯置换法试验方案的确定要求同强夯法。检测项目除进行现场载荷试验检测承载力和变形模量外，尚应采用超重型或重型动力触探等方法，检查置换墩着底情况及承载力与密度随深度的变化；

（10）（《地基处理规范》第 6.2.21 条）确定软黏性土中强夯置换墩地基承载力特征值时，可只考虑墩体，不考虑墩间土的作用，其承载力应通过现场单墩载荷试验确定，对饱和粉土地基可按复合地基考虑，其承载力可通过现场单墩复合地基载荷试验确定；

（11）（《地基处理规范》第6.2.22条）强夯置换地基的变形计算要求同强夯法。

3. 设计对施工的基本要求

1）（《地基处理规范》第6.3.1条）强夯锤质量可取10～40t，其底面形式宜采用圆形或多边形，锤底面积宜按土的性质确定，锤底静接地压力值可取25～40kPa，对于细颗粒土锤底静接地压力宜取较小值。锤的底面宜对称设置若干个与其顶面贯通的排气孔，孔径可取250～300mm。强夯置换锤底静接地压力值可取100～200kPa。

2）（《地基处理规范》第6.3.5条）**当强夯施工所产生的振动对邻近建筑物或设备会产生有害的影响时，应设置监测点，并采取挖隔振沟等隔振或防振措施。**

4. 质量检测

1）检测时机

（《地基处理规范》第6.4.2条）强夯处理后的地基竣工验收承载力检验，应在施工结束后间隔一定时间方能进行，对于碎石土和砂土地基，其间隔时间可取7～14d；粉土和黏性土地基可取14～28d。强夯置换地基间隔时间可取28d。

2）检测方法

（《地基处理规范》第6.4.3条）**强夯处理后的地基竣工验收时，承载力检验应采用原位测试和室内土工试验。强夯置换后的地基竣工验收时，承载力检验除应采用单墩载荷试验检验外，尚应采用动力触探等有效手段查明置换墩着底情况及承载力与密度随深度的变化，对饱和粉土地基允许采用单墩复合地基载荷试验代替单墩载荷试验。**

3）检测数量

（《地基处理规范》第6.4.4条）竣工验收承载力检验的数量，应根据场地复杂程度和建筑物的重要性确定，对于简单场地上的一般建筑物，每个建筑地基的载荷试验检验点不应少于3点；对于复杂场地或重要建筑地基应增加检验点数。强夯置换地基载荷试验检验和置换墩着底情况检验数量均不应少于墩点数的1%，且不应少于3点。

二、理解与分析

1. 强夯法又名动力固结法或动力压实法。这种方法是反复将夯锤（质量一般为10～40t）提高到一定的高度使其自由落下（落距一般为10～40m），给地基以冲击和振动能量，从而提高地基承载力并降低其压缩性，改善地基性能，满足设计要求。

2. 工程实践证明：强夯法用于处理碎石土、砂土、低饱和度的粉土和黏性土、湿陷性黄土、素填土和杂填土地基，一般均能取得较好的效果。但对软土地基处理效果不明显，工程设计中应慎用。

3. 强夯置换法是采用夯坑内回填块石、碎石等粗颗粒材料，用夯锤夯击形成连续的强夯置换墩。

4. 强夯置换法适用于高饱和度的粉土及软塑～流塑的黏性土等地基上对变形要求不严的工程。强夯置换法具有加固效果显著、施工期短、施工费用低等优点。

5. 强夯法及强夯置换法虽应用很普遍，但理论研究相对滞后，目前尚未有成熟的设计计算方法。因此，施工前应在现场代表性场地进行试夯，为大面积后续施工提供依据，施工后应进行现场检测，并根据检测结果进行基础设计。

6. 夯击次数是强夯设计的重要参数，应通过现场试验确定。以夯击的压缩量最大、夯坑周围隆起量最小为原则。隆起量大说明夯击效率降低，夯击次数应降低。

7. 夯击遍数取决于地基土的渗透性，由粗颗粒组成的渗透性强的地基，要求的夯击遍数少；由细颗粒组成的渗透性弱的地基，要求的夯击遍数就多。

8. 提出两遍夯击之间的时间间隔要求，主要是有利于土中超静孔隙水压力的消散。

三、结构设计的相关问题

1. 强夯法及强夯置换法不适宜在城市中心区使用，一般可用于城市郊区或野外施工。

2. 强夯法及强夯置换法的施工流程决定其基本工期较长，对结构施工周期影响较大。

3. 影响强夯法及强夯置换法的因素很多，因此，其处理的离散性较大，效果不稳定。

四、设计建议

1. 由于表层土是基础的持力层，处理不好将会增加建筑物的沉降和不均匀沉降，因此，应重视最后低能量满夯的夯实效果。

2. 在建筑工程中采用强夯法及强夯置换法，一般可用于单层或层数较少的多层建筑，常用于广场、道路等对总沉降和差异沉降要求不高的工程，不宜用于层数较多的多层建筑，对高层建筑中采用应有充分的工程经验为前提。

五、相关索引

1.《地基处理规范》对强夯及强夯置换法的其他规定见其第 6 章。

2. 全国民用建筑工程设计技术措施（结构）对强夯及强夯置换法的其他规定见其第 3.5 节。

第四节　其他地基处理方法

【要点】

本节介绍预压法、振冲法、砂石桩法、夯实水泥土桩法、水泥土搅拌法、高压喷射注浆法、石灰桩法、灰土挤密桩法和土挤密桩法、柱锤冲扩桩法、单晶硅化法和碱液法等地基处理方法，这些处理方法由于离散性较大等原因，往往用在一些特定的工程中，采用时应加以区别。

一、预压法

1. 适用范围

（《地基处理规范》第 5.1.1 条）预压法包括堆载预压法和真空预压法。预压法适用于处理淤泥质土、淤泥和冲填土等饱和黏性土地基。

2. 设计要求

1）堆载预压法

（1）（《地基处理规范》第 5.2.2 条）堆载预压法处理地基的设计应包括下列内容：

① 选择塑料排水带或砂井，确定其断面尺寸、间距、排列方式和深度；

② 确定预压区范围、预压荷载大小、荷载分级、加载速率和预压时间；

③ 计算地基土的固结度、强度增长、抗滑稳定性和变形。

（2）（《地基处理规范》第 5.2.10 条）预压荷载

应根据设计要求确定。对于沉降有严格限制的建筑，应采用超载预压法处理，超载量大小应根据预压时间内要求完成的变形量通过计算确定，并宜使预压荷载下受压土层各点的有效竖向应力大于建筑物荷载引起的相应点的附加应力。

预压荷载顶面的范围应等于或大于建筑物基础外缘所包围的范围。

加载速率应根据地基土的强度确定。当天然地基土的强度满足预压荷载下地基的稳定性要求时，可一次性加载，否则应分级逐渐加载，待前期预压荷载下地基土的强度增长满足下一级荷载下地基的稳定性要求时方可加载。

2）真空预压法

(《地基处理规范》第 5.2.15 条) 真空预压法处理地基必须设置排水竖井。设计内容包括：竖井断面尺寸、间距、排列方式和深度的选择；预压区面积和分块大小；真空预压工艺；要求达到的真空度和土层的固结度；真空预压和建筑物荷载下地基的变形计算；真空预压后地基土的强度增长计算等。

3.质量检测

(《地基处理规范》第 5.4.2 条) 预压法竣工验收检验应符合下列要求：

1）**排水竖井处理深度范围内和竖井底面以下受压土层，经预压所完成的竖向变形和平均固结度应满足设计要求；**

2）**应对预压的地基土进行原位十字板剪切试验和室内土工试验。** 必要时，尚应进行现场载荷试验，试验数量不应少于 3 点。

4.结构设计的相关问题

1）预压法特别适用于在持续荷载作用下体积会发生很大压缩，强度明显增长的土；

2）对超固结土，只有当土层的有效上覆压力与预压荷载所产生的压力水平明显大于土的先期固结压力时，土层才会发生明显的压缩；

3）竖井排水预压法对处理泥炭土、有机质土和其他次固结变形占很大比例的土效果较差，只有当主固结变形与次固结变形相比所占比例较大时，才有明显效果；

4）对预压工程，卸载的时间是工程上很关心的问题，特别是对变形的控制。设计中应根据建筑物的最终沉降量对照建筑物的允许变形值，确定采取排水竖井的形式、间距、深度和排列方式。当排水井穿透压缩土层时，通过不太长时间的预压可满足设计要求，土层的平均固结度一般可达 90％以上；

5）预压荷载下的地基变形包括瞬时变形、主固结变形和次固结变形三部分，次固结变形的大小和土的性质有关。泥炭土、有机质土或高塑性黏性土土层，次固结变形较为显著，而其他土层则所占比例不大。主固结变形通常采用单向压缩分层总和法计算。

二、振冲法

1.适用范围

(《地基处理规范》第 7.1.1 条) 振冲法的适用范围见表 3.4.1。

振冲法的适用范围 表 3.4.1

地基处理方法	适 用 范 围	备 注
振冲法	处理砂土、粉土、粉质黏土、素填土和杂填土等地基	对于处理不排水抗剪强度不小于 20kPa 的饱和黏性土和饱和黄土地基，应在施工前通过现场试验确定其适用性。
不加填料振冲加密法	处理黏粒含量不大于 10％的中砂、粗砂地基	对大型的、重要的或场地地层复杂的工程，在正式施工前应通过现场试验确定其处理效果

2. 设计要求

1)（《地基处理规范》第7.2.1条）振冲桩处理范围应根据建筑物的重要性和场地条件确定，一般情况可见表3.4.2。

振冲桩处理范围　　　　　　表3.4.2

情　况	处　理　范　围
当用于多层建筑和高层建筑时	宜在基础外缘扩大1～2排桩(图3.4.1)
当要求消除地基液化时	在基础外缘扩大宽度不应小于基底下可液化土层厚度的1/2(图3.4.2)

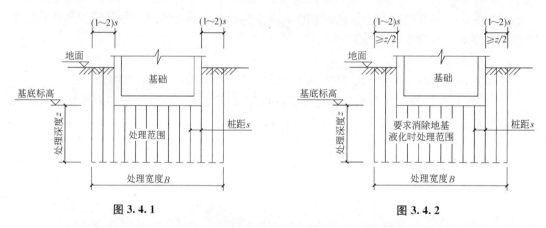

图3.4.1　　　　　　　　　　　图3.4.2

2)（《地基处理规范》第7.2.2条）振冲桩的平面布置要求见表3.4.3。

振冲桩的平面布置要求　　　　　　表3.4.3

情　况	布　置　要　求
对大面积满堂处理	宜用等边三角形布置
对单独基础或条形基础	宜用正方形、矩形或等腰三角形布置

3)（《地基处理规范》第7.2.3条）振冲桩的间距应根据上部结构荷载大小和场地土层情况，并结合所采用的振冲器功率大小综合考虑，一般情况下可见表3.4.4。

振冲桩间距要求　　　　　　表3.4.4

情　况	间距(m)	备　注
30kW 振冲器	1.3～2.0	荷载大或对黏性土宜采用较小的间距,荷载小或对砂土宜采用较大的间距
55kW 振冲器	1.4～2.5	
75kW 振冲器	1.5～3.0	

4)（《地基处理规范》第7.2.4条）振冲桩桩长一般可按表3.4.5确定。

5)（《地基处理规范》第7.2.5条）在桩顶和基础之间宜铺设一层300～500mm厚的碎石垫层。

6)（《地基处理规范》第7.2.6条）桩体材料可用含泥量不大于5%的碎石、卵石、矿渣或其他性能稳定的硬质材料，不宜使用风化易碎的石料。常用的填料粒径见表3.4.6。

3. 质量检测

振冲桩桩长要求　　　　　　　表 3.4.5

情　况	桩长(m)	备　注
当相对硬层埋深不大时	按相对硬层埋深确定	1. 桩长不宜小于 4m;
当相对硬层埋深较大时	按建筑物地基变形允许值确定	2. 相对硬层埋深的大小应根据工程经验确定,当无工程经验时,可根据硬层顶面标高距基础底面下的深度 h 确定,当 $h>0.5z_n$[按公式(2.3.4)计算]时,可判定为"相对硬层埋深较大"
在可液化地基中	桩长应按要求的抗震处理深度确定	

振冲桩桩体常用材料粒径　　　　　　　表 3.4.6

振冲器类型	填料粒径(mm)
30kW 振冲器	20～80
55kW 振冲器	30～100
75kW 振冲器	40～150

1)（《地基处理规范》第 7.4.2 条）振冲施工结束后,除砂土地基外,应间隔一定时间后方可进行质量检验。对粉质黏土地基间隔时间可取 21～28d,对粉土地基可取 14～21d;

2)（《地基处理规范》第 7.4.4 条）**振冲处理后的地基竣工验收时,承载力检验应采用复合地基载荷试验;**

3)（《地基处理规范》第 7.4.5 条）复合地基载荷试验检验数量不应少于总桩数的 0.5%,且每个单体工程不应少于 3 点。

4. 结构设计的相关问题

1) 振冲法对不同性质的土层分别具有置换、挤密和振动密实的等作用。对黏性土主要起到置换的作用,对中细砂和粉土除置换作用外还有振实挤密的作用;

2) 在以上各种土中施工,都要在振冲孔内加填碎石（或卵石等）回填料（填料的作用,一方面是填充在振冲器上拔后在土中留下的孔洞,另一方面是利用其作为传力介质,在振冲器的水平振动下通过连续加填料将桩间土进一步振挤加密）,制成密实的振冲桩,而桩间土则受到不同程度的挤密和振密。桩和桩间土构成复合地基,使地基承载力提高,变形减小,并可消除地基的液化;

3) 在中、粗砂层中振冲,由于周围砂料能自行塌入孔内,也可采用不加填料进行原位振动加密的方法。这种方法适用于较纯净的中、粗砂层,施工简便,加密效果好;

4) 对振冲法处理的设计目前还处于半理论半经验的状态,因此,对重要的或场地复杂的工程,应在正式施工前通过现场试验确定其适应性。

三、砂石桩法

1. 适用范围

（《地基处理规范》第 8.1.1 条）砂石桩法适用于挤密松散砂土、粉土、黏性土、素填土、杂填土等地基。在饱和黏土地基上对变形控制要求不严的工程也可采用砂石桩置换处理。砂石桩法也可用于处理可液化地基。

2. 设计要求

1)（《地基处理规范》第 8.2.1 条）砂石桩孔位宜采用等边三角形或正方形布置;

砂石桩直径 d 可采用 300～800mm,可根据地基土质情况和成桩设备等因素确定。对饱和黏性土地基宜选用较大的直径。

2)（《地基处理规范》第 8.2.2 条）砂石桩的间距 s 应通过现场试验确定。对粉土和砂土地基，不宜大于砂石桩直径 d 的 4.5 倍（即 $s \leqslant 4.5d$）；对黏性土地基不宜大于砂石桩直径的 3 倍（即 $s \leqslant 3d$）；

3)（《地基处理规范》第 8.2.3 条）砂石桩桩长 l 可根据工程要求和工程地质条件通过计算确定：

（1）当松软土层厚度不大时，砂石桩桩长宜穿过松软土层；

（2）当松软土层厚度较大时，对按稳定性控制的工程，砂石桩桩长应不小于最危险滑动面以下 2m 的深度；对按变形控制的工程，砂石桩桩长应满足处理后地基变形量不超过建筑物的地基变形允许值并满足软弱下卧层承载力的要求；

（3）对可液化的地基，砂石桩桩长按《抗震规范》确定；

（4）桩长不宜小于 4m。

4)（《地基处理规范》第 8.2.4 条）砂石桩处理范围应大于基底范围，处理宽度 B 宜在基础外缘扩大 1～3 排桩。对可液化地基，在基础外缘扩大宽度不应小于可液化土层厚度的 1/2，并不应小于 5m（图 3.4.3）；

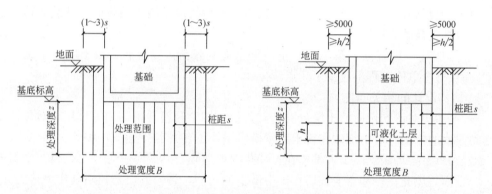

图 3.4.3

5)（《地基处理规范》第 8.2.6 条）桩体材料可用碎石、卵石、角砾、圆砾、砾砂、粗砂、中砂或石屑等硬质材料，含泥量不得大于 5%，最大粒径不宜大于 50mm；

6)（《地基处理规范》第 8.2.7 条）砂石桩顶部宜铺设一层厚度为 300～500mm 的砂石垫层。

3. 质量检测

1)（《地基处理规范》第 8.4.2 条）施工后应间隔一定时间方可进行质量检验。对饱和黏性土地基应待孔隙水压力消散后进行，间隔时间不宜少于 28d；对粉土、砂土和杂填土地基，不宜少于 7d；

2)（《地基处理规范》第 8.4.3 条）砂石桩的施工质量检验可采用单桩载荷试验，对桩体可采用动力触探试验检测，对桩间土可采用标准贯入、静力触探、动力触探或其他原位测试等方法进行检测。桩间土质量的检测位置应在等边三角形或正方形的中心。检测数量不应少于桩孔总数的 2%；

3)（《地基处理规范》第 8.4.4 条）**砂石桩地基竣工验收时，承载力检验应采用复合**

地基载荷试验；

4）（《地基处理规范》第 8.4.5 条）复合地基载荷试验数量不应少于总桩数的 0.5%，且每个单体建筑不应少于 3 点。

4. 结构设计的相关问题

1）碎石桩、砂桩和砂石桩总称为砂石桩，是指采用振动、冲击或水冲等方法在软弱地基中成孔后，再将砂或碎石挤压入已成的孔中，形成大直径的砂石所构成的密实桩体。砂石桩早期主要用于挤密砂土地基，目前已扩展到黏性土地基，填料也由砂扩展到砂、砾及碎石；

2）砂石桩用于松散砂土、粉土、黏性土、素填土及杂填土地基，主要靠桩的挤密和施工中的振动作用使桩周土的密实度增大，从而使地基的承载力提高，压缩性降低；

3）砂石桩用于处理软土地基时，应注意由于软黏土的含水量高、透水性差，砂石桩很难发挥挤密作用，其主要起置换作用，即：用砂石桩置换桩体范围内的软土并与软黏土构成复合地基，同时加速软土的排水固结，从而提高地基土的强度，提高软土的地基承载力；

4）实际地震和试验研究表明，砂石桩可有效地处理可液化地基；

5）砂石桩处理过的饱和黏土地基，载荷初期将产生较大的变形，因此，在饱和黏性土地基上对变形控制要求严格的工程，不宜采用砂石桩置换处理方法；

6）对松软土层厚度大小的判断，应根据工程经验确定。当无可靠设计经验时，可根据松软土层顶面与基础底面的距离 h 确定，当 $h>0.5z_n$［按公式（2.3.4）计算］时，可确定为松软土层厚度较大；

7）砂石桩用于处理可液化地基时的桩长，《抗震规范》第 4.3.7 条和第 4.3.8 条根据处理液化的程度提出不同的要求。

四、夯实水泥土桩法

1. 适用范围

（《地基处理规范》第 10.1.1 条）夯实水泥土桩法适用于处理地下水位以上的粉土、素填土、杂填土、黏性土等地基。处理深度不宜超过 10m。

2. 设计要求

1）（《地基处理规范》第 10.2.1 条）夯实水泥土桩处理地基的深度，应根据土质情况、工程要求和成孔设备等因素确定。当采用洛阳铲成孔工艺时，深度不宜超过 6m；

2）（《地基处理规范》第 10.2.2 条）夯实水泥土桩可只在基础范围内布置。桩孔直径 d 宜为 $300\sim600\text{mm}$，可根据设计及所选用的成孔方法确定。桩距宜为 $2\sim4$ 倍桩径［即 $s=(2\sim4)d$］；

3）（《地基处理规范》第 10.2.3 条）桩长的确定：当相对硬层的埋藏深度不大时，应按相对硬层埋藏深度确定；当相对硬层埋藏深度较大时，应按建筑物地基的变形允许值确定（对硬层埋藏深度大小的判别可见表 3.4.5）；

4）（《地基处理规范》第 10.2.4 条）在桩顶面应铺设 $100\sim300\text{mm}$ 厚的褥垫层，垫层材料可采用中砂、粗砂或碎石等，最大粒径不宜大于 20mm。

3. 质量检测

1）（《地基处理规范》第 10.4.1 条）施工过程中，对夯实水泥土桩的成桩质量应及时进行抽样检验。抽样检验的数量不应少于总桩数的 2%；

对一般工程，可检查桩的干密度和施工记录。干密度的检验方法可在 24h 内采用取土样测定或采用轻型动力触探击数 N_{10} 与现场试验确定的干密度进行对比，以判断桩身质量；

2)（《地基处理规范》第 10.4.2 条）**夯实水泥土桩地基竣工验收时，承载力检验应采用单桩复合地基载荷试验。对重要的或大型工程，尚应进行多桩复合地基载荷试验；**

3)（《地基处理规范》第 10.4.3 条）夯实水泥土桩地基检验数量应为总桩数的 0.5%～1%，且每个单体工程不应少于 3 点。

4. 结构设计的相关问题

1) 夯实水泥土桩是解决场地条件限制和适应住宅产业发展需要的一种施工周期短、造价低、施工文明、施工质量容易控制的地基处理方法；

2) 由于施工机械的限制，夯实水泥土桩法适用于地下水位以上的粉土、素填土、杂填土、黏性土等地基。

五、水泥土搅拌法

1. 适用范围

1)（《地基处理规范》第 11.1.1 条）水泥土搅拌法分为深层搅拌法（以下简称湿法）和粉体喷搅法（以下简称干法）。水泥土搅拌法适用于处理正常固结的淤泥与淤泥质土、粉土、饱和黄土、素填土、黏性土以及无流动地下水的饱和松散砂土等地基。当地基土的天然含水量小于 30%（黄土含水量小于 25%）、大于 70% 或地下水的 pH 值小于 4 时不宜采用干法。冬期施工时，应注意负温对处理效果的影响；

2)（《地基处理规范》第 11.1.2 条）**水泥土搅拌法用于处理泥炭土、有机质土、塑性指数 I_P 大于 25 的黏土、地下水具有腐蚀性时以及无工程经验的地区，必须通过现场试验确定其适用性；**

3)（《地基处理规范》第 11.1.3 条）水泥土搅拌法形成的水泥土加固体，可作为竖向承载的复合地基；基坑工程围护挡墙、被动区加固、防渗帷幕；大体积水泥稳定土等。加固体形状可分为柱状、壁状、格栅状或块状等。

2. 设计要求

1)（《地基处理规范》第 11.2.1 条）固化剂宜选用强度等级为 32.5 级及以上的普通硅酸盐水泥。水泥掺量除块状加固时可用被加固湿土质量的 7%～12% 外，其余宜为 12%～20%。湿法的水泥浆水灰比可选用 0.45～0.55。外掺剂可根据工程需要和土质条件选用具有早强、缓凝、减水以及节省水泥等作用的材料，但应避免污染环境；

2)（《地基处理规范》第 11.2.2 条）水泥土搅拌法的设计，主要是确定搅拌桩的置换率和长度。竖向承载搅拌桩的长度应根据上部结构对承载力和变形的要求确定，并宜穿透软弱土层到达承载力相对较高的土层；为提高抗滑稳定性而设置的搅拌桩，其桩长应超过危险滑弧（第八章第二节）以下 2m（图 3.4.4）。湿法的加固深度不宜大于 20m；干法不宜大于 15m。水泥土搅拌桩的桩径 d 不应小于 500mm；

3)（《地基处理规范》第 11.2.5 条）竖向承载搅拌桩复合地基应在基础和桩之间设置褥垫层。褥垫层厚度可取 200～300mm。其材料可选用中砂、粗砂、级配砂石等，最大粒径不宜大于 20mm；

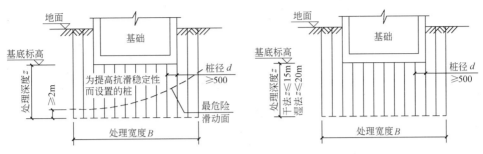

图 3.4.4

4)（《地基处理规范》第 11.2.6 条）竖向承载搅拌桩复合地基中的桩长超过 10m 时，可采用变掺量设计。在全桩水泥总掺量不变的前提下，桩身上部 1/3 桩长范围内可适当增加水泥掺量及搅拌次数；桩身下部 1/3 桩长范围内可适当减少水泥掺量。

3. 质量检测

1)（《地基处理规范》第 11.4.3 条）**竖向承载水泥土搅拌桩地基竣工验收时，承载力检验应采用复合地基载荷试验和单桩载荷试验；**

2)（《地基处理规范》第 11.4.4 条）载荷试验必须在桩身强度满足试验荷载条件时，并宜在成桩 28d 后进行。检验数量为桩总数的 0.5%～1%，且每项单体工程不应少于 3 点；

经触探和载荷试验检验后对桩身质量有怀疑时，应在成桩 28d 后，用双管单动取样器钻取芯样作抗压强度检验，检验数量为施工总桩数的 0.5%，且不少于 3 根。

3)（《地基处理规范》第 11.4.5 条）对相邻桩搭接要求严格的工程，应在成桩 15d 后，选取数根桩进行开挖，检查搭接情况。

4. 结构设计的相关问题

1) 水泥土搅拌法是适用于加固饱和黏性土和粉土等地基的一种方法。它利用水泥（或石灰）等材料作为固化剂，通过特制的搅拌机械，就地将软土和固化剂（浆液或粉体）强制搅拌，使软土硬结成具有整体性、水稳定性和一定强度的水泥加固土，从而提高地基土强度和增大变形模量。根据固化剂掺入状态的不同，水泥土搅拌法分为浆液搅拌（MIP 法即 Mixed-in-place Pile）和粉体喷射搅拌（DJM 法即：Dry Jet Mixing Method）两种。

2) 水泥土搅拌法加固软土技术具有下列独特的优点：

(1) 最大限度的利用了原土；

(2) 搅动时无振动、无噪声和无污染，可在密集建筑群中进行施工，对周围原有建筑物及地下管线影响很小；

(3) 根据上部结构需要，可灵活地采用柱状、壁状、格栅状和块状等加固形式；

(4) 与钢筋混凝土桩相比，可节约钢材并降低造价。

3) 水泥固化剂一般适用于正常固结的淤泥与淤泥质土（避免产生负摩擦力）、黏性土、粉土、素填土（包括冲填土）、饱和黄土、粉砂以及中粗砂、砂砾（当加固粗颗粒土时，应注意有无明显的流动地下水，以防固化剂尚未硬结而遭地下水冲洗掉）等地基加固。

4) 水泥作加固料，对含高岭石、多水高岭石、蒙脱石等黏土矿物的软土加固效果较好；而对含有伊利石、氯化物和水铝石英等矿物的黏性土以及有机物含量高 pH 值较低的黏性土加固效果较差。

5）当地基土的天然含水量小于 30％时，由于不能保证水泥充分水化，故不宜采用干法。

6）对地下水中硫酸盐含量较大时（如沿海地区），由于硫酸盐与水泥发生反应时，对水泥具有结晶性侵蚀，会出现开裂、崩解而丧失强度。为此，应选用抗硫酸盐水泥，提高水泥土的抗侵蚀性。

7）我国北纬 40°以南的冬季负温条件下，在负温时，由于水泥与黏土矿物的各种反应减弱，水泥的强度增长缓慢（甚至停止），但正温后，随水泥水化等反应的继续深入，水泥土的强度可接近标准强度。

8）从承载力角度看，提高置换率比增加桩长的效果好。水泥土桩是介于刚性桩与柔性桩之间具有一定压缩性的半刚性桩，桩身强度越高，其特性越接近刚性桩；反之，则接近柔性桩。桩越长，对桩身强度要求越高。但过高的桩身强度不利于复合地基的承载力提高和桩间土承载力的发挥。

9）在软土地区，地基处理的主要任务是解决地基变形问题，即地基在满足强度的基础上以变形进行控制。增加桩长对减少沉降有利。当软弱土层较厚时，桩长应穿透软弱层到达下卧强度较高的土层，避免采用"悬浮"桩型。

10）资料表明：水泥土桩的复合模量一般为 15～25MPa，群体的压缩变形量为 10～50mm。

六、高压喷射注浆法

1. 适用范围

1）（《地基处理规范》第 12.1.1 条）高压喷射注浆法适用于处理淤泥、淤泥质土、流塑、软塑或可塑黏性土、粉土、砂土、黄土、素填土和碎石土等地基。

当土中含有较多的大粒径块石、大量植物根茎或有较高的有机质时，以及地下水流速过大和已涌水的工程，应根据现场试验结果确定其适用性。

2）（《地基处理规范》第 12.1.2 条）高压喷射注浆法可用于既有建筑和新建建筑地基加固，深基坑、地铁等工程的土层加固或防水。

3）（《地基处理规范》第 12.1.3 条）高压喷射注浆法分旋喷、定喷和摆喷三种类别。根据工程需要和土质条件，可分别采用单管法、双管法和三管法。加固形状可分为柱状、壁状、条状和块状。

2. 设计要求

1）（《地基处理规范》第 12.2.5 条）竖向承载旋喷桩复合地基宜在基础和桩顶之间设置褥垫层。褥垫层厚度可取 200～300mm，其材料可选用中砂、粗砂、级配砂石等，最大粒径不宜大于 30mm。

2）（《地基处理规范》第 12.2.6 条）竖向承载旋喷桩的平面布置可根据上部结构和基础特点确定。独立基础下的桩数一般不应少于 4 根。

3. 质量检测

1）（《地基处理规范》第 12.4.2 条）检验点应布置在下列部位：

（1）有代表性的桩位；

（2）施工中出现异常情况的部位；

（3）地基情况复杂，可能对高压喷射注浆质量产生影响的部位。

2）（《地基处理规范》第12.4.3条）检验点的数量为施工孔数的1%，并不应少于3点。

3）（《地基处理规范》第12.4.4条）质量检验宜在高压喷射注浆结束28d后进行。

4）（《地基处理规范》第12.4.5条）**竖向承载旋喷桩地基竣工验收时，承载力检验应采用复合地基载荷试验和单桩载荷试验。**

5）（《地基处理规范》第12.4.6条）载荷试验必须在桩身强度满足试验条件时，并宜在成桩28d后进行。检验数量为桩总数的0.5%～1%，且每项单体工程不应少于3点。

4. 结构设计的相关问题

1）高压喷射注浆法有强化地基和防漏的作用，可用于既有建筑和新建工程的地基处理、地下工程及堤坝的截水、基坑封底、被动区加固、基坑侧壁防止漏水或减小基坑位移等。

2）目前我国建筑地基的高压喷射注浆处理深度已达30m以上。

3）高压喷射注浆的主要材料为水泥，一般工程可用强度等级为32.5级的普通硅酸盐水泥。根据需要可在水泥浆中加入适量的外加剂（如早强剂、悬浮剂等）和掺合料，以改善水泥浆液的流动性。化学浆液费用较高，无特殊需要不宜采用。

4）对地下水流速过大或已涌水的防水工程，应慎重使用。

七、石灰桩法

1. 适用范围

（《地基处理规范》第13.1.1条）石灰桩法适用于处理饱和黏性土、淤泥、淤泥质土、素填土和杂填土等地基；用于地下水位以上的土层时，宜增加掺合料的含水量并减少生石灰用量，或采取土层浸水等措施。

2. 设计要求

1）（《地基处理规范》第13.2.1条）石灰桩的主要固化剂为生石灰，掺合料宜优先选用粉煤灰、火山灰、炉渣等工业废料。生石灰与掺合料的配合比宜根据地质情况确定，生石灰与掺合料的体积比可选用1:1或1:2，对于淤泥、淤泥质土等软土可适当增加生石灰用量，桩顶附近生石灰用量不宜过大。当掺石膏和水泥时，掺加量为生石灰用量的3%～10%。

2）（《地基处理规范》第13.2.2条）当地基需要排水通道时，可在桩顶以上设200～300mm厚的砂石垫层。

3）（《地基处理规范》第13.2.3条）石灰桩宜留500mm以上的孔口高度，并用含水量适当的黏性土封口，封口材料必须夯实，封口标高应略高于原地面。石灰桩桩顶施工标高应高出设计桩顶标高100mm以上。

4）（《地基处理规范》第13.2.4条）石灰桩成孔直径d应根据设计要求及所选用的成孔方法确定，常用$d=300～400$mm，可按等边三角形或矩形布桩，桩中心距s可取2～3倍成孔直径d［即$s=(2～3)d$］。石灰桩可仅布置在基础底面下，当基底土的承载力特征值$f_{ak}<70$kPa时，宜在基础以外布置1～2排围护桩（图3.4.5）。

3. 质量检测

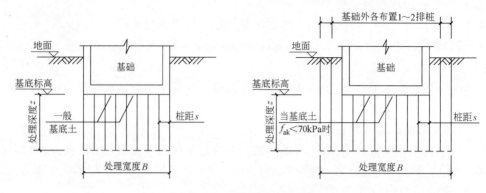

图 3.4.5　石灰桩的布置要求

1)（《地基处理规范》第 13.4.3 条）**石灰桩地基竣工验收时，承载力检验应采用复合地基载荷试验。**

2)（《地基处理规范》第 13.4.4 条）载荷试验数量宜为地基处理面积每 200m² 左右布置一个点，且每一单体工程不应少于 3 点。

4. 结构设计的相关问题

1) 石灰桩的主要作用机理是通过生石灰的吸水膨胀挤密桩周土，继而经过离子交换和胶凝反应使桩间土强度提高。

2) 石灰桩属于可压缩的低粘结强度桩，能与桩间土共同作用形成复合地基。

3) 由于石灰桩的吸水膨胀作用，特别适用于新填土和淤泥的加固，生石灰吸水后还可以使淤泥产生自重固结，形成强度后的石灰桩身与经加固的桩土结合为一体，使桩间土的欠固结状态消失。

4) 石灰桩与灰土桩不同，可用于地下水位以下的土层，若土中含水量过低，则生石灰水化反应不充分，桩身强度降低，此时应采取减少生石灰用量或增加掺合料含水量的办法。

5) 石灰桩在软土中的桩身强度一般为 0.3～1.0MPa，复合地基的承载力一般在 120～160kPa 之间。

6) 图 3.4.5 中的"基底土"可理解为基础底面处的地基土（即基底持力层），当基础底面以下一定深度范围内存在 $f_{ak}<70$kPa 的软弱土层时，可根据软弱土层与基底的距离、软弱土层的厚度、基础及上部结构的具体情况在基础以外适当范围布置围护桩。

7) 石灰桩不适用于地下水下的砂类土。

八、灰土挤密桩法和土挤密桩法

1. 适用范围

（《地基处理规范》第 14.1.1 条）灰土挤密桩法和土挤密桩法适用于处理地下水位以上的湿陷性黄土、素填土和杂填土等地基，可处理地基的深度为 5～15m。当以消除地基土的湿陷性为主要目的时，宜选用土挤密桩法。当以提高地基土的承载力或增强其水稳性为主要目的时，宜选用灰土挤密桩法。当地基土的含水量大于 24%、饱和度大于 65% 时，不宜选用灰土挤密桩法或土挤密桩法。

2. 设计要求

1)（《地基处理规范》第14.2.1条）灰土挤密桩和土挤密桩处理地基的面积，应大于基础或建筑物底层平面的面积，并应符合下列规定：

（1）当采用局部处理时，其基础处理宽度 B 应超出基础底面的宽度 b：对非自重湿陷性黄土、素填土和杂填土等地基，每边不应小于基底宽度的0.25倍，并不应小于0.50m（图3.4.6）；对自重湿陷性黄土地基，每边不应小于基底宽度的0.75倍，并不应小于1.00m（图3.4.7）。

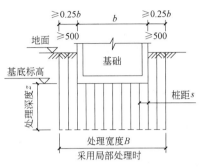

图 3.4.6

（2）当采用整片处理时，超出建筑物外墙基础底面外缘的宽度，每边不宜小于处理土层厚度的 $1/2$，并不应小于2m（图3.4.8）。

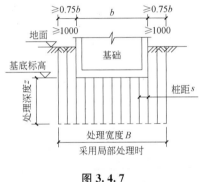

图 3.4.7

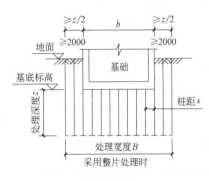

图 3.4.8

2)（《地基处理规范》第14.2.3条）桩孔直径 d 宜为300～450mm，并可根据所选用的成孔设备或成孔方法确定。桩孔宜按等边三角形布置，桩孔之间的中心距离 s，可为桩孔直径的2.0～2.5倍 $\left[即\ s=(2.0\sim2.5)d\right]$。

3)（《地基处理规范》第14.2.7条）桩顶标高以上应设置300～500mm厚的2∶8灰土垫层，其压实系数不应小于0.95。

4)（《地基处理规范》第14.2.8条）灰土挤密桩和土挤密桩复合地基承载力特征值，应通过现场单桩或多桩复合地基载荷试验确定。初步设计当无试验资料时，可按当地经验确定，但对灰土挤密桩复合地基的承载力特征值，不宜大于处理前的2.0倍，并不宜大于250kPa；对土挤密桩复合地基的承载力特征值，不宜大于处理前的1.4倍，并不宜大于180kPa。

3. 质量检测

1)（《地基处理规范》第14.4.2条）抽样检验的数量，对一般工程不应少于桩总数的1%；对重要工程不应少于桩总数的1.5%。

2)（《地基处理规范》第14.4.3条）**灰土挤密桩和土挤密桩地基竣工验收时，承载力检验应采用复合地基载荷试验。**

3)（《地基处理规范》第14.4.4条）检验数量不应少于桩总数的0.5%，且每项单体工程不应少于3点。

4. 结构设计的相关问题

1）灰土挤密桩和土挤密桩在消除湿陷性和减小渗透性方面，其效果基本相同，但土挤密桩的地基承载力和水稳性不及灰土桩。

2）灰土挤密桩和土挤密桩是一种比较成熟的地基处理方法，在陕西、甘肃等湿陷性黄土地区应用广泛。

3）图3.4.6、图3.4.7中"局部处理"指：同一结构单元中，部分基础下采用挤密桩进行地基处理，同一基础中不得部分采用天然地基而部分采用地基处理。

4）图3.4.8中"整片处理"指：同一结构单元中全部基础下采用挤密桩进行地基处理。

九、柱锤冲扩桩法

1. 适用范围

（《地基处理规范》第15.1.1条）柱锤冲扩桩法适用于处理杂填土、粉土、黏性土、素填土和黄土等地基，对地下水位以下饱和松软土层，应通过现场试验确定其适用性。地基处理深度不宜超过6m，复合地基承载力特征值不宜超过160kPa。

2. 设计要求

1）（《地基处理规范》第15.2.1条）处理范围应大于基底面积，其处理宽度 B：对一般地基，在基础外缘应扩大1～2排桩，并不应小于基底下处理土层厚度 z 的1/2（见图3.4.9）。对可液化地基，处理范围可按上述要求适当加宽（建议可取液化土层厚度 h 加基底下处理土层厚度 z 的1/2，且不小于2排桩（见图3.4.10）——编者注）。

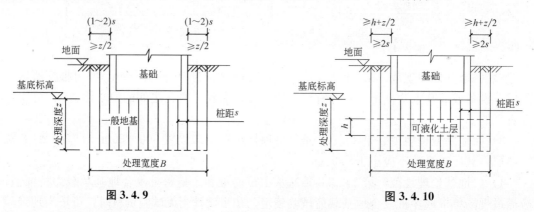

图3.4.9　　　　　　　　　　　　　图3.4.10

2）（《地基处理规范》第15.2.2条）桩位布置可采用正方形、矩形、三角形布置。常用桩距 s 为1.5～2.5m（即 $s=1.5\sim2.5\text{m}$），或取桩径 d 的2～3倍［即 $s=(2\sim3)d$］。

3）（《地基处理规范》第15.2.3条）桩径 d 可取500～800mm，桩孔内填料量应通过现场试验确定。

4）（《地基处理规范》第15.2.4条）地基处理深度可根据工程地质情况及设计要求确定。对相对硬层埋藏较浅的土层，应深达相对硬土层；当相对硬层埋藏较深时，应按下卧层地基承载力及建筑物地基的变形允许值确定；对可液化地基，应按《抗震规范》确定。

5）（《地基处理规范》第15.2.5条）在桩顶部应铺设200～300mm厚砂石垫层。

6）（《地基处理规范》第15.2.6条）桩体材料可采用碎砖三合土、级配砂石、矿渣、灰土、水泥混合土等。当采用碎砖三合土时，其配合比（体积比）可采用生石灰：碎砖：黏性土为1：2：4。当采用其他材料时，应经试验确定其适用性和配合比。

3. 质量检测

1)（《地基处理规范》第 15.4.3 条）**柱锤冲扩桩地基竣工验收时，承载力检验应采用复合地基载荷试验。**

2)（《地基处理规范》第 15.4.4 条）检验数量为总桩数的 0.5％，且每一单体工程不应少于 3 点。载荷试验应在成桩 14d 后进行。

4. 结构设计的相关问题

1）柱锤冲扩桩法的加固机理如下：

（1）成孔及成桩过程中对原土的动力挤密作用；

（2）对原土的动力固结作用；

（3）冲扩桩充填置换作用（包括桩身及挤入桩间土的骨料）；

（4）生石灰的水化和胶凝作用（化学置换）。

2）在地下水位以上的土层中，挤土影响范围为 2～3 倍桩径。

3）对地下水位以下的饱和松散软土层，由于施工成孔困难，桩身质量无法保证，桩底及桩间土挤密效果不明显，应特别引起重视。

4）当相对硬层埋藏较深与较浅的判断见表 3.4.5。

十、单晶硅化法和碱液法

1. 适用范围

1)（《地基处理规范》第 16.1.1 条）单液硅化法和碱液法适用于处理地下水位以上渗透系数为 0.10～2.00m/d 的湿陷性黄土等地基。在自重湿陷性黄土场地，当采用碱液法时，应通过试验确定其适用性。

2)（《地基处理规范》第 16.1.2 条）对于下列建（构）筑物，宜采用单液硅化法或碱液法：

（1）沉降不均匀的既有建（构）筑物和设备基础；

（2）地基受水浸湿引起湿陷，需要立即阻止湿陷继续发展的建（构）筑物或设备基础；

（3）拟建的设备基础和构筑物。

3）对酸性土和已渗入沥青、油脂及石油化合物的地基土，不宜采用单液硅化法和碱液法。

2. 设计要求

1)（《地基处理规范》第 16.2.4 条）采用单液硅化法加固湿陷性黄土地基，灌注孔的布置应符合下列要求：

（1）灌注孔的间距 s：压力灌注宜为 $s = 0.80 \sim 1.20$m；溶液自渗宜为 $s = 0.40 \sim 0.60$m；

（2）加固拟建的设备基础和建（构）筑物的地基，应在基础底面下按等边三角形满堂布置，其加固宽度 B 应超出基础底面外缘的宽度，每边不得小于 1m（图 3.4.11）；

（3）加固既有建（构）筑物和设备基础的地基，其加固宽度 B 应沿基础侧向布置，每侧不宜少于 2 排（图 3.4.12）。

当基础底面宽度 b 大于 3m 时，除应在基础每侧布置 2 排灌注孔外，必要时，可在基础两侧布置斜向基础底面中心以下的灌注孔或在其台阶上布置穿透基础的灌注孔，以加固

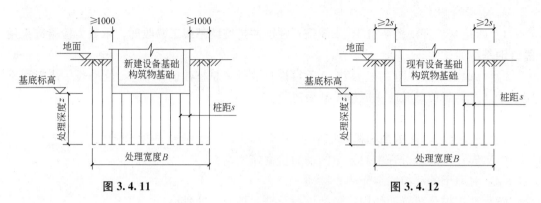

图 3.4.11 图 3.4.12

基础底面下的土层（图 3.4.13）。

2）（《地基处理规范》第 16.2.6 条）碱液加固地基的深度应根据场地的湿陷类型、地基湿陷等级和湿陷性黄土层厚度，并结合建筑物类别与湿陷事故的严重程度等综合因素确定（图 3.4.14）。加固深度宜为 2～5m。

图 3.4.13

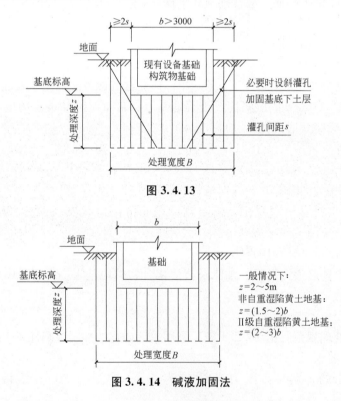

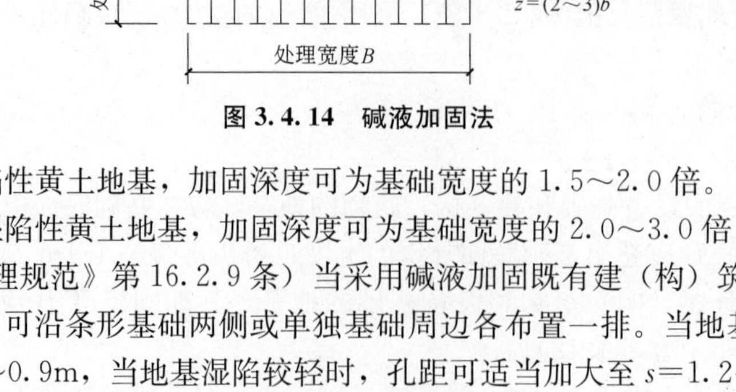

图 3.4.14 碱液加固法

对非自重湿陷性黄土地基，加固深度可为基础宽度的 1.5～2.0 倍。

对 Ⅱ 级自重湿陷性黄土地基，加固深度可为基础宽度的 2.0～3.0 倍。

3）（《地基处理规范》第 16.2.9 条）当采用碱液加固既有建（构）筑物的地基时，灌注孔的平面布置，可沿条形基础两侧或单独基础周边各布置一排。当地基湿陷较严重时，可取孔距 $s=0.7～0.9m$，当地基湿陷较轻时，孔距可适当加大至 $s=1.2～2.5m$。

3. 质量检测

1)（《地基处理规范》第 16.4.2 条）**单液硅化法处理后的地基竣工验收时，承载力及其均匀性应采用动力触探或其他原位测试检验。**必要时，尚应在加固土的全部深度内，每隔 1m 取土样进行室内试验，测定其压缩性和湿陷性。

2)（《地基处理规范》第 16.4.3 条）地基加固结束后，尚应对已加固地基的建（构）筑物或设备基础进行沉降观测，直至沉降稳定，观测时间不应少于半年。

3)（《地基处理规范》第 16.4.6 条）地基经碱液加固后应继续进行沉降观测，观测时间不得少于半年，按加固前后沉降观测结果或用触探法检测加固前后土中阻力的变化，确定加固质量。

4. 结构设计的相关问题

1) 当既有建筑物和设备基础一旦出现不均匀沉降时，采用本方法可迅速阻止其沉降和裂缝的继续发展。

2) 对酸性土或土中已渗入油脂或有机物含量较多的土，本方法效果不佳。

十一、相关索引

1.《地基处理规范》对本节内容的其他规定为：预压法见其第 5 章、振冲法见其第 7 章、砂石桩法见其第 8 章、夯实水泥土桩法见其第 10 章、水泥土搅拌法见其第 11 章、高压喷射注浆法见其第 12 章、石灰桩法见其第 13 章、灰土挤密桩法和土挤密桩法见其第 14 章、柱锤冲扩桩法见其第 15 章、单晶硅化法和碱液法见其第 16 章。

2. 全国民用建筑工程设计技术措施（结构）对水泥粉煤灰碎石桩法的其他规定见其第 3.5 节。

第五节　工程实例及实例分析

【要点】

本节通过工程实例，介绍和分析换填垫层地基、CFG 桩复合地基、水泥搅拌桩等地基处理方法的使用要求及注意事项。地基处理除解决地基承载力和沉降问题外，还可用来消除或减轻特殊地基对建筑物的不利影响，如可采用砂石桩处理地基液化等。

【实例 3.1】 敦煌博物馆工程换填垫层地基设计[10]

1. 工程实例

1) 工程概况：

地质条件　　　　　　　　　　　　　　　　　　　表 3.5.1

土层编号	土层名称	土层厚度(m)	土层特征描述	承载力特征值 f_{ak}(kPa)	备注
①	耕土	0.5			
②	粉土	0.0～1.5	可塑	100	
③	粉质黏土	0.5～1.2	硬塑	120	
④	细砂	2.4～3.5	稍密	200	持力层
⑤	中砂	1.5～4.4	稍密	220	
⑥	粉质黏土	2.0～4.1	硬塑		
⑦	砾砂	1.0～7.0	中密	240	

敦煌博物馆工程位于甘肃省敦煌市，其地质条件见表 3.5.1，设计地面（首层地面）标高高出天然地面 2m，需大面积回填，采用天然级配的砂石垫层，回填至设计标高。

2）换填垫层的范围见图 3.5.1

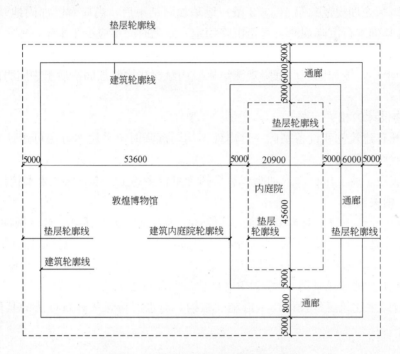

图 3.5.1　敦煌博物馆工程垫层平面图

3）回填垫层的主要技术要求

本工程基础持力层为天然级配的砂石垫层，其下为细砂层④，地基土的换填应在基础施工前完成。换填后的地基承载力特征值 f_{ak} 应不小于 200kPa，应通过现场载荷试验确定，相应的检测报告作为基础及下阶段结构设计的依据。

2. 实例分析

1）敦煌博物馆工程位于敦煌市，本工程设计地面（首层地面）标高高出天然地面 2m，结构设计的基本要求如下：

（1）主体结构采用柱下独立基础及条形基础，地基持力层为土层④；

（2）清除表层耕土；

（3）确保房心土的质量。

2）不同施工工序对施工质量的影响：

（1）采用先基础施工（基底持力层为土层④）再在基础之间进行房心土回填工序，则基础直接坐落在天然持力层上，有利于确保基础的施工质量，但受回填工艺的影响，房心土回填质量无法保证；

（2）采用先进行大面积基坑换填，挖除对地基承载力和地基变形有较大影响的土层①、②、③，采用砂石垫层回填至设计标高，则换填总厚度达 3m 左右，采用分层回填机械碾压施工，回填质量有保证，不仅能确保地基的承载力，而且还能保证房心土的回填质量。

3）相应结构措施

（1）本工程换填垫层的根本目的在于提高地基承载力和控制首层建筑地面裂缝；

（2）本工程基础底面落在换填砂石垫层上，考虑本工程首层地面抬高较多，适当加大基础埋深；

（3）严格控制砂石垫层的施工质量，确保满足工程对其承载力和压缩性要求；

（4）适当提前进行垫层施工，有利于垫层的自重固结，减小地面堆载对建筑物后期沉降的影响；

（5）换填范围与基础外边线的距离不小于 2m，图中的垫层范围为垫层的有效处理范围；

（6）为减少地基处理费用，在确保垫层质量的前提下适当保留内庭院部分土体。

【实例 3.2】 青藏铁路拉萨站站房工程换填垫层设计[11]

1. 工程实例

1）工程概况：见第一章第七节实例 1.8；

2）垫层平面见图 3.5.2；

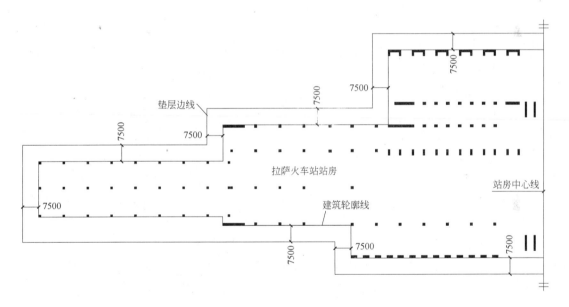

图 3.5.2 拉萨火车站工程垫层平面图

3）垫层技术要求

（1）本工程 ±0.000 相当于绝对标高 3642.94m；

（2）本工程场地典型的地质剖面见图 3.5.3；

（3）本工程房心土采用人工垫层地基，回填垫层地基的承载力特征值应不小于 150kPa；

（4）本工程场地应全部挖除土层①、②，部分挖除土层③（土层③保留中砂），进入中砂层深度不小于 300mm；

（5）垫层顶标高为 −0.300m；

（6）采用卵石回填，卵石应级配良好，不含植物残体，垃圾等杂质，粒径小于 2mm

的部分不应超过总重量的 45%，卵石最大粒径不宜大于 50mm，回填卵石的最大干容重不应小于 21kN/m³；

　　(7) 应分层碾压施工，压实系数不小于 0.95；

　　(8) 卵石回填前应根据所选用的机械、换填材料及场地的地质条件进行现场试验，以确定压实效果；

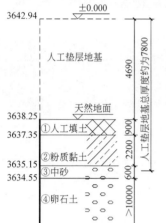

图 3.5.3　工程代表性地质剖面图

　　(9) 地基土的处理范围宜结合站前广场等区域的施工共同确定（避免重复开挖）；

　　(10) 换填开挖应采取确保边坡稳定的相应技术措施；

　　(11) 图 3.5.2 中地基处理的范围为地基处理的有效范围（不含地基的合理放坡范围）；

　　(12) 应选择具有相应资质且与施工单位无关联的检测单位（第三方），对本工程房心土的试验及正式施工结果进行检测，检测单位由建设单位和监理单位共同确定；

　　(13) 回填垫层的承载力特征值宜通过现场载荷试验确定；

　　(14) 回填垫层检测结束后，被检测单位应及时向建设单位及设计单位提交检测报告；

　　(15) 回填垫层检测报告将作为首层地面设计与施工的依据。

　　2. 实例分析

　　1) 青藏铁路拉萨站站房工程，主体结构采用人工挖孔扩底墩基础，墩底持力层为卵石层。

　　2) 本工程±0.000 比天然地面高出 4.7m，相当于在天然地面上增加约 85kPa 的荷载，对原有土层的地基承载力和地基的压缩变形提出很高的要求。

　　(1) 直接回填，从本工程勘察报告揭露的情况看，土层①、②将无法满足附加荷载及对房心土沉降的要求；

　　(2) 换土回填，由于需挖除原有土层①、②，砂卵石垫层厚度达 7.8m，换填垫层的承载力能满足要求，下卧层为承载力很高压缩性很小的卵石层，只要把握住换填垫层的施工质量，就能很好的控制垫层在使用期间的沉降，因而，采用大面积机械碾压换填垫层地基是可行的；

　　(3) 其他施工方案的比较分析

　　对房心土的处理可考虑以下三种技术可行的方案，即：全换填法、强夯＋换填法和钢筋混凝土梁板法，相应的经济、工期比较分析结果见表 3.5.2，经比较最终确定采用大面积机械碾压换填垫层。

　　3) 采用机械碾压垫层施工具有以下优点：

　　(1) 充分利用了青藏铁路施工的大型机械设备，减少人工作业量；

　　(2) 充分利用了气候条件，受高原气候的影响，拉萨冬季含氧量处在全年最低时期，无法进行重体力施工，而采用机械施工，可以最大限度地减少现场施工人员，做到冬季不停工；

　　(3) 为缩短施工周期提供了保证，拉萨火车站工程工期紧，作为意义十分重大的建设项目，工期必须保证，主体结构工作量的前移，为后续工程缩短工期提供了有力的保证；

不同方案的技术经济比较　　　　　　　　　表 3.5.2

方案编号	方案名称	方案的主要内容	主要施工流程及工程量估算	费用（元/m²）	工期（d）	备　注
1	全换填法	对③层中部以上土层大面积换填卵石层	挖土厚度约 3.5m，挖土及外运土方量 67690m³，回填（深度按 7.5m 计算）土方 145050m³	400	15	施工简单，便于机械作业
2	强夯＋换填法	对土层②进行强夯处理，以上分层回填卵石层	强夯设备进场费用约 120 万元，回填土方量 87030m³	360	≥60	工序多周期长
3	钢筋混凝土梁板法	首层地面采用钢筋混凝土梁板结构	混凝土厚度 0.4m/m²，钢筋 80kg/m²	720	≥30	成本高周期长

注：强夯的主要工艺流程如下：
1. 试夯：（约 3 周）点夯→施工间歇（1～2 周）→满夯→施工间歇（1～2 周）；
2. 检测（确定强夯参数）基本不占用工期；
3. 大面积强夯（约 4 周）点夯→施工间歇（1～2 周）→满夯→施工间歇（1～2 周）；
4. 检测（确定强夯效果）。

（4）有利于保证施工质量，结构施工前的大面积机械碾压垫层施工，更有利于垫层施工质量的控制，也为首层地面裂缝的控制打下了坚实的基础。

4）防止地面裂缝的其他辅助措施

（1）为避免首层建筑地面裂缝，设计要求首层地面应作为最后一道工序施工，以利于房心土的自重固结；

（2）为预防超厚度房心土回填施工中出现的不均匀性，在首层建筑地面设置钢筋混凝土面层，以减小可能出现的地面裂缝宽度。

5）与一般换填垫层不同，本工程堆高垫层地基除需采取恰当的土坡稳定措施外，还需设置确保垫层地基稳定的附加垫层（图 3.5.4），换填量计算也不完全相同，预算时应注意，必要时结构设计应提供换填的详细剖面图。

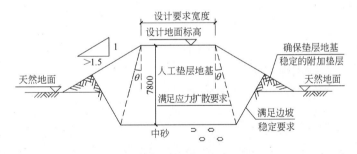

图 3.5.4　实际垫层施工剖面

6）本工程先进行回填垫层（部分换填），后进行人工挖孔扩底墩施工，人工挖孔扩底墩的空孔量有所增加，但回填施工的工序前移，同时，采用机械碾压施工，有利于确保超厚回填土的施工质量。实践证明其施工工序安排符合现场特殊情况。

【实例 3.3】　石家庄北国开元广场工程地基处理及基础设计

1. 工程实例

1）工程概况

本工程位于石家庄市中山东路，拟建成石家庄市中心集大型商业、餐饮、娱乐、智能化商务办公和高级商务公寓等于一体的核心中央商务广场,总建筑面积43万 m²。其中包括地下两层(局部三层)分别为车库,6级人防防护单元和部分超市,地上六层的大型商业体,两幢高100m的27层智能化商务办公写字楼,三幢高100m的29~32层高级商务公寓和一幢高100m的30层的商住办公综合楼。工程整体布置如图3.5.5所示。工程采用钢筋混凝土筒体与钢框架混合结构,柱为矩形和圆形钢管混凝土柱,梁为国标热轧 H型钢,楼面及屋面板均为现浇钢筋混凝土板。内外墙采用轻质加气混凝土板或玻璃幕墙,局部墙体考虑使用上的要求采用了大孔非承重空心砖。

图 3.5.5 工程整体布置图

2)工程地质情况

建筑场地地貌单元属太行山前冲洪积平原,自然地面标高介于69.39~71.07之间,地表下自上而下的地层结构为:

(1)杂填土,杂色~黄褐色,由碎砖块、灰渣、黏性土组成,呈稍密状态。

(2)粉质黏土,黄褐~褐黄色,可塑~硬塑,中压缩性。

(3)粉土,褐黄~浅黄色,稍密,稍湿~湿,大孔,中~高压缩性。

(4)粉土,褐黄~浅黄色,稍密~中密,稍湿~湿,一般为中~低压缩性。

(5)粉细砂层,浅黄色~灰白,稍密~中密,稍湿。

(6)中砂,灰黄色~灰白色,以石英及长石为主,粒度不匀,含少量卵石及砾石,局部粉土夹层,中密,稍湿。厚度约5m,层底标高57.6~62.7m。为基底持力层,$f_{ak}=200kPa$。

(7)粉质黏土,褐黄~黄褐色,可塑~硬塑,一般为中压缩性,为基底持力层或下卧层,$f_{ak}=220kPa$。

(8)粉土,褐黄~浅黄色,中密,稍湿~湿,一般为中~低压缩性。

(9)中砂,浅黄色~灰白色,以石英及长石为主,粒度不匀,中密,稍湿。

（10）粉土，褐黄～浅黄色，中密～密实，稍湿～湿，一般为中～低压缩性。

（11、12）中粗砂，浅黄色～灰白色，以石英及长石为主，含少量卵石，中密～密实，稍湿，夹有卵砾石层。该层为 CFG 桩尖持力层。

（13）粉质黏土，褐黄色，硬塑～坚硬，一般为中～低压缩性。

（14）粗砂，黄白色～灰白色，以石英及长石为主，含少量卵石，中密～密实，湿～很湿，夹有卵砾石层。

本场地黄土不具湿陷性；最大冻土深度 0.6m，地下水位在自然地面下 42m。该场地内分布的饱和砂土均属不液化土层，无其他不良地质现象。挡土墙设计参数：$C_k = 14.38～30.86$kPa，$\varphi_k = 7.85°～14.13°$。

3）地基基础设计

塔楼基础为钢筋混凝土筏板基础，采用 CFG 桩复合地基；裙楼采用天然地基，基础采用钢筋混凝土十字交叉梁条形基础。

2. 实例分析

1）地基处理及基础设计

本工程上部塔楼为钢框架-钢筋混凝土筒体结构，自重较混凝土框架-筒体结构轻，基底单位荷重为 450kPa，基底以下土层为（6）层中砂或（7）层粉质黏土，埋深 12m 左右。（6）～（7）层土承载力特征值 200～220kPa，即使周边裙楼采用筏板基础，承载力经宽度和深度修正后仍不足。由于基底以下 13m 左右为承载力较高的中粗砂层（桩极限端阻力特征值 3300kPa），故塔楼基底可以考虑采用桩基或刚性桩复合地基，将桩尖置于中粗砂层上，从经济性和方便施工两方面比较可以发现，刚性桩复合地基比较适合本工程。本工程刚性桩平面采用等边三角形布置，间距 1400mm，直径 400mm，桩长 15m，桩尖进入密实中粗砂层不小于 0.6m，长螺旋钻孔，管内泵压混合料灌注成桩。刚性桩材料选用水泥粉煤灰碎石桩（CFG 桩）或素混凝土桩，强度等级不小于 C15。桩顶与基础间设 200mm 厚的级配砂石或碎石褥垫层。刚性桩复合地基承载力特征值为 550kPa。塔楼基础为钢筋混凝土筏板基础。

裙楼为全钢框架结构，柱底轴压力标准值约 4000～6500kN 左右，柱轴网尺寸 6m×6m～8.4m×8.4m，天然地基承载力即可满足要求。为了使沉降尽可能与主楼接近，裙楼采用钢筋混凝土十字交叉梁条形基础。

2）不均匀沉降的计算

（1）裙楼基底沉降计算

裙楼基底附加压力的准永久值控制在 140kPa，按《地基规范》第 5.3 节给出的公式，用分层总和法计算出裙楼邻近塔楼的第二排柱以外范围内的柱底位置，基底的绝对沉降为 20.4mm。

（2）塔楼基底沉降计算

塔楼基底附加压力的准永久值控制在 450kPa，按《地基处理规范》第 9.2 节的有关规定，及《地基规范》第 5.3 节给出的公式，用分层总和法计算出塔楼基底中点处的绝对沉降为 54.9mm，塔楼基底边中点处的绝对沉降为 27.5mm，塔楼基底角点处的绝对沉降为 13.7mm。

（3）塔楼基底与相邻裙楼基底间不均匀沉降

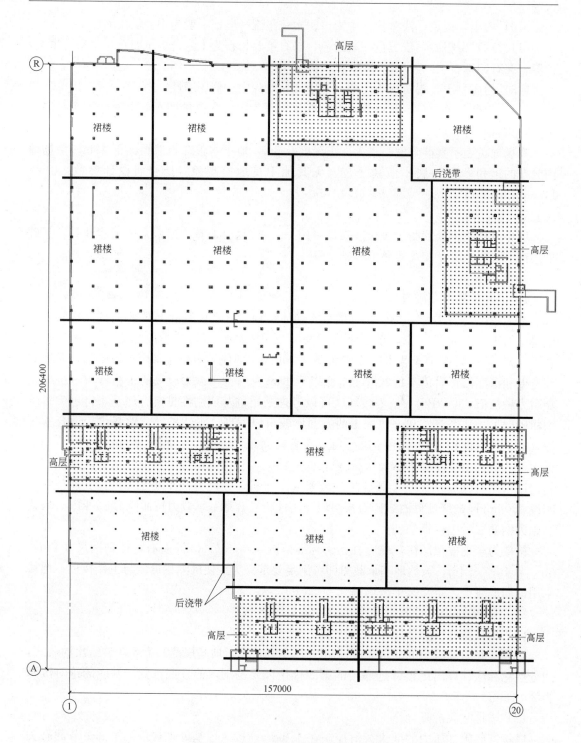

图 3.5.6　CFG 桩及基础后浇带布置图

　　从以上沉降计算结果可以算出，塔楼基底中点处与裙楼邻近塔楼的第二排柱底处的不均匀沉降为 34.5mm，但在塔楼边中点处，塔楼基底与相邻裙楼基底间不均匀沉降仅为 7.1mm，在塔楼角点处，塔楼基底与相邻裙楼基底间不均匀沉降为 －6.7mm（在此处裙楼基底沉降大于塔楼基底沉降）。

为了进一步减小这些不均匀沉降给结构构件带来的附加内力，在主体塔楼与裙楼衔接处设置了沉降后浇带，用于调节两者之间的部分（前期）不均匀沉降，该后浇带于主体塔楼施工完毕，沉降基本稳定后，用微膨胀混凝土浇捣。按照一般经验，对于中～低压缩性的黏性土，在封闭后浇带时，应完成总沉降的一半左右，故封闭后浇带后，构件所要承受的剩余沉降为：在塔楼边中点处，塔楼基底与相邻裙楼基底间为 3.55mm，在塔楼角点处，塔楼基底与相邻裙楼基底间不均匀沉降为 —3.35mm。在此部位的基础梁配筋，应考虑此强迫位移引起的内力变化，配足附加钢筋。

【实例 3.4】 福建广播电视中心工程水泥搅拌桩基坑支护设计[13]

1. 工程实例

1）工程概况见工程实例 1.7

2）基坑支护设计

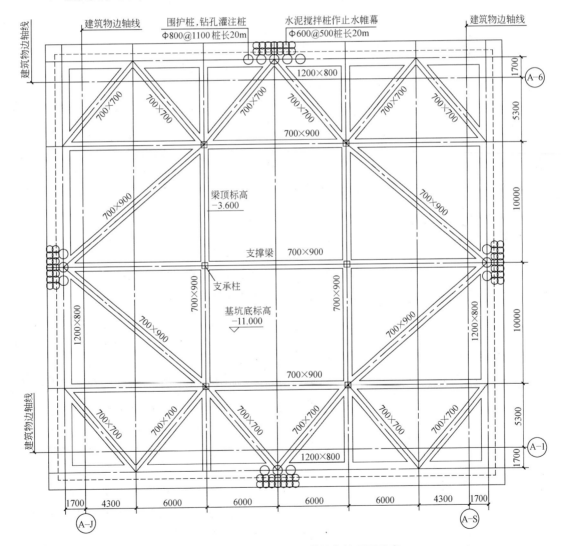

图 3.5.7 演播楼（局部）基坑支护平面示意

三层地下室，其板顶标高分别为－0.100、－3.600、－6.300，基坑坑底标高为－11.000。基坑围护采用水泥土墙及一层内撑式灌注桩围护结构（图3.5.7）。

（1）围护桩采用 ϕ800 钻孔灌注桩，中心间距 1100mm，桩长 20m；

（2）水平内支撑为钢筋混凝土结构；

（3）支承柱上部（地下室高度范围）采用钢格构柱，下部（地下室基础底面以下范围）采用 ϕ800 钻孔灌注桩，桩长 14.5m；

（4）止水帷幕采用 ϕ600 水泥搅拌桩，桩中心间距 500mm，桩长 20m。

2. 实例分析

1）本工程地下水主要为杂填土中的上层滞水和含水砂层，止水帷幕的主要作用为防止地下水的渗漏；

2）水泥搅拌桩施工要求

（1）搅拌桩 ϕ600，间距 500mm，搭接 100mm，呈格栅布置；

（2）应严格控制机架垂直度，确保垂直度偏差≤0.5%，桩位偏差≤50mm；

（3）水泥搅拌桩应采用切割搭接法施工，并应在前桩水泥土尚未固化前进行后续搭接桩施工，其间隔时间不得大于 2h；

（4）水泥搅拌桩采用普通硅酸盐水泥，强度等级不小于 42.5 级，水泥掺入量为 15%，水灰比为 0.4～0.5，设计要求抗压强度设计值为 5N/mm²；

（5）制备好的水泥浆液应过筛，且不得离析，泵送必须连续；

（6）搅拌桩下沉时不宜冲水，当遇到较硬土层而下沉确有困难时，方可适量冲水；

（7）水泥搅拌桩正式施工前，应对现场采集的各土样进行室内水泥土配比试验，测定各水泥土试块（不同龄期、不同水泥掺量、不同外加剂）的抗压强度，以取得满足设计要求的最佳水灰比、水泥掺量及外加剂品种和掺量，并利用室内水泥配比试验结果进行现场成桩试验，以确定满足设计要求的施工工艺和施工参数，在水泥搅拌试验桩施工一周后，进行开挖检查或采用钻孔取芯等手段，检查成桩质量，若不符合设计要求，应调整施工工艺。满足设计要求后，方可正式进行水泥搅拌桩支护结构的施工；

（8）在水泥搅拌桩满足设计开挖龄期后，采用钻芯法检测桩身完整性，钻芯数量不宜少于总桩数的 2%，且不应少于 5 根，并应取样进行单轴抗压强度试验。

3）土方开挖及支撑结构施工要求

（1）施工单位在土方施工前应制定详细的施工组织设计，并报送设计核准；

（2）土方施工应严格遵循分阶段分层开挖的原则，每层厚度不得超过 2m，严禁局部超挖，以免淤泥层的流动造成工程桩的倾斜与损坏。每阶段开挖中，沿基坑四周距围护桩 5m 范围内的土方，应先采取放坡开挖，待中部土方开挖完毕后再突击开挖，严禁由边至中间进行开挖；

（3）土方开挖过程中应做好基坑周边的排水、疏水和截水工作，基坑内地下水控制采用管井降水；

（4）要求在离基坑较远的地方，设置一个临时土方堆场并开辟专用通道，挖出的土方应及时当班运走；当班不能运走时，应停止开挖，基坑周边设计允许荷载为 10kN/m²，严禁将土方随意堆放在基坑四周；

（5）土方开挖及支撑施工的作业顺序

第一阶段：待水泥土墙、围护桩达到设计强度后，开挖至设计标高－3.600m，凿除水泥土墙及围护桩顶浮浆，施工水泥土墙顶盖板及围护桩顶圈梁及内支撑梁；

第二阶段：待水泥土墙顶盖板及围护桩顶圈梁、支撑梁混凝土达到设计强度后，继续开挖至设计标高－11.000m 立即封底，距底周边 5m 的压坡段采用分批间隔开挖，每批5m 宽，封底垫层应紧抵围护桩，底板边至围护桩内边线的超挖槽均浇筑毛石混凝土垫层，桩墙内边凹槽应冲刷干净，不得夹泥，然后间隔开挖桩承台土方。

（6）土方施工可采用机械挖土，但应采取措施防止碰撞围护桩、工程桩或扰动基底原状土，应用人工先将工程桩四周土挖空后，再机械挖土，且机械设备应顺一边走，不能来回碾压；

（7）发生异常情况，应立即停止挖土，并应立即查清原因和采取措施。

4）支撑的拆除及土方回填

地下室承台、底板施工完毕，底板边至周围桩内边线之间浇筑毛石混凝土，待－6.300m 楼板混凝土达到设计强度后，进行－6.300m 以下基坑肥槽的回填，在设计标高－6.300m 沿基坑周边浇捣 250mm 厚 C20 混凝土水平隔板，且待水平隔板混凝土达到设计强度的 75% 后方可拆除内支撑。

5）施工监测要求

（1）地下室基坑围护结构的安全关系到本工程、附近建筑、城市管线和道路设施的安全和保护，因此，必须对基坑施工实行全过程监测，监测不到位不得开挖施工。监测由具备相应资质的单位承担，监测方案报送设计认可；

（2）监测的主要内容如下：

① 围护桩的变位（包括桩顶水平位移和桩身变位），钢筋的应力变化；

② 支撑梁内钢筋的应力变化情况；

③ 基坑回弹情况；

④ 围护桩两侧土压力强度变化情况；

⑤ 基坑周围建筑物的沉降与倾斜观测。

（3）施工单位应与监测单位密切配合，做好监测元件的安放和保护工作；

（4）监测过程中发现有异常情况，应及时通知施工单位及设计人员，施工单位应及时采取防患措施，防止工程事故的发生。

6）支护变形预警要求及应急方案

本基坑支护的水平位移限值为50mm，当出现下列情况时，应立即报警，若情况比较严重时，应立即停止施工，并对基坑支护结构和已有建筑物采取应急措施：

（1）基坑支护结构的水平位移大于 30mm，或水平位移速率已连续 3d 大于 3mm/d；

（2）基坑底部或周围土体出现可能导致剪切破坏的迹象或其他可能影响安全的征兆，如涌土隆起、陷落等；

（3）建筑物的不均匀沉降已大于规范的允许值，或倾斜速率已连续 3d 大于 $0.0001H/d$，其中，H 为建筑物承重结构的高度，d 为基坑开挖的深度；

（4）建筑物的砌体部分出现宽度大于 3mm 的变形裂缝，或其附近地面出现宽度大于15mm 的裂缝，且上述裂缝尚有可能发展。

应急方案：现场应准备足够的沙袋备用，出现紧急情况时，应先采取反压措施稳定坑壁。

7）围护桩的设计与施工同钢筋混凝土钻孔灌注桩要求，可见实例7.2，此处略。

8）支撑梁为钢筋混凝土压弯构件，支承钢柱、钢筋混凝土桩按相关规范要求设计，此处略。

9）基坑支护设计应由具备相应资质的岩土工程师完成。

10）列出本例的目的在于使结构工程师对水泥搅拌桩的使用及基坑支护有一定的了解。

【实例3.5】 天津某厂房深层搅拌桩工程实例

1. 工程实例

1）工程概况

天津某工程占地面积 17952m²，建筑面积 6339.4m²。建筑为一层厂房（层高为 5.4m，柱网为 9.0m×10.0m）及二层生产管理用房（层高为 4.8m+4.5m，柱网为 6.0m（9.0m）×7.5m），钢筋混凝土框架结构，结构柱网布置见图3.5.8。

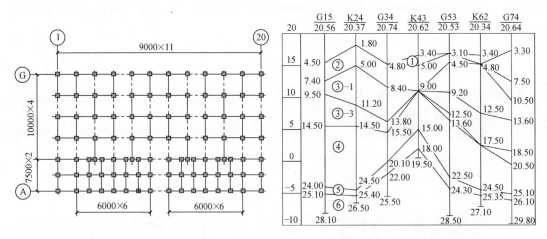

图 3.5.8 结构柱网布置图   图 3.5.9 典型地质剖面图

2）地基基础处理采用"柱下灌注桩＋复合地基"方案

2. 实例分析

1）工程地质条件

（1）地基土特性

该厂区地貌属滨海河流相冲积平原，地层岩性以粉土、粉质黏土、淤泥、淤泥质土、黏土为主，表层覆盖有人工填土。其各土层主要工程地质特征由上至下分层如下：

第①层：素填土。黄褐色，可塑，成分以黏土为主，局部夹有小颗粒碎石，层厚 0.0～0.8m；

第②层：黏土。黄褐色-灰褐色，可塑及软塑，层厚 0.0～2.1m，属高压缩性土；

第③-1层：淤泥。灰褐色、灰色和褐色，流塑，含少量贝壳，层厚 5.2～10.8m，高压缩性土，工程性质很差，局部夹有粉质黏性透镜体，灰褐色，可塑；

第③-2层：粉土。灰色-灰褐色，中密-密实，很湿，含少量贝壳，层厚 0.0～8.1m，为中压缩性土；

第③-3层：粉质黏土。灰色，灰褐色～灰绿色，可塑至软塑，局部含贝壳及极少量绢云母，层厚0.0～9.2m，为中压缩性土，局部夹淤泥质黏土透镜体，灰色，流塑；

第④-1层：细沙。褐黄色及黄褐色，中密、饱和，局部夹淤泥，黄褐色，流塑，层厚0.0～6.8m，局部含有大量贝壳；

第④-2层：粉质黏土。黄褐色，褐黄色，软塑-流塑，含贝壳，层厚0.0～6.0m，中压缩性土，局部夹薄层细砂；

第⑤层：粉质黏土。褐黄色及黄褐色，可塑，层厚在1.4m以上，夹有姜石，为中压缩性土；

第⑥-1层：黏土。灰褐色，软塑，层厚1.8～5.0m，为中压缩性土；

第⑥-2层：淤泥质土。灰褐色，流塑，层厚为1.8m，为高压缩性土；

第⑥-3层：粉质黏土。灰褐色，可塑，层厚5.0m以上，为中压缩性土。

地基土的主要力学指标见表3.5.3，典型地质剖面见图3.5.9。

地基土的主要力学指标　　　　　　　表3.5.3

地层序号	②	③-1	③-2	③-3	④-2	⑤	⑥-1	⑥-2	⑥-3
地层名称	黏土	淤泥	粉土	粉质黏土	粉质黏土	黏土	黏土	淤泥质土	粉质黏土
含水量 $w(\%)$	39.8	53.8	27.6	29.8	31.1	33.0	40.0	40.0	25.5
重度 $\gamma(kN/m^3)$	18.4	17.3	19.7	19.7	19.3	19.0	18.1	18.3	20.0
孔隙比 e	1.26	1.45	0.76	0.89	0.85	0.92	1.12	1.07	0.70
液性指数 w_L	0.74	1.43	1.07	0.65	0.87	0.76	0.70	1.44	0.81
压缩系数 $a_{1-2}(MPa^{-1})$	0.71	1.08	0.25	0.43	0.35	0.39	0.28	0.31	0.32
压缩模量 $E_{s1-2}(MPa)$	2.78	2.26	7.80	4.75	5.47	5.75	7.00	7.00	5.33
承载力 $f_{ak}(kPa)$	90.0	55.0	120.0	130.0	130.0	140.0	110.0	80.0	110.0

（2）地下水

场地地下水为第四系孔隙潜水，水位埋深为0.6～0.8m。经取样化验分析，地下水对混凝土和钢筋具强硫酸盐侵蚀性。

（3）场地类别及液化的判别

场地为软弱场地土，场地类别为Ⅲ类；抗震设防烈度为7度，场地无地震可液化层。

2）基础方案的选择

（1）基础方案确定前的准备工作

在充分了解本工程场地地质勘察报告的基础上，对场区进行了大量的调研，调研的主要内容集中在两点：

① 场区内地质土层情况、水文地质情况、常用地基处理方法以及建筑基础设计方法；

② 场地周边工程的地质情况、水文地质情况以及基础设计方法等，并与勘察单位就地质勘察报告中的相关问题进行了沟通。

调研得出的初步结论是：本工程场地地层分布中存在较厚的属严重欠固结土层的淤泥层，场地表层土的承载力低，一般不应直接作为天然地基，一般建筑地基只有经过处理后方可使用。场地下的地下水对钢筋及混凝土具有强硫酸盐腐蚀性，基础设计时需作防腐处理。

（2）基础方案的比较

根据场地的土层分布规律及本工程上部结构的特点，基础设计时主要考虑了以下三种方案：

①"柱下灌注桩＋基础梁＋基础板"方案

框架柱下基础采用灌注桩（沉管灌注桩），柱与柱之间设置基础梁并根据需要布置基础次梁，在基础梁上布置钢筋混凝土基础板，室内地面荷载全都通过基础板、基础梁传至桩基，楼、屋面荷载通过上部结构的梁板传至柱，并通过柱和承台传至桩基。沉管灌注桩的持力层选择细砂层④-1层。

②"柱下灌柱桩＋地坪灌注桩＋基础板"方案

框架柱下基础采用灌注桩，在室内地坪上按 2.0m×2.5m 的桩位布置沉管灌注桩，仅沿周边柱和个别柱轴设置基础拉梁，基础梁上面做钢筋混凝土基础板。全部楼、屋面荷载及室内地面荷载的小部分通过桩和承台传至桩基。大部室内地面荷载由地坪沉管灌注桩直接承受。沉管灌注桩的持力层选择细砂层④-1层。

③"柱下灌注桩＋复合地基"方案

框架柱下基础采用灌注桩，楼、屋面荷载全都通过柱和承台传至桩基。室内地坪采用复合地基，即用深层搅拌法来处理地坪，地面荷载由处理过的复合地基来承受。地面按普通配筋地面处理。沉管灌注桩的持力层选择细砂层④-1层。

比较上述三种基础方案，可以发现：

方案①楼、屋面以及地面荷载都通过传力途径楼板→梁（基础梁）→柱传至桩基。而桩基持力层选择细砂层④-1层，避免了上面较厚的软弱淤泥层，从根本上解决了建筑主体结构及室内地坪的沉降问题。但是，由于结构跨度较大，需要设置较大尺寸的基础梁和较密的基础次梁，同时还需设置钢筋混凝土基础板，这些将使基础造价增加很多。

方案②同方案①一样，虽然通过设置地坪沉管灌注桩减小了基础梁的尺寸，并可取消设置基础次梁，但同时又大大增加了沉管灌注桩的数量，基础造价仍然很高。

方案③首先考虑确保建筑主体结构的安全和不发生过大的沉降，框架柱下基础采用沉管灌注桩，地坪则由于现有承载力已基本满足要求，需主要解决的问题是地基沉降，因此可通过深层搅拌法处理地基来解决沉降问题，而用深层搅拌法处理地基形成复合地基所需费用较少。这样结构基础造价相对降低许多（基础造价对比详见表 3.5.4）。因此，本工程基础设计方案最终选择了本方案。

3）地基处理

地坪地基需要处理的主要原因是下部土层中存在较深的淤泥层③-1（淤泥层厚度在 5.2～10.8m 之间），该土层的承载力标准值只有 55.0kN/m²，若对该土层不进行处理，地面荷载加上去后会产生很大的沉降变形（场地进行"五通一平"时，表层平整填土约为 2.0～3.0m，现在场区地面每年都有不同程度的下沉）。

深层搅拌法是一种加固饱和软黏土地基的方法，它是利用水泥、石灰等材料作为固化剂的主剂，通过特制的深层搅拌机械，在地基深处就地将软土和固化剂（浆液和粉体）强制搅拌，利用固化剂和软土之间所产生的一系列物理-化学反应，使软土硬结成具有整体性、水稳定性和一定强度的优质地基。其在天津地区应用普遍。深层搅拌法按其喷射的固化剂是浆体还是粉体，分为水泥系深层搅拌法（俗称湿法）和粉体深层喷射搅拌法（俗称干法）。而其相应的固化剂与土经强烈搅拌所形成的水泥土桩又分别俗称为深层搅拌桩和粉喷桩。本工程设计最先考虑的方案是粉体深层喷射搅拌法，但具体设计中发现由于地基处理深度较深，采用粉体深层搅拌法很难保证下部的粉喷量满足要求，水泥土桩（粉喷桩）下部的成桩质量难以保证，而水泥深层搅拌法可以很好地解决上述问题。

（1）地坪地基处理思路

工程中常用的水泥深层搅拌法处理较深、厚软弱地基的基本思路是：当软弱层（例如淤泥层）埋深较深且层厚较厚时，深层搅拌法一般仅处理上部 6.0～8.0m 厚土层（即深层搅拌桩桩长取 6.0～8.0m），搅拌桩的布置间距非常密，一般间距不能大于 3 倍的桩径（比如对桩径为 $\phi=500$ 的深层搅拌桩，其布桩间距不应大于 1.5m）。通常面积置换率（即搅拌桩截面积与其加固范围内土的面积之比值）在 20% 以上，即使一般情况下面积置换率也应不小于 15%。有些工程由于对复合地基承载力有要求，计算确定的面积置换率可达 40%～50%。这样处理的基本考虑是使水泥土桩（深层搅拌桩）与其周边的桩间土能完全共同工作，形成一个能共同承担上部荷载的硬壳层，这个硬壳层的承载力相对较高。当上部荷载作用后，即使该硬壳层下部仍有未经处理的软弱层，但由于该硬壳层较厚，上部作用的压力经扩散后传至软弱层顶面的压应力值比扩散前小很多。而基础沉降量的大小主要与其下部软弱土层的厚度以及作用在软弱土层上的压应力大小有关，当作用在软弱土层上的压应力很小时，基础的沉降量也会降低至很小乃至满足设计要求。

就本工程场地而言，淤泥层底部深度仅为 9.6～12.1m（仅个别处达 14.4m），若仍按照上面的地基处理思路，取深层搅拌桩的桩长为 6.0～8.0m，假设复合地基中深层搅拌桩布置按照面积置换率为 20% 取，其搅拌桩桩数就需近 5200 根（按桩径 $\phi=500$ 考虑）。地坪地基处理费用相当高。而作为深层搅拌桩本身，它一方面除了能和周边土有机结合，形成一个桩和周边土共同工作的整体外，另一方面其作为一种桩的形式又具有较高的单桩承载力。根据"地基处理规范"中的计算公式及工程实践经验，在天津地区，当深层搅拌桩桩长取 12m 左右时，其按摩擦型桩考虑单桩承载力即可达 130kN。若桩端置于较好的土层，其单桩承载力会更高。基于对这一情况的考虑，本工程中采用深层搅拌法"复合地基＋桩"合二为一的设计新概念，也就是，将深层搅拌桩处理复合地基功能和其作为桩的功能综合考虑，取深层搅拌桩的桩长为 9.6～12.1m（即处理全部淤泥层深度，桩端持力层取粉土层③-2层），一方面利用它和周边土的共同工作，改善软弱土的部分性能，另一方面利用它作为桩的特性，将地坪荷载的很大一部分直接传至软弱土层的下一层，直接降低作用在软弱土层上的荷载，从而减少地基沉降。同时将深层搅拌桩桩间距适当放大。

（2）地基加固设计

设计中深层搅拌桩的桩径选用 $\phi=500$，持力层选择粉土层③-2层，通过计算确定深层搅拌桩桩长范围取 9.6～12.1m 且在基础布置图中分片给出；在确定搅拌桩水泥掺入比时，一方面考虑桩身强度应大于单桩承载力，另一方面使水泥土桩体更加密实，故取水泥掺入比为 15%。最后根据地坪设计荷载不同给出图 3.5.10、图 3.5.11 两种深层搅拌桩桩间距布置方案。其中图 3.5.10 搅拌布置的面积置换率为 6.4%，图 3.5.11 搅拌桩布置的面积置换率为 8.7%。比一般深层搅拌法复合地基的面积置换率都要小很多。

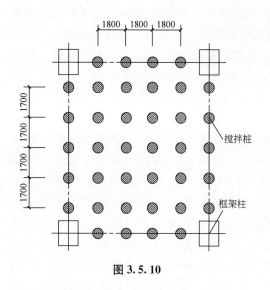

图 3.5.10

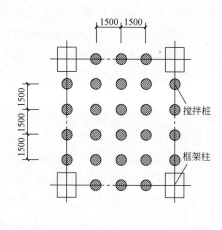

图 3.5.11

4）桩基础设计

（1）持力层选择及桩数计算

场区地面下 20.5～23.0m 处有一平均层厚为 4.0m 的细砂层④-1层，根据地质勘察报告建议，当采用桩径为 $\phi=400$ 的沉管灌注桩且桩端持力层选择细砂层④-1层时，单桩承载力标准值可达 700kN。但沉压空管试验表明，采用振动式沉桩设备 DZ-60 沉压桩径为 $\phi=400$ 的灌注桩，很难穿过土层中粉土层③-2层。基础设计时将原来的长桩方案（平均桩长 $L=21.5m$ 左右）改为短桩方案（平均桩长 $L=11.5m$ 左右），持力层改为粉土层③-2层。单桩承载力标准值取 280kN，最后计算确定的桩基平面布置见图 3.5.11。

（2）拉梁布置

由于每根框架柱下承台的桩数都大于 3 根，柱与柱之间可以不设置拉梁，故仅在建筑周边设置拉梁，以加强结构的整体性兼做托墙梁。

5）经济技术比较

结构设计对基础方案①和基础方案③进行了相应的经济分析，两基础方案的经济指标列于表 3.5.4。由表 3.5.4 可以看出，选择基础方案③比基础方案①可节省造价近 30%。

基础方案①和基础方案③费用比较 表 3.5.4

基础方案	柱下沉管灌注桩桩数（个）	室内地基处理	基础梁尺寸（mm×mm）	地面做法	总造价（万元）
方案①	746		基础梁:350×1000，300×800 基础次梁:250×600	120mm 厚钢筋混凝土楼板	199.89
方案③	466	深层搅拌桩,桩径500，平均桩长11.5m,复合地基所用总桩数:1708	基础梁:250×600，250×700	150mm 厚普通配筋地面（单层双向 $\phi6@250$）	141.50

注：本表中的总造价是依照 1996 年天津建筑工程预算定额计算，不包含其他费用。

第六节　地基处理的常见设计问题分析

【要点】

本节列出在地基处理设计中的主要常见问题，重点涉及地基承载力和地基变形的控制及在复合地基设计中对褥垫层的把握等问题。

一、地基处理只注重处理后的承载力要求，对变形不作要求

1. 原因分析

1）变形控制是地基处理设计中常被忽略的问题，往往在注重承载力问题的同时降低了设计人员对地基沉降的关注；

2）地基处理的问题，其本质是地基变形的控制问题，只重承载力而不注意地基变形是极为有害的。

2. 设计建议

1）在关注地基处理后对承载力的提高的同时，还应关注地基处理的均匀性、地基变形的控制要求；

2）地基处理的技术要求中，应明确提出地基处理对地基承载力和地基沉降的双重要求，以实现对地基总沉降和差异沉降的有效控制。

二、在复合地基中，不重视褥垫层的作用

1. 原因分析

1）在地基处理中，把褥垫层看成等同于一般基础的垫层，误认为其主要为方便施工而设置；

2）刚性基础下的复合地基，可以通过改变褥垫层的厚度来调节桩土分担的荷载比例，褥垫层越厚，桩分担的荷载越小，褥垫层厚度过小，桩间土分担的荷载很小；

3）褥垫层作为复合地基的重要组成部分，在复合地基中起重要作用。

2. 设计建议

应按相关要求，合理确定褥垫层厚度。

三、对超高层建筑仍采用离散性很大的地基处理方法解决承载力和沉降问题

1. 原因分析

1）对地基处理方法实际存在的离散性估计不足，重视地基处理的承载力提高功能，忽略其均匀性对超高层建筑（基础荷载很大）的不利影响；

2）设计中未采取有效的消除地基处理不均匀性的措施，使处理后的地基不能发挥承载力和抵抗地基变形的整体优势，从而各个击破，导致地基基础总沉降及局部沉降差异过大，造成结构损坏。

2. 设计建议

1）对超高层建筑（基础荷载很大）应慎重采用地基处理方法，尤其不应采用离散性很大的、技术尚不成熟的地基处理方法；

2）应合理采取结构措施，控制地基处理的不均匀性（如合理设置CFG桩的桩顶褥垫层等），使处理后的地基承载力均匀有效。

四、不考虑结构设计的经济性，一律采用桩基础

1. 原因分析

1）在高层建筑中，地基承载力和地基变形是影响地基基础方案的主要因素；

2）为满足地基承载力和地基变形要求，一般情况下应优先考虑采用补偿式基础；

3）采用地基处理方案，可提高地基承载力 30%～50%（方案阶段估算时，地基处理后沉降的减小幅度可取地基承载力的提高幅度），有条件时，应优先考虑地基处理方案；

4）一般情况下，采用不同基础方案时结构费用从小到大的规律如下：

天然地基→地基处理→桩基础。

2. 设计建议

1）应优先采用天然地基方案；

2）当采用天然地基方案确有困难或经济性不佳时，应考虑采用地基处理方案，地基处理可以是全部处理，也可以是局部处理（如采用独立基础或条形基础时，只在独基或条基宽度范围内处理），采用局部处理或局部重点处理的方法，尤其适合于解决主、裙楼一体时的基础问题，可采取措施，加大裙楼的沉降减小主楼的沉降；

3）当地基的承载力或地基沉降中的某一项指标不满足规范要求时，采用地基处理更为合理；

4）当地基的承载力及地基沉降均不满足规范要求，或采用地基处理方案确有困难或经济性不佳时，可考虑采用桩基础。

参 考 文 献

[1] 中华人民共和国国家标准. 建筑地基基础设计规范 GB 50007—2002. 北京：中国建筑工业出版社，2002

[2] 中华人民共和国行业标准. 建筑地基处理技术规范 JGJ 79—2002. 北京：中国建筑工业出版社，2002

[3] 中华人民共和国国家标准. 建筑抗震设计规范 GB 50011—2010. 北京：中国建筑工业出版社，2001

[4] 北京市标准. 北京地区建筑地基基础勘察设计规范 DBJ 01—501—92. 北京：1992

[5] 全国民用建筑工程设计技术措施（结构）. 北京：中国计划出版社，2003

[6] 华南工学院等四校合编. 地基及基础. 北京：中国建筑工业出版社，1981

[7] 邹仲康，莫沛锵. 建筑结构常用疑难设计. 长沙：湖南大学出版社，1987

[8] 朱炳寅，陈富生. 建筑结构设计新规范综合应用手册（第二版）. 北京：中国建筑工业出版社，2004

[9] 朱炳寅. 建筑结构设计规范应用图解手册. 北京：中国建筑工业出版社，2005

[10] 敦煌博物馆工程结构设计. 中国建筑设计研究院. 2005

[11] 青藏铁路拉萨站站房工程结构设计. 中国建筑设计研究院. 2005

[12] 石家庄北国-开元广场结构设计. 中国建筑西北设计研究院. 2005

[13] 福建广播电视中心工程基坑支护设计. 福建省建筑设计研究院. 2002

[14] 天津某厂房结构设计. 中国电子工程设计院. 2000

第四章   独 立 基 础

说明

1. 本章内容涉及下列主要规范，其他地方标准、规范的主要内容在相关索引中列出。

1)《建筑地基处理技术规范》（JGJ 79—2002）（以下简称《地基处理规范》）；

2)《建筑地基基础设计规范》（GB 50007—2002）（以下简称《地基规范》）；

3)《混凝土结构设计规范》（GB 50010—2002）（以下简称《混凝土规范》）；

4)《北京地区建筑地基基础勘察设计规范》（DBJ 01—501—92）（以下简称《北京地基规范》）。

2. 刚性基础变形能力差，对上部结构的刚度依赖性大，上部结构应提供足够的刚度以保证刚性基础性能的实现，一般用于单层及多层建筑的基础，在砌体承重结构中常有应用。灰土垫层一般仅用于管沟设计中。

3. 钢筋混凝土扩展基础在工程中应用普遍，由于其受力简单明确、方便施工，同时经济效益显著，因此，在工程设计中是首选的基础形式。

4. 近年来独基加防水板基础在工程中得到了广泛应用，拓展了钢筋混凝土扩展基础广阔的应用空间。工程实践表明：独基加防水板基础具有传力明确，构造简单，经济实用等优点。其相应的设计计算方法见本章第三节。需要说明的是：此部分内容是依据编者对独基加防水板基础的分析研究并结合工程实践经验而编写的，读者应根据工程经验加以判断，并参考使用。本章第四节结合工程实例，对独基加防水板基础的实用设计方法及设计过程进行分析比较。

5. 本章第三节对地下室抗浮设计方法进行了适当的归纳，分析了自重平衡法、抗力平衡法、浮力消除法和综合设计方法的适用条件，并进行相应的经济性比较，供读者参考。

6. 规范规定在地基与基础的设计计算中，要根据不同的计算内容采用不同的荷载效应组合值。从工程设计的实际情况看，要严格区分不同情况，采用各不相同的荷载组合，不仅计算工作量大，且有时很难严格区分开，同时从工程设计角度看也无必要。本章提供满足工程设计需要的简化换算方法，以实现不同荷载效应数值的简单转换。

第一节   无筋扩展基础

【要点】

本节介绍刚性基础设计的一般要求。当地基承载力比较高时应对刚性基础进行抗剪验算，注意：在刚性角范围内同样存在抗剪验算问题，提出考虑基础厚度影响并引入剪切系数的实用抗剪计算公式。

无筋扩展基础系指由砖、毛石、混凝土或毛石混凝土、灰土和三合土等材料组成的墙下条形基础或柱下独立基础。

一、一般规定

1. (《地基规范》第8.1.1条)无筋扩展基础适用于多层民用建筑和轻型厂房。

2. (《地基规范》第8.1.2条)基础高度,应符合下式要求(图4.1.1a)。

$$H_0 \geq 0.5(b-b_0)/\tan\alpha \tag{4.1.1}$$

式中　b——基础底面宽度;

　　　b_0——基础顶面的墙体宽度或柱脚宽度;

　　　H_0——基础高度;

　　　b_2——基础台阶宽度;

　　　$\tan\alpha$——基础台阶宽高比 $b_2 : H_0$,其允许值可按表4.1.1选用。

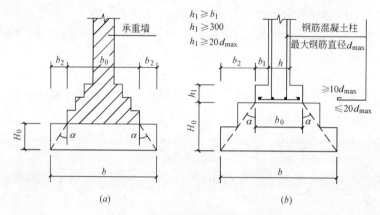

图 4.1.1　无筋扩展基础构造示意

d_{max}—柱中纵向钢筋直径最大值

无筋扩展基础台阶宽高比的允许值　　　　　　　　　表 4.1.1

基础材料	质量要求	台阶宽高比的允许值		
		$p_k \leq 100$	$100 < p_k \leq 200$	$200 < p_k \leq 300$
混凝土基础	C15 混凝土	1:1.00	1:1.00	1:1.25
毛石混凝土基础	C15 混凝土	1:1.00	1:1.25	1:1.50
砖基础	砖不低于 MU10,砂浆不低于 M5	1:1.50	1:1.50	1:1.50
毛石基础	砂浆不低于 M5	1:1.25	1:1.50	—
灰土基础	体积比为 3:7 或 2:8 的灰土,其最小干密度: 粉土 1.55t/m³ 粉质黏土 1.50t/m³ 黏土 1.45t/m³	1:1.25	1:1.50	—
三合土基础	体积比 1:2:4~1:3:6(石灰:砂:骨料), 每层约虚铺 220mm,夯至 150mm	1:1.5	1:2.0	—

注:1. p_k 为荷载效应标准组合时基础底面处的平均压力值(kPa);

　　2. 阶梯形毛石基础的每阶伸出宽度,不宜大于 200mm;

　　3. 当基础由不同材料叠合组成时,应对接触部分作抗压验算;

　　4. 基础底面处的平均压力值超过 300kPa 的混凝土基础,尚应进行抗剪验算。

3. (《地基规范》第8.1.3条)采用无筋扩展基础的钢筋混凝土柱,其柱脚高度 h_1 不得小于 b_1 (图4.1.1b),并不应小于 300mm 且不小于 $20d_{max}$(d_{max} 为柱中的纵向受力钢筋的最大直径)。当柱纵向钢筋在柱脚内的竖向锚固长度不满足锚固要求时,可沿水平方向弯折，弯折后的水平锚固长度不应小于 $10d_{max}$ 也不应大于 $20d_{max}$。

4. 当基础底面的平均压力（此处可理解为相应于荷载效应基本组合时，基础底面的平均压力——编者注）超过 300kPa 时，按式（4.1.2）验算墙（柱）边缘或台阶处的受剪承载力：

$$V_s \leqslant 0.366 f_t A \qquad\qquad (4.1.2)$$

式中　V_s——相应于荷载效应基本组合时，地基土平均净反力产生的沿墙（柱）边缘或变阶处单位长度的剪力设计值；

　　　　A——沿墙（柱）边缘或变阶处混凝土基础单位长度的面积。

二、理解与分析

1. 表 4.1.1 中提供的无筋扩展混凝土基础台阶宽高比的允许值，是根据材料力学、现行混凝土结构设计规范确定的。

2. 比较式（4.1.2）与《混凝土规范》公式（7.5.3-1）可以发现，无筋混凝土的受剪承载力约为不配置箍筋和弯起钢筋的一般板类受弯构件的一半。

3. 公式（4.1.2）左端项 V_s 的计算中，按垂直面确定基础所受的剪力，不考虑基础厚板对抗剪的有利作用，按薄板理论计算。

4. 公式（4.1.2）右端项中 A 为沿墙（柱）边缘或变阶处混凝土基础单位长度的面积，不是该截面处基础的横截面面积。只与该截面处的基础截面高度有关，与该截面处顶部的截面宽度无关。

三、结构设计的相关问题

1. 在刚性基础的设计中，为满足正常使用要求常加适量的构造钢筋（或防裂钢筋），这样，常常带来所谓不满足最小配筋率的问题。编者认为，对配置少量钢筋（或拉接筋）的素混凝土基础，不能以钢筋混凝土基础的标准来控制配筋，否则，将造成很大的浪费。

2. 比较钢筋混凝土筏板基础的抗剪设计要求（见图 6.2.4），可以考虑厚板单元板厚对基础底板抗剪的有利影响，而对于基础台阶的宽高比满足规范要求的无筋扩展基础，完全不考虑厚板单元板厚对基础底板抗剪的有利影响是不恰当的。

对岩石地基上的素混凝土刚性基础，由于地基承载力高，V_s 的取值及按公式（4.1.2）验算，常引起素混凝土基础截面高度的急剧增加，导致设计极不合理（详见本章第四节实例 4.2 的分析比较）。

四、设计建议

1. 无筋扩展基础符合表 4.1.1 规定时，一般可不验算。

2. 确有必要时，可按《混凝土规范》附录 A 的要求对无筋扩展基础进行相关验算。

3. 多层砌体结构应优先考虑采用刚性基础。

4. 当基础宽度 $B \geqslant 2.5m$ 时，不宜采用刚性基础。

5. 当地下水位较高或冬季施工时，宜采用混凝土（≥C7.5）垫层。

6. 墙下刚性条形基础一般可不设置基础梁，但当地基主要受力层范围（主要受力层范围的确定，可见第二章第三节理解与分析之 7——编者注）内存在软弱土层及不均匀土层时，可增设基础圈梁以加强基础刚度。

7. 对素混凝土刚性基础，考虑基础厚度的影响，建议在公式（4.1.2）的右端项中引

入剪切系数 β [β 可按公式（7.5.29）确定] 并取 $\beta = 1.75$。

则公式（4.1.2）可改写成　　　　$V_s \leqslant 0.641 f_t A$　　　　　　　　　　(4.1.3)

五、相关索引

1.《地基规范》的相关规定见其第 8.1 节。

2.《混凝土规范》的相关规定见其附录 A。

3.《北京地基规范》的相关规定见其第 8.2 节。

第二节　扩展基础

【要点】

　　本节介绍规范对扩展基础设计的基本要求，应注意：地基承载力验算及钢筋混凝土基础设计应采用各不相同的荷载组合、地基反力直线分布对基础截面的基本要求、荷载偏心距对地基反力的影响及独立基础最小配筋的控制等问题。提出地基与基础设计时，满足工程设计要求的不同内力组合的互换原则。

扩展基础系指柱下钢筋混凝土独立基础和墙下钢筋混凝土条形基础。

一、相关规定

1. 计算要求

1) 基础底面积确定

(1)（《地基规范》第 5.2.1 条）基础底面的压力，应符合下式要求：

① 当轴心荷载作用时

$$p_k \leqslant f_a \tag{4.2.1}$$

式中　p_k——相应于荷载效应标准组合时，基础底面处的平均压力值；

　　　f_a——修正后的地基承载力特征值。

② 当偏心荷载作用时，除符合式（4.2.1）要求外，尚应符合下式要求：

$$p_{kmax} \leqslant 1.2 f_a \tag{4.2.2}$$

式中　p_{kmax}——相应于荷载效应标准组合时，基础底面边缘的最大压力值。

(2)（《地基规范》第 5.2.2 条）基础底面的压力，可按下列公式确定：

① 当轴心荷载作用时

$$p_k = \frac{F_k + G_k}{A} \tag{4.2.3}$$

式中　F_k——相应于荷载效应标准组合时，上部结构传至基础顶面的竖向力值；

　　　G_k——基础自重和基础上的土重；

　　　A——基础底面面积。

② 当偏心荷载作用时

$$p_{kmax} = \frac{F_k + G_k}{A} + \frac{M_k}{W} \tag{4.2.4}$$

$$p_{kmin} = \frac{F_k + G_k}{A} - \frac{M_k}{W} \tag{4.2.5}$$

式中　M_k——相应于荷载效应标准组合时，作用于基础底面的力矩值；

W——基础底面的抵抗矩；

p_{kmin}——相应于荷载效应标准组合时，基础底面边缘的最小压力值。

③ 当偏心距 $e_k > b/6$ 时（图 4.2.1），p_{kmax} 应按下式计算：

$$p_{kmax} = \frac{2(F_k + G_k)}{3la} \tag{4.2.6}$$

式中 l——垂直于力矩作用方向的基础底面边长；

a——合力作用点至基础底面最大压力边缘的距离。

（3）在墙下条形基础相交处，不应重复计入基础面积。

2）（《地基规范》第 8.2.7 条）阶形基础的受冲切承载力验算

（1）适用于矩形截面柱的矩形基础，对柱与基础交接处以及基础变阶处的受冲切承载力验算。

（2）受冲切承载力应按下列公式验算：

$$F_l \leqslant 0.7\beta_{hp} f_t a_m h_0 \tag{4.2.7}$$

$$a_m = (a_t + a_b)/2 \tag{4.2.8}$$

$$F_l = p_j A_l \tag{4.2.9}$$

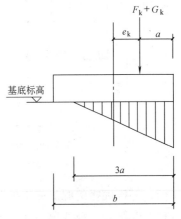

图 4.2.1 偏心荷载（$e_k > b/6$）
下基底压力计算示意
b—力矩作用方向基础底面边长

式中 β_{hp}——受冲切承载力截面高度影响系数，当 h 不大于 800mm 时，β_{hp} 取 1.0；当 h 大于等于 2000mm 时，β_{hp} 取 0.9，其间按线性内插法取用；

f_t——混凝土轴心抗拉强度设计值；

h_0——基础冲切破坏锥体的有效高度；

a_m——冲切破坏锥体最不利一侧计算长度；

a_t——冲切破坏锥体最不利一侧斜截面的上边长，当计算柱与基础交接处的受冲切承载力时，取柱宽；当计算基础变阶处的受冲切承载力时，取上阶宽；

a_b——冲切破坏锥体最不利一侧斜截面在基础底面积范围内的下边长，当冲切破坏锥体的底面落在基础底面以内（图 4.2.2a、b），计算柱与基础交接处的受冲切承载力时，取柱宽加两倍基础有效高度；当计算基础变阶处的受冲切承载力时，取上阶宽加两倍该处的基础有效高度。当冲切破坏锥体的底面在 l 方向落在基础底面以外，即 $a + 2h_0 \geqslant l$ 时（图 4.2.2c），取 $a_b = l$；

p_j——扣除基础自重及其上土重后相应于荷载效应基本组合时的地基土单位面积净反力，对偏心受压基础可取基础边缘处最大地基土单位面积净反力；

A_l——冲切验算时取用的部分基底面积（图 4.2.2a、b 中的阴影面积 *ABCDEF*，或图 4.2.2c 中的阴影面积 *ABCD*）；

F_l——相应于荷载效应基本组合时作用在 A_l 上的地基土净反力设计值。

3）（《地基规范》第 8.2.7 条）基础底板的配筋

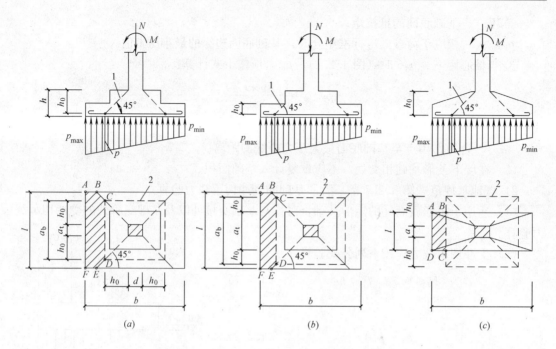

图 4.2.2   计算阶形基础的受冲切承载力截面位置

(*a*) 柱与基础交接处；(*b*) 基础变阶处；(*c*) 基础宽度较小时

1—冲切破坏锥体最不利一侧的斜截面；2—冲切破坏锥体的底面线

（1）**基础底板的配筋应按抗弯计算确定。**

（2）在轴心荷载或单向偏心荷载作用下底板受弯可按下列简化方法计算：

对于矩形基础，当台阶的宽高比小于或等于 2.5 和偏心距小于或等于 1/6 基础宽度时，任意截面的弯矩可按下列公式计算（图 4.2.3）：

$$M_{\mathrm{I}}=\frac{1}{12}a_1^2\left[(2l+a')\left(p_{\max}+p-\frac{2G}{A}\right)+(p_{\max}-p)l\right] \qquad (4.2.10)$$

$$M_{\mathrm{II}}=\frac{1}{48}(l-a')^2(2b+b')\left(p_{\max}+p_{\min}-\frac{2G}{A}\right) \qquad (4.2.11)$$

式中 M_{I}、M_{II}——任意截面 Ⅰ—Ⅰ、Ⅱ—Ⅱ 处相应于荷载效应基本组合时的弯矩设
          计值；

  a_1——任意截面 Ⅰ—Ⅰ 至基底边缘最大反力处的距离；

  l、b——基础底面的边长；

  $p_{\max}$、$p_{\min}$——相应于荷载效应基本组合时的基础底面边缘最大和最小地基反力设
          计值；

  p——相应于荷载效应基本组合时在任意截面 Ⅰ—Ⅰ 处基础底面地基反力
          设计值；

  G——考虑荷载分项系数的基础自重及其上的土自重；当组合值由永久荷
          载控制时，$G=1.35G_k$，G_k 为基础及其上土的标准自重。

  4)（《地基规范》第 8.2.7 条）当扩展基础的混凝土强度等级小于柱的混凝土强度等
级时，尚应验算柱下扩展基础顶面的局部受压承载力。

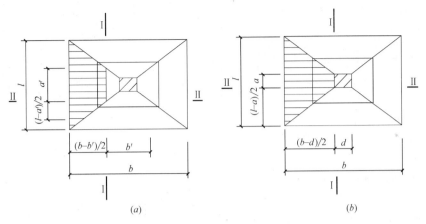

图 4.2.3 矩形基础底板的计算示意

5）扩展基础底面与地基土之间零应力区面积及基础偏心距要求见表4.2.1。

矩形平面基础底面与地基土之间零应力区面积及基础偏心距要求 表 4.2.1

情　　况			偏心距限值	公式编号	备　注
非抗震设计	高层建筑	$H/B>4$	$e_k \leqslant b/6$	2.2.10	e_k 按公式(2.2.12) 计算
		$H/B \leqslant 4$	$e_k \leqslant 1.3b/6$	2.2.11	
	其他建筑	—	$e_k \leqslant 1.3b/6$	2.2.11	
抗震设计	高层建筑	$H/B>4$	$e_E \leqslant b/6$	2.2.18	e_E 按公式(2.2.20) 计算
		$H/B \leqslant 4$	$e_E \leqslant 1.3b/6$	2.2.19	
	其他建筑	—	$e_E \leqslant 1.3b/6$	2.2.19	

2. 构造规定

1）（《地基规范》第8.2.2条）扩展基础的构造，应符合表4.2.2要求：

扩展基础的构造要求 表 4.2.2

序号	项　　目		构　造　要　求
1	锥形基础的边缘高度(mm)		宜≥200
2	阶梯形基础的每阶高度(mm)		宜为300～500
3	垫层的厚度(mm)		宜≥70
4	垫层混凝土强度等级		应为C10(可理解为≥C10——编者注)
5	基础底板受力钢筋	直径(mm)	宜≥10
		间距 s(mm)	宜 200≥s≥100
6	墙下钢筋混凝土条形基础纵向分布钢筋	直径(mm)	≥8
		间距 s(mm)	s≤300
		每延米分布钢筋的面积	应不小于受力钢筋面积的1/10
7	钢筋保护层的厚度(mm)	有垫层时	≥40
		无垫层时	≥70
8	基础混凝土强度等级		应≥C20
9	当 b≥2.5m(b 为柱下钢筋混凝土独立基础的边长或墙下钢筋混凝土条形基础的宽度)时,底板受力钢筋的长度		可取 0.9b 并宜交错布置(图 4.2.4a)
10	钢筋混凝土条形基础底板在 T 形及十字形交接处,钢筋布置	底板横向受力钢筋	仅沿一个主要受力方向通长布置
		另一方向的横向受力钢筋	可布置到主要受力方向底板宽度 1/4 处(图 4.2.4c)。在拐角处底板横向受力钢筋应沿两个方向布置(图 4.2.4b)

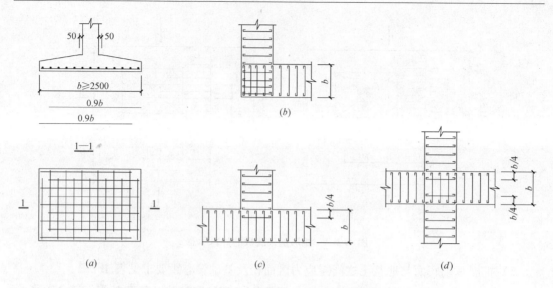

图 4.2.4　基础底板受力钢筋布置示意

2)（《地基规范》第 8.2.3 条）钢筋混凝土柱和剪力墙纵向受力钢筋在基础内的锚固长度要求如下：

（1）非抗震设计时，纵向受力钢筋的最小锚固长度 l_a，根据现行《混凝土规范》的有关规定确定。

（2）抗震设计时，纵向受力钢筋的最小锚固长度 l_{aE} 应按下式计算：

① 一、二级抗震等级

$$l_{aE}=1.15l_a \qquad (4.2.12)$$

② 三级抗震等级

$$l_{aE}=1.05l_a \qquad (4.2.13)$$

③ 四级抗震等级

$$l_{aE}=l_a \qquad (4.2.14)$$

3)（《地基规范》第 8.2.4 条）现浇柱的基础，其插筋的数量、直径以及钢筋种类应与柱内纵向受力钢筋相同。插筋的锚固长度应满足上述 2）的要求，插筋与柱的纵向受力钢筋的连接方法，应符合《混凝土规范》的规定。插筋的下端宜做成直钩放在基础底板钢筋网上。当符合下列条件之一时，可仅将四角的插筋伸至底板钢筋网上，其余插筋锚固在基础顶面下 l_a 或 l_{aE}（抗震设计时）处（图 4.2.5）。

（1）柱为轴心受压或小偏心受压，基础高度 $h\geqslant1200mm$；

（2）柱为大偏心受压，基础高度 $h\geqslant1400mm$。

4)（《地基规范》第 8.2.5 条）预制钢筋混凝土柱与杯口基础的连接，应符合下列要求（图 4.2.6）：

（1）柱的插入深度，可按表 4.2.3 选用，并应满足钢筋锚固长度的要求（l_a 或 l_{aE}）及吊装时柱的稳定性。

（2）基础的杯底厚度和杯壁厚度，可按表 4.2.4 选用。

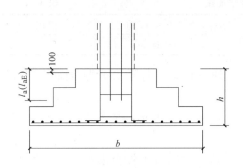

图 4.2.5　现浇柱的基础中插筋构造示意

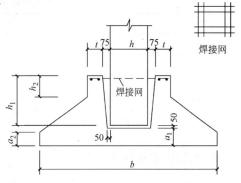

图 4.2.6　预制钢筋混凝土柱独立基础示意
$(a_2 \geqslant a_1)$

柱的插入深度 h_1　（mm）　　　　　　　表 4.2.3

矩形或工字形柱				双肢柱
$h<500$	$500 \leqslant h<800$	$800 \leqslant h \leqslant 1000$	$h>1000$	$(1/3 \sim 2/3)h_a$、$(1.5 \sim 1.8)h_b$
$h \sim 1.2h$	h	$0.9h$ 且 $\geqslant 800$	$0.8h$ 且 $\geqslant 1000$	

注：1. h 为柱截面长边尺寸；h_a 为双肢柱全截面长边尺寸；h_b 为双肢柱全截面短边尺寸；

2. 柱轴心受压或小偏心受压时，h_1 可适当减小，偏心距大于 $2h$ 时，h_1 应适当加大。

基础的杯底厚度和杯壁厚度　　　　　表 4.2.4

柱截面长边尺寸 h(mm)	杯底厚度 a_1(mm)	杯壁厚度 t(mm)
$h<500$	$\geqslant 150$	$150 \sim 200$
$500 \leqslant h<800$	$\geqslant 200$	$\geqslant 200$
$800 \leqslant h<1000$	$\geqslant 200$	$\geqslant 300$
$1000 \leqslant h<1500$	$\geqslant 250$	$\geqslant 350$
$1500 \leqslant h<2000$	$\geqslant 300$	$\geqslant 400$

注：1. 双肢柱的杯底厚度值，可适当加大；

2. 当有基础梁时，基础梁下的杯壁厚度，应满足其支承宽度的要求；

3. 柱子插入杯口部分的表面应凿毛，柱子与杯口之间的空隙，应用比基础混凝土强度等级高一级的细石混凝土充填密实，当达到材料设计强度的 70% 以上时，方能进行上部吊装。

（3）当柱为轴心受压或小偏心受压且 $t/h_2 \geqslant 0.65$ 时，或大偏心受压且 $t/h_2 \geqslant 0.75$ 时，杯壁可不配筋；当柱为轴心受压或小偏心受压且 $0.5 \leqslant t/h_2 < 0.65$ 时，杯壁可按表 4.2.5 构造配筋；其他情况下，应按计算配筋。

杯壁构造配筋　　　　　　　表 4.2.5

柱截面长边尺寸(mm)	$h<1000$	$1000 \leqslant h<1500$	$1500 \leqslant h \leqslant 2000$
钢筋直径(mm)	$8 \sim 10$	$10 \sim 12$	$12 \sim 16$

注：表中钢筋置于杯口顶部，每边两根（图 4.2.6）。

5)（《地基规范》第 8.2.6 条）预制钢筋混凝土柱（包括双肢柱）与高杯口基础的连接要求：

（1）柱的插入深度应符合上述 4) 的规定。

（2）高杯口基础的杯壁厚度见表 4.2.6。

高杯口基础的杯壁厚度 t 表 4.2.6

h(mm)	$600<h\leqslant800$	$800<h\leqslant1000$	$1000<h\leqslant1400$	$1400<h\leqslant1600$
t(mm)	$\geqslant250$	$\geqslant300$	$\geqslant350$	$\geqslant400$

(3) 杯壁厚度符合表 4.2.6 的规定且符合下列条件时，杯壁和短柱配筋，可按图 4.2.8 的构造要求进行设计。

① 起重机起重量小于或等于 75t，轨顶标高小于或等于 14m，基本风压小于 0.5kPa 的工业厂房，且基础短柱的高度不大于 5m；

② 起重机起重量大于 75t，基本风压大于 0.5kPa，且符合下列表达式：

$$E_2 I_2/(E_1 I_1)\geqslant10 \tag{4.2.15}$$

式中 　E_1——预制钢筋混凝土柱的弹性模量；

　　I_1——预制钢筋混凝土柱对其截面短轴的惯性矩；

　　E_2——短柱的钢筋混凝土弹性模量；

　　I_2——短柱对其截面短轴的惯性矩。

③ 当基础短柱的高度大于 5m，并符合下列表达式：

$$\Delta_2/\Delta_1\leqslant1.1 \tag{4.2.16}$$

式中 　Δ_1——单位水平力作用在以高杯口基础顶面为固定端的柱顶时，柱顶的水平位移；

　　Δ_2——单位水平力作用在以短柱底面为固定端的柱顶时，柱顶的水平位移。

④ 高杯口基础短柱的纵向钢筋，除满足计算要求外，在非地震区及抗震设防烈度不低于 9 度的地区，且满足上述①、②、③的要求时，构造要求见表 4.2.7。

高杯口基础短柱的纵向钢筋构造要求 表 4.2.7

序号	项 目		构 造 要 求
1	短柱四角纵向钢筋的直径(mm)		宜≥20 并延伸至基础底板的钢筋网上
2	短柱长边的纵向钢筋	当长边尺寸 $h_3\leqslant1000$ 时	直径应≥12mm，间距应≤300mm
		当长边尺寸 $h_3>1000$ 时	直径应≥16mm，间距应≤300mm，且每隔一 m 左右伸下一根并做长 150mm 的直钩支承在基础底部的钢筋网上，其余钢筋锚固至基础底板顶面下 l_a 处(图 4.2.8)
3	短柱短边的纵向钢筋(每隔 300mm)		直径≥12mm，且每边的配筋率 $\mu_s\geqslant0.05\%b_3h_3$，其中 b_3、h_3 分别为短柱截面的短边和长边边长
4	短柱中的箍筋	当抗震设防烈度为 8 度和 9 度时	直径应≥8，间距应≤150
		当为其他情况时	直径应≥8，间距应≤300

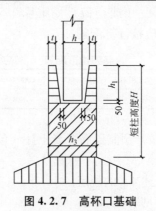

图 4.2.7 高杯口基础

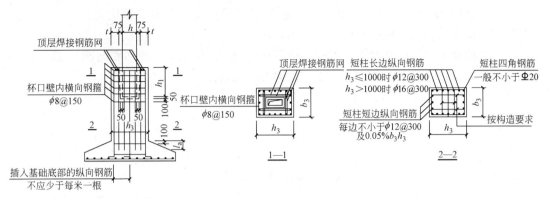

图 4.2.8 高杯口基础构造配筋示意

二、理解与分析

1. 公式（4.2.7）与《混凝土规范》第 7.7.4 条相同。

2. 比较图 4.2.2 与图 4.2.3 可以发现，受冲切计算与基础底板配筋计算所采用的基底面积不完全相同。

3. 当基础考虑抗震设计时，应取用考虑地震作用效应基本组合时的弯矩设计值。

4. 《地基规范》第 8.2.6 条第 4 款表述前后不一致，表 4.2.7 高杯口基础短柱的纵向钢筋的构造要求，可理解为适用于非地震区及抗震设防烈度不高于 9 度（含 9 度）的地区。

5. 对基础偏心距（e_k、e_E）的限制，其本质就是控制基础底面的压力和基础的整体倾斜，对于不同的建筑、不同类型的基础，其控制的重点各不相同。

对高层建筑由于其楼身质心高，荷载重，当整体式基础（筏形或箱形）开始产生倾斜后，建筑物总重对基础底面形心将产生新的倾覆力矩增量，而倾覆力矩的增量又产生新的倾斜增量，倾斜可能伴随时间而增长，直至地基变形稳定为止。为限制整体式基础在永久荷载下的倾斜而提出基础偏心距 e_q 的限值要求，采用的是荷载效应的准永久组合（当高层建筑采用非整体式基础时，建议也应考虑本条要求——编者注）。

对其他类型的基础（非整体式基础——编者注），则通过对基底偏心距的控制，实现对基底压力和整体倾斜的双重控制，采用的是荷载效应的标准组合。

6. 老《抗震规范》规定验算天然地基地震作用下的竖向承载力时，基础底面与地基土之间零应力区面积不应超过基础底面积的 25%，新《抗震规范》则区分不同情况规定了相应的基础底面零应力区面积要求，其要求比老规范严格。

7. 非抗震设计时，基础底面与地基土之间零应力区面积要求只适用于高层建筑（高层建筑箱形基础及筏形基础还有偏心距 e_q 要求——编者注）而对高层建筑以外的其他建筑则不作要求。

8. 对抗震设计的基础，基础底面与地基土之间零应力区面积要求适用于各类建筑。

9. 图 4.2.9（*b*）中不考虑基础与地基土之间的抗拉能力，并假定作用力（F_k+G_k）的作用位置与地基反力的合力位置重合，零应力区长度为（$b-3a$），由此可得式（4.2.6）。

10. 在考虑地震作用组合时，《抗震规范》及《混凝土高规》均有如下规定：

1) 高宽比 $H/B>4$ 的高层建筑，在地震作用下基底不宜出现零应力区，即符合式（2.2.18）的要求，与非抗震时式（2.2.10）相同；

2) 其他建筑，基础与地基土之间的零应力区面积不应超过基础底面积的 15%（图4.2.10），即应符合式（2.2.19）的要求，偏心距限值比式（2.2.18）放大 30%。

11. 对基础垫层和底板钢筋的构造规定的理解见图 4.2.11。

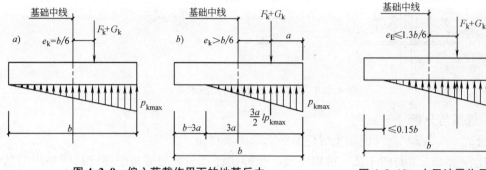

图 4.2.9　偏心荷载作用下的地基反力　　图 4.2.10　水平地震作用下零应力区的面积限值

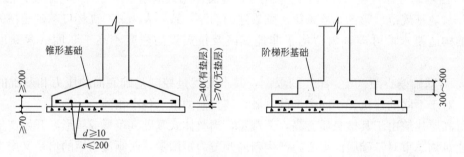

图 4.2.11

12. 式（4.2.10）及式（4.2.11）中之所以限于台阶宽高比 $\leqslant 2.5$，是因为，由此可应用基底反力按直线分布的假定。

13. 按基底反力图形可得出 $M_I=\dfrac{a_1^2}{6}[2l(p_{max}-G/A)+(p-G/A)a']$，其表达式较式（4.2.10）简单，考虑与老规范的衔接而采用式（4.2.10）。

14. 由于地基承载力验算与基础配筋计算所采用的荷载效应组合不同，故基础计算中采用相应于荷载效应基本组合时的地基反力设计值 p_{max}、p_{min}、p，而在地基承载力验算中采用相应于荷载效应标准组合时的地基反力值 p_{kmax}、p_{kmin}、p_k。

三、结构设计的相关问题

1.《地基规范》第 8.2.7 条仅规定了"矩形截面柱的矩形基础"的受冲切承载力计算公式。对其他柱截面、其他平面形状的基础，则未作出具体的计算规定。

2. 规范未明确提出独立基础的抗剪计算要求及相关计算公式。

3. 对独立扩展基础是否要满足最小配筋率的问题，《地基规范》未予明确。

四、设计建议

1. 非"矩形截面柱的矩形基础"的受冲切承载力计算：

1）圆形截面柱的矩形基础

可将圆形截面柱按惯性矩相同的原则等效（参考《混凝土规范》第7.5.15条）成矩形截面柱，按等效后的矩形截面柱计算。

2）圆形截面柱的圆形基础

圆形截面柱按上述1）原则等效，圆形基础可按总面积相等原则将其等效为方形基础，按等效后的矩形截面柱、方形基础计算。

需要说明的是，上述等效计算属于结构估算的范畴，结构设计时应留有适当的余地。必要时应采用相关专用程序进行补充计算。

2. 独立基础的受剪承载力计算

1）独立基础考虑基础厚度影响的受剪承载力按公式（4.2.17）计算。

$$V_s \leqslant 0.7 \times 1.75\beta_{hs}f_t b_e h_0 = 1.23\beta_{hs}f_t b_e h_0 \qquad (4.2.17)$$

$$\beta_{hs} = (800/h_0)^{1/4} \qquad (4.2.18)$$

$$V_s = \frac{p_{j\max} - p_j}{2}A_v \qquad (4.2.19)$$

式中　V_s——独立基础剪力设计值，即：柱边缘处，作用在图4.2.12中阴影部分面积（A_v）上的地基土净反力设计值，V_s可按公式（4.2.19）计算；

　　　$p_{j\max}$——扣除基础自重及其上土重后，相应于荷载效应基本组合时，基础底面边缘处地基土的单位面积净反力（kN/m^2）；

　　　p_j——扣除基础自重及其上土重后，相应于荷载效应基本组合时，柱边或变阶处基础底面地基土的单位面积净反力（kN/m^2）；

　　　β_{hs}——受剪切承载力截面高度影响系数（见表4.2.8）。当按公式（4.2.18）计算时，板的有效高度$h_0 < 800mm$时，取$h_0 = 800mm$；$h_0 > 2000mm$时，取$h_0 = 2000mm$。

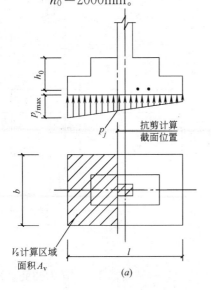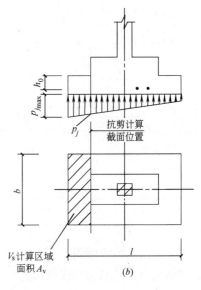

图4.2.12　独立基础受剪承载力计算

受剪切承载力截面高度影响系数 β_{hs} 数值　　　　表 4.2.8

h_0	≤800	1000	1200	1400	1600	1800	≥2000
β_{hs}	1	0.946	0.904	0.869	0.841	0.816	0.795

2）阶形或锥形基础受剪截面的等效宽度 b_e 计算

（1）对阶梯形基础应分别在变阶处（A_1—A_1，B_1—B_1）及柱边处（A_2—A_2，B_2—B_2）进行斜截面受剪计算（图 4.2.13）。

① 计算变阶处截面 A_1—A_1、B_1—B_1 的斜截面受剪承载力时，其截面有效高度均为 h_{01}，截面计算宽度分别为 b_{y1} 和 b_{x1}。

② 计算柱边截面 A_2—A_2、B_2—B_2 处的斜截面受剪承载力时，其截面有效高度均为 $h_{01}+h_{02}$，截面的等效计算宽度按下式计算（其本质是阶形截面的面积与高度为（$h_{01}+h_{02}$）的矩形面积相等）：

$$对\ A_2—A_2 \qquad b_{ey}=\frac{b_{y1}\,h_{01}+b_{y2}\,h_{02}}{h_{01}+h_{02}} \qquad (4.2.20)$$

$$对\ B_2—B_2 \qquad b_{ex}=\frac{b_{x1}\,h_{01}+b_{x2}\,h_{02}}{h_{01}+h_{02}} \qquad (4.2.21)$$

（2）锥形基础斜截面受剪的截面计算宽度

对锥形基础应对 A—A 及 B—B 两个截面进行斜截面受剪承载力计算（图 4.2.14），截面有效高度 h_0，截面的等效计算宽度按下式计算（其本质是锥形截面的面积与高度为 h_0 的矩形面积相等）：

$$对\ A—A \qquad b_{ey}=\left[1-0.5\frac{h_1}{h_0}\left(1-\frac{b_{y2}}{b_{y1}}\right)\right]b_{y1} \qquad (4.2.22)$$

$$对\ B—B \qquad b_{ex}=\left[1-0.5\frac{h_1}{h_0}\left(1-\frac{b_{x2}}{b_{x1}}\right)\right]b_{x1} \qquad (4.2.23)$$

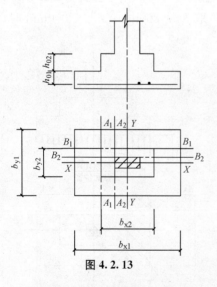

图 4.2.13

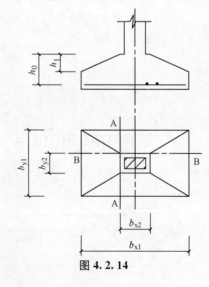

图 4.2.14

3. 柱钢筋在基础的锚固

1）柱插筋下端的直钩长度以满足钢筋架立要求为宜，一般可取 $10d$（d 为插筋直径）。

2）当基础高度 $h \geqslant l_a$（有抗震设防要求时 $h \geqslant l_{aE}$）时，为便于施工而采用图 4.2.5

做法。

3）当基础高度 $h<l_a$（有抗震设防要求时 $h<l_{aE}$）时，柱钢筋在基础的锚固做法见图 4.2.15。

4）抗震设计的建筑中，钢筋混凝土柱和剪力墙纵向受力钢筋在基础内的锚固长度，应根据有无地下室及地下室底层的抗震等级确定。

5）当无地下室时，柱墙的纵向钢筋在基础的锚固长度根据首层结构的抗震等级确定。

6）当有地下室时，应根据《抗震规范》第 6.1.3 条规定，确定地下室底层的抗震等级，并由此确定柱墙的纵向钢筋在基础的锚固长度。

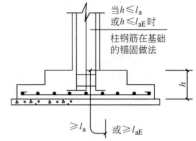

图 4.2.15

4. 当 $e_k>b/6$ 时，应按图 4.2.1 取用 p_{max} 及 p 值，$p_{min}=0$。

5. 由于按式（4.2.10）及式（4.2.11）算得的柱基弯矩设计值是近似值，故在计算柱基受弯钢筋面积时，可采用不考虑混凝土强度等级的近似公式（4.2.24）计算。

$$A_s \approx M/(0.9h_0 f_y) \tag{4.2.24}$$

6. 关于独立基础配筋是否要满足最小配筋率的问题，《地基规范》未予以明确，编者建议可执行《混凝土规范》第 9.5.2 条的规定，取最小配筋率为 0.15%。实际配筋时，可根据阶形（或锥形）基础的实际面积（图 4.2.16 中阴影区域面积）计算其最小配筋量，并将其配置在基础的全宽范围内。

若独立基础的配筋不小于 $\phi10@200$（双向）时，可不考虑最小配筋率的要求。

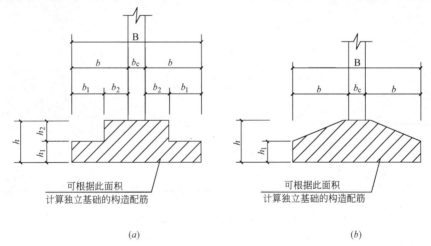

(a)   *(b)*

图 4.2.16 按实际面积确定独立基础的最小配筋
(a) 阶形截面；*(b)* 锥形截面

7. 不同组合内力之间的互换（近似计算）

1）考虑荷载效应基本组合的内力设计值，可近似取考虑荷载效应标准组合内力设计值的 1.3 倍；

2）考虑荷载效应标准组合的内力设计值，可近似取考虑荷载效应基本组合内力设计值的 0.77 倍；

3）进行地基承载力验算，若取用上部结构考虑地震作用效应的柱底内力设计值时，应将其除以 1.25 的系数后，再进行地基反力特征值的验算；

4）进行地基承载力验算时，若取用上部结构计算的柱底内力设计值时，应将其除以 1.30 的系数后，再进行地基反力特征值的验算；

5）基础设计时，可将地震作用的内力乘以 0.8 后，采用非地震作用的设计计算公式。

五、相关索引

1.《地基规范》的相关规定见其第 8.2 节。

2.《抗震规范》的相关规定见其第 4.2 节。

3.《混凝土高规》的相关规定见其第 12.1 节。

4.《北京地基规范》的相关规定见其第 8.3 节。

第三节 独基加防水板基础

【要点】

本节通过对独基加防水板基础的受力分析，提出现阶段满足设计要求的实用方法，涉及防水板的内力、考虑防水板影响的独立基础计算、软垫层的设置及结构抗浮设计等问题。当地下水位较高时，忽略防水板对独立基础内力的影响是不安全的。此部分内容是编者对实际工程经验的总结，读者可根据工程的具体情况参照使用。

独基加防水板基础是近年来伴随基础设计与施工发展而形成的一种新的基础形式（图 4.3.1），由于其传力简单、明确及费用较低，因此在工程中应用相当普遍。

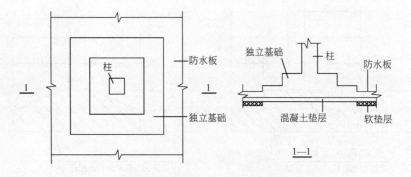

图 4.3.1 独基加防水板基础的组成

一、受力特点

1. 在独基加防水板基础中，防水板一般只用来抵抗水浮力，不考虑防水板的地基承载能力。独立基础承担全部结构荷重并考虑水浮力的影响。

2. 作用在防水板上的荷载有：地下水浮力 q_w、防水板自重 q_s 及其上建筑做法重量 q_a，在建筑物使用过程中由于地下水位变化，作用在防水板底面的地下水浮力也在不断改变，根据防水板所承担的水浮力的大小，可将独立柱基加防水板基础分为以下两种不同情况：

1）当 $q_w \leqslant q_s + q_a$ 时（注意：此处的 q_w、q_s 和 q_a 均为荷载效应基本组合时的设计值，即水浮力起控制作用时的荷载设计值，而不是荷载标准值），建筑物的重量将全部由独立基础传给地基（图 4.3.2a）；

2）当 $q_w > q_s + q_a$ 时（注意：同上），防水板对独立基础底面的地基反力起一定的分担作用，使独立基础底面的部分地基反力转移至防水板，并以水浮力的形式直接作用在防水板底面，这种地基反力的转移对独立基础的底部弯矩及剪力有加大的作用，并且随水浮力的加大而增加（图 4.3.2b）。

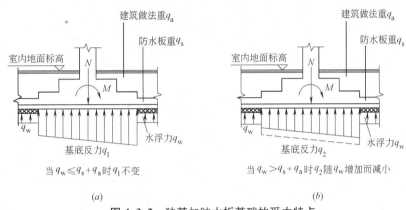

图 4.3.2　独基加防水板基础的受力特点

3. 在独基加防水板基础中，防水板是一种随荷载情况变化而变换支承情况的复杂板类构件，当 $q_w \leqslant q_s + q_a$ 时（图 4.3.2a），防水板及其上部重量直接传给地基土，独立基础对其不起支承作用；当 $q_w \geqslant q_s + q_a$ 时（图 4.3.2b），防水板在水浮力的作用下，将净水浮力［即 $q_w - (q_s + q_a)$］传给独立基础，并加大了独立基础的弯矩数值。

二、计算原则

在独基加防水板基础中，独立基础及防水板一般可单独计算。

1. 防水板计算

1）防水板的支承条件的确定

防水板可以简化成四角支承在独立基础上的双向板（支承边的长度与独立基础的尺寸有关，防水板为以独立基础为支承的复杂受力双向板）（图 4.3.3）；

2）防水板的设计荷载（图 4.3.2）

（1）重力荷载

防水板上的重力荷载一般包括：防水板自重、防水板上部的填土重量、建筑地面重量、地下室地面的固定设备重量等；

（2）活荷载

防水板上的活荷载一般包括：地下室地面的活荷载、地下室地面的非固定设备重量等；

（3）水浮力

防水板的水浮力可按抗浮设计水位确定。

3）荷载分项系数的确定

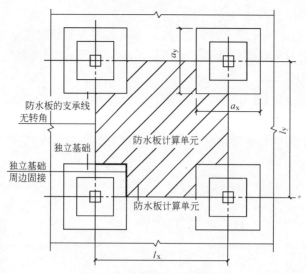

图 4.3.3　防水板的支承条件

(1) 当地下水水位变化剧烈时，水浮力荷载分项系数按可变荷载分项系数确定，取 1.4；

(2) 当地下水水位变化不大时，水浮力荷载分项系数按永久荷载分项系数确定，取 1.35；

(3) 注意防水板计算时，应根据重力荷载效应对防水板的有利或不利情况，合理取用永久荷载的分项系数，当防水板由水浮力效应控制时应取 1.0。

4) 防水板应采用相关计算程序按复杂楼板计算。也可按无梁楼盖双向板计算。

5) 无梁楼盖双向板计算的经验系数法

(1) 防水板柱下板带及跨中板带的划分

按图 4.3.4 确定防水板的柱下板带和跨中板带。

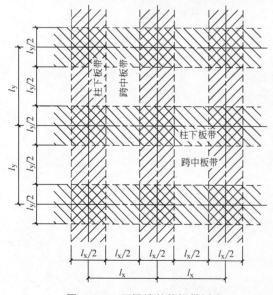

图 4.3.4　无梁楼盖的板带划分

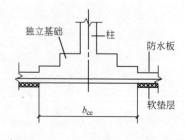

图 4.3.5　独立基础的有效宽度

（2）防水板柱下板带及跨中板带弯矩的确定

按经验系数法计算时，应先算出垂直荷载产生的板的总弯矩设计值（M 即 M_x、M_y），然后按表 4.3.1 确定柱下板带和跨中板带的弯矩设计值。

对 X 方向板的总弯矩设计值，按下式计算：$M_x = q l_y (l_x - 2b_{ce}/3)^2/8$　　　(4.3.1)

对 Y 方向板的总弯矩设计值，按下式计算：$M_y = q l_x (l_y - 2b_{ce}/3)^2/8$　　　(4.3.2)

式中　q——相应于荷载效应基本组合时，垂直荷载设计值；

l_x、l_y——等代框架梁的计算跨度，即柱子中心线之间的距离；

b_{ce}——独立基础在计算弯矩方向的有效宽度（见图 4.3.5）。

柱下板带和跨中板带弯矩分配值（表中系数乘 M）　　　　表 4.3.1

截面位置		柱下板带	跨中板带
端跨	边支座截面负弯矩	0.33	0.04
	跨中正弯矩	0.26	0.22
	第一内支座截面负弯矩	0.50	0.17
内跨	支座截面负弯矩	0.50	0.17
	跨中正弯矩	0.18	0.15

注：1. 在总弯矩（M）不变的条件下，必要时允许将柱下板带负弯矩的 10% 分配给跨中板带；

　　2. 表中数值为无悬挑板时的经验系数，有较小悬挑板时仍可采用，当悬挑较大且负弯矩大于边支座截面负弯矩时，须考虑悬臂弯矩对边支座及内跨的影响。

2. 独立基础的计算

合理考虑防水板水浮力对独立基础的影响，是独立基础计算的关键。在结构设计中可采用包络设计的原则，按下列步骤计算：

1）$q_w \leqslant q_s + q_a$ 时的独立基础计算

此时的独立基础可直接按本章第二节相关规定进行计算，此部分的计算主要用于地基承载力的控制，相应的基础内力一般不起控制作用，仅可作为结构设计的比较计算。

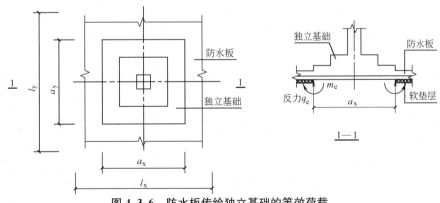

图 4.3.6　防水板传给独立基础的等效荷载

2）$q_w > (q_s + q_a)$ 时的独立基础计算

（1）将防水板的支承反力（取最大水浮力计算），按四角支承的实际长度（也就是防水板与独立基础的交接线长度，当各独立基础平面尺寸相近或相差不大时，可近似取图 4.3.6 中的独立基础的底边总长度）转化为沿独立基础周边线性分布的等效线荷载 q_e 及等效线弯矩 m_e（见图 4.3.6），并按下列公式计算：

① 沿独立基础周边均匀分布的线荷载：

$$q_e \approx \frac{q_{wj}(l_x l_y - a_x a_y)}{2(a_x + a_y)} \qquad (4.3.3)$$

② 沿独立基础边缘均匀分布的线弯矩：

$$m_e \approx k q_{wj} l_x l_y \qquad (4.3.4)$$

式中　q_{wj}——相应于荷载效应基本组合时，防水板的水浮力扣除防水板自重及其上地面重量后的数值（kN/m²）；

　　　　l_x、l_y——x 向、y 向柱距（m）；

　　　　a_x、a_y——独立基础在 x 向、y 向的底面边长（m）；

　　　　k——防水板的平均固端弯矩系数，可按表 4.3.2 取值；其中 $a = \sqrt{a_x a_y}$。

防水板的平均固端弯矩系数　　　　　　　　表 4.3.2

a/l	0.20	0.25	0.30	0.35	0.40	0.45	0.50	0.55	0.60	0.65	0.70	0.75	0.80
k	0.110	0.075	0.059	0.048	0.039	0.031	0.025	0.019	0.015	0.011	0.008	0.005	0.003

注：本表按有限元分析（由王奇工程师完成）统计得出。

（2）根据矢量叠加原理，进行在普通均布荷载及周边线荷载共同作用下的独立基础计算，即在独立基础内力计算公式（4.2.10）、公式（4.2.11）的基础上增加由防水板荷载（q_e、m_e）引起的内力，计算简图见图 4.3.7，计算过程如下：

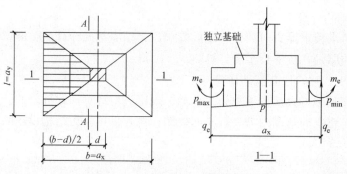

图 4.3.7　独立基础计算简图

① 独立基础基底反力引起的内力计算，按本章第二节相关规定，进行普通均布荷载作用下独立基础的内力计算，注意此处均布荷载中应扣除防水板分担的水浮力，以图 4.3.7 柱边缘剖面 A—A 为例，计算弯矩为 M_{A1}（按公式（4.2.10）计算）、剪力为 V_{A1}；

② 防水板对独立基础的基底边缘反力引起的附加内力计算，根据结构力学原理，结合本章第二节独立基础底面反力的分块原则，进行周边线荷载作用下独立基础的内力计算；以图 4.3.7 柱边缘剖面 A—A 为例，计算弯矩为 $M_{A2} = (q_e(b-d)/2 + m_e)l$、剪力为 $V_{A2} = q_e l$；

③ 将两部分内力叠加，进行独立基础的各项设计计算，以图 4.3.7 柱边缘剖面 A—A 为例，计算总弯矩为 $M_A = M_{A1} + M_{A2}$、总剪力为 $V_A = V_{A1} + V_{A2}$。

3）取上述 1）和 2）的大值进行独立基础的包络设计。

三、构造要求

1. 为实现结构设计构想，防水板下应采取设置软垫层（见图 4.3.1）的相应的结构构造措施，确保防水板不承担或承担最少量的地基反力，软垫层应具有以下两方面的特点：

1）软垫层应具有一定的承载能力，至少应能承担防水板混凝土浇注时的重量及其施工荷载，并确保在混凝土达到设计强度前不致产生过大的压缩变形。

2）软垫层应具有一定的变形能力，避免防水板承担过大的地基反力，以保证防水板的受力状况和设计相符。

2. 工程设计中软垫层的做法大致如下：

1）防水板下设置焦渣垫层

在防水板下设置焦渣垫层，利用焦渣垫层所具有的承载力承担防水板及其施工荷载重量，并确保在防水板施工期间不致发生过大的压缩变形，同时，在底板混凝土达到设计强度后，具有恰当的可压缩性。受焦渣材料供应及其价格因素的影响，焦渣垫层的应用正在逐步减少。

2）防水板下设置聚苯板

近年来随着独立柱基加防水板基础应用的普及，聚苯板的应用也相当广泛，由于其来源稳定，施工方便快捷且价格低廉，在工程应用中获得比较满意的技术经济效果。聚苯板应具有一定的强度和弹性模量，以能承担基础底板的自重及施工荷载。

四、结构设计的相关问题

1. 软垫层设计中对聚苯板性能的控制问题是关系独立基础加防水板受力合理与否的关键问题。

2. 需要说明的是，结构设计中常有忽略防水板的水浮力对独立基础的影响，而只按独立基础基底反力引起的弯矩计算，当地下水位较高时，其基底弯矩设计值偏小，不安全。

3. 采用软垫层后对地基承载力的深度修正影响问题。

五、设计建议

1. 建议在软垫层设计中，采取控制软垫层强度和变形的结构措施，如根据设计需要提出聚苯板的抗压强度和压缩模量指标（抗压强度一般取压缩量为试件总厚度的 10% 时的强度值）。

2. 软垫层的厚度 h 可根据独基边缘的地基沉降数值 s 确定，且应 $h \geqslant s$。

3. 在独基加防水板基础中，防水板承担地下水浮力，当地下水位较高（$q_w > q_s + q_a$）时，应考虑防水板承担的水浮力对独立基础弯矩的增大作用，并可采用矢量叠加原理进行简单计算。

4. 在独基加防水板基础设计中，应特别注意对独立基础计算埋深的修正，相关做法可参考第二章实例 2.1。

5. 应注意独基加防水板基础与变厚度筏板基础的区别，相关异同分析见本书第六章第三节。

6. 在独基加防水板基础的设计中，当地下水位不高时，应尽量采用较小厚度的防水板，控制防水板的配筋略大于防水板的构造配筋为宜。

六、特别说明

1. 独基加防水板基础暂未列入相关结构设计规范中，上述结构设计的原则和做法均为编者对实际工程的总结和体会，供读者在结构设计中参考。

2. 在可不考虑地下水对建筑物影响时，对防潮要求比较高的建筑，常可采用独立基础加防潮板，防潮板的位置（标高）可根据工程具体情况而定：

1）当防潮板的位置在独立基础高度范围内（有利于建筑设置外防潮层，并容易达到满意的防潮效果）时，上述独立基础加防水板设计方法同样适用；

2）当防潮板的位置在地下室地面标高处时（独立基础与防潮板不直接接触），防潮板变成为非结构构件，一般可不考虑其对独立基础的影响，但注意框架柱在防潮层标高处应留有与防潮层相连接的"胡子筋"。

3. 关于防水设计水位和抗浮设计水位见第一章第四节设计建议，结构构件设计应采用抗浮设计水位而不是防水设计水位。

4. 关于结构的抗浮设计

1）当抗浮设计水位较高时，结构的抗浮设计往往存在较大的困难，尤其是纯地下车库或地下室层数较多而地上层数很少时，问题更为严重。

2）抗浮设计常用的方法有：

（1）自重平衡法，即：采用回填土、石或混凝土（或重度≥30kN/m³ 的钢渣混凝土）等手段，来平衡地下水浮力；

（2）抗力平衡法，即：设置抗拔锚杆或抗拔桩，来消除或部分消除地下水浮力对结构的影响；

（3）浮力消除法，即：采取疏、排水措施，使地下水位保持在预定的标高之下，减小或消除地下水对建筑（构筑）物的浮力，从而达到建筑（构筑）物抗浮的目的；

（4）综合设计方法，即：根据工程需要采用上述两种或多种抗浮设计方法，采取综合处理措施，实现建筑（构筑）物的抗浮。

上述设计方法（1）和（2），从工程角度属于"抗"的范畴，能解决大部分工程的抗浮问题，但对地下水浮力很大的工程，投资大，费用高。而设计方法（3）则属于"消"的范畴，处理得当，可以获得比较满意的经济、技术效果。

一般情况下，当地下水位较高，建筑物长期处在地下水浮力作用下时，宜采用自重或抗力平衡法；当地下水位较低，建筑物长期没有地下水浮力作用或水浮力作用的时间很短、概率很小（虽然其有可能在某个时间出现较高的水位）时，宜采用浮力消除法。采用"抗"和"消"相结合的设计方法，对于防水要求不是很高的大面积地下车库等建筑尤为适合。

3）采用浮力消除法的相关问题

（1）地下室底板宜位于弱透水层；

（2）地下室四周及底板下应设置截水盲沟，并在适当位置设置集水井及排水设备；

（3）设置排水盲沟，应具有成熟的地方经验，必要时应进行相关的水工试验。应采取确保盲沟不淤塞的技术措施（如设置砂砾反滤层，铺设土工布等），并加以定期监测和维护，保证排水系统的有效运转。

七、相关索引

1. 对独立基础的相关设计要求见《地基规范》第5章及第8.2节。

2. 《北京地基规范》对独立基础的相关设计要求见其第6.3、6.4节及8.3节。

3. 全国民用建筑工程设计技术措施（结构）对独立基础的相关规定见其第3.8节。

4. 软垫层对地基承载力的影响分析见第二章实例2.1。

第四节　工程实例及实例分析

【要点】

本节结合工程实际进一步说明柱下刚性基础、钢筋混凝土独立基础、独基加防水板基础的设计方法及设计过程，分析结构设计的关键问题并提供解决问题的办法。提供浮力消除型工程设计实例，以拓展结构设计思路。

【实例4.1】　山东荣成市政府办公大楼毛石混凝土基础找平层设计

1. 工程实例

1) 工程概况

本工程为山东省荣成市政府办公楼，由主楼及礼堂、东西配楼及连廊组成，总建筑面积 4.5m²。结构分段见图 4.4.1，各区段情况见表 4.4.1。

各区段情况　　　　　　　　　　　　　　表 4.4.1

区　段	A　段	B、C 段	D　段	东西配楼	连　廊
层数	8	6	1	6	1
结构形式	框架结构	砖砌体结构	框架结构	砖砌体结构	框架结构

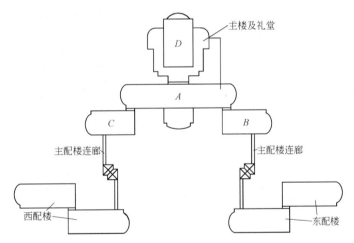

图 4.4.1　结构分段平面图

2) 工程地质情况

场区地势北高南低，地形复杂，最大高差约 11m，地质勘察深度范围内第四纪地层较薄，下伏基岩为燕山晚期岩浆岩，二者呈不整合接触关系。场地自上而下依次为：种植土层厚度 0～1.4m、亚黏土层厚度 0～2.3m，斑状花岗闪长岩厚度 0～2.5m，在主楼部位风化程度较弱，进入强风化层 1m 处，$f_{ak}=5000kPa$，在配楼部位风化程度较强，进入强风化层 1m 处，$f_{ak}=3500kPa$，强风化层作为本工程基础持力层，不考虑场地地基的液化问题。

3) 毛石混凝土基础垫层的设计要求：

(1) 本工程基础持力层为强风化花岗岩，设计要求基础底面进入强风化层 1m，开挖应按高宽比不大于 1:2 放坡，台阶高度应不大于 500mm；

（2）基础底面采用毛石混凝土垫层找平，垫层混凝土强度等级为 C15，毛石采用未风化硬质岩石，其强度等级不低于 MU30，毛石块体长度不大于 300mm，毛石掺量不大于垫层混凝土体积的 30%，做法见 4.4.2。

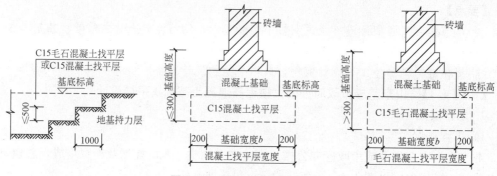

图 4.4.2　毛石混凝土基础做法

2. 实例分析

1）本工程 B、C 段及东西配楼为烧结普通砖砌体结构，采用墙下条形基础，故采用无筋扩展基础。

2）为就地取材利用本地毛石资源，减少结构投资，在基础设计中充分利用毛石，毛石掺量要求不小于 30%。

3）为确保工程质量，对毛石提出质量要求，提出毛石的强度要求并限制毛石的块体尺寸。

【实例 4.2】　山东荣成市政府办公大楼 A 段柱下独立基础设计

1. 工程实例

1）工程概况

本工程情况见本节实例 4.1。

2）典型独立柱基设计

柱下独立基础，混凝土强度等级为 C30，受力钢筋采用 HRB400 级，相应于荷载效应基本组合时，作用在基础顶面的柱底轴向压力值 N＝9600kN，基础埋深 2m，基础及其以上填土的平均重度 $\gamma=20kN/m^3$，不考虑地下水问题，基础做法如图 4.4.3 所示。

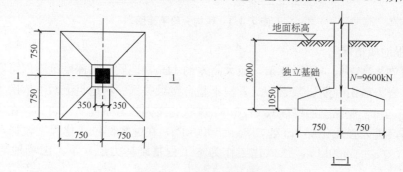

图 4.4.3　中柱下独立基础

2. 实例分析

1）本例因基础高度大于基础的净外伸长度，基础底面积全部在基础刚性角范围内，故为钢筋混凝土刚性基础。

2）对刚性基础可不验算基础的抗冲切承载力。

3）对独立基础，规范未规定必须验算其抗剪承载力，若需要，建议可按考公式（4.2.17）计算。

4）独立基础的抗弯计算过程如下：

（1）基础底面弯矩计算：

相应于荷载效应基本组合时：

基础底面的平均净反力为 $p_j \approx 4266.7 \text{kN/m}^2$

基础底面的平均压力为 $\overline{p} \approx 4266.7 + 1.35 \times 20 \times 2 = 4320.7 \text{kN/m}^2$

按公式（4.2.10）计算柱边缘截面基础底面的弯矩设计值：

$$M_{\mathrm{I}} = \frac{1}{12} a_1^2 \left[(2l + a') \left(p_{\max} + p - \frac{2G}{A} \right) + (p_{\max} - p) l \right] = \frac{1}{6} a_1^2 \left[(2l + a') p_j \right]$$

$$= \frac{0.4^2}{6} \left[(2 \times 1.5 + 0.7) \times 4266.7 \right] = 421.0 \text{kN} \cdot \text{m}$$

（2）基础底面配筋计算：

按公式（4.2.24）计算柱边缘截面基础底面的配筋：

$$A_s \approx M_{\mathrm{I}} / (0.9 h_0 f_y) = 421.0 \times 10^6 / (0.9 \times 1000 \times 360) = 1299 \text{mm}^2$$

基础底板的最小配筋率为 0.15%，即 $A_{\mathrm{smin}} = 0.15\% \times 1000 \times 1050 = 1575 \text{mm}^2$

配 HRB400 级钢筋 16@125 ［配筋面积为 $1600 \text{mm}^2 > 1575 \text{mm}^2 > A_{\mathrm{smin}}$ （可）］

基础做法见图 4.4.3。

5）素混凝土刚性基础的比较分析

（1）本例基础的宽高比为 0.4/1.05＝0.381，在表 4.1.1 的规定限值范围内，符合素混凝土刚性基础的条件。

（2）本例混凝土基础底面处，相应于荷载效应基本组合时基础底面处的平均压力值为 4320.7 kN/m² 超过规范规定的 300 kN/m²，因此，应按公式（4.1.2）进行素混凝土的抗剪验算，验算过程如下：

$$V_s = (0.75 - 0.35) \times 0.5 \times (1.5 + 0.7) \times 4266.7 = 1877.3 \text{kN}$$

按公式（4.1.2）计算，则 $0.366 f_t A = 0.366 \times 1.43 \times 0.5 \times (1500 + 700) \times 1050 = 604504 \text{N} = 604.5 \text{kN} < V_s$ （不满足）

按公式（4.1.3）计算，则 $0.641 f_t A = 0.641 \times 1.43 \times 0.5 \times (1500 + 700) \times 1050 = 1058708 \text{N} = 1058.7 \text{kN} < V_s$ （不满足）

（3）为说明素混凝土的抗弯计算过程，此处列出本例素混凝土基础的抗弯设计计算：

按《混凝土规范》附录 A 第 A.3.1 条的规定计算，$M \leqslant \dfrac{\gamma f_{\mathrm{ct}} b h^2}{6}$，其中 f_{ct} 为素混凝土的轴心抗拉强度设计值，取 $f_{\mathrm{ct}} = 0.55 f_t$，$f_t$ 取《混凝土规范》表 4.1.4 的数值；γ 为截面抵抗矩塑性影响系数，按《混凝土规范》第 8.2.4 条取值。此处取 $f_{\mathrm{ct}} = 0.55 \times 1.43 = 0.787 \text{N/mm}^2$，$\gamma = 1.26$。

则：$\dfrac{\gamma f_{\mathrm{ct}} b h^2}{6} = \dfrac{1.26 \times 0.787 \times 1500 \times 1050^2}{6} = 273 \times 10^6 \text{N} \cdot \text{mm} = 273 \text{kN} \cdot \text{m} < 421.0$ kN・m（不满足）

（4）素混凝土基础的抗剪验算表明：若按公式（4.1.2）推算，素混凝土刚性基础的高度应不小于 $1050 \times 1877.3/604.5 = 3261$mm；若按公式（4.1.3）推算，素混凝土刚性基础的高度应不小于 $1050 \times 1877.3/1058.7 = 1862$mm；显然，基础尺寸很不合理。

（5）素混凝土基础的抗弯验算表明：必须采用钢筋混凝土基础。

6）由上述 5）的分析计算说明：当地基土的承载力特征值超过 300kPa 时，应注意验算采用素混凝土基础的合理性，对岩石地基上的独立基础应优先考虑采用钢筋混凝土基础。

7）对素混凝土刚性基础，现行规范虽未规定适用范围，但通过本例中的比较可以发现，当地基土的承载力特征值大大超过 300kPa 时，采用素混凝土刚性基础的费用也将大大超过采用钢筋混凝土基础。结构设计中大致可按 $p_j \leqslant 0.55 f_t$ 来控制，当 $p_j > 0.55 f_t$ 时，宜采用钢筋混凝土基础。

8）柱下钢筋混凝土独立基础适合于柱荷载相对不是很大的单层及多层建筑，本工程为 8 层建筑，层数较多，但地基承载力高，故适合采用。

9）柱下钢筋混凝土独立基础尤其适合在无地下水的场地采用，其施工简单，无防水要求。

10）本例为强风化岩石地基上的独立柱基设计，具有地基承载力高，基础底面积小，基础高度较大等特点，应特别注意此类基础的抗冲切、抗剪切和抗弯验算。

11）依据《地基规范》第 5.2.4 条的规定，本工程主楼部位岩石的风化程度较弱，因此不考虑对地基承载力的修正［即不按公式（2.2.1）修正］。

12）为确保符合地基反力按直线分布的假定，要求基础的宽高比不大于 2.5（当基础的宽高比大于 2.5 时，地基反力不符合直线分布的假定，应采用弹性地基梁板法确定基础底面的地基反力分布图形）。

【实例 4.3】 某工程柱下独基加防水板基础设计

1. 工程实例

1）工程概况

某办公楼，地下 1 层，地上 5 层，采用钢筋混凝土框架结构，轴网 8m×8m。

2）独立基础加防水板设计

（1）防水板及独立基础的混凝土强度等级均为 C30；

（2）防水板下设聚苯板垫层，厚度 20mm，强度不低于 15kPa；

（3）柱下独立基础如图 4.4.4 所示，混凝土强度等级为 C30，受力钢筋采用 HRB400 级，相应于荷载效应基本组合时，作用在基础顶面的柱底轴向压力值 $N = 6480$kN，基础及其以上填土的平均重度 $\gamma = 20$kN/m³，地下水位高出地下室地面 1.8m，基础做法如图 4.4.4 所示。

2. 实例分析

1）独基加防水板基础适合于柱荷载相对不是很大的单层及多层建筑，本工程为 5 层建筑，适合采用。

2）独基加防水板基础适合于地下水位比较高的带地下室多层及高层建筑。

3）独基加防水板基础的主要计算过程如下：

（1）防水板荷载的计算

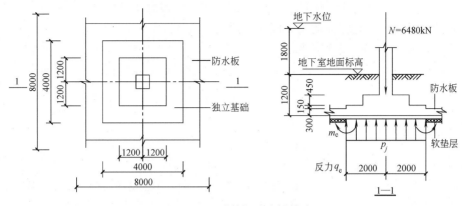

图 4.4.4　独基加防水板基础

防水板及其以上土重标准值 $q_{s1}=20\times1.2=24\mathrm{kN/m^2}$

防水板的水浮力标准值 $q_{sw}=10\times(1.2+1.8)=30\mathrm{kN/m^2}$

在地下水浮力控制的内力组合时，防水板的荷载设计值为：

$$q_{wj}=1.4\times30-1.0\times24=18\mathrm{kN/m^2}$$

（2）防水板传给独立基础的等效荷载计算

① 沿独立基础周边均匀分布的等效线荷载设计值按公式（4.3.3）计算：

$$q_e\approx\frac{q_{wj}(l_x l_y-a_x a_y)}{2(a_x+a_y)}=\frac{18\times(8\times8-4\times4)}{2(4+4)}=54\mathrm{kN/m}$$

② 沿独立基础边缘均匀分布的线弯矩设计值按公式（4.3.4）计算：

$a=4\mathrm{m}$，$a/l=4/8=0.5$，查表 4.3.2，得 $k=0.025$，则 $m_e\approx kq_{wj}l_x l_y=0.025\times18\times8\times8=28.8\mathrm{kN\cdot m/m}$

（3）独立基础的其他荷载

① 上部结构传给基础的相应于荷载效应基本组合时，作用在基础顶面的柱底轴向压力值 $N=6480\mathrm{kN}$，则作用在基础底面的平均净反力值 $p_j=\dfrac{6480}{4\times4}=405\mathrm{kN/m^2}$；

② 水浮力较小（$q_w\leqslant q_s+q_a$ 或无水浮力作用）时，相应于荷载效应基本组合时，独立基础底面的平均净反力值：$p_j=405\mathrm{kN/m^2}$；

③ 水浮力较大（$q_w>q_s+q_a$）时，用于基础设计的独立基础底面的平均压力设计值：

$$p_j=405-\frac{54\times4\times4}{4\times4}=351\mathrm{kN/m^2}$$

（4）独立基础沿柱边缘截面的基础底面弯矩设计值计算

水浮力较大（$q_w>q_s+q_a$）时，独立基础的基础底面弯矩分为两部分，一是由防水板抵抗水浮力引起的弯矩 M_{11}，二是由 p_j 引起的弯矩 M_{12}，即 $M_1=M_{11}+M_{12}$。

① M_{11} 按矢量叠加原理计算，$M_{11}=4\times54\times(2-0.35)+4\times28.8=471.6\mathrm{kN\cdot m}$；

② M_{12} 按公式（4.2.10）计算，

$$M_{12}=\frac{1}{12}a_1^2\left[(2l+a')\left(p_{max}+p-\frac{2G}{A}\right)+(p_{max}-p)l\right]=\frac{1}{6}a_1^2\left[(2l+a')\,p_j\right]$$

$$=\frac{(2-0.35)^2}{6}\left[(2\times4+0.35)\times351\right]=1329.9\mathrm{kN\cdot m}$$

$$M_1 = M_{11} + M_{12} = 471.6 + 1329.9 = 1801.5 \text{kN} \cdot \text{m}$$

（5）独立基础变阶处截面的基础底面弯矩设计值计算

同（3），则 $M_2 = M_{21} + M_{22}$。

$$M_{21} = 4 \times 54 \times (2 - 1.2) + 4 \times 28.8 = 288 \text{kN} \cdot \text{m}$$

$$M_{22} = \frac{1}{12} a_1^2 \left[(2l + a') \left(p_{\max} + p - \frac{2G}{A} \right) + (p_{\max} - p)l \right] = \frac{1}{6} a_1^2 \left[(2l + a') p_j \right]$$

$$= \frac{(2 - 1.2)^2}{6} \left[(2 \times 4 + 2.4) \times 351 \right] = 389.4 \text{kN} \cdot \text{m}$$

$$M_2 = M_{21} + M_{22} = 288 + 389.4 = 677.4 \text{kN} \cdot \text{m}$$

（6）水浮力较小（$q_w \leqslant q_s + q_a$ 或无水浮力作用）时，独立基础柱根截面的基础底面弯矩设计值计算

此时，用于基础设计的独立基础底面的平均压力设计值：$p_j = 405 \text{kN/m}^2$

按公式（4.2.10）计算，

$$M_1 = \frac{1}{12} a_1^2 \left[(2l + a') \left(p_{\max} + p - \frac{2G}{A} \right) + (p_{\max} - p)l \right] = \frac{1}{6} a_1^2 \left[(2l + a') p_j \right]$$

$$= \frac{(2 - 0.35)^2}{6} \left[(2 \times 4 + 0.35) \times 405 \right] = 1534.5 \text{kN} \cdot \text{m} < 1801.5 \text{kN} \cdot \text{m}$$

（7）无地下水浮力作用时，独立基础变阶处截面的基础底面弯矩设计值按公式（4.2.10）计算：

$$M_2 = \frac{1}{12} a_1^2 \left[(2l + a') \left(p_{\max} + p - \frac{2G}{A} \right) + (p_{\max} - p)l \right] = \frac{1}{6} a_1^2 \left[(2l + a') p_j \right]$$

$$= \frac{(2 - 1.2)^2}{6} \left[(2 \times 4 + 2.4) \times 405 \right] = 449.3 \text{kN} \cdot \text{m} < 677.4 \text{kN} \cdot \text{m}$$

（8）独立基础的配筋设计

按公式（4.2.24）计算柱边缘截面基础底面的配筋：

① 柱边缘截面：

$$A_s \approx M_1 / (0.9 h_0 f_y) = 1801.5 \times 10^6 / (0.9 \times 850 \times 360) = 6541 \text{mm}^2$$

② 基础变阶处截面：

$$A_s \approx M_2 / (0.9 h_0 f_y) = 677.4 \times 10^6 / (0.9 \times 400 \times 360) = 5227 \text{mm}^2$$

基础底板的最小配筋率为 0.15%，即 $A_{s\min} = 0.15\% \times 1000 \times 900 = 1350 \text{mm}^2$

在基础全宽度 4m 范围内，配 HRB400 级钢筋 20@180 ［配筋面积为 6982mm² > 6541mm² > $A_{s\min}$（可以）］。

（9）防水板按无梁楼盖设计

已知 $b_{ce} = 4\text{m}$，$l_x = l_y = 8\text{m}$，$q = q_{wj} = 18 \text{kN/m}^2$，按公式（4.3.1）计算，

$$M_x = M_y = q l_y (l_x - 2 b_{ce}/3)^2 / 8 = 18 \times 8 (8 - 2 \times 4/3)^2 / 8 = 512 \text{kN} \cdot \text{m}$$

按表 4.3.1 的分配系数确定各截面的弯矩，并按公式（4.2.24）计算防水板的配筋，计算结果见表 4.4.2。

防水板单位宽度的构造配筋面积 $A_{s\min} = 0.15\% \times 1000 \times 300 = 450 \text{mm}^2$，柱下板带底面配 HRB335 级钢筋直径 12@140（$A_s = 808 \text{mm}^2 > 790 \text{mm}^2$，可），其余均按构造配筋要求配 HRB400 级钢筋直径 12@200（$A_s = 565 \text{mm}^2 > A_{s\min}$可）。

防水板各截面的弯矩及配筋　　　　　　　表 4.4.2

截面位置		柱下板带		跨中板带	
		弯矩(kN·m)	配筋(mm²/m)	弯矩(kN·m)	配筋(mm²/m)
端跨	边支座截面负弯矩	169.0	522	20.5	63
	跨中正弯矩	133.1	411	112.6	348
	第一内支座截面负弯矩	256.0	790	87.0	269
内跨	支座截面负弯矩	256.0	790	87.0	269
	跨中正弯矩	92.2	285	76.8	237

4）独立基础和防水板的配筋可根据基础设计的实际情况，统一考虑，当基础底面和防水板的底面位于同一标高时，可考虑将防水板钢筋通长布置，独立基础下配筋不足部分用短钢筋（附加钢筋）配足，见图4.4.5。

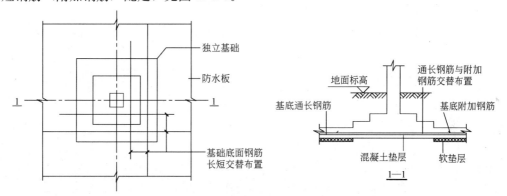

图 4.4.5　独立基础和防水板底面标高相同时的常用配筋做法

5）通过本例分析可以发现，在独基加防水板基础中，独立基础和防水板不一定同时由相同的荷载效应组合起控制作用，如：防水板常按水浮力控制的效应组合设计（当地下水变动幅度较大时，水浮力的荷载分项系数按可变荷载考虑；当地下水变动幅度较小时，水浮力的荷载分项系数按永久荷载考虑），独立基础则按由永久荷载效应控制的组合设计，两者采用不同的荷载效应设计值，而在独立柱基的设计中又离不开防水板传来的荷载，因此，在独基加防水板基础设计中，要严格分清荷载的不同效应组合是有困难的，同时从工程设计角度看也无必要。从工程设计实际出发，采用适当的包络设计方法，其结果相差不大，故可按各自最不利情况计算并简化设计（不同组合时荷载数值的近似换算方法，见本章第二节设计建议之7）。

6）通过本例计算可以发现，在本例的特定条件下，考虑与不考虑防水板对独立基础内力的影响，其计算弯矩的比值为1801.5/1534.5＝1.17（在独基变截面处为677.4/449.3＝1.51），即计算结果相差17%（及51%），因此，当地下水位较高时，不考虑防水板对独立基础的影响是不合适的，也是不安全的。

7）本例地基承载力验算、防水板裂缝宽度验算过程略。

【实例 4.4】　某小区地下室浮力消除型抗浮设计[10]

1. 工程实例

1）工程概况

高层住宅沿总平面三边呈Ⅱ形布置，中间为内部庭院，其下为单建的单层纯地下车库。

2）地下室抗浮设计

地下车库采用独立基础，地下室地面设置防潮板。在地下室防潮板下设置盲沟及其相应的排水系统（见图 4.4.6）。

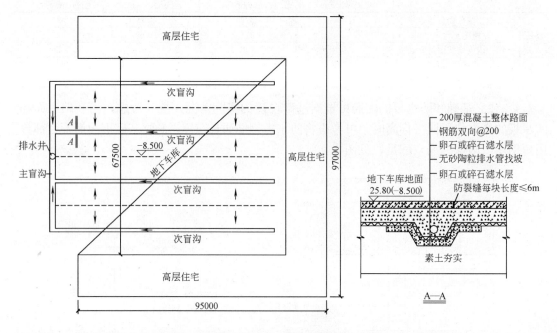

图 4.4.6 盲沟排水平面示意图

2. 实例分析

1）工程±0.000 标高相应于绝对标高 34.300m，地下室顶面结构标高为−1.300，顶板覆土厚度 0.85m；地下室地面标高−8.500m；

2）勘察报告提供的水文地质情况：

（1）场区地表标高 33.0～34.0m；

（2）地表下 30m 深度范围内有三层地下水：

第一层为上层滞水，水位标高在 24.9～27.3m，赋存于层②的砂质粉土中；

第二层为潜水，稳定水位在 19.1～22.1m，赋存于层④的粉细砂中；

第三层为潜水-微承压水，稳定水位在 8.9～12.2m，赋存于层⑥的粉细砂中；

勘察报告提供的抗浮设计水位，位于标高 33.000 处。

（3）各土层的物理力学性质见表 4.4.3。

土层的物理力学性质 表 4.4.3

土 层	$\gamma(kN/m^3)$	层顶标高(m)	$w(\%)$	$w_L(\%)$	$w_p(\%)$	e	渗透系数 $k(cm/s)$
①填土	—	33.0～34.4	—	—	—	—	—
②砂质粉土	19.2	28.5～33.8	17.6	26	18	0.65	6×10^{-4}
③粉质黏土	20.3	22.7～28.3	22.4	28	16	0.63	6×10^{-5}
④粉细砂	19.5	15.4～23.2	—	—	—	—	6×10^{-3}
⑤黏土	19.7	11.1～20.5	26.4	37	19	0.76	6×10^{-7}
⑥粉细砂	20.0	6.5～11.0	—	—	—	—	6×10^{-3}

3）关于抗浮设计水位确定的合理性问题

关于地下结构的抗浮设计水位的确定，国家规范没有明确规定，《北京地基规范》规定："对防水要求严格的地下室或地下构筑物，其设防水位可按历年最高水位设计，对防水要求不严格的地下室或地下构筑物，其设防水位可参照近3～5年内的最高地下水位及勘察时的实测静止地下水位确定"。上述规定主要着眼点在于地下结构的防渗设计，而对于抗浮设计仅可作为参考。

4）关于截水盲沟的设置

（1）本工程土层②、④具有较好的渗透性，有利于设置截水盲沟。

（2）采用"消"的办法，在地下室室内地坪下设置盲沟，当地下水位高于基底标高时，起到拦截地下水由下向上渗流和越流作用，而当地下水位低于基底标高时，则起到隔断地基土中毛细管水的作用，有利于地下室的防潮。

（3）盲沟材料可选用碎石、无砂混凝土管等。

（4）为保证盲沟的使用寿命，必须设置反滤层，反滤层的做法是：在碎石盲沟的外部，由内而外逐层设置粗砂、中砂和细砂层，以防止周围细颗粒土在水力作用下充填盲沟粗颗粒之间的空隙，进而堵塞盲沟。反滤层也可采用土工布，即在碎石盲沟外包裹土工布，土工布应根据盲沟周围土的特性选择。

（5）盲沟设计的具体细节，可参见《地下工程防水技术规范》GB 50108—2001第6章的相关内容。

（6）盲沟设计应由具有相应资质且当地经验丰富的岩土工程师完成。

5）列出本例的目的在于扩大抗浮设计的思路，必要时可采用"消"的办法。

第五节　独立基础的常见设计问题

【要点】

独立基础设计中常见问题涉及设计的方方面面，主要集中在：素混凝土基础的抗剪验算、独立基础高度的把握、联合基础的设计、独基加防水板基础设计中的软垫层设计、防水板设计、基础拉梁设计及独立基础的抗震设计等问题。

一、对基础底面处的平均压力值超过300kPa的素混凝土基础未进行抗剪验算

1. 原因分析

1）《地基规范》要求（见表4.1.1注4）对基础底面处的平均压力值超过300 kPa的混凝土基础，尚应进行抗剪验算；

2）《混凝土规范》规定的素混凝土基础抗剪承载力计算要求见公式（4.1.2）；

3）片面认为在刚性角范围内的混凝土不存在抗剪验算的问题。

2. 设计建议

1）无筋混凝土的受剪承载力约为不配置箍筋和弯起钢筋的一般板类受弯构件的一半；

2）当基础底面处的平均压力值超过300 kPa时，按公式（4.1.2）对素混凝土基础进行抗剪验算；

3）素混凝土刚性基础的剪力设计值，取墙柱边缘相应于荷载效应基本组合时的地基反力值，为简化设计，也可近似取墙柱边缘相应于荷载效应标准组合时的地基反力值的

1.3倍计算（不同组合时荷载数值的近似换算方法，见本章第二节设计建议之7）；

4）对素混凝土刚性基础，建议在抗剪计算中引入剪切系数，并按公式（4.1.3）计算；

5）比较发现：对素混凝土刚性基础，一般情况下当地基土的净反力设计值 $p_j >$ $0.55f_t$ 时，采用素混凝土刚性基础的费用也将大大超过采用钢筋混凝土基础，宜采用钢筋混凝土基础。

二、采用独立基础时，台阶的宽高比大于 2.5 时基底反力仍按直线分布的假定计算

1. 原因分析

1）结构设计时，只注重地基承载力计算，忽略规范对台阶宽厚比的要求（见图4.5.1）；

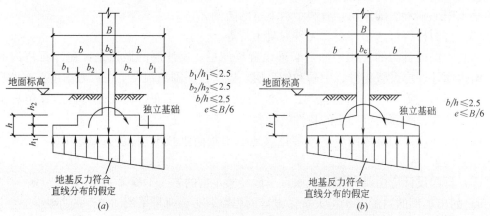

图 4.5.1　基底反力分布假定对基础尺寸的基本要求
（a）阶形截面；（b）锥形截面

2）规范不区分地基承载力特征值的高低，而采用统一的宽厚比限制，有欠合理。

2. 设计建议

1）提出独立基础台阶的宽高比（墙、柱边缘以外的宽度 b 与相应基础高度 h 之比）$b/h \leqslant 2.5$ 的要求，其本质是对地基反力线性分布的要求，当 $b/h > 2.5$ 时，地基反力按线性分布的假定不再适用，尤其当地基承载力特征值 f_a 较大时，更应注意；

2）当地基承载力特征值 f_a 较小时，独立基础台阶的宽高比不宜 $b/h > 2.5$，不应 $b/h > 3$；

3）当地基承载力特征值 f_a 较大时，不宜采用基础台阶的宽高比 $b/h > 2.5$ 的独立基础；

4）当基础台阶宽高比 $b/h > 2.5$ 或 b/h 接近 2.5 且地基承载力特征值 f_a 很大时，由于地基反力不再遵循直线分布的假定，此时，应特别注意对地基反力 f_{kmax} 的验算，尤其是轴向力作用下的验算，并宜按弹性地基板（采用中厚板单元）计算。

三、$e > b/6$ 的独立基础设计时，误用 $e \leqslant b/6$ 时的计算公式

1. 原因分析

1）公式（4.2.6）、公式（4.2.10）、公式（4.2.11）的适用范围各不相同，设计计算中不可混用；

2）当地基出现零应力区后，地基反力进行重分布，对地基反力零应力区的限制其目的就是对地基反力计算公式的限制。

2. 设计建议

1）对有较大弯矩作用或偏心设置的独立基础，设计时应先进行偏心距判别，并根据不同情况采用相应的计算公式；

2）结构设计中不宜采用偏心距很大的独立基础。

四、独立基础设计时，未进行最小配筋率控制

1. 原因分析

1）《地基规范》未明确规定独立基础的最小配筋率；

2）对独立基础是否属于"卧置在地基上的混凝土板"判断不正确；

3）过分追求经济指标是导致设计不满足基础最小配筋率的主要因素。

2. 设计建议

1）独立基础属于《混凝土规范》第 9.5.2 条规定的"卧置于地基上的混凝土板"，受拉钢筋的最小配筋率应不小于 0.15%；

2）为适当减少独立基础的配筋，设计时可按独立基础的实际面积（图 4.2.16 中阴影区域面积）计算其最小配筋量，并将其配置在基础的全宽范围内；

3）独立基础设计时，不宜采用过大的基础高度；

4）当独立基础的配筋不小于 $\phi10@200$（双向）时，也可不考虑最小配筋率的要求。

五、联合基础未设置地梁（板）

1. 原因分析

1）将联合独立基础分别按多个独立基础设计，未考虑在同组内力作用下，由于独立柱基之间的轴力不平衡所引起的联合基础顶面的内力及配筋；

2）未考虑不同荷载组合对多柱联合独立基础的效应影响。

2. 设计建议

1）当需要按独立基础计算方法设计多柱联合基础时，应考虑同组荷载对基础的影响；

2）对双柱联合基础，柱间应设梁；

3）设计多柱联合基础时，应对由多柱围成的"等代柱"区域采取相应的构造措施（图 4.5.2），确保"等代柱"的有效性。

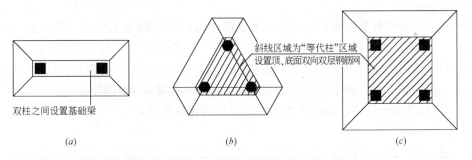

(*a*)　　　　　　　　(*b*)　　　　　　　　(*c*)

图 4.5.2　多柱联合基础"等代柱"的设计构造

(*a*) 双柱；(*b*) 三柱；(*c*) 四柱

六、柱下独基加防水板基础设计中，当地下水位较高时，未考虑防水板对独立基础的影响

1. 原因分析

1）在独基加防水板基础中，当地下水位较高时，防水板承担地下水浮力，同时又将其反力传递给独立基础，对独立基础的内力有加大的作用；

2）混淆了独基加防水板基础与一般独立基础的区别，当地下水位较高时，仍然按一般独立基础设计，设计粗糙，造成安全隐患；

3）对具体情况不作分析，过分强调设计经验，按原有设计习惯设计。

2. 设计建议

1）当设计地下水位在基础底面以下或高出基础顶面不多时［图 4.3.2 中情况图 (a)］，可不考虑防水板对独立基础的影响，即：

（1）防水板可按构造配筋；

（2）独立基础的配筋可按上部结构传来的荷载直接计算。

2）当地下水位较高［图 4.3.2 中情况图 (b)］时，应特别注意防水板需承担水浮力，同时又对独立基础的内力和配筋产生明显影响，此时，应根据独立基础和防水板的实际受力状态，对独立基础的设计方法进行相应的调整：

（1）防水板按四角支承在独立基础上的双向板计算，承担水浮力和防水板及其上部填土重量等荷载；

（2）独立基础设计应考虑基底反力、防水板传至基础边缘的集中荷载和附加弯矩。

七、柱下独基加防水板基础设计中，防水板下未设置软垫层

1. 原因分析

1）在独基加防水板基础中，软垫层的设置是确保独立基础及防水板按结构设计构想受力的重要结构措施之一；

2）在独基加防水板基础中，只有在防水板下设置软垫层，其中独立基础的受力状况才接近于经典的独立基础；

3）在独基加防水板基础中，当防水板下不设置软垫层时，独立基础加防水板演变为变厚度筏板基础。

2. 设计建议

1）应根据独立基础边缘的最大沉降量来确定软垫层的厚度，当采用聚苯板时厚度不宜小于 20mm；

2）软垫层应具有合适的承载能力（满足防水板混凝土的施工要求）和一定的变形能力（利于在上部荷载作用下，防水板可以自由沉降），以利于软垫层作用的发挥；

3）对软垫层的性能控制问题，是关系独基加防水板基础受力合理与否的关键问题；

4）采用软垫层后，应注意其对地基承载力的深度修正影响问题。

八、独立基础设计中，抗浮设计水位及防水设计水位混用

1. 原因分析

1）对"防水设计水位"和"抗浮设计水位"的概念及适用条件模糊不清，导致设计中混用；

2）片面强调构件的安全储备，导致结构设计中浪费严重。

2. 设计建议

应区分"防水设计水位"和"抗浮设计水位"的概念及适用条件：

1）防水设计水位，一般用于地下室的建筑外防水设计和确定地下室外墙及基础的混凝土抗渗等级，涉及的只是地下室防水设计标准问题，与结构构件的其他设计无关。

2）抗浮设计水位，适用于结构的整体稳定验算、地下结构构件设计，是与结构设计最密切的指标，也是影响地下结构经济性的重要指标。

九、独基加防水板基础中，当防水板厚度较厚（≥250mm）时，仍另设基础拉梁

1. 原因分析

1）当防水板的厚度较大时，基础底板对基础的约束作用加大，没有必要再设置基础拉梁；

2）在防水板中设置刚度较大的基础梁时，往往会引起防水板内力分布的变化，改变独基加防水板基础的传力途径，受力复杂。

2. 设计建议

当防水板厚度较厚（≥250mm）时，可不另设基础梁，必要时可在防水板内利用板内钢筋设置暗梁。

十、独立基础之间一律设置基础拉梁

1. 原因分析

1）《抗震规范》第6.1.11条规定：框架柱下独立基础有下列情况之一时，宜沿两个主轴方向设置基础拉梁：

（1）一级框架和Ⅳ类场地上的二级框架；

（2）各柱基承受的重力荷载代表值差别较大；

（3）基础埋置较深，或各基础埋置深度差别较大；

（4）地基主要受力层范围内存在软弱黏性土层、液化土层和严重不均匀土层；

（5）桩基承台之间。

2）设置基础拉梁的主要目的是：

（1）加强独立基础之间的整体性；

（2）调整柱基之间的不均匀沉降；

（3）减小首层柱的计算高度等。

2. 设计建议

除上述情况外，一般可不设置基础拉梁。

十一、独立基础之间基础拉梁的计算问题

1. 原因分析

拉梁荷载大致可分为下列几项：

1）拉梁承担的柱底弯矩；

2）地震作用时，拉梁承担的轴向拉力；

3）拉梁的梁上荷载。

2. 设计建议

1）拉梁分担的柱底最大弯矩设计值可近似按拉梁线刚度分配；

2）地震作用时，拉梁承担的轴向拉力；取两端柱轴向压力较大者的1/10；

3）当需拉梁承担其上部的荷载（如隔墙等）时，应考虑相应荷载所产生的内力（确有依据时，可适量考虑拉梁下地基土的承载能力）；

4）拉梁配筋时，应将上述各项按规范要求（考虑各荷载同时出现的可能性）进行合理组合；

5）当表层地基土比较好（承载力特征值高、中低压缩性土、土层较厚等）或梁下换填处理效果较好时，一般均可适当考虑拉梁下地基土对拉梁上部荷载的部分抵消作用；

6）拉梁的设计计算可参考第七章第六节相关内容。

十二、独立基础的抗震设计问题

1. 原因分析

1）《抗震规范》（第4.2.1条）规定特殊的建筑可以不进行天然地基及基础的抗震承载力验算，误以为所有建筑均可不进行抗震验算；

2）受程序说明中"常采用静＋活进行基础设计"的影响，以为所有基础均只需按非抗震设计就可以；

3）地震作用与重力荷载效应组合时，将其进行机械叠加，未考虑地基承载力验算时对地基承载力特征值的特殊组合要求。

2. 设计建议

1）当不满足《抗震规范》（第4.2.1条）的规定时，对无地下室的建筑，应考虑地震作用的影响，并进行相应的设计计算。由于地震作用的方向性（对于沿某一方向地震作用时，某些柱达到轴力最大值，而与之对应的柱将产生最小轴力）对柱下联合基础应注意区分地震作用的不同工况取用相应的柱底内力，不应简单地取弯矩最大或轴力最大的工况；

2）进行地基承载力验算，若取用上部结构考虑地震作用效应的柱底内力设计值时，应将其除以1.25的系数后，再进行地基反力特征值的验算；

3）进行地基承载力验算时，若取用上部结构计算的柱底内力设计值时，应将其除以1.30的系数后，再进行地基反力特征值的验算；

4）基础设计时，可将地震作用的内力乘以0.8后，采用非地震作用的设计计算公式。

十三、新老建筑结合部，采用偏心独立基础

1. 原因分析

采用偏心很大的独立基础，基底反力分布不均匀，基础将产生很大转角，造成上部结构的倾斜，从而危及结构安全。

2. 设计建议

1）严禁使用图4.5.3所示的偏心基础；

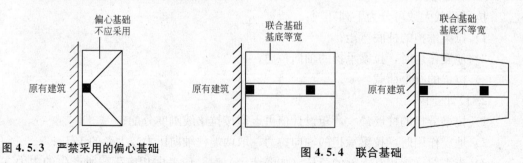

图 4.5.3   严禁采用的偏心基础   图 4.5.4   联合基础

2）当采用独立基础无法避免基础偏心时，可设置联合基础，基础底板可设计成梯形平面，使联合基础的中心与上部荷载重心重合（图4.5.4）。

十四、基础拉梁侧面未按混凝土规范配置构造钢筋

原因分析及设计建议见第五章第五节。

参 考 文 献

[1] 中华人民共和国国家标准. 建筑地基基础设计规范 GB 50007—2002. 北京：中国建筑工业出版社，2002

[2] 中华人民共和国行业标准. 建筑地基处理技术规范 JGJ 79—2002. 北京：中国建筑工业出版社，2002

[3] 北京市标准. 北京地区建筑地基基础勘察设计规范 DBJ 01—501—92. 北京：1992

[4] 全国民用建筑工程设计技术措施（结构）. 北京：中国计划出版社，2003

[5] 华南工学院等四校合编. 地基及基础. 北京：中国建筑工业出版社，1981

[6] 邹仲康，莫沛锵. 建筑结构常用疑难设计. 长沙：湖南大学出版社，1987

[7] 朱炳寅，陈富生. 建筑结构设计新规范综合应用手册（第二版）. 北京：中国建筑工业出版社，2004

[8] 朱炳寅. 建筑结构设计规范应用图解手册. 北京：中国建筑工业出版社，2005

[9] 山东荣成市政府办公楼工程结构设计，中国建筑设计研究院. 1991

[10] 周载阳，顾宝和，马耀庭等. 北京地区建筑抗浮设防水位的合理确定与单建地下车库基础形式选择. 建筑结构，2005，35（7）7～11.

[11] 北京谷泉会议中心结构设计. 中国建筑设计研究院. 2006

第五章　条形基础

说明

1. 本章内容涉及下列主要规范，其他地方标准、规范的主要内容在相关索引中列出。

1)《建筑地基处理技术规范》(JGJ 79—2002)（以下简称《地基处理规范》）；

2)《建筑地基基础设计规范》(GB 50007—2002)（以下简称《地基规范》）；

3)《北京地区建筑地基基础勘察设计规范》(DBJ 01—501—92)（以下简称《北京地基规范》）。

2. 条形基础的种类很多，如砖墙下混凝土刚性基础、柱（混凝土墙）下钢筋混凝土单向条形基础、柱（混凝土墙）下钢筋混凝土双向条形基础（又称为交叉梁基础）。

3. 钢筋混凝土条形基础的设计计算，涉及上部结构与地基的共同工作，问题比较复杂，目前尚无统一的设计计算方法。设计工程中通常采用下列三种简化计算方法：

1) 不考虑上部结构参与共同工作，按地基上的梁计算理论来分析；

2) 考虑上部结构刚度影响的简化计算方法；

3) 结合经验的设计计算方法。

本章重点介绍工程中实用的某些简化计算方法。

4. 砖墙下混凝土刚性基础，见本书第四章，此处不再重复。

5. 柱下条形基础一般用于柱网布置比较有规律的结构中，柱下条形基础的设计计算应满足规范的相关构造要求，当采用连续梁法计算时，应符合相关要求。

6. 一般情况下，柱墙下条形基础尤其是单向条形基础不用作高层建筑基础。

7. 单向（或双向）条基加防水板基础在工程中应用也相当普遍，相比独基加防水板基础的设计，条基加防水板基础相对简单。当地下室边角部条形基础与独基加防水板基础组合时，应考虑不同基础形式的不同受力特点，问题相对复杂。本节介绍工程实践中使用的设计方法供参考。

8. 与独立基础相关的问题见本书第四章。

第一节　墙下条形基础

【要点】

　本节介绍墙下单向条形基础和双向条形基础的设计规定及设计要点，涉及砖墙和钢筋混凝土墙。单向条形基础相对简单，双向条形基础相对复杂，宜按弹性地基梁法计算，也可拆分为两个不同方向的单向条形基础设计。

　墙下条形基础分为墙下单向条形基础和墙下双向条形基础（图 5.1.1）。墙下条形基础受力简单、传力直接，墙下双向条形基础一般均可拆分为两个单向条形基础计算。

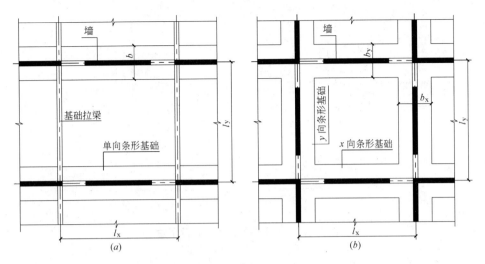

图 5.1.1 墙下条形基础

(a) 单向条形基础；(b) 双向条形基础

一、墙下条形基础的设计要求

1. 基础底面面积的确定

墙下条形基础底面面积应根据上部荷载、地基持力层情况按第二章第二节的相关要求综合确定。

2. 钢筋混凝土条形基础的最大弯矩截面位置

（《地基规范》第 8.2.7 条）对于墙下条形基础任意截面的弯矩（图 5.1.2），可取条基的单位长度（即 $l=a'=1\text{m}$）按式（4.2.10）进行计算，其最大弯矩截面的位置，应符合下列规定：

1）钢筋混凝土墙下条形基础，取 $a_1=b_1$（图 5.1.2a）；

2）砖墙下条形基础，当放脚宽度不大于 1/4 砖长时，取 $a_1=b_1+1/4$ 砖长（图 5.1.2b）。

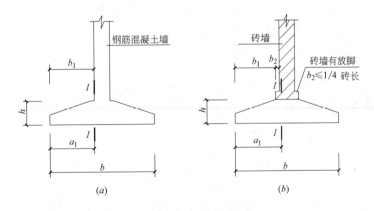

图 5.1.2 墙下条形基础

(a) 钢筋混凝土墙下条基；(b) 砖墙下条基

3. 钢筋混凝土条形基础的最大弯矩及剪力计算（图 5.1.3）

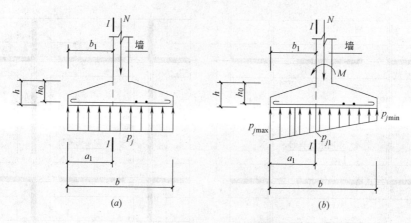

图5.1.3　墙下条形基础的计算示意

(a) 轴向荷载作用下；(b) 偏心荷载作用下

1) 轴向荷载作用时（图 5.1.3a）：

（1）最大弯矩按公式（5.1.1）计算：

$$M_{max}=0.5p_ja_1^2 \tag{5.1.1}$$

（2）最大剪力按公式（5.1.2）计算：

$$V_{max}=p_ja_1 \tag{5.1.2}$$

（3）基础的抗剪承载力按公式（5.1.3）计算：

$$[V_s]=1.23\beta_{hs}f_tb_wh_0 \tag{5.1.3}$$

式中　p_j——扣除基础自重及其上土重后，相应于荷载效应基本组合时基础底面地基反力值（kN/m^2）；

b_w——基础的抗剪计算宽度，对条形基础为 1000mm；

β_{hs}——基础截面高度影响系数：$\beta_{hs}=\left(\dfrac{800}{h_0}\right)^{1/4}$，当 $h_0<800$ 时，取 $h_0=800$，当 h_0 >2000 时，取 $h_0=2000$，β_{hs} 数值可见表4.2.8。

2) 偏心荷载作用时（图 5.1.3b）：

（1）最大弯矩按公式（5.1.4）计算：

$$M_{max}=[p_{j1}/2+(p_{jmax}-p_{j1})/3]a_1^2 \tag{5.1.4}$$

（2）最大剪力按公式（5.1.5）计算：

$$V_{max}=(p_{jmax}+p_{j1})a_1/2 \tag{5.1.5}$$

式中　p_{jmax}、p_{jmin}——扣除基础自重及其上土重后，相应于荷载效应基本组合时基础底面地基反力的最大值、最小值（kN/m^2）；

p_{j1}——扣除基础自重及其上土重后，相应于荷载效应基本组合时，位于墙边最大弯矩截面处基础底面的地基反力值（kN/m^2）。

二、理解与分析

1.砖墙下钢筋混凝土条形基础，一般用于单层或多层的砌体结构房屋。

2. 钢筋混凝土墙下条形基础，广泛应用于多层及小高层钢筋混凝土剪力墙结构的房屋中。

3. 对砖墙下条形基础的最大弯矩截面位置，规范考虑砖墙与钢筋混凝土两种不同材料的弹性模量差异，当放脚宽度不大于 1/4 砖长（注意：此处的砖长为砖墙的块体长度，根据所采用的砖的类型确定）时，基础的悬挑计算长度按增加 1/4 砖长考虑。

4. 为实现地基反力按直线分布的假定，条形基础的宽高比（对应图 5.1.3 中 b_1/h）应满足 $b_1/h \leqslant 2.5$ 的要求。

三、结构设计的相关问题

1. 在墙下条形基础的设计计算中，由于基础及其上部结构的刚度很大，因此，基础底面的地基反力，可按直线分布的假定计算。

2. 受替代材料的限制，在限制采用实心黏土砖的地区，多层住宅中采用钢筋混凝土剪力墙结构，是一种不得已而采取的措施。新近颁布的《混凝土异形柱结构技术规程》（JGJ 149—2006）有益于丰富多层建筑的结构选型。

3. 对砖墙下条形基础，规范未明确当墙下放脚宽度大于砖长 1/4 时的条基最大弯矩截面位置。

四、设计建议

1. 墙下双向条形基础可拆分为两个方向的单向条形基础分别计算，计算时应特别注意条形基础相交部位基础底面面积的重叠问题，确保结构安全。

2. 应特别注意对墙体洞口部位的条形基础梁进行验算，一般可不考虑洞口上部过梁的有利影响（即全部荷载由基础梁承担），当必须考虑洞口上部过梁的有利影响时，可按下列公式计算：

（1）洞口上部过梁、下部基础梁的受剪截面要求：

$$V_1 \leqslant 0.25 f_c A_1 \tag{5.1.6}$$

$$V_2 \leqslant 0.25 f_c A_2 \tag{5.1.7}$$

$$V_1 = \mu V + q_1 l_n / 2 \tag{5.1.8}$$

$$V_2 = (1 - \mu) V + q_2 l_n / 2 \tag{5.1.9}$$

$$\mu = \frac{1}{2}\left(\frac{b_1 h_1}{b_1 h_1 + b_2 h_2} + \frac{b_1 h_1^3}{b_1 h_1^3 + b_2 h_2^3} \right) \tag{5.1.10}$$

式中　V_1、V_2——洞口上部过梁、下部基础梁的剪力设计值；

　　　　V——洞口中点处（即洞口净宽 l_n 的 1/2 处）的剪力设计值；

　　　　μ——剪力分配系数；

　　　q_1、q_2——作用在洞口上部过梁、下部基础梁上的均布荷载设计值；

　　　　l_n——洞口的净宽；

　　　　f_c——混凝土轴心受压强度设计值；

　　A_1、A_2——洞口上部过梁、下部基础梁的有效截面面积，可取图 5.1.4（a）及图 5.1.4（b）的阴影部分计算，并取较大值［当条形基础顶面有坡时，图 5.1.4（b）的 A_2 应按实际梯形截面面积确定］。

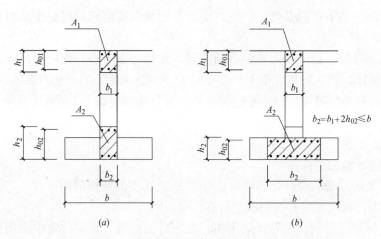

图 5.1.4　洞口上部过梁、下部基础梁的有效截面面积

（2）洞口上部过梁、下部基础梁的抗剪箍筋配置：

根据已计算出的 V_1、V_2，按《混凝土规范》第 7.5.4 条的要求，分别计算出洞口上部过梁、下部基础梁的抗剪箍筋。

（3）洞口上部过梁、下部基础梁的弯矩设计值，按下列公式计算：

$$M_1 = \mu V \frac{l_n}{2} + \frac{q_1 l_n^2}{12} \tag{5.1.11}$$

$$M_2 = (1-\mu) V \frac{l_n}{2} + \frac{q_2 l_n^2}{12} \tag{5.1.12}$$

式中　M_1、M_2——洞口上部过梁、下部基础梁的弯矩设计值。

（4）洞口上部过梁、下部基础梁的抗弯钢筋配置：

根据已计算出的 M_1、M_2，可按公式（4.2.21）分别计算出洞口上部过梁、下部基础梁的纵向钢筋。

3. 对砖墙下条形基础，墙下放脚宽度一般不宜大于砖长 1/4，当墙下放脚宽度大于砖长 1/4 时，可取条基最大弯矩截面位置为墙边缘，即取 $a_1 = b_1 + b_2$ 计算（图 5.1.5b）。

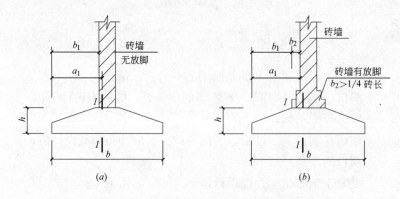

图 5.1.5　砖墙下条形基础的最大弯矩位置
（a）墙下无放脚；（b）墙下放脚宽度大于 1/4 砖长

五、相关索引

1. 《地基规范》的相关规定见其第 8 章。

2. 全国民用建筑工程设计技术措施（结构）的相关规定见其第 3.4 节。

第二节　柱下条形基础

【要点】

　　本节介绍柱下条形基础的设计规定及设计要点，涉及柱下单向条形基础计算的连续梁法和交叉条形基础的刚度分配法。柱下条形基础一般应采用弹性地基梁法计算。

　　柱下条形基础分为柱下单向条形基础和柱下双向条形基础（图 5.2.1），柱下条形基础受力情况与荷载的分布情况、基础梁的刚度和地基承载力等关系密切，柱下双向条形基础的受力情况较为复杂，一般应采用弹性地基梁法计算。

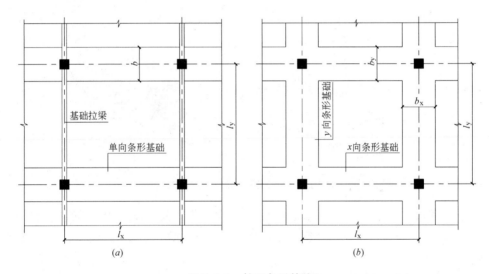

图 5.2.1　柱下条形基础

(*a*) 单向条形基础；(*b*) 双向条形基础

一、柱下条形基础的相关规定

1. （《地基规范》第 8.3.2 条）柱下条形基础的计算

　　1）基础底面积，应按第二章第二节的相关要求确定。

　　2）在比较均匀的地基上，上部结构刚度较好，荷载分布较均匀，且条形基础梁的高度不小于 1/6 柱距时，地基反力可按直线分布，条形基础梁的内力可按连续梁计算，此时边跨跨中弯矩及第一内支座的弯矩值宜乘以 1.2 的系数。

　　3）当不满足上述 2）的要求时，宜按弹性地基梁计算。

　　4）验算柱边缘处基础梁的受剪承载力。

　　5）当存在扭矩时，尚应作抗扭计算。

　　6）当条形基础的混凝土强度等级小于柱的混凝土强度等级时，尚应验算柱下条形基础梁顶面的局部受压承载力。

2.（《地基规范》第 8.3.1 条）柱下条形基础的构造要求

柱下条形基础的构造，除满足第四章第二节扩展基础的相关要求外，尚应符合下列规定：

1）柱下条形基础梁的截面高度宜为柱距的 1/4～1/8。翼板厚度不应小于 200mm。当翼板厚度大于 250mm 时，宜采用变厚度翼板，其坡度宜小于或等于 1∶3。

2）条形基础的端部宜向外伸出，其长度宜为第一跨距的 0.25 倍。

3）现浇柱与条形基础梁的交接处，其平面尺寸不应小于图 5.2.2 的规定。

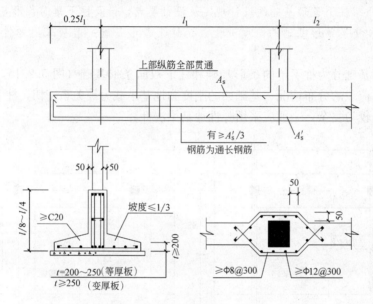

图 5.2.2 条形基础梁的构造要求

4）条形基础梁顶部和底部的纵向受力钢筋除满足计算要求外，每跨的顶部钢筋按计算配筋全部贯通，底部通长钢筋不应少于该跨左右支座截面底部受力钢筋截面面积较大值的 1/3。

5）柱下条形基础的混凝土强度等级，不应低于 C20。

3. 对柱下交叉条形基础，交点上的柱荷载，可按交叉梁的刚度或变形协调的要求，进行分配并分别进行计算。

二、理解与分析

1. 地基反力为直线分布的连续梁法

1）地基反力为直线分布的连续梁法的应用条件如下：

(1) 地基土较均匀；

(2) 上部结构刚度较好；

(3) 荷载分布较均匀；

(4) 条形基础的梁截面高度 h 宜 $\geq l/6$，l 为柱距。

上述条件（4）是根据柱距 l 与文克勒地基模型中的弹性特征系数 λ 的乘积 $\lambda l \leq 1.75$ 作出的分析，当高跨比 $h/l \geq 1/6$ 时，对一般柱距及中等压缩性的地基都可以考虑地基反力为直线分布。

2）对地基"比较均匀"、上部结构"刚度较好"及荷载分布"比较均匀"的定量把握，规范未予具体规定，应根据工程经验确定，当无可靠设计经验时，建议按弹性地基梁计算。

3）条形基础的端部宜向外伸出，其伸出长度宜为 $l/4$，l 为第一跨的跨距。

4）按本法计算时，两端边跨的跨中及第一内支座的弯矩值应乘以 1.2 的放大系数。

2. 弹性地基梁法

当构造不满足上述各项要求时，应采用弹性地基梁法，并选用合适的程序、恰当的计算模型进行计算。当采用文克勒地基模型时，应选择适当的基床系数 k 值。

3. 有限元法

对特殊情况的条形基础（如平面形状不规则、荷载变化大、特别重要的条形基础等——编者注），不宜采用上述简化方法时，可采用有限元法计算。

4. 规范提出对柱下交叉条形基础交点上的柱荷载，可按交叉梁的刚度或变形协调的要求进行分配并分别进行计算。

5. 按交叉梁的刚度或变形协调的要求进行分配，一般需采用专门计算程序计算。

6. 对条基变厚度翼板提出顶面坡度的限值要求（宜不大于 1∶3），其目的在于确保条基的混凝土施工质量。

三、结构设计的相关问题

1. 不考虑基础挠度与地基变形协调的连续梁法，地基反力为直线分布，按倒楼盖计算，此计算结果所得的支座反力与柱子的作用力不平衡，计算精度相对较差。

2. 考虑基础挠度与地基变形协调的连续梁法，地基反力为直线分布，按倒楼盖计算，并考虑计算结果所得的支座反力与柱子的作用力不平衡问题，对反力进行局部调整，计算结果的准确性相对较高。

3. 柱下交叉条形基础的设计计算比柱下单向条形基础复杂得多，主要难点在于条基交叉点的荷载分配问题。

四、设计建议

1. 关于连续梁法（也称倒梁法，见图 5.2.3）

1）《地基规范》划分了按连续梁计算内力（地基反力可按直线分布考虑）的适用条件。其中规定梁高大于或等于 1/6 柱距的条件，当高跨比大于或等于 1/6 时，对一般柱距及中等压缩性的地基都可以考虑地基反力为直线分布；

2）由于本法未考虑基础挠度与地基变形的协调，所得的支座反力 R_i 不等于柱子的作用力 P_i，反力出现不平衡，其差值 $\Delta R_i = P_i - R_i$。如差值 ΔR_i 较大，宜对反力 R_i 进行调整，即将 ΔR_i 均匀分布在支座 i 的两侧各 $l/3$ 的范围内，相应的 $\Delta P_i = 3\Delta R_i/2l$，以此求解连续梁的内力，并与调整前的内力进行叠加。上述调整可逐次接近，直至 ΔR_i 趋至较小值。采用上述方法计算，边跨跨中及第一内支座的弯矩宜放大 20%；

3）采用直线分布假定计算刚性梁的基底反力时，可先求出荷载的合力及其作用点的位置，然后按式（5.2.1）计算：

$$p_{\max} = \frac{\Sigma P}{bL} \pm \frac{M}{W} \qquad\qquad (5.2.1)$$

式中　M——相应于荷载效应基本组合时，作用于基础梁上的总弯矩设计值；

$\qquad$ W——沿基础方向梁的抵抗矩；

$\qquad$ L——基础梁的总长度。

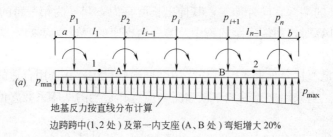

地基反力按直线分布计算

边跨跨中(1、2 处) 及第一内支座 (A、B 处) 弯矩增大 20%

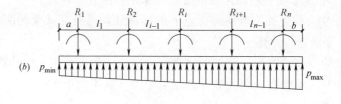

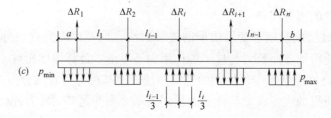

图 5.2.3　基底反力为直线分布的连续梁法

2. 对称交叉基础的计算

对两方向刚度及荷载分布比较均匀的交叉梁基础，可按两方向刚度及荷载相等的原则拆分为两个方向的单向条形基础。

3. 一般交叉基础的计算

对一般交叉基础可采用如下交叉条形基础的刚度分配法，该计算法采用如下假定：

1）采用文克勒地基模型；

2）假定纵、横基础梁在交点处为铰接关系，故节点 i 的作用力 P_i 为沿 x 向及 y 向的分配力 P_{ix} 及 P_{iy} 之和，即

$$P_i = P_{ix} + P_{iy} \tag{5.2.2}$$

3）作用在节点 i 上的弯矩 M_{ix} 及 M_{iy}，由 x 向及 y 向的基础梁各自承担，不再进行分配。当柱脚弯矩不大、x 向及 y 向的梁长度较长时，则可不考虑上述弯矩的影响；

4）根据算得的分配力 P_{ix} 及 P_{iy}，将 x 向及 y 向的基础梁分别计算其内力。梁的内力计算方法仍宜用文克勒地基模型，当各柱脚作用力值比较接近时，也可采用连续梁法计算。

上述分配力 P_{ix} 及 P_{iy} 的计算，需根据节点的部位、梁端是否有外伸梁，以及梁的刚

度特征值 S_x 及 S_y 等，按表 5.2.1 取用相应的算式。

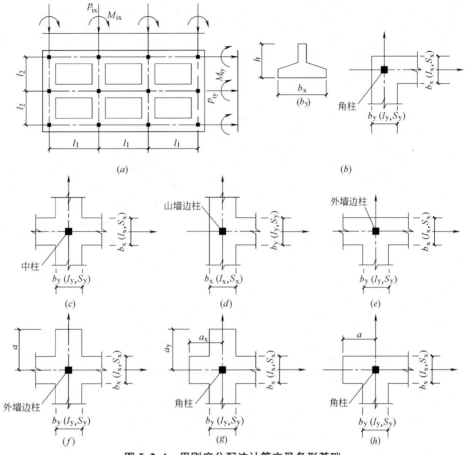

图 5.2.4　用刚度分配法计算交叉条形基础

分配力 P_{ix} 及 P_{iy} 的算式　　　　　　　　　　表 5.2.1

节点位置	x 向分配力 P_{ix}	y 向分配力 P_{iy}
中柱及角柱节点（图 5.2.4b、c）	$P_{ix}=\dfrac{b_xS_x}{b_xS_x+b_yS_y}P_i$	$P_{iy}=\dfrac{b_yS_y}{b_xS_x+b_yS_y}P_i$
边柱节点（图 5.2.4d、e）	$P_{ix}=\dfrac{4b_xS_x}{4b_xS_x+b_yS_y}P_i$	$P_{iy}=\dfrac{b_yS_y}{4b_xS_x+b_yS_y}P_i$
边柱节点有外伸梁，$a=0.6S_y$（图 5.2.4f）	$P_{ix}=\dfrac{1.43b_xS_x}{1.43b_xS_x+b_yS_y}P_i$	$P_{iy}=\dfrac{b_yS_y}{1.43b_xS_x+b_yS_y}P_i$
角柱节点有双向外伸梁，$a_x=0.6S_x$，$a_y=0.6S_y$ 和 $a_x=0.75S_x$，$a_y=0.75S_y$（图 5.2.4g）	$P_{ix}=\dfrac{b_xS_x}{b_xS_x+b_yS_y}P_i$	$P_{iy}=\dfrac{b_yS_y}{b_xS_x+b_yS_y}P_i$
角柱节点有 x 向外伸梁（图 5.2.4h）　$a_x=0.6S_x$	$P_{ix}=\dfrac{2.8b_xS_x}{2.8b_xS_x+b_yS_y}P_i$	$P_{iy}=\dfrac{b_yS_y}{2.8b_xS_x+b_yS_y}P_i$
$a_x=0.75S_y$	$P_{ix}=\dfrac{3.23b_xS_x}{3.23b_xS_x+b_yS_y}P_i$	$P_{iy}=\dfrac{b_yS_y}{3.23b_xS_x+b_yS_y}P_i$

表 5.2.1 中 x 向及 y 向的刚度特征值 S_x 及 S_y 按下式计算：

$$S_x = \frac{1}{\lambda_x} = \sqrt[4]{\frac{4E_cI_x}{kb_x}} \qquad\qquad (5.2.3)$$

$$S_y = \frac{1}{\lambda_y} = \sqrt[4]{\frac{4E_cI_y}{kb_y}} \qquad\qquad (5.2.4)$$

式中　b_x、b_y——分别为 x 向及 y 向基础梁的底面宽度（m）；

I_x、I_y——分别为 x 向及 y 向基础梁的惯性矩（m^4）；

E_c——基础梁混凝土的弹性模量（kN/m^2）；

k——地基土的基床系数（kN/m^3），一般应由勘察报告提供，当勘察报告无法提供时，也可按表5.2.2取用；

λ_x、λ_y——基础梁的弹性特征值，也称其为柔度特征值（1/m）；

S_x、S_y——分别为 x 向及 y 向的基础梁刚度特征值，也称其为弹性特征长度（m）。

基床系数 k 的参考值　　　　　　　　　　表 5.2.2

序　号	地 基 类 别		k 值（$10^4 kN/m^3$）
1	淤泥质土、有机质土或新填土		0.1～0.5
2	软弱黏性土		0.5～1.0
3	黏土及粉质黏土	软塑	1.0～2.0
4		可塑	2.0～4.0
5		硬塑	4.0～10.0
6	松散砂		1.0～1.5
7	中密砂或松散砾石		1.5～2.5
8	紧密砂或中密砾石		2.5～4.0
9	黄土及黄土类粉质黏土		4.0～5.0
10	紧密砾石		5.0～10.0
11	风化岩石、石灰岩或砂岩		20～100
12	完好的坚硬岩石		100～1500
13	软弱土层摩擦桩		1.0～5.0
14	穿过软弱土层达到密实砂层或黏土层的桩		5.0～15.0
15	打至岩层的支承桩		800

五、相关索引

1.《地基规范》的相关规定见其第8.3节。

2.《北京地基规范》的相关规定见其第8.4节。

第三节　条基加防水板基础

【要点】

　　本节通过对条基加防水板基础的受力分析，提出现阶段满足设计要求的实用方法，涉及防水板的内力、考虑防水板影响的条形基础计算、软垫层的设置、地下室边角部条基与独立基础加防水板组合基础的设计计算等问题。分析条基加防水板基础与独基加防水板基础的异同点，当地下水位较高时，忽略防水板对条形基础内力的影响会给结构设计带来隐患。此部分内容是编者对实际工程经验的总结，读者可根据工程的具体情况参照使用。

条基加防水板基础是近年来伴随基础设计与施工发展而形成的一种新的基础形式（图5.3.1）。相对于独基加防水板基础，条基加防水板基础的受力更加直接，计算更加简单明确，因此在工程中应用相当普遍。

条基加防水板基础与独基加防水板基础在受力特点及设计原则等方面有诸多相似之处，可对照第四章第三节。

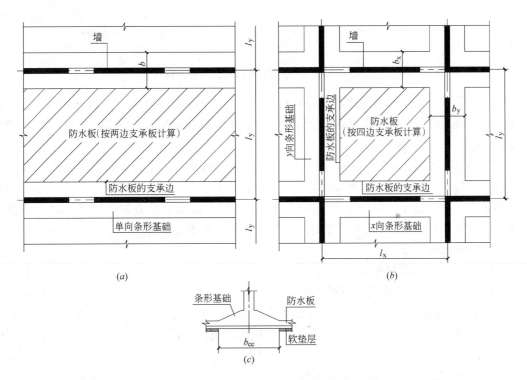

图 5.3.1 条基加防水板基础的组成

(*a*) 单向条基加防水板；(*b*) 双向条基加防水板；(*c*) 基础剖面

一、受力特点

1. 在条基加防水板基础中，防水板的作用有二：一是将自重及其上部填土重量通过其下部设置的软垫层直接传给防水板下部的地基，二是用来抵抗水浮力。由于防水板下设置软垫层，可不考虑防水板下的地基土对上部结构荷载的分担作用，条基承担上部结构的全部荷重，当水浮力达到某一量值时，防水板和条基共同承担水浮力（在条基加防水板基础中条基及防水板一般可各自单独计算）。

2. 考虑施工流程（降水施工）及建筑物使用过程中地下水位的变化影响，当防水板不承担地下水浮力或承担的水浮力设计值 q_w 不大于防水板自重 q_s 及其上建筑做法重量 q_a（即 $q_w \leq q_s + q_a$，注意：此处的 q_w、q_s 和 q_a 均为荷载效应基本组合时的设计值，即水浮力起控制作用时的荷载设计值，而不是荷载标准值）时，上部建筑物的重量将全部由条基传给地基（图5.3.2a）；当防水板承担地下水浮力设计值 q_w 大于防水板自重 q_s 及其上建筑做法重量 q_a（即 $q_w > q_s + q_a$，注意同上）时，防水板对条基底面的地基反力起一定的分

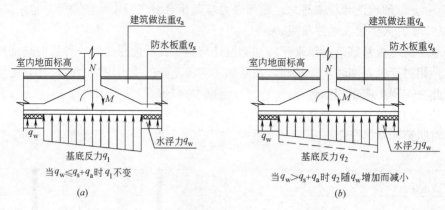

图 5.3.2　条基加防水板基础的受力特点

担作用，使条基底面的部分地基反力转移至防水板并以水浮力的形式直接作用在防水板底面，这种地基反力的转移对条基的底部弯矩有加大的作用，并且随水浮力的加大而增加（图 5.3.2b）。

3. 在条基加防水板基础中，防水板是一种随荷载情况变化而变换支承情况的复杂板类构件，当 $q_w \leqslant q_s + q_a$ 时（图 5.3.2a），防水板及其上部重量直接传给地基土，条基对其不起支承作用；当 $q_w \geqslant q_s + q_a$ 时（图 5.3.2b），防水板在水浮力的作用下，将净水浮力 $[$即 $q_w - (q_s + q_a)]$ 传给条基，并加大了条基的弯矩及剪力数值。

二、防水板计算

1. 防水板支承条件的确定

1）单向条基时防水板的支承条件

单向条基时的防水板可以简化成两边支承在条基上的单向板，防水板按两端固定在条基上的单向板计算，防水板的计算跨度 l_0 可取防水板的净跨度 l_n（即相邻条基边缘之间的距离）$l_0 = l_n$（见图 5.3.3a）。

2）双向条基时防水板的支承条件

双向条基时的防水板可以简化成周边支承在条基上的双向板，防水板按周边固定在条基上的双向板计算，防水板的计算跨度 l_0 可取防水板的净跨度 l_n（即相邻条基边缘之间的距离）$l_0 = l_n$（见图 5.3.3b）。

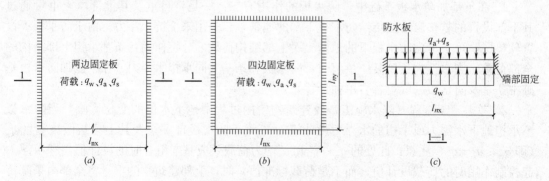

图 5.3.3　防水板支承条件

（a）单向条基时；（b）双向条基时；（c）防水板上的荷载

3）防水板的设计荷载（图 5.3.3c）

（1）重力荷载

防水板上的重力荷载一般包括：防水板自重、防水板上部的填土重量、建筑地面重量、地下室地面的固定设备重量等。

（2）活荷载

防水板上的活荷载一般包括：地下室地面的活荷载、地下室地面的非固定设备重量等。

（3）水浮力

防水板的水浮力根据抗浮设计水位确定。

4）荷载分项系数的确定

（1）当地下水水位变化剧烈时，水浮力荷载分项系数按可变荷载分项系数确定，取 1.4；

（2）当地下水水位变化不大时，水浮力荷载分项系数按永久荷载分项系数确定，取 1.35；

（3）注意防水板计算时，应根据重力荷载效应对防水板的有利或不利情况，合理取用永久荷载的分项系数，当防水板由水浮力效应控制时应取 1.0。

5）防水板的设计计算

（1）单向条基之间的防水板按两端固接在条基上的单向板计算：

① 支座弯矩设计值 $\qquad M' = q(l-b)^2/12$ （5.3.1）

② 跨中弯矩设计值 $\qquad M_0 = q(l-b)^2/24$ （5.3.2）

③ 支座剪力设计值 $\qquad V = q(l-b)/2$ （5.3.3）

式中 q——垂直荷载设计值；

l——条基中心线之间的距离；

b——条形基础的宽度（见图 5.3.1）。

考虑防水板与条形基础在交接处并非完全固接的实际受力状态，防水板的跨中弯矩可适当放大，一般可取放大系数 1.1。

（2）双向条基之间的防水板按周边固接在条基上的双向板计算

① 防水板的固端及跨中弯矩设计值，根据防水板的计算跨度 $l_{0x}=l_{nx}=l_x-b_y$、$l_{0y}=l_{yn}=l_y-b_x$，按建筑结构静力计算手册（第二版）表 4-19 计算；

考虑防水板与条形基础在交接处并非完全固接的实际受力状态，防水板的跨中弯矩可适当放大，一般可取放大系数 1.1。

② 支座剪力设计值 $\qquad V = ql_n/2$ （5.3.4）

式中 l_n——为防水板的净跨度，取 l_{xn}、l_{yn} 的较小值。

三、条形基础计算

恰当考虑防水板水浮力对条形基础的影响，是条形基础计算的关键。在结构设计中可采用包络设计的原则，按下列步骤计算：

1. $q_w \leqslant q_s + q_a$ 时的条形基础计算

此时的条形基础可直接按本章第二节相关规定进行计算。

2. $q_w > q_s + q_a$ 时的条形基础计算

1) 将防水板的支承反力（取最大水浮力效应控制的组合计算），转化为沿条形基础边缘线性分布的等效线荷载 q_e 及等效线弯矩 m_e（见图 5.3.4b），并按下列公式计算：

(1) 沿单向条形基础边缘均匀分布的线荷载：

$$q_e = q(l-b)/2 \qquad\qquad (5.3.5)$$

(2) 沿单向条形基础边缘均匀分布的线弯矩：

$$m_e = q(l-b)^2/12 \qquad\qquad (5.3.6)$$

式中　q——相应于荷载效应基本组合时，防水板的荷载值（kN/m²），荷载分项系数根据有利（或不利）原则，按《荷载规范》第 3.2.5 条取值；

　　　　b——为条形基础的底面宽度（m）。

(3) 沿双向条形基础边缘均匀分布的线荷载 q_e，采用等效方法计算，两方向线荷载数值相同，与防水板传给条形基础的剪力数值相等方向相反，可按公式（5.3.7）计算：

$$q_e = q l_n/2 \qquad\qquad (5.3.7)$$

式中　l_n——为防水板的净跨度，取 l_{xn}、l_{yn} 的较小值。

当防水板为正方形板时，q_e 可取一定基础长度范围内的平均值，将按公式（5.3.7）的计算结果乘以小于 1 的折减系数，一般情况下可取 0.75。

(4) 沿双向条形基础边缘均匀分布的线弯矩 m_e 与防水板的固端弯矩数值相等方向相反，当防水板为正方形板时，两个方向的 m_e 数值相同，当为矩形板时，两个方向的 m_e 数值不相同，按建筑结构静力计算手册（第二版）表 4-19 计算。

2) 根据矢量叠加原理，进行在边缘线荷载（图 5.3.4b）及普通均布荷载（图 5.3.4c）共同作用下的条形基础计算，即在条形基础内力计算公式的基础上增加由防水板引起的内力，现以图（5.3.4a）中墙根截面 Ⅰ—Ⅰ 为例，计算过程说明如下：

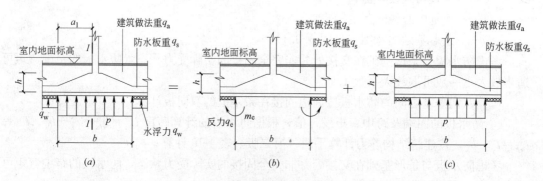

图 5.3.4　条形基础的荷载

(a) 条基全部荷载；(b) 防水板传给条基的荷载；(c) 条基自身荷载

(1) 防水板对条基的基底边缘反力引起的附加内力计算（见图 5.3.4b），根据结构力学原理，进行边缘线荷载作用下条基的内力计算；

弯矩设计值为　　　　　　　　$M_{I1} = q_e a_1^2/2 + m_e a_1 \qquad\qquad (5.3.8)$

剪力设计值为　　　　　　　　$V_{I1} = q_e a_1 \qquad\qquad (5.3.9)$

(2) 条形基础基底反力 p 引起的内力计算，按本章第二节相关规定，进行普通均布荷载作用下条形基础的内力计算（见图 5.3.4c），注意此处均布荷载中应扣除防水板分担的水浮力，弯矩设计值为 M_{I2}［按公式（5.1.1）或式（5.1.4）计算］、剪力为 V_{I2}［按公式（5.1.2）或式（5.1.5）计算］；

（3）将两部分内力叠加，进行条形基础的各项设计计算，计算总弯矩为 $M_I = M_{I1} + M_{I2}$、总剪力为 $V_I = V_{I1} + V_{I2}$。

3. 取上述 1 和 2 的大值进行条形基础的包络设计。

四、构造要求

为实现结构设计构想，防水板下应采取设置软垫层（见图 5.3.1）的相应结构构造措施。软垫层的相关技术要求同第四章第三节构造要求。

五、结构设计的相关问题

1. 软垫层设计中对聚苯板性能的控制是关系到条基加防水板基础受力合理与否的关键问题。

2. 需要说明的是，结构设计中常忽略防水板的水浮力对条形基础的影响，而只考虑条形基础底反力引起的内力，其基底内力数值偏小，很不安全（相关计算比较见本章第四节实例 5.2）。

3. 采用软垫层后对地基承载力的深度修正影响问题。

六、设计建议

1. 建议在软垫层设计中，采取控制软垫层强度和变形的结构措施，如根据设计需要提出聚苯板的抗压强度和压缩模量指标（抗压强度一般取压缩量为试件总厚度的 10％时的强度值）。

2. 软垫层的厚度应能满足消除条形基础与防水板之间的差异沉降要求，可不考虑防水板的沉降，直接将条形基础的沉降值确定为条形基础与防水板之间的最大差异沉降数值，并以此确定软垫层的厚度（软垫层的厚度不应小于条形基础与防水板之间的最大差异沉降数值）。

3. 在条基加防水板基础中，防水板承担地下水浮力，当地下水位较高（$q_w > q_s + q_a$）时，应考虑防水板承担的水浮力对条基弯矩的增大作用，并可采用矢量叠加原理进行简单计算。

4. 在条基加防水板基础设计中，应特别注意对条形基础计算埋深的修正，相关做法可参考本书第二章实例 2.1 之 2。

5. 应注意条基加防水板基础与变厚度筏板基础的区别，相关异同分析可参见本书第六章第三节。

6. 地下室边、角部条形基础及防水板设计（图 5.3.5）。

地下室边、角部的条形基础及防水板可按包络设计原则进行，主要过程说明如下：

1）防水板设计

防水板区分柱下板带和跨中板带，按经验系数法计算，详见第四章第三节相关内容。其中 b_{ce} 根据同一方向同一跨度内，条形基础宽度和独立基础宽度确定［对应于图 5.3.5（a）时：$b_{cex} = 0.5(b_y + b_{x1})$、$b_{cey} = 0.5(b_x + b_{y1})$］。

采用表 4.3.1 时应注意，由于地下室外墙平面外刚度较大，边跨板带的弯矩分配系数宜按表中"内跨"确定。

2）条形基础设计

（1）条形基础边缘的线荷载

$$q_e = q l_n / 2 \qquad\qquad (5.3.10)$$

其中　q——相应于荷载效应基本组合时，防水板的垂直荷载设计值；

　　　　l_n——防水板的净跨度 l_{nx}、l_{ny}，对应于图 5.3.5 中，$l_{nx} = l_x - 0.5(b_y + b_{x1})$、$l_{ny} = l_y - 0.5(b_x + b_{y1})$。

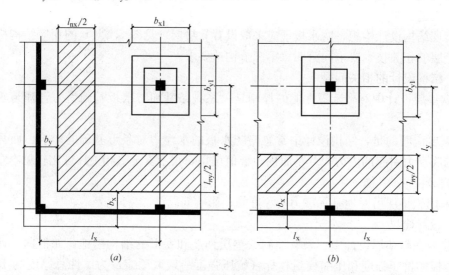

图 5.3.5　地下室边、角部位基础及防水板设计原则
(a) 地下室角部；(b) 地下室边缘

（2）条形基础边缘的线弯矩

与防水板的端支座计算弯矩值数值相同（但应注意分摊在同一板带宽度范围内，可取表 4.3.1 中"柱下板带"的数值计算）方向相反。

3）其他设计原则与普通条基加防水板基础相同。

7. 地下室外墙常受土压力作用，其基础为偏心受压条形基础。当墙底偏心距较大时可调整基础平面布置，使基础中心线与墙底作用合力点重合。

七、特别说明

1. 条基加防水板基础暂未列入相关结构设计规范中，上述结构设计的原则和做法均为编者对实际工程的总结和体会，供读者在结构设计中参考。

2. 当可不考虑地下水对建筑物影响时，对防潮要求比较高的建筑，常可采用条基加防潮板基础，防潮板的位置（标高）可根据工程具体情况而定：

1）当防潮板的位置在条基高度范围内（有利于建筑设置外防潮层，并容易达到满意的防潮效果）时，上述条基加防水板基础设计方法同样适用；

2）当防潮板的位置在地下室地面标高处（防潮板与条基不直接接触）时，防潮板变成非结构构件，一般可不考虑其对条形基础的影响，但注意框架柱或剪力墙在防潮板标高处应留有与防潮板相连接的"胡子筋"。

3. 其他相关问题见第四章第三节的特别说明。

八、相关索引

1. 对条形基础的相关设计要求见《地基规范》第 5 章及第 8.2 节。

2.《北京地基规范》对条形基础的相关设计要求见其第 6.3、6.4 节及 8.3 节。

3. 全国民用建筑工程设计技术措施（结构）对条形基础的相关规定见其第 3.8 节。

4. 软垫层对地基承载力的影响分析见第二章实例 2.1。

第四节　工程实例及实例分析

【要点】

　　本节结合工程实际进一步说明墙下条形基础、条基加防水板基础的设计方法及设计过程，分析结构设计的关键问题并提供解决问题的办法。举例说明地下室边、角部条形基础与独基加防水板基础组合时的设计要点。

【实例 5.1】 北京谷泉会议中心工程墙下条形基础设计

1. 工程概况

　　北京谷泉会议中心工程位于北京市平谷区，属多功能综合性会议用房，整个工程沿山坡而建，建筑最大层数 4 层，地上建筑最大落差达 44m，总建筑面积 48000m^2。按建筑功能分为三个区段，其中 A、C 区采用钢筋混凝土框架结构，B 区采用钢筋混凝土框架-剪力墙结构，采用独立柱基、条形基础及条基加防水板基础，基础的混凝土强度等级为 C30，持力层的地基承载力特征值 $f_{ak} = 180kPa$。

　　2. 轴心荷载下钢筋混凝土墙下单向条形基础设计（图 5.4.1a）

　　扣除基础自重及其上土重后，相应于荷载效应基本组合时，基础底面的平均反力设计值 $p_j = 170kN/m^2$。

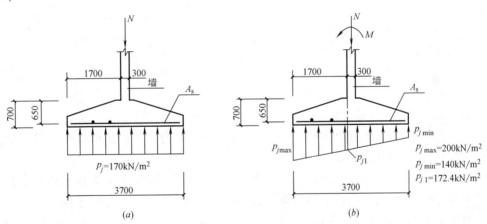

图 5.4.1　钢筋混凝土墙下单向条形基础设计

(a) 轴心荷载下；(b) 偏心荷载下

计算过程：

1）基础最大弯矩及配筋

$h_0 = h - a = 700 - 50 = 650mm$，基础最大弯矩截面位于墙边缘，即 $a_1 = 1.7m$，最大弯矩按公式（5.1.1）计算，$M_{max} = 0.5 p_j a_1^2 = 0.5 \times 170 \times 1.7^2 = 245.7kN \cdot m$。

　　基础底面配筋按公式（4.2.24）计算，$A_s = 245.7 \times 10^6 / (0.9 \times 650 \times 360) = 1167mm^2/m$，每延米基础配 HRB400 级钢筋，直径 14@125（$A_s = 1231mm^2 > 1167mm^2$，

可以）。

2）最大剪力截面及截面验算

最大剪力计算部位在墙根截面处，按公式（5.1.2）计算：

$$V_{max}=p_j a_1=170\times1.7=289kN/m$$

每延米基础的抗剪承载力按公式（5.1.3）计算，$[V_s]=1.23\beta_h f_t b_w h_0=1.23\times1.0\times1.43\times1000\times650=1143285N=1143.3kN>289kN$（可以）。

3）基础设计配筋如图5.4.1a。

3. 偏心荷载下钢筋混凝土墙下单向条形基础设计（图5.4.1b）

扣除基础自重及其上土重后，相应于荷载效应基本组合时，基础底面的反力设计值 $p_{jmax}=200kN/m^2$、$p_{jmin}=140kN/m^2$。

计算过程：

1）基础最大弯矩及配筋

$h_0=h-a=700-50=650mm$，基础最大弯矩截面位于墙边缘，即 $a_1=1.7m$，

墙根截面处的基础底面的反力设计值 $p_{j1}=200-1.7\times(200-140)/3.7=172.4kN/m^2$

最大弯矩按公式（5.1.4）计算，

$M_{max}=[p_{j1}/2+(p_{jmax}-p_{j1})/3]a_1^2=[172.4/2+(200-172.4)/3]\times1.7^2=275.7kN\cdot m/m$；

基础底面配筋按公式（4.2.24）计算，$A_s=275.7\times10^6/(0.9\times650\times360)=1309mm^2/m$，每延米基础配 HRB400 级钢筋，直径 14@100（$A_s=1539mm^2>1309mm^2$，可以）。

2）最大剪力截面及截面验算

最大剪力计算部位在墙根截面处，最大剪力按公式（5.1.5）计算：

$$V_{max}=(p_{jmax}+p_{j1})a_1/2=(200+172.4)\times1.7/2=316.5kN/m<1143.3kN$$（可以）。

4. 实例分析

1）墙下条形基础的计算相对简单。

2）由计算可以看出，一般情况下条形基础无需进行基础底板的抗剪验算，只有当地基反力足够大时，需要适当验算。

3）本例为北京地区工程，《北京地基规范》关于地基基础设计方法与国家规范《地基规范》略有不同，为说明问题，本例相关数据已按国家规范进行了调整（下同）。

4）地基承载力验算（本例略）。

【实例5.2】 墙下单向条基加防水板基础设计

1. 工程概况同实例5.1

2. 轴心荷载下单向条基加防水板基础设计（图5.4.2）

上部结构传给条形基础的相应于荷载效应基本组合时，墙（厚度300mm）底轴向压力 $N=726kN/m$，基础及其上部填土的平均重度 $\gamma=20kN/m^3$，地下水位高出地下室地面1.5m，基础平面见图5.4.2。

计算过程：

1）防水板的荷载

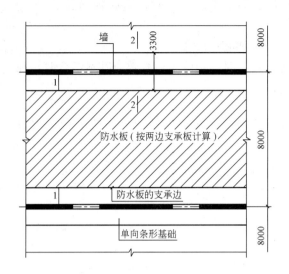 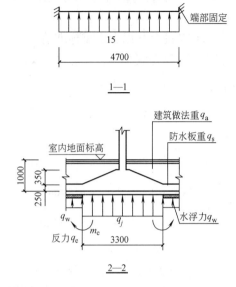

图 5.4.2 钢筋混凝土墙下单向条基加防水板基础设计

防水板及其上部土重标准值 $q_{s1}=20\times1.0=20\mathrm{kN/m^2}$

防水板的水浮力标准值 $q_{sw}=10\times(1.0+1.5)=25\mathrm{kN/m^2}$

当由地下水浮力控制的内力组合时，防水板的荷载设计值为

$$q_{wj}=1.4\times25-1.0\times20=15\mathrm{kN/m^2}$$

2）防水板设计

防水板计算简图见图 5.4.2 剖面 1—1，支座弯矩设计值按公式（5.3.1）计算：

$M'=q(l-b)^2/12=15\times(8-3.3)^2/12=27.6\mathrm{kN\cdot m}$，跨中弯矩按公式（5.3.2）
计算：

$M_0=q(l-b)^2/24=15\times(8-3.3)^2/24=13.8\mathrm{kN\cdot m}$，考虑防水板与条形基础的实际
支承情况，跨中弯矩可乘放大系数 1.1，则 $M_0=1.1\times13.8=15.2\mathrm{kN\cdot m}$

按公式（4.2.24）计算防水板的纵向钢筋，得：

支座钢筋（板底钢筋）$A'_s=27.6\times10^6/(0.9\times200\times300)=511\mathrm{mm^2}$

跨中钢筋（板顶钢筋）$A_s=15.2\times10^6/(0.9\times200\times300)=282\mathrm{mm^2}$

防水板构造钢筋 $A_{smin}=0.15\%\times1000\times250=375\mathrm{mm^2}$

板底按计算配筋，配 HRB335 级钢筋，直径 12@200（$A'_s=565\mathrm{mm^2}>511\mathrm{mm^2}$，
可以）；

板顶按构造配筋，配 HRB335 级钢筋，直径 10@200（$A'_s=393\mathrm{mm^2}>282\mathrm{mm^2}$，
可以）。

3）防水板传给条形基础边缘的等效荷载设计值

防水板传给条形基础边缘的等效线荷载设计值按公式（5.3.5）计算，$q_e=q(l-b)/2=15\times(8-3.3)/2=35.3\mathrm{kN/m}$；传给条形基础边缘的等效线弯矩设计值按公式
（5.3.6）计算，$m_e=27.6\mathrm{kN\cdot m/m}$。

4）条形基础上的其他荷载

(1) 上部结构传给条形基础的相应于荷载效应基本组合时，墙底轴向压力 $N=726\text{kN/m}$；

(2) 基础及其以上土重标准值 $q_{F1}=20\times1.0=20\text{kN/m}^2$；

(3) 水浮力较小（$q_w \leqslant q_s + q_a$ 或无水浮力作用）时，相应于荷载效应基本组合时，独立基础底面的净平均压力值：$p_j=\dfrac{726}{1\times3.3}=220\text{kN/m}^2$；

(4) 水浮力较大（$q_w > q_s + q_a$）时，用于基础设计的独立基础底面的平均压力设计值：

$$p_j=220-\frac{2\times35.3}{3.3}=198.6\text{kN/m}^2$$

5) 条形基础的最大弯矩截面

基础最大弯矩截面位于墙边缘，即 $a_1=\dfrac{3.3-0.3}{2}=1.5\text{m}$，$h_0=h-a=600-50=550\text{mm}$。

6) 墙根截面的基础底面弯矩设计值计算

条形基础的基础底面弯矩分为两部分，一是由防水板抵抗水浮力引起的弯矩 M_1，二是由 q_j 引起的弯矩 M_2，即 $M=M_1+M_2$。

(1) M_1 按矢量叠加原理计算，$M_1=35.3\times(3.3-0.3)/2+27.6=80.6\text{kN}\cdot\text{m/m}$；

(2) M_2 按公式（5.1.1）计算，$M_2=0.5p_ja_1^2=0.5\times198.6\times1.5^2=223.4\text{kN}\cdot\text{m/m}$

$$M=M_1+M_2=80.6+223.4=304\text{kN}\cdot\text{m}$$

7) 水浮力较小（$q_w \leqslant q_s + q_a$ 或无水浮力作用）时，条形基础墙根截面的基础底面弯矩设计值计算

此情况下，条形基础底面的弯矩全部由地基净反力（及条基下的水浮力）引起，

按公式（5.1.1）计算，$M=0.5p_ja_1^2=0.5\times220\times1.5^2=247.5\text{kN}\cdot\text{m/m}<304\text{kN}\cdot\text{m/m}$。

8) 条形基础的最大弯矩及配筋

条形基础的最大弯矩 $M=304\text{kN}\cdot\text{m/m}$，基础底面配筋按公式（4.2.24）计算，

$A_s=304\times10^6/(0.9\times360\times550)=1706\text{mm}^2$；

基础构造钢筋 $A_{smin}=0.15\%\times1000\times600=900\text{mm}^2$

每延米基础配 HRB400 级钢筋，直径 16@100（$A_s=2011\text{mm}^2 > 1706\text{mm}^2$，可以）。

9) 最大剪力截面及截面验算

最大剪力计算部位位于墙边缘，最大剪力由两部分组成：一是防水板传给基础边缘的线荷载 q_e，二是由均布荷载 p_j 引起的，则 $V_{max}=35.3+198.6\times1.5=333.2\text{kN/m}$

每延米基础的抗剪承载力按公式（5.1.3）计算，$[V_s]=1.23\beta_h f_t b_w h_0=1.23\times1.0\times1.43\times1000\times550=967395\text{N}=967.4\text{kN}>333.2\text{kN}$（可以）。

3. 实例分析

1) 由于防水板受力简单明确，故单向条基加防水板基础设计相对简单，只需进行简单的矢量叠加。

2) 通过本例分析可以发现，在条基加防水板基础中，条形基础和防水板不一定同时由相同的荷载效应组合起控制作用，如：

（1）防水板常按水浮力控制的效应组合设计（当地下水变动幅度较大时，水浮力的荷载分项系数按可变荷载考虑；当地下水变动幅度较小时，水浮力的荷载分项系数按永久荷载考虑）；

（2）条形基础则按由永久荷载效应控制的组合设计，两者采用不同的荷载效应设计值，而在条基的设计中又离不开防水板传来的荷载。

因此，在条基加防水板基础的设计中，要严格分清荷载的不同效应组合是有困难的，同时从工程角度看也无必要。从工程设计实际出发，采用适当的包络设计方法，其结果相差不大（偏于安全），故可按各自最不利情况计算以简化设计（不同组合时荷载数值的近似换算方法，见本书第四章第二节设计建议之7）。

3）通过本例计算可以发现，在本例的特定条件下，考虑与不考虑防水板对条基内力的影响，其计算弯矩的比值为 304.8/247.5＝1.23，即计算结果相差 23%，因此，当地下水位较高时，不考虑防水板对条形基础的影响是不合适的，也是不安全的。

4）由计算可以看出，一般情况下条形基础无需进行基础底板的抗剪验算，只有当地基反力足够大时，才需要进行验算。

5）挡土墙下条形基础，需考虑作用在挡土墙上的土压力影响，对未设置防水板或基础拉梁的单向条形基础，应考虑挡土墙的抗滑移问题（相关计算方法参见本书第八章第二节），其他设计计算方法和偏心荷载下条形基础设计相同。

6）地基承载力验算（本例略）。

【实例 5.3】 墙下双向条基加防水板基础设计

1. 工程概况同实例 5.1

2. 轴心荷载下双向条基加防水板基础设计（图 5.4.3）

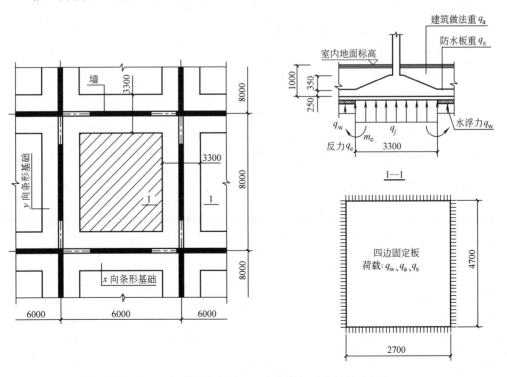

图 5.4.3　钢筋混凝土墙下双向条基加防水板基础设计

上部结构传给条形基础的相应于荷载效应基本组合时，基础底面的平均净反力 $p_j=198.6\text{kN/m}^2$，墙厚 300mm，基础及其上部填土的平均重度 $\gamma=20\text{kN/m}^3$，地下水位高出地下室内地面 1.5m，基础平面见图 5.4.3。

计算过程：

1）防水板的荷载

防水板及其上部土重标准值 $q_{s1}=20\times1.0=20\text{kN/m}^2$

防水板的水浮力标准值 $q_{sw}=10\times(1.0+1.5)=25\text{kN/m}^2$

当地下水浮力控制的内力组合时，防水板的荷载设计值为

$$q_{wj}=1.4\times25-1.0\times20=15\text{kN/m}^2$$

2）防水板设计

防水板计算简图见图 5.4.3，按四边固定的双向板计算，$l_{xn}=6-3.3=2.7\text{m}$，$l_{yn}=8-3.3=4.7\text{m}$，$l_{xn}/l_{yn}=2.7/4.7=0.574$

（1）防水板的弯矩按建筑结构静力计算手册（第二版）表 4-19 计算

固端弯矩：$M_x^0=0.0804\times15\times2.7^2=8.8\text{kN}\cdot\text{m/m}$；$M_y^0=0.0571\times15\times2.7^2=6.2\text{kN}\cdot\text{m/m}$。

跨中弯矩：$M_x\approx1.17\times0.0376\times15\times2.7^2=4.8\text{kN}\cdot\text{m/m}$；$M_y\approx1.17\times0.0066\times15\times2.7^2=0.8\text{kN}\cdot\text{m/m}$

考虑防水板与条形基础的实际支承情况，跨中弯矩可乘放大系数 1.1，则

$$M_x=1.1\times4.8=5.3\text{kN}\cdot\text{m/m}；M_y=1.1\times0.8=0.9\text{kN}\cdot\text{m/m}$$

（2）防水板配筋（采用 HPB235 级钢筋）按公式（4.2.24）计算：

支座截面：$A_x^0=8.8\times10^6/(0.9\times200\times210)=233\text{mm}^2$；

$$A_y^0=6.2\times10^6/(0.9\times200\times210)=164\text{mm}^2$$

跨中截面：$A_x=6.2\times10^6/(0.9\times200\times210)=140\text{mm}^2$

$$A_y=0.9\times10^6/(0.9\times200\times210)=24\text{mm}^2$$

构造要求：$A_{smin}=0.15\%\times1000\times250=375\text{mm}^2>238\text{mm}^2$，

防水板按构造配筋：$\phi10@200$（$393\text{mm}^2>375\text{mm}^2$，可以）。

3）条形基础设计

（1）防水板作用在条形基础边缘的线荷载 q_e，按公式（5.3.5）计算：

$$q_e=ql_{xn}/2=15\times2.7/2=20.3\text{kN/m}$$

（2）防水板作用在条形基础边缘的线弯矩 m_e，按建筑结构静力计算手册（第二版）表 4-19 计算，数值同防水板的固端弯矩（y 方向条基边缘的分布弯矩 $m_{ey}=M_x^0=8.8\text{kN}\cdot\text{m/m}$；$x$ 方向条形基础边缘的分布弯矩 $m_{ex}=M_y^0=6.2\text{kN}\cdot\text{m/m}$，注意上述弯矩的方向性）。

（3）条形基础底面的平均净反力 $p_j=220-\dfrac{20.3\times2}{3.3}=207.7\text{kN/m}^2$。

（4）墙根截面处基础底面弯矩设计值的组成

条形基础的基础底面弯矩分为两个计算方向，每个计算方向又分为不同的两部分，一是由防水板抵抗水浮力引起的弯矩 M_1，二是由 q_j 引起的弯矩 M_2，即 $M=M_1+M_2$，其中：

M_2 按公式（5.1.1）计算，$M_2=0.5p_ja_1^2=0.5\times207.7\times1.5^2=233.7\text{kN}\cdot\text{m/m}$

（5）x 方向的条形基础的墙根截面处基础底面弯矩设计值

M_{1x} 按矢量叠加原理计算，$M_{1x}=20.3\times1.5+6.2=36.7$kN·m/m

$$M_x=M_{1x}+M_{2x}=36.7+233.7=270.4\text{kN·m}$$

（6）y 方向的条形基础的墙根截面处基础底面弯矩设计值

M_{1y} 按矢量叠加原理计算，$M_{1y}=20.3\times1.5+8.8=39.3$kN·m/m

$$M_y=M_{1y}+M_{2y}=39.3+233.7=273\text{kN·m}$$

（7）水浮力较小（$q_w\leqslant q_s+q_a$ 或无水浮力作用）时，条形基础墙根截面的基础底面弯矩设计值计算

此情况下，条形基础底面的弯矩全部由地基净反力（及条形基础下的水浮力）引起，按公式（5.1.1）计算，$M=0.5p_ja_1^2=0.5\times220\times1.5^2=247.5$kN·m/m$<273$kN·m/m。

4）条形基础的其他设计计算（计算方法和过程同实例 5.2，此处略）。

3. 实例分析

1）墙下双向条形基础一般可拆分为两个单向条形基础计算，需要特别注意两向基础交点处基础面积的共用性问题，避免将双向条基拆分为两个方向的单向条形基础后，造成双向条形基础交叉部位实际基底面积的不足。

2）由于防水板为双向板，其内力及其对条形基础的反力计算相对复杂，增加了墙下双向条基加防水板基础计算的复杂性。

3）在双向条基加防水板基础的设计中，同样存在不同荷载效应组合的问题，相关分析同实例 5.2。

4）为便于比较，本例设定在荷载效应基本组合时，基础底面净反力的条件与实例 5.2 相同，通过比较可以发现：

（1）其他条件相同时，在相同水压力条件下，双向条形基础的防水板内力要明显小于单向条形基础的防水板；

（2）受双向板边界条件的影响，当防水板的两方向的计算跨度不相同时，防水板对条形基础的影响也不相同（影响主要来自防水板的支座弯矩），但当条形基础的净悬挑长度相同时，差异不大；

（3）在特定条件下，考虑与不考虑防水板对条形基础内力的影响，其计算弯矩的比值为 273/247.5=1.10，即计算结果相差 10%，因此，当地下水位较高时，不考虑防水板对双向条形基础的影响也是不合适的，且不安全（但影响的程度已大为减小，约为实例 5.2 的一半）。

5）其他分析同实例 5.2。

【实例 5.4】 地下室边、角部位基础及防水板设计

1. 工程概况同实例 5.1。

2. 地下室边、角部条形基础及防水板设计要点（图 5.4.4）。

轴线间距 $l_x=7.8$m，$l_y=8.1$m，条基宽度 $b=b_x=b_y=3$m，独立基础平面尺寸 4m×4m，在由水浮力作用控制的荷载组合时，防水板的净荷载为 $q_{wj}=15$kN/m^2，其他如图 5.4.4。

1）地下室边缘

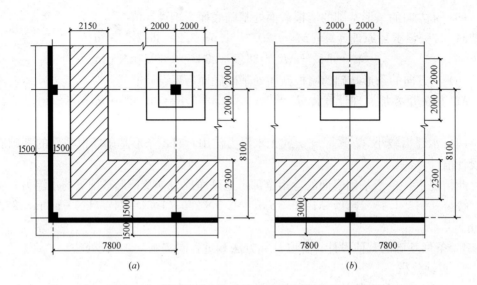

图 5.4.4　地下室边、角部位基础及防水板设计原则

(a) 地下室角部；(b) 地下室边缘

(1) 与条形基础连接的防水板设计

① 防水板按等代框架法计算，防水板的计算跨度 $b_{ce}=1.5+2.0=3.5m$

等代框架的总弯矩按公式 (4.3.2) 计算：

$$M_y=ql_y(l_x-2b_{ce}/3)^2/8=15\times8.1(7.8-2\times3.5/3)^2/8=453.9kN\cdot m$$

② 防水板的板带弯矩

考虑墙的平面外刚度的影响，取表 4.3.1 中"内跨"的数值计算，计算结果见表 5.4.1。

板带弯矩值　　　　　　　　　　　　　　表 5.4.1

位　　置	柱　下　板　带		跨　中　板　带	
	支座截面	跨中截面	支座截面	跨中截面
弯矩值 kN·m	227.0	81.7	77.2	68.1

③ 防水板的其他设计（略）。

(2) 防水板传给条形基础的线荷载 q_e 及线弯矩 m_e

① q_e 按公式 (5.3.10) 计算，$q_e=ql_n/2=15\times(8.1-1.5-2)/2=15\times2.3=34.5kN/m$；

② m_e 按防水板柱下板带的弯矩计算，即 $m_e=227/3.9=58.2kN\cdot m/m$。

2) 地下室角部

对 x 方向，重复上述 1) 的计算即可。

3) 上述未说明的其他设计计算原则同条基加防水板基础，此处不再重复。

3. 实例分析

1) 地下室边、角部基础设计，涉及独立基础、条形基础、防水板等，过程相对繁琐。

2) 本例为说明特定条件下，防水板及地下室外墙下条形基础的计算原则，当墙不为地下室外墙时，可参考上述原则进行简化计算。

3）本例其他分析同本节相关实例，此处略。

第五节　条形基础的常见设计问题

【要点】

条形基础设计中的常见问题主要集中在：素混凝土基础的抗剪验算、条形基础高度的把握、条基加防水板基础设计中的软垫层设计、防水板设计、双向条形基础在交叉点处基底面积的重叠、条形基础与地下室外墙的关系等问题。

一、地下室外墙下条形基础设计时未考虑挡土墙土压力的影响

1. 原因分析

1）条形基础设计时，只注重竖向荷载而忽略墙底弯矩及水平推力对基础的影响；

2）由于规范未直接给出条形基础在偏心荷载下的设计计算公式，因而，误以为不需要进行偏心荷载下的地基基础验算。

2. 设计建议

1）对偏心荷载作用的钢筋混凝土墙下条形基础，宜将基础中心与考虑荷载效应准永久组合的合力作用点对齐；

2）当采用偏心布置的墙下条形基础时，宜验算基础的偏心距并进行地基基础的其他验算。

二、条基加防水板基础设计中，当地下水位较高时，未考虑防水板对条形基础的影响

1. 原因分析

1）在条基加防水板基础中，当地下水位较高时，防水板承担地下水浮力，同时又将其反力传递给条形基础，对条形基础的内力有加大的作用；

2）混淆了条基加防水板基础与一般条形基础的区别，当地下水位较高时，仍然按一般条形基础设计，设计粗糙，造成安全隐患；

3）过分强调设计经验，对具体情况不作分析，按原有设计习惯设计。

2. 设计建议

1）当设计地下水位在基础底面以下或高出基础顶面不多时（图 5.3.2a 中情况），可不考虑防水板对条基的影响，即：

（1）防水板可按构造配筋；

（2）条形基础的配筋可按上部结构传来的荷载直接计算。

2）当地下水位较高时（图 5.3.2b 中情况），应特别注意防水板需承担水浮力，同时又对条形基础的内力和配筋产生明显影响，此时，应根据条形基础和防水板的实际受力状态，对条基的设计方法进行相应的调整：

（1）在单向条基加防水板基础中，防水板按单向板计算，两端与条形基础按固接计算，承担水浮力和防水板及其上部填土重量等荷载；

（2）在双向条基加防水板基础中，防水板按双向板计算，周边与条形基础按固接计算，承担水浮力和防水板及其上部填土重量等荷载；

（3）条形基础设计应考虑基底反力、防水板传至基础边缘的集中荷载和附加弯矩。

三、条基加防水板基础设计中，防水板下未设置软垫层

1. 原因分析

1）在条基加防水板基础中，软垫层的设置是确保条基及防水板按结构设计构想受力的重要结构措施；

2）在条基加防水板基础中，只有在防水板下设置软垫层，其中条形基础的受力状况才接近于经典的条形基础；

3）在条基加防水板基础中，当防水板下不设置软垫层时，条基加防水板基础演变为变厚度筏板基础。

2. 设计建议

1）应根据条形基础边缘的最大沉降量来确定软垫层的厚度，当采用聚苯板时厚度不宜小于 20mm。

2）软垫层应具有合适的承载能力和一定的变形能力，以利于软垫层作用的发挥。

3）对软垫层的性能控制问题，是关系条形基础加防水板受力合理与否的关键问题。

4）采用软垫层后，应注意对地基承载力的深度修正影响问题。

四、条形基础设计中，抗浮设计水位与防水设计水位混用

1. 原因分析

1）对"防水设计水位"和"抗浮设计水位"的概念及适用条件模糊不清，导致设计中混用；

2）片面强调构件的安全储备，导致结构设计浪费严重。

2. 设计建议

应区分"防水设计水位"和"抗浮设计水位"的概念及适用条件：

1）防水设计水位，一般用于地下室的建筑外防水设计及确定地下室外墙及基础的混凝土抗渗等级，涉及的只是地下室防水设计标准问题，与结构构件的其他设计无关。

2）抗浮设计水位，适用于结构的整体稳定验算、地下结构构件设计，是结构设计中与结构设计最密切的指标，也是影响地下结构经济性的重要指标。

五、条基加防水板基础中，当防水板厚度较厚（≥250mm）时，仍另设基础拉梁

1. 原因分析

1）对基础拉梁的作用认识不清；

2）对在防水板中设置刚度较大的基础梁所引起的防水板内力变化估计不足。

2. 设计建议

当防水板厚度较厚（≥250mm）时，可不另设基础梁，必要时可在防水板内设置暗梁。

六、在条基加防水板基础中，地下室周边条形基础设计时，地基承载力特征值未按规定进行调整

1. 原因分析

1）未充分考虑地下室挡土墙两侧不同高度的填土对基础下地基承载力的有利影响，简单地按较小填土厚度（或防水板一侧的等效计算埋深）计算；

2）对挡土墙两侧不同高度的填土对基础下地基承载力的有利影响认识不足，对回填土与回填土重量对基础的影响认识模糊。

2. 设计建议

按第二章的相关公式计算，合理确定两侧不同填土时挡土墙基础的计算埋深，并核算基础上部不同填土厚度对地基和基础的影响（详见实例 2.1）。

七、在墙下条形基础设计时，当墙长很大时仍采用平均竖向力设计

1. 原因分析

考虑钢筋混凝土墙对竖向荷载的扩散作用时，不注意墙的实际长高比（墙的长度与墙的总高度之比）对扩散作用的影响，当钢筋混凝土墙（主要是地下室挡土墙或其他矮墙）的长高比很大时，仍按墙长平均值计算基础顶面的荷载。

2. 设计建议

1）一般情况下，可考虑墙对柱子轴力的扩散（从墙顶往下按每侧 45°扩散）作用，当扩散的宽度大于柱距时，可取每跨墙长度范围内墙、柱轴力的平均值设计；

2）当柱、墙轴力较大时，可将其均匀分布在 2 倍墙高的长度范围内，以适当减少基础配筋；

3）钢筋混凝土墙体对墙、柱荷载的扩散作用计算中，应注意墙上门窗洞口的影响。

八、按基底反力直线分布假定计算时，柱下条形基础的通长钢筋及配筋率不满足相关规定

1. 原因分析

1）按基底反力直线分布的假定设计时，条形基础的整体弯矩影响可通过构造措施来考虑，即通过设置通长钢筋、加大基础配筋等手段实现；

2）和柱下条形基础相比墙下条形基础更为简单，墙下条基为单向受力构件，地基反力呈线性分布规律。

2. 设计建议

对基底反力按直线分布假定设计的柱下条形基础，应采取必要的保证措施满足规范的相关要求。

九、条基加防水板基础设计时，对地下室角部及周边防水板采用等代框架法设计时，未考虑地下室外墙平面外的实际刚度

1. 原因分析

1）结构设计中，对采用等代框架法的适用条件理解不透，误以为只要是等代框架的边跨，其等代弯矩的分配系数均需按无梁楼盖的边跨取值；

2）未将有地下室外墙的等代框架与无梁楼盖的普通等代框架相区别：

（1）在无梁楼盖的普通等代框架中，边支座为普通框架柱，其对等代框架的刚度贡献受柱截面自身刚度及板带与柱连接的整体性等影响，一般比较小，因此，常按表 4.3.1 中"端跨"确定板带的弯矩分配值；

（2）有地下室外墙的等代框架，其边支座为连续的钢筋混凝土墙，在等代框架宽度范围内，由于其平面外刚度大（地下室外墙作为挡土墙，墙厚度比较大）且与等代框架梁的连接整体性好，对等代框架梁的约束要大大强于无梁楼盖普通等代框架的边跨，因此，再按表 4.3.1 中"端跨"确定板带的弯矩分配值是不合适的。

2. 设计建议

1）应正确区分普通等代框架与有地下室外墙等代框架的区别，正确使用等代框架板

带弯矩的分配系数；

2）一般情况下，对有地下室外墙的等代框架的边跨，可按表 4.3.1 的"内跨"确定相应的板带弯矩。

十、按基底反力直线分布假定设计条形基础时，台阶的宽高比大于 2.5

1. 原因分析

1）结构设计时，只注重地基承载力计算，忽略规范对台阶宽厚比的要求（见图 5.5.1）；

2）规范不区分地基承载力特征值的高低，而采用统一的宽厚比限制，有欠合理。

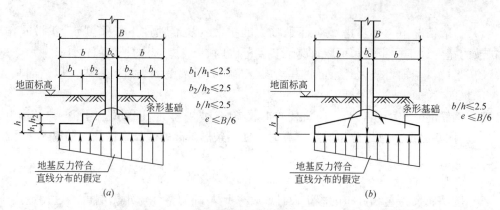

图 5.5.1 基底反力分布假定对基础尺寸的基本要求

(a) 阶形截面；(b) 锥形截面

2. 设计建议

1）提出基础台阶的宽高比（墙、柱边缘以外的宽度 b 与相应基础高度 h 之比）$b/h \leqslant 2.5$ 的要求，其本质是对地基反力的线性分布要求，当 $b/h > 2.5$ 时，地基反力按线性的分布的假定不再适用，尤其当地基承载力特征值 f_a 较大时，更应注意；

2）当地基承载力特征值 f_a 较小时，条形基础台阶的宽高比可适当放宽，不宜 $b/h > 2.5$，不应 $b/h > 3$；

3）当地基承载力特征值 f_a 较大时，不宜采用基础台阶的宽高比 $b/h > 2.5$ 的条形基础；

4）当基础台阶宽高比 $b/h > 2.5$ 或 b/h 接近 2.5 且地基承载力特征值 f_a 很大时，由于地基反力不再遵循直线分布的假定，此时，应特别注意对地基反力 f_{kmax} 的验算，尤其是轴向力作用下的验算（此时基底反力不再符合直线分布的假定），并宜按弹性地基板（采用中厚板单元）计算。

十一、条形基础抗震设计的问题

1. 原因分析

1）《抗震规范》（第 4.2.1 条）规定特殊的建筑可以不进行天然地基及基础的抗震承载力验算，误以为所有建筑均可不进行抗震验算；

2）受程序说明中"常采用静+活进行基础设计"的影响，以为所有基础均只需按非抗震设计就可以；

3）地震作用与重力荷载效应组合时，将其进行机械叠加，未考虑地基承载力验算时对地基承载力特征值的特殊组合要求。

2. 设计建议

1）当不满足《抗震规范》（第 4.2.1 条）规定时，对无地下室的建筑，应考虑地震作用的影响，并进行相应的设计计算。由于地震作用的方向性（对于沿某一方向地震作用时，某些墙下有轴力最大值，而与之对应的墙将产生最小轴力）对联合基础应注意区分地震作用的不同工况取用柱底内力，不应简单地取弯矩最大或轴力最大的工况；

2）进行地基承载力验算，若取用上部结构考虑地震作用效应的柱底内力设计值时，应将其除以 1.25 的系数后，再进行地基反力特征值的验算；

3）进行地基承载力验算，若取用上部结构计算的柱底内力设计值时，应将其除以 1.30 的系数后，再进行地基反力特征值的验算。

十二、宽度较大的双向条形基础，未考虑基础的交叉重叠导致的基底面积不足问题

1. 原因分析

1）在双向条形基础中，基础交叉处基底面积重叠，造成基础底面积计算偏小；

2）当条形基础宽度较大时，基底面积重叠造成的基础底面积减少幅度较大，导致结构设计存在安全隐患；

3）设计时间紧，未进行仔细的核对。

2. 设计建议

1）应注意双向条形基础交叉时基底面积的重叠造成的基础底面积减少问题，对宽度较大的条形基础，尤其应重视。

2）应注意对电算程序计算结果的判断分析，必要时，可进行手算复核。

十三、钢筋混凝土墙的门、窗洞口下未设置地梁

1. 原因分析

在门、窗洞口处，由于洞口的影响，使洞口下条形基础的传力途径受到破坏或削弱，不利于条形基础作用的发挥。

2. 设计建议

1）门、窗洞口下应设置钢筋混凝土地梁，可优先考虑洞口下基础梁单独传力（洞顶按过梁要求设计），以简化设计；

2）当洞口下地梁不能单独承担地基反力时，可考虑洞口上下梁的共同作用，并进行相应的配筋设计。

十四、条基梁及基础拉梁侧面未按混凝土规范配置构造钢筋

1. 原因分析

1）《混凝土规范》第 10.2.16 条规定，当梁的腹板高度 $h_w \geq 450mm$ 时，在梁的两个侧面应沿高度配置纵向构造钢筋，每侧钢筋面积应 $\geq 0.1\% bh_w$；

2）《混凝土规范》的上述规定，主要为解决当梁截面尺寸较大时，在梁侧面可能产生的垂直于梁轴线的收缩裂缝（主要由混凝土强度产生过程中的收缩应力引起，与温度应力关系不大）；

3）条基梁及基础拉梁一般埋在土里，环境温度变化对其影响较小，模糊了规范对混凝土收缩裂缝的控制要求与温度应力之间的关系，使梁两侧的构造钢筋过小；

4）美国混凝土规范 ACI 318-05 规定：当梁高超过 36in（900mm）时，梁的纵向表面钢筋应布置于梁两侧，表面钢筋分布于距受拉面 $h/2$ 的范围内；根据美国试验，梁两侧钢筋直径不用太大（10～16mm），同时，每英尺（300mm）梁高配置钢筋面积 $\geqslant 0.1\mathrm{in}^2$（$65\mathrm{mm}^2$）；

　　5）美国规范上述规定的出发点在于限制受拉混凝土的裂缝，故构造钢筋的设置范围在混凝土受拉区（中和轴与受拉边缘之间），与我国《混凝土规范》第 10.2.16 条控制混凝土收缩裂缝的目的不完全相同。

　　2. 设计建议

　　1）条基梁及基础拉梁两侧的构造钢筋，应按《混凝土规范》第 10.2.16 条规定设置；

　　2）有可靠工程经验时，可根据条基及基础梁的实际受力状况，适当减小配筋，其直径可取 12～16mm，间距可取 250～300mm。

参 考 文 献

[1]　中华人民共和国国家标准. 建筑地基基础设计规范 GB 50007—2002. 北京：中国建筑工业出版社，2002

[2]　中华人民共和国行业标准. 高层建筑箱形基础与筏形基础技术规范 JGJ 6-99. 北京：中国建筑工业出版社，1999

[3]　北京市标准. 北京地区建筑地基基础勘察设计规范 DBJ 01-501-92. 北京：1992

[4]　全国民用建筑工程设计技术措施（结构）. 北京：中国计划出版社，2003

[5]　华南工学院等四校合编. 地基及基础. 北京：中国建筑工业出版社，1981

[6]　邹仲康、莫沛锵. 建筑结构常用疑难设计. 长沙：湖南大学出版社，1987

[7]　朱炳寅、陈富生. 建筑结构设计新规范综合应用手册（第二版）. 北京：中国建筑工业出版社，2004

[8]　朱炳寅. 建筑结构设计规范应用图解手册. 北京：中国建筑工业出版社，2005

[9]　北京谷泉会议中心工程结构设计，中国建筑设计研究院，2006

第六章 筏形及箱形基础

说明

1. 本章内容涉及下列主要规范：

1)《建筑地基基础设计规范》GB 50007—2002(以下简称《地基规范》)；

2)《高层建筑混凝土结构技术规程》JGJ 3—2010(以下简称《混凝土高规》)；

3)《高层建筑箱形及筏形基础技术规范》JGJ 6—99(以下简称《箱筏规范》)；

4)《地下工程防水技术规范》GB 50108—2001(以下简称《防水规范》)；

5)《北京地区建筑地基基础勘察设计规范》DBJ 01-501-92(以下简称《北京地基规范》)。

2. 筏形基础具有整体性好、承载力高、结构布置灵活等优点，广泛用作高层建筑及超高层建筑基础。筏形基础分为梁板式和平板式两大类。相关主要性能比较见表 6.0.1。

梁板式筏基与平板式筏基的主要性能和使用情况比较　　　　　　表 6.0.1

筏基类型	基础刚度	地基反力	柱网布置	混凝土量	钢筋用量	土方量	降水费用	施工难度	综合费用	应用情况
梁板式	有突变	有突变	严格	较少	相当	较大	较大	较大	较高	较少
平板式	均匀	均匀变化	灵活	较多	相当	较小	较小	较小	较低	较多

3. 箱形基础由于设计要求高、施工难度大及受使用功能的限制，目前一般仅用于人防等特殊用途的建筑中。

4. 箱形和筏形基础的设计与施工，应综合考虑整个建筑场地的地质条件、施工方法、使用要求以及与相邻建筑的相互影响，并应考虑地基基础和上部结构的共同作用。

5. 箱形和筏形基础的地基应进行承载力和变形计算，必要时应验算地基的稳定性。

6. 在确定高层建筑的基础埋置深度时，应考虑建筑物的高度、体型、地基土质、抗震设防烈度等因素，并应满足抗倾覆和抗滑移的要求。抗震设防区天然土质地基上的箱形和筏形基础，其埋深不宜小于建筑物高度的 1/15；当桩与箱基底板或筏板连接的构造符合规定时，桩箱或桩筏基础的埋置深度（不计桩长）不宜小于建筑物高度的 1/18。

7. 非地震区箱形和筏形基础其基础底面应不出现零应力区。地震区箱形和筏形基础，基础底面零应力区的面积不应超过基础底面面积的 25%。

8. 一般情况下基础的设计计算采用荷载效应的基本组合，即通常所说的静加活的荷载组合，但有抗震设防要求时，梁板式筏基及平板式筏基应区分不同情况，取用不同的柱根组合内力。

9. 现阶段，地基沉降计算采用分层计算模型而基础（筏板或箱基）内力计算常采用文克尔假定，计算模型的不同常造成板土不"密贴"的问题（也就是同一部位地基沉降与结构变形不仅在量值上有较大差异，有时还会出现完全不同的变形规律），因此，规范规定的地基基础计算方法，从本质上说仍是一种估算方法。

10. 上部结构设计计算中考虑基础的嵌固作用，与基础设计计算中的非嵌固假定之间的不一致问题。

11. 对有多层地下室的高层建筑，当其嵌固部位无法确定在地下室顶面时，本章提出嵌固部位确定的方法供读者参考。

12. 防水设计水位和抗浮设计水位，使用中极易混淆，本章予以适当的梳理。

13. 在筏基设计计算中，当不符合表 6.1.1 条件时，多采用弹性地基梁板法计算，受程序的适应性和设计人员对程序了解程度等原因的限制，其计算结果常不能令人满意。在现有条件下，应重视概念设计并对筏板基础进行适当的简化。

14. 目前情况下的筏基设计，在采用程序计算的前提下，宜采用简化方法进行补充分析比较。

15. 在筏基的设计计算中，基床系数的确定等均与地基的沉降密切相关，因此，基础计算的关键问题是沉降量的确定问题，在沉降量的确定过程中，工程经验尤为重要，有时可能是决定性的因素。合理的沉降量是结构设计计算的前提，它使得基础计算，变成一种在已知地基总沉降量前提下的基础沉降的复核过程，同时也是基础配筋的确定过程。

16. 本章提出适合地基基础设计现状的中点沉降调整法。

第一节 筏形及箱形基础设计的基本要求

【要点】

本节说明筏形及箱形基础设计的基本要求，主要涉及：仅考虑局部弯曲（按基底反力直线分布假定）的简化计算、地基变形控制、上部结构嵌固部位的选取、后浇带的设置与处理、基础混凝土强度的确定、防水设计水位和抗浮设计水位的相互关系等问题。提出适合基础设计现状的"中点沉降调整法"及地下室结构构件（基础及地下室外墙等）的裂缝控制原则。

一、计算要求

1. (《地基规范》第 8.4.10 条、《箱筏规范》第 5.3.9 条、《混凝土高规》第 12.2.3 条) 当地基土比较均匀、上部结构刚度较好、梁板式筏基梁的高跨比（梁高取值应包括底板厚度在内）或平板式筏基板的厚跨比不小于 1/6，且相邻柱荷载及柱间距的变化不超过 20% 时，筏形基础可仅考虑局部弯曲作用。筏形基础的内力，可按基底反力直线分布进行计算，计算时基底反力应扣除底板自重及其上填土的自重。当不满足上述要求时，筏基内力应按弹性地基梁板方法进行分析计算。

【注意】

本条要求可概括为表 6.1.1，当符合表中的条件时，高层建筑筏形基础可仅考虑局部弯曲作用，按倒楼盖计算（通过采取相应的构造措施考虑整体弯曲的影响，详见本章第二、第三节）。

对表 6.1.1 中"比较均匀"和"刚度较好"的定量把握，应根据工程经验确定，当无可靠设计经验时，宜采用弹性地基梁板方法计算。

2. (《箱筏规范》第 5.3.9 条) 当地基比较复杂、上部结构刚度差，或柱荷载及柱间

筏形基础按倒楼盖法进行计算的条件 表 6.1.1

序　号	情　　况	条　件
1	地基	比较均匀
2	上部结构	刚度较好
3	梁板式筏基梁的高跨比(梁的高度/梁的计算跨度) 平板式筏基的筏板厚跨比(筏板厚度/筏板的计算跨度)	不小于 1/6
4	柱间距及柱荷载的变化	不超过 20%

距变化较大时，筏基内力应按弹性地基梁板法进行分析）。

3.（《箱筏规范》第 4.0.1 条）筏形（或箱形）基础的地基应进行承载力和变形计算，必要时应验算地基的稳定性。

4.（《地基规范》第 8.4.2 条、《箱筏规范》第 4.0.5 条）筏形（或箱形）基础的基础底面应力按第二章第二节相关公式计算，非地震区不出现零应力区；地震区当基础底面地震效应组合的边缘最小压力出现零应力时，零应力区的面积不应超过基础底面面积的 25%。

5.（《箱筏规范》第 4.0.6 条）当采用土的压缩模量计算筏形（或箱形）基础的最终沉降量 s 时，可按式（6.1.1）计算：

$$s = \sum_{i=1}^{n} \left(\psi' \frac{p_c}{E'_{si}} + \psi_s \frac{p_0}{E_{si}} \right)(z_i \bar{\alpha}_i - z_{i-1} \bar{\alpha}_{i-1}) \qquad (6.1.1)$$

式中　s——最终沉降量；

ψ'——考虑回弹影响的沉降计算经验系数，无经验时取 $\psi'=1$；

ψ_s——沉降计算经验系数，按地区经验采用；当缺乏地区经验时，可按《地基规范》的有关规定采用；

p_c——基础底面处地基土的自重压力标准值；

p_0——长期效应组合下的基础底面处的附加压力标准值；

E'_{si}、E_{si}——基础底面下第 i 层土的回弹再压缩模量和压缩模量；

n——沉降计算深度范围内所划分的地基土层数；

z_i、z_{i-1}——基础底面至第 i 层、第 $i-1$ 层底面的距离；

$\bar{\alpha}_i$、$\bar{\alpha}_{i-1}$——基础底面计算点至第 i 层、第 $i-1$ 层底面范围内平均附加应力系数，按《地基规范》附录 K 确定。

沉降计算深度可按公式（2.3.4）确定。

6.（《箱筏规范》第 4.0.7 条）当采用土的变形模量计算筏形（或箱形）基础的最终沉降量 s 时，可按式（6.1.2）计算：

$$s = p_k b\eta \sum_{i=1}^{n} \frac{\delta_i - \delta_{i-1}}{E_{0i}} \qquad (6.1.2)$$

式中　p_k——准永久组合时基础底面处的平均压力标准值；

b——基础底面宽度；

δ_i、δ_{i-1}——与基础长宽比 L/b 及基础底面至第 i 层土和第 $i-1$ 层土底面的距离深度 z 有关的无因次系数，可按表 6.1.2 确定；

E_{0i}——基础底面下第 i 层土变形模量，通过试验或按地区经验确定；

η——修正系数，可按表 6.1.3 确定。

按 E_0 计算沉降时的 δ 系数   表 6.1.2

$m=2z/b$	$n=l/b$						$n\geqslant10$
	1	1.4	1.8	2.4	3.2	5	
0.0	0.000	0.000	0.000	0.000	0.000	0.000	0.000
0.4	0.100	0.100	0.100	0.100	0.100	0.100	0.104
0.8	0.200	0.200	0.200	0.200	0.200	0.200	0.208
1.2	0.299	0.300	0.300	0.300	0.300	0.300	0.311
1.6	0.380	0.394	0.397	0.397	0.397	0.397	0.412
2.0	0.446	0.472	0.482	0.486	0.486	0.486	0.511
2.4	0.499	0.538	0.556	0.565	0.567	0.567	0.605
2.8	0.542	0.592	0.618	0.635	0.640	0.640	0.687
3.2	0.577	0.637	0.671	0.696	0.707	0.709	0.763
3.6	0.606	0.676	0.717	0.750	0.768	0.772	0.831
4.0	0.630	0.708	0.756	0.796	0.820	0.830	0.892
4.4	0.650	0.735	0.789	0.837	0.867	0.883	0.949
4.8	0.668	0.759	0.819	0.873	0.908	0.932	1.001
5.2	0.683	0.780	0.834	0.904	0.948	0.977	1.050
5.6	0.697	0.798	0.867	0.933	0.981	1.018	1.096
6.0	0.708	0.814	0.887	0.958	1.011	1.056	1.138
6.4	0.719	0.828	0.904	0.980	1.031	1.090	1.178
6.8	0.728	0.841	0.920	1.000	1.065	1.122	1.215
7.2	0.736	0.852	0.935	1.019	1.088	1.152	1.251
7.6	0.744	0.863	0.948	1.036	1.109	1.180	1.285
8.0	0.751	0.872	0.960	1.051	1.128	1.205	1.316
8.4	0.757	0.881	0.970	1.065	1.146	1.229	1.347
8.8	0.762	0.888	0.980	1.078	1.162	1.251	1.376
9.2	0.768	0.896	0.989	1.089	1.178	1.272	1.404
9.6	0.772	0.902	0.998	1.100	1.192	1.291	1.431
10.0	0.777	0.908	1.005	1.110	1.205	1.309	1.456
11.0	0.786	0.922	1.022	1.132	1.238	1.349	1.506
12.0	0.794	0.933	1.037	1.151	1.257	1.384	1.550

注：l 与 b——矩形基础的长度与宽度；z——为基础底面至该土层底面的距离。

修正系数 η 表 6.1.3

$m=2z_n/b$	$0<m\leqslant0.5$	$0.5<m\leqslant1$	$1<m\leqslant2$	$2<m\leqslant3$	$3<m\leqslant5$	$m>5$
η	1.00	0.95	0.90	0.80	0.75	0.70

7. (《箱筏规范》第 4.0.8 条) 按公式 (6.1.2) 进行沉降计算时，沉降计算深度 z_n，应按式 (6.1.3) 计算：

$$z_n=(z_m+\xi b)\beta \qquad (6.1.3)$$

式中 z_m——与基础长宽比有关的经验值，按表 6.1.4 确定；

ξ——折减系数，按表 6.1.4 确定；

β——调整系数，按表 6.1.5 确定。

z_m 值和折减系数 ξ　　　　表 6.1.4

L/b	$\leqslant 1$	2	3	4	$\geqslant 5$
z_m	11.6	12.4	12.5	12.7	13.2
ξ	0.42	0.49	0.53	0.60	1.00

调整系数 β　　　　表 6.1.5

土类	碎石	砂土	粉土	黏性土	软土
β	0.30	0.50	0.60	0.75	1.00

8.（《箱筏规范》第 4.0.9 条）筏形（或箱形）基础的整体倾斜值，可根据荷载偏心、地基的不均匀性、相邻荷载的影响和地区经验进行计算。

9.（《箱筏规范》第 4.0.10 条）筏形（或箱形）基础的允许沉降量和允许整体倾斜值应根据建筑物的使用要求及其对相邻建筑物可能造成的影响按地区经验确定。但横向整体倾斜的计算值 α_T，在非抗震设计时宜符合下式的要求：

$$\alpha_T \leqslant \frac{B}{100H_g} \tag{6.1.4}$$

式中 B——筏形（或箱形）基础宽度；

H_g——建筑物高度，指室外地面至檐口高度。

10.（《箱筏规范》第 5.1.3 条）当高层建筑的地下室采用筏形（或箱形）基础，且地下室四周回填土为分层夯实时，上部结构的嵌固部位可按表 6.1.6 的原则确定：

上部结构的嵌固部位确定原则　　　　表 6.1.6

序号	基础形式	上部结构	嵌固部位	备注
1	采用箱基的单层地下室	框架、剪力墙或框-剪结构	箱基顶部	
2	采用箱基及筏基的多层地下室	框架、剪力墙或框-剪结构（上部结构为框架或框-剪结构时，应满足表 6.1.7 的要求）	当地下室的层间侧移刚度大于等于上部结构层间侧移刚度的 1.5 倍时：地下室顶部（图 6.1.1a）	《抗震规范》要求的刚度比为 2 倍，可理解为有效数字满足 2 倍
			当地下室的层间侧移刚度小于上部结构层间侧移刚度的 1.5 倍时：箱基或筏基顶部	关于此条规定的合理性讨论见"结构设计的相关问题"
3	采用箱基及筏基的多层地下室	框筒或筒中筒结构	当地下一层结构顶板整体性较好，平面刚度较大且无大洞口，地下室的外墙能承受上部结构通过地下一层顶板传来的水平力或地震作用时：地下一层结构顶部	

	抗震设防烈度			备　注
非抗震设计	6度,7度	8度	9度	B 为地下一层结构顶板宽度(m)
≤4B 且≤60m	≤4B 且≤50m	≤3B 且≤40m	≤2B 且≤30m	

地下室墙的间距　　　　　　　　**表 6.1.7**

图 6.1.1　采用筏形基础时上部结构的嵌固部位

(a) 地下室顶板嵌固；(b) 地下室顶板不嵌固

二、构造要求

1.（《地基规范》第 8.4.2 条、《箱筏规范》第 5.1.1、5.1.2 条）筏形基础的平面尺寸，应根据地基土的承载力、上部结构的布置及荷载分布等因素确定。对单幢建筑物，在地基土比较均匀的条件下，基底平面形心宜与结构竖向永久荷载重心重合。当不能重合时，在荷载效应准永久组合下，偏心距 e_q 宜符合下式要求：

$$e_q \leqslant 0.1 W/A \tag{6.1.5}$$

式中　W——与偏心距方向一致的基础底面边缘抵抗矩；

　　　A——基础底面积。

【注意】

对基础偏心距 e_q 的限制，其本质就是控制基础底面的压力和基础的整体倾斜，对于不同的建筑、不同类型的基础，其控制的重点各不相同。

1) 对高层建筑由于其楼身质心高、荷载重，当整体式基础（筏形或箱形）开始产生倾斜后，建筑物总重对基础底面形心将产生新的倾覆力矩增量，而倾覆力矩的增量又产生新的倾斜增量，倾斜可能伴随时间而增长，直至地基变形稳定为止。为限制基础在永久荷载下的倾斜而提出基础偏心距的限值要求，采用的是荷载效应的准永久组合（当高层建筑采用非整体式基础时，建议也应考虑本条要求——编者注）。

2) 对其他类型的基础（非整体式基础——编者注），则通过对基底偏心距 e_k 的控制，实现对基底压力和整体倾斜的双重控制，采用的是荷载效应的标准组合。

3) 比较式（6.1.5）与式（2.2.10）可以发现，规范对整体式基础（筏基及箱基）的偏心距限值（$e_q \leqslant b/60$），较非整体式基础的偏心距限值（$e_k \leqslant b/6$）严格得多，仅为后者的 10%。

2.（《混凝土高规》第 12.1.9 条、《地基规范》第 8.4.3 条、《箱筏规范》第 5.1.6 条）高层建筑基础的混凝土强度等级不宜低于 C30。当有防水要求时，混凝土抗渗等级应根据地下水最大水头与防水混凝土厚度的比值按表 6.1.8 采用，且不应小于 0.6MPa。必要时可设置架空排水层。

基础防水混凝土的抗渗等级				表 6.1.8
最大水头 H 与防水混凝土厚度 h 的比值	$\dfrac{H}{h}<10$	$10\leqslant\dfrac{H}{h}<15$	$15\leqslant\dfrac{H}{h}<25$	$25\leqslant\dfrac{H}{h}<35$	$\dfrac{H}{h}\geqslant35$
设计抗渗等级(MPa)	0.6	0.8	1.2	1.6	2.0

3.（《地基规范》第 8.4.14 条）筏板与地下室外墙的接缝、地下室外墙沿高度处的水平接缝应严格按施工缝要求施工，必要时可设通长止水带（图 6.1.2）。

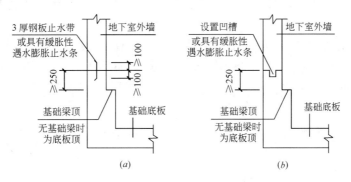

图 6.1.2　地下室外墙的接缝要求

（a）地下水位高；（b）无地下水或地下水位较低时

【注意】

筏板与地下室外墙的接缝、地下室外墙沿高度处的其他水平接缝（梁板顶、梁板底）做法，应区别地下水位的不同情况，当筏板与地下室外墙的接缝、外墙与地下室楼层的接缝在地下水位以下，且水头较高时，应严格执行规范的本条规定（图 6.1.2a）；当地下水头较低，或无地下水时，可采用混凝土墙内设置凹槽的方法（图 6.1.2b）。

4.（《地基规范》第 8.4.15 条）高层建筑筏形基础与裙房基础之间的构造应符合下列要求：

1）当高层建筑与相连的裙房之间设置沉降缝时，高层建筑的基础埋深应大于裙房基础的埋深至少 2m。当不满足要求时必须采取有效措施。沉降缝地面以下处应用粗砂填实（图 6.1.3）；

2）当高层建筑与相连的裙房之间不设置沉降缝时，宜在裙房一侧设置后浇带，后浇带的位置宜设在距主楼边柱的第二跨内。后浇带混凝土宜根据实测沉降值并计算后期沉降差能满足设计要求后方可进行浇筑；

3）当高层建筑与相连的裙房之间不允许设置沉降缝和后浇带时，应进行地基变形验算，验算时需考虑地基与结构变形的相互影响并采取相应的有效措施。

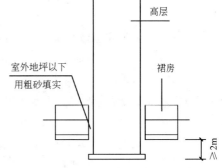

图 6.1.3　高层建筑与裙房间的沉降缝处理

【注意】

1）本条第 2 款中规定："当高层建筑与相连的裙房之间不设置沉降缝时，宜在裙房一侧设置后浇带，后浇带的位置宜设在距主楼边柱的第二跨内"。从受力及实际效果看不合理，结构设计中可不执行此规定，宜将后浇带设置在主、裙楼交接跨的裙房一侧，这样不仅可以消除施工期间主楼与裙房的差异沉降，还可避免按《地基规范》要求设置后浇带所带来的与主楼相连处裙房基础的过大内力问题；

2）本条第 3 款规定容易误解为，只有当高层建筑与相连的裙房之间不允许设置沉降缝和后浇带时，才应进行地基变形验算。事实上，允许设置沉降缝和后浇带时，也应进行地基变形验算。当允许设置沉降缝时，应考虑相邻建筑对地基变形的影响；当允许设置沉降后浇带时，也应验算地基的变形，以考虑后浇带封带后地基的后续变形对结构的影响；

3）为保证高层与裙房之间粗砂回填密实，一般情况下缝宽不宜小于 500mm。

5.（《混凝土高规》第 12.2.4 条）筏形基础的钢筋间距不应小于 150mm，宜为 200～300mm，受力钢筋直径不宜小于 12mm。采用双向钢筋网片配置在板的顶面和底面。

【注意】

关于筏形基础钢筋间距"不应小于 150mm，宜为 200～300mm"的规定，可理解为为确保混凝土施工质量而对基础顶面钢筋的布置要求，对基础底面钢筋的间距则可适当缩小（一般可取≥100mm）。

6.（《混凝土高规》第 12.2.7 条）当满足地基承载力时，筏形基础的周边不宜向外有较大的伸挑扩大。当需要外挑时，有肋梁的筏基宜将梁一同挑出。周边有墙体的筏基，筏板可不外伸。

【注意】

规范关于筏形基础周边不宜向外有较大的伸挑扩大的规定，主要是考虑防水施工要求。然而从结构受力角度看，适量的悬挑可以避免基础受力的突变，使基础受力均匀合理。因此，对本条规定应结合工程实际情况综合考虑。

7.（《箱筏规范》第 4.0.2 条、《混凝土高规》第 12.1.7 条、《地基规范》第 5.1.3 条）在确定高层建筑的基础埋置深度时，应考虑建筑物的高度、体型、地基土质、抗震设防烈度等因素，并应满足抗倾覆和抗滑移的要求。

1）抗震设防区天然土质地基上的箱形和筏形基础，其埋深不宜小于建筑物高度的 1/15；

2）当桩与箱基底板或筏板连接的构造符合规定时，桩箱或桩筏基础的埋置深度（不计桩长）不宜小于建筑物高度的 1/18～1/20；

3）当建筑物采用岩石地基或采取有效措施时，在满足地基承载力、稳定性及基础底面零应力区要求的前提下，基础埋深可不受上述限制。当地基可能产生滑移时，应采取有效的抗滑移措施。

8.（《箱筏规范》第 4.0.11 条、《混凝土高规》第 13.2.9 条、《地基规范》第 10.2.9 条）建在非岩石地基上的地基基础设计等级为甲级的高层建筑，均应进行沉降观测；对重要和复杂的高层建筑，尚宜进行基坑回弹、地基反力、基础内力和地基变形等的实测。

9. 关于后浇带问题

后浇带的主要作用在于减小施工区段的结构长度，减少混凝土的收缩应力及消除施工期间的差异沉降等；习惯上可将后浇带分为沉降后浇带和伸缩后浇带。后浇带的设置要求见表 6.1.9。

后浇带的设置要求　　　　　　　　　　　　　表 6.1.9

后浇带类型	项　目	要　求	备　注
伸缩后浇带	间距	30～40m(《防水规范》为 30～60m)	《混凝土高规》第 4.3.13 条、第 12.1.10 条《防水规范》第 5.2.1、5.2.2、5.2.4 条
	位置	贯通基础、顶板、底板及墙板	
		设在柱距等分的中间范围内	
	最小宽度	800mm(《防水规范》为 700mm)	
	混凝土浇灌时间	在其两侧混凝土浇灌完毕两个月以后(《防水规范》要求 42 天,高层建筑在结构顶板浇筑混凝土 14 天后进行)	
	混凝土强度	应比两侧混凝土提高一级,且宜采用早强、补偿收缩混凝土	
	钢筋连接要求	板、墙钢筋应断开搭接,梁主筋可直通("地下防水规范"要求主筋不宜在缝中断开)	
沉降后浇带	位置	在主、裙楼交接跨的裙房一侧	《地基规范》第 8.4.15 条
	混凝土浇灌时间	宜根据实测沉降值并计算后期沉降差能满足设计要求后方可进行浇筑	
	其他要求	同伸缩后浇带	

【注意】

1) 基础后浇带的平面位置应结合基础以上结构布置综合考虑,宜设置在柱距三等分线附近(当后浇带位置可以上、下错开时,基础的后浇带宜设置在柱距的中部),以避开上部梁板的最大受力部位。后浇带应设置在钢筋最简单的部位,避免与梁位置重叠,上部框架结构后浇带可与基础后浇带平面位置错开,但必须在同一跨内(见图 6.1.4);

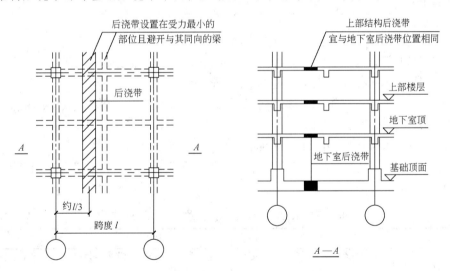

图 6.1.4　后浇带的设置要点

2) 后浇带混凝土的浇筑时机:

(1) 沉降后浇带,主要用以消除施工期间建筑物差异沉降对结构的影响,后浇带混凝土与其两侧混凝土的浇筑时间间隔应有足够的保证。

(2) 伸缩后浇带,主要用以减少混凝土收缩对结构的影响,后浇带的浇筑时间可适当前移;

3)《防水规范》第5.2.2条规定："后浇带处结构主筋不宜在缝中断开，如必须断开，则主筋搭接长度应大于45倍主筋直径，并应按设计要求加设附加钢筋"。上述规定与《混凝土高规》不完全一致，可按《混凝土高规》设计，同时《防水规范》的"按设计要求加设附加钢筋"可理解为为满足防水要求的而增设的细钢筋（如钢筋网片等），而不应是对两侧混凝土有较强约束作用的粗钢筋。

10. 关于基础混凝土

（《混凝土高规》第12.1.12条）筏型基础及箱型基础，当采用粉煤灰混凝土时，其设计强度等级的龄期宜为60天或90天。在满足设计要求的条件下，地下室内、外墙和柱子采用粉煤灰混凝土时，其设计强度等级的龄期可采用相应的较长龄期。

三、结构设计的相关问题

1. 关于地下室防水混凝土的抗渗等级，《地基规范》与《防水规范》的规定不一致，此处一并列出，供比较分析。

1)《地基规范》的相关规定（第8.4.3条，注意：此条规定前后不一致）：

筏形基础的混凝土强度等级不应低于C30。当有地下室时应采用防水混凝土，防水混凝土的抗渗等级应根据地下水的最大水头与防渗混凝土厚度的比值，按现行《地下工程防水技术规范》选用，但不应小于0.6MPa。必要时宜设架空排水层。

2)《防水规范》的相关规定（第4.1.3条）：

防水混凝土设计抗渗等级　　　　　　　　表 6.1.10

工程埋置深度(m)	<10	10~20	20~30	30~40
设计抗渗等级	P6	P8	P10	P12

注：1. 本表适用于Ⅳ、Ⅴ级围岩（土层及软弱围岩）。
　　2. 山岭隧道防水混凝土的抗渗等级可按铁道部门的有关规范执行。

2. 在确定上部结构的嵌固部位时，《箱筏规范》与《抗震规范》对地下室的层间侧移刚度与上部结构层间侧移刚度的比值要求不完全一致。

3. 当地下室顶板不能作为上部结构嵌固部位时，要求"上部结构嵌固在箱基或筏基的顶部"，对多层地下室欠合理。

4. 防水设计水位和抗浮设计水位的相互关系

在结构设计中，经常会遇到防水设计水位和抗浮设计水位，其定义和适用范围及相互之间的关系见表6.1.11。

防水设计水位和抗浮设计水位的定义及相互关系　　　　表 6.1.11

序号	名　　称	定　　义	使用范围	备　　注
1	防水设计水位	地下水的最大水头，可按历史最高水位+1m确定	建筑外防水和确定地下结构的抗渗等级	主要用于建筑外防水设计
2	抗浮设计水位	结构整体抗浮稳定验算时应考虑的地下水水位，国家规范没有明确规定	用于结构的整体稳定验算及结构构件的设计计算	抗浮设计水位对结构设计影响大

1) 防水设计水位（也称设防水位），应综合分析历年水位地质资料、根据工程重要性、工程建成后地下水位变化的可能性等因素综合确定，对附建式的全地下或半地下工程的抗渗设计水位，应高出室外地坪标高500mm（其中的500mm和表6.1.11中的1m为

毛细水上升的高度）以上，其目的是为确保工程的正常使用。

《北京地区建筑地基基础勘察设计规范》（DBJ 01-501-92）第 4.1.5 条规定：对防水要求严格的地下室或地下构筑物，其设防水位可按历年最高地下水位设计；对防水要求不严格的地下室或地下构筑物，其设防水位可按参照 3～5 年的最高地下水位及勘察时的实测静止地下水位确定。

《北京市建筑设计技术细则》（结构专业）第 3.1.8 条规定：凡地下室内设有重要机电设备，或存放贵重物质等，一旦进水将使建筑物的使用受到重大影响或造成巨大损失者，其地下水位标高应按该地区 71～73 年最高水位（包括上层滞水）确定；凡地下室为一般人防或车库等，万一进水不致有重大影响者，其地下水位标高可取 71～73 年最高水位（包括上层滞水）与最近 3～5 年的最高水位（包括上层滞水）的平均值。

防水设计水位主要用于建筑的外防水和确定地下结构的抗渗等级，重在建筑物的防渗设计，与抗浮设计及结构构件设计无关。

2）抗浮设计水位（也称抗浮水位），国家规范没有明确规定，一般可按当地标准确定。在我国长江以南的丰水地区，地下水位高，对重要工程的抗浮设计应予以高度的重视。福建省防洪设计的暂行规定要求，对重大工程按室外地面以上 500mm 高度确定地下室的抗浮设计水位；而在我国北方的广大缺水地区，应根据水文地质情况及其地下水位的变化规律综合确定抗浮设计水位。对重大工程，一般宜进行抗浮设计水位的专项论证。

抗浮设计水位重在结构整体的稳定验算及结构构件的设计计算，是影响结构设计的重要条件。

《北京市建筑设计技术细则》（结构专业）第 3.1.8 条规定：地下室外墙、独立基础加防水板基础中的防水板等结构构件进行承载力计算时，结构设防水位（即抗浮设计水位）取最近 3～5 年的最高水位（包括上层滞水）。

四、设计建议

1. 筏形基础的底部钢筋，其间距不宜小于 100mm。

2. 《地基规范》的规定与《防水规范》的规定不完全一致，民用建筑工程的防水混凝土抗渗等级宜按《混凝土高规》确定。

3. 按《混凝土高规》规定，表 6.1.8 仅适用于基础，对除基础以外的其他防水混凝土的抗渗等级，规范未予以明确，建议可参照表 6.1.8 确定。

4. 《防水规范》第 4.1.3 条规定按工程埋深确定抗渗等级（表 6.1.10），未考虑混凝土构件厚度的影响，其做法过于粗放，建议不执行此条规定。

5. 在基础混凝土抗渗等级、钢筋保护层等确定过程中，凡相关结构设计规范有规定者，不宜按《防水规范》选用。

6. 在确定上部结构的嵌固部位时，应注意下列几点：

1）关于地下室的层间侧移刚度与上部结构层间侧移刚度的比值要求

对地下室的层间侧移刚度与上部结构层间侧移刚度的比值（注意：楼层侧向刚度比计算时，不考虑地下室外围填土的作用）要求，《筏基规范》要求不小于 1.5，而《抗震规范》提出宜不小于 2 的要求，文献[10]建议"可按有效数字控制"，使两本规范规定趋于一致。

2）地下室顶面不能作为上部结构嵌固部位时的嵌固部位确定问题

《抗震规范》未明确要求，而《箱筏规范》直接提出将上部结构嵌固"在箱基或筏基的顶部"的要求，编者认为《箱筏规范》的本条规定适合于地下室层数不多之情形，对多层地下室时，上部结构嵌固过深，概念不清晰，常导致设计不合理也很不经济。建议可按图 6.1.1b 的要求，当地下室某层（图 6.1.1b 中为－2 层）的层间侧移刚度与上部结构首层的层间侧移刚度比值满足规范要求时，即可确定上部结构的嵌固位置（图 6.1.1b 中在－2 层顶面）。

7. 关于上部结构嵌固部位的问题讨论

1) 上部结构的嵌固部位，理论上应具备下列两个基本条件：

(1) 该部位的水平位移为零；

(2) 该部位的转角为零。

2) 从纯力学角度看，嵌固部位是一个点或一条线（如果拿这一死标准去衡量工程实际中的嵌固部位，显然很难满足），而从工程角度看，嵌固部位是一个区域，只有相对的嵌固，没有绝对的固定（实际工程中不存在纯理论的绝对嵌固部位）。

3) 地下室顶面通常具备满足上述嵌固部位要求的基本条件，有条件时，应尽量将上部结构的嵌固部位选择在此。

4) 当地下室顶面无法作为上部结构的嵌固部位时：

(1) 当为一层地下室时，可按《箱筏规范》的要求将嵌固部位取在基础顶面；

(2) 当为多层地下室时，可按图 6.1.1b 的建议确定上部结构的嵌固部位。图 6.1.1b 中的要求，就是在一定区域内满足对上部结构的侧向刚度比要求。而在结构设计时，应考虑地下室外围填土对地下室刚度的贡献及地下一层对上部结构实际存在嵌固作用，对地下室顶板采取相应的加强措施，对首层及地下一层的抗侧力构件采取适当的加强措施，必要时可采取包络设计方法[12]。

5) 当地下室顶面无法作为上部结构的嵌固部位时，对上部结构嵌固部位的确定工程界争议较大，主要观点如下：

(1) 套用《抗震规范》的规定，当下层的抗侧刚度与上层的抗侧刚度比 $K_{i-1}/K_i \geqslant 2$ 时，则才认为第 i 层为上部结构的嵌固部位。粗看起来上述观点似乎很有道理，其实不然，地下室的抗侧刚度之所以在通常情况下能大于首层许多，是因为，地下室通常设有刚度很大的周边挡土墙，一般情况下很容易满足 $K_{-1}/K_1 \geqslant 2$ 的要求，但是，在地下室平面没有很大突变、不增加很多剪力墙的情况下，要实现地下二层或以下各层其下层的侧向刚度大于上层 2 倍，则几乎是不可能的，最后的结果只有一个，就是嵌固在基础（或箱基）顶面；

(2) 套用《箱筏规范》的规定，直接将嵌固端取在基础（或箱基）顶面，或采用计算手段考虑土对地下室刚度的贡献。文献 [11] 第 4.3.1 条的规定为："进行结构的内力与位移分析时，结构的计算嵌固端宜设于基础面。有地下室时可考虑地下室外墙的影响，用壳元或其他合适的单元模拟地下室外墙。当地下室层数较多时，可于地下二层及以下楼层设置土弹簧考虑土侧向约束的影响。土弹簧刚度的选取宜与室外岩土的工程性质匹配"。上述做法将带来诸多不确定问题：

① 结构总的地震作用效应被放大（作为地方标准若其目的就是要高于国家规范，则可以理解）；

② 嵌固端取在基础顶面，导致上部结构固定端的下移，抗震设计的强柱根在基础顶面位置，极不合理。把地下室对首层的实际约束作用，等同于刚度变化的一般部位，不安全；

③ 嵌固端取在基础顶面时，地下室的抗震等级如何合理确定的问题；

④ 嵌固端取在基础顶面，则对地下室各层的楼板是否应考虑加强问题，加强的原则如何准确确定；

⑤ 规定过于原则，不方便使用，如：地下一层模拟地下室外墙是否应考虑土对地下室的约束作用、土体弹簧的刚度取值等。

(3) 要求在计算楼层侧向刚度比时考虑地下室外围填土对地下室刚度的贡献，这同样是一个似是而非的问题，若在计算楼层侧向刚度比时考虑地下室外围填土对地下室刚度的贡献（通常取回填土对结构约束作用的刚度放大系数为 $3\sim5$），则任何时候均能满足 $K_{-1}/K_1 \geqslant 2$ 的要求，而无须进行楼层侧向刚度比的验算。很明显这一观点是有问题的。

因此，在作为确定嵌固部位量化指标的楼层侧向刚度比计算中，只考虑结构的侧向刚度比（不考虑地下室外围填土对地下室刚度的贡献）是合理的，而在结构构件设计中，应考虑地下室外围填土对地下室刚度的贡献，并进行相关的设计计算。

8. 关于筏板计算

当采用弹性地基梁板法进行筏板设计计算时，其计算结果常不能令人满意。为此，编者提出如下设计建议，供读者参考：

1) 现有条件下，地基基础的设计计算在理论上还不很严密，基础计算的基本数据很粗糙，取值幅度很大，从严格意义上说，地基基础的计算属于估算的范畴，基础设计的最重要工作不仅仅是计算本身，因此，基础设计应以概念设计为主，在结构设计中不应追求过高的计算精度；

2) 在设计计算中，应重视对筏板的简化：

(1) 当符合采用简化计算方法条件时，应优先考虑采用简化计算方法；

(2) 当可以不考虑地下室及上部结构刚度时，尽量不要采用考虑上部结构刚度影响的计算模型；

(3) 必须考虑地下室及上部结构刚度时，应尽量采用上部结构为刚性的倒楼盖设计法和上部结构刚度等代梁法等简单估算方法（注意：目前程序中采用的上部结构的刚度与荷载凝聚法，如：矩阵位移法与子结构法、上部结构刚度静力凝聚法和薄壁杆件到剪力墙的刚度回归法等，受使用条件的限制其计算结果均不理想，同时，在目前理论研究不十分成熟的情况下，从工程设计角度看，采用所谓的高精度计算法实无必要）；

(4) 一般可不考虑剪力墙对基础刚度的贡献，可考虑上部结构对基础只传递荷载不传递刚度；

(5) 必须考虑剪力墙对基础刚度的贡献时，对剪力墙应进行必要的归并，应尽量在轴网上设置完整剪力墙（满跨或满格，不能采用无规律开洞墙等）；

(6) 荷载应力求简单，并进行必要的归并。当采用程序自动导荷的接力运行时，应对上部结构计算进行必要的归纳整理，消除那些对基础设计影响不大且有可能造成计算结果奇异的因素。

3) 对墙、柱根局部加厚的筏板基础，程序只考虑局部加厚的抗冲切作用，而在弯矩作用下的配筋计算仍采用局部加厚前的筏板厚度，设计时应根据筏板的实际厚度进行局部调整；

4）应注意对程序计算结果的归并整理，当局部计算位置（计算点）配筋很大时，应考虑基础各部位的共同工作，合理确定配筋范围，必要时与简化计算进行比较分析，综合取值。

9. 关于后浇带

1）设置施工后浇带的作用在于减少混凝土强度产生过程中的收缩应力，但其并不直接减少温度应力，不宜采用施工后浇带来解决结构超长的温度应力问题；

2）施工后浇带应从受力影响较小的部位通过（如梁、板 1/3 跨度处，连梁的跨中等），不必设置在同一截面位置上，可曲折而行；应特别注意地下室与上部结构设缝位置的一致性问题；

3）混凝土收缩需要相当长的时间才能完成，在其浇筑完 60 天时，大致可完成收缩量的 70%（注意：《防水规范》指出：混凝土的收缩变形在龄期为 6 周后才能基本稳定）；

4）在后浇带内设置附加钢筋（大直径的纵向受力钢筋）的做法，加大了对后浇带两侧混凝土的约束，与设置后浇带的初衷相违背，不应采用；

5）由于后浇带的存在时间比较长，在此期间，施工垃圾进入带内不可避免，因此施工图设计时，应留出空隙，便于清理（图 6.1.5）；

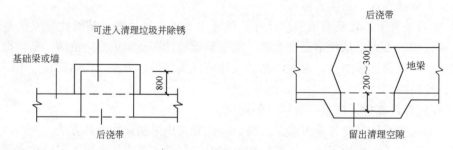

图 6.1.5　后浇带的清理口设置

6）当地下水位较高时，应考虑在基础施工完成后适当减少降水抬高地下水位（以节约降水费用，并减小因降水对周围已有建筑的影响等）的可能性，在基础后浇带下及地下室外墙后浇带侧采取加强措施：

（1）以基础底板自重平衡上升的地下水位，当仅考虑基础底板作为地下水平衡重量（基础底板上未采取其他的压重措施）时，其地下水上升的高度 $h_w \leqslant 2.25h$，其中，h_w 为从基础板底起算的地下水上升高度（m），h 为后浇带两侧基础底板的厚度（m）；

（2）基础底板后浇带下钢筋混凝土抗水板，按两端支承在基础底板上的钢筋混凝土单向板计算，其计算跨度（m）可取后浇带宽度+0.2，按水压为 h_w 设计计算；

（3）应确定施工期间的安全水位和警戒水位值，施工过程中应加强监测，当遇有突发事件时，应采取相应加大降水或增加基础底板压重的技术措施，确保安全；

（4）后浇带抗水板做法见图 6.1.6。

10. 关于基础混凝土强度等级

1）基础为卧置于地面上的混凝土构件，其受力状态和上部结构构件有明显的不同，

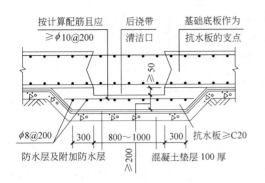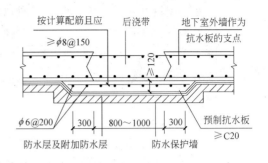

图 6.1.6　基础底板及外墙后浇带抗水做法

同时上部结构对基础的强度要求是伴随结构的施工过程而逐步提高的（高层建筑基础要达到满荷载，需一个较长的施工工期），基础的这一受力特点为基础采用长龄期混凝土提供了条件；

2）由于基础的受力很大，有时需要较高的混凝土强度等级（如 C40），当混凝土强度高、体积大时，混凝土硬化过程中产生的水化热很大，同时由于水泥用量的增加，混凝土的干缩量也加大，处理不好极容易导致基础构件的开裂；

3）基础设计中，可规定采用龄期为 45 天、60 天或 90 天的混凝土，这样在同一混凝土最终强度条件下，可以减少水泥用量，从而减小水化热，减少收缩量；

4）可在混凝土中掺粉煤灰，并采用 60 天强度；

5）在大厚板基础施工图中，应明确基础混凝土的龄期，取 60 天或 90 天；

6）国内外资料显示，大厚板基础采用长龄期混凝土可获得较好的技术经济效果。

11. 关于地下室的裂缝控制问题

1）对使用要求很高的重要地下室（如贵重设备间，使用中严禁进水的场所等），宜采取以下设计措施：

（1）应严格要求基础及地下室外墙的防水质量；

（2）控制基础及地下室外墙的裂缝宽度，当按构件边缘内力计算时，裂缝宽度应 ≤0.2mm；

（3）必要时可设置地下室室内架空层或采取其他内部紧急排水措施，确保使用安全。

2）对使用要求不高的一般地下室（如地下车库等），可采取以下设计措施：

（1）设计中考虑基础及地下室外墙的外防水作用，按一类环境确定基础及地下室外墙外表面的混凝土裂缝控制标准，裂缝宽度可控制在 0.3mm（确有把握时也可取 0.4mm），但外墙外表面的混凝土保护层厚度（即耐久性设计标准）可按二类环境确定。

（2）基础及地下室外墙等结构构件按塑性设计方法设计；

（3）构件的裂缝宽度验算中，采用支座边缘的内力；

（4）在设计总说明中，明确提出地下室外墙外表面防水层的可更换要求。

12. "中点沉降调整法"

在基础设计计算中，由于选择不同的地基模型，会带来不同的计算结果，有时结果差异很大，而采用"中点沉降调整法"计算可避免基础设计计算中的模型化误差，其计算过程框图如下：

手算筏板中点地基的最终沉降量 $s_c = \psi s'$	→	核定筏板中点处地基最终沉降量 $w_c = s_c$ 时，在沉降计算深度范围内各土层的折算压缩模量 E'_{si} 或折算的基床系数 k	→	取用 E_{si} 或 k，求得筏板的内力及配筋，供设计用

在"中点沉降调整法"中，基础的最终沉降量 s_c 的确定是关键，应根据当地经验结合沉降计算综合确定。

13. 关于地下室的抗浮验算问题

关于地下室的抗浮验算，国家规范和各地方规范及相关专门规范提出了不同的要求，应根据工程所在地和工程的具体情况执行相应的规定。当工程所在地无具体规定时，可参考执行下列相关规定：

1)《建筑结构荷载规范》（GB 50009—2001）的规定：

2006 年版《荷载规范》第 3.2.5 条第 3 款规定：**"对结构的倾覆、滑移或漂浮验算，荷载的分项系数应按有关的结构设计规范的规定采用"**。

在倾覆、滑移或漂浮等有关结构整体稳定性的验算中，永久荷载一般对结构有利，荷载分项系数一般应取小于 1。目前在其他结构设计中仍沿用单一的安全系数进行设计，因此，当其他结构设计规范对结构的倾覆、滑移或漂移的验算有具体规定时，应执行规范的规定，当没有具体规定时，对永久荷载的分项系数应按工程经验确定。

2) 广东省标准的规定：

广东省标准《建筑地基基础设计规范》DBJ 15-31-2003 第 5.2.1 条规定，地下室抗浮稳定性验算应满足式 6.1.6 的要求：

$$\frac{W}{F} \geqslant 1.05 \tag{6.1.6}$$

式中 W——地下室自重及其上作用的永久荷载标准值的总和；

       F——地下水浮力。

【注意】：此处 F 应为地下水浮力的标准值。

3) 北京技术细则的规定

《北京市建筑设计技术细则》（结构专业）第 3.1.8 条第 5 款规定：在验算建筑物之抗浮能力时，应不考虑活载，抗浮安全系数取 1.0。即满足式 6.1.7 的要求：

$$\frac{建筑物重量（不包括活载）}{水浮力} \geqslant 1.0 \tag{6.1.7}$$

建筑物重量及水浮力的分项系数取 1.0。

4) 水池设计规程的规定

《给水排水工程钢筋混凝土水池结构设计规程》（CECS 138：2002）第 5.2.4 条规定：当水池承受地下水（含上层滞水）浮力时，应进行抗浮稳定验算。验算时作用均取标准值，抵抗力只计算不包括池内盛水的永久作用和水池侧壁上的摩擦力，抗力系数不应小于 1.05。

五、相关索引

1.《地基规范》的相关规定见其第 8.4 节。

2.《混凝土高规》的相关规定见其第 12.2 节。

3.《地下防水规范》的相关规定见其第 4.1 节。

4.《北京地基规范》的相关规定见其第 8.5 节。

第二节　梁板式筏形基础

【要点】

本节根据梁板式筏形基础的受力特点，说明梁板式筏形基础的设计要求、技术要点、使用条件及相关经济性指标，应特别注意框架结构的无地下室或一层地下室筏基的抗震设计要求，还应重视框架-核心筒结构（或荷重分布类似的结构）在核心筒四角下梁板式筏形基础的应力集中问题。

一、梁板式筏基的组成

梁板式筏基由地基梁和基础筏板组成，地基梁的布置与上部结构的柱网设置有关，地基梁一般仅沿柱网布置，底板为连续双向板，也可在柱网间增设次梁，把底板划分为较小的矩形板块（图 6.2.1）。

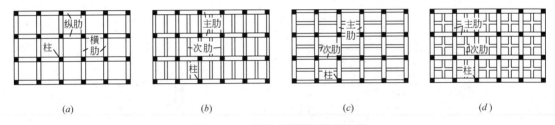

图 6.2.1　梁板式筏基的肋梁布置

（a）双向主肋；（b）纵向主肋、横向次肋；（c）横向主肋、纵向次肋；（d）双向主次肋

梁板式筏基具有：结构刚度大，混凝土用量少，当建筑的使用对地下室的防水要求很高时，可充分利用地基梁之间的"格子"空间采取必要的排水措施等优点（图 6.2.2a）。但同时存在筏基高度大、受地基梁板布置的影响，基础刚度变化不均匀，受力呈现明显的"跳跃"式（图 6.2.2b），在中筒或荷载较大的柱底易形成受力及配筋的突变，梁板钢筋布置复杂、降水及基坑支护费用高、施工难度大等不足。

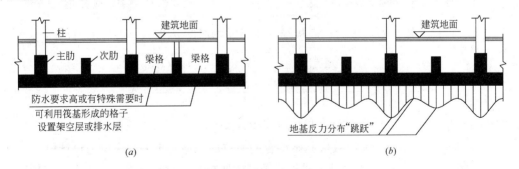

图 6.2.2　梁板式筏基的特点

（a）梁格的利用；（b）地基反力的突变

由于梁板式筏基在技术经济上的明显不足，因此，近年来该基础的使用正逐步减少，一般仅用于柱网布置规则、荷载均匀的某些特定结构中。

二、梁板式筏基的计算要求

1.（《地基规范》第8.4.5条、《箱筏规范》第5.3.2、5.3.3条）梁板式筏基底板除计算正截面受弯承载力外，其厚度尚应满足受冲切承载力、受剪切承载力的要求。

2.（《地基规范》第8.4.5条）梁板式筏基的底板受冲切承载力按式（6.2.1）计算：

$$F_l \leqslant 0.7\beta_{hp}f_t u_m h_0 \tag{6.2.1}$$

式中 F_l——底板冲切力设计值，即：作用在图6.2.3中阴影部分面积（A_l）上的地基土平均净反力设计值（$\overline{p_j}$），F_l按公式（6.2.2）计算：

$$F_l = A_l\overline{p_j} \tag{6.2.2}$$

h_0——基础底板冲切破坏锥体的有效高度；

f_t——混凝土轴心抗拉强度设计值；

u_m——距基础梁边 $h_0/2$ 处冲切临界截面的周长。

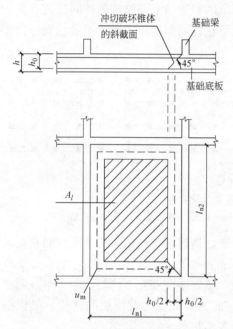

图6.2.3 筏基底板冲切示意

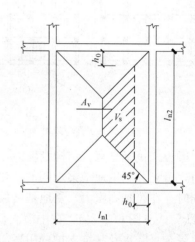

图6.2.4 筏基底板剪切计算示意

当底板区格为矩形双向板时，底板受冲切所需的厚度 h_0 按式（6.2.3）计算：

$$h_0 = \frac{(l_{n1}+l_{n2})-\sqrt{(l_{n1}+l_{n2})^2-\dfrac{4\overline{p_j}l_{n1}l_{n2}}{\overline{p_j}+0.7\beta_{hp}f_t}}}{4} \tag{6.2.3}$$

式中 l_{n1}、l_{n2}——计算板格的短边和长边的净长度；

$\overline{p_j}$——相应于荷载效应基本组合的单位面积地基土平均净反力设计值。

3.（《地基规范》第8.4.5条）梁板式筏基的底板受剪承载力按式（6.2.4）计算

$$V_s \leqslant 0.7\beta_{hs}f_t(l_{n2}-2h_0)h_0 \tag{6.2.4}$$

式中 V_s——底板剪力设计值，即：距梁边缘 h_0 处，作用在图6.2.4中阴影部分面积（A_v）上的地基土平均净反力设计值（$\overline{p_j}$），V_s可按公式（6.2.5）计算：

$$V_s = A_v \overline{p_j} \tag{6.2.5}$$

β_{hs}——受剪切承载力截面高度影响系数（见表 4.2.8）。

4.（《地基规范》第 8.4.10 条）有抗震设防要求（当筏形基础的内力按基底反力直线分布进行计算）时，对无地下室且抗震等级为一、二级的框架结构，基础梁除满足抗震构造要求外，计算时尚应将柱根组合的弯矩设计值分别乘以 1.5 和 1.25 的增大系数（见图 6.2.5）。

【注意】

此处不是对按《抗震规范》第 6.2.3 条或《混凝土高规》第 6.2.2 条规定调整完毕的再放大，此处只是强调要采用经放大的组合弯矩设计值，即采用按《抗震规范》第 6.2.3 条或《混凝土高规》第 6.2.2 条规定调整完毕后的柱根弯矩。

5.（《地基规范》第 8.4.11 条、《箱筏规范》第 5.3.10 条）当梁板式筏基满足表 6.1.1 的相关要求时，筏基的内力可按基底反力直线分布的连续梁计算，边跨跨中弯矩以及第一内支座的弯矩值宜乘以 1.2 的系数（图 6.2.6）。

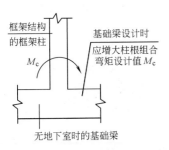

图 6.2.5　基础梁抗震设计要求

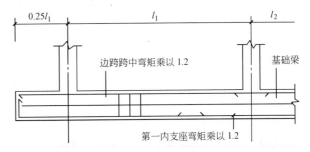

图 6.2.6　基础梁的计算要求

6.（《地基规范》第 8.4.10 条、《混凝土高规》第 12.2.3 条、《箱筏规范》第 5.3.9 条）当梁板式筏基不满足表 6.1.1 的相关要求时，筏基的内力应按弹性地基梁板法进行分析计算。

7.（《地基规范》第 8.4.13 条、《箱筏规范》第 5.3.3 条）基础梁顶面的局部受压承载力计算

梁板式筏基的基础梁除满足正截面受弯及斜截面受剪承载力外，尚应验算底层柱下基础梁顶面的局部受压承载力（按混凝土规范公式（7.8.1-1）计算）。

8. 梁板式筏基计算要求汇总见表 6.2.1。

梁板式筏基计算要求汇总表　　　　　　　　表 6.2.1

序号	计　算　要　求	主要计算公式编号	备　　注
1	筏板的受冲切承载力计算	(6.2.1)	
2	底板的冲切力设计值	(6.2.2)	
3	筏板最小厚度估算(满足受冲切需要)	(6.2.3)	
4	底板受剪承载力计算	(6.2.4)	验算的是受剪面(梯形平面的底边)的平均剪力
5	底板的剪切力设计值	(6.2.5)	按梯形面积计算
6	满足表 6.1.1 条件的筏基梁		按地基反力直线分布的连续梁计算
7	不满足表 6.1.1 条件的筏基梁		按弹性地基梁板法计算
8	基础梁顶面的局部受压承载力计算		按《混凝土规范》公式(7.8.1-1)计算

三、梁板式筏基的构造要求

1. (《地基规范》第8.4.5条、《箱筏规范》第5.3.2条) 梁板式筏基的底板厚度 (图6.2.7)

1) 对12层以上建筑的梁板式筏基，其底板厚度与最大双向板格的短边净跨之比不应小于1/14，且板厚不应小于400mm；

2) 其他情况下的梁板式筏基，其底板厚度与最大双向板格的短边净跨之比不宜小于1/20，且板厚不应小于300mm。

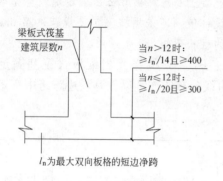
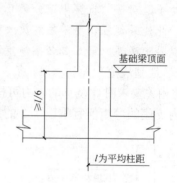

图 6.2.7　筏板构造要求　　　　　图 6.2.8　梁高构造要求

2. (《混凝土高规》第12.2.6条、《地基规范》第8.4.10条) 梁板式筏基的梁高取值应包括底板厚度在内，梁高不宜小于平均柱距的1/6。应综合考虑荷载大小、柱距、地质条件等因素，经计算满足承载力的要求 (图6.2.8)。

3. (《地基规范》第8.4.11条、《箱筏规范》第5.3.10条) 按基底反力直线分布计算的梁板式筏基，其底板和基础梁的配筋除满足计算要求外，纵横方向的底部钢筋尚应有1/2～1/3贯通全跨，且其配筋率 (指贯通钢筋的配筋率——编者注) 不应小于0.15%，顶部钢筋按计算配筋全部连通 (图6.2.9及图6.2.10)。

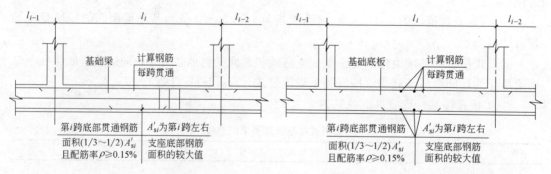

图 6.2.9　基础梁的配筋构造要求　　　　图 6.2.10　基础底板的配筋构造要求

4. (《地基规范》第8.4.6条、《箱筏规范》第5.3.4条) 梁板式筏基的肋梁宽度不宜过大，在满足设计剪力 $V \le 0.25\beta_c f_c b h_0$ 的条件下，当梁宽小于柱宽时，可将肋梁在柱边加腋以满足构造要求 (图6.2.11)。

1) 柱、墙边缘至基础梁边缘的距离不应小于50mm；

2) 当交叉基础梁的宽度小于柱截面的边长时，交叉基础梁连接处应设置八字角，柱角与八字角之间的净距不宜小于 50mm；

3）单向基础梁与柱的连接，可按图 6.2.11b 采用；

4）基础梁与剪力墙的连接时，基础梁边至剪力墙边的距离不宜小于 50mm（图 6.2.11c）。

5．墙、柱的纵向钢筋要贯通基础梁而插入筏板中，并且应从梁上皮起满足锚固长度的要求（图 6.2.11c）。

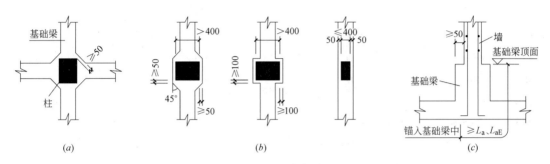

图 6.2.11　基础梁与柱、墙连接构造

四、理解与分析

1．梁板式筏基的底板的正截面受弯承载力按《混凝土规范》的相关要求计算。

2．梁板式筏基可仅考虑局部弯曲作用的条件见表 6.1.1。

3．当无法按简化方法计算时，宜采用弹性地基梁板方法计算。

4．关于梁板式筏基的抗震设计

1）图 6.2.5 的柱根组合弯矩放大的条件是：

（1）无地下室的梁板式筏基，其内力按基底反力直线分布的假定进行计算时；

（2）抗震等级为一、二级的框架结构的框架柱；

（3）柱根的组合弯矩设计值，就是按《抗震规范》第 6.2.3 条或《混凝土高规》第 6.2.2 条规定调整完毕的设计值。

2）基础设计中一般采用荷载效应的基本组合的柱底内力设计值，而对无地下室的一、二级抗震等级的排架结构，其基础梁设计中，柱底内力设计值除按荷载效应的基本组合值计算外，还需考虑地震作用下经放大后的组合弯矩设计值。

3）对于有地下室的筏基，受地下室的影响，筏基所承担的地震作用不大。文献［11］第 11.0.2 条规定："6 度区、7 度区地下室层数不少于一层及 8 度区地下室层数不少于两层时，在地震作用下可不验算基础的水平承载力"。

4）《地基规范》第 8.4.10 条的抗震设计要求与《地基规范》第 8.4.12 条对平板式筏基的要求（见本章第三节）不同。

5．公式（6.2.4）的意义在于将图 6.2.4 中阴影面积的全部剪力由梯形底边截面来承担，验算的是底边截面承担的总剪力。

6．当满足表 6.1.1 条件，按基底反力直线分布假定的简化方法进行筏基内力计算时，规范采取了内力放大和加强通长钢筋配置等相应的构造措施，其根本目的在于弥补简化计算方法未考虑整体弯曲的不足（比较可以发现：当采用弹性地基梁板法设计时，规范无相似的要求）。

五、结构设计的相关问题

1.《地基规范》第8.4.10条中对柱根弯矩放大的要求（图6.2.5），是适用于所有梁板式筏基的基础梁，还是仅用于按基底反力直线分布计算的梁板式筏基中的基础梁，规范对此未表述清晰。

2. 在框架-核心筒结构中，核心筒面积一般在楼层总面积的20%以下，在此范围内剪力墙集中布置，同时还承担了接近1/2的楼层重量，核心筒下地基反力大大高于外框架柱下的地基反力，常出现筒体角部外侧基础梁受力过于集中的现象，导致基础梁超筋（图6.2.12）。

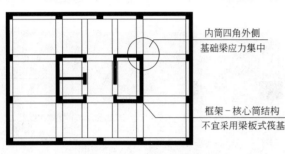

内筒四角外侧基础梁应力集中

框架-核心筒结构不宜采用梁板式筏基

图6.2.12　梁板式筏基的应用

3. 图6.2.8中梁高不区分楼层数量、荷载情况等，统一要求 $h \geq l/6$，对于层数不多、荷载不大的特定建筑欠合理。

六、设计建议

1.《地基规范》第8.4.10条中对柱根弯矩放大的要求，可将其用于所有梁板式筏基的基础梁。由于结构计算中上部结构与基础多采取分离式计算，因此基础计算中尤其应注意规范的上述要求，避免遗漏。

2. 公式（6.2.1）也宜按公式（6.3.4）考虑冲切临界截面周长影响系数 η，取 $\eta = 1.25$。

3. 一般不宜在框架-核心筒结构（或剪力墙在中部集中布置的框架-剪力墙结构）等上部荷载分布不均匀的结构中采用梁板式筏基，必须采用时应采取内筒角部基础梁加强措施，避免局部应力集中给设计带来困难。

4. 框架结构筏板基础的简化计算方法见本章第三节。

七、相关索引

1.《地基规范》的相关规定见其第8.4节。

2.《混凝土高规》的相关规定见其第12.2节。

3.《防水规范》的相关规定见其第4.1节。

4.《北京地基规范》的相关规定见其第8.5节。

第三节　平板式筏形基础

【要点】

本节说明平板式筏基和梁板式筏基的异同，阐述规范对平板式筏基设计的相关要求，对柱下变厚度板设计提出建议，指出变厚度平板式筏基与独基加防水板基础的不同点。应重视无地下室或单层地下室的平板式筏基的抗震设计要求。平板式筏基对框架-核心筒结构（或荷重分布类似的结构）在核心筒四角下筏形基础的荷载集中现象具有较好的适应性。

平板式筏基由大厚板基础组成，常用的基础形式有：等厚筏板基础、局部加厚的筏板基础和变厚度的筏板基础等（图 6.3.1）。适合于复杂柱网结构，具有基础刚度大，受力均匀等特点，在中筒或荷载较大的柱底易通过改变筏板的截面高度和调整配筋来满足设计要求，同时板钢筋布置简单、降水及支护费用相对较低、施工难度小（超厚度板施工的温度控制除外）等优点。但也存在：超厚度板混凝土的施工温度控制要求高、混凝土用量大等不足。由于平板式筏基的良好的受力特点和明显的施工优势，目前在高层和超高层建筑中应用相当普遍。

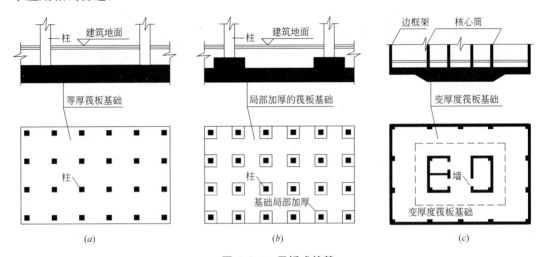

图 6.3.1　平板式筏基

(*a*) 等厚筏板基础；(*b*) 局部加厚的筏板基础；(*c*) 变厚度的筏板基础

厚筏板基础和桩结合，又可组成桩筏基础，详第七章第九节。

一、计算规定

1.（《地基规范》第 8.4.7 条、《箱筏规范》第 5.3.5 条）平板式筏基柱下的板厚受冲切承载力计算

1) **平板式筏基的板厚应满足受冲切承载力的要求。**计算时应考虑作用在冲切临界面重心上的不平衡弯矩产生的附加剪力。距柱边 $h_0/2$ 处冲切临界面的最大剪应力 τ_{max} 应按下列公式计算：

$$\tau_{max}=F_l/(u_m h_0)+\alpha_s M_{unb}c_{AB}/I_s \tag{6.3.1}$$

$$\tau_{max}\leqslant 0.7(0.4+1.2/\beta_s)\beta_{hp}f_t \tag{6.3.2}$$

$$\alpha_s=1-\cfrac{1}{1+\cfrac{2}{3}\sqrt{(c_1/c_2)}} \tag{6.3.3}$$

式中　F_l——相应于荷载效应基本组合时的集中力设计值，$F_l=F-p_jA_b$；其中，F 为柱轴力设计值；p_j 为相应于荷载效应基本组合的地基土净反力设计值；A_b 为筏板冲切破坏锥体的底面面积（对于内柱）、筏板冲切临界截面范围内的底面面积（对于边柱和角柱）；

　　　　u_m——距柱边 $h_0/2$ 处冲切临界截面的周长，根据不同情况按《地基规范》附录 P 计算；

　　　　h_0——筏板的有效高度；

M_{unb}——作用在冲切临界截面重心上的不平衡弯矩设计值；

c_{AB}——沿弯矩作用方向，冲切临界截面重心至冲切临界截面最大剪应力点的距离，根据不同情况按《地基规范》附录P计算；

I_s——冲切临界截面对其重心的极惯性矩，根据不同情况按《地基规范》附录P计算；

β_s——柱截面长边与短边的比值，当$\beta_s<2$时，取$\beta_s=2$，当$\beta_s>4$时，取$\beta_s=4$，其间可按内插法确定；

c_1——与弯矩作用方向一致的冲切临界截面的边长，根据不同情况按《地基规范》附录P计算；

c_2——垂直于c_1的冲切临界截面的边长，根据不同情况按《地基规范》附录P计算；

α_s——不平衡弯矩通过冲切临界截面上的偏心剪力来传递的分配系数。

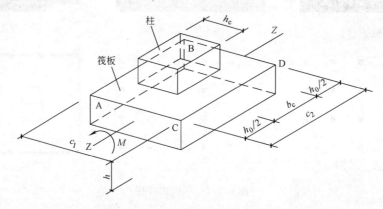

图 6.3.2　内柱冲切临界截面

2) 当柱荷载较大，等厚板筏板的受冲切承载力不能满足要求时，可采取下列措施提高受冲切承载力：

(1) 可在筏板上面增设柱墩；

(2) 可在筏板下局部增加板厚；

(3) 可采用抗冲切箍筋。

2.（《地基规范》第8.4.8条、《箱筏规范》第5.3.6条）平板式筏基内筒下的板厚受冲切承载力计算

1) 平板式筏基内筒下的板厚应满足受冲切承载力的要求，按式（6.3.4）计算：

$$F_l/(u_m h_0)\leqslant 0.7\beta_{hp}f_t/\eta \tag{6.3.4}$$

式中　F_l——相应于荷载效应基本组合时内筒所受的集中力设计值，$F_l=F-\overline{p_j}A_b$；其中，F为内筒轴力设计值；$\overline{p_j}$为相应于荷载效应基本组合时地基土平均净反力设计值；A_b为筏板冲切破坏锥体内的底面面积；

u_m——距内筒外表面$h_0/2$处冲切临界截面的周长（图6.3.3）；

h_0——距内筒外表面$h_0/2$处筏板的截面有效高度；

η——内筒冲切临界截面周长影响系数，取$\eta=1.25$。

2) 当需要考虑内筒根部弯矩的影响时，距内筒外表面$h_0/2$处冲切临界截面的最大剪应力τ_{max}按式（6.3.1）计算，且应满足$\tau_{max}\leqslant 0.7\beta_{hp}f_t/\eta$。

3. (《地基规范》第8.4.9条、《箱筏规范》第5.3.7条）平板式筏基内筒边缘或柱边缘的受剪承载力验算

平板式筏板除满足受冲切承载力外，尚应验算距内筒边缘或柱边缘 h_0 处筏板的受剪承载力，可按式（6.3.5）计算：

$$V_s \leqslant 0.7\beta_{hs}f_t b_w h_0 \qquad (6.3.5)$$

式中 V_s——荷载效应基本组合下，地基土净反力平均值（$\overline{p_j}$）产生的距内筒或柱边缘 h_0 处筏板单位宽度的剪力设计值，可按公式（6.3.7、6.3.8）计算；

b_w——筏板计算截面单位宽度；

h_0——距内筒或柱边缘 h_0 处筏板的截面有效高度。

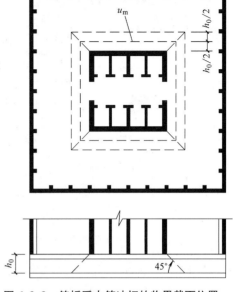

图 6.3.3   筏板受内筒冲切的临界截面位置

4. (《地基规范》第8.4.9条）当筏板变厚度时，还应验算变厚度处筏板的受剪承载力（图6.3.4）。

5. 平板式筏基底层柱下的局部受压承载力验算

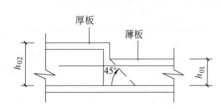

图6.3.4   变厚筏板处的抗剪验算要求

平板式筏基底层柱下的局部受压承载力一般情况下无需验算，但当柱子的混凝土强度等级大大高于筏板的混凝土强度等级时，仍应验算柱底筏板顶面的局部受压承载力。

6. (《地基规范》第8.4.10条、《箱筏规范》第5.3.9条、《混凝土高规》第12.2.3条）满足表6.1.1条件的平板式筏基，可仅考虑局部弯曲作用，筏板内力按基底反力直线分布的假定进行计算。

7. (《地基规范》第8.4.12条、《箱筏规范》第5.3.11条）按基底反力直线分布计算的平板式筏基，可按柱下板带和跨中板带分别进行内力分析。柱下板带中，柱宽及其两侧各0.5倍板厚且不大于1/4板跨的有效宽度范围内，其钢筋配置量不应小于柱下板带钢筋数量的一半，且应能承受部分不平衡弯矩 $\alpha_m M_{unb}$（图6.3.5）。M_{unb} 为作用在冲切临界截面重心上的不平衡弯矩，α_m 按式（6.3.6）计算：

$$\alpha_m = 1 - \alpha_s \qquad (6.3.6)$$

式中 α_m——不平衡弯矩通过弯曲来传递的分配系数；

α_s——按公式（6.3.3）计算。

二、构造要求

1. (《地基规范》第8.4.9条）当筏板的厚度大于2000mm时，宜在板厚中间部位设置直径不小于12mm、间距不大于300mm的双向钢筋网（图6.3.6）。

2. (《地基规范》第8.4.12条、《箱筏规范》第5.3.11条）按基底反力直线分布计算的平板式筏基，应满足下列要求：

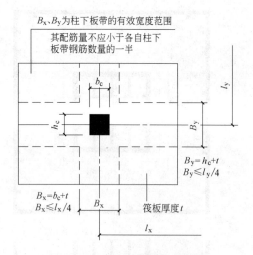

图 6.3.5　柱下板带的有效范围

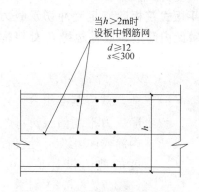

图 6.3.6　厚筏板的中部构造配筋

1）平板式筏基柱下板带和跨中板带的底部钢筋应有 1/2～1/3 贯通全跨，且其配筋率（指贯通钢筋的配筋率——编者注）不应小于 0.15%；顶部钢筋应按计算配筋全部连通（图 6.3.7）。

2）对有抗震设防要求的无地下室或单层地下室平板式筏基，计算柱下板带截面受弯承载力时，柱内力应按地震作用不利组合计算（图 6.3.8）。

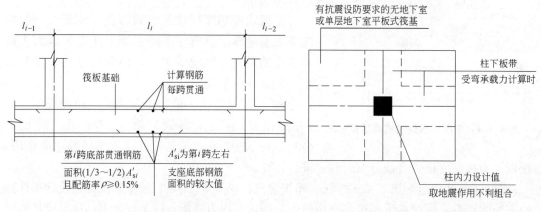

图 6.3.7　筏板的构造配筋

图 6.3.8　抗震设计要求

三、理解与分析

1. 一般情况下，内筒下地基反力值均大于筏板的平均地基反力，有可靠依据时，可按内筒下筏板破坏锥底面积范围内地基土的实际净反力计算，否则，可偏于安全地取地基土平均净反力设计值。

2. 试验表明，混凝土抗冲切承载力随比值 u_m/h_0 的增加而降低，由于使用功能的要求，内筒往往占有相当大的面积，相应的 u_m 值也很大，在 h_0 保持不变的情况下，内筒下筏板的受冲切承载力实际是降低了，故需引入内筒冲切临界截面周长影响系数 η。

3. 距内筒边缘 h_0 处筏板的受剪承载力计算中，V_s 按式（6.3.7）计算。

$$V_s = V_l / l \qquad (6.3.7)$$

式中　V_l——距内筒 h_0 处筏板的总剪力设计值，其数值与按公式（6.3.4）计算的 F_l 相同，则式 (6.3.7) 又可改写为：

$$V_s = F_l/l \qquad (6.3.8)$$

l——距内筒边缘 h_0 处的计算截面周长，对应图 6.3.9a 则：$l = 2(A+B+4h_0)$。

4. 距柱边缘 h_0 处筏板的受剪承载力计算中，V_s 也可按式 (6.3.7) 计算（图 6.3.9b）。对应于公式 (6.3.7)，各符号意义如下：

V_l——距柱边缘 h_0 处筏板的总剪力设计值，$V_l = N - P$；其中，N 为相应于荷载效应基本组合时柱所承受的轴力设计值（算至基础底面，即含基础自重及其上土重）；P 为距柱边缘 h_0 处面积范围内筏板的地基反力设计值；

l——距柱边缘为 h_0 处的计算截面周长，对应图 6.3.9b 则：$l = 2(a+b+4h_0)$。

5. 筏板变厚度处应按较小板厚度，按公式 (6.3.5) 验算筏板的受剪承载力（见图 6.3.4）。

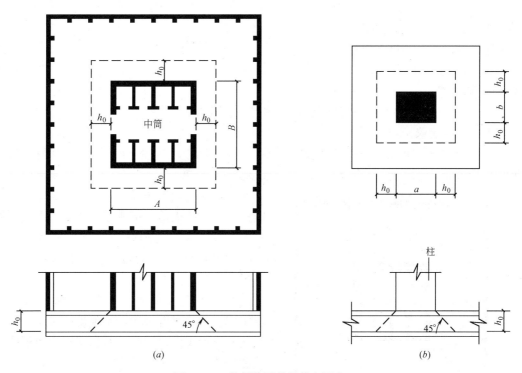

图 6.3.9 筏板的受剪承载力要求

(a) 中筒下筏板；(b) 柱下筏板

6. 比较本节和第二节相关规定，可以发现，当基底反力按直线分布假定计算时，无论是梁板式筏基还是平板式筏基，也无论是对基础梁还是对基础底板（或平板），考虑整体弯曲对梁（板）影响的构造措施，其本质是相同的（比较图 6.2.9、6.2.10 和 6.3.7）。

7. 关于平板式筏基的抗震设计

1) 需要按图 6.3.8 对柱根内力设计值考虑地震作用不利组合的条件是：

(1) 无地下室或单层地下室的平板式筏基；

(2) 有抗震设防要求，且按基底反力直线分布的假定计算柱下板带的截面受弯承载力时。

2）基础设计中一般采用荷载效应基本组合的柱底内力设计值，而对无地下室或单层地下室的平板式基础设计中，柱底内力设计值除按荷载效应的基本组合值计算外，还需考虑地震作用下的组合内力设计值（注意：与梁板式筏板基础不同，此处《地基规范》未明确规定柱根组合弯矩设计值的放大要求，编者建议可按《地基规范》对筏板基础要求设计，即柱根的内力取按《抗震规范》第6.2.3条或《混凝土高规》第6.2.2条规定调整完毕的设计值）。

3）对于有地下室的筏基，受地下室的影响，筏基所承担的地震作用不大。文献［11］第11.0.2条规定："6度区、7度区地下室层数不少于一层及8度区地下室层数不少于两层时，在地震作用下可不验算基础的水平承载力"。

4）《地基规范》第8.4.12条的抗震设计要求与其对梁板式筏基的抗震设计要求（见本章第二节）不同。

8. 对于满足表6.1.1条件，按基底反力直线分布假定的简化方法进行平板式筏基内力计算时，规范采用了加强通长钢筋配置等相应的构造措施，其根本目的在于弥补简化计算方法未考虑整体弯曲的不足（比较可以发现：当采用弹性地基板法设计时，规范无相似的要求）。

四、结构设计的相关问题

1.《地基规范》第8.4.12条（图6.3.5）要求，是否适用于所有平板式筏基，规范未予明确。

2. 对厚筏板设置中部钢筋的问题，工程界争议较大。

五、设计建议

1. 有条件时，可对所有平板式筏基（不仅对地基反力按直线分布假定计算的平板式筏基）均采取《地基规范》第8.4.12条（图6.3.5）措施。

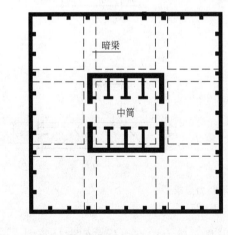

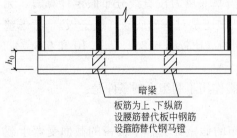

图 6.3.10   厚板中设置暗梁

2.《地基规范》第8.4.12条中，对有抗震设防要求的无地下室或单层地下室平板式筏基的计算要求，应理解为对所有平板式筏基（不仅适用于地基反力按直线分布假定计算的平板式筏基）的要求。

3. 对厚筏板基础，可结合工程的具体情况采用设置暗梁等做法，实现规范对厚板中部钢筋的设置要求，同时又有利于基础底板的抗剪和钢筋的架立等（图6.3.10）。

4. 关于柱下变厚度筏板基础的其他问题

1）"柱墩"与变厚度筏板的区别

位于柱（或墙）下的筏板，受力集中且复杂，工程设计中常采用柱（或墙）下局部加厚的办法来满足筏板设计需要，通常有设置"柱墩"和采用变厚度筏板两种方法，"柱墩"一般设置范围较小，主要用来解决筏板在柱（或墙）根部位的抗冲切问题，它的设置对筏板的其他受力性能应不产生明显的影响；而变厚度筏板的设置则会对筏板的受力性能产生明显的影响，不应再按"柱墩"计算。

现有计算程序[8]在进行带"柱墩"筏板的设计计算时，只考虑"柱墩"对柱根部位的抗冲切作用。因此，结构设计中应正确区别"柱墩"与变厚度筏板，一般情况下可按柱（或墙）下加厚板的宽度与其高度的比值（b_1/h_1）来判别，当 b_1 与 h_1 数值相近或变厚度范围较小时，可判定为"柱墩"；当 b_1 比 h_1 数值大较多或变厚度范围较大时，可判定为变厚度筏板（图 6.3.11）。

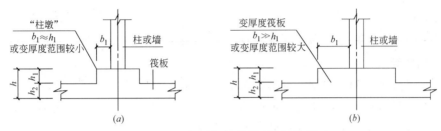

图 6.3.11　"柱墩"与变厚度筏板的判别
(a) "柱墩"；(b) 变厚度筏板

2）柱下变板厚的常见做法分析

工程设计中常遇到的筏板变厚度做法主要有：底平形和顶平形变厚度筏板基础两种（图 6.3.12）。

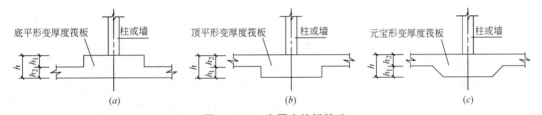

图 6.3.12　变厚度筏板基础
(a) 底平形；(b) 顶平形；(c) 元宝形

（1）底平形变厚度筏板基础具有下列特点：当变厚度范围较小（如在柱下设置柱墩）时，有效刚性角范围大；筏板底部钢筋受力直接，利用率高；基础底面建筑防水质量有保证；当顶部设置坡面时可适量节约混凝土；施工难度小；若设备管线可在房间中部穿行时，则相应土方量小，降水费用低。

（2）顶平形变厚度筏板基础具有下列特点：当变厚度范围较小（如在柱下设置柱墩）时，有效刚性角范围小；筏板底部钢筋需多次锚固搭接，受力不直接，利用率低；基础底面建筑防水搭接量大，施工难度大、质量难以保证；当与底平形顶面标高相同时，混凝土用量及相应土方量可略有减少。

（3）底平形和顶平形变厚度筏板的综合比较汇总见表 6.3.1。从结构设计角度出发，一般情况下不宜采用顶平形变厚度筏板基础，必须采用时，也应采用元宝形变厚度筏板。

底平形和顶平形变厚度筏板的综合比较　　　　　　　　表 6.3.1

筏板类型	有效刚性角范围	受力情况	底面钢筋利用率	底面防水效果	施工难度	土方量	降水费用	综合经济指标
底平形	大	直接	高	好	小	相当	相当	相当
顶平形	小	不直接	低	差	大	相当	相当	相当

5. 变厚度筏板基础与独立基础加防水板的异同分析见表 6.3.2。

变厚度筏板基础与独立基础加防水板的异同　　　　　　表 6.3.2

基础类型	组成	承担地基反力	支承关系	基础整体刚度	地基反力分布	设计计算	钢筋用量	混凝土用量	综合经济指标
变厚度筏板	两种不同厚度的板组成	共同承担	无明显支承关系	刚度大	复杂	复杂	配筋复杂且用量大	大	费用高
独立基础加防水板	独立基础＋防水板＋软垫层	仅独立基础承担	独立基础作为防水板的支承	刚度小	简单、按刚性基础确定	简单、可分别计算	配筋简单且用量小	小	费用低

六、相关索引

1.《地基规范》的相关规定见其第 8.4 节。

2.《北京地基规范》的相关规定见其第 8.5 节。

3.《混凝土高规》的相关规定见其第 12.2 节。

4. 桩筏基础的设计要求见第七章第九节。

第四节　箱　形　基　础

【要点】

　　本节阐述箱形基础受力特点及结构设计基本要求，着重介绍箱形基础的构造要求及简化计算方法，分析箱形基础基底反力的分布规律。

　　箱形基础具有刚度大、承载力高等优点，同时也存在对使用功能影响大、设计施工复杂、材料用量大、经济性较差等不足，因此，箱形基础比较适宜于用作软弱地基上的面积较小、平面形状简单的重型建筑物的基础，同时一般可用作有特殊要求的人防地下室（图 6.4.1）。

　　箱形基础和桩组合，又可以组成桩箱基础，详见第七章第九节。

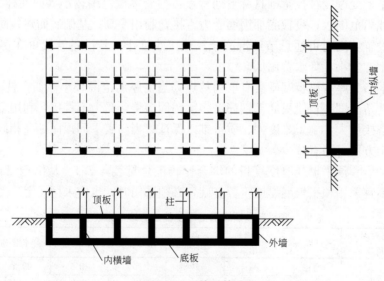

图 6.4.1　箱形基础

一、箱基设计的相关的规定

1. 计算规定

1) 嵌固部位的确定原则见本章第一节表6.1.6;

2)（《箱筏规范》第5.2.6条）当符合构造要求第4)条及表6.4.1第4、5项要求时，上部结构传至箱基顶部的总弯矩设计值、总剪力设计值可分别按受力方向的墙身弯曲刚度、剪切刚度分配至各道墙上。

2. 构造要求

1)（《混凝土高规》第12.3.1、12.3.2、12.3.3条，《箱筏规范》第5.1.1、5.1.2、5.2.1、5.2.2、5.2.6条）箱形基础各部位截面要求见表6.4.1。

箱形基础各部位截面要求   表6.4.1

序号	情 况		截 面 要 求	
1	平面尺寸		应根据地基土承载力和上部结构布置以及荷载大小等因素确定	
2	外墙		宜沿建筑物周边布置	
3	内墙		沿上部结构的柱网或剪力墙位置纵横均匀布置	
4	墙体水平截面总面积		不宜小于箱形基础外墙外包尺寸的水平投影面积的1/10	计算墙体水平截面面积时，不扣除洞口面积
5	对基础平面长宽比大于4的箱形基础		纵墙水平截面面积不应小于箱基外墙外包尺寸水平投影面积的1/18	
6	箱基的偏心距e_q		在荷载效应准永久组合下$e_q \leqslant 0.1W/A$	
7	箱形基础的高度		不宜小于箱基长度的1/20，且不宜小于3m。此处箱基长度不包括底板悬挑部分	
8	非人防时，各部位截面厚度(mm)	基础底板	应≥300mm	
		外墙	应≥250mm	
		内墙	应≥200mm	
		顶板	应≥200mm	

2)（《混凝土高规》第12.3.7、12.3.8条，《箱筏规范》第5.2.6、5.2.14条）箱形基础各部位配筋要求见表6.4.2。

箱形基础各部位配筋要求   表6.4.2

序号	情 况		配 筋 要 求
1	顶板、底板及墙体		应采用双层双向配筋
2	墙体的竖向和水平钢筋直径		均不应小于10mm,间距均不应大于200mm
3	内、外墙的墙顶(无上部剪力墙)处		宜配置两根直径不小于20mm的通长构造钢筋
4	上部结构底层柱纵向钢筋伸入箱形基础墙体的长度	柱下三面或四面有箱形基础墙的内柱	除柱四角纵向钢筋直通到基底外,其余钢筋可伸入顶板底面以下40倍纵向钢筋直径处
		外柱、与剪力墙相连的柱及其他内柱	纵向钢筋应直通到基底

3)（《混凝土高规》第12.3.6条，《箱筏规范》第5.2.7条）箱形基础的顶、底板可仅考虑局部弯曲计算的条件及构造要求见表6.4.3。

箱形基础的顶、底板可仅考虑局部弯曲计算的条件及构造要求   表 6.4.3

项　目		内　容
箱形基础的顶、底板仅考虑局部弯曲计算的条件		地基压缩层深度范围内的土层在竖向和水平方向皆较均匀
		上部结构为平立面布置较规则的框架、剪力墙、框架-剪力墙结构
局部弯曲计算的要求		底板反力应扣除板的自重及其上面层和填土的自重
		顶板荷载按实际考虑
顶板和底板钢筋配置要求	纵横方向支座钢筋	应有 1/3 至 1/2 的钢筋连通
		且连通钢筋的配筋率分别不小于 0.15%（纵向）、0.10%（横向）
	跨中钢筋	按实际需要的配筋全部连通
	钢筋接头	宜采用机械连接
		采用搭接接头时，搭接长度应按受拉钢筋考虑

4)（《箱筏规范》第 5.1.4 条）当考虑上部结构嵌固在箱形基础的顶板上或地下一层结构顶部时，箱基或地下一层结构顶板除满足正截面受弯承载力和斜截面受剪承载力要求外，其厚度尚不应小于 200mm。对框筒或筒中筒结构，箱基或地下一层结构顶板与外墙连接处的截面，尚应符合公式（6.4.1）、（6.4.2）要求（图 6.4.2）：

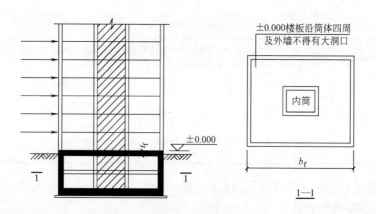

图 6.4.2   框筒或筒中筒结构箱基剖面

非抗震设计 $V_f \leqslant 0.125 f_c b_f t_f$ (6.4.1)

抗震设计 $V_{E,f} \leqslant 0.1 f_c b_f t_f / \gamma_{RE}$ (6.4.2)

式中　f_c——混凝土轴心受压强度设计值；

　　　b_f——沿水平力或地震作用方向与外墙连接的箱基或地下一层结构顶板的宽度；

　　　t_f——箱基或地下一层结构顶板的厚度；

　　　V_f——上部结构传来的计算截面处的水平剪力设计值；

　　$V_{E,f}$——地震效应组合时，上部结构传来的计算截面处的水平地震剪力设计值；

　　γ_{RE}——承载力抗震调整系数，取 0.85。

5)（《箱筏规范》第 5.2.3 条）高层建筑同一结构单元内，箱形基础的埋置深度宜一致，且不得局部采用箱形基础。

6)（《箱筏规范》第 5.2.8 条）对不符合表 6.4.3 要求的箱形基础，应同时考虑局部弯曲及整体弯曲的作用。矩形平面箱形基础的地基反力可按表 6.4.4～6.4.6 确定（复杂平面可按《箱筏规范》的附录 C 确定）；底板局部弯曲产生的弯矩应乘以 0.8 折减系数；计算整体弯曲时应考虑上部结构与箱形基础的共同作用；对框架结构，箱形基础的自重应按均布荷载处理。箱形基础承受的整体弯矩可按公式（6.4.3、6.4.4）计算（图 6.4.3）：

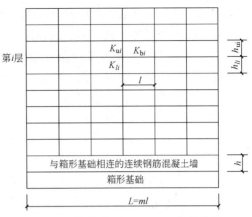

图 6.4.3　公式（6.4.3、6.4.4）的符号

$$M_F = M \frac{E_F I_F}{E_F I_F + E_B I_B} \tag{6.4.3}$$

$$E_B I_B = \sum_{i=1}^{n} \left[E_b I_{bi} \left(1 + \frac{K_{ui} + K_{li}}{2K_{bi} + K_{ui} + K_{li}} m^2 \right) \right] + E_w I_w \tag{6.4.4}$$

式中　　　M_F——箱形基础承受的整体弯矩；

　　　　　M——建筑物整体弯曲产生的弯矩，可按静定梁分析或采用其他有效方法计算；

　　　　$E_F I_F$——箱形基础的刚度，其中 E_F 为箱形基础的混凝土弹性模量，I_F 为按工字形截面计算的箱形基础截面惯性矩，工字形截面的上、下翼缘宽度分别为箱形基础顶、底板的全宽，腹板厚度为在弯曲方向的墙体厚度的总和；

　　　　$E_B I_B$——上部结构的总折算刚度；

　　　　　E_b——梁、柱的混凝土弹性模量；

K_{ui}、K_{li}、K_{bi}——第 i 层上柱、下柱和梁的线刚度，其值分别为 $\dfrac{I_{ui}}{h_{ui}}$、$\dfrac{I_{li}}{h_{li}}$ 和 $\dfrac{I_{bi}}{l}$；

I_{ui}、I_{li}、I_{bi}——第 i 层上柱、下柱和梁的截面惯性矩；

　　h_{ui}、h_{li}——第 i 层上柱及下柱的高度；

　　　　　L——上部结构弯曲方向的总长度；

　　　　　l——上部结构弯曲方向的柱距；

　　　　　E_w——在弯曲方向与箱形基础相连的连续钢筋混凝土墙的弹性模量；

　　　　　I_w——在弯曲方向与箱形基础相连的连续钢筋混凝土墙的截面惯性矩，其值为 $th^3/12$；

　　　　　t——在弯曲方向与箱形基础相连的连续钢筋混凝土墙体厚度的总和；

　　　　　h——在弯曲方向与箱形基础相连的连续钢筋混凝土墙体的高度；

　　　　　m——在弯曲方向的节间数；

　　　　　n——建筑物层数。不大于 8 层时，n 取实际楼层数；大于 8 层时，n 取 8。

公式（6.4.4）用于等柱距的框架结构。对柱距相差不超过 20% 的框架结构也可适用，此时，l 取柱距的平均值。

在箱形基础顶、底板配筋时，应综合考虑承受整体弯曲的钢筋与局部弯曲的钢筋的配置部位，以充分发挥各截面钢筋的作用。

7)（《箱筏规范》第5.2.9条）箱形基础的内、外墙，除与剪力墙连接者外，由柱根传给各片墙的竖向剪力设计值，可按相交于该柱下各片墙的刚度进行分配。墙身的受剪截面应符合下式要求：

$$V_w \leqslant 0.25 f_c A_w \tag{6.4.5}$$

式中　V_w——由柱根轴力传给各片墙的竖向剪力设计值，按相交的各片墙的刚度进行分配；

　　　f_c——混凝土轴心受压强度设计值；

　　　A_w——墙身竖向有效截面面积。

8)（《箱筏规范》第5.2.10条，《混凝土高规》第12.3.5条）门洞宜设在柱间居中部位，洞边至上层柱中心的水平距离不宜小于1.2m，洞口上过梁的高度不宜小于层高的1/5，洞口面积不宜大于柱距与箱形基础全高乘积的1/6（图6.4.4）。

墙体洞口周围应设置加强钢筋，洞口四周附加钢筋面积不应小于洞口内被切断钢筋面积的一半，且不少于两根直径为16mm的钢筋，此钢筋应从洞口边缘处延长40倍钢筋直径。

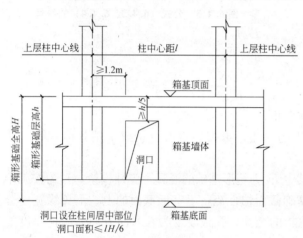

图6.4.4　箱基墙体开洞限值

9)（《箱筏规范》第5.2.11条，《混凝土高规》第12.3.5条）单层箱基洞口上、下过梁的受剪截面应分别符合公式（5.1.6～5.1.12）的要求。

10)（《箱筏规范》第5.2.13条）底层柱与箱形基础交接处，柱边和墙边或柱角和八字角之间的净距不宜小于50mm，并应验算底层柱下墙体的局部受压承载力；当不能满足时，应增加墙体的承压面积或采取其他有效措施。

11)（《箱筏规范》第5.2.15条）当箱基的外墙设有窗井时，窗井的分隔墙应与内墙连成整体。窗井分隔墙可视作由箱形基础内墙伸出的挑梁。窗井底板应按支承在箱基外墙、窗井外墙和分隔墙上的单向板或双向板计算。

12)（《箱筏规范》第5.2.16条）与高层建筑相连的门厅等低矮单元基础，可采用从箱形基础挑出的基础梁方案（图6.4.5）。挑出长度不宜大于0.15

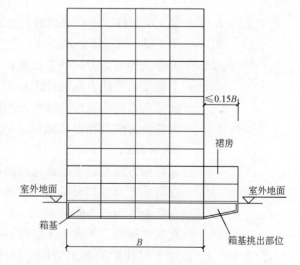

图6.4.5　箱形基础挑出部位示意

倍箱基宽度，并应考虑挑梁对箱基产生的偏心荷载的影响。挑出部分下面应填充一定厚度的松散材料，或采取其他能保证挑梁自由下沉的措施。

二、理解与分析

1. 箱形基础底板的斜截面受剪承载力及受冲切承载力计算要求同筏基。

2. 相关理解见图 6.4.6～图 6.4.12。

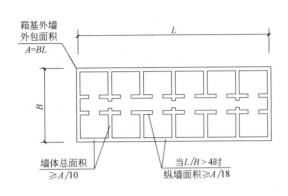

图 6.4.6　箱形基础的墙体面积要求

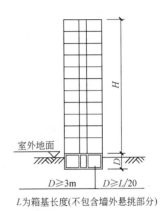

图 6.4.7　箱形基础的高度要求

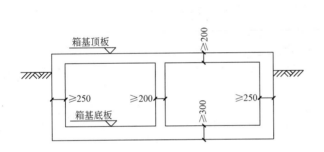

图 6.4.8　箱形基础的最小截面尺寸要求

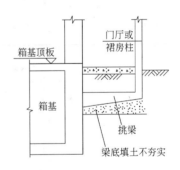

图 6.4.9　箱形基础悬挑部位的常见做法

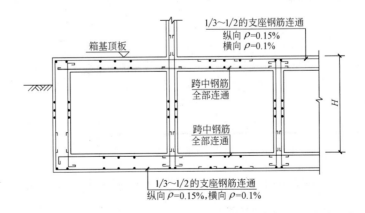

图 6.4.10　考虑局部弯曲计算时箱形基础顶底板的最小配筋要求

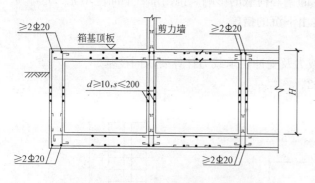

图 6.4.11　箱形基础墙体的最小配筋要求

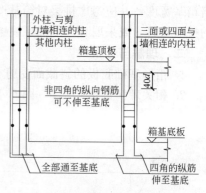

图 6.4.12　上部墙、柱钢筋在
箱形基础的锚固要求

3. 关于箱形基础的地基反力系数问题

1) 适用条件

（1）上部结构与荷载比较均匀的框架结构；

（2）地基土比较均匀；

（3）底板悬挑部分不宜超过 0.8m；

（4）不考虑相邻建筑物的影响；

（5）满足《箱筏规范》构造规定的单栋建筑物的箱形基础；

（6）基底为均布荷载、基础刚度完全一致、未考虑 L 及 B 以外的其他因素。

2) 矩形基础下黏性土地基的反力系数见表 6.4.4

矩形基础下黏性土地基的反力系数　　　　　　　　　表 6.4.4

	1.381	1.179	1.128	1.108	1.108	1.128	1.179	1.381
	1.179	0.952	0.898	0.879	0.879	0.898	0.952	1.179
	1.128	0.898	0.841	0.821	0.821	0.841	0.898	1.128
$L/B=1$	1.108	0.879	0.821	0.800	0.800	0.821	0.879	1.108
	1.108	0.879	0.821	0.800	0.800	0.821	0.879	1.108
	1.128	0.898	0.841	0.821	0.821	0.841	0.898	1.128
	1.179	0.952	0.898	0.879	0.879	0.898	0.952	1.179
	1.381	1.179	1.128	1.108	1.108	1.128	1.179	1.381
	1.265	1.115	1.075	1.061	1.061	1.075	1.115	1.265
	1.073	0.904	0.865	0.853	0.853	0.865	0.904	1.073
$L/B=2\sim3$	1.046	0.875	0.835	0.822	0.822	0.835	0.875	1.046
	1.073	0.904	0.865	0.853	0.853	0.865	0.904	1.073
	1.265	1.115	1.075	1.061	1.061	1.075	1.115	1.265
	1.229	1.042	1.014	1.003	1.003	1.014	1.042	1.229
	1.096	0.929	0.904	0.895	0.895	0.904	0.929	1.096
$L/B=4\sim5$	1.081	0.918	0.893	0.884	0.884	0.893	0.918	1.081
	1.096	0.929	0.904	0.895	0.895	0.904	0.929	1.096
	1.229	1.042	1.014	1.003	1.003	1.014	1.042	1.229
	1.214	1.053	1.013	1.008	1.008	1.013	1.053	1.214
	1.083	0.939	0.903	0.899	0.899	0.903	0.939	1.083
$L/B=6\sim8$	1.069	0.927	0.892	0.888	0.888	0.892	0.927	1.069
	1.083	0.939	0.903	0.899	0.899	0.903	0.939	1.083
	1.214	1.053	1.013	1.008	1.008	1.013	1.053	1.214

由表 6.4.4 可以看出，黏性土地基，其地基反力分布为"锅形"，即中间小、四角最大。L/B 增加（即基础由方形变成长条形）时，中部反力变大，角部反力变小，反力抛物线趋于平缓。反力分布图形见图 6.4.13a。

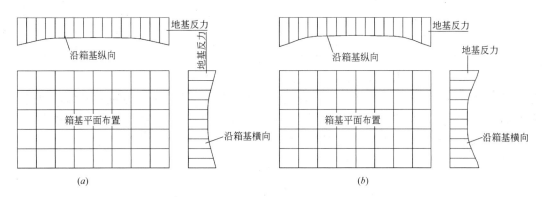

图 6.4.13 箱基的地基反力分布规律

（a）黏性土地基；（b）砂土地基

3）矩形基础下砂土地基的反力系数见表 6.4.5

矩形基础下砂土地基的反力系数 表 6.4.5

	1.5875	1.2582	1.1875	1.1611	1.1611	1.1875	1.2582	1.5875
	1.2582	0.9096	0.8410	0.8168	0.8168	0.8410	0.9096	1.2582
	1.1875	0.8410	0.7690	0.7436	0.7436	0.7690	0.8410	1.1875
$L/B=1$	1.1611	0.8168	0.7436	0.7175	0.7175	0.7436	0.8168	1.1611
	1.1611	0.8168	0.7436	0.7175	0.7175	0.7436	0.8168	1.1611
	1.1875	0.8410	0.7690	0.7436	0.7436	0.7690	0.8410	1.1875
	1.2582	0.9096	0.8410	0.8168	0.8168	0.8410	0.9096	1.2582
	1.5875	1.2582	1.1875	1.1611	1.1611	1.1875	1.2582	1.5875
	1.409	1.166	1.109	1.088	1.088	1.109	1.166	1.409
	1.108	0.847	0.798	0.781	0.781	0.798	0.847	1.108
$L/B=2\sim3$	1.069	0.812	0.762	0.745	0.745	0.762	0.812	1.069
	1.108	0.847	0.798	0.781	0.781	0.798	0.847	1.108
	1.409	1.166	1.109	1.088	1.088	1.109	1.166	1.409
	1.395	1.212	1.166	1.149	1.149	1.166	1.212	1.395
	0.922	0.828	0.794	0.783	0.783	0.794	0.828	0.922
$L/B=4\sim5$	0.989	0.818	0.783	0.772	0.772	0.783	0.818	0.989
	0.922	0.828	0.794	0.783	0.783	0.794	0.828	0.922
	1.395	1.212	0.166	1.149	1.149	0.166	1.212	1.395

由表 6.4.5 可以看出，砂土地基，其地基反力分布也为"锅形"，即中间小、四角最大。但反力变化的幅度较黏性土地基明显增加，L/B 增加（即基础由方形变成长条形）时，中部反力变大，角部反力变小，反力抛物线趋于平缓。反力分布图形见 6.4.13b。

4）矩形基础下软土地基的反力系数见表 6.4.6

矩形基础下软土地基的反力系数　　　　　　　表 6.4.6

0.906	0.966	0.814	0.738	0.738	0.814	0.966	0.906
1.124	1.197	1.009	0.914	0.914	1.009	1.197	1.124
1.235	1.314	1.109	1.006	1.006	1.109	1.314	1.235
1.124	1.197	1.009	0.914	0.914	1.009	1.197	1.24
0.906	0.966	0.811	0.738	0.738	0.811	0.966	0.906

　　由表 6.4.6 可以看出，软土地基，其地基反力分布不同于黏性土及砂土，而呈明显的复杂分布规律，中间较大、四角较小，最大反力不出现在中部也不出现在边角部，而出现在基础纵向对称轴的边缘内部部位。反力变化的幅度较黏性土及砂土地基明显减小，受 L/B 的影响不大，反力分布图形见图 6.4.14。

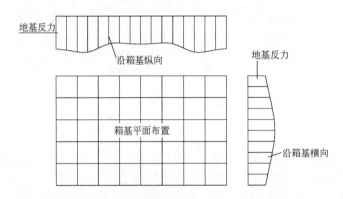

图 6.4.14　箱基下软土地基的反力分布规律

三、结构设计的相关问题

　　1. 对应于 2000 规范的新《箱筏规范》尚未颁布，存在新旧规范同时使用的问题。

　　2. 公式（6.4.3、6.4.4）为箱基估算公式，由于计算机及计算程序的普及和应用，实际手算的机会很少。但手算基本概念清晰，有条件时，可适当加强手算，以巩固结构设计概念、校核电算结果。

　　3. 受使用功能的限制，箱形基础的使用正逐步减少。

四、设计建议

　　1. 结构设计中应注意新旧规范问题，设计时应相互参照，一般情况下，当现行其他规范有规定时，可不再执行现行的《箱筏规范》，必要时可取两套规范的大值进行包络设计。

　　2. 关于箱基电算程序

　　目前采用的箱形基础计算程序均遵照或参照《箱基规范》进行编制的，如箱形基础计算机辅助设计软件等。现介绍这类软件的计算模型及主要假定，供择用时参考。

　　1）程序的计算模型及主要假定

　　（1）箱形基础采用刚性假定；

　　（2）地基可选用分层总和法模型和文克勒模型；

　　（3）考虑上部结构与箱基共同作用的影响，竖向荷载作用下算得的整体弯矩乘以下列折减系数 η：

大于 8 层的框架结构　　$\eta=0.9$；

大于 8 层的框-剪结构　　$\eta=0.8$；

现浇剪力墙结构不考虑整体弯曲；

（4）计算箱基底板的局部弯曲时，当上部为框架结构及框-剪结构时，局部弯曲的弯矩折减系数取 0.8。

2）程序的主要计算功能

（1）箱基结构可选用假定为刚性底板的模型，以及由梁单元组成的弹性地基交叉梁模型，该梁为由箱基顶板、底板及隔墙组成的工字形截面梁；

（2）地基模型可选用分层总和法模型，以及带摩擦桩的复合地基模型。对桩取用独立的弹簧刚度，即在桩身段内不考虑地基压力的扩散，在桩端下采用分层总和法模型考虑地基压力的扩散。因此，复合地基模型的柔度矩阵是两部分之和；

（3）程序还提供可选用《箱筏规范》附录 C 的基底反力系数计算基底反力的方法；

（4）箱基整体弯矩考虑上部结构的刚度影响时，按《箱基规范》的规定，对上部结构为框架结构的箱形基础的整体弯矩，可根据箱基刚度 $E_F I_F$ 与框架结构的总刚度 $E_B I_B$ 的比例关系，按式（6.4.3）进行折减。

3. 关于《箱筏规范》附录 C

1）附录 C 适用于符合下列条件且满足《箱基规范》构造要求的单栋建筑物的箱形基础：

（1）上部结构与荷载比较均匀对称的框架结构；

（2）地基土比较均匀；

（3）箱基底板悬挑部分不超过 0.8m；

（4）不考虑相邻建筑物的影响。

2）当纵横方向荷载很不均匀时，应分别将不匀称荷载对纵横方向对称轴所产生的力矩值所引起的地基不均匀反力和由附表计算的反力进行叠加。力矩引起的地基不均匀反力按直线变化计算。

五、相关索引

1. 不同地基土情况下各类箱基的地基反力系数见《箱筏规范》附录 C。

2. 桩箱基础见第七章第九节。

第五节　工程实例及实例分析

【要点】

本节通过工程实例，进一步说明箱基及筏基的设计受力特点及设计要点，主要涉及：梁板式筏基、平板式筏基，通过采取改变梁（板）高度、地基处理、设置后浇带等手段，满足高层建筑与低层裙楼之间地基承载力的不同要求和解决沉降差异问题。

【实例 6.1】　北京建宏大厦梁板式筏基设计

1. 工程实例

1）工程概况

北京建宏大厦建于北京团结湖公园北岸，由 A、B、C 三栋塔楼组成，地下三层、地上 26 层，建筑高度 100m，其中 A 栋为独立塔楼，B、C 栋为大底盘塔楼，总建筑面积 87000m²，总平面布置如图 6.5.1。

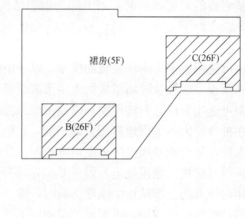

图 6.5.1　建宏大厦总平面布置图

2）地质条件

根据勘察报告，场地在勘察深度范围内为第四系冲洪积层，自上而下主要土层分布及持力层选择见表 6.5.1，地下水位位于天然地面下 10m 处，基底标高：A 栋：−18.900m，B、C 栋塔楼−15.300m，裙房−14.000m。

主要土层分布及持力层选择   表 6.5.1

土层编号及名称	层厚(m)	层底绝对标高(m)	承载力特征值 f_{ak}(kPa)	备　注
①杂填土	1.20～2.95	35.52～37.23	—	
②粉质黏土	4.50～7.50	29.67～31.87	180	
③粉细砂粉质黏土	5.60～8.40	24.07～28.91	200	裙房持力层
④砂卵石	3.00～6.70	18.09～21.32	400	B、C栋塔楼持力层
⑤粉质黏土	5.60～10.40	9.95～12.63	250	A栋持力层
⑥卵石	4.10～6.40	5.69～7.95		
⑦重粉质黏土	3.25～5.90	1.42～2.73		
⑧卵石	9.60～13.60	−12.18～−6.58		
以下为粉质黏土与卵石交互层				

3）上部结构

本工程采用钢筋混凝土框架-剪力墙结构，现浇楼盖。

4）基础设计

采用变高度梁板式筏基，A 栋设单向次梁（见图 6.5.2），B、C 栋设十字交叉次梁，基础梁截面尺寸见表 6.5.2。

基础主要构件的截面尺寸   表 6.5.2

区　域	主梁截面($b×h$)	次梁截面($b×h$)	底板厚度(mm)	备　注
塔楼	1000×2800	600×2700	800	A 栋设单向次梁，B、C栋设十字交叉次梁
裙房	1000×1500	600×1400	500	

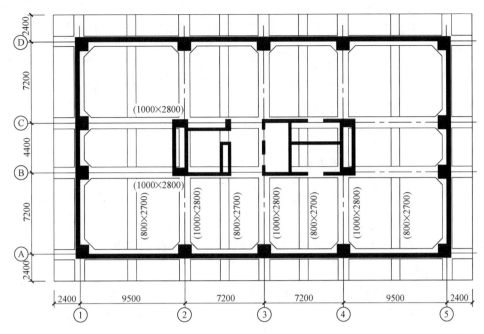

图 6.5.2 A栋基础平面图

2. 实例分析

1）本工程因地下水位较高，采用梁板式筏基可以充分利用筏基梁之间的格子空间，设置集水坑等排水设备，故采用梁板式筏基。

2）基础梁板在周边适量悬挑可以改善基础梁板的受力状况，使基础梁板配筋趋于均匀，但设置悬挑梁板也给基础的外防水施工带来一定的困难，结构设计可通过在基础梁、板顶面做坡等方法，改善基础外防水的施工条件。

3）梁板式筏基可以适量节省混凝土用量，在劳动成本相对较低的情况下，可考虑采用。

4）本工程A栋（图6.5.2所示），中部剪力墙集中布置，其布置的区域面积为楼层平面面积的13%，除承担全部剪力墙重量外还承担着40%的楼面荷重，其总重量约为楼层总重量的50%，导致中部墙体下基础应力高度集中，基础梁的剪力和梁底部的弯矩很大，造成这些部位的基础梁配筋极大，图6.5.2中轴线2-B交点下基础梁的下部钢筋需33根直径32的HRB335级钢筋，箍筋需6肢直径16间距100的HRB335级钢筋。

5）由于基础底板的刚度与基础梁相比差异很大，因此底板配筋不大，配筋直径25间距100的HRB335级钢筋。

6）从施工的综合效果分析，采用梁板式筏基，施工难度大，劳动力成本较高。

【实例 6.2】 中国电信通信指挥楼/北京电信通信机房楼工程平板式筏基设计

1. 工程实例

1）工程概况

本工程位于北京市东城区朝阳门立交桥西北角，东二环路朝阳门北大街西侧，南邻朝阳门大街，总建筑面积78900m²，地下共四层作为机房和车库，中国电信楼通信指挥楼地上14层，北京电信通信机房楼地上18层，建筑最大高度83m，总平面布置如图6.5.3。

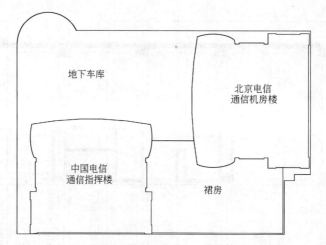

图 6.5.3 中国电信通信指挥楼/北京电信通信机房楼总平面布置图

2）地质条件

根据勘察报告，本工程基础持力层为第四纪沉积的卵石，圆砾⑤层，局部为粉质黏土、黏质粉土⑥层，黏土，重粉质黏土⑥₁层，黏质粉土、砂质粉土⑥₂层，地基承载力特征值 $f_{ak}=230$kPa。

3）上部结构

本工程采用钢筋混凝土框架-筒体结构，普通梁板。

4）地基设计

裙房及地下车库部分采用天然地基，主楼采用 CFG 桩复合地基。技术要求如下：

（1）地基处理后的地基承载力特征值 f_a：中国电信通信指挥楼不小于 450kPa；北京电信通信机房楼不小于 520kPa；

（2）基础最大沉降量不大于 40mm；

（3）基础的差异沉降：中筒与外框架之间不大于 1/1000，主楼范围以外不大于 1/500；

（4）基础混凝土垫层下设置 300mm 的级配砂石垫层，其最大粒径不大于 30mm；

（5）桩体强度满足实验荷载要求时，采用复合地基静载荷试验确定复合地基的承载力，试验方法根据《建筑地基技术处理规范》（JGJ-79-2002）确定。

5）基础设计

采用变厚度的平板式筏基，筏板厚度见表 6.5.3。

筏板厚度表 表 6.5.3

区域	中国电信通信指挥楼			北京电信通信机房楼			裙房		备注
	中筒	其他	柱下局部加厚	中筒	其他	柱下局部加厚	板厚	柱下局部加厚	基底标高均为 −19.300m
厚度(mm)	1700	1200	300	2200	1500	300	600	600	

2. 实例分析

1）当天然地基的承载力及变形能力（其中之一或两项同时）不能完全满足工程要求时，可考虑采用地基处理（或局部进行地基处理）的方法，以获得满意的技术经济效果。

一般情况下，采用不同地基形式的地基基础总费用由小到大的大致关系为：天然地基→地基处理→桩基础。

2）本工程主楼及其相关范围采用 CFG 桩地基处理，而裙房采用天然地基，可充分发挥天然地基的作用，减少主楼沉降，适量加大裙楼的沉降，最大限度地减小主楼和裙房之间的差异沉降，减小基础截面及配筋，节约基础费用。

3）对地基处理应提出明确的技术要求，不仅对地基的承载力要加以控制，而且要确保地基的总沉降和差异沉降均满足规范要求。

4）CFG 桩顶的褥垫层是复合地基的重要组成部分，合理的褥垫层，可以充分协调桩与地基土之间的作用，真正实现共同工作的设计构想，结构设计中应予以高度重视。

5）本工程采用变厚度的平板式筏基，可以充分发挥不同部位筏板的作用，最大限度地达到节约的目的。结构设计中一般应尽量采用底平的变厚度筏板（即在板顶面局部加厚），以利于筏板钢筋传力直接，减少搭接。

6）设置后浇带可最大限度地消除主楼和裙房的差异沉降，从而减小基础的内力，节约投资，地基条件越好（若采用地基处理，则以处理后的地基条件为准），在施工期间完成的沉降占总沉降的比值也越大，相应的这种节约效果也越明显。

7）与实例 6.5.1 相同，本工程（图 6.5.4 所示），中部剪力墙集中布置，其布置的区域面积为楼层平面面积的 21%，除承担全部剪力墙重量外还承担着 38% 的楼面荷重，其总重量约为楼层总重量的 50%，导致中部墙体下基础应力高度集中。但由于采用平板式

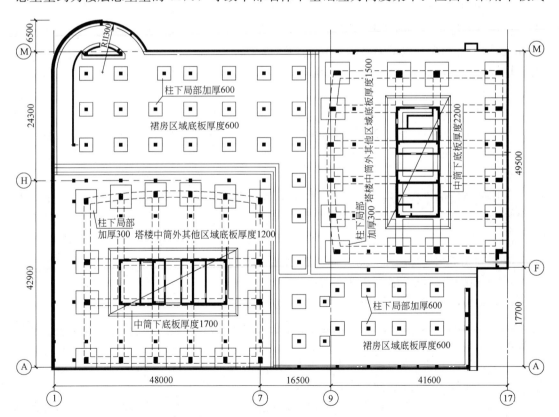

图 6.5.4　基础平面图

筏基，可以最大限度地分散筒体角部基础的剪力和底部的弯矩，可以按一定区域内加权平均合理配筋，图 6.5.4 中，中筒墙角处下部钢筋均匀配置，共配三排钢筋，其中第一、二排均为直径 36 的 HRB400 级钢筋间距 150mm，第三排：中国电信通信指挥楼为直径 25 的 HRB400 级钢筋间距 150mm；北京电信通信机房楼为直径 32 的 HRB400 级钢筋间距 150mm。

8）在厚筏板基础中，对设置板中部钢筋虽规范有要求但工程界观点不同，本工程采用设置暗梁的方法，利用筏板钢筋作为暗梁纵向钢筋，在基本不增加基础纵向钢筋的情况下，最大限度地提高了关键部位筏板的抗剪承载力，既可以在基础底板中起骨架作用，解决板顶钢筋的架立问题，又可以很好地解决中筒角部及柱底处基础板的配筋集中问题。

9）从施工的综合效果分析，采用平板式筏基，施工难度小，劳动力成本较低，但材料费用相应增加。

10）本工程机房活荷载在 $6\sim16kN/m^2$，应注意电信楼工程与一般民用建筑工程不同，其楼面活荷载差异很大。

【实例 6.3】 北京天元港国际中心工程平板式筏基设计

1. 工程实例

1）工程概况

本工程位于北京市霄云路，由两栋平面相同的塔楼组合而成，地下三层、地上 26 层，建筑高度 100m，总建筑面积 150000m²。

2）地质条件

根据勘察报告，场地在勘察深度范围内为第四纪沉积层，自天然地面起，表层为厚约 1.5m 的人工堆积层，以下为厚约 48m 的砂质粉土、黏质粉土、重黏质粉土、细砂、粉砂等土层的交互层，再下为中砂及卵石层。地下水位位于天然地面下 1.5m 处，基底标高：−20.900m。

3）上部结构

本工程采用钢筋混凝土框架-筒体结构，标准层采用现浇预应力空心板楼盖，其他部位采用普通梁板结构。

4）基础设计

采用变厚度的平板式筏基，筏板厚度：主楼中筒下 2.6m，塔楼的其他区域 2.0m，柱下局部加厚 0.5m；裙房基础板厚 0.5m，柱下局部加厚 0.5m。基础底面标高均为 −20.900m。

2. 实例分析

1）勘察报告建议采用的基础方案：

（1）主楼部分建议采用 CFG 桩复合地基方案及水下钢筋混凝土灌注桩方案；

（2）裙楼部分建议采用天然地基方案，并考虑加大结构自重或设置抗浮桩满足抗浮设计要求。

2）本工程裙房部分的竖向荷重较小，场区地下水历史水位较高且动态变化规律复杂，裙楼的抗浮设计问题是结构设计的大问题。

3）本工程主楼和裙楼的荷载差异很大，基础的差异沉降的控制问题也是本工程基础设计的重大问题。

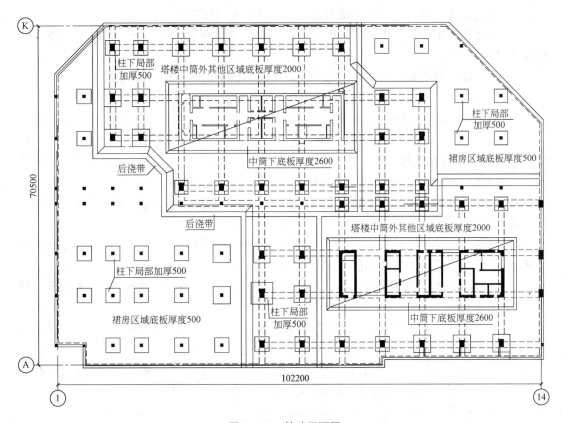

图 6.5.5 基础平面图

4）地基设计中对主楼采用 CFG 桩复合地基，可以满足主楼荷载对地基的承载力要求并最大限度地减少主楼的地基沉降，而裙房为超补偿基础（结构总重量小于挖去的土重），地基的沉降属于回弹再压缩变形，沉降量很小，合理设置后浇带，可以最大限度地消除施工期间主楼与裙楼的差异沉降。

5）本工程主楼和裙房采用相同的基础底面标高，其主要目的在于解决裙房的抗浮问题，利用地下室室内回填混凝土来实现地下室的抗浮，其经济指标好于采用抗拔桩方案。

6）本工程基础设计的其他问题与实例 6.1、6.2 大致相同。

第六节　筏形及箱形基础的常见设计问题

【要点】

本节在总结筏形及箱形基础设计经验的基础上，归纳出结构设计中的下列主要问题：按弹性地基梁板法计算筏基时，计算结果不可信问题；主裙楼一体的建筑，减少主裙楼差异沉降的措施不当的问题；考虑"半截墙"对基础的支承作用问题；地下室结构强度计算与裂缝宽度验算标准不统一的问题；厚筏板混凝土采用 28d 龄期的问题；后浇带设置的相关问题等。

一、按弹性地基梁板法计算筏基时，计算结果不可信

1. 原因分析

1）采用自动导荷与上部结构接力运行，其荷载和刚度接口存在问题；

2）对计算假定及其适用条件认识不透，片面追求采用所谓"先进"的计算模型，导致计算结果不可信；

3）对计算资料不做适当的简化处理，致使计算模型复杂，传力不直接，计算奇异。

2. 设计建议

1）应充分认识目前阶段基础设计的现状，重视基础的概念设计，避免盲目依赖程序；

2）对复杂基础（截面及荷载等）应进行适当的简化，自动倒荷时，应对复杂的上部结构进行必要的简化处理，剔除那些对基础计算影响不大而又有可能引起基础计算奇异的结构布置和荷载分布，提高对计算程序的操作和驾驭能力；

3）要慎用上部结构的刚度凝聚方法，必须采用时，宜采用最简单的计算模型，避免计算结果怪异。

4）对复杂受力的筏板基础，必要时应将按弹性地基梁板法的计算结果与简化计算结果相比较，对计算结果综合取值，合理设计。

二、考虑半截墙（仅地下室有墙，地上无墙）对基础板的支承作用时，未采取相应措施

1. 原因分析

1）地下室结构中常因使用功能的需要而设置一定数量的钢筋混凝土"半截墙"（即仅地下室有墙，地上无墙）用做人防分割墙或地下设备用房的防爆墙等；

2）"半截墙"与一般墙（地下、地上均连续布置的钢筋混凝土墙）在支承条件、构件刚度和传力途径等方面存在明显的差异，应注意区分（图 6.6.1）。

2. 设计建议

1）一般情况下不应将其作为基础的主要支承构件；

2）当"半截墙"具备明确的支承条件，墙上无洞口或洞口较小时，可作为基础的次梁（图 6.6.1、图 6.6.2），但应进行相应的验算。

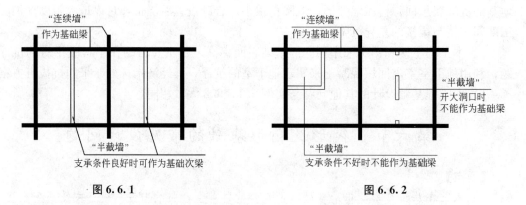

图 6.6.1　　　　　　　　　　　　　　图 6.6.2

三、多层建筑柱网很大且设有地下室，当地下水位不高时，仍采用筏基

1. 原因分析

1）由于柱荷载较大，为满足地基承载力要求而采用筏基；

2）考虑防水要求而采用筏基。

3）确定基础方案时，对采用筏基方案与局部地基加固方案未进行必要的经济技术分析。

2. 设计建议

1）大柱网结构与小柱网相比，柱底内力增加的幅度很大（如柱网 12m 时比柱网 6m 时增加 4 倍），相应地对地基的承载力要求较高；

2）大柱网时采用筏板基础，筏板基础的刚度增加幅度不大，常造成筏板厚度及其配筋增加很多，加大结构费用；

3）有条件时，应优先考虑采用局部地基加固方案，提高柱周围地基承载力，减小独立基础的底面积和基础高度；

4）当地下水浮力不大时，应优先考虑采用独立柱基加防水板基础，利用防水板及其上的填土重量平衡水浮力。

5）采用局部地基处理方案后可大幅度提高地基承载力（一般情况下提高的幅度可达 30%～50%），从而可大大减小独立基础的平面尺寸和高度，减小结构费用，应优先考虑采用此方案。

6）实例分析：某商场，地下一层（地下室底面标高 −5.000m，地下水位顶面标高 −3.000m），地上三层，柱网 12m×12m，相应于荷载效应标准组合时，中柱柱底轴力值为 9000kN。地基承载力特征值 $f_a = 200$kPa。当采用变厚度钢筋混凝土筏板基础时，基础底板厚 400mm，柱根部位考虑冲切要求加厚至 1200mm；当采用局部地基加固（柱根周围 6m×6m 的范围）方案时，处理后的地基承载力特征值 $f_a = 300$kPa，独立基础底面积 5700m×5700m，基础高度 1200m。经初步比较，全工程可节约基础费用三百万元以上。

四、不区分具体情况，套用经验值确定筏板厚度

1. 原因分析

1）在筏板计算中，通常需根据工程经验先确定一个厚度，然后根据此厚度计算其受冲切承载力，并可以此为基础，调整筏板的厚度及配筋；

2）影响筏板厚度的因素很多，如：地质条件、地下室层数、上部结构形式、柱网大小、荷载情况等。

2. 设计建议

楼层数量是决定筏板厚度的重要因素之一，一般情况下，可根据楼层数量来估算筏板的厚度，但单纯以层数来确定底板的厚度是不恰当的。

五、带多层地下室的高层建筑，基底平均反力计算不当

1. 原因分析

1）有地下室的高层建筑，当地下水位标高低于基础底面标高时，基底的反力分布由地质条件和基础及上部结构的刚度决定，底板的反力分布曲线变化较大；

2）有地下室的高层建筑，当地下水位标高高于基础底面标高时，基底的反力分布受地质条件和基础及上部结构刚度的影响相对较小，底板的反力分布曲线变化比较平缓。

2. 设计建议

有地下室的高层建筑，无论有无地下水，基础底板的平均反力均为 $P = W/A$，其中 W 为上部建筑（包括地下室及基础自重）的总重，A 为基础的底面积。

六、主裙楼一体的建筑，减少主裙楼差异沉降的措施不当

1. 原因分析

1）主裙楼一体的建筑，主楼一般为欠补偿基础，基底压力大，地基沉降量也大。裙房一般为超补偿基础，或基底附加压力很小的欠补偿基础，地基沉降量较小。主裙楼差异沉降大；

2）可采取减小主楼沉降、适当加大裙楼沉降的相应技术措施，减小主裙楼的差异沉降；

3）技术措施围绕影响沉降的几大因素（如：调整基底面积从而调整基底附加压力，调整或改变地基土的压缩模量等）展开。

2．设计建议

1）减小主楼沉降的技术措施有：

（1）采用压缩模量较高的中密以上砂类土或砂卵石作为基础持力层，其厚度一般不小于4m，并均匀且无软弱下卧层；

（2）主楼采用整体式基础，并通过采取"飞边"等技术措施，适当扩大基础底面积，减小基底总压力，从而减小基底附加压力；

（3）当采用天然地基效果不明显或经济性不好时，主楼可采用地基加固方法，以适当提高地基承载力和减小沉降量；

（4）当采用地基加固方法效果仍不理想时，主楼可采用桩基础（如现浇钻孔灌注桩，并采用后压浆技术，当仅为减少主楼沉降时，也可采用减沉复合疏桩基础等），以提高地基承载力和减小沉降量。

2）适当加大裙楼沉降的技术措施有：

（1）裙楼基础采用整体性差、沉降量大的独立基础或条形基础，不宜采用满堂基础；

（2）当地下水位较高时，可采用独立基础加防水板或条形基础加防水板，防水板下应设置软垫层；

（3）应严格控制独立基础或条形基础的底面积不致过大；

（4）裙楼部分的埋置深度可以小于主楼，以使裙楼基础持力层土的压缩性高于主楼基础持力层的压缩性；

（5）裙楼可以采用与主楼不同的基础形式，如主楼采用地基处理或桩基础，而裙楼采用天然地基（注意：《抗震规范》第3.3.4条规定为"不宜"，此处可不执行该规定，以满足荷载效应准永久组合为第一需要）。

七、筏板基础悬挑端配筋设计不当

1．原因分析

1）筏板基础悬挑板端采用基础大直径钢筋上弯做法（图6.6.3），既浪费也不便于施工；

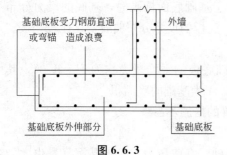 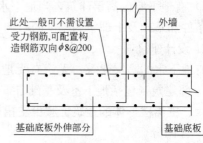

图6.6.3　　　　　　　　　　　图6.6.4

2）筏板基础悬挑板端上部采用内跨基础上部大直径钢筋直通做法（图6.6.3），造成浪费。

2. 设计建议

1）上述部位均可采用小直径钢筋，做法见图6.6.4；

2）为减少结构设计工作量，筏板基础悬挑板端钢筋做法（图6.6.4）可只在结构设计总说明中予以表达，详图中不再表示。

八、外墙与筏板交接处配筋不当

1. 原因分析

有资料提出外墙钢筋与底板钢筋采用图6.6.5做法，造成外墙钢筋与底板钢筋的集中搭接，不仅传力不直接，而且并未简化施工。

2. 设计建议

有条件时可采用图6.6.6的钢筋搭接做法，以优化外墙钢筋与底板钢筋的传力，同时简化施工。

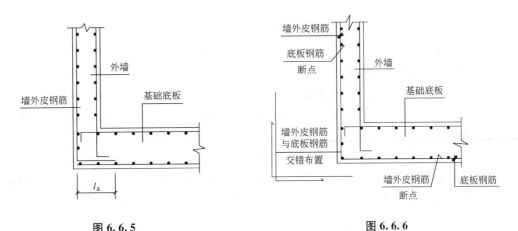

图 6.6.5　　　　　　　　　　　　　　图 6.6.6

九、箱基或筏基与柱子交接处，墙或梁宽要求大于柱宽

1. 原因分析

为满足柱、墙钢筋的锚固要求，采取直接加宽箱基墙宽度或筏基梁宽度的做法，造成浪费。

2. 设计建议

1）当上部为多层框架结构时，箱基内、外墙（或筏基梁）与柱子交接处，可不设八字角（图6.6.7）；

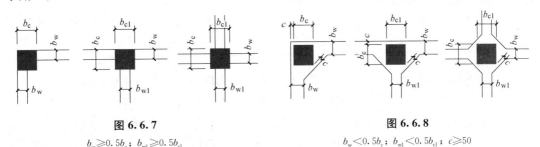

图 6.6.7

$b_w \geq 0.5b_c$；$b_{w1} \geq 0.5b_{c1}$

图 6.6.8

$b_w < 0.5b_c$；$b_{w1} < 0.5b_{c1}$；$c \geq 50$

2）当上部为高层框架结构或框架-剪力墙结构时，箱基内、外墙（或筏基梁）与柱子交接处，宜设八字角（图 6.6.8）；

十、地下室结构强度计算与裂缝宽度验算标准不统一

1. 原因分析

1）基础及地下室外墙采用塑性设计方法，却未进行构件的裂缝验算或采取相应的结构措施；

2）基础及地下室外墙的外侧一般都有防水层，地下室外墙防水层在接近地表部位，由于受水位波动的影响，较易老化，但其具有可更换性，而基础的外防水在使用过程中确未曾发现由于其破坏而漏水的情况；

3）出于对基础及地下室外墙外防水耐久性的忧虑，以往结构设计中一般不考虑外防水对基础及地下室外墙混凝土环境的有利影响。

2. 设计建议

区分不同使用要求情况，按本章第一节的相关设计建议进行地下室结构构件的裂缝控制验算。

十一、筏板厚度较大时，混凝土采用 28 天龄期

1. 原因分析

1）由于基础的受力很大，设计计算需要较高的混凝土强度等级，但未考虑其强度增长的实际需要，而统一按 28 天强度设计；

2）未区分基础构件与地面以上的普通混凝土构件在受力状态上的不同，对基础类构件按标准龄期要求混凝土的强度。

2. 设计建议

1）基础设计中，可规定采用龄期为 45 天、60 天或 90 天的混凝土，施工时间越长，龄期可取较大值，这样在同一混凝土最终强度条件下，可以减少水泥用量，从而减小水化热，减少收缩量；

2）可在混凝土中掺粉煤灰，并采用 60 天强度；

3）在大厚板基础施工图中，应明确基础混凝土的龄期，取 60 天或 90 天。

十二、筏基或箱基地基承载力计算时，水浮力计算差错

1. 原因分析

1）地下水以孔隙水的方式存在于地基土中，并以其水压作用于土颗粒，使地基土处在三向受压的应力状态下，从而影响地基土的强度及压缩性指标，大量抽取地下水，使土中原被地下水占居的空间变成孔隙，加大了地基的可压缩性，常导致地基沉陷，地下水回灌，使地基土回到或接近原有的应力状态，可以减小地基的沉降；

2）当有地下水时，地下水浮力与土共同承担了结构的重量，但同时又将承担的重量反作用于土体，地下水浮力的存在分担了上部结构的部分重量，同时也改变了土颗粒的受力状态；

3）某资料算例："一栋地上 36 层，地下 2 层的高层建筑，若筏板底埋深 9m，基坑开挖卸去的土重为 $2 \times 18 + 7 \times 8 = 92$ kPa，相当于 6 层楼的标准荷载重量。施工完毕后地下水位恢复至地表下 2m 处，则地下水回升 7m，其浮托力为 70kPa，相当于 4 层楼的标准重量，所以地基实际所需支承的仅为 $36 + 2 - 6 - 4 = 28$ 层楼（包括地下室在内）的荷重，即

相当于卸去 26% 的上部荷载，从而大大降低了对地基承载力的要求"。

上述算例中地下水的浮托力改变了地基的承载能力，随着地下水的逐渐上升，基础的重量由土独自承担转变为由土和地下水共同承担，地下水承担基础重量的同时，又将等量的水压力传给地基土，对土体有侧压力，有利于土体承载力的提高。

2. 设计建议

土压力的计算涉及地基承载力的验算及地基沉降分析，结构设计时，应仔细分析，避免计算错误。可适当考虑稳定地下水对提高地基承载力和减少地基沉降的有利影响。

十三、地下室外墙设置很长（或通长）窗井时，未设置分隔墙

1. 原因分析

1）地基土对结构的约束主要通过对地下室外墙的约束来实现，因此地下室外墙为实现地基土对结构约束的重要结构构件；

2）地下室外墙设置的窗井，在通常情况下，其支承条件要弱于地下室外墙，墙平面抗侧刚度相对较小，为此，应加墙对窗井墙的支撑作用（尤其是当地下室外墙设置通长窗井时），以确保约束功能的实现。

2. 设计建议

1）应在窗井墙内部设置分割墙，以减小窗井外墙的无支长度；

2）窗井分割墙宜与地下室内墙连续拉通成整体（图 6.6.9）；

3）当窗井墙的底板与基础底板平齐时，应考虑窗井墙对基础底板的支承作用，窗井的底板不应按基础底板的悬挑板计算，可将其作为支承在地下室外墙和窗井外墙上的单向板设计，窗井隔墙按从地下室内墙伸出的悬臂梁计算，并按 $h_w/b>6$ 来确定墙截面，即 $V \leqslant 0.2 f_c b h_0$，其中 V 为窗井墙根部的剪力，b 为窗井隔墙厚度，h_0 为窗井隔墙的有效高度。

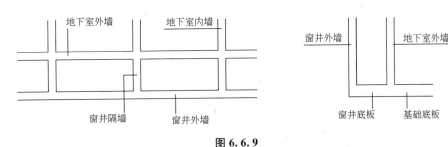

图 6.6.9

十四、后浇带设置的相关问题

1. 原因分析

1）后浇带的主要作用在于减小施工区段的结构长度，减少混凝土强度产生过程中的收缩应力及消除施工期间的差异沉降等；

2）当后浇带浇筑并在其混凝土达到设计强度后，后浇带的使命即告完成，后浇带不能直接消除结构在使用期间的温度应力；

3）后浇带存在时间对地下水的降水和后续施工影响较大，建设及施工单位常要求封带时间前移（尤其是沉降后浇带）；

2. 设计建议

1）根据结构设计的需要，合理采取后浇带、加强带等措施；

2）当结构超长或环境温度变化剧烈时，应采取其他有效措施解决结构的温度应力问题；

3）在施工及使用过程中，地基的沉降一般呈现以下主要规律：

（1）在施工初期（基础施工完成后不久），施工基础以上几层时，由于基础重量大、基础和上部结构的刚度尚未形成，地基沉降速度快；

（2）当施工至基础以上一定楼层（如基础上5、6层）时，沉降速率达到最大值；

（3）当继续上部结构施工时，由于基础及其以上几层刚度已逐渐形成，上部结构的架越作用加大，地基沉降速度减慢；

（4）差异沉降不仅产生在与主楼相连的一跨，在离主楼若干跨内也同时存在。

4）后浇带应设置在构件应力较小的部位，有地下室时，后浇带应结合基础及上部结构布置的具体情况综合确定，其平面位置一般宜上下对齐（见图 6.6.10），当后浇带不穿越竖向构件（如剪力墙或地下室挡土墙、框架柱、支撑结构等）时，后浇带可在同一跨度内适当移位；

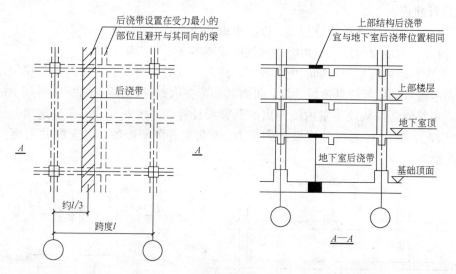

图 6.6.10

5）后浇带的封带时间可根据工程进展的具体情况确定，一般情况下，伸缩后浇带封带时间较容易满足，在满足封带时间要求后，可由下而上逐层浇筑后浇带混凝土；而沉降后浇带的封带时间，主要取决于高层建筑的沉降完成情况，应根据实测的沉降值在计算后期沉降差满足设计要求的前提下，可适当提前封带。难以准确把握时，可提请召开专项论证会。

十五、对基础提出延性设计要求

1. 原因分析

延性设计是结构抗震设计的重要内容之一，但对基础构件，规范仅提出特殊情况下的抗震设计要求，对其他情况的基础一般可不考虑抗震设计要求。

1）《地基规范》第8.4.10条规定：有抗震设防要求时，对无地下室且抗震等级为一、二级的框架结构，基础梁除满足抗震构造要求外，计算时尚应将柱根组合的弯矩设计值分别乘以 1.5 和 1.25 的增大系数；

2) 对有抗震设防要求的无地下室或单层地下室平板式筏基，计算柱下板带截面受弯承载力时，柱内力应按地震作用不利组合计算。

2. 设计建议

1) 对无地下室的基础构件、单层地下室的平板式筏基，《抗震规范》相应设计要求的本质是确保柱根部位实现强梁弱柱的设计构想，重在构件的承载力验算；

2) 对有地下室的其他基础构件，一般不应考虑延性设计要求：

(1) 梁端箍筋不需要加密，只需按承载力要求配置，在不考虑抗扭要求时，箍筋可90°弯钩，不需要 135°钩；

(2) 构件钢筋伸入支座的长度，按非抗震要求设计；

(3) 纵筋的锚固长度、搭接要求等均按非抗震要求确定；

(4) 平板式筏板基础，无需设置暗梁，可直接按计算要求布置钢筋。

十六、箱基及筏板钢筋不区分情况全部通长

1. 原因分析

1) 按基底反力直线分布假定计算筏基时，由于设计计算中没有考虑基础的整体弯曲影响，为此，规范提出相关的配筋要求，其目的是通过控制关键部位的配筋和设置一定数量的通长钢筋，来考虑整体弯曲的影响；

2) 按弹性地基梁板法计算时，由于在设计计算中已考虑了整体弯曲对基础内力的影响，因此，规范不再规定通长钢筋的设置要求；

3) 对电算结果不放心，心中没底，过分强调结构安全，加大基础配筋。

2. 设计建议

1) 在结构设计中，应区分按基底反力直线分布假定计算的筏基和按弹性地基梁板法计算的筏基这两类不同情况，准确执行规范，合理配筋；

2) 一般情况下，按基底反力直线分布假定计算的筏基，由于计算中没有考虑整体弯曲的影响，其配筋量要小于按弹性地基梁板分析所得出的计算结果（特殊部位除外）；

3) 对于受力比较明确的构件及部位，应仔细配筋，以节省结构费用。

十七、筏基设计时，基础的梁、板构件不满足最小配筋要求

1. 原因分析

1) 规范未明确提出基础的梁、板构件的最小配筋率要求；

2) 设计时不重视基础的梁、板构件的最小配筋率问题。

2. 设计建议

1) 一般情况下，筏板或梁应满足卧置于地基上的板配筋要求；

2) 考虑筏板基础配筋的归并要求，当筏形基础的梁、板构件（包括箱基的底板）各截面的配筋量比该截面的计算配筋量多 1/3 以上时，可不考虑该截面的最小配筋率要求。

十八、设置板中钢筋问题

1. 原因分析

1)《地基规范》第 8.4.9 条明确提出对厚板宜设置板中钢筋的要求；

2) 厚板中部设置钢筋在工程界争议较大，主要观点如下：

(1) 厚板施工时需要分层浇捣，应设置板中部钢筋；

（2）厚板大体积混凝土施工时，产生较大的收缩应力，需设置中部钢筋；

（3）任何情况下均不需要设置厚板中部钢筋，原因是国内外大量未设置厚板中部钢筋的工程，没有发现由此产生的问题。

3）设置厚板中部钢筋，施工困难。

2. 设计建议

1）一般情况下，应慎重处理厚板中部钢筋的设置问题，确有可靠依据时可不设置厚板中部钢筋；

2）对特别重要的工程，可结合基础的承载力设计需要，设置一定数量的基础暗梁，以综合考虑基础设计与施工的要求；

3）对于超厚板，可结合厚板施工中混凝土温度控制要求，设置适量的中部钢筋。对钢筋间距及中部钢筋的层间距可做适当调整；

4）对限额设计的工程，建议不设置板中部钢筋，相应的钢筋架立措施等由施工措施确定，在结构施工图上不作具体规定。

参 考 文 献

[1] 中华人民共和国国家标准. 建筑地基基础设计规范 GB 50007—2002. 北京：中国建筑工业出版社，2002

[2] 中华人民共和国行业标准. 高层建筑箱形与筏形基础技术规范 JGJ 6—99. 北京：中国建筑工业出版社，1999

[3] 中华人民共和国行业标准. 建筑地基处理技术规范 JGJ 79—2002. 北京：中国建筑工业出版社，2002

[4] 北京市标准. 北京地区建筑地基基础勘察设计规范 DBJ 01-501—92. 北京：1992

[5] 全国民用建筑工程设计技术措施（结构）. 北京：中国计划出版社，2003

[6] 华南工学院等四校合编. 地基及基础. 北京：中国建筑工业出版社，1981

[7] 邹仲康，莫沛锵. 建筑结构常用疑难设计. 长沙：湖南大学出版社，1987

[8] 中国建筑科学研究院 PKPMCAD 工程部. 独基、条基、钢筋混凝土地基梁、桩基础和筏板基础设计软件 JCCAD. 北京：2006

[9] 中国建筑科学研究院 PKPMCAD 工程部. 箱形基础计算机辅助设计软件 BOX. 北京：2006

[10] 王亚勇，戴国莹. 建筑抗震设计规范疑难问答. 北京：中国建筑工业出版社，2006

[11] 广东省标准 DBJ/T 15-46—2005. 广东省实施《高层建筑混凝土结构技术规程》（JGJ 3—2002）补充规定. 北京：中国建筑工业出版社，2005

[12] 朱炳寅. 对《建筑抗震设计规范》第 6.1.14 条规定的理解和设计思考. 建筑结构. 技术通讯 2006 年 9 月

[13] 朱炳寅，陈富生. 建筑结构设计新规范综合应用手册（第二版）. 北京：中国建筑工业出版社，2004

[14] 朱炳寅. 建筑结构设计规范应用图解手册. 北京：中国建筑工业出版社，2005

[15] 北京建宏大厦工程结构设计. 中国建筑设计研究院. 1997

[16] 中国电信通信指挥楼/北京电信通信机房楼工程结构设计. 中国建筑设计研究院，2004

[17] 北京天元港国际中心工程结构设计. 中国建筑设计研究院. 2005

第七章　桩　基　础

说明

1. 本章内容涉及下列主要规范：

1）《建筑桩基技术规范》（JGJ 94—2007）（简称《桩基规范》）；

2）《建筑地基基础设计规范》（GB 50007—2002）（简称《地基规范》）；

3）《混凝土结构设计规范》（GB 50010—2010）（简称《混凝土规范》）；

4）《建筑工程抗震设防分类标准》（GB 50223—2004）（简称《抗震分类标准》）；

5）《建筑基桩检测技术规范》（J 256—2003）（简称《基桩检测规范》）；

6）《复合载体夯扩桩设计规程》（J 121—2001）（简称《夯扩桩规程》）；

7）《挤扩支盘灌注桩技术规程》（CECS 192—2005）（简称《支盘桩规程》）；

8）《北京地区建筑地基基础勘察设计规范》（DBJ 01—501—92）（以下简称《北京地基规范》）。

2. 由于桩基础具有整体性好、承载力高和沉降量小、结构布置灵活等优点，因而在结构设计中广泛采用，尤其在高层建筑中应用更为普遍。按桩的受力情况可分为摩擦桩（桩的桩顶竖向荷载主要由桩侧阻力承受）和端承桩（桩的桩顶竖向荷载主要由桩端阻力承受），按施工工艺分为预制桩和灌注桩，近年来，钻孔灌注桩后压浆技术的逐步成熟和推广，拓展了钻孔灌注桩广泛的使用空间。

3. 本章包括混凝土预制桩、混凝土灌注桩、人工挖孔灌注桩及人工挖孔扩底墩基础。

4. 新颁布的《桩基规范》的主要修订情况介绍

1）主要增加内容：

（1）减少差异沉降和承台内力的变刚度调平设计；

（2）桩基耐久性规定；

（3）后注浆灌注桩承载力与施工工艺；

（4）软土地基减沉复合疏桩基础设计；

（5）考虑桩径因素的 Mindling 应力解计算单桩、单排桩和疏桩基础沉降；

（6）抗压桩与抗拔桩桩身承载力计算；

（7）长螺旋钻孔压灌混凝土后插钢筋笼灌注桩施工方法；

（8）预应力混凝土桩承载力与沉桩。

2）主要调整内容：

（1）基桩和复合基桩承载力设计取值与计算；

（2）单桩侧阻力和端阻力经验参数；

（3）嵌岩桩嵌岩段侧阻力系数和端阻力系数；

（4）等效作用分层总和法计算桩基沉降经验系数；

（5）钻孔灌注桩孔底沉渣厚度控制标准。

5. 新颁布的《桩基规范》在桩基设计计算中同样存在计算公式烦琐（如公式（7.3.9）等）不易执行的问题，和对地基基础设计的认识相同，笔者认为，桩基设计计算也应该重概念，轻计算精度，相应的设计计算公式以能体现主要影响因素为宜，以简化设计过程，也有利于建立桩基设计的总体概念。

6. 应重视对桩基沉降经验的积累。笔者认为，桩基的沉降不应该完全依赖于计算，在桩基沉降的确定过程中，工程经验往往比理论计算更重要，有时甚至是决定性的因素。

第一节　基本设计规定

【要点】

本节叙述桩基设计的基本原则，主要涉及：桩基的一般设计原则和要求、桩的选型与布置时应注意的重大问题、特殊条件下的桩基要求、基桩的耐久性规定、变刚度调平概念设计内容及减沉复合疏桩基础应用中的关键技术等问题。

一、设计原则

1. （《桩基规范》第3.1.1条）两类极限状态设计：

1）承载能力极限状态：桩基达到最大承载能力、整体失稳或发生不适于继续承载的变形。

2）正常使用极限状态：桩基达到建筑物正常使用所规定的变形限值或达到耐久性要求的某项限值。

2. （《桩基规范》第3.1.2条）桩基设计等级

桩基设计时应根据建筑规模、功能特征、对差异变形的适应性、场地地基和建筑物体型的复杂性以及由于桩基问题可能造成建筑物破坏或影响正常使用的程度，按表7.1.1选用适当的设计等级。

建筑桩基设计等级　　　　　　　　　　　　　　　　表 7.1.1

设计等级	建 筑 类 型	补 充 说 明
甲级	重要建筑物	功能重要、荷载大、重心高、风荷载和地震作用效应大
	30层以上或高度超过100m的高层建筑	
	体形复杂，层数相差超过10层的高低层（含纯地下室）连体建筑	荷载和刚度分布极不均匀，对差异沉降适应能力差
	20层以上框架-核心筒结构及其他对差异沉降有特殊要求的建筑	
	场地和地基条件复杂的七层以上的一般建筑及坡地、岸边建筑	场地、环境条件特殊
	对相邻既有工程影响较大的建筑	
乙级	除甲级、丙级以外的建筑	
丙级	场地和地质条件简单、荷载分布均匀的七层及七层以下的一般建筑	

【注意】

对表7.1.1中"体形复杂"、"影响较大"等定性的判断应结合工程经验确定。

3. （《桩基规范》第3.1.3条）桩基的承载力计算及稳定性验算见表7.1.2。

桩基的承载力计算及稳定性验算要求　　　　表 7.1.2

序号	项　目	详　细　规　定
1	竖向承载力、水平承载力计算	应根据桩基的使用功能和受力特征分别进行桩基的竖向承载力计算和水平承载力计算
2	桩身和承台结构承载力计算	1)应对桩身和承台结构承载力进行计算； 2)对桩侧土不排水抗剪强度小于 10kPa 且长径比大于 50 的桩,应进行桩身压屈验算； 3)对于混凝土预制桩,应按吊装、运输和锤击作用进行桩身承载力验算； 4)对于钢管桩,应进行局部压屈验算
3	软弱下卧层验算	当桩端平面以下存在软弱下卧层时,应进行软弱下卧层承载力验算
4	整体稳定性验算	对位于坡地、岸边的桩基,应进行整体稳定性验算
5	抗拔承载力验算	对于抗浮、抗拔桩基,应进行桩基和群桩的抗拔承载力计算
6	抗震承载力验算	对于抗震设防区的桩基,应进行抗震承载力验算

4.（《桩基规范》第 3.1.4、3.1.5、3.1.6 条）桩基变形计算要求见表 7.1.3。

桩基变形计算要求　　　　表 7.1.3

序号	分　类	详　细　规　定
1	应计算沉降的桩基	设计等级为甲级的非嵌岩桩和非深厚坚硬持力层的建筑桩基
		设计等级为乙级的体形复杂、荷载分布显著不均匀或桩端平面以下存在软弱土层的建筑桩基
		软土地基多层建筑减沉复合疏桩基础
2	应计算水平位移的桩基	受水平荷载较大,或对水平位移有严格限制的建筑桩基
3	桩和承台的抗裂验算	应根据桩基所处的环境类别和相应的裂缝控制等级,验算桩和承台正截面的抗裂和裂缝宽度

【注意】

表 7.1.3 中第 1 项的建筑桩基,在其施工过程及建成后使用期间,应进行系统的沉降观测直至沉降稳定。

5.（《桩基规范》第 3.1.7 条）桩基设计采用的作用效应组合与抗力见表 7.1.4。

桩基设计采用的作用效应和抗力　　　　表 7.1.4

序号	情　况		详　细　规　定
1	确定桩数和布桩时	效应	应采用传至承台底面的荷载效应标准组合
		相应抗力	应采用基桩或复合基桩承载力特征值
2	计算荷载作用下的桩基沉降和水平位移时		应采用荷载效应准永久组合(不考虑风荷载)
3	计算水平地震作用下的桩基水平位移时		应采用地震作用效应标准组合
4	计算风荷载作用下的桩基水平位移时		应采用风荷载效应标准组合
5	验算坡地、岸边建筑桩基的整体稳定性时		应采用荷载效应的标准组合
			抗震设防区,应采用地震作用效应和荷载效应的标准组合
6	计算桩基结构承载力、确定尺寸和配筋时		应采用传至承台顶面的荷载效应基本组合
7	进行承台和桩身裂缝控制验算时		应分别采用荷载效应的标准组合和荷载效应的准永久组合

【注意】

表 7.1.4 中第 7 项的"分别"可理解为根据《混凝土规范》的相关规定。

6.（《桩基规范》第3.1.7条，《混凝土规范》第3.2.1条）桩基结构设计的安全等级、结构设计使用年限和结构重要性系数 γ_0 见表7.1.5。

建筑桩基安全等级、结构重要性系数 γ_0

表7.1.5

安全等级	破坏后果	γ_0	建筑物类型
一级	很严重	1.1	重要的工业与民用建筑物；对桩基变形有特殊要求的工业建筑物
二级	严重	1.0	一般的工业与民用建筑物
三级	不严重	0.9	次要的建筑物（临时性建筑）

【注意】

1）一般情况下，《抗震分类标准》中规定的甲、乙类建筑，可确定为重要的工业与民用建筑物。

2）《桩基规范》取消了原《建筑桩基技术规范》（JGJ 94—94）（以下简称"94桩基规范"）中"对于柱下单桩应提高一级考虑；对于柱下单桩的一级建筑桩基取 $\gamma_0=1.2$"的规定；

3）桩基结构的抗震承载力调整系数 γ_{RE} 按《抗震规范》第5.4.2条确定。

7.（《桩基规范》第3.1.8条）变刚度调平设计

以减少差异沉降和承台内力为目标的变刚度调平设计，宜进行上部结构—承台—桩—土共同工作分析，并结合具体条件采取表7.1.6的技术措施。

变刚度调平设计的主要技术措施

表7.1.6

序号	情况	主要技术措施
1	对主楼、裙楼连体的建筑，当高层主体采用桩基时	裙房（含纯地下室）的地基或桩基刚度宜相对弱化，可采用天然地基、复合地基、疏桩或短桩基础
2	对框架-核心筒结构高层建筑桩基	应加强核心筒区域桩基刚度（如适当增加桩长、桩径、桩数、采用后注浆等措施），相对弱化核心筒外围桩基刚度（采用复合桩基，视地层条件减小桩长）
3	当框架-核心筒结构高层建筑天然地基承载力满足要求时	宜在核心筒区域设置增强刚度、减小沉降的摩擦型桩
4	对于大体量的筒仓、储罐的摩擦型桩基	宜按内强外弱原则布桩

【注意】

1）软土地基上的多层建筑物，当天然地基承载力满足要求时，可采用减沉复合疏桩基础。

2）表中的"核心筒区域"指核心筒及其外围的相关区域，不仅仅指核心筒以内区域。

8.建筑桩基的勘察要求见第一章相关内容。

二、桩的选型与布置

1.（《桩基规范》第3.3.1条）桩按不同情况分类见表7.1.7。

2.（《桩基规范》第3.3.2条）桩型与工艺选择应根据建筑结构类型、荷载性质、桩的使用功能、穿越土层、桩端持力层、地下水位、施工设备、施工环境、施工经验、制桩材料供应条件等，按安全适用、经济合理的原则选择。选择时可参考《桩基规范》附录A。

1）对框架-核心筒桩基宜选择基桩尺寸和承载力可调性较大的桩型和工艺。

桩的分类 表7.1.7

分类原则	桩 型		主 要 描 述
按承载性状分类	摩擦型桩	摩擦桩	在承载能力极限状态下,桩顶竖向荷载由桩侧阻力承受,桩端阻力小到可以忽略不计
		端承摩擦桩	在承载力能力极限状态下,桩顶竖向荷载主要由桩侧阻力承受
	端承型桩	端承桩	在承载能力极限状态下,桩顶竖向荷载由桩端阻力承受,桩侧阻力小到可以忽略不计
		摩擦端承桩	在承载能力极限状态下,桩顶竖向荷载主要由桩端阻力承受
按成桩方法分类	非挤土桩		干作业法钻(挖)孔灌注桩、泥浆护壁法钻(挖)孔灌注桩、套管护壁法钻(挖)孔灌注桩
	部分挤土桩		冲孔灌注桩、钻孔挤扩灌注桩、搅拌劲芯桩、预钻孔打入(静压)预制桩、打入(静压)式敞口钢管桩、敞口预应力混凝土管桩和 H 形钢桩
	挤土桩		沉管灌注桩、沉管夯(挤)扩灌注桩、打入(静压)预制桩、闭口预应力混凝土空心桩和闭口钢管桩
按桩径大小分类	小直径桩		$d \leqslant 250mm$
	中等直径桩		$250mm < d < 800mm$
	大直径桩		$d \geqslant 800mm$

（备注栏：d 为桩的设计直径）

2）挤土沉管灌注桩用于淤泥和淤泥质土层时，应局限于多层住宅桩基。

3.（《桩基规范》第3.3.3条）桩的布置需符合下列要求：

1）桩的中心距：

桩的最小中心距应符合表7.1.8的规定。当施工中采取减小挤土效应的可靠措施时，桩的最小中心距可根据当地经验适当减小。

桩的最小中心距 表7.1.8

土类与成桩工艺		排数不少于3排且桩数不少于9根的摩擦型桩基	其他情况
非挤土灌注桩		3.0d	3.0d
部分挤土桩	非饱和土、饱和非黏性土	3.5d	3.0d
	饱和黏性土		
挤土桩	非饱和土、饱和非黏性土	4.0d	3.5d
	饱和黏性土	4.5d	4.0d
钻、挖孔扩底桩		2D 或 D+2.0m(当 D>2m)	1.5D 或 D+1.5m(当 D>2m)
沉管夯扩、钻孔挤扩桩	非饱和土	2.2D 且 4.0d	2.0D 且 3.5d
	饱和黏性土	2.5D 且 4.5d	2.2D 且 4.0d

注：1. d—圆桩直径或方桩边长，D—扩大端设计直径；

2. 当纵横向桩距不等时，其最小桩距应满足"其他情况"一栏的规定。

3. 当为端承桩时，非挤土灌注桩的"其他情况"一栏可减小至 2.5d。

2）桩的布置及桩端全截面进入持力层的深度要求见表7.1.9。

桩的布置及桩端全截面进入持力层的深度要求 表7.1.9

序号	情 况	要 求
1	排列基桩时	宜使桩群承载力合力点与竖向永久荷载合力作用点重合,并使基桩受水平力和力矩较大方向有较大的抗弯截面模量
2	桩箱基础、剪力墙结构桩筏(含平板和梁板式承台)基础	宜将桩布置于墙下
3	框架-核心筒结构桩筏基础	应按荷载分布考虑相互影响,将桩相对集中布置于核心筒和柱下;外围框架柱宜采用复合桩基,有合适桩端持力层时,桩长宜减少
4	桩端持力层	应选择较硬土层作为桩端持力层

续表

序号	情　况	要　求	
5	桩端全断面进入持力层的深度	对于黏性土、粉土	宜≥2d
		砂土	宜≥1.5d
		碎石类土	宜≥1d
		当存在软弱下卧层时桩端以下硬持力层厚度	宜≥3d
6	嵌岩桩桩端全断面嵌入岩层深度	应综合荷载、上覆土层、基岩、桩径、桩长诸因素确定	
		对于嵌入倾斜的完整和较完整岩	宜≥0.4d 且≥0.5m
		倾斜度大于30%的中风化岩	宜根据倾斜度及岩石完整性适当加大嵌岩深度
		嵌入平整、完整的坚硬岩和较硬岩	宜≥0.2d 且≥0.2m

【注意】

桩进入土层的深度，均为桩端全截面进入土层的深度，不计算桩尖部分。

三、特殊条件下的桩基

1. (《桩基规范》第 3.4.1 条) 软土地区的桩基应按表 7.1.10 的要求设计。

软土地区的桩基设计要求   表 7.1.10

序号	情　况	设 计 要 求
1	软土中的桩基	宜选择中、低压缩性土作为桩端持力层
2	桩周软土因自重固结、场地填土、地面大面积堆载、降低地下水位、大面积挤土沉桩等原因而产生的沉降大于基桩的沉降时	应视具体工程情况分析计算桩侧负摩阻力对基桩的影响
3	采用挤土桩和部分挤土桩时	应采取包括削减孔隙水压和挤土效应的技术措施，并应控制沉桩速率、减小挤土效应对沉桩质量、邻近建筑物、道路、地下管线和基坑边坡等产生的不利影响
4	先沉桩后开挖基坑时	必须合理安排基坑挖土顺序和控制分层开挖深度，防止土体侧移对桩的影响

2. (《桩基规范》第 3.4.2 条) 湿陷性黄土地区的桩基应按表 7.1.11 的要求设计。

湿陷性黄土地区的桩基设计要求   表 7.1.11

序号	情　况	设 计 要 求
1	在湿陷性黄土地基中	基桩应穿透湿陷性黄土层，桩端应支承在压缩性低的黏性土、粉土、中密和密实砂土以及碎石类土层中
2		设计等级为甲、乙级建筑桩基的单桩极限承载力，宜以浸水载荷试验为主要依据
3	自重湿陷性黄土地基中的单桩极限承载力	应根据工程具体情况分析计算桩侧负摩阻力的影响

3. (《桩基规范》第 3.4.3 条) 季节性冻土和膨胀土地基中的桩基应按表 7.1.12 的要求设计。

4. (《桩基规范》第 3.4.4 条) 岩溶地区的桩基应按表 7.1.13 的要求设计。

5. (《桩基规范》第 3.4.5 条) 坡地岸边上的桩基应按表 7.1.14 的要求设计。

6. (《桩基规范》第 3.4.6 条) 抗震设防区桩基应按表 7.1.15 的要求设计。

7. (《桩基规范》第 3.4.7 条) 可能出现负摩阻力的桩基应按表 7.1.16 的要求设计。

季节性冻土和膨胀土地基中的桩基设计要求 表 7.1.12

序号	情 况	设 计 要 求
1	桩端进入冻深线或膨胀土的大气影响急剧层以下的深度	应满足抗拔稳定性验算要求,且应≥$4d$及≥$1D$,最小深度应>1.5m
2	为减少和消除冻胀或膨胀对建筑物桩基的作用	宜采用钻、挖孔灌注桩
3	确定基桩竖向极限承载力时	除不计入冻胀、膨胀深度范围内桩侧阻力外,还应考虑地基土的冻胀、膨胀作用,验算桩的抗拔稳定性和桩身受拉承载力
4	为消除桩基受冻胀或膨胀作用的危害	可在冻胀或膨胀深度范围内,沿桩周及承台作隔冻、隔胀处理

岩溶地区的桩基设计要求 表 7.1.13

序号	情 况	设 计 要 求
1	岩溶地区的桩基	宜采用钻、冲孔桩
2	当单桩荷载较大,岩层埋深较浅时	宜采用嵌岩桩
3	当基岩面起伏很大且埋深较大时	宜采用摩擦型灌注桩

坡地岸边上的桩基设计要求 表 7.1.14

序号	情 况	设 计 要 求
1	对建于坡地岸边的桩基	不得将桩支承于边坡潜在的滑动体上,桩端进入潜在滑裂面以下稳定岩土层内的深度应能保证桩基的稳定
2	建筑物桩基	与边坡应保持一定的水平距离,不宜采用挤土桩
3	建筑场地内的边坡	必须是完全稳定的边坡,如有崩塌、滑坡等不良地质现象存在时,应按现行《建筑边坡工程技术规范》(GB 50330)进行整治,确保其稳定性
4	新建坡地、岸边建筑桩基工程	应与建筑边坡工程统一规划,同步设计,合理确定施工顺序
5	桩基的整体稳定性和基桩的水平承载力	应进行最不利荷载效应组合下的验算

抗震设防区桩基设计要求 表 7.1.15

序号	情 况	设 计 要 求
1	桩端进入液化层以下稳定土层的长度(不包括桩尖部分)	应按计算确定;对于碎石土,砾、粗、中砂,密实粉土,坚硬黏性土尚不应小于$2\sim3d$,对其他非岩石土不宜小于$4\sim5d$
2	承台和地下室侧墙周围的回填土	应采用灰土、级配砂石、压实性较好的素土分层夯实或采用素混凝土回填
3	当承台周围为可液化土或地基承载力特征值小于 40kPa(或不排水抗剪强度小于15kPa)的软土,且桩基水平承载力不满足计算要求时	可将承台外每侧 1/2 承台边长范围内的土进行加固
4	对于存在液化扩展的地段	应验算桩基在土流动的侧向作用力下的稳定性

可能出现负摩阻力的桩基设计要求 表 7.1.16

序号	情 况	设 计 要 求
1	对于填土建筑场地	先填土并保证填土的密实度
2	软土场地填土前	应采取预设塑料排水板等措施,待填土地基沉降基本稳定后成桩
3	对于有地面大面积堆载的建筑物	应采取减小地面沉降对建筑物桩基影响的措施
4	对于自重湿陷性黄土地基	可采用强夯、挤密土桩等先行处理,消除上部或全部土的自重湿陷
5	对于欠固结土	宜采取先期排水预压等措施
6	对于挤土沉桩	应采取削减超孔隙水压力、控制沉桩速率等措施
7	对位于中性点以上的桩身	可对表面进行处理,以减少负摩阻力

8.（《桩基规范》第 3.4.8 条）抗拔桩基应按表 7.1.17 的要求设计。

抗拔桩基设计要求　　　　　　　　　　　　　　表 7.1.17

序号	情　况	设　计　要　求
1	抗拔桩的裂缝控制等级	应根据环境类别及水土对钢筋的腐蚀、钢筋种类对腐蚀的敏感性和荷载作用时间等因素确定
2	对于严格要求不出现裂缝的一级裂缝控制等级	桩身应设置预应力筋
3	对于一般要求不出现裂缝的二级裂缝控制等级	桩身宜设置预应力筋
4	对于三级裂缝控制等级	应进行桩身裂缝宽度验算
5	当基桩抗拔承载力要求较高时	可采用桩侧后注浆、扩底等技术措施

四、耐久性规定

1.（《桩基规范》第 3.5.1 条）桩基结构的耐久性应根据设计使用年限、环境类别以及水、土对钢、钢筋混凝土腐蚀性的评价，按现行国家标准《混凝土结构设计规范》（GB 50010）进行设计。

2.（《桩基规范》第 3.5.2 条）二类和三类环境中，设计使用年限为 50 年的桩基结构混凝土的环境类别见《混凝土规范》第 3.4 节。

3.（《桩基规范》第 3.5.3 条）桩身裂缝控制等级及最大裂缝控制宽度见表 7.1.18。

桩身裂缝控制等级及最大裂缝控制宽度　　　　　表 7.1.18

环 境 类 别		钢筋混凝土桩		预应力混凝土桩
		裂缝控制等级	w_{lim}（mm）	裂缝控制等级
二	a	三	0.2(0.3)	二
	b	三	0.2	二
三		三	0.2	一

注：1. 水、土为强腐蚀性时，裂缝控制等级应提高一级；
　　2. 二 a 类环境中，位于地下水位以下的基桩，其最大裂缝宽度限值可采用括弧中的数值。

4.（《桩基规范》第 3.5.4 条）四类和五类环境中，桩基的耐久性设计应参考现行《港口工程混凝土结构设计规范》（JTJ 267）、《工业建筑防腐蚀设计规范》（GB 50046）等相关标准。

（《桩基规范》第 3.5.5 条）三、四、五类环境桩基结构，受力钢筋宜采用环氧树脂涂层带肋钢筋。

五、理解与分析

1. 为了与现行《建筑地基基础设计规范》（GB 50007）的设计原则一致，方便使用。新修订的《桩基规范》对"94 桩基规范"作了如下修改：

1）废除"94 桩基规范"的桩基承载能力概率极限状态分项系数设计法；

2）以综合安全系数 K 代替荷载分项系数和抗力分项系数；

3）以单桩极限承载力为参数确定桩基抗力；

4）以荷载效应标准值取代荷载效应基本组合为作用力的设计表达式。

修改后的《桩基规范》大致沿用 74 规范的设计方法。

2. 桩基结构作为结构系统的一部分，其安全等级、结构设计使用年限和结构的重要性系数 γ_0 等，与《混凝土规范》的规定一致（取消了"94 桩基规范"对单桩基础 γ_0 提高的规定）。

3. 变刚度调平概念设计

《桩基规范》明确了在基础设计中可以采用变刚度设计的概念，是对传统基础设计理念的一大突破，在特殊条件下，基础设计中可不遵循《抗震规范》第3.3.4条"同一结构单元不宜部分采用天然地基部分采用桩基"的规定。

1）天然地基和均匀布桩基础的受力和变形特点

天然地基和均匀布桩的桩基础，其初始竖向支承刚度是均匀分布的，当基础（承台）（设置在桩顶且刚度有限）受均布荷载作用时，随着基础荷载的不断增加，由于土与土、桩与桩、土与桩的相互作用导致地基或桩群的竖向支承刚度分布发生内弱外强的变化，沉降变形出现内大外小的蝶形分布，基底反力出现内小外大的马鞍形分布。对框架-核心筒结构，其上部结构的荷载和刚度呈现明显内大外小分布规律，碟形沉降更趋明显（图7.1.1*a*）。

2）变刚度调平设计的主要目的

为避免出现上述1）的情况，在基础设计中通过调整基桩的布置或采取地基处理手段，实现对地基和基础刚度的调整，最大限度地减小差异沉降，使基础或承台的内力显著降低（图7.1.1*b*）。

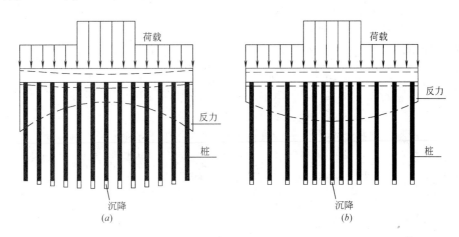

图 7.1.1 均匀布桩与变刚度布桩的变形与反力示意
(*a*) 均匀布桩；(*b*) 不均匀布桩

3）实现变刚度调平设计的主要方法（图7.1.2）

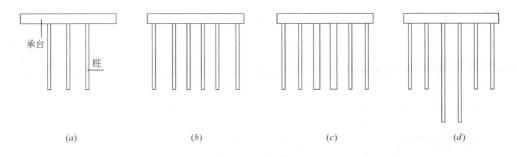

图 7.1.2 变刚度布桩
(*a*) 局部增强；(*b*) 变桩距；(*c*) 变桩径；(*d*) 变桩长

（1）局部增强

采用天然地基时，不应拘泥于纯天然地基的传统概念，对荷载分布比较集中的区域

（如核心筒附近等）实施局部增强处理，可采用局部桩基或采用局部刚性复合地基。

（2）变刚度桩基

采用桩基时，对荷载分布比较集中的区域可采取变桩距（局部加密布桩）、变桩径（局部区域采用较大桩径的桩）、变桩长（多持力层）布桩，同时可适当弱化外围桩基或按复合桩基设计。

（3）主、裙楼连体变刚度

对主、裙楼连体的建筑，基础应按增强主楼（如采用桩基等）弱化裙房（如采用天然地基、疏短桩、复合地基等）的原则设计。

4. 减沉复合疏桩基础应用中的三大关键技术

1）桩端持力层不应是坚硬岩层、密实砂、卵石层，以确保基桩受荷能产生刺入变形，承台底土能有效分担份额很大的荷载；

2）桩距应在 $5\sim 6d$ 以上，使桩间土受桩的牵连变形最小，确保桩间土较充分发挥承载作用；

3）由于基桩数量少而疏，成桩质量可靠性应严格控制。

5. 系统沉降观测的四大要点

1）桩基完工后即应在柱、墙脚部位置设置测点，以测量地基的回弹再压缩量，待地下室建造出地面后将测点移至柱墙脚部成为长期测点，并加设保护措施；

2）对于框架-核心筒、框架-剪力墙结构，应于内部柱、墙和外围柱、墙上设置测点，以获取建筑物内、外部的沉降和差异沉降值；

3）沉降观测应委托专业单位负责进行，施工单位自测自检平行作业，以资校对；

4）沉降观测应事先制订观测间隔时间和全程计划，观测数据和所绘曲线应作为工程验收内容移交建设单位，并按相关规范观测直至稳定。

6. 基桩选型时应注意的几大问题

1）嵌岩桩不一定就是端承桩

嵌岩桩应根据桩侧摩擦力的大小按表 7.1.7 来确定是端承桩或摩擦端承桩。

2）挤土灌注桩不应用于高层建筑

鉴于沉管挤土灌注桩应用不当的普遍性和带来的严重后果，应严格控制挤土灌注桩的应用。

3）预制桩施工中的质量分析

预制桩不存在缩颈、夹泥等质量问题，其质量稳定性优于沉管灌注桩，但与钻、挖、冲孔灌注桩相比则不然，主要问题如下：

（1）沉桩过程中的挤土效应常常导致断桩（接头）、断桩上浮、增大沉降，以及对周边建筑物和市政设施造成破坏；

（2）预制桩不能穿透硬夹层，往往使得桩长过短，持力层不理想，导致沉降过大；

（3）预制桩的桩径、桩长、单桩承载力可调范围小，不能或难以按变刚度调平原则优化设计，因此，预制桩的使用要因地制宜，因工程对象制宜。

4）人工挖孔灌注桩的质量分析

人工挖孔灌注桩在低水位非饱和土中成孔，可进行彻底清孔，直观检查持力层，因此，质量稳定性高。但是高水位条件下采用人工挖孔灌注桩时，若边挖边抽水，将导致下列问题：

（1）将桩侧细颗粒淘走，引起地面下沉，甚至导致护壁整体滑脱，造成人身事故；

（2）将相邻桩新灌注混凝土的水泥细颗粒淘走，造成离析；

（3）在流动性淤泥中实施强制性挖孔，引起大量淤泥侧向流动，导致土体滑移将桩体推歪、推断。

5）灌注桩的扩底

（1）在单轴抗压强度高于桩身混凝土强度的基岩中，无须扩底；

（2）在桩侧土层较好、桩长较大的情况下扩底，既损失扩底端以上部分侧阻力，还增加扩底费用，可能得失相当或失大于得；

（3）将扩底端放置于有软弱下卧层的薄硬土层上，既无增强效应，还可能留下后患。

6）可调性较大的桩型和工艺指：钻（挖）孔灌注桩、桩侧、桩底后注浆工艺等；

7）减少挤土效应的可靠措施指：钻（挖）孔灌注桩的"跳花"施工等。

8）桩端进入土层（或持力层）的深度以桩端全截面进入土层时算起，不包括桩尖部分的长度。

六、相关索引

1）《地基规范》的相关要求见其第 8.5 节。

2）《基桩检测规范》的相关内容见其第 3 章。

3）沉降观测的相关要求见本章第三节。

第二节 桩基竖向承载力计算

【要点】

本节涉及：桩顶作用效应计算、桩基竖向承载力计算、单桩竖向极限承载力、特殊条件下桩基竖向承载力验算、桩身竖向承载力与裂缝控制计算、桩的负摩擦力及减小负摩擦力的措施、群桩效应的影响及桩身强度验算的工作条件系数等问题。

一、桩顶作用效应计算

1.（《桩基规范》第 5.1.1 条）对于一般建筑物和受水平力（包括力矩与水平剪力）较小的高层建筑群桩基础，应按下列公式计算柱、墙、核心筒群桩中基桩或复合基桩的桩顶作用效应。

1）群桩中单桩桩顶竖向力应按下列公式计算（图 7.2.1）：

（1）轴心竖向力作用下

$$N_k = \frac{F_k + G_k}{n} \tag{7.2.1}$$

（2）偏心竖向力作用下

$$N_{ik} = \frac{F_k + G_k}{n} \pm \frac{M_{xk} y_i}{\sum y_j^2} \pm \frac{M_{yk} x_i}{\sum x_j^2} \tag{7.2.2}$$

2）水平力作用下

$$H_{ik} = \frac{H_k}{n} \tag{7.2.3}$$

式中　　　　F_k——荷载效应标准组合下，作用于承台顶面的竖向力；

　　　　　　G_k——桩基承台和承台上土自重标准值，对稳定的地下水位以下部分应扣除
　　　　　　　　　　水的浮力；

　　　　　　N_k——荷载效应标准组合轴心竖向力作用下，基桩或复合基桩的平均竖
　　　　　　　　　　向力；

　　　　　　N_{ik}——荷载效应标准组合偏心竖向力作用下，第 i 根基桩或复合基桩的竖
　　　　　　　　　　向力；

　　M_{xk}、M_{yk}——荷载效应标准组合下，作用于承台底面，绕通过桩群形心的 x、y 主
　　　　　　　　　　轴的力矩；

x_i、x_j、y_i、y_j——第 i、j 根基桩或复合基桩至 y、x 轴的距离；

　　　　　　H_k——荷载效应标准组合下，作用于桩基承台底面的水平力；

　　　　　　H_{ik}——荷载效应标准组合下，作用于第 i 根基桩或复合基桩（桩顶）的水
　　　　　　　　　　平力；

　　　　　　n——桩基中的桩数。

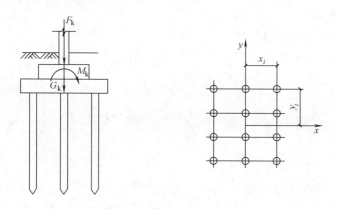

图 7.2.1　群桩桩顶单桩竖向力计算

2.（《桩基规范》第 5.1.2 条）对于主要承受竖向荷载的抗震设防区低承台桩基，当同时满足下列条件时，桩顶作用效应计算可不考虑地震作用：

1）按《抗震规范》规定可不进行桩基抗震承载力验算的建筑物；

2）建筑场地位于建筑抗震的有利地段。

【注意】

广东省规定：6 度区、7 度区地下室层数不少于一层及 8 度区地下室层数不少于二层时，在地震作用下，可不验算桩基础的水平承载力。

3.（《桩基规范》第 5.1.3 条）属于下列情况之一的桩基，计算各基桩的作用效应、桩身内力和位移时，宜考虑承台（包括地下墙体）与基桩共同工作和土的弹性抗力作用（计算方法和公式详见《桩基规范》附录 C）。

1）位于 8 度和 8 度以上抗震设防区的高大建筑物，当其桩基承台刚度较大或由于上部结构与承台的协同作用能增强承台的刚度时；

2）其他受较大水平力的桩基。

二、桩基竖向承载力计算

1.（《桩基规范》第5.2.1条）桩基竖向承载力计算应符合下列表达式的要求：

1）荷载效应标准组合：

（1）轴心竖向力作用下　　　　　　　　　　$N_k \leqslant R$　　　　　　（7.2.4）

（2）偏心竖向力作用下除满足式（7.2.4）外　　$N_{kmax} \leqslant 1.2R$　　（7.2.5）

2）地震作用效应和荷载效应标准组合：

（1）轴心竖向力作用下　　　　　　　　　　$N_{Ek} \leqslant 1.25R$　　（7.2.6）

（2）偏心竖向力作用下，除满足式（7.2.6）外　$N_{Ekmax} \leqslant 1.5R$　（7.2.7）

式中　N_k——荷载效应标准组合轴心竖向力作用下，基桩或复合基桩的平均竖向力；

N_{kmax}——荷载效应标准组合偏心竖向力作用下，基桩或复合基桩的最大竖向力；

N_{Ek}——地震作用效应和荷载效应标准组合下，基桩或复合基桩的平均竖向力；

N_{Ekmax}——地震作用效应和荷载效应标准组合下，基桩或复合基桩的最大竖向力；

R——基桩或复合基桩竖向承载力特征值。

2.（《桩基规范》第5.2.2条）单桩竖向承载力特征值R_a按下式确定

$$R_a = Q_{uk}/K \qquad (7.2.8)$$

式中　Q_{uk}——单桩竖向极限承载力标准值；

K——安全系数，取$K=2$。

3.（《桩基规范》第5.2.3条）对于端承型桩基、桩数少于4根的摩擦型柱下独立桩基、或由于地层土性、使用条件等因素不宜考虑承台效应时，基桩竖向承载力特征值应取单桩竖向承载力特征值，即：$R=R_a$。

4.（《桩基规范》第5.2.4条）对于符合下列条件之一的摩擦型桩基，确定其复合基桩的竖向承载力特征值时，宜考虑承台效应。

1）上部结构整体刚度较好，体形简单的建（构）筑物；

2）对差异沉降适应性较强的排架结构和柔性构筑物；

3）按变刚度调平原则设计的桩基刚度相对弱化区；

4）软土地基的减沉复合疏桩基础。

5.（《桩基规范》第5.2.5条）考虑承台效应的复合基桩竖向承载力特征值可按下式确定：

1）不考虑地震作用时　　　　　$R = R_a + \eta_c f_{ak} A_c$　　　　　（7.2.9）

2）考虑地震作用时　　　　　$R = R_a + \dfrac{\zeta_a}{1.25} \eta_c f_{ak} A_c$　　　　（7.2.10）

式中　η_c——承台效应系数，非挤土桩基可按表7.2.1取值；对于饱和黏性土中的挤土桩基、软土地基上的桩基承台，按表7.2.1乘以0.8。当承台底为可液化土、湿陷性土、高灵敏度软土、欠固结土、新填土，沉桩引起超孔隙水压和土体隆起时，不考虑承台效应，取$\eta_c = 0$。

f_{ak}——承台下1/2承台宽度且不超过5m深度范围内地基承载力特征值的厚度加权平均值；

A_c——基桩所对应的承台底净面积，$A_c = (A - n A_{ps})/n$，A_{ps}为桩身截面面积，A为承台计算域面积。对于柱下独立桩基，A为承台总面积；对于桩筏基础，A为柱、墙筏板的1/2跨距和悬臂边2.5倍筏板厚度所围成的面积；桩集中布置于单片墙下的桩筏基础，取墙两边各 1/2 跨距围成的面积，按条基计算 η_c。

ζ_a——地基抗震承载力调整系数，按表 2.2.3 取值。

承台效应系数 η_c　　　　　　　　表 7.2.1

B_c/l	s_a/d				
	3	4	5	6	>6
≤0.4	0.06~0.08	0.14~0.17	0.22~0.26	0.32~0.38	0.50~0.80
0.4~0.8	0.08~0.10	0.17~0.20	0.26~0.30	0.38~0.44	
>0.8	0.10~0.12	0.20~0.22	0.30~0.34	0.44~0.50	
单排桩条形承台	0.15~0.18	0.25~0.30	0.38~0.45	0.50~0.60	

注：1. 表中 s_a/d 为桩中心距与桩径之比；B_c/l 为承台宽度与桩长之比。

2. 对于桩布置于墙下的箱、筏承台，η_c 可按单排桩条基取值。

3. 对于单排桩条形承台，当承台宽度小于 $1.5d$ 时，η_c 按非条形承台取值。

4. 对于采用后注浆灌注桩的承台，η_c 宜取低值。

5. 当计算基桩为非正方形排列时，$s_a = \sqrt{A/n}$，A 为承台计算域面积，n 为总桩数。

三、单桩竖向极限承载力

1.（《桩基规范》第 5.3.1 条）设计采用的单桩竖向极限承载力标准值 Q_{uk} 应按表 7.2.2 的要求确定。

单桩竖向极限承载力标准值 Q_{uk} 的确定要求　　　　表 7.2.2

序号	建筑桩基的设计等级	确 定 方 法
1	甲级	应通过单桩静载试验确定
2	乙级	应通过单桩静载试验确定
		当地质条件简单时，可参考地质条件相同的试桩资料，结合静力触探等原位测试和经验参数确定
3	丙级	可根据原位测试和经验参数确定

2.（《桩基规范》第 5.3.2 条）单桩竖向极限承载力标准值、极限侧阻力标准值和极限端阻力标准值按表 7.2.3 的方法确定。

单桩竖向极限承载力标准值、极限侧阻力标准值和极限端阻力标准值的确定方法

表 7.2.3

序号	情 况	要 求
1	单桩竖向静载试验确定	按《建筑桩基检测技术规范》(JGJ 106)
2	对于大直径端承型桩	可通过深层平板(平板直径应与孔径一致)载荷试验确定极限端阻力
3	对于嵌岩桩	可通过岩基平板(直径 0.3m)载荷试验确定极限端阻力标准值
		通过嵌岩短墩(直径 0.3m)确定极限侧阻力标准值和极限端阻力标准值
4	桩的极限侧阻力标准值和极限端阻力标准值	宜通过埋设桩身轴力测试元件静载试验确定，并通过测试结果建立极限侧阻力标准值和极限端阻力标准值与土层物理指标、岩石饱和单轴抗压强度以及与静力触探等土的原位测试指标间的经验关系

3. 原位测试法

1)（《桩基规范》第 5.3.3 条）当根据单桥探头静力触探资料确定混凝土预制桩单桩

竖向极限承载力标准值时，如无当地经验，可按公式（7.2.11）计算。

$$Q_{uk} = Q_{sk} + Q_{pk} = u\sum q_{sik}l_i + \alpha p_{sk}A_p \tag{7.2.11}$$

式中　Q_{sk}、Q_{pk}——分别为总极限侧阻力标准值和总极限端阻力标准值。

　　　　u——桩身周长；

　　　　q_{sik}——用静力触探比贯入阻力值估算的桩周第 i 层土的极限侧阻力；

　　　　l_i——桩穿越第 i 土层的厚度；

　　　　α——桩端阻力修正系数；

　　　　p_{sk}——桩端附近的静力触探比贯入阻力标准值（平均值）；

　　　　A_p——桩端面积。

　　2)（《桩基规范》第5.3.4条）当根据双桥探头静力触探资料确定混凝土预制桩单桩竖向极限承载力标准值时，对于黏性土、粉土和砂土，如无当地经验，可按公式（7.2.12）计算。

$$Q_{uk} = Q_{sk} + Q_{pk} = u\sum l_i\beta_i f_{si} + \alpha q_c A_p \tag{7.2.12}$$

式中　f_{si}——第 i 层土的探头平均侧阻力；

　　　　q_c——桩端平面上、下探头阻力，取桩端平面以上 $4d$（d 为桩的直径或边长）范围内按土层厚度的探头阻力加权平均值（kPa），然后再和桩端平面以下 $1d$ 范围内的探头阻力进行平均；

　　　　α——桩端阻力修正系数，对于黏性土、粉土取 2/3，饱和砂土取 1/2；

　　　　β_i——第 i 层土桩侧阻力综合修正系数，按下式确定：

　　　　黏性土、粉土：$\beta_i = 10.04(f_{si})^{-0.55}$

　　　　砂土：$\beta_i = 5.05(f_{si})^{-0.45}$

　　注：双桥探头的圆锥底面积为 15cm²，锥角 60°，摩擦套筒高 21.85cm，侧面积 300cm²。

　　4. 经验参数法

　　1)（《桩基规范》第5.3.5条）当根据土的物理指标与承载力参数之间的经验关系，确定单桩竖向极限承载力标准值时，宜按公式（7.2.13）估算。

$$Q_{uk} = Q_{sk} + Q_{pk} = u\sum q_{sik}l_i + q_{pk}A_p \tag{7.2.13}$$

式中　q_{sik}——桩侧第 i 层土的极限侧阻力标准值；如无当地经验时，可按表7.2.4取值；

　　　　q_{pk}——极限端阻力标准值，如无当地经验时，可按表7.2.6取值；

桩的极限侧阻力标准值 q_{sik}（kPa）　　　　　　　　　　　表 7.2.4

土的名称	土 的 状 态		混凝土预制桩	泥浆护壁钻（冲）孔桩	干作业钻孔桩
填土			22～30	20～28	20～28
淤泥			14～20	12～18	12～18
淤泥质土			22～30	20～28	20～28
黏性土	流塑	$I_L > 1$	24～40	21～38	21～38
	软塑	$0.75 < I_L \leqslant 1$	40～55	38～53	38～53
	可塑	$0.50 < I_L \leqslant 0.75$	55～70	53～68	53～66
	硬可塑	$0.25 < I_L \leqslant 0.50$	70～86	68～84	66～82
	硬塑	$0 < I_L \leqslant 0.25$	86～98	84～96	82～94
	坚硬	$I_L \leqslant 0$	98～105	96～102	94～104

续表

土的名称	土 的 状 态		混凝土预制桩	泥浆护壁钻(冲)孔桩	干作业钻孔桩
红黏土	$0.7<a_w\leqslant 1$		12~32	12~30	12~30
	$0.5<a_w\leqslant 0.7$		32~74	30~70	30~70
粉土	稍密	$e>0.9$	26~46	24~42	24~42
	中密	$0.75\leqslant e<0.9$	46~66	42~62	42~62
	密实	$e<0.75$	66~88	62~82	62~82
粉细砂	稍密	$10<N\leqslant 15$	24~48	22~46	22~46
	中密	$15<N\leqslant 30$	48~66	46~64	46~64
	密实	$N>30$	66~88	64~86	64~86
中砂	中密	$15<N\leqslant 30$	54~74	53~72	53~72
	密实	$N>30$	74~95	72~94	72~94
粗砂	中密	$15<N\leqslant 30$	74~95	74~95	76~98
	密实	$N>30$	95~116	95~116	98~120
砾砂	稍密	$5<N_{63.5}\leqslant 15$	70~110	50~90	60~100
	中密(密实)	$N_{63.5}>15$	116~138	116~130	112~130
圆砾、角砾	中密、密实	$N_{63.5}>10$	160~200	135~150	135~150
碎石、卵石	中密、密实	$N_{63.5}>10$	200~300	140~170	150~170
全风化软质岩		$30<N\leqslant 50$	100~120	80~100	80~100
全风化硬质岩		$30<N\leqslant 50$	140~160	120~140	120~150
强风化软质岩		$N_{63.5}>10$	160~240	140~220	140~240
强风化硬质岩		$N_{63.5}>10$	220~300	160~240	160~260

注：1. 对于尚未完成自重固结的填土和以生活垃圾为主的杂填土，不计其侧阻力；

2. a_w 为含水比，$a_w=w/w_l$，w 为土的天然含水量，w_l 为土的液限；

3. N 为标准贯入击数；$N_{63.5}$ 为重型圆锥动力触探击数；

4. 全风化、强风化软质岩和全风化、强风化硬质岩指其母岩分别为 $f_{rk}\leqslant 15MPa$，$f_{rk}>30MPa$ 的岩石；

5. 对于预制桩可根据桩长 l，将 q_{sk} 乘表 7.2.5 的修正系数。

修正系数　　　　　　　　　　　　　表 7.2.5

桩长 l(m)	$\leqslant 5$	10	20	$\geqslant 30$
修正系数	0.8	1.0	1.1	1.2

2)（《桩基规范》第 5.3.6 条）根据土的物理指标与承载力参数之间的经验关系，确定大直径桩单桩竖向极限承载力标准值时，宜按公式（7.2.14）估算。

$$Q_{uk}=Q_{sk}+Q_{pk}=u\sum\psi_{si}q_{sik}l_i+\psi_p q_{pk}A_p \quad (7.2.14)$$

式中　q_{sik}——桩侧第 i 层土的极限侧阻力标准值；如无当地经验时，可按表 7.2.4 取值；对扩底桩不计算扩大头高度及桩变截面位置以上 $2d$ 长度范围内的侧阻力（图 7.2.2）；

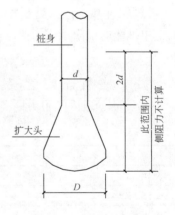

q_{pk}——桩径为 800mm 的极限端阻力标准值，对于干作业挖孔（清底干净）可采用深层载荷板试验确定，当不能进行深层载荷板试验时，可按表 7.2.7 取值；

图 7.2.2　桩侧极限侧阻力的确定原则

ψ_{si}、ψ_p——大直径桩侧阻、端阻尺寸效应系数，按表 7.2.8 取值；

u——桩身周长，当人工挖孔桩桩周护壁为振捣密实的混凝土时，桩身周长可按护壁外直径计算。

表 7.2.6

桩的极限端阻力标准值 q_{pk}（kPa）

土名称	土的状态	桩型	混凝土预制桩桩长 l(m)				泥浆护壁钻(冲)孔桩桩长 l(m)				干作业钻孔桩桩长 l(m)		
			l≤9	9<l≤16	16<l≤30	l>30	5≤l<10	10≤l<15	15≤l<30	30≤l	5≤l<10	10≤l<15	15≤l
黏性土	软塑	0.75<I_L≤1	210~850	650~1400	1200~1800	1300~1900	150~250	250~300	300~450	300~450	200~400	400~700	700~950
	可塑	0.50<I_L≤0.75	850~1700	1400~2200	1900~2800	2300~3600	350~450	450~600	600~750	750~800	500~700	800~1100	1000~1600
	硬可塑	0.25<I_L≤0.50	1500~2300	2300~3300	2700~3600	3600~4400	800~900	900~1000	1000~1200	1200~1400	850~1100	1500~1700	1700~1900
	硬塑	0<I_L≤0.25	2500~3800	3800~5500	5500~6000	6000~6800	1100~1200	1200~1400	1400~1600	1600~1800	1600~1800	2200~2400	2600~2800
粉土	中密	0.75<e≤0.9	950~1700	1400~2100	1900~2700	2500~3400	300~500	500~650	650~750	750~850	800~1200	1200~1400	1400~1600
	密实	e<0.75	1500~2600	2100~3000	2700~3600	3600~4400	650~900	750~950	900~1100	1100~1200	1200~1700	1400~1900	1600~2100
粉砂	稍密	10<N≤15	1000~1600	1500~2300	1900~2700	2100~3000	350~500	450~600	600~700	650~750	500~950	1300~1600	1500~1700
	中密、密实	N>15	1400~2200	2100~3000	3000~4500	3800~5500	600~750	750~900	900~1100	1100~1200	900~1000	1700~1900	1700~1900
细砂	中密、密实	N>15	2500~4000	3600~5000	4400~6000	5300~7000	650~850	900~1200	1200~1500	1500~1800	1200~1600	2000~2400	2400~2700
中砂	中密、密实	N>15	4000~6000	5500~7500	6500~8000	7500~9000	850~1050	1100~1500	1500~1900	1900~2100	1800~2400	2800~3800	3600~4400
粗砂	中密、密实	N>15	5700~7500	7500~8500	8500~10000	9500~11000	1500~1800	2400~2600	2400~2600	2600~2800	2900~3600	4000~4600	4600~5200
砾砂		N>15	6000~9500	6000~9500	9000~10500	9000~10500	1400~2000	1400~2000	2000~3200	2000~3200	3500~5000	3500~5000	3500~5000
角砾、圆砾		N_{63.5}>10	7000~10000	7000~10000	9500~11500	9500~11500	1800~2200	1800~2200	2200~3600	2200~3600	4000~5500	4000~5500	4000~5500
碎石、卵石		N_{63.5}>10	8000~11000	8000~11000	10500~13000	10500~13000	2000~3000	2000~3000	3000~4000	3000~4000	4500~6500	4500~6500	4500~6500
全风化软质岩		30<N≤50	4000~6000	4000~6000	4000~6000	4000~6000	1000~1600	1000~1600	1000~1600	1000~1600	1200~2000	1200~2000	1200~2000
全风化硬质岩		30<N≤50	5000~8000	5000~8000	5000~8000	5000~8000	1200~2000	1200~2000	1200~2000	1200~2000	1400~2400	1400~2400	1400~2400
强风化软质岩		N_{63.5}>10	6000~9000	6000~9000	6000~9000	6000~9000	1400~2200	1400~2200	1400~2200	1400~2200	1600~2600	1600~2600	1600~2600
强风化硬质岩		N_{63.5}>10	7000~11000	7000~11000	7000~11000	7000~11000	1800~2800	1800~2800	1800~2800	1800~2800	2000~3000	2000~3000	2000~3000

注：
1. 砂土和碎石类土中桩的极限端阻力取值，宜综合考虑土的密实度，桩端进入持力层的深径比 h_b/d，土愈密实，h_b/d 愈大，取值愈高；
2. 预制桩的岩石极限端阻力指桩端支承于中、微风化基岩表面或进入微风化岩一定深度条件下极限端阻力；
3. 全风化、强风化软质岩和全风化、强风化硬质岩指其母岩分别为 $f_{rk}≤15MPa$、$f_{rk}>30MPa$ 的岩石。

【注意】

(1) 人工挖孔桩，当桩周护壁为振捣密实的混凝土时，桩身周长可按护壁外直径计算，桩身截面仍按护壁内径计算；

(2) 护壁的施工条件直接影响护壁混凝土的质量，由于护壁直接与桩周土体接触，混凝土施工质量难以保证，同时在每节护壁交接处，混凝土一般很难浇捣密实而常有缝隙，即便采用与桩身相同的混凝土强度等级，在实际工程中护壁的混凝土施工质量也很难保证。因此过多考虑护壁混凝土的作用，将给结构设计留有安全隐患；

(3) 重要工程的桩基承载力应由试桩确定；

(4) 护壁的其他要求见本章第六节。

干作业挖孔桩（清孔干净，$D=800$mm）极限端阻力标准值 q_{pk}（kPa）　　表 7.2.7

土名称		状　　态		
黏性土		$0.25 < I_L \leqslant 0.75$	$0 < I_L \leqslant 0.25$	$I_L \leqslant 0$
		$800\sim1800$	$1800\sim2400$	$2400\sim3000$
粉土			$0.75 \leqslant e \leqslant 0.9$	$e < 0.75$
			$1000\sim1500$	$1500\sim2000$
砂土碎石类土		稍密	中密	密实
	粉砂	$500\sim700$	$800\sim1100$	$1200\sim2000$
	细砂	$700\sim1100$	$1200\sim1800$	$2000\sim2500$
	中砂	$1000\sim2000$	$2200\sim3200$	$3500\sim5000$
	粗砂	$1200\sim2200$	$2500\sim3500$	$4000\sim5500$
	砾砂	$1400\sim2400$	$2600\sim4000$	$5000\sim7000$
	圆砾、角砾	$1600\sim3000$	$3200\sim5000$	$6000\sim9000$
	卵石、碎石	$2000\sim3000$	$3300\sim5000$	$7000\sim11000$

注：1. 当桩进入持力层深度 h_b 分别为：$h_b \leqslant D$，$D < h_b \leqslant 4D$，$h_b > 4D$ 时，q_{pk} 可分别取低、中、高值；
　　2. 砂土密实度可根据标贯击数判定，$N \leqslant 10$ 为松散，$10 < N \leqslant 15$ 为稍密，$15 < N \leqslant 30$ 为中密，$N > 30$ 为密实。
　　3. 当桩的长径比 $l/d \leqslant 8$ 时，q_{pk} 宜取低值。
　　4. 当沉降控制要求不严时，可适当提高 q_{pk} 值。

大直径灌注桩侧阻尺寸效应系数 ψ_{si}、端阻尺寸效应系数 ψ_p　　　表 7.2.8

土 类 型	黏性土、粉土	砂土、碎石类土
ψ_{si}	$(0.8/d)^{1/5}$	$(0.8/d)^{1/3}$
ψ_p	$(0.8/D)^{1/4}$	$(0.8/D)^{1/3}$

5. (《桩基规范》第 5.3.7 条) 钢管桩

当根据土的物理指标与承载力参数之间的经验关系，确定钢管桩单桩竖向极限承载力标准值时，宜按公式 (7.2.15) 估算。

$$Q_{uk} = Q_{sk} + Q_{pk} = u\sum q_{sik}l_i + \lambda_p q_{pk}A_p \qquad (7.2.15)$$

式中　q_{sik}、q_{pk}——分别按表 7.2.4、表 7.2.6 取与混凝土预制桩相同数值；

　　　　λ_p——桩端塞土效应系数，对于闭口钢管桩 $\lambda_p = 1$；对于敞口钢管桩：当 $h_b/d < 5$ 时，$\lambda_p = 0.16h_b/d$；当 $h_b/d \geqslant 5$ 时，$\lambda_p = 0.8$【注意：敞口桩的承载力要低于相应的闭口桩】；

h_b——桩端进入持力层的深度；

d——钢管桩外径。

对于半敞口的钢管桩，以等效直径 d_e 代替 d 确定 λ_p，$d_e = d/\sqrt{n}$，其中 n 为桩端平面被隔板分割后的平面块数（见图7.2.3）。

$n=2$　　　　　　　　$n=4$　　　　　　　　$n=9$

图7.2.3　隔板分割示意

6.（《桩基规范》第5.3.8条）混凝土空心桩

当根据土的物理指标与承载力参数之间的经验关系，确定敞口预应力混凝土空心桩单桩竖向极限承载力标准值时，可按公式（7.2.16）估算。

$$Q_{uk} = Q_{sk} + Q_{pk} = u\sum q_{sik}l_i + q_{pk}(A_j + \lambda_p A_{p1}) \tag{7.2.16}$$

式中　q_{sik}、q_{pk}——分别按表7.2.4、表7.2.6取与混凝土预制桩相同数值；

A_j——空心桩桩端净面积：管桩：$A_j = \dfrac{\pi}{4}(d^2 - d_1^2)$；

空心方桩：$A_j = b^2 - \dfrac{\pi}{4}d_1^2$；

A_{p1}——空心敞口面积：$A_{p1} = \dfrac{\pi}{4}d_1^2$；

λ_p——桩端土塞效应系数；

d、b——空心桩外径、边长；

d_1——空心桩内径。

7.（《桩基规范》第5.3.9条）嵌岩桩

桩端置于完整、较完整基岩的嵌岩桩单桩竖向极限承载力，由桩周土总极限侧阻力和嵌岩段总极限阻力两部分组成。当根据岩石单轴抗压强度确定单桩竖向极限承载力标准值时，可按式（7.2.17）计算：

$$Q_{uk} = Q_{sk} + Q_{rk} = u\sum q_{sik}l_i + \zeta_r f_{rk}A_p \tag{7.2.17}$$

式中　Q_{sk}——土的总极限侧阻力标准值；

Q_{rk}——嵌岩段总极限阻力标准值；

q_{sik}——桩周第 i 层土的极限侧阻力标准值，无当地经验时，可根据表7.2.4取值；

f_{rk}——岩石饱和单轴抗压强度标准值，黏土质岩取天然湿度单轴抗压强度标准值；

h_r——桩身嵌岩深度，当岩石表面倾斜时，以坡下方嵌岩深度为准；

ζ_r——桩嵌岩段侧阻和端阻综合系数，与嵌岩深径比（h_r/d）、岩石软硬程度和成桩工艺有关，可按表7.2.9取值。

桩嵌岩段侧阻和端阻综合系数 ζ_r 表 7.2.9

嵌岩深径比 h_r/d	0	0.5	1.0	2.0	3.0	4.0	5.0	6.0	7.0	8.0
极软岩软岩	0.60	0.80	0.95	1.18	1.35	1.48	1.57	1.63	1.66	1.70
较硬岩坚硬岩	0.45	0.65	0.81	0.90	1.00	1.04	—	—	—	—

注：1. 表中极软岩、软岩指 $f_{rk} \leq 15\text{MPa}$ 的岩石，较硬岩、坚硬岩指 $f_{rk} > 30\text{MPa}$ 的岩石，介于两者之间可内插取值；
2. 表中数值使用于泥浆护壁成桩，对于干作业成桩（清底干净），ζ_r 取表中数值的 1.2 倍。

8.（《桩基规范》第 5.3.10 条）后注浆灌注桩

1）后注浆灌注桩的单桩极限承载力，应通过静载试验确定。

2）对于符合后注浆技术实施规定条件（见本章第六节）时，其后注浆单桩极限承载力，可按式（7.2.18）估算。

$$Q_{uk} = Q_{sk} + Q_{gsk} + Q_{gpk} = u\sum q_{sjk}l_j + u\sum \beta_{si}q_{sik}l_{gi} + \beta_p q_{pk}A_p \qquad (7.2.18)$$

式中　Q_{sk}——后注浆非竖向增强段的总极限侧阻力标准值；

　　　Q_{gsk}——后注浆竖向增强段的总极限侧阻力标准值；

　　　Q_{gpk}——后注浆总极限端阻力标准值；

　　　u——桩身周长；

　　　l_j——后注浆非竖向增强段第 j 层土厚度；

　　　l_{gi}——后注浆竖向增强段内第 i 层土厚度（见图 7.2.4）按表 7.2.10 取值。

　　　q_{sik}——后注浆竖向增强段第 i 土层初始极限侧阻力标准值，按表 7.2.4 取值；

　　　q_{sjk}——非竖向增强段第 j 土层初始极限侧阻力标准值，按表 7.2.4 取值；

　　　q_{pk}——初始极限端阻力标准值，按表 7.2.6 取值；

　　　β_{si}、β_p——分别为后注浆侧阻力、端阻力增强系数，无当地经验时，可按表 7.2.11 取值。

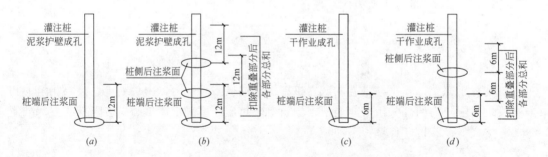

图 7.2.4　后注浆竖向增强段内第 i 层土厚度 l_{gi} 计算原则

后注浆竖向增强段内第 i 层土厚度 表 7.2.10

序号	成桩条件	注浆情况	竖向增强段 l_{gi}(m)
1	泥浆护壁成孔灌注桩	单一桩端后注浆	桩端以上 12m（图 7.2.4a）
2		桩端、桩侧复式注浆	桩端以上 12m 及各桩侧注浆面以上 12m 之和，应扣除重叠部分（图 7.2.4b）
3	干作业灌注桩	单一桩端后注浆	桩端以上 6m（图 7.2.4c）
4		桩端、桩侧复式注浆	桩端以上 6m 及各桩侧注浆面上、下各 6m 之和，应扣除重叠部分（图 7.2.4d）

3）（《桩基规范》第 5.3.11 条）后注浆钢导管注浆后可替代等截面、等强度的纵向钢筋。

后注浆侧阻力增强系数 β_{si}、端阻力增强系数 β_p 表 7.2.11

土层名称	淤泥 淤泥质土	黏性土 粉土	粉砂 细砂	中砂	粗砂 砾砂	砾石 卵石	全风化岩 强风化岩
β_{si}	1.2～1.3	1.4～1.8	1.6～2.0	1.7～2.1	2.0～2.5	2.4～3.0	1.4～1.8
β_p	—	2.2～2.5	2.4～2.8	2.6～3.0	3.0～3.5	3.2～4.0	2.0～2.4

注：1. 当为干作业钻、挖孔桩时，表中 β_p 应乘以小于 1.0 的折减系数。

　　2. 当桩端持力层为黏性土和粉土时，折减系数取 0.6；对砂土和碎石土时，取 0.8。

　　3. 对于桩径大于 800mm 的桩，应按表 7.2.8 进行侧阻和端阻尺寸效应修正。

9. 液化效应

（《桩基规范》第 5.3.12 条）对于桩身周围有液化土层的低承台桩基，当承台底面上、下分别有厚度不小于 1.5m、1.0m 的非液化土层或非软弱土层时，可将液化土层极限侧阻力乘以土层液化折减系数 ψ_L 计算单桩极限承载力标准值。ψ_L 按表 7.2.12 确定。

土层液化折减系数 ψ_L 表 7.2.12

序 号	$\lambda_N = N/N_{cr}$	自地面起算的液化土层深度 d_L(m)	ψ_L
1	$\lambda_N \leqslant 0.6$	$d_L \leqslant 10$	0
		$10 < d_L \leqslant 20$	1/3
2	$0.6 < \lambda_N \leqslant 0.8$	$d_L \leqslant 10$	1/3
		$10 < d_L \leqslant 20$	2/3
3	$0.8 < \lambda_N \leqslant 1.0$	$d_L \leqslant 10$	2/3
		$10 < d_L \leqslant 20$	1.0

注：1. N 为饱和土标贯击数实测值；N_{cr} 为液化判别标贯击数临界值；λ_N 为土层液化指数；

　　2. 对于挤土桩当桩距不大于 $4d$，且桩的排数不少于 5 排、总桩数不少于 25 根时，土层液化折减系数可按表列数值提高一档取值；桩间土标贯击数达到 N_{cr} 时，取 $\psi_L = 1$；

　　3. 当承台底面上、下非液化土层厚度小于规定数值时，土层液化折减系数取 0。

四、特殊条件下桩基竖向承载力验算

1. 软弱下卧层验算

（《桩基规范》第 5.4.1 条）对于桩距不超过 $6d$ 的群桩基础，桩端持力层下存在承载力低于桩端持力层 1/3 的软弱下卧层时，可按式（7.2.19）验算下卧层的承载力（图 7.2.5）。

$$\sigma_z + \gamma_m(l+t) \leqslant f_{az} \qquad (7.2.19)$$

$$\sigma_z = \frac{(F_k + G_k) - 1.5(A_0 + B_0)\sum q_{sik}l_i}{(A_0 + 2t \cdot \tan\theta)(B_0 + 2t \cdot \tan\theta)} \qquad (7.2.20)$$

式中　σ_z——作用于软弱下卧层顶面的附加应力；

　　　γ_m——软弱层顶面以上各土层重度（地下水位以下取浮重度）按厚度加权平均值

　　　　　（注意：可按公式 $\gamma_m = \dfrac{\gamma_{m1}d_1 + \cdots + \gamma_{mi}d_i + \cdots + \gamma_{mn}d_n}{d_1 + \cdots + d_i + \cdots + d_n}$ 计算，其中，γ_{mi}、d_i

　　　　　分别为土层 i 的重度和厚度）；

　　　t——硬持力层厚度；

　　　f_{az}——软弱下卧层经深度修正的地基承载力特征值；

　　A_0、B_0——桩群外缘矩形底面的长、短边边长；

　　　q_{sik}——桩周第 i 层土的极限侧阻力标准值，无当地经验时，可根据成桩工艺按表

7.2.4 取值；

θ——桩端硬持力层压力扩散角，按表 7.2.13 取值。

桩端硬持力层压力扩散角 θ　　　　　　表 7.2.13

E_{s1}/E_{s2}	$t=0.25B_0$	$t\geqslant0.50B_0$	说　　明
1	4°	12°	1. E_{s1}、E_{s2} 为硬持力层、软弱下卧层的压缩模量；
3	6°	23°	2. 当 $t<0.25B_0$ 时，取 $\theta=0$°，必要时，宜通过试验确
5	10°	25°	定；当 t 介于 $0.25B_0$ 和 $0.5B_0$ 之间，可内插取值。
10	20°	30°	

【注意】

1）"桩端持力层下存在承载力 f_{ak} 低于桩端持力层 1/3 的软弱下卧层"，可作为对软弱下卧层的量化标准；注意表 7.2.13 与表 2.4.1 的区别；

2）对 f_{az} 只进行深度修正，不进行宽度修正；

3）公式（7.2.20）与《地基规范》公式（5.2.7-3）意义相同；

4）当桩距大于 $6d$ 时可见"设计建议"；

5）注意表 7.2.13 与表 2.4.1 的区别。

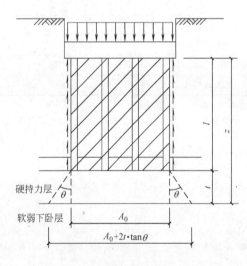

图 7.2.5　软弱下卧层承载力验算

2. 负摩阻力计算

1）（《桩基规范》第 5.4.2 条）符合下列条件之一的桩基，当桩周土层产生的沉降超过基桩的沉降时，在计算基桩承载力时应考虑桩侧负摩阻力：

（1）桩穿越较厚松散填土、自重湿陷性黄土、欠固结土、液化土层进入相对较硬土层时；

（2）桩周存在软弱土层，邻近桩侧地面承受局部较大的长期荷载，或地面大面积堆载（包括填土）时；

（3）由于降低地下水位，使桩周土有效应力增大，并产生显著压缩沉降时。

【注意】

对上述规定中关键词的把握应结合工程实践确定。

2）（《桩基规范》第 5.4.3 条）桩周土沉降可能引起桩侧负摩阻力时，应根据工程具体情况，考虑负摩阻力对桩基承载力和沉降的影响；当缺乏可参照的工程经验时，可按下列要求验算：

（1）对于摩擦型基桩取桩身计算中性点以上侧阻力为零，按式（7.2.21）验算基桩承载力。

$$N_k\leqslant R_a \tag{7.2.21}$$

（2）对于端承型基桩除应满足上式要求外，尚应考虑负摩阻力引起基桩的下拉荷载 Q_g^n，并可按式（7.2.22）验算基桩承载力。

$$N_k+Q_g^n\leqslant R_a \tag{7.2.22}$$

（3）当土层不均匀或建筑物对不均匀沉降较敏感时，尚应将负摩阻力引起的下拉荷载计入附加荷载验算桩基沉降。

【注意】

基桩的竖向承载力特征值 R_a 只计算中性点以下部分的侧阻力及端阻力。

3)（《桩基规范》第 5.4.4 条）桩侧负摩阻力及其下拉荷载，当无实测资料时可按下列要求计算：

（1）中性点以上单桩桩周第 i 层土负摩阻力标准值，可按式（7.2.23）计算。

$$q_{si}^n = \xi_{ni}\sigma_i' \tag{7.2.23}$$

当填土、自重湿陷性黄土湿陷、欠固结土层产生固结和地下水降低时：$\sigma_i' = \sigma_{\gamma i}'$

当地面分布大面积荷载时：$\sigma_i' = p + \sigma_{\gamma i}'$

$$\sigma_{\gamma i}' = \sum_{e=1}^{i-1} \gamma_e \Delta z_e + \frac{1}{2}\gamma_i \Delta z_i \tag{7.2.24}$$

式中　q_{si}^n——第 i 层土桩侧负摩阻力标准值；当按（7.2.23）计算值大于正摩阻力值时，取正摩阻力标准值进行设计；

　　　ξ_{ni}——桩周第 i 层土负摩阻力系数，可按表 7.2.14 取值；

　　　$\sigma_{\gamma i}'$——由土自重引起的桩周第 i 层土平均竖向有效应力；桩群外围桩自地面算起，桩群内部桩自承台底算起；

　　　σ_i'——桩周第 i 层土平均竖向有效应力；

　　γ_i、γ_e——分别为第 i 计算土层和其上第 e 层土层的重度（地下水位以下取浮重度）；

　Δz_i、Δz_e——第 i 层土、第 e 层土的厚度；

　　　　p——地面均布荷载。

负摩阻力系数 ξ_{ni}　　　　　　　　　　　　表 7.2.14

土类	饱和软土	黏性土、粉土	砂土	自重湿陷性黄土
ξ_{ni}	0.15～0.25	0.25～0.40	0.35～0.50	0.20～0.35

注：1. 同类土中，对挤土桩，取表中较大值，对于非挤土桩，取表中较小值；
　　2. 填土按其组成取表中同类土的较大值。

（2）考虑群桩效应的基桩下拉荷载按式（7.2.25）计算。

$$Q_g^n = \eta_n \cdot u \sum_{i=1}^{n} q_{si}^n l_i \tag{7.2.25}$$

$$\eta_n = \frac{s_{ax} \cdot s_{ay}}{\pi d \left(\dfrac{q_s^n}{\gamma_m} + \dfrac{d}{4} \right)} \tag{7.2.26}$$

式中　n——中性点以上的土层数；

　　　l_i——中性点以上第 i 土层的厚度；

　　　η_n——负摩阻力群桩效应系数；$\eta_n > 1$ 或单桩基础时，取 $\eta_n = 1$；

　s_{ax}、s_{ay}——分别为纵横向桩的中心距；

　　　q_s^n——中性点以上桩周土层厚度加权平均负摩阻力标准值；

　　　γ_m——中性点以上桩周土层厚度加权平均重度（地下水位以下取浮重度）。

（3）中性点深度 l_n 应按桩周土层沉降与桩沉降相等的条件计算确定，也可按表 7.2.15 确定。

中性点深度 l_n 表 7.2.15

持力层性质	黏性土、粉土	中密以上砂	砾石、卵石	基岩
中性点深度比 l_n/l_0	0.5~0.6	0.7~0.8	0.9	1.0

注：1. l_n、l_0 分别为自桩顶算起的中性点深度和桩周软弱土层下限深度；

　　2. 桩穿越自重湿陷性黄土层时，l_n 按表中数值增大 10%（持力层为基岩除外）；

　　3. 当桩周土层固结与桩基沉降同时完成时，取 $l_\text{n}=0$；

　　4. 当桩周土层计算沉降量小于 20mm 时，l_n 应按表中数值乘以折减系数 0.4~0.8。

3. 抗拔桩基承载力验算

1)（《桩基规范》第 5.4.5 条）承受拔力的桩基，应按式（7.2.27）和式（7.2.28）同时验算群桩基础呈整体破坏和呈非整体破坏时基桩的抗拔承载力。

（相应于群桩抗拔破坏时）　　　　$N_\text{k} \leqslant T_\text{gk}/2 + G_\text{gp}$　　　　　　　　（7.2.27）

（相应于单桩抗拔破坏时）　　　　$N_\text{k} \leqslant T_\text{uk}/2 + G_\text{p}$　　　　　　　　（7.2.28）

式中　N_k——按荷载效应标准组合计算的基桩拔力；

　　　T_gk——群桩呈整体破坏时基桩的抗拔极限承载力标准值，按下述 2) 确定；

　　　T_uk——群桩呈非整体破坏时基桩的抗拔极限承载力标准值，按公式（7.2.29）确定；

　　　G_gp——群桩基础所包围体积的桩土总自重除以总桩数，地下水位以下取浮重度；

　　　G_p——基桩自重，地下水位以下取浮重度，对于扩底桩应按表 7.2.16 确定桩、土柱体周长，计算桩、土自重。

2)（《桩基规范》第 5.4.6 条）群桩基础及其基桩的抗拔极限承载力按下列规定确定：

（1）对于设计等级为甲级和乙级的建筑桩基，基桩的抗拔极限承载力应通过现场单桩上拔静载荷试验确定（试验按《建筑基桩检测技术规范》（JGJ 106）进行）；

（2）对于群桩基础及设计等级为丙级的建筑桩基，如无当地经验，可按下列规定计算群桩基础及基桩的抗拔极限承载力标准值：

① 群桩呈非整体破坏时，基桩的抗拔极限承载力标准值可按式（7.2.29）计算。

$$T_\text{uk} = \sum \lambda_i q_{\text{sik}} u_i l_i \qquad (7.2.29)$$

式中　T_uk——基桩抗拔极限承载力标准值；

　　　u_i——桩身周长，对于等直径桩取 $u = \pi d$；对于扩底桩按表 7.2.16 取值；

　　　q_{sik}——桩侧表面第 i 层土的抗压极限侧阻力标准值，可按表 7.2.4 确定；

　　　λ_i——抗拔系数，按表 7.2.17 取值。

扩底桩破坏表面周长 u_i 表 7.2.16

自桩底起算的长度 l_i	$\leqslant (4\sim10)d$	$> (4\sim10)d$
u_i	πD	πd

注：1. l_i 对于软土取低值，对于卵石、砾石取高值；l_i 值按内摩擦角增大而增加；

　　2. 不为表中数值时，按内插法确定。

抗拔系数 λ_i 表 7.2.17

土　类	砂　土	黏性土、粉土
λ_i 值	0.5~0.7	0.7~0.8

注：桩长 l 与桩径 d 之比小于 20 时，λ_i 取小值。

② 群桩呈整体破坏时，基桩的抗拔极限承载力标准值可按式（7.2.30）计算。

$$T_{gk} = \frac{1}{n} u_l \sum \lambda_i q_{sik} l_i \qquad (7.2.30)$$

式中　u_l——群桩外围周长。

3）（《桩基规范》第5.4.7条）季节性冻土上轻型建筑的短桩基础，应按式（7.2.31）和式（7.2.32）验算其抗拔冻涨性。

$$\eta_f q_f u z_0 \leqslant T_{gk}/2 + N_G + G_{gp} \qquad (7.2.31)$$
$$\eta_f q_f u z_0 \leqslant T_{uk}/2 + N_G + G_p \qquad (7.2.32)$$

式中　η_f——冻深影响系数，按表7.2.18取用；

q_f——切向冻胀力，按表7.2.19取用；

z_0——季节性冻土的标准冻深；

T_{gk}——标准冻深线以下群桩呈整体破坏时基桩抗拔极限承载力标准值，按上述2）确定；

T_{uk}——标准冻深线以下单桩抗拔极限承载力标准值，按上述2）确定；

N_G——基桩承受的桩承台底面以上建筑物自重、承台及其上土重标准值。

冻深影响系数 η_f　　　　　表7.2.18

标准冻深(m)	$z_0 \leqslant 2.0$	$2.0 < z_0 \leqslant 3.0$	$z_0 > 3.0$
η_f	1.0	0.9	0.8

切向冻胀力 q_f（kPa）值　　　　　表7.2.19

土　类	冻　胀　性　分　类			
	弱冻胀	冻胀	强冻胀	特强冻胀
黏性土、粉土	30～60	60～80	80～120	120～150
砂土、砾(碎)石(黏、粉粒含量>15%)	<10	20～30	40～80	90～200

注：1. 表面粗糙的灌注桩，表中数值应乘以1.1～1.3；
　　2. 本表不适用于含盐量大于0.5%的冻土。

4）（《桩基规范》第5.4.8条）膨胀土上轻型建筑的短桩基础，应按式（7.2.33）和式（7.2.34）验算群桩基础呈整体破坏和非整体破坏的抗拔稳定性。

$$u \sum q_{ei} l_{ei} \leqslant T_{gk}/2 + N_G + G_{gp} \qquad (7.2.33)$$
$$u \sum q_{ei} l_{ei} \leqslant T_{uk}/2 + N_G + G_p \qquad (7.2.34)$$

式中　T_{gk}——群桩呈整体破坏时，大气影响急剧层下稳定土层中基桩的抗拔极限承载力标准值，按上述2）确定；

T_{uk}——群桩呈非整体破坏时，大气影响急剧层下稳定土层中基桩的抗拔极限承载力标准值，按上述2）确定；

q_{ei}——大气影响急剧层中第i层土的极限胀切力，由现场浸水试验确定；

l_{ei}——大气影响急剧层中第i层土的厚度。

五、桩身竖向承载力与裂缝控制计算

1. 受压桩

1）（《桩基规范》第5.8.2～5.8.5条）钢筋混凝土受压桩的计算项目及内容见表7.2.20。

钢筋混凝土受压桩的计算项目及内容　　　　　表 7.2.20

序号	情　　　况			要　求
1	轴心受压桩正截面受压承载力	当桩顶以下 $5d$ 范围内的桩身螺旋箍筋间距≤100mm，且符合表 7.6.1、7.6.2 要求时		按公式(7.2.35)计算
2		当桩身配筋不符合 1 要求时		按公式(7.2.36)计算
3		对于高承台桩、桩身穿越可液化或不排水抗剪强度小于 10kPa 的软弱土层的基桩	符合 1 情况时	按公式(7.2.37)计算
4			符合 2 情况时	按公式(7.2.38)计算
5	偏心受压桩正截面受压承载力	对于高承台桩、桩身穿越可液化或不排水抗剪强度小于 10kPa 的软弱土层的基桩		按《混凝土规范》要求，考虑偏心矩增大系数 η
6	基桩成桩工艺系数 ψ_c	混凝土预制桩、预应力混凝土空心桩		$\psi_c=0.85$
		干作业非挤土灌注桩		$\psi_c=0.9$
		泥浆护壁和套管护壁非挤土灌注桩、部分挤土灌注桩、挤土灌注桩		$\psi_c=0.7\sim0.8$
		软土地区挤土灌注桩		$\psi_c=0.6$

【注意】

表 7.2.20 中的基桩成桩工艺系数 ψ_c 就是《地基规范》第 8.5.9 条所规定的基桩工作条件系数，相比《地基规范》的规定，表 7.2.20 中的系数有较大的变化（较《地基规范》有较大的放松，系数约放大 15%）并进行了细化，一般情况下应执行表 7.2.20 规定。

$$N\leqslant\psi_c f_c A_{ps}+0.9 f_y' A_s' \tag{7.2.35}$$
$$N\leqslant\psi_c f_c A_{ps} \tag{7.2.36}$$

式中　N——荷载效应基本组合下桩顶轴向压力设计值；

　　　ψ_c——基桩成桩工艺系数，按表 7.2.20 取值；

　　　f_c——混凝土轴心抗压强度设计值；

　　　A_{ps}——桩身截面面积；

　　　f_y'——纵向主筋抗压强度设计值；

　　　A_s'——纵向主筋截面面积。

$$N\leqslant\varphi(\psi_c f_c A_{ps}+0.9 f_y' A_s') \tag{7.2.37}$$
$$N\leqslant\varphi\psi_c f_c A_{ps} \tag{7.2.38}$$

式中　φ——桩身稳定系数，一般取 $\varphi=1.0$。对于表 7.2.20 中情况 3.4 时，按表 7.2.21 确定；

桩身稳定系数　　　　　表 7.2.21

l_c/d	≤7	8.5	10.5	12	14	15.5	17	19	21	22.5	24
l_c/b	≤8	10	12	14	16	18	20	22	24	26	28
φ	1.00	0.98	0.95	0.92	0.87	0.81	0.75	0.70	0.65	0.60	0.56
l_c/d	26	28	29.5	31	33	34.5	36.5	38	40	41.5	43
l_c/b	30	32	34	36	38	40	42	44	46	48	50
φ	0.52	0.48	0.44	0.40	0.36	0.32	0.29	0.26	0.23	0.21	0.19

注：1. b 为矩形桩短边尺寸，d 为桩直径。

　　2. l_c 按表 7.2.22 确定。

【注意】

表7.2.21与《混凝土规范》表7.3.1完全相同，即：桩身的稳定系数按侧向无约束的钢筋混凝土柱计算，土对桩约束的有利影响通过 l_c 体现。

桩身压曲计算长度 l_c 表7.2.22

桩顶铰接				桩顶固接			
桩底支于非岩石土层中		桩底嵌于岩石内		桩底支于非岩石土层中		桩底嵌于岩石内	
$h<\dfrac{4.0}{\alpha}$	$h\geqslant\dfrac{4.0}{\alpha}$	$h<\dfrac{4.0}{\alpha}$	$h\geqslant\dfrac{4.0}{\alpha}$	$h<\dfrac{4.0}{\alpha}$	$h\geqslant\dfrac{4.0}{\alpha}$	$h<\dfrac{4.0}{\alpha}$	$h\geqslant\dfrac{4.0}{\alpha}$
$l_c=1.0\times(l_0+h)$	$l_c=0.7\times\left(l_0+\dfrac{4.0}{\alpha}\right)$	$l_c=0.7\times(l_0+h)$	$l_c=0.7\times\left(l_0+\dfrac{4.0}{\alpha}\right)$	$l_c=0.7\times(l_0+h)$	$l_c=0.5\times\left(l_0+\dfrac{4.0}{\alpha}\right)$	$l_c=0.5\times(l_0+h)$	$l_c=0.5\times\left(l_0+\dfrac{4.0}{\alpha}\right)$

注：1. 表中 α 按式（7.4.11）确定；

    2. l_0 为高承台基桩露出地面的长度，对于低承台桩基，$l_0=0$；

    3. h 为桩的入土长度，当桩侧有厚度为 d_L 的液化土层时，桩露出地面长度 l_0 和桩的入土长度 h 分别调整为 $l_0'=l_0+\psi_L d_L$，$h'=h-\psi_L d_L$，ψ_L 按表7.2.12确定。

2)（《桩基规范》第5.8.6条）打入式钢管桩的桩身局部压曲验算要求见表7.2.23。

打入式钢管桩的桩身局部压曲验算要求   表7.2.23

序号	情　况	要　求
1	$t/d=1/50\sim1/80$，$d\leqslant600$mm，最大锤击压应力小于钢材强度设计值	可不进行局部压曲验算
2	$d>600$mm 时	按公式(7.2.39)验算
3	$d\geqslant900$mm 时	按公式(7.2.39、7.2.40)验算

$$t/d\geqslant f_y'/(0.388E) \tag{7.2.39}$$

$$t/d\geqslant\sqrt{f_y'/(14.5E)} \tag{7.2.40}$$

式中　t、d——钢管桩壁厚、外径；

    E、f_y'——钢材弹性模量、抗压强度设计值。

2. 钢筋混凝土抗拔桩

1)（《桩基规范》第5.8.7条）正截面受拉承载力按公式（7.2.41）计算。

$$N\leqslant f_y A_s+f_{py}A_{py} \tag{7.2.41}$$

式中　N——荷载效应基本组合下桩顶轴向拉力设计值；

f_y、f_{py}——普通钢筋、预应力钢筋的抗拉强度设计值；

A_s、A_{py}——普通钢筋、预应力钢筋的截面面积。

2)（《桩基规范》第5.8.8条）对抗拔桩的裂缝控制计算应符合下列规定：

（1）对于严格要求不出现裂缝的一级裂缝控制等级预应力混凝土基桩，在荷载效应标准组合下混凝土不应出现拉应力，即符合公式（7.2.42）的要求；

$$\sigma_{ck} - \sigma_{pc} \leqslant 0 \tag{7.2.42}$$

（2）对于一般要求不出现裂缝的二级裂缝控制等级预应力混凝土基桩，应符合公式（7.2.43）和公式（7.2.44）的要求；

在荷载效应标准组合下　　　　$\sigma_{ck} - \sigma_{pc} \leqslant f_{tk}$ （7.2.43）

在荷载效应准永久组合下　　　　$\sigma_{cq} - \sigma_{pc} \leqslant 0$ （7.2.44）

（3）对于允许出现裂缝的三级裂缝控制等级的基桩，按荷载效应标准组合计算的最大裂缝宽度应符合公式（7.2.45）的要求；

$$w_{max} \leqslant w_{lim} \tag{7.2.45}$$

式中 σ_{ck}、σ_{cq}——荷载效应标准组合、准永久组合下正截面法向应力；

σ_{pc}——扣除全部应力损失后，桩身混凝土的预应力；

f_{tk}——混凝土轴心抗拉强度标准值；

w_{max}——按荷载效应标准组合计算的最大裂缝宽度；【注意】应为按荷载效应标准组合并考虑长期作用影响的最大裂缝宽度，按《混凝土规范》公式（8.1.2）计算。

w_{lim}——最大裂缝宽度限值，按表7.1.18确定。

3)（《桩基规范》第5.8.9条）进行桩身截面的抗震验算时，应考虑桩身承载力的抗震调整，按《抗震规范》第5.4.2条确定γ_{RE}。

3. 预制桩的吊运及锤击应力验算

（《桩基规范》第5.8.11、5.8.12条）预制桩的吊运及锤击应力应按表7.2.24验算。

预制桩的吊运及锤击应力验算要求　　　　表 7.2.24

序号	情　况	要　求
1	预制桩吊点	按吊点(或支点)跨间正弯矩与吊点处负弯矩相等的原则确定
2	吊运弯矩和吊运拉力计算	应考虑吊运时的冲击与振动，将桩身重力乘以1.5的动力系数
3	对于裂缝控制等级为一、二级的混凝土预制桩、预应力管桩	按公式(7.2.46)验算桩身的锤击压应力和锤击拉应力
4	桩需穿越软土层或桩存在变截面时	按表7.2.25确定桩身最大锤击拉应力
5	最大锤击拉、压应力	分别不应超过混凝土的轴心抗拉、轴心抗压强度设计值

$$\sigma_p = \frac{\alpha\sqrt{2eE\gamma_p H}}{\left[1+\frac{A_c}{A_H}\sqrt{\frac{E_c\gamma_c}{E_H\gamma_H}}\right]\left[1+\frac{A}{A_c}\sqrt{\frac{E\gamma_p}{E_c\gamma_c}}\right]} \tag{7.2.46}$$

式中 σ_p——桩的最大锤击压应力；

α——锤型系数；自由落锤为1.0；柴油落锤取1.4；

e——锤击效率系数；自由落锤为0.6；柴油落锤取0.8；

A_H、A_c、A——锤、桩垫、桩的实际断面面积；

E_H、E_c、E——锤、桩垫、桩的纵向弹性模量；

γ_H、γ_c、γ——锤、桩垫、桩的重度；

H——落锤距。

最大锤击拉应力 σ_t 建议值（kPa）　　　　　　表 7. 2. 25

应力类别	桩类	建议值	出现部位
桩轴向拉应力值	预应力混凝土管桩	$(0.33\sim0.5)\sigma_p$	① 桩刚穿越软土层时
	混凝土及预应力混凝土桩	$(0.25\sim0.33)\sigma_p$	② 距桩尖$(0.5\sim0.7)l$ 处
桩截面环向拉应力或侧向拉应力	预应力混凝土管桩	$0.25\sigma_p$	最大锤击压应力相应的截面
	混凝土及预应力混凝土桩（侧向）	$(0.22\sim0.25)\sigma_p$	

六、理解与分析

1. 桩端承载力是指桩入土深度大于 6m、桩端面积为 $0.5m^2$ 时的容许承载力，否则仅可按深基础计算。

2. 当前在多、高层建筑中大直径扩底灌注桩应用较为广泛，应用时，需注意大直径扩底桩支承于黏性土、粉土、砂土及卵石层上的承载基本特性。

1) 扩底部分压力相同时，扩底面积愈大，沉降量愈大；

2) 扩底面积愈大，其承载力值小于按线性比例的增大关系；

3) 扩底桩的承载性能，介于桩与天然地基基础之间，因此，不能用 $d<800mm$ 的中、小灌注桩的公式计算其承载力，而且是不安全的；也不能采用天然地基的宽度及深度修正系数 η_b 和 η_d 确定扩底桩的承载力，否则，没有充分利用这类桩的承载力。

3. 在预估大直径扩底桩的承载力时，一方面应采用对应扩底桩的桩端阻力（需清底干净）及桩侧阻力；另一方面对于持力层为黏土及粉土、砂土及砂卵石，要考虑按等变形准则，乘以桩侧阻力折减系数 ψ_{si} 及桩端阻力折减系数 ψ_p。

4. 支承于强风化基岩上的扩底桩（嵌岩桩）的承载力计算，由于强风化岩体压缩性较大，因此可按大直径扩底桩计算其承载力，其侧阻力及端阻力值可参照砂、砾层的经验值确定。

5. 关于负摩擦力

桩在荷载作用时，产生相对于桩周土体的向下位移，因此，土对桩的摩擦力是向上的，阻止桩的沉降。但如果由于某种原因，使桩周土产生相对桩的向下位移，则土对桩侧表面的摩擦力是向下的，称为负摩擦力，此时摩擦力与桩上的荷载作用方向一致，不仅不能作为承载力考虑，而且还应作为外荷载加在桩身上（见图 7.2.6）

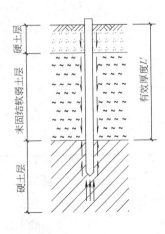

图 7.2.6　桩的负摩擦力

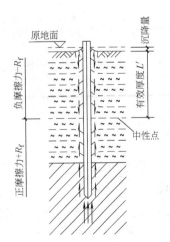

图 7.2.7　桩的负摩擦力的分布

1) 产生负摩擦力的原因

(1) 桩打入冲填土、未经压实的新填土和其他尚未自重固结的软土层中，由于这些土层的压缩固结，产生对桩身的负摩擦力；

(2) 在桩周围有地面荷载（如地面堆载等）；使桩周的土层产生压缩变形；

(3) 由于降低地下水位或震动压密等作用；

(4) 在自重湿陷黄土产生自重湿陷时。

2) 影响负摩擦力的主要因素

(1) 桩穿越的软土层厚度越大，负摩擦力也越大；

(2) 软弱土层的压缩性越大和下沉速度越快，负摩擦力也越大；

(3) 软弱土层的抗剪强度越高，负摩擦力的极限值越大。

但应注意，并不是整个被穿越的软土层厚度上，都对桩产生负摩擦力，而是随软弱土层固结条件的不同，只在土层的一定厚度范围内产生。这个厚度称为有效厚度（L'）。有效厚度在土的固结过程中随时间变化而变。

3) 减少负摩擦力的方法

(1) 在桩的周围刷上如沥青类的材料，送入已钻好的孔内再在桩与钻孔的空隙中填以细砂；

(2) 采用摩擦桩，使桩能与周围土体一起下沉。

6. 关于群桩效应

1) 群桩的概念

两桩以上的基础称为群桩基础。

2) 群桩的作用原理

对于摩擦桩，一部分荷载通过桩底传到下卧土层上，另一部分荷载将由桩周的摩擦力所承担，并扩散到下卧层上，所以，由摩擦桩组成的群桩桩底平面上的土中应力，要比单桩桩底处的土应力大很多（见图 7.2.8），同时压缩层的厚度也远比单桩的大（见图 7.2.9）。

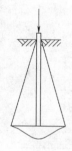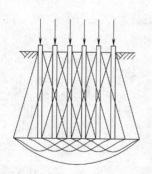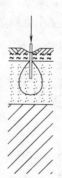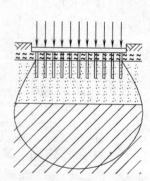

图 7.2.8　群桩与单桩桩底平面上的应力比较　　　　图 7.2.9　群桩与单桩的压缩层比较

当桩间距很小时，桩间土被高度挤实，与桩形成一个整体，不产生相对位移。这时群桩的工作就像一个实体深基础。计算桩基承载力时，只能考虑边桩外围土的摩擦力，显然这个摩擦力比各桩单独作用时的表面摩擦力之和要小。换言之，对摩擦桩基础来说，如果承台面积保持不变，单纯增加桩数，并不能提高桩基的承载力。

3）群桩的承载力

（1）端承桩组成的群桩，上部荷载均通过桩直接传到桩尖处的土层上，故群桩的承载力即为全部单桩承载力之和，其沉降也与单桩相近；

（2）资料[11]提供的群桩和单桩承载力的对比试验结果见表 7.2.26。

群桩和单桩承载力的对比试验结果　　　　　　　　　　　　表 7.2.26

试验地区	桩类型	桩距	桩基中的桩数	折减系数 η	控制沉降量(mm)
北京	爆扩桩	1.4D	1、3、5、8	0.7～0.9	<40
广西	爆扩桩	1.61D	3	0.81～0.94	<25
		1.75D	3	0.84～1.02	<25
		1.77D	3	0.89～0.96	<15
武汉	爆扩桩	1.4D	1、2、4、6	0.72～0.93	<40
		1.8D	1、2、4、6	≥1	<40
上海模拟试验	预制桩	3d	9	0.93～1.17	
		4d	9	1.03～1.29	
		6d	9	1.06～1.41	

综合表 7.2.26 的数据及国内外其他资料，可以归纳如下：

① 爆扩桩的桩中心距超过 1.8D（D 为扩大端直径）时，承载力折减系数大于 1；

② 摩擦桩的桩中心距在 2～3d（d 为桩直径）时，折减系数约为 0.7；8d 时，折减系数为 1；

③ 爆扩桩的桩心距在 1.5～1.8D 时，摩擦桩的桩心距大于 3d（一般采用 4d）时，一方面桩的承载力系数随桩数增加而降低，另一方面，低桩承台比无承台的群桩承载力提高 25% 左右；

④《桩基规范》（第 5.2.3 条）规定：对桩数≤4 根的摩擦型柱下独立桩基、或由于地层土性、使用条件等因素不宜考虑承台效应时，基桩竖向承载力特征值取单桩竖向承载力特征值；

⑤ 对条形基础下的桩不超过 2 排时，桩的工作条件也接近于单桩；

⑥ 当桩数≥4 根而桩中心距小于 6d（摩擦桩）或 2D（爆扩桩）时，情况比较复杂，介于单桩与群桩之间。

七、结构设计的相关问题

1.《地基规范》中包含有混凝土预制桩和混凝土灌注桩的低桩承台基础内容；

2.《地基规范》及《桩基规范》均未给出桩基抗拔力验算及桩身抗裂验算公式，本节引用《混凝土规范》的相关计算公式；

3. 关于长桩的界定规范未予明确，需设计者根据经验确定；

4. 规范只规定验算桩轴心受压时的桩身强度，对其他受力情况未提出桩身强度验算要求。

5.《地基规范》规定，桩轴心受压时在桩身强度验算中应考虑工作条件系数 ψ_c，而对抗拔桩抗裂验算中混凝土轴心抗拉强度标准值 f_{tk} 的取值未予明确。

八、设计建议

1.《地基规范》对单桩竖向承载力特征值 R_a 的确定，强调采用试桩方法，因此规定经验公式（7.2.13～7.2.18）只适用于初步设计。

实际工程中由于多方面的原因较难以在施工图设计前进行试桩，一般情况下常采用上述经验公式计算，并将其计算结果结合当地同类地质条件下的桩基设计经验综合确定，以此作为施工图桩基承载力特征值进行设计，尔后进行复核性试桩（工程桩试验），这对于有可靠地区性桩基设计及施工经验（即所采用的桩基承载力特征值与后期试桩结果出入不大）时，是可行的变通办法；

2. 现今的试桩常利用工程桩试桩，尤因大直径灌注桩加载值很大，加载值未能达到极限承载力，通常加载至允许承载力值；

1）对于桩径 $d > 2m$ 的灌注桩难以进行试桩，可仅对桩身混凝土进行抽芯或用超声波检测法（需预先埋设超声波检测管）进行质量检查，并对桩底沉渣厚度进行检测；

2）对于直径很大，承载力很高的桩，宜采用本章第六节的自平衡测试法；

3）对于预制桩及小直径灌注桩，宜进行桩的破坏检测（即加载至桩的极限承载力）。

3. 对于嵌岩灌注桩的单桩竖向承载力特征值 R_a 的确定，考虑到试桩的难度较大，《地基规范》允许采用不试桩的方法，即直接采用桩端岩石承载力特征值，并按公式计算 R_a 值；

《地基规范》规定嵌岩灌注桩的最小嵌岩深度宜 $\geq 0.5m$，但为确保承载力较大的单桩承载力的可靠性，要求桩端下 3 倍桩径范围内不出现不良的岩体性状；

4. 对 q_{Pa}、q_{sia} 的取值，《地基规范》强调由当地静载荷试验的结果统计分析算得；

5. 关于灌注桩的桩底及桩侧后压浆

近年来，灌注桩的后压浆技术在工程实践中得到了广泛采用，后压浆技术的采用极大地改善了桩与桩底及桩周土体的咬合功能，桩底沉渣、桩周泥皮及缝隙得到了处理，对持力层起到了加固作用；同时大幅度提高了灌注桩的承载力，有效地减小了桩基的沉降，消除了对钻孔灌注桩孔底沉渣的忧虑，资料[14]显示，采用后压浆技术经济效益十分明显。

6. 《地基规范》规定，桩轴心受压时桩身强度验算中应考虑工作条件系数 ψ_c，而对抗拔桩抗裂验算中混凝土轴心抗拉强度标准值 f_{tk} 的取值未予明确。编者建议，在抗拔桩裂缝宽度验算中，在 f_{tk} 的取值时考虑桩的工作条件系数，按折算后的混凝土 f_{tk}（$f_{tk} = \psi_c f'_{tk}$，f'_{tk} 为折算前的混凝土轴心抗拉强度标准值，按《混凝土规范》表 4.1.3 取值）计算。

7. 软弱下卧层的桩基竖向承载力验算

当桩端平面以下受力层范围内存在软弱下卧层时，可按《地基规范》对软弱下卧层承载力的验算公式计算。作用于软弱下卧层顶的附加应力分别按下列规定计算：

1）对于桩距 $s \leq 6d$ 的群桩基础，按公式（7.2.19）确定；

2）对于桩距 $s > 6d$、且硬持力层厚度 $t < (s - D_e)\cot\theta/2$ 的群桩基础（图 7.2.5），以及单桩基础，按式（7.2.47）确定：

$$p_z = \frac{4(N_k - \mu\sum q_{sik}l_i)}{\pi(D_e + 2t\tan\theta)} \tag{7.2.47}$$

式中　N_k——相应于荷载效应标准组合轴心竖向力作用下任一单桩的竖向力；

　　　D_e——桩端等代直径，对于圆形桩端，$D_e = D$；方形桩，$D_e = 1.13b$（b 为桩的边长）；按表 7.2.13 确定 θ 时，$B_0 = D_e$。

8. 支承于中等风化、微风化岩的端承灌注桩，当无法避开断层构造带（破碎带）时，应根据实际情况作出如下选择处理：

1）桩不穿过断层构造带

此时，桩端以下距构造带岩体厚度（指中等风化、微风化岩）$t > 5d$ 或 $t > 4m$，或者桩端压力扩散到断层构造带不超过其承载力特征值，并且变形值也能满足设计要求；

2）构造带可作为桩端持力层

此时，断层构造带胶结良好，经地质勘察部门鉴定其强度和压缩性均可满足设计要求；

3）桩宜穿过断层构造带

此时，断层构造带埋藏较浅，其垂直厚度虽较厚，但桩不穿过构造带，则单桩承载力及布桩均难以满足设计要求；

4）桩端采用加强措施

当挖孔桩桩底遇到宽度不大，而倾角较陡的破碎带时，视具体情况采取加强措施，如做扩大头、在桩端底面加设水平钢筋网等。

9. 对重要的人工挖孔灌注桩基工程，可不考虑护壁对桩身周长的影响（见公式 7.2.14）；对一般工程可适当考虑护壁的作用，当护壁壁厚过大时，计算的护壁厚度宜取 100mm。

九、相关索引

1.《地基规范》的相关规定见其第 8.5 节。

2.《抗震规范》的相关规定见其第 4.4 节。

3.《混凝土高规》的相关规定见其第 12.4 节。

4.《桩基规范》的相关规定见其第 5 章。

5. 广东省实施《高层建筑混凝土结构技术规程》（JGJ 3—2002）补充规定（广东省标准 DBJ/T15—46—2005）的相关规定，见其第 11.0.2 条。

第三节　桩基沉降计算

【要点】

本节主要涉及：桩基的沉降变形控制标准问题；桩基沉降计算问题；单桩、单排桩、疏桩基础的沉降问题；软土地基减沉复合疏桩基础；计算桩基沉降的实体深基础法；当地经验对计算沉降的指导意义及重要工程的沉降观测问题。

一、基本要求

1.（《桩基规范》第 5.5.1、5.5.4 条）**建筑桩基沉降变形计算值不应大于桩基沉降变形允许值**（表 7.3.1）。

2.（《桩基规范》第 5.5.2 条）桩基沉降变形可采用下列计算指标

1）沉降量；

2）沉降差；

3）整体倾斜：建筑物桩基础倾斜方向两端点的沉降差与其距离的比值；

4）局部倾斜：墙下条形承台沿纵向某一长度范围内桩基础两点的沉降差与其距离的比值。

建筑桩基沉降变形允许值　　　　　　　　　表 7.3.1

序号	变 形 特 征		允许值
1	砌体承重结构基础的局部倾斜		0.002
2	相邻柱(墙)基础的沉降差	框架、框架-剪力墙、框架核心筒结构	$0.002l_0$
		砌体填充的边排柱	$0.0007l_0$
		当基础不均匀沉降时,不产生附加应力的结构	$0.005l_0$
3	单层排架结构(柱距为 6m)桩基的沉降量(mm)		120
4	桥式吊车轨面的倾斜(按不调整轨道考虑)	纵向	0.004
		横向	0.003
5	多层和高层建筑的整体倾斜	$H_g \leqslant 24$	0.004
		$24 < H_g \leqslant 60$	0.003
		$60 < H_g \leqslant 100$	0.0025
		$H_g > 100$	0.002
6	高耸结构桩基础的整体倾斜	$H_g \leqslant 20$	0.008
		$20 < H_g \leqslant 50$	0.006
		$50 < H_g \leqslant 100$	0.005
		$100 < H_g \leqslant 150$	0.004
		$150 < H_g \leqslant 200$	0.003
		$200 < H_g \leqslant 250$	0.002
7	高耸结构基础的沉降量(mm)	$H_g \leqslant 100$	350
		$100 < H_g \leqslant 200$	250
		$200 < H_g \leqslant 250$	150
8	体形简单的剪力墙结构、高层建筑桩基的最大沉降量(mm)		200

注:l_0 为相邻柱(墙)二测点间距离;H_g 为自室外地面算起的建筑高度(m)。

3.(《桩基规范》第 5.5.3 条)桩基的变形控制指标见表 7.3.2。

桩基的变形控制指标　　　　　　　　　表 7.3.2

序号	结 构 形 式	桩基的变形控制指标
1	砌体承重结构	局部倾斜控制
2	多、高层建筑和高耸结构	整体倾斜控制
3	框架、框架-剪力墙、框架-核心筒结构	尚应控制柱(墙)之间的差异沉降

二、桩距 $s_a \leqslant 6d$ 的群桩基础

1.(《桩基规范》第 5.5.6 条)桩基最终沉降量计算可采用等效作用分层总和法按公式(7.3.1)计算。

$$s = \psi \cdot \psi_e \cdot s' = \psi \cdot \psi_e \cdot \sum_{j=1}^{m} p_{0j} \sum_{i=1}^{n} \frac{z_{ij} \overline{\alpha}_{ij} - z_{(i-1)j} \overline{\alpha}_{(i-1)j}}{E_{si}} \qquad (7.3.1)$$

式中　　s——桩基最终沉降量(mm);

　　　　s'——采用 Boussinesq 解,按实体深基础分层总和法计算出的桩基沉降量(mm);

　　　　ψ——桩基沉降计算经验系数,当无当地可靠经验时可按表 7.3.3 确定;

　　　　ψ_e——桩基等效沉降系数,按公式(7.3.5)确定;

m——角点法计算点对应的矩形荷载分块数；

p_{0j}——第 j 块矩形底面在荷载效应准永久组合下的附加压力（kPa）；

n——桩基沉降计算深度范围内所划分的土层数；

E_{si}——等效作用面以下第 i 层土的压缩模量（MPa），采用地基土在自重应力（p_c）至自重应力加附加应力（p_c+p_0）作用时的压缩模量；

z_{ij}、$z_{(i-1)j}$——桩端平面第 j 块荷载作用面至第 i 层土、第 $i-1$ 层土底面的距离（m）；

$\bar{\alpha}_{ij}$、$\bar{\alpha}_{(i-1)j}$——桩端平面第 j 块荷载计算点至第 i 层土、第 $i-1$ 层土底面深度范围内平均附加应力系数，按《地基规范》附录 K 采用。

桩基沉降计算经验系数 ψ　　　　　　　　　表 7.3.3

$\overline{E}_s$(MPa)	≤10	15	20	35	≥50
ψ	1.2	0.9	0.65	0.50	0.40

注：1. $\overline{E}_s$ 为沉降计算深度范围内压缩模量的当量值，可按公式 $\overline{E}_s=\Sigma A_i/\Sigma\dfrac{A_i}{E_{si}}$ 计算，其中 A_i 为第 i 层土附加应力系数沿土层厚度的积分值，可近似按分块面积计算；

2. ψ 可根据表中 $\overline{E}_s$ 内插取值；

3. 采用后注浆工艺的灌注桩，应根据桩端持力土层类别，将表中系数 ψ 乘以 0.7（砂、砾、卵石）～0.8（黏性土、粉土）；

4. 饱和土中采用预制桩（不含复打、复压、引孔沉桩）时，应根据桩距、土质、沉桩速率和顺序等因素，乘以1.3～1.8 的挤土效应系数。

【注意】

公式（7.3.1）采用如下假设：

1）等效作用面位于桩端平面；

2）等效作用面积为桩承台投影面积；

3）等效作用附加应力近似取承台底平均应力；

4）等效作用面以下的应力分布采用各向同性均质直线变形体理论。

2.（《桩基规范》第 5.5.7 条）计算矩形桩基中点沉降时，公式（7.3.1）可改写为式（7.3.2）。

$$s=\psi\cdot\psi_e\cdot s'=4\cdot\psi\cdot\psi_e\cdot p_0\sum_{i=1}^{n}\frac{z_i\bar{\alpha}_i-z_{i-1}\bar{\alpha}_{i-1}}{E_{si}}$$

$$(7.3.2)$$

式中　p_0——在荷载效应准永久组合下承台底的平均附加应力；

$\bar{\alpha}_i$、$\bar{\alpha}_{i-1}$——平均附加应力系数，根据矩形长宽比

a/b 及深宽比 $\dfrac{z_i}{b}=\dfrac{2z_i}{B_c}$，$\dfrac{z_{i-1}}{b}=\dfrac{2z_{i-1}}{B_c}$

查《地基规范》附录 K。

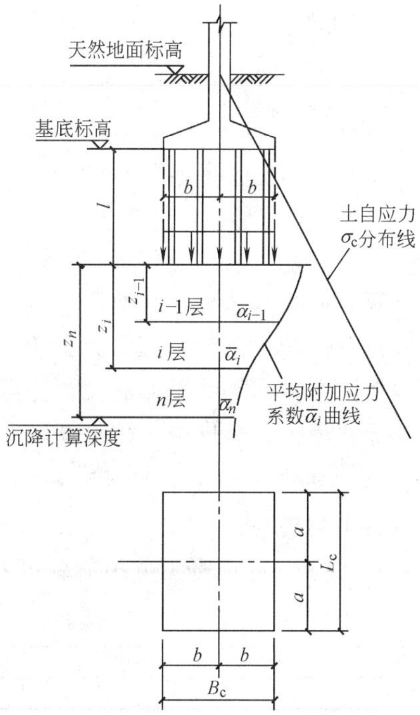

3.（《桩基规范》第 5.5.8 条）桩基沉降计算深度 z_n，按应力比法确定，即在 z_n 处的附加应力 σ_z 与土自重应力 σ_c 应符合式（7.3.3）和式（7.3.4）的要求。

图 7.3.1　桩基沉降计算示意图

$$\sigma_z=0.2\sigma_c \qquad\qquad (7.3.3)$$

$$\sigma_z = \sum_{j=1}^{m} \alpha_j p_{0j} \tag{7.3.4}$$

式中附加应力系数 α_j 根据角点法划分的矩形长宽比及深度比按《桩基规范》附录 D 采用。

【注意】

1) 桩基沉降计算深度 z_n 采用公式（7.3.3、7.3.4）的应力比确定，和《地基规范》的应变比要求（见公式（2.3.3））不同；

2) 此处与《地基规范》还有不同，《地基规范》规定当无相邻荷载影响，基础宽度在 $1\sim30\text{m}$ 范围内时，z_n 可按公式（2.3.4）简化计算。

4. （《桩基规范》第 5.5.9 条）桩基等效沉降系数 ψ_e 按式（7.3.5）计算。

$$\psi_e = C_0 + \frac{n_b - 1}{C_1(n_b - 1) + C_2} \tag{7.3.5}$$

$$n_b = \sqrt{n \cdot B_c / L_c} \tag{7.3.6}$$

式中　n_b——矩形布桩的短边布桩数，当布桩不规则时，可按式（7.3.6）近似计算，$n_b > 1$；当 $n_b = 1$ 时，按公式（7.3.10）计算；

C_0、C_1、C_2——根据群桩距径比 s_a/d、长径比 l/d 及基础长宽比 L_c/B_c，查《桩基规范》附录 E；

L_c、B_c、n——分别为矩形承台的长、宽及总桩数。

5. （《桩基规范》第 5.5.10 条）当布桩不规则时，等效距径比 s_a/d 可按式（7.3.7、7.3.8）近似计算。

圆形桩　　　　　　　　$s_a/d = \sqrt{A}/(\sqrt{n} \cdot d) \tag{7.3.7}$

方形桩　　　　　　　　$s_a/d = 0.886\sqrt{A}/(\sqrt{n} \cdot b) \tag{7.3.8}$

式中　A——桩基承台总面积；

　　　b——方形桩截面边长。

6. （《桩基规范》第 5.5.12 条）桩基沉降计算，应考虑相邻基础的影响，采用叠加原理计算；桩基等效沉降系数可按独立桩基（即单个桩基）计算。

7. （《桩基规范》第 5.5.13 条）当桩基形状不规则时，可采用等代矩形面积计算桩基等效沉降系数，等效矩形的长宽比可根据承台实际尺寸及形状确定。

三、单桩、单排桩、疏桩基础

（《桩基规范》第 5.5.14 条）对于单桩、单排桩、桩距 $s_a > 6d$ 的疏桩基础的沉降计算应符合下列规定：

1. 当承台底地基土分担荷载按复合桩基计算时，可按表 7.3.4 计算。

单桩、单排桩、疏桩基础计算要求　　　　　　　　表 7.3.4

序号	计 算 内 容	计 算 要 求
1	基桩引起的附加应力 σ_{zi}	按 Mindlin 解考虑桩径影响（公式 7.3.9-1）
2	承台引起的附加应力 σ_{zci}	用 Boussinesq 解计算（公式 7.3.9-2）
3	最终沉降量	取 1+2 项应力，按单向压缩分层总和法计算（公式 7.3.10-1）

2. 承台底地基土不分担荷载时，按公式（7.3.10-2）计算。

$$\sigma_{zi} = \sum_{j=1}^{m} \frac{Q_j}{l_j^2} \left[\alpha_j I_{p,ij} + (1 - \alpha_j) I_{s,ij} \right] \tag{7.3.9-1}$$

$$\sigma_{zci} = \sum_{k=1}^{u} \alpha_{ki} p_{c,k} \qquad (7.3.9\text{-}2)$$

$$s = \psi \sum_{i=1}^{n} \frac{\sigma_{zi} + \sigma_{zci}}{E_{si}} \Delta z_i + s_e \qquad (7.3.10\text{-}1)$$

$$s = \psi \sum_{i=1}^{n} \frac{\sigma_{zi}}{E_{si}} \Delta z_i + s_e \qquad (7.3.10\text{-}2)$$

$$s_e = \xi_e \frac{Q_j l_j}{E_c A_{ps}} \qquad (7.3.11)$$

式中　　m——以沉降计算点为圆心，0.6 倍桩长为半径的水平面影响范围内的基桩数；

　　　　n——沉降计算深度范围内土层的计算分层数；分层数应结合土层性质，$\Delta z_i \leqslant 0.3 z_n$；

　　　σ_{zi}——计算点影响范围内，各基桩对应力计算点桩端平面以下第 i 层土 1/2 厚度处产生的附加竖向应力之和；应力计算点应取与沉降计算点最近的桩中心点；

　　σ_{zci}——承台压力对应力计算点桩端平面以下第 i 计算土层 1/2 厚度处产生的应力；可将承台板划分为 u 个矩形块，按《桩基规范》附录 D 采用角点法计算；

　　Δz_i——第 i 个计算土层的厚度（m）；

　　E_{si}——第 i 个计算土层的压缩模量（MPa），采用土的自重应力（p_c）至土的自重应力加附加应力（$p_c + p_0$）作用时的压缩模量；

　　Q_j——第 j 桩在荷载效应准永久组合作用下（对复合桩基应扣除承台底土分担的荷载），桩顶的附加荷载（kN）；当地下室埋深超过 5m 时，取荷载效应准永久组合作用下的总荷载为考虑回弹再压缩的等代附加荷载；

　　l_j——第 j 桩的桩长（m）；

　　A_{ps}——桩身截面面积（m²）；

　　α_j——第 j 桩总桩侧阻力与桩顶荷载之比，近似取极限总端阻力与单桩极限承载力之比；

$I_{p,ij}$、$I_{s,ij}$——分别为第 j 桩的桩端阻力和桩侧阻力对计算轴线第 i 计算土层 1/2 厚度处的应力影响系数，可按《桩基规范》附录 F 取值；

　　E_c——桩身混凝土的弹性模量；

　　$p_{c,k}$——第 k 块承台底均布压力，可取 $p_{c,k} = \eta_{c,k} \cdot f_{ak}$，其中 $\eta_{c,k}$ 为 k 块承台底板的承台效应系数，按表 7.2.1 中 η_c 取值；f_{ak} 为承台底地基承载力特征值；

　　α_{ki}——第 k 块承台底角点处，桩端平面以下第 i 计算土层 1/2 厚度处的附加应力系数，按《桩基规范》附录 D 取值；

　　s_e——桩身计算压缩量；

　　ξ_e——桩身压缩系数。端承型桩，取 $\xi_e = 1.0$；摩擦型桩，当 $l/d \leqslant 30$ 时，取 $\xi_e = 2/3$；$l/d \geqslant 50$ 时，取 $\xi_e = 1/2$；介于两者之间可线性插值；

　　ψ——沉降计算经验系数，无当地经验时取 1.0。

　3.（《桩基规范》第 5.5.15 条）最终沉降计算深度 z_n 按应力比法由式（7.3.12）确定。

$$\sigma_z + \sigma_{zc} = 0.2 \sigma_c \qquad (7.3.12)$$

式中　σ_z、σ_{zc}——分别为计算深度 z_n 处由桩和承台土压力引起的附加应力，由式（7.3.9）中的相应项公式计算；

σ_c——土的自重应力。

四、软土地基减沉复合疏桩基础

1. 适用条件

1) 软土地基上多层建筑，地基承载力基本满足要求（以底层平面面积计算）；

2) 以减小沉降为目的，可设置穿越软土层进入相对较好土层的疏布摩擦型桩；

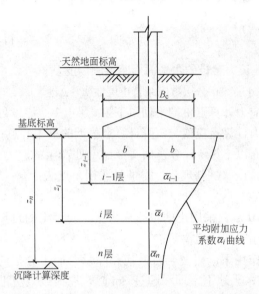

图 7.3.2 复合疏桩基础沉降计算的分层示意图

3) 由桩和桩间土共同分担荷载。

2. （《桩基规范》第 5.6.1 条）承台面积 A_c 和桩数 n 分别按式（7.3.13）和式（7.3.14）计算。

$$A_c = \xi \frac{F_k + G_k}{f_{ak}} \qquad (7.3.13)$$

$$n \geqslant \frac{F_k + G_k - \eta_c f_{ak} A_c}{R_a} \qquad (7.3.14)$$

式中 A_c——桩基承台总净面积；

f_{ak}——承台底地基承载力特征值；

ξ——承台面积控制系数，$\xi \geqslant 0.6$；

n——基桩数；

η_c——桩基承台效应系数，按表 7.2.1 确定。

3. （《桩基规范》第 5.6.2 条）中点沉降按公式（7.3.15）计算（见图 7.3.2）。

$$s = \psi(s_s + s_{sp}) \qquad (7.3.15\text{-}1)$$

$$s_s = 4p_0 \sum_{i=1}^{m} \frac{z_i \overline{\alpha}_i - z_{i-1} \overline{\alpha}_{i-1}}{E_{si}} \qquad (7.3.15\text{-}2)$$

$$s_{sp} = 280 \frac{\overline{q}_{su}}{\overline{E}_s} \cdot \frac{d}{(s_a/d)^2} \qquad (7.3.15\text{-}3)$$

$$p_0 = \eta_p \frac{F - nR_a}{A_c} \qquad (7.3.16)$$

式中 s——桩基中心点的沉降量；

s_s——由承台底地基土附加压力作用下产生的中点沉降（图 7.3.2）；

s_{sp}——由桩土相互作用产生的沉降；

$\overline{q}_{su}$、$\overline{E}_s$——桩身范围内按厚度加权的平均桩侧极限摩阻力、平均压缩模量；

d——桩身直径，当为方形桩时，$d = 1.13b$（b 为方形桩截面边长）；

s_a/d——等效距径比，按公式（7.3.7、7.3.8）计算；

p_0——按荷载效应准永久组合计算的假想天然地基平均附加应力（kPa）；

E_{si}——基底以下第 i 层土的压缩模量，应取自重压力（p_c）至自重压力与附加压力段（$p_c + p_0$）的模量值；

m——地基沉降计算深度范围内的土层数，沉降计算深度按 $\sigma_z = 0.1\sigma_c$ 确定，σ_z 按公式（7.3.3）和公式（7.3.4）确定；

z_i、z_{i-1}——基底至第 i 层、第 $i-1$ 层土底面的距离；

$\bar{\alpha}_i$、$\bar{\alpha}_{i-1}$——承台底至第 i 层、第 $i-1$ 层土层底范围内的角点平均附加压力系数；根据承台等效面积的计算分块矩形长宽比 a/b 及深宽比 $z_i/b=2z_i/B_c$；由《桩基规范》附录 D 确定；其中承台等效宽度 $B_c=B\sqrt{A_c}/L$；B、L 为建筑物基础外缘平面的宽度和长度；

F——荷载效应准永久值组合下，作用于承台底的总附加荷载（kN）；

η_p——基桩刺入变形影响系数；按桩端持力层土质确定，砂土为 1.0，粉土为 1.15，黏性土为 1.30。

ψ——沉降计算经验系数，无当地经验时取 1.0。

五、理解与分析

1. 公式（7.3.1）中取承台底面附加应力作为桩底截面处的等效附加应力，按公式（7.3.3 或 7.3.4）的应力控制方法来确定沉降的计算深度。

2.《地基规范》规定桩基础的沉降可采用单向压缩分层总和法，按公式（2.3.1）计算，可考虑等代实体深基础外侧土的摩擦力或考虑等代实体深基础外侧土对附加应力的扩散作用，采用的是公式（2.3.3）的变形控制方法来确定沉降的计算深度，与公式（7.3.1）不同，相比公式（2.3.1），公式（7.3.1）及其相关计算较为繁琐。

3. 对于单桩、单排桩、疏桩基础，其沉降除应考虑地基的沉降外，还应考虑桩的自身压缩量，其概念清晰，但公式（7.3.9）计算过于繁琐。

4. 软土地基和减沉复合疏桩基础因其受力及变形特征与天然地基相近，故在公式（7.3.15）中引入桩土相互作用产生的沉降 s_{sp}。

六、结构设计的相关问题

1. 采用实体深基础计算桩基础的最终沉降量时，《地基规范》对实体深基础的底面积可采用两种不同的计算方法，而《桩基规范》直接将承台底面的附加应力取为桩底截面处的附加应力，其沉降计算数值要大于按《地基规范》的计算值；

2. 按规范公式计算的沉降值常和实际观测数值有较大的差异。

七、设计建议

1. 工程设计中有必要时，实体深基础的底面积和桩底截面附加应力可按《地基规范》的相关规定计算。

2. 关于实体深基础法

本法适用于摩擦型桩基，且其桩的中心距 $s_a<6d$（d 为桩经），当桩数超过 9 根（含 9 根）时，该桩基视为一假想的实体深基础。按实体深基础计算桩基时，可选用下列两种方法之一，当桩基下的地基中有软弱下卧层时，还应验算该下卧层的承载力。

1）考虑扩散角法

本法适用于桩尖下的土与桩侧的土质相近时（即摩擦型桩）。

本法假定荷载通过实体基础侧壁的摩擦力，以扩散角 $\alpha=\varphi/4$（φ 为桩长范围内土的内摩擦角，当为多层土时，可取各层土内摩擦角的加权平均值）向土层深处传布（图 7.3.3a），形成图中 1、2、3、4 虚线范围的假想实体深基础，深基础底面的压力为：

轴心荷载时
$$p_k=\frac{F_k+G_k}{A}$$
(7.3.17)

偏心荷载时
$$p_{kmax} = \frac{F_k + G_k}{A} + \frac{M_k}{W} \qquad (7.3.18)$$

式中 p_k——相应于荷载效应标准组合时，实体基础底面处的平均压力值；

p_{kmax}——相应于荷载效应标准组合时，实体基础底面边缘的最大压力值；

F_k——相应于荷载效应标准组合时，作用在桩基承台顶面的竖向力值；

M_k——相应于荷载效应标准组合时，作用于实体基础底面的力矩值，包括承台处弯矩及承台处水平力对实体基础底面的弯矩之和；

G_k——实体基础自重，包括承台自重和图 7.3.3a 中 1、2、3、4 范围内的土重和桩自重；

W——实体基础底面的抵抗矩；

A——实体基础的底面面积，

$$A = \left(A_0 + 2L\tan\frac{\varphi}{4}\right)\left(B_0 + 2L\tan\frac{\varphi}{4}\right) \qquad (7.3.19)$$

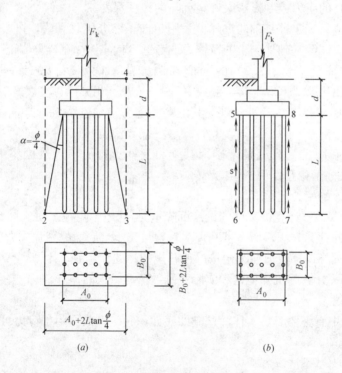

图 7.3.3 实体深基础法

（a）考虑扩散角法；（b）考虑外围土的摩擦力法

2）考虑外围土的摩擦力法

本法适用于桩尖下的土比桩基周围的土坚硬时（即端承摩擦桩）。

本法假定图 7.3.3b 中 5、6、7、8 所示的范围，土对深基础的摩擦力 s，作用在群桩外围的竖向面上，故实体深基础底面的压力应减去实体深基础侧面的摩擦力，即

轴心荷载时
$$p_k = \frac{F_k + G_k - uq_{sa}}{A} \qquad (7.3.20)$$

偏心荷载时
$$p_{kmax} = \frac{F_k + G_k - uq_{sa}}{A} + \frac{M_k}{W} \qquad (7.3.21)$$

式中　u——实体基础四侧表面积，$u=2(A_0+B_0)L$；

　　　q_{sa}——作用于实体基础侧壁的摩擦力特征值，对于

黏性土　　　　　　　　　$q_{sa}=\dfrac{1}{2K}q_n$　　　　　　　　　　（7.3.22）

砂土　　　　　　　　　$q_{sa}=\dfrac{1}{2K}N\tan\varphi$　　　　　　　　（7.3.23）

q_n 为土的无侧限抗压强度特征值，N 为静止侧向压力，K 为安全系数，可取 $K=2\sim3$；

　　　A——实体基础的底面面积，$A=A_0\times B_0$。

3. 应重视对沉降经验数值的积累，事实上，桩基的沉降量值不可能完全按公式计算确定，根据丰富当地经验判断的沉降量值往往比按公式的计算结果更具可靠性，有时甚至是确定沉降数值的决定性因素。

4. 应加强沉降观测，以指导施工并为结构设计积累经验。

八、相关索引

1.《地基规范》的相关规定见其第 8.5 节和其附录 R。

2.《抗震规范》的相关规定见其第 4.4 节。

3.《混凝土高规》的相关规定见其第 12.4 节。

4.《桩基规范》的相关规定见其第 5 章。

第四节　桩基水平承载力及位移计算

【要点】

桩基水平承载力及位移计算是桩基设计的难点，相应的计算公式较为烦琐，本节主要介绍单桩基础及群桩基础的水平承载力确定及验算问题，分析影响桩基水平承载力及位移的诸多因素，重在通过构造手段和采取加强措施满足桩基水平承载力要求及进行桩基的水平位移控制。

一、单桩基础

1.（《桩基规范》第 5.7.1 条）受水平荷载的一般建筑物和受水平荷载较小的高大建筑物单桩基础和群桩中的基桩应满足式（7.4.1）的要求。

$$H_{ik}\leqslant R_h \qquad\qquad (7.4.1)$$

式中　H_{ik}——在荷载效应标准组合下，作用于基桩 i 桩顶处的水平力；

　　　R_h——单桩基础或群桩中基桩的水平承载力特征值，单桩基础 $R_h=R_{ha}$。

2.（《桩基规范》第 5.7.2 条）单桩的水平承载力特征值按表 7.4.1 确定。

$$R_{ha}=\frac{0.75\alpha\gamma_m f_t W_0}{\nu_M}(1.25+22\rho_g)\left[1\pm\frac{\zeta_N\cdot N}{\gamma_m f_t A_n}\right] \qquad (7.4.2)$$

式中　$\pm$根据桩顶竖向力性质确定，压力取"$+$"，拉力取"$-$"；

　　　α——桩的水平变形系数，按公式（7.4.11）确定；

　　　R_{ha}——单桩水平承载力特征值；

　　　γ_m——桩截面模量塑性系数，圆形截面 $\gamma_m=2$，矩形截面 $\gamma_m=1.75$；

　　　f_t——桩身混凝土抗拉强度设计值；

W_0——桩身换算截面受拉边缘的截面模量，圆形截面为：$W_0 = \frac{\pi d}{32}$ $[d^2 + 2(\alpha_E - 1)\rho_g d_0^2]$，方形截面为：$W_0 = \frac{b}{6}[b^2 + 2(\alpha_E - 1)\rho_g b_0^2]$，其中 d 为桩直径，d_0 为扣除保护层的桩直径；b 为方形截面边长，b_0 为扣除保护层的桩截面宽度；α_E 为钢筋弹性模量与混凝土弹性模量的比值；

ν_M——桩身最大弯矩系数，按表 7.4.2 确定，单桩基础和单排桩纵向轴线与水平方向相垂直的情况，按桩顶铰接考虑；

ρ_g——桩身配筋率；

A_n——桩身换算截面面积，圆形截面为：$A_n = \frac{\pi d^2}{4}[1 + (\alpha_E - 1)\rho_g]$，方形截面为：$A_n = b^2[1 + (\alpha_E - 1)\rho_g]$

ζ_N——桩顶竖向力影响系数，竖向压力取 0.5；竖向拉力取 1.0；

N——在荷载效应标准组合下桩顶的竖向力（kN）。

单桩的水平承载力特征值的确定 表 7.4.1

序号	情 况	确 定 方 法		
1	受水平荷载较大的甲、乙级桩基	应通过单桩水平静载荷试验		
2	钢筋混凝土预制桩、钢桩、桩身配筋率 $\rho_g \geq 0.65\%$ 的灌注桩	根据水平静载荷试验结果，取地面水平位移 Δ 所对应荷载的 75%	一般建筑物 $\Delta = 10$mm	
			对水平位移敏感的建筑物 $\Delta = 6$mm	
		无试验资料时	按公式(7.4.3)估算	
3	桩身配筋率 $\rho_g < 0.65\%$ 的灌注桩	有试验资料时	取单桩水平静载试验的临界荷载的 75%	
		无试验资料时	按公式(7.4.2)估算	
4	永久性荷载控制的桩基	将 2、3 项确定的单桩水平承载力特征值乘以 0.8		
5	验算地震作用桩基	将 2、3 项确定的单桩水平承载力特征值乘以 1.25		

注：对于混凝土护壁的挖孔桩，计算单桩水平承载力时，其设计桩径取护壁内直径。

桩顶（身）最大弯矩系数 ν_M 和桩顶水平位移系数 ν_x 表 7.4.2

桩顶约束情况	桩的换算埋深(αh)	ν_M	ν_x
铰接、自由	4.0	0.768	2.441
	3.5	0.750	2.502
	3.0	0.703	2.727
	2.8	0.675	2.905
	2.6	0.639	3.163
	2.4	0.601	3.526
固接	4.0	0.926	0.940
	3.5	0.934	0.970
	3.0	0.967	1.028
	2.8	0.990	1.055
	2.6	1.018	1.079
	2.4	1.045	1.095

注：1. 铰接（自由）的 ν_M 为桩身的最大弯矩系数，固接的 ν_M 为桩顶的最大弯矩系数；
2. 当 $\alpha h > 4$ 时，取 $\alpha h = 4$。

$$R_{ha} = 0.75 \frac{\alpha^3 EI}{\nu_x} x_{0a} \qquad (7.4.3)$$

式中 EI——桩身抗弯刚度，对于钢筋混凝土桩，$EI = 0.85 E_c I_0$；其中，I_0 为桩身换算截面惯性矩，圆形截面 $I_0 = W_0 d_0/2$；矩形截面 $I_0 = W_0 b_0/2$；

x_{0a}——桩顶允许水平位移；

ν_x——桩顶水平位移系数，按表 7.4.2 确定，取值方法同 ν_M。

二、群桩基础

1.（《桩基规范》第 5.7.3 条）群桩基础（不包括水平力垂直于单排桩基纵向轴线和力矩较大的情况）的基桩水平承载力特征值应考虑承台、桩群、土相互作用产生的群桩效应，可按公式（7.4.4）确定。

$$R_h = \eta_h R_{ha} \tag{7.4.4}$$

1) 考虑地震作用且 $s_a/d \leqslant 6$ 时：

$$\eta_h = \eta_i \eta_r + \eta_l \tag{7.4.5}$$

$$\eta_i = \frac{\left(\dfrac{s_a}{d}\right)^{0.015n_2 + 0.45}}{0.15n_1 + 0.10n_2 + 1.9} \tag{7.4.6}$$

$$\eta_l = \frac{m \cdot x_{0a} \cdot B'_c \cdot h_c^2}{2 \cdot n_1 \cdot n_2 \cdot R_{ha}} \tag{7.4.7}$$

$$x_{0a} = \frac{R_{ha} \cdot \nu_x}{\alpha^3 \cdot EI} \tag{7.4.8}$$

2) 其他情况：

$$\eta_h = \eta_i \eta_r + \eta_l + \eta_b \tag{7.4.9}$$

$$\eta_b = \frac{\mu \cdot P_c}{n_1 \cdot n_2 \cdot R_h} \tag{7.4.10}$$

式中　η_h——群桩效应综合系数；

η_i——桩的相互影响效应系数；

η_r——桩顶约束效应系数（桩顶嵌入承台长度 50~100mm 时），按表 7.4.3 确定；

η_l——承台侧向土水平抗力效应系数（承台侧面回填土为松散状态时取 $\eta_l = 0$）；

η_b——承台底摩阻效应系数；

s_a/d——沿水平荷载方向的距径比；

n_1、n_2——分别为沿水平荷载方向与垂直水平荷载方向每排桩中的桩数；

m——承台侧面土水平抗力系数的比例系数，当无试验资料时可按表 7.4.5 确定；

x_{0a}——桩顶（承台）的水平位移允许值，当以位移控制时，可取 $x_{0a} = 10$mm（对水平位移敏感的结构取 $x_{0a} = 6$mm）；当以桩身强度控制（低配筋率灌注桩）时，可近似按公式（7.4.8）确定；

B'_c——承台受侧向土抗力一边的计算宽度（m），$B'_c = B_c + 1$，B_c 为承台宽度；

h_c——承台的高度（m）；

μ——承台底与地基土之间的摩擦系数，可按表 7.4.4 确定；

P_c——承台底地基土分担的竖向总荷载标准值，$P_c = \eta_c f_{ak}(A - nA_{ps})$，$\eta_c$ 按公式（7.2.9）的相关规定确定；A 为承台总面积，A_{ps} 为桩身截面面积。

桩顶约束效应系数 η_r 表 7.4.3

换算深度 ah	2.4	2.6	2.8	3.0	3.5	≥4.0
位移控制	2.58	2.34	2.20	2.13	2.07	2.05
强度控制	1.44	1.57	1.71	1.82	2.00	2.07

注：α 按公式（7.4.11）计算，h 为桩的入土长度。

承台底与地基土之间的摩擦系数 μ 表 7.4.4

土 的 类 别		摩擦系数 μ
黏性土	可塑	0.25～0.30
	硬塑	0.30～0.35
	坚硬	0.35～0.45
粉土	密实、中密（稍湿）	0.30～0.40
中砂、粗砂、砾砂		0.40～0.50
碎石土		0.40～0.60
软岩、软质岩		0.40～0.60
表面粗糙的较硬岩、坚硬岩		0.65～0.75

    2.（《桩基规范》第5.7.4条）计算水平荷载较大和水平地震作用、风荷载作用的带地下室的高大建筑物桩基的水平位移时，可考虑地下室侧墙、承台、桩群、土共同作用。

    3.（《桩基规范》第5.7.5条）桩的水平变形系数 α（1/m）

$$\alpha = \sqrt[5]{\frac{mb_0}{EI}} \tag{7.4.11}$$

式中 m——桩侧土水平抗力系数的比例系数；

       b_0——桩身的计算宽度（m）；

    圆形柱：当直径 $d \leqslant 1$m 时，$b_0 = 0.9(1.5d + 0.5)$

    当直径 $d > 1$m 时，$b_0 = 0.9(d + 1)$

    方形柱：当边宽 $b \leqslant 1$m 时，$b_0 = 1.5b + 0.5$

    当边宽 $b > 1$m 时，$b_0 = b + 1$

    EI——桩身的抗弯刚度，按公式（7.4.3）的相关规定计算。

    4.（《桩基规范》第5.7.5条）桩侧土水平抗力系数的比例系数 m，宜通过单桩水平静载试验确定，当无静载试验资料时，可按表7.4.5确定。

三、水平受荷桩的桩身承载力验算

（《桩基规范》第5.8.10条）对于受水平荷载和地震作用的桩，其桩身受弯承载力和受剪承载力的验算应符合表7.4.6的要求。

四、结构设计的相关问题

    1. 桩基的水平承载力与位移计算，是结构设计的难点，一般应通过试验来确定。

    2. 桩的水平承载力计算较为复杂，相关计算公式相互关联，计算工作量大。

    3. 水平荷载作用下的单桩变形分析

    由桩的静载试验可以看出，在水平力作用下，桩身的变形大致有下列三种形态（桩顶在承台中的嵌固条件不同时，桩身的变形也不一样）：

桩侧土水平抗力系数的比例系数 *m*　　　　　　表 7.4.5

序号	地基土类别	预制桩、钢桩		灌注桩	
		m (MN/m⁴)	相应单桩在地面处的水平位移(mm)	*m* (MN/m⁴)	相应单桩在地面处的水平位移(mm)
1	淤泥、淤泥质土;饱和湿陷性黄土	2~4.5	10	2.5~6	6~12
2	流塑(I_L>1)、软塑(0.75<I_L≤1)状黏性土;*e*>0.9 的粉土;松散粉细砂;松散、稍密填土	4.5~6.0	10	6~14	4~8
3	可塑(0.25<I_L≤0.75)状黏性土、湿陷性黄土;*e*=0.75~0.9 的粉土;中密填土、稍密细砂	6.0~10	10	14~35	3~6
4	硬塑(0<I_L≤0.25)、坚硬(I_L≤0)状黏性土、湿陷性黄土;*e*<0.75 的粉土;中密的中粗砂;密实老填土	10~12	10	35~100	2~5
5	中密、密实的砾砂、碎石类土			100~300	1.5~3

注: 1. 当桩顶水平位移大于表中数值或灌注桩的配筋率较高（≥0.65%时），*m* 值应适当降低；当预制桩的水平位移小于 10mm 时，*m* 值可适当提高；
　　 2. 当水平荷载为长期或经常出现的荷载时，应将表中数值乘以系数 0.4；
　　 3. 当地基土为液化土层时，应将表中数值乘以表 7.2.12 中的系数 ψ_L。

水平受荷桩的承载力验算要求　　　　　　表 7.4.6

序号	情　　况	要　　求
1	桩顶固端的桩	应验算桩顶正弯矩
2	桩顶自由或铰接的桩	应验算桩身最大弯矩截面处的正截面弯矩
3	桩顶斜截面的受剪承载力	应验算
4	桩身最大弯矩和水平剪力	按《桩基规范》附录 C 计算
5	桩身正截面受弯承载力和斜截面受剪承载力	按《混凝土规范》规定计算
6	考虑地震作用验算桩身正截面受弯和斜截面受剪承载力时	按《抗震规范》规定对桩顶地震作用效应进行调整
7	水平承载力特征值按试验确定时	可不验算桩身抗弯、受剪承载力

　　1）当桩的抗弯刚度远大于地基刚度且桩的入土深度很小时，桩将绕某点转动（图 7.4.1*a*）；

　　2）当地基较好时，桩的下部嵌固在土中，只有桩身的上部产生弯曲（图 7.4.1*b*）；

　　3）大多数情况下，桩身的变形如弹性地基梁一样（图 7.4.1*c*）。

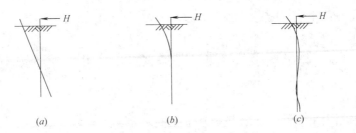

图 7.4.1　桩身的变形形态

　　4. 水平荷载与桩顶位移的关系

　　影响水平位移的因素很多，如承台的刚度、地基的情况、竖向荷载的大小等。试验表明，桩顶水平位移与水平荷载之间呈现非线性的关系，在同样的水平位移情况下，无垂直

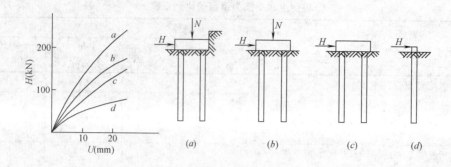

图 7.4.2　水平荷载 H 与桩顶位移 U 的关系

荷载时，水平推力最小（图 7.4.2 曲线 c），承台上有垂直荷载作用时，水平推力增大（曲线 b）。当考虑承台侧向土的压力时，水平推力最大（曲线 a），表明桩的水平承载力随承台的埋设条件与垂直荷载的变化而不同，低桩承台（相应于图 7.4.2a）比高桩承台（相应于图 7.4.2b）的水平承载力大得多。

五、设计建议

1. 一般情况下应避免桩基承担过大的水平力和桩顶弯矩，主要结构措施如下：

1）尽量采用 3 桩以上承台的桩基础，以通过桩的拉压力形成的力偶消化承台顶面的水平力和弯矩，避免采用单桩或双桩承台的桩基础；

2）设置桩顶双向承台梁，抵抗承台顶面弯矩并协调各承台之间的变形；

3）提高对承台侧面回填土的回填要求，以通过承台侧面的被动土压力，消化或部分消化桩顶的水平力。

2. 对于有地下室（地下室层数两层及两层以上）的桩基础，一般可不考虑桩的水平承载力要求。

3. 广东省规定[8]：6 度区、7 度区地下室层数不少于一层及 8 度区地下室层数不少于 2 层时，在地震作用下，可不验算桩基础的水平承载力。

六、相关索引

1.《地基规范》的相关规定见其第 8.5 节。

2.《抗震规范》的相关规定见其第 4.4 节。

3.《混凝土高规》的相关规定见其第 12.4 节。

4.《桩基规范》的相关规定见其第 5 章。

第五节　承 台 计 算

【要点】

承台设计计算的内容比较多，本节主要涉及：承台的正截面受弯承载力计算、柱（墙）对承台的冲切和基桩对承台的冲切验算、承台的斜截面受剪承载力验算、柱下或桩上承台的局部受压承载力验算、砌体下条形承台的设计计算及桩基承台的抗震验算等内容，提出承台抗震设计的实用计算方法。

承台的计算的主要内容见表 7.5.1。

桩基承台计算项目表　　　　　　表7.5.1

序号	计算分类			主要计算公式
1	承台的弯矩计算	多桩矩形承台		(7.5.1、7.5.2)
		三桩承台		等边三桩承台(7.5.3)
				不等边三桩承台(7.5.4、7.5.5)
		两桩承台		按两端简支梁计算
		砌体墙下条形桩基连续承台梁的计算		(7.5.6～7.5.15)
2	承台的冲切承载力计算	柱对承台的冲切		(7.5.16～7.5.20)
3		四桩及四桩以上承台受角桩的冲切		(7.5.21～7.5.23)
4		三桩三角形承台受角桩的冲切		底部角桩(7.5.24～7.5.25)
				顶部角桩(7.5.26、7.5.27)
5	柱下桩基承台的斜截面承载力验算	斜截面位置：柱边、桩边、变阶处和桩边连线	等截面承台	(7.5.28、7.5.29)
			锥形、阶梯形承台斜截面受剪的截面计算宽度　阶梯形承台	(7.5.30～7.5.31)
			锥形承台	(7.5.32～7.5.33)
6	局部承压验算	承台混凝土强度等级低于柱或桩时		《混凝土规范》公式(7.8.1-1)
7	单桩承台一般无须计算,可配置构造钢筋			
8	对于圆柱及圆桩,计算时应将其换算成方柱及方桩,即取换算柱截面边长 $b_c=0.8d_c$(d_c为圆柱直径);换算桩截面边长 $b_p=0.8d$(d为圆桩直径)。			

一、柱下桩基承台的弯矩计算

1.（《地基规范》第8.5.16条,《桩基规范》第5.9.2条）柱下桩基承台的弯矩可按以下简化计算方法确定：

1）两桩条形承台和多桩矩形承台

计算截面取在柱边和承台变阶处（图7.5.1a）：

$$M_x = \sum N_i y_i \qquad (7.5.1)$$
$$M_y = \sum N_i x_i \qquad (7.5.2)$$

式中　M_x、M_y——分别为绕 X 轴和绕 Y 轴方向计算截面处的弯矩设计值；

　　　　x_i、y_i——垂直 Y 轴和 X 轴方向自桩轴线到相应计算截面的距离；

　　　　N_i——不计承台和其上土重,在荷载效应基本组合下的第 i 根桩竖向反力设计值。

2）三桩承台

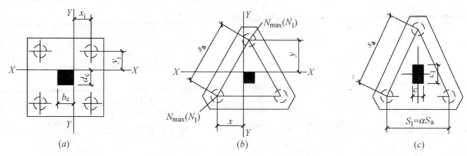

图7.5.1　柱下桩基承台的弯矩计算

(a) 四桩承台；(b) 等边三桩承台；(c) 等腰三桩承台

(1) 等边三桩承台（图 7.5.1*b*）　　$M = \dfrac{N_{max}}{3}\left(s_a - \dfrac{\sqrt{3}}{4}c\right)$ 　　　　(7.5.3)

(2) 等腰三桩承台（图 7.5.1*c*）　　$M_1 = \dfrac{N_{max}}{3}\left(s_a - \dfrac{0.75}{\sqrt{4-\alpha^2}}c_1\right)$ 　　(7.5.4)

$$M_2 = \dfrac{N_{max}}{3}\left(\alpha s_a - \dfrac{0.75}{\sqrt{4-\alpha^2}}c_2\right)$$ 　　(7.5.5)

式中　M——由承台形心至承台边缘垂直距离范围内板带的弯矩设计值；

M_1、M_2——分别为由承台形心到承台两腰和底边垂直距离范围内板带的弯矩设计值；

N_{max}——不计承台和其上土重，在荷载效应基本组合下三桩中最大基桩竖向反力设计值；

s_a——桩中心距，对图 7.5.1*c* 取长向桩中心距；

c——方柱边长，圆柱时 $c=0.8d$（d 为圆柱直径）；

c_1、c_2——分别为垂直于、平行于承台底边的柱截面边长；

α——短向桩中心距与长向桩中心距之比（对应于图 7.5.1*c*，$\alpha = s_1/s_a$），当 $\alpha <$ 0.5 时，应按变截面（宽度改变）的两桩承台设计。

2. (《桩基规范》第 5.9.4 条) 柱下条形承台梁的弯矩计算：

1) 一般情况下可按弹性地基梁（地基计算模型应根据地基土层特性选取）进行分析计算；

2) 当桩端持力层深厚坚硬且桩柱轴线不重合时，可视桩为不动铰支座，按连续梁计算（图 7.5.2）。

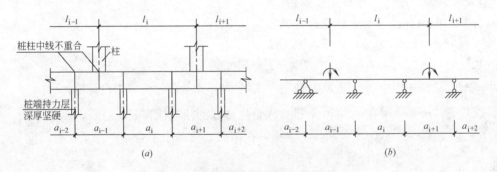

图 7.5.2　柱下条形承台梁的简化计算

(*a*) 柱下条形承台梁情况；(*b*) 连续梁计算简图

3. 砌体墙（注意：此处指承重砌体墙）下条形承台梁，可按倒置的弹性地基梁计算弯矩和剪力（见图 7.5.3）。对于承台上的砌体墙，尚应验算桩顶部砌体的局部承压强度。

1) 按倒置的弹性地基梁计算砌体墙下条形桩基连续承台梁时，先求得作用于梁上的荷载，然后按普通连续梁计算其弯矩和剪力。弯矩和剪力的计算公式可根据图 7.5.3 的计算简图，分别按表 7.5.2 采用。

公式 7.5.6～7.5.12 中：

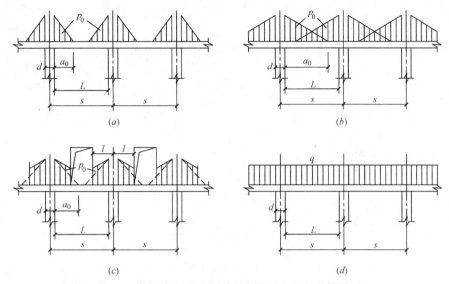

图 7.5.3 砌体墙下条形桩基连续承台梁的计算简图

(a) $a_0 < L/2$;(b) $L > a_0 > L/2$;(c) $L/2 > a_0 > l$;(d) $a_0 > L$

砌体墙下条形桩基连续承台梁内力计算公式

表 7.5.2

内力	计算简图编号	内力计算公式	公式编号	备注
支座弯矩	(a)、(b)、(c)	$M = -\dfrac{p_0 a_0^2}{12}\left(2 - \dfrac{a_0}{L_c}\right)$	7.5.6	
	(d)	$M = -\dfrac{qL_c^2}{12}$	7.5.7	
跨中弯矩	(a)、(c)	$M = \dfrac{p_0 a_0^3}{12 L_c}$	7.5.8	
	(b)	$M = \dfrac{p_0}{12}\left[L_c\left(6a_0 - 3L_c + 0.5\dfrac{L_c^2}{a_0}\right) - a_0^2\left(4 - \dfrac{a_0}{L_c}\right)\right]$	7.5.9	
	(d)	$M = q\dfrac{L_c^2}{24}$	7.5.10	
最大剪力	(a)、(b)、(c)	$Q = \dfrac{p_0 a_0}{2}$	7.5.11	
	(d)	$Q = \dfrac{qL}{2}$	7.5.12	

注：当承台梁少于 6 跨时，其支座与跨中应按实际跨数和图 7.5.3 推导计算公式。

p_0——线荷载的最大值（kN/m），按公式（7.5.13）确定：

$$p_0 = \frac{qL_c}{a_0} \tag{7.5.13}$$

a_0——自桩边算起的三角形荷载图形的底边长度，分别按下列公式确定：

中间跨 $\qquad\qquad a_0 = 3.14\sqrt[3]{\dfrac{E_n I}{E_k b_k}}$ $\qquad\qquad$ (7.5.14)

边跨 $\qquad\qquad a_0 = 2.4\sqrt[3]{\dfrac{E_n I}{E_k b_k}}$ $\qquad\qquad$ (7.5.15)

式中 L——相邻两桩之间的净距；

$\quad L_c$——计算跨度，$L_c = 1.05L$；

$\quad q$——承台梁底面以上的均布荷载；

$E_{\mathrm{n}}I$——承台梁的抗弯刚度；

　　E_{n}——承台梁混凝土的弹性模量；

　　I——承台梁横截面的惯性矩；

　　E_{k}——墙体的弹性模量；

　　b_{k}——墙体的宽度。

　　2）当门窗口下布有桩，且承台梁顶面至门窗口的砌体高度 H 小于门窗口的净宽 b_{n}（即 $H<b_{\mathrm{n}}$）时，则应按倒置的简支梁计算该段梁的弯矩，即取门窗净宽的 1.05 倍为计算跨度，取门窗下桩顶荷载为计算集中荷载进行计算（见图 7.5.4）。

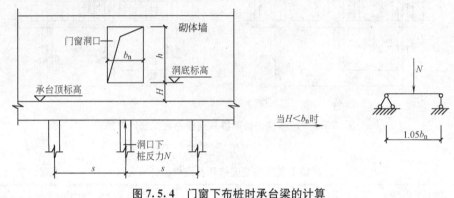

图 7.5.4　门窗下布桩时承台梁的计算

（a）门窗洞口下布桩情况；（b）洞口下承台梁的弯矩计算简图

二、承台的受冲切承载力计算

　　（《桩基规范》第 5.9.6 条）**桩基承台厚度应满足柱（墙）对承台的冲切和基桩对承台的冲切承载力要求。**

　　（《地基规范》第 8.5.17 条，《桩基规范》第 5.9.7 条）柱下桩基础独立承台受冲切承载力的计算，应符合下列规定：

　　1）柱对承台的冲切

　　（1）受柱（墙）冲切承载力计算的一般公式：

$$F_l \leqslant \beta_{\mathrm{hp}}\beta_0 f_t u_{\mathrm{m}} h_0 \tag{7.5.16}$$

$$F_l = F - \sum Q_i \tag{7.5.17}$$

$$\beta_0 = \frac{0.84}{\lambda + 0.2} \tag{7.5.18}$$

式中　F_l——不计承台及其上土重，在荷载效应基本组合下作用在冲切破坏锥体上的冲切力设计值，冲切破坏锥体应采用自柱（墙）边或承台变阶处至相应桩顶边缘连线所构成的锥体，锥体斜面与承台底面的夹角不小于 45°（图 7.5.5）；

　　f_t——承台混凝土抗拉强度设计值；

　　β_{hp}——承台受冲切承载力截面高度影响系数，当 $h \leqslant 800\mathrm{mm}$ 时，取 $\beta_{\mathrm{hp}}=1.0$，当 $h \geqslant 2000\mathrm{mm}$ 时，取 $\beta_{\mathrm{hp}}=0.9$，其间按线性内插法取值；

　　u_{m}——承台冲切破坏锥体一半有效高度处的周长；

　　h_0——承台受冲切破坏锥体的有效高度；

　　β_0——柱（墙）冲切系数；

λ——冲跨比，$\lambda=a_0/h_0$，a_0 为柱（墙）边或承台变阶处至桩边的水平距离；当 λ<0.25 时，取 $\lambda=0.25$（注意：此处与《地基规范》的规定不一致），当 λ>1.0 时，取 $\lambda=1.0$；

F——不计承台及其上土重，在荷载效应基本组合下柱（墙）底的竖向荷载设计值；

$\sum Q_i$——不计承台及其上土重，在荷载效应基本组合下冲切破坏锥体内各基桩或复合基桩的反力设计值之和。

（2）柱下矩形独立承台受柱冲切的承载力可按下列公式计算（图 7.5.5）：

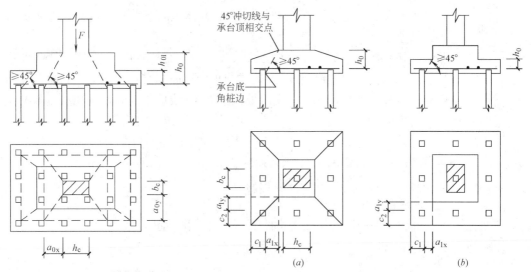

图 7.5.5 柱对承台冲切计算

图 7.5.6 四桩及四桩以上承台角桩冲切计算

（a）锥形承台；（b）阶形承台

$$F_l \leqslant 2[\beta_{0x}(b_c+a_{0y})+\beta_{0y}(h_c+a_{0x})]\beta_{hp}f_t h_0 \qquad (7.5.19)$$

式中 β_{0x}、β_{0y}——冲切系数，按公式（7.5.18）计算，$\lambda_{0x}=a_{0x}/h_0$、$\lambda_{0y}=a_{0y}/h_0$，λ_{0x}、λ_{0y} 均应满足 0.25~1.0 的要求（注意：此处与《地基规范》的规定不一致）；

h_c、b_c——分别为 x、y 方向的柱边截面边长；

a_{0x}、a_{0y}——分别为 x、y 方向的柱边离最近桩边的水平距离。

（3）柱下矩形独立阶形承台受上阶冲切的承载力可按下列公式计算（图 7.5.5）：

$$F_l \leqslant 2[\beta_{1x}(b_1+a_{1y})+\beta_{1y}(h_1+a_{1x})]\beta_{hp}f_t h_{01} \qquad (7.5.20)$$

式中 β_{1x}、β_{1y}——冲切系数，按公式（7.5.18）计算，$\lambda_{1x}=a_{1x}/h_{01}$，$\lambda_{1y}=a_{1y}/h_{01}$，$\lambda_{1x}$、$\lambda_{1y}$ 均应满足 0.25~1.0 的要求（注意：此处与《地基规范》的规定不一致）；

h_1、b_1——分别为 x、y 方向承台上阶的边长；

a_{1x}、a_{1y}——分别为 x、y 方向承台上阶边离最近桩边的水平距离。

（4）对于柱下两桩承台，不需要进行受冲切承载力计算，宜按深受弯构件（l_0/h<5.0，$l_0=1.15l_n$（注意：此公式适合于桩中心距 $s_a \leqslant 7d$ 的情况），l_n 为两桩净距）计算受弯、受剪承载力。

2）（《地基规范》第 8.5.17 条，《桩基规范》第 5.9.8 条）角桩对承台的冲切

(1) 四桩及四桩以上承台受角桩冲切

多桩承台（注意：此处未限定承台形状）受角桩冲切的承载力应按下式计算（图 7.5.6）：

$$N_l \leqslant \left[\beta_{1x} \left(c_2 + \frac{a_{1y}}{2} \right) + \beta_{1y} \left(c_1 + \frac{a_{1x}}{2} \right) \right] \beta_{hp} f_t h_0 \tag{7.5.21}$$

$$\beta_{1x} = \frac{0.56}{\lambda_{1x} + 0.2} \tag{7.5.22}$$

$$\beta_{1y} = \frac{0.56}{\lambda_{1y} + 0.2} \tag{7.5.23}$$

式中　N_l——不计承台及其上土重，在荷载效应基本组合作用下角桩（含复合基桩）反力设计值；

β_{1x}、β_{1y}——角桩冲切系数（注意：此处与公式（7.5.18）的差异）；

a_{1x}、a_{1y}——从承台底角桩顶内边缘引 45° 冲切线与承台顶面相交点至角桩内边缘的水平距离；当柱（墙）边或承台变阶处位于该 45°线以内时，则取由柱（墙）边或承台变阶处与桩内边缘连线为冲切锥体的锥线（图 7.5.6）；

h_0——承台受冲切破坏锥体的有效高度（注意：此处规范印刷有误）；

λ_{1x}、λ_{1y}——角桩冲跨比，其值满足 0.25～1.0，$\lambda_{1x} = a_{1x}/h_0$，$\lambda_{1y} = a_{1y}/h_0$；

c_1、c_2——从角桩内边缘至承台外边缘的距离

(2) 三桩三角形承台受角桩冲切

三桩三角形承台受角桩冲切的承载力可按下列公式计算（图 7.5.7）

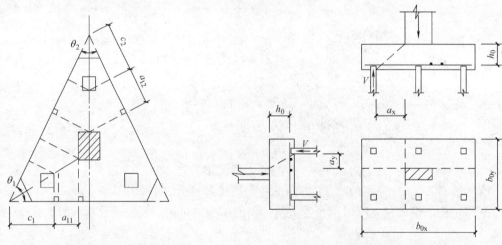

图 7.5.7　三桩三角形承台角桩冲切计算　　　　图 7.5.8　承台斜截面受剪计算

① 底部角桩　　　　$N_l \leqslant \beta_{11}(2c_1 + a_{11}) \beta_{hp} \tan \frac{\theta_1}{2} f_t h_0 \tag{7.5.24}$

$$\beta_{11} = \frac{0.56}{\lambda_{11} + 0.2} \tag{7.5.25}$$

② 顶部角桩　　　　$N_l \leqslant \beta_{12}(2c_2 + a_{12}) \beta_{hp} \tan \frac{\theta_2}{2} f_t h_0 \tag{7.5.26}$

$$\beta_{12} = \frac{0.56}{\lambda_{12} + 0.2} \tag{7.5.27}$$

式中 λ_{11}、λ_{12}——角桩冲跨比，$\lambda_{11}=\dfrac{a_{11}}{h_0}$，$\lambda_{12}=\dfrac{a_{12}}{h_0}$，其值应满足 $0.25\sim1.0$ 的要求；

　　　a_{11}、a_{12}——从承台底角桩顶内边缘引 45°冲切线与承台顶面相交点至角桩内边缘的水平距离；当柱（墙）边或承台变阶处位于该 45°线以内时，则取由柱（墙）边或承台变阶处与该桩内边缘连线为冲切锥体的锥线（图 7.5.7）。

三、承台的受剪承载力计算

1.（《地基规范》第 8.5.18 条，《桩基规范》第 5.9.9 条）承台的斜截面受剪承载力可按下列公式计算（图 7.5.8）：

$$V\leqslant\beta_{hs}\alpha f_t b_0 h_0 \tag{7.5.28}$$

$$\alpha=\frac{1.75}{\lambda+1} \tag{7.5.29}$$

式中 V——不计承台及其上土重，在荷载效应基本组合下，斜截面的最大剪力设计值；

　　　f_t——混凝土轴心抗拉强度设计值；

　　　b_0——承台计算截面处的计算宽度。阶梯形承台变阶处的计算宽度、锥形承台的计算宽度应取截面等效计算宽度，分别按式 7.5.30、7.5.31 及式 7.5.32、7.5.33 计算；

　　　h_0——承台计算截面处的有效高度；

　　　α——承台剪切系数；

　　　β_{hs}——受剪切承载力截面高度影响系数，按表 4.2.8 取值；

　　　λ——计算截面的剪跨比，$\lambda_x=\dfrac{a_x}{h_0}$，$\lambda_y=\dfrac{a_y}{h_0}$，$a_x$、$a_y$ 为柱（墙）边或承台变阶处至 y、x 方向计算一排桩的桩边的水平距离（图 7.5.8），当 $\lambda<0.25$ 时，取 $\lambda=0.25$；当 $\lambda>3$ 时，取 $\lambda=3$。

2.（《地基规范》第 S.0.1 条，《桩基规范》第 5.9.10 条）阶梯形承台斜截面受剪的截面计算宽度

1）对阶梯形承台应分别在变阶处（A_1—A_1，B_1—B_1）及柱边处（A_2—A_2，B_2—B_2）进行斜截面受剪计算（图 7.5.9）。

2）计算变阶处截面 A_1—A_1、B_1—B_1 的斜截面受剪承载力时，其截面有效高度均为 h_{01}，截面计算宽度分别为 b_{y1} 和 b_{x1}。

3）计算柱边截面 A_2—A_2、B_2—B_2 处的斜截面受剪承载力时，其截面有效高度均为 $h_{01}+h_{02}$，截面的等效计算宽度按下式计算：

对 A_2—A_2　　　　　　$b_{y0}=\dfrac{b_{y1}h_{01}+b_{y2}h_{02}}{h_{01}+h_{02}}$ 　　　　　(7.5.30)

对 B_2—B_2　　　　　　$b_{x0}=\dfrac{b_{x1}h_{01}+b_{x2}h_{02}}{h_{01}+h_{02}}$ 　　　　　(7.5.31)

3.（《地基规范》第 S.0.2 条，《桩基规范》第 5.9.10 条）锥形承台斜截面受剪的截面计算宽度

对锥形承台应对 A—A 及 B—B 两个截面进行斜截面受剪承载力计算（图 7.5.10），截面有效高度 h_0，截面的等效计算宽度按下式计算：

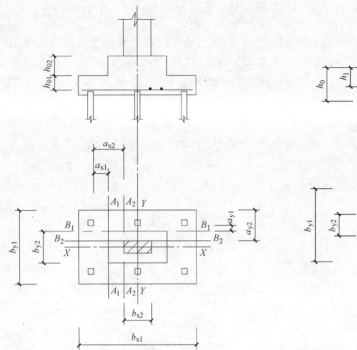
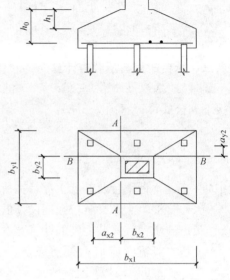

图 7.5.9   阶梯形承台斜截面受剪计算   图 7.5.10   锥形承台斜截面受剪计算

对 A—A $$b_{y0} = \left[1 - 0.5\frac{h_1}{h_0}\left(1 - \frac{b_{y2}}{b_{y1}}\right)\right]b_{y1}$$ (7.5.32)

对 B—B $$b_{x0} = \left[1 - 0.5\frac{h_1}{h_0}\left(1 - \frac{b_{x2}}{b_{x1}}\right)\right]b_{x1}$$ (7.5.33)

4. 砌体墙下条形承台梁的斜截面承载力计算

1)（《混凝土规范》第 7.5.4 条,《桩基规范》第 5.9.12 条）只配置箍筋（不配弯起钢筋）时:

$$V \leqslant 0.7f_t bh_0 + 1.25f_{yv}\frac{A_{sv}}{s}h_0$$ (7.5.34)

式中 V——不计承台及其上土重,在荷载效应基本组合下,计算截面处的剪力设计值;

A_{sv}——配置在同一截面内各肢箍筋的全部截面面积;

s——在计算斜截面处箍筋沿梁纵向的间距;

f_{yv}——箍筋抗拉强度设计值;

b——承台梁计算截面处的计算宽度;

h_0——承台梁计算截面处的有效高度。

2)（《混凝土规范》第 7.5.5 条,《桩基规范》第 5.9.13 条）同时配置箍筋和弯起钢筋时:

$$V \leqslant 0.7f_t bh_0 + 1.25f_{yv}\frac{A_{sv}}{s}h_0 + 0.8f_y A_{sb}\sin\alpha_s$$ (7.5.35)

式中 A_{sb}——配置在同一截面内弯起钢筋的全部截面面积;

f_y——弯起钢筋的抗拉强度设计值；

α_s——斜截面上弯起钢筋与承台底面的夹角。

5. （《混凝土规范》第 7.5.4 条，《桩基规范》第 5.9.14 条）柱下条形承台梁的斜截面承载力计算

只配置箍筋（不配弯起钢筋）时：

$$V \leqslant \frac{1.75}{\lambda+1} f_t b h_0 + f_{yv}\frac{A_{sv}}{s}h_0 \qquad (7.5.36)$$

式中 λ——计算截面的剪跨比，$\lambda=a/h_0$，a 为集中荷载作用点至支座边缘（即柱边至桩边）的距离，当 $\lambda<1.5$ 时，取 $\lambda=1.5$，当 $\lambda>3$ 时，取 $\lambda=3$。集中荷载作用点至支座之间的箍筋应均匀配置。

四、承台的局部受压承载力验算

（《混凝土规范》第 7.8.1、7.8.2 条，《地基规范》第 8.5.19 条，《桩基规范》第 5.9.15 条）当承台的混凝土强度等级低于柱或桩的混凝土强度等级时，应验算柱下或桩上承台的局部受压承载力。可按下式计算：

$$F_l \leqslant 1.35\beta_c\beta_l f_c A_{ln} \qquad (7.5.37)$$

$$\beta_l = \sqrt{\frac{A_b}{A_l}} \qquad (7.5.38)$$

式中 F_l——局部受压面上作用的局部荷载或局部压力设计值；

f_c——混凝土轴心抗压强度设计值；

β_c——混凝土强度影响系数，当混凝土强度等级不超过 C50 时，取 $\beta_c=1.0$；当混凝土强度等级为 C80 时，取 $\beta_c=0.8$；其间按线性内插法确定；

β_l——混凝土局部受压时的强度提高系数；

A_l——混凝土局部受压面积；

A_{ln}——混凝土局部受压净面积；

A_b——局部受压计算底面积，按图 7.5.11 确定。

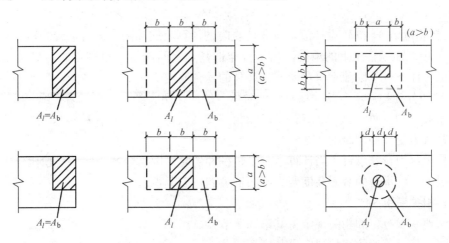

图 7.5.11 局部受压的计算底面积

五、承台的抗震验算

当进行承台的抗震验算时，应根据现行《抗震规范》的规定对承台的受弯、受冲切、受剪切承载力进行抗震调整。

六、结构设计的相关问题

1. 同时配置箍筋和弯起钢筋时，规范未规定相应计算公式，其斜截面承载力计算应根据工程经验确定。

2. 两桩及三桩承台属梁式受力构件，规范没有提供受柱冲切的计算公式，一般情况下可不验算。

七、设计建议

1. 当三桩承台板主筋与计算截面不垂直相交时，需注意主筋面积应按方向角进行换算；

2. 承台板的底部纵向受力钢筋面积 A_s，可近似按下式计算：

$$A_s = \frac{M}{0.9 h_0 f_y} \qquad (7.5.39)$$

3. 对单桩承台可按构造配筋处理。

4. 承台配有箍筋和弯起钢筋时，斜截面的受剪承载力可根据《混凝土规范》第7.5.5条的规定，按下列公式计算：

$$\gamma_0 V \leqslant 0.7 f_t b_0 h_0 + 1.25 f_y \frac{A_{sv}}{s} h_0 + 0.8 f_y A_{sb} \sin \alpha_s \qquad (7.5.40)$$

式中　A_{sb}——同一平面弯起钢筋的截面面积；

　　　α_s——斜截面上弯起钢筋与承台底面的夹角。

5. 进行承台的抗震验算时的步骤如下：

1）根据现行《抗震规范》的规定，确定承台的受弯、受剪切承载力验算的抗震调整系数 γ_{RE}。

2）将抗震设计的弯矩设计值 M_E 及剪力设计值 V_E，按下列公式换算成对应于非抗震时的弯矩设计值 M 和剪力设计值 V：

$$M = \gamma_{RE} M_E \qquad (7.5.41)$$
$$V = \gamma_{RE} V_E \qquad (7.5.42)$$

3）按相应的 M 和 V 设计值，按非抗震时的计算公式和图表进行承台的抗震验算。

6. 对中低压缩性土上的承台，当承台与地基土之间没有脱空现象时，可根据地区经验适当减小柱下桩基础独立承台受冲切计算的承台厚度。

7. 冲切分为柱对承台的冲切及角桩对承台的冲切两大类，冲切验算公式的形式相同，但冲切系数不同（见公式 7.5.18、7.5.22、7.5.23、7.5.25 和 7.5.27），受角桩冲切时的冲切系数为受柱冲切时的 2/3。

三桩承台为特殊承台，当计算承台受角桩冲切时，因承台的受冲切面积比较小，故在一般情况下三桩承台的截面高度要大于四桩及四桩以上承台。

八、相关索引

1. 《地基规范》的相关规定见其第 8.5 节。

2. 《桩基规范》的相关规定见其第 5.6 节。

第六节　桩　基　构　造

【要点】

本节涉及钢筋混凝土灌注桩、混凝土预制桩、预应力混凝土空心桩、钢桩、承台等构造的基本要求，探讨了承台拉梁的构造及其荷载的取值、单柱单桩柱底固接时的截面直径比要求、灌注桩后压浆的基本要求、人工挖孔灌注桩护壁混凝土强度等级及钢桩焊接接头的防腐蚀要求等问题。

一、灌注桩

灌注桩的配筋要求

1.（《桩基规范》第 4.1.1 条，《地基规范》第 8.5.2 条）配筋率及配筋长度见表 7.6.1。

灌注桩配筋率及配筋长度要求　　　　　　　　　　　　　　　　表 7.6.1

序号		情　　况	要　　求
1	配筋率	桩身直径为 300～2000mm 时	可取 0.65%～0.2%（小直径桩取高值，大直径桩取低值）
2		受荷载特别大的桩、抗拔桩和嵌岩端承桩	根据计算确定配筋率，且不小于 1 的要求
3	配筋长度	端承型桩和位于坡地岸边的基桩	应沿桩身等截面或变截面通长配筋
4		摩擦型灌注桩　不受水平荷载时	不应小于 2/3 桩长
5		受水平荷载时	满足 4 要求且不宜小于 $4/\alpha$
6		受地震作用的基桩	应穿过可液化土层和软弱土层，进入稳定土层的深度满足表 7.1.15 要求
7		受负摩阻力的桩、因先成桩后开挖基坑而随地基土回弹的桩	应穿过软土层并进入稳定土层 $\geqslant(2\sim3)d$
8		抗拔桩及因地震作用、冻胀或膨胀力作用而受拔力的桩	应沿桩身等截面或变截面通长配筋

注：表中 α 按公式（7.4.11）计算。

2.（《桩基规范》第 4.1.1 条，《地基规范》第 8.5.2 条）灌注桩的构造配筋要求见图 7.6.1 及表 7.6.2。

灌注桩构造配筋要求　　　　　　　　　　　　　　　　　　　　表 7.6.2

序号	情　　况	配　筋　要　求	
1	受水平荷载的桩	主筋应 $\geqslant 8\phi12$	主筋沿桩周均匀布置
2	抗压桩和抗拔桩	主筋应 $\geqslant 6\phi10$	主筋净距应 $\geqslant 60mm$
3	箍筋	应采用螺旋箍 $\phi6\sim\phi10@200\sim300mm$	
4	受水平荷载较大的桩基 承受水平地震作用的桩基 考虑主筋作用计算桩身受压承载力时	桩顶 $5d$ 范围内箍筋应加密，$@\leqslant100mm$	
5	液化土层范围内	箍筋应加密	
6	当考虑箍筋受力作用时	箍筋配置应符合《混凝土规范》的相关规定	
7	钢筋笼长度 $\geqslant4m$ 时	应每隔 2m 左右设一道 $\phi12\sim\phi18$ 的焊接加劲箍筋	

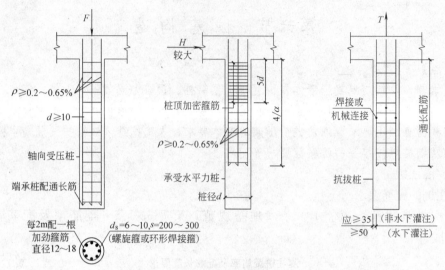

图 7.6.1 灌注桩的纵向钢筋及箍筋配置

3. (《桩基规范》第4.1.2条,《地基规范》第8.5.2条) 桩身混凝土及保护层厚度应满足表7.6.3要求。

灌注桩桩身混凝土及保护层要求 表 7.6.3

序号	情 况	要 求	
1	混凝土强度等级	应≥C25	
2	混凝土预制桩尖	应≥C30	
3	主筋的混凝土保护层	水上灌注混凝土	应≥35mm
		水下灌注混凝土	应≥50mm
4	四类、五类环境中桩身混凝土保护层厚度	应符合相关规范要求	

4. (《桩基规范》第4.1.3条) 扩底灌注桩的扩底要求见图7.6.2及表7.6.4。

灌注桩的扩底要求 表 7.6.4

序号	情 况		要 求	
1	灌注桩可考虑扩底的基本条件		当持力层承载力较高	
			上覆土层较差的抗压桩	
			桩端以上有一定厚度较好土层的抗拔桩	
2	扩径比 D/d	挖孔桩	≤3	应根据承载力要求及扩底端侧面和桩端持力层土性特性及扩底施工方法确定
		钻孔桩	≤2.5	
3	扩底端侧面的斜率 a/h_c	一般情况	1/4~1/2	应根据实际成孔及土体自立条件确定
		砂土	1/4	
		粉土、黏性土	1/3~1/2	
4	扩底端锅底形底面的矢高 h_b		$(0.15~0.20)D$	

5. (《桩基规范》第6.6.5~6.6.14条) 人工挖孔灌注桩的护壁 (见图7.6.3)。

1) 人工挖孔灌注桩的桩径 d (不含护壁) 应≥0.8m,且宜 d≤2.5m,孔深 h 宜≤

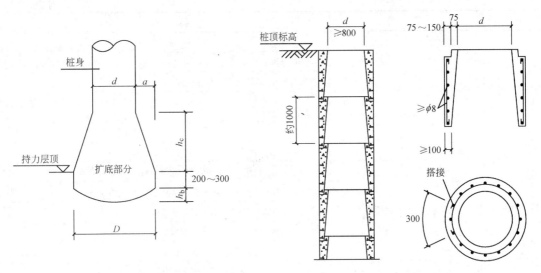

图 7.6.2 扩底桩的扩底要求　　　　　图 7.6.3 人工挖孔灌注桩的护壁

30m，当桩的净距 $s_n < 2.5m$ 时，应采用间隔开挖。相邻排桩跳挖的最小施工净距 s_{nmin} 应 $\geq 4.5m$。

　　2）采用人工挖孔灌注桩时，可沿桩身高度分段设置护壁，护壁厚度应 $\geq 100mm$，混凝土强度等级应不低于桩身混凝土强度。

　　【注意】

　　（1）受人工挖孔施工条件的影响，护壁混凝土的质量很难保证，尤其当边抽地下水边人工挖孔时，护壁质量更难保证，因此采用过高的混凝土强度等级，实际意义不大，建议护壁的混凝土强度等级以不超过 C30 为宜；

　　（2）地下水位以下人工挖孔时，建议护壁混凝土采用水下混凝土，以减小降水带走水泥颗粒对护壁混凝土强度的影响。

　　3）当地下水位较高时，可采用钢护筒或有效的降水措施，将每节护壁的高度减小到 $300 \sim 500mm$，并随挖、随验、随灌注混凝土，上一段护壁的竖向钢筋宜锚入下一段护壁内，以减少接头处漏水的可能性。

　　6.（《桩基规范》第 6.7.1～6.7.9 条）后注浆桩的基本要求见表 7.6.5。

后注浆桩的基本要求　　　　　　　　　　　　　　　　表 7.6.5

序号	情　况	要　求
1	后注浆工艺的适用条件	各类钻挖、冲孔灌注桩及地下连续墙
2	后注浆的目的	加固沉渣（虚土）、泥皮和桩底、桩侧周围的土体
3	后注浆钢管	应与钢筋笼加劲筋绑扎固定或焊接
4	沿钢筋笼圆周均匀布置的后注浆钢管的数量	桩径 $d \leq 1200mm$ 时，2 根
		桩径 $1200mm < d \leq 2500mm$ 时，3 根
5	非通长配筋桩	下部应有 2 根与注浆管等长的主筋组成通底钢筋笼

续表

序号	情　况			要　求	
6	浆液的水灰比	饱和土	0.45~0.65	应根据土的饱和度、渗透性确定,低水灰比浆液宜掺入减水剂	
		非饱和土	0.7~0.9		
		松散碎石土、砂砾	0.5~0.6		
7	桩端注浆终止压力(MPa)	风化岩、非饱和黏性土及粉土	3~10	根据土层性质及注浆点深度确定,软土取低值,密实黏性土取高值	
		饱和土层	1.2~4		
8	注浆流量	不宜超过 75 L/min			
9	注浆作业的一般要求	注浆作业宜在成桩 2d 后开始,不宜迟于 30d			
		离成孔作业点的距离宜≥8~10m			
		复式注浆	饱和土中	宜先桩侧后桩端	桩侧、桩端注浆的时间间隔宜≥2h
			非饱和土	宜先桩端后桩侧	
			多断面桩侧注浆	应先上后下	
10	满足下列条件(之一)时可终止注浆	注浆总量和注浆压力均达到设计要求			
		注浆总量已达到设计值的 75%,且注浆压力超过设计值			
11	出现下列情况时应改为间歇注浆	注浆压力长时间低于正常值		间歇时间为 30~60min,或调低浆液水灰比	
		地面出现冒浆或周围桩孔串浆			
12	桩承载力的检测时机	浆液中掺早强剂	压浆后≥15d	桩身混凝土达到设计强度	
		其他	压浆后≥20d		

二、混凝土预制桩

(《桩基规范》第 4.1.4~4.1.8 条)混凝土预制桩的基本要求见表 7.6.6 和图 7.6.4~7.6.6。

混凝土预制桩的基本要求　　　　　　　　　表 7.6.6

序号	情　况	要　求	
1	混凝土预制桩的截面边长	混凝土预制桩	应≥200mm
		预应力混凝土预制实心桩	宜≥350mm
2	预制桩的混凝土强度等级	混凝土预制桩	宜≥C30
		预应力混凝土预制实心桩	应≥C40
3	预制桩纵向钢筋的混凝土保护层厚度	宜≥30mm	
4	预制桩的桩身配筋	应按吊运、打桩及桩的使用中的受力条件计算	
5	预制桩的桩身配筋率	锤击法沉桩	宜≥0.8%
		静压法沉桩	宜≥0.6%
		主筋直径	宜≥$\phi14$
		锤击桩桩顶 4~5d 长度范围内	箍筋应加密,并设置钢筋网片
6	预制桩的分节长度	根据施工条件及运输条件确定,接头数量宜≤3	
7	预制桩的桩尖	可将主筋合拢焊在桩尖辅助钢筋上	
		持力层为密实砂和碎石类土时,宜采用包钢板桩靴	

三、预应力混凝土空心桩

(《桩基规范》第 4.1.9~4.1.13 条)预应力混凝土空心桩的基本要求见表 7.6.7。

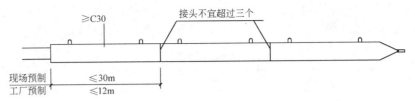

图 7.6.4　预制桩桩段长度及接头量

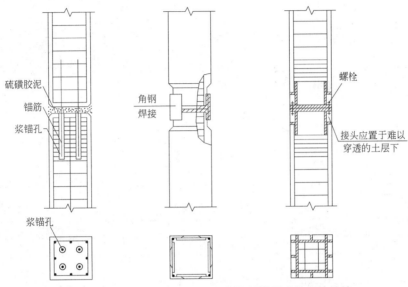

图 7.6.5　硫磺胶泥接桩、角钢焊接接桩及法篮螺栓接桩

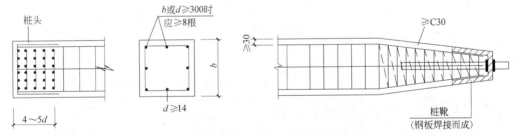

图 7.6.6　预制桩的配筋及桩靴

预应力混凝土空心桩的基本要求　　　　　　　　　　　表 7.6.7

序号	情　况		要　求
1	预应力混凝土空心桩的分类	按截面形式分	管桩、空心方桩
		按混凝土强度等级分	预应力混凝土桩(PC),空心方桩(PS)
			预应力高强混凝土桩(PHC)空心方桩(PHS)
2	预应力混凝土空心桩的桩尖形式		根据地层性质选择闭口型或敞口型
3	预应力混凝土空心桩的连接	端板焊接连接	每根桩的接头数量宜≤3
		法兰连接	
		机械啮合连接	
		螺纹连接	
4	防止桩端持力层(遇水易软化的强风化岩、全风化岩和非饱和土)软化的措施	沉桩后应对桩端以上2m 左右范围内	用微膨胀混凝土填芯
			在桩内壁预涂柔性防水材料

四、钢桩

1. (《桩基规范》第 4.1.14～4.1.18 条) 钢桩的基本要求见表 7.6.8。

钢桩的基本要求　　　　　　　　　　　　　　　　　　表 7.6.8

序号	情　况	要　　求		
1	钢桩的类型	管型、H 型和其他异型		
2	钢桩的分段长度	宜 12～15m		
3	钢桩接头	采用等强焊接接头(焊条、焊丝和焊剂应符合要求)		
4	确定钢桩的端部形式 应考虑的基本要素	桩所穿越的土层、桩端持力层的性质		
		桩的尺寸、挤土效应等		
5	钢桩的桩端形式	钢管桩	敞口	带加强箍(带内隔板、不带内隔板)
				不带加强箍(带内隔板、不带内隔板)
			闭口	平底
				锥底
		H 型钢桩		带端板
			不带端板	锥底
				平底(带扩大翼、不带扩大翼)
6	钢桩的防腐蚀	外表面涂防腐层		
		增加钢桩的腐蚀余量(钢桩的年腐蚀速率见表 7.6.9)及阴极保护		
		当钢管内壁与外界隔绝时,可不考虑内壁防腐		

钢桩年腐蚀速率　　　　　　　　　　　　　　　　　　表 7.6.9

钢桩所处环境		单面腐蚀率(mm/y)
地面以上	无腐蚀性气体或腐蚀性挥发介质	0.05～0.1
地面以下	水位以上	0.05
	水位以下	0.03
	水位波动区	0.1～0.3

2. 钢桩的常用截面见表 7.6.10 和表 7.6.11。

H 型钢桩的截面尺寸　(mm)　　　　　　　　　　表 7.6.10

公称尺寸	截 面 尺 寸				图　示
	H	B	t1	t2	
200×200	200	204	12	12	
250×250	244	252	11	11	
	250	255	14	14	
300×300	294	300	12	12	
	300	300	10	15	
	300	305	15	15	
350×350	338	351	13	13	
	344	354	16	16	
	350	350	12	19	
	350	357	19	19	
400×400	388	402	15	15	
	394	405	18	18	
	400	400	13	21	
	400	408	21	21	
	404	405	18	28	
	428	407	20	35	

钢管桩截面尺寸 (mm) 表 7.6.11

钢管桩截面外径(mm)	壁厚(mm)			
400	9	12	—	—
500	9	12	14	—
600	9	12	14	16
700	9	12	14	16
800	9	12	14	16
900	12	14	16	18
1000	12	14	16	18

五、承台

（《桩基规范》第 4.2.1～4.2.7 条，《地基规范》第 8.5.2 条，《混凝土高规》第 12.4.5 条）桩基承台的构造要求见表 7.6.12 及图 7.6.7、7.6.8。

桩基承台的构造要求 表 7.6.12

序号	情 况			要 求	
1	承台尺寸	独立柱下桩基承台		宽度	应≥500mm
				边桩中心至承台边缘的距离	应≥b(或 d)
				桩的外边缘至承台边缘的距离	应≥150mm
		条形承台梁		桩的外边缘至承台梁边缘的距离	应≥75mm
				承台厚度	应≥300mm
2	承台混凝土			应满足强度、耐久性及抗渗(必要时)要求	
3	承台钢筋	柱下独立承台		纵向受力钢筋应通长	
			四桩及四桩以上承台	宜双向均匀配筋	
			三桩三角形承台	按三向板带均匀配筋且最里面的三根钢筋围成的三角形在柱截面范围内	
			纵向钢筋锚固长度	直线锚固	自边桩内侧算起≥35d
				弯折锚固	水平段≥25d、弯折段≥10d
			纵向受力钢筋直径	应≥12mm	
			纵向受力钢筋间距	应≤200mm	
			承台的配筋率	应≥0.15%	
			$l_0/h<5$ 的两桩承台	按深受弯构件配置水平及竖向分布钢筋，其直径应≥10mm、间距应≤250mm	
		条形承台梁	纵向钢筋	应符合梁配筋率的要求	
				主筋直径应≥12mm、架立筋直径应≥10mm	
				箍筋直径应≥6mm	
		承台底面钢筋的混凝土保护层	有垫层时	应≥50mm	应不小于桩头嵌入承台的长度
			无垫层时	应≥70mm	
4	桩与承台的连接	桩顶嵌入承台内的长度		中等直径桩	宜≥50mm
				大直径桩	宜≥100mm
		桩纵筋在承台内的锚固长度		抗拔桩	应≥l_a且≥35d
				其他桩	应≥35d
		一柱一桩的大直径灌注桩		可设置承台或将桩柱钢筋直接连接	

续表

序号	情 况		要 求	
5	柱与承台的连接	一柱一桩基础	桩柱钢筋直接连接时,柱纵筋锚入桩身应≥35d	
		多桩承台的柱纵筋在承台内锚固时	承台高度允许直锚	竖向锚固应≥35d
			承台高度不够直锚	竖向段≥20d、总锚固≥35d
		有抗震设防要求时	一、二级抗震等级	锚固长度1.15La
			三、四级抗震等级	锚固长度1.05La
6	承台与承台的连接	一柱一桩时	应在两个主轴方向设置基础联系梁	
			当桩与柱直径之比 $d_p/d_c > 2$ 时,可不设联系梁	
		两桩承台	应在承台短向设置基础联系梁	
		有抗震设防要求的柱下桩基承台	宜在两个主轴方向设置联系梁	
		联系梁顶面标高	宜与承台顶面标高相同(建议可低50mm)	
		联系梁截面(承台中心距为l_0)	宜 $b \geq 250mm$,$h=(1/10 \sim 1/15) l_0$ 且 $\geq 400mm$	
		联系梁配筋	满足计算要求	
			梁上、下部钢筋直径宜≥12mm,根数各≥2 位于同一轴线上的联系梁纵筋宜通长	
7	承台及地下室外墙与基坑侧壁间隙		应采用灰土、级配砂石、压实性较好的素土 分层夯实,其压实系数宜≥0.94	
			灌注素混凝土	

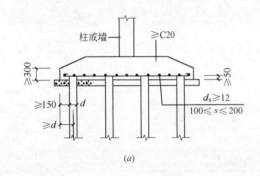 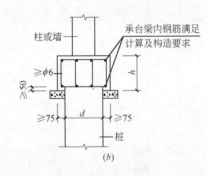

图 7.6.7 桩基承台的基本尺寸及配筋

(a) 柱下独立承台;(b) 条形承台

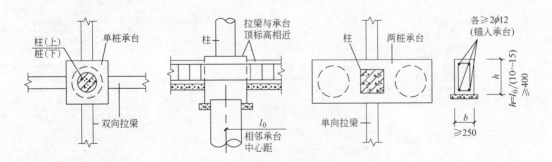

图 7.6.8 承台拉梁的布置、截面及配筋

六、理解与分析

1. 表 7.6.2 第 4 项，"承受水平地震作用的桩基"可理解为实际承受地震作用的桩基，不一定是全部地震区的建筑桩基（见设计建议第 2 条）。

2. 表 7.6.2 第 6 项，"考虑箍筋受力作用"可理解为箍筋按计算要求配置的情况。

3. 表 7.6.7 第 2 项，对于软土层易沉桩时，应选择闭口型，对硬土层或不宜沉桩时，应选择敞口型，并选择不同的桩尖形式。

4. 老规范有钢桩腐蚀预留量不应小于 2mm 的规定，而新规范未有明确规定（见表 7.6.9）。

5. 表 7.6.12 第 6 项，对不设连梁时的桩柱直径比要求（$d_p/d_c > 2$），"94 桩基规范"规定适用于桩柱截面面积之比大于 2，且柱底剪力和弯矩较小的情况，而其条文说明中则解释为桩柱直径比要求大于 2，前后矛盾。此次修订明确桩柱直径比要求，同时取消了"柱底剪力和弯矩较小"的附加条件。

6. 表 7.6.12 第 6 项中，建议基础拉梁顶面标高可比承台低 50mm 的目的在于，避免基础梁钢筋与承台钢筋位置冲突，便于施工。

七、结构设计的相关问题

1. 表 7.6.1 中，对第 4 项"不受水平荷载"，规范未予具体规定；

2. 表 7.6.2 中，对第 1 项"受水平荷载的桩"、"受水平地震作用较大的桩"的定量把握，规范未予具体规定；

3. 规范未对三桩承台板的最小钢筋直径和最大钢筋间距作出规定。

4. 表 7.6.12 第 6 项中，对不设连梁时的桩柱直径比要求（$d_p/d_c > 2$），结构设计中实现的难度较大。

5. 对预制桩的焊接接头的保护，目前没有很好的办法，桩基设计中应考虑地下水对桩焊接接头处环境的影响。

八、设计建议

1. 对于规范提出的定性指标的把握，应结合工程经验确定，当无工程经验时，可参考下列建议综合确定。

2. 下列情况[8]下的桩可理解为表 7.6.1 中第 4 项的"不受水平荷载"的桩或"不受地震作用的桩"，即：6 度区、7 度区地下室层数不少于 1 层及 8 度区地下室层数不少于 2 层的桩基。

3. 上述 2 以外的各类桩基，凡承受水平荷载（如风荷载）作用时，均可确定为"受水平荷载的桩"。

4. "受水平地震作用较大的桩"可理解为在桩的主要内力计算指标（如桩顶拉力、压力、剪力和弯矩等）中，由地震作用引起的分量占全部量值的 50% 以上的情况。

5. 对三桩承台板的最小钢筋直径及最大钢筋间距，建议可按规范对四桩及四桩以上承台的规定设计，钢筋直径宜≥12mm，间距 s 宜≤200mm（见表 7.6.12）。

6. 对单柱单桩基础，如果桩直径相当于柱直径的 2 倍以上时，桩的截面抗弯刚度相当于柱的 16 倍以上，考虑桩侧土体对桩抗弯刚度的有利影响，桩的实际抗弯刚度更大。因此，当结构设计确实有困难时，可适当降低桩柱的直径比值，建议可满足不小于 1.5 倍的要求，以保证要求桩的实际抗弯刚度相当于柱的 5 倍以上，基本满足桩对柱的固端约束要求。

1）"94 桩基规范"按面积比确定柱底固接的要求，无法保证桩柱在任意方向的固接要求，因而是有缺陷的，《桩基规范》以直径比代替面积比更为合理。

2）当为方柱或方桩时，可将方形截面换算为面积相等的等效圆形截面，$d=1.13b$，其中 d 为等效圆形截面的直径，b 为方形截面的边长。

3）当柱为矩形截面时，采用桩柱等效直径比失真，应分别满足柱长度和宽度方向的截面刚度比要求，建议不小于 5。

7. 水下灌注混凝土的强度等级，其配合比与相同强度等级的普通混凝土有很大差异，设计文件中应明确标明"水下混凝土"。

8. 为供选择时考虑，现对图 7.6.5 列举的三种接桩方式作如下补充说明：

1）硫磺胶泥锚接桩

本接桩法是由接头处接触面传递锤击力，故适宜于穿越软土层，对设计等级为甲级的建筑桩基及承受抗拔力的桩宜慎用；

2）角钢焊接法

本接桩法主要由连接角钢及其焊缝传递锤击力，如遇坚硬土层桩角混凝土易震酥，故适宜于穿越黏性土层等；角钢焊接的周期较长；

3）法篮螺栓接桩

本接桩法是由接触面传递锤击力，适宜于穿越坚硬土层（砂土、砾石等）；这种接头用钢量大，但施工周期较角钢焊接接桩短；遇厚度较厚的坚硬土层时，宜在沉桩前进行预钻孔，以利沉桩；

4）桩接头应布置在难以穿透土层（厚度超过 3m 的亚砂层及粉细砂层等）的下面；

5）估计沉桩无困难时，宜优先采用硫磺胶泥锚接桩；

6）设计荷载较大、长细比大、需穿过一定厚度硬土层或估计沉桩较困难时，用于地震区的桩，以及大片密集的群桩，均宜用焊接接桩；

9. 板式承台的配筋也应满足最小配筋率 μ_{min} 的要求，按《混凝土规范》第 9.5.2 条规定，取 $\mu_{min} \geqslant 0.15\%$。

10. 关于承台拉梁设计（见图 7.6.8）

1）承台拉梁可利用承托钢筋混凝土墙的基础梁及抗震设计所需的拉梁；

2）当柱下独立承台间设置有厚度 $\geqslant 250$mm 的基础底板（用于防水、防潮或作为地下人防底板等）时，可不再设置承台拉梁，而在基础底板内设置暗梁；

3）无地下室时的柱下独立承台间拉梁，应根据工程的具体情况考虑以下荷载及设计内力：

（1）拉梁承担的柱底弯矩：拉梁分担的柱底最大弯矩设计值可近似按拉梁线刚度分配；

（2）拉梁承担的轴向拉力：取两端柱轴向压力较大者的 1/10；

（3）拉梁的梁上荷载：当需拉梁承担其上部的荷载（如隔墙等）时，应考虑相应荷载所产生的内力（确有依据时，可适量考虑拉梁下地基土的承载能力）。

拉梁配筋时，应将上述各项按规范要求进行合理组合。

4）考虑承台拉梁下地基土承载力的相关问题：

（1）桩基沉降量 s_p 与拉梁沉降量 s_b 的相互关系，是考察拉梁下地基土能否抵消拉梁上部荷载的主要依据。

（2）当 $s_b \leqslant s_p$ 且沉降满足规范规定时，可考虑拉梁下地基土对拉梁上部荷载的部分抵消作用；

（3）当 $s_b \geqslant s_p$ 时，一般不宜考虑拉梁下地基土对拉梁上部荷载的部分抵消作用；

（4）当采用桩基础且表层地基土比较好（承载力标准值高、中低压缩性土、土层较厚等）或梁下换填处理效果较好时，一般均可适当考虑拉梁下地基土对拉梁上部荷载的部分抵消作用；

（5）设计中可采取适当加大拉梁下混凝土垫层等降低拉梁下地基土压力的技术措施，以减小拉梁的沉降量。

（6）在软土地区的重要建筑，不应考虑拉梁下地基土对拉梁上部荷载的抵消作用。

11. 对承台及地下室周围的回填土，应满足填土密实性的要求。

12. 对预制桩的焊接接头，应根据接头所处的环境，对焊缝留有一定的腐蚀余量（按钢桩的腐蚀余量表 7.6.9 确定）。

九、相关索引

1.《地基规范》的相关规定见其第 8.5 节。
2.《桩基规范》的相关规定见其第 4、6 章。
3.《混凝土高规》的相关规定见其第 12.4 节。

第七节　其他桩（墩）基础

【要点】

本节主要说明复合载体夯扩桩、挤扩支盘灌注桩及大直径扩底墩基础的主要设计要求和技术要点，明确了桩与墩的区别，当无法直接确定墩或桩的承载力时，提出了按桩和墩（深基础）分别计算，并取小值的设计原则。

一、复合载体夯扩桩

1. 结构设计的相关规定

1）复合载体夯扩桩的形成过程

采用细长锤夯击成孔，将护筒沉到设计标高后，细长锤击出护筒底一定深度，分批向孔内投入填充料和干硬性混凝土，用细长锤反复夯实、挤密，在桩端形成复合载体，最后放置钢筋笼，灌注桩身混凝土而形成桩。

2）（《夯扩桩规程》第 4.2.2 条）初步设计时单桩竖向承载力特征值按公式（7.7.1）的估算。

$$R_a = u_p \sum q_{sia} l_i + q_{pa} A_e \quad (7.7.1)$$

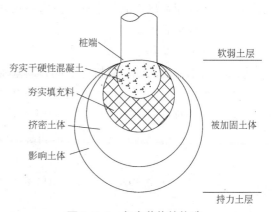

图 7.7.1　复合载体的构造

式中 R_a——单桩竖向承载力特征值；

u_p——桩身断面周长（m）；

q_{sia}——桩侧第 i 层土的侧阻力特征值；

l_i——桩身穿越第 i 层土的厚度（m）；

q_{pa}——复合载体下地基土经深度修正后的地基持力层承载力特征值，按公式（2.2.1）取 $\eta_b=0$（不考虑宽度修正）计算；

A_e——等效桩端计算面积（m²），可按表 7.7.1 确定。

等效桩端计算面积 A_e（m²）   表 7.7.1

被加固土层土性		三击贯入度(cm)		
		10	20	30
黏土		1.6～1.9	1.4～1.8	1.3～1.6
粉质黏土	$0.75<I_L\leqslant1.0$	2.3～2.6	2.1～2.5	1.8～2.3
	$0.25<I_L\leqslant0.75$	2.2～2.5	1.8～2.3	1.6～2.2
	$0.0<I_L\leqslant0.25$	2.0～2.3	1.7～2.2	1.5～2.0
粉土	$e>0.8$	1.8～2.1	1.6～2.0	1.5～1.9
	$0.7<e\leqslant0.8$	1.7～2.0	1.6～1.9	1.5～1.8
	$e\leqslant0.7$	1.6～1.9	1.5～1.8	1.2～1.7
粉细砂	稍密	1.8～2.0	1.6～1.9	1.4～1.8
	中密	1.6～1.9	1.4～1.7	1.3～1.6
碎石土	稍密	1.5～1.7	1.3～1.6	1.2～1.5

注：三击贯入度以 3.5t 重锤和 6.0m 落距为基准，锤径为 355mm。

3)（《夯扩桩规程》第4.2.3条）对桩数多于9根的单独基础和满堂布桩，应进行等代实体深基础承载力的验算，并满足公式（7.7.2）的要求。

$$p\leqslant f_a \tag{7.7.2}$$

$$p=\frac{F+G-2(L_0+B_0)\sum q_{sia}l_i}{(L_0+2\Delta R)(B_0+2\Delta R)}+\bar{\gamma}(L_1+2) \tag{7.7.3}$$

式中 p——持力层顶面附加压力；

f_a——经深宽修正的复合载体持力层承载力特征值；

F——桩顶竖向荷载；

G——承台及其上土重；

L_0——承台底面处，自桩外缘起算的基础长度（m）；

B_0——承台底面处，自桩外缘起算的基础宽度（m）；

ΔR——等效计算距离，可取 0.6～1.0m，当持力层土相对被加固土层较软弱时，取大值；当持力层土相对被加固土层较硬时，取小值；

L_1——桩长（m）；

$\bar{\gamma}$——复合载体顶面以上至承台底范围内土的加权平均重度，地下水位以下取浮重度。

4)（《夯扩桩规程》第4.2.4条）桩身强度按公式（7.7.4）验算。

$$Q\leqslant0.7f_cA_p \tag{7.7.4}$$

式中　Q——相应于荷载效应基本组合时，单桩的竖向力设计值；

　　　f_c——混凝土轴心抗压强度设计值；

　　　A_p——桩身截面面积。

5)（《夯扩桩规程》第 4.4.2 条）桩基沉降按公式（7.7.5）计算（图 7.7.2）。

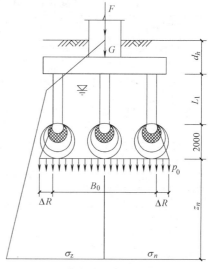

$$s = \psi_s p_0 \sum_{i=1}^{n} \frac{z_i \bar{\alpha}_i - z_{i-1} \bar{\alpha}_{i-1}}{E_{si}} \quad (7.7.5)$$

$$p_0 = \frac{F+G-\gamma d_h A}{(L_0+2\Delta R)(B_0+2\Delta R)} \quad (7.7.6)$$

对于墙下布桩的条形承台梁基础：

$$p_0 = \frac{F+G-\gamma d_h A}{L_0(B_0+2\Delta R)} \quad (7.7.7)$$

图 7.7.2　复合载体夯扩桩基沉降计算

式中　s——桩基最终沉降量（mm）；

　　　ψ_s——沉降计算经验系数，根据地区沉降观测资料及经验确定；

　　　p_0——对应荷载准永久组合（不计入风荷载和地震作用），位于压缩层顶部的附加应力；

　　　n——桩基沉降计算深度范围内所划分的土层数；

z_i、z_{i-1}——复合载体底面至第 i 层土、第 $i-1$ 层土底面的距离（m）；

$\bar{\alpha}_i$、$\bar{\alpha}_{i-1}$——第 i 层土、第 $i-1$ 层土底面深度范围内平均附加应力系数，按《地基规范》附录 K 确定；

　　　E_{si}——桩基沉降计算深度范围内第 i 层土的压缩模量（MPa），取对应于第 i 层土自重应力（p_c）至土自重应力与附加应力之和（p_c+p_0）实际压力段的压缩模量；

　　　A——承台面积（m^2）；

　　　d_h——承台埋深（m）。

6)（《夯扩桩规程》第 4.4.3 条）地基沉降计算深度（z_n）按公式（7.7.8）确定。

$$\Delta s_n' \leqslant 0.025 \sum_{i=1}^{n} \Delta s_i' \quad (7.7.8)$$

式中　$\Delta s_i'$——在计算深度范围内，第 i 层的计算变形值；

　　　$\Delta s_n'$——由计算深度向上取厚度为 Δz 的土层计算变形值，Δz 应按表 7.7.2 确定。

Δz 值　　　　　　　　　　　　　　　　　　　　　表 7.7.2

基础宽度 b(m)	$b \leqslant 2$	$2 < b \leqslant 4$	$4 < b \leqslant 8$	$8 < b \leqslant 15$	$15 < b \leqslant 30$	$b > 30$
Δz(m)	0.3	0.6	0.8	1.0	1.2	1.5

当确定的计算深度下部仍有较软土层时，应继续计算。

7)（《夯扩桩规程》第 4.4.5、4.4.6 条）桩基的变形特征及变形控制见表 7.7.3。

复合载体夯扩桩基的变形特征及变形控制　　　　表 7.7.3

序号	情　况	要　求	
1	桩基的变形特征	沉降量、沉降差、倾斜、局部倾斜	
2	砌体承重结构	由局部倾斜控制	应控制平均沉降量
3	框架结构和单层排架结构	由相邻柱基的沉降差控制	
4	多层或高层建筑和高耸结构	由倾斜控制	

8)（《夯扩桩规程》第 3、4 章）复合载体夯扩桩的其他主要设计要求见表 7.7.4。

复合载体夯扩桩的其他主要设计要求　　　　表 7.7.4

序号	情　况	要　求	
1	桩的竖向、水平承载力特征值	应通过试验确定	
2	桩的间距 s_a	宜取 $s_a=1.6\sim2.0$m	持力层为粉土、砂土时应取小值
			持力层为含水量较高的黏土时应取大值
3	持力层	应为可塑到硬塑状态的黏性土以及粉土、砂土、碎石土	
4	桩端下被加固的土层厚度	宜≥2m	
5	桩身要求	不应进入有承压水的土层中	
		直径可取 350~600mm	
		混凝土强度等级	应≥C20
		主筋混凝土保护层	应≥40mm
6	应通长配筋并进行配筋计算的情况	抗拔桩（主筋进入夯扩体）	
		受水平荷载和弯矩较大的桩	
		设防烈度 8 度及 8 度以上的地震区桩	
		被加固土层为软土层或较厚人工填土层	
7	桩身配筋	配筋率宜为 0.2%~0.65%	
		主筋应≥6Φ12，宜采用≥ϕ6@300mm 的螺旋箍筋	
		桩顶 3~5d_p（d_p 为桩径）范围内箍筋应加密	
		当钢筋笼长度＞4m 时，应设 ϕ12@2m 的焊接加劲箍筋	
8	桩纵向钢筋在承台的锚固	纵筋伸入承台的锚固长度应≥35d（d 为钢筋直径）	
9	夯扩体的投料控制（投料量宜 0.5~1.8m³）	1)夯击后地面隆起应≤50mm	
		2)相邻桩基础竖向位移差应≤20mm	
		在满足上述 1)、2)的情况下，以三击贯入度控制投料量	
10	可不进行桩基抗震承载力验算的桩基	承受竖向荷载为主的低承台桩基，当地面下无液化土层且桩承台周围无淤泥、淤泥质土时；或填土的 f_a≥100kPa 时	砌体房屋、多层内框架房屋
			底层框架砖房、水塔
		抗震设防烈度为 7 度和 8 度时	一般单层厂房
			单层空旷房屋
			多层民用框架房屋及基础荷载与之相当的多层框架厂房
			高度不超过 100m 的烟囱

2. 理解与分析

1）复合载体夯扩桩的单桩竖向承载力特征值应通过静载荷试验确定。

2）采用复合载体夯扩桩的基本要素是地质条件和环境条件。

（1）地质条件，指被加固的土层应具有良好的挤密性能，足够的厚度，稳定的层面和适宜的埋深；

（2）环境条件，指应考虑该方法施工引起的振动问题，在城市中心区及对振动敏感的建（构）筑物附近不应采用。

3）对被加固土层的挤密不仅提高了桩的承载力、减小沉降，同时还改变了桩端土体的性状。

3. 结构设计的相关问题

复合载体夯扩桩其本质是对桩基持力层的加固，从这个意义上说，它属于地基加固的范畴，离散性比较大。

4. 设计建议

1）在确定复合载体夯扩桩的单桩竖向承载力特征值时，采用静载荷试验方法，可以综合考虑理论计算与实际承载力之间的差异，是迄今为止最可靠的方法。

2）考虑复合载体夯扩桩的施工工艺及实际施工效果，建议桩长不应超过 24m。

3）考虑复合载体夯扩桩的离散性，建议可在多层及小高层建筑中使用，对于较高的高层建筑应慎用。

4）可采取在场地周围开挖地面防震沟的办法，以消除桩基施工所产生的部分地面振动对周围建筑的影响，沟宽可取 0.5～0.8m，沟深按土质情况确定，以边坡能自立为准（见图7.7.3）。

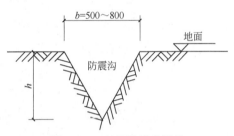

图 7.7.3 地面防震沟做法

二、挤扩支盘灌注桩

1. 结构设计的相关规定

1）（《支盘桩规程》第 5.1.1 条）可设置分支和承力盘的土层有：可塑至硬塑的黏性土、中密至密实的粉土、砂土、卵石或砾石层、全风化岩、强风化软质岩石。

2）（《支盘桩规程》第 5.2.1 条）挤扩支盘桩的主要构造尺寸见表 7.7.5 及图 7.7.4。

挤扩支盘桩的主要构造尺寸（mm） 表 7.7.5

桩干直径 d	单支临界宽度 b	承力盘直径 D	承力盘高度 h
400～500	200	900	500
600～700（620～700）	280	1400	700
800～1100（820～1100）	380	1900	900

注：水下施工时，最小桩干直径不应小于500mm，且采用表中括号内数值。

3）（《支盘桩规程》第 5.3.2 条）单桩竖向抗压极限承载力标准值，可按公式（7.7.9）估算。

$$Q_u = u\sum q_{si}L_i + \sum \eta q_{pj}A_{pj} + \eta q_p A_p \qquad (7.7.9)$$

式中　u——主桩桩干周长（m）；

L_i——当第 i 层土中设置承力盘时，桩穿越第 i 层土折减盘高的有效厚度，按表

7.7.6 方法确定；

q_{si}——桩侧第 i 层土的极限侧阻力标准值，可按勘察报告提供的数值采用，也可按表 7.2.4 取值；

η——盘底土层极限端阻力标准值的修正值；水下作业时可按表 7.7.7 取值，干作业时可按表 7.7.8 取值；

A_p——单桩底盘投影面积（m²）；

A_{pj}——第 j 盘扣除桩身截面面积的盘投影面积（m²）；

q_p——底盘所在土层的极限端阻力标准值（kPa），可按表 7.7.9 取值；

q_{pj}——第 j 个盘处土层的极限端阻力标准值（kPa），可按表 7.7.9 取值。

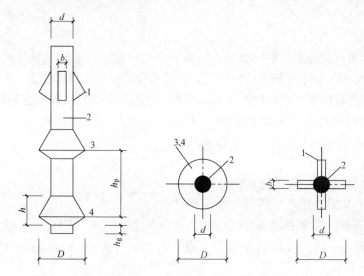

图 7.7.4　挤扩支盘桩桩身构造

1—十字分支；2—桩干；3—上承力盘；4—底承力盘；b—单支宽度；d—桩干直径（桩径）

D—承力盘（十字分支）直径；h—承力盘高度；h_g—桩根长度；h_p—盘间距

L_i 的计算方法　　　　　　　　　　　　　　　表 7.7.6

土层名称	黏性土、粉土	砂　土	碎石类土	其　他
公式	$L_i = H_i - 1.2h$	$L_i = H_i - (1.5 \sim 1.8)h$	$L_i = H_i - 1.8h$	$L_i = H_i - (1.1 \sim 1.2)h$

注：表中，H_i 为第 i 层土的厚度；未设置承力盘时 $h = 0$。

水下作业盘底土层极限端阻力标准值修正系数 η　　　表 7.7.7

承力盘位置	盘径（mm）		
	900	1400	1900
上盘	1.3	0.95	0.9
中盘	1.2	0.85	0.8
下盘	1.1	0.75	0.7

注：1. 当盘底持力层土厚度小于 $4d$ 时，表中数值宜折减；

　　2. 表中，上盘、下盘以外的所有盘均称为"中盘"。

干法作业盘底土层极限端阻力标准值修正系数 η　　　　表7.7.8

土层名称	硬塑黏土	可塑黏土	粉土	粉砂	细砂	中粗砂
η	0.6~0.8	0.8~1.0	0.8~1.0	0.8~0.9	0.6~0.7	0.4~0.5

盘底处土层的极限端阻力标准值 q_p、q_{pj}（kPa）　　　　表7.7.9

土层名称	土的状态	水下作业时承力盘距桩顶的距离（m）				干作业时承力盘距桩顶的距离（m）		
		5	10	15	>30	5	10	15
黏性土	$0.75<I_L\leqslant1$	150~250	250~300	300~450	300~450	200~400	400~700	700~950
	$0.50<I_L\leqslant0.75$	350~450	450~600	600~750	750~800	500~700	800~1100	1000~1600
	$0.25<I_L\leqslant0.50$	800~900	900~1000	1000~1200	1200~1400	850~1100	1500~1700	1700~1900
	$0<I_L\leqslant0.25$	1100~1200	1200~1400	1400~1600	1600~1800	1600~1800	2200~2400	2600~2800
粉土	$0.75<e\leqslant0.9$	300~500	500~650	650~750	750~850	800~1200	1200~1400	1400~1600
	$e\leqslant0.75$	650~900	750~950	900~1100	1100~1200	1200~1700	1400~1900	1600~2100
粉砂	稍密	350~500	450~600	600~700	600~700	500~950	1300~1600	1500~1700
	中密、密实	700~800	800~900	900~1100	1100~1200	900~1000	1700~1900	1700~1900
细砂	中密、密实	1000~1200	1200~1400	1300~1500	1400~1500	1200~1400	2100~2400	2400~2700
中砂		1300~1600	1600~1700	1700~2200	2000~2200	1800~2000	2800~3300	3300~3500
粗砂		2000~2200	2300~2400	2400~2600	2700~2900	2900~3200	4200~4600	4900~5200
砾砂	中密、密实	1800~2500				3600~5300		
角砾、圆砾		1800~2800				4000~7000		
碎石、卵石		2000~3000				6000		

注：水下作业时，砂性土（细砂、中砂、粗砂）的取值应同时参考该处土层的标准贯入击数。当细砂标准贯入击数较高（如大于50击）时，表中取值应适当提高；当中粗砂标准贯入击数较低（如低于30~40击）时，表中取值应适当降低。

4)（《支盘桩规程》第5.3.1条）单桩竖向承载力的特征值 R_a 按公式（7.7.10）计算。

$$R_a=Q_u/2 \qquad (7.7.10)$$

5)（《支盘桩规程》第5.3.3条）单桩竖向抗拔极限承载力标准值，可按公式（7.7.11）估算。

$$U_u=u\sum\lambda_iq_{si}L_i+\sum\eta q_{pj}A_{pj} \qquad (7.7.11)$$

式中　U_u——单桩竖向抗拔极限承载力标准值（kN）；

λ_i——桩周第 i 层土的侧阻力折减系数，按表7.7.10取值。

桩周第 i 层土的侧阻力折减系数 λ_i　表7.7.10

土层名称	砂土	黏性土、粉土
λ 值	0.50~0.70	0.70~0.80

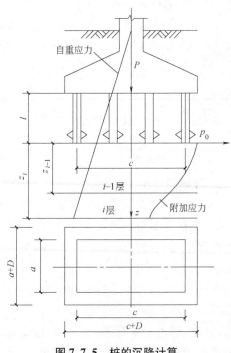

图7.7.5　桩的沉降计算

6)（《支盘桩规程》第 5.3.6 条）对于桩中心距 $s_a \leqslant 6d$ 的群桩基础，其最终沉降量按公式（7.7.12）计算，其计算假定及计算要点如下：

（1）采用等效分层总和法计算；

（2）等效作用面为挤扩支盘桩的底盘面；

（3）等效作用面面积为群桩的投影面积；

（4）桩底附加应力 p_0 取承台底面的 p_0 值；

（5）桩底以下的应力分布按各向同性半无限弹性理论确定（图 7.7.5）。

$$s = 4\psi\psi_e \sum_{i=1}^{n} \frac{p_0(z_i\alpha_i - z_{i-1}\alpha_{i-1})}{E_{si}} \tag{7.7.12}$$

$$p_0 = P/A_D \tag{7.7.13}$$

式中　s——矩形基础中点的沉降量（m）；

　　　ψ_e——桩基等效沉降系数，按公式 7.3.5 确定；

　　　ψ——沉降经验系数，按表 7.7.11 确定；

　　　n——沉降计算土的分层数；

　　　p_0——群桩底部扩大盘外围面积上的附加应力（kPa）；

　　　z_i——第 i 层土底面到桩底平面的距离（m）；

　　　z_{i-1}——第 i 层土顶面到桩底平面的距离（m）；

　　　α_i——基底至第 i 层土底部角点的平均附加应力系数，按《地基规范》附录 K 取用；

　　　α_{i-1}——基底至第 i 层土顶部角点的平均附加应力系数，按《地基规范》附录 K 取用；

　　　E_{si}——第 i 层土的压缩模量（MPa），取对应于第 i 层土自重应力（p_c）至土自重应力（p_c）与附加应力（p_0）之和（$p_c + p_0$）实际压力段的压缩模量；

　　　P——承台底面的竖向合力（kN）；

　　　A_D——群桩底部扩大盘外围的投影面积（m²），$A_D = (a+D)(c+D)$；

　　　a、c——桩群外围桩中心距的长度和宽度（m）；

　　　D——盘的直径（m）。

桩基沉降经验系数 ψ　　　　　　　　　　　　　　　　　　表 7.7.11

E_s(MPa)	$E_s < 15$	$15 \leqslant E_s < 30$	$30 \leqslant E_s < 40$
ψ	0.6	0.5	0.3

注：E_s 为沉降计算深度范围内压缩模量的当量值，按公式（2.3.2）计算。

2. 理解与分析

1）挤扩支盘桩的单桩竖向承载力特征值应通过静载荷试验确定。

2）挤扩支盘桩，通过沿桩身不同部位设置的承力盘和分支，使灌注桩成为变截面多支点的摩擦端承桩，从而改变了桩的受力机理，达到提高单桩承载力、减小沉降及节约造价的目的。

3）支盘桩适合于非饱和的黏性土、砂性较大的黏性土、粉土、砂土、卵砾石、风化岩层等。在水下施工支盘桩时，由于存在一定泥浆相对密度的水头压力，承力盘在中密至密实的粉土砂土、卵石等土层中容易成型，且这些土层的物理力学性能好、可压缩性低，单桩承载力高。而在流塑、软塑、可塑等黏性土以及松散的粉土、砂土层中承力盘不易成型，因此，不宜设置承力盘。

3. 结构设计的相关问题

由于目前对挤扩支盘桩成孔质量及孔壁坍塌情况尚缺乏直观有效的检测手段，导致结构设计对挤扩支盘桩成桩质量的担忧。

4. 设计建议

1）应根据工程经验选择合适的土层设盘，不应在压缩模量 $E_s<6$MPa 的土层内设盘。

2）应加强对挤扩支盘桩成孔质量及孔壁坍塌情况检查，确保成桩质量。

3）考虑挤扩支盘桩的离散性，建议可在多层及小高层建筑中使用，对于较高的高层建筑应慎用。

三、大直径扩底墩基础

长度或桩的有效长度（指减去桩侧有负摩擦力区段的相应桩长后的实际长度）小于6m 或 6d 的桩称其为墩。

1. 结构设计的相关规定

1）扩底墩的单桩承载力

墩长小于 6m、或在有效墩长范围内的人工回填土厚度超过有效墩长的 60％时，计算扩底墩承载力时可不考虑墩身周边的摩擦力。

2）墩顶弯矩的分配

（1）符合下列条件之一时，可只考虑墩顶轴向力和水平力作用，不考虑弯矩分配。

① 底层柱下有基础梁，且基础梁的截面抗弯刚度大于墩的截面抗弯刚度 5 倍以上时；

② 底层为箱形基础时；

③ 底层为剪力墙时；

（2）当不符合上述（1）时，可采用近似计算方法，即将柱子传来的弯矩在墩和基础梁之间按抗弯刚度进行分配。

2. 理解与分析

当前多、高层建筑中大直径扩底墩应用较为广泛，应用时，需注意大直径扩底墩支承于黏性土、粉土、砂土及卵石层上的承载基本特性。

1）扩底部分压力相同时，扩底面积愈大，沉降量愈大；

2）扩底面积愈大，其承载力值小于按线性比例的增大关系；

3）扩底墩的承载性能，介于桩与天然地基基础之间，因此，不能用 $d<800$mm 的中、小灌注桩的公式计算其承载力，否则是不安全的；可采用天然地基的宽度及深度修正系数 η_b 和 η_d 确定扩底桩的承载力；

4）和大直径扩底桩不同，扩底墩的承载性能更接近于天然地基基础。

3. 结构设计的相关问题

当墩（桩）长在墩与桩界限附近时，对墩（桩）承载力特征值的确定困难。

4. 设计建议

1）桩端承载力是指桩入土深度大于 6m、桩端面积为 0.5m² 时的容许承载力，因此对扩底墩只可按深基础计算。在按墩和按桩确定没有把握时，可分别按桩和按墩（深基础）计算，并取小值；

　　2）支承于强风化基岩上的扩底墩（嵌岩墩）的承载力计算，由于强风化岩体压缩性较大，因此可按大直径扩底桩计算其承载力，其侧阻力及端阻力值可参照砂、砾层的经验值确定。

　　3）大直径扩底墩的基本尺寸及进入持力层深度

　　大直径扩底墩的基本尺寸、中距及墩底进入持力层的深度需符合下列要求（图7.7.6）：

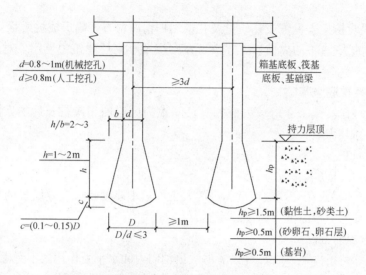

图 7.7.6　扩底墩基本尺寸、中距及进入持力层深度

　　（1）扩底墩的直径 d 宜为：采用机械成孔时 $d=0.8\sim1.0$m，采用人工挖孔时 $d \geqslant 0.8$m；

　　（2）扩底墩底部的锅底深度 $c=(0.1\sim0.15)D$；

　　（3）扩底部分的高度 h，应考虑竖向压力的刚性扩散角和施工安全的要求，可取 $h=1\sim2$m；

　　（4）扩头高度 h 与宽度 b 之比应 $h/b=2\sim3$，砂土取大值，黏性土取小值；

　　（5）扩大头直径 D 与墩身直径 d 之比 $D/d \leqslant 3$；

　　（6）扩底墩墩间中距应 $\geqslant 3d$，两墩底之间的净距应 $\geqslant 1.0$m；

　　（7）扩底墩进入持力层的深度 h_p，应根据土质按下列要求确定：

　　① 黏性土和砂类土：$h_p \geqslant 1.5$m；

　　② 砂卵石或卵石层：$h_p \geqslant 0.5$m；

　　③ 基岩：$h_p \geqslant 0.5$m；

　　④ 需要抗震设防而持力层以上为可液化土层时，墩底进入持力层的深度应满足表7.1.15的要求。

　　5. 扩底墩的配筋

　　扩底墩的混凝土及配筋应符合下列要求（图7.7.7）：

　　1）墩身混凝土强度等级应 $\geqslant$ C20；

　　2）墩身纵向钢筋配筋率 $\rho \geqslant 0.4\%$，钢筋根数 $\geqslant 8$ 根；

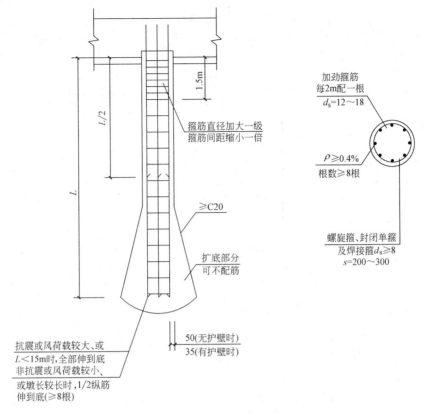

图 7.7.7 扩底墩的配筋

3）抗震设计或风荷载较大、或墩长<15m 时，纵向钢筋应直伸到墩底；非抗震设计且风荷载较小以及墩长较长时，纵向钢筋可一半伸到墩底（钢筋根数≥8 根），另一半可伸至 1/2 墩长处；

4）扩底部分不需要另行配筋；

5）箍筋可用螺旋封闭箍，宜采用环形焊接箍，箍筋直径宜≥8mm，间距可为 200～300mm；墩顶 1.5m 的范围内箍筋直径宜加大一级，间距宜缩小一半；

6）每隔 2m 左右设置一道直径 12～18mm 的焊接加劲箍筋；

7）墩身钢筋混凝土的保护层应≥50mm（无护壁时）及≥35mm（有护壁时）。

6. 扩底墩的墩帽

1）有基础梁、采用箱形基础及筏形基础时，可不另设墩帽。

2）墩帽的尺寸、边距及配筋构造需符合下列要求（图 7.7.8）：

（1）墩帽的尺寸应能满足钢筋的锚固、连接墩和柱及拉梁的要求；

（2）墩顶边至墩边的净距宜≥200mm；

（3）墩顶上、下均配置双向钢筋，其直径≥12mm，间距宜≤150mm。

7. 墩顶拉梁

墩顶拉梁的布置、截面尺寸及配筋需符合下列要求（图 7.7.9）：

1）箱基底板厚度≥300mm 时，可不另设拉梁，但沿墩顶设置双向暗梁，该暗梁内配

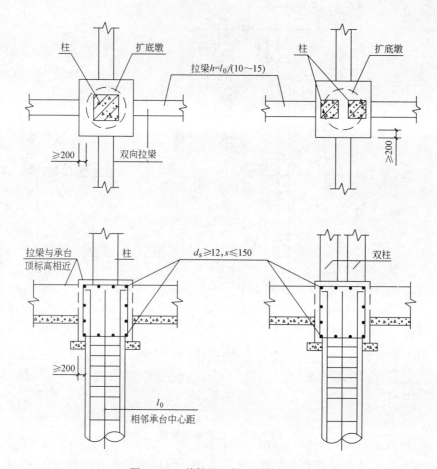

图 7.7.8　单柱及双柱下的墩帽构造

置不少于 $4\Phi18$ 的纵向通长拉筋，拉筋伸入墩身长度$\geqslant1m$；

　　2）下列情况应在墩顶设置双向拉梁：

（1）非箱形基础及筏形板基础；

（2）箱基底板及筏形板基础的板厚$<300mm$；

（3）无基础梁。

　　3）拉梁截面高度 $h=(1/10\sim1/15)l_0$，l_0 为柱距。

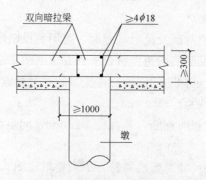

图 7.7.9　墩顶的双向暗拉梁

第八节 桩 的 检 测

【要点】

桩的检测是桩基设计的重要环节，也是桩基设计的前提。本节涉及：单桩竖向抗压静载试验、单桩竖向抗拔静载试验、单桩水平静载试验等，也涉及钻芯法、低应变法、高应变法、声波透射法等不同检测方法，介绍特别适合于传统静载试验相当困难的大吨位试桩、水上试桩、坡地试桩、基坑底试桩、狭窄场地试桩的自平衡测试法。

一、一般要求

1. 检测方法和内容

1)（《基桩检测规范》第 3.1.1 条）**工程桩应进行单桩承载力和桩身完整性抽样检测。**

2)（《基桩检测规范》第 3.1.2 条）基桩的检测方法及目的见表 7.8.1。

基桩的检测方法及目的　　　　　　　　　　　表 7.8.1

序号	检测方法	检 测 目 的	主 要 问 题
1	单桩竖向抗压静载试验	确定单桩竖向抗压极限承载力	不同的检测方法直接影响抽样的随机性，采用堆载法抽样的随机性强
		判定竖向抗压承载力是否满足设计要求	
		通过桩身内力及变形测试,测定桩侧、桩端阻力	
		验证高应变法的单桩竖向抗压承载力检验结果	
2	单桩竖向抗拔静载试验	确定单桩竖向抗拔极限承载力	不同的检测方法直接影响检测的随机性
		判定竖向抗拔承载力是否满足设计要求	
		通过桩身内力及变形测试,测定桩的抗拔摩阻力	
3	单桩水平静载试验	确定单桩水平临界和极限承载力,推定土抗力参数	
		判定水平承载力是否满足设计要求	
		通过桩身内力及变形测试,测定桩身弯矩	
4	钻芯法	检测灌注桩桩长、桩身混凝土强度、桩底沉渣厚度、判定或鉴别桩端岩土性状,判定桩身完整性类别	检测成本高
5	低应变法	检测桩身缺陷及位置,判定桩身完整性类别	对超长桩检测效果差
6	高应变法	判定单桩竖向抗压承载力是否满足设计要求	检测精度较低
		检测桩身缺陷及其位置,判定桩身完整性类别	
		分析桩侧和桩端土阻力	
7	声波透射法	检测灌注桩桩身缺陷及其位置,判定桩身完整性类别	
8	桩身传感器	测试桩侧抗压摩阻力或桩侧抗拔摩阻力	抽样的随机性差
9	桩端传感器	测试桩端阻力	
10	桩端位移杆	测试抗拔桩的桩端上拔位移	

3)（《基桩检测规范》第 3.1.3 条）桩身完整性检测宜采用两种或多种合适的检测方法进行。

4)（《基桩检测规范》第 3.1.4 条）基桩检测除应在施工前和施工后进行外，尚应加强施工过程中的质量控制。

5）（《地基规范》第 8.5.5 条）对桩端持力层为密实砂卵石或其他承载力类似的土层时，对单桩承载力很高的大直径端承型桩，可采用深层平板载荷试验确定桩端土的承载力特征值。

6）对承载力特别大的灌注桩，可采用桩承载力自平衡测试技术。

2. 检测时机

1）（《基桩检测规范》第 3.2.6 条）检测开始的时机见表 7.8.2。

检测开始的时机　　　　　　　　　　表 7.8.2

序　号	检 测 方 法	受件检混凝土的要求
1	低应变法	强度不低于设计强度的 70%，且不应小于 15MPa
2	声波透射法	
3	钻芯法	龄期≥28d 或预留同条件养护试块强度达到设计强度

2）（《基桩检测规范》第 3.2.6 条）承载力检测前的休止时间，除满足表 7.8.2 要求外，当无成熟的地区经验时，应满足表 7.8.3 的要求。

承载力检测前的休止时间　　　　　　　　　　表 7.8.3

土 的 类 别	砂　土	粉　土	黏 性 土	
			非 饱 和	饱　和
休止时间(d)	7	10	15	25

注：对于泥浆护壁灌注桩，宜适当延长休止时间。

3）（《基桩检测规范》第 3.2.7 条）施工后，宜先进行工程桩的桩身完整性检测，后进行承载力检测。当基础埋深较大时，桩身完整性检测应在基坑开挖至基底标高后进行。

3. 检测数量

（《基桩检测规范》第 3.3.1～3.3.8 条）桩的检测数量应根据不同的检测项目，符合表 7.8.4 的要求。

不同检测项目时桩的检测数量要求　　　　　　　　　　表 7.8.4

序号	项　目	适 用 条 件	检 测 数 量
1	施工前的静载试验（确定单桩竖向抗压承载力特征值）	1)设计等级为甲级、乙级的桩基 2)地质条件复杂、桩施工质量可靠性低 3)本地区采用的新桩型或新工艺 4)设计有要求时	同一条件下应≥3 根，且宜≥总桩数的 1%； 总桩数<50 时，应≥2 根
2	打入式预制桩采用高应变法试打（打桩过程监测）	1)控制打桩过程中的桩身应力 2)选择沉桩设备和确定工艺参数 3)选择桩端持力层	在相同施工工艺和相近地质条件下,试打桩数量应≥3 根
3	受检桩的选择（单桩承载力和桩身完整性验收）	1)施工质量有疑问的桩 2)设计认为重要的桩 3)局部地质条件出现异常的桩 4)施工工艺不同的桩 5)承载力验收检测时适量选择完整性检测中判定的Ⅲ类桩 6)同类型桩宜均匀随机分布	

续表

序号	项目	适用条件	检测数量
4	桩身完整性检测（混凝土桩）	1）柱下三桩或三桩以下承台	每承台应≥1根
		2）设计等级为甲级，或地质条件复杂、成桩质量可靠性较低的灌注桩	应≥总桩数的30%，且≥20根
		3）其他桩基工程	应≥总桩数的20%，且≥10根
		4）端承型大直径灌注桩应满足1）、2）项要求，并对受检桩采用钻芯法或声波法复检其桩身完整性	应≥总桩数的10%
		5）地下水位以上且终孔后桩端持力层已通过核验的人工挖孔桩	应≥总桩数的10%，且≥10根
		6）单节混凝土预制桩	
5	增加抽测	符合本表3中1）～4）项的桩数较多时	适当增加
6	施工后的静载试验（单桩竖向抗压承载力验收检测）	1）设计等级为甲级的桩基	应≥总桩数的1%，且≥3根；总桩数<50时，应≥2根
		2）地质条件复杂、桩施工质量可靠性低	
		3）本地区采用的新桩型或新工艺	
		4）挤土群桩施工产生挤土效应	
		5）其他情况	宜同上
7	高应变法（单桩竖向抗压承载力验收检测）	1）上述6中1）～4）以外的预制桩	宜≥总桩数的5%，且≥5根
		2）满足高应变法适用范围的灌注桩	
		3）上述6中1）～4）的补充验收	
8	钻芯（测定桩底沉渣并检验桩端持力层）	对端承型大直径灌注桩，当受设备或现场条件限制无法检测单桩竖向承载力时	应≥总桩数的10%，且≥10根
9	单桩竖向抗拔及水平承载力检测	1）承受拔力的桩基	应≥总桩数的1%，且≥3根
		2）水平力较大的桩基	

4. 验证和扩大检测

（《基桩检测规范》第3.4.1～3.4.7条）遇有特殊情况时，应根据具体情况采用相应的辅助检测措施，见表7.8.5。

桩基的辅助检测措施 表7.8.5

序号	情　况	检测措施
1	当低应变法无法准确判定桩身完整性时	宜采用单桩竖向抗压静载试验
		对于嵌岩灌注桩，可采用钻芯法
2	桩身浅部缺陷	可采用开挖验证
3	桩身或桩头存在裂隙的预制桩	可采用高应变法
4	单孔钻芯检测发现桩身混凝土质量问题时	宜在同一桩增加钻孔
5	当Ⅲ、Ⅳ类桩之和大于抽检桩数的20%时	宜采用原检测方法（原声波透射法可改用钻芯法），在未检测桩中扩大检测

二、单桩竖向抗压静载试验

（《基桩检测规范》第4章）单桩竖向抗压静载试验的相关要求见表7.8.6。

三、单桩竖向抗拔静载试验

（《基桩检测规范》第5章）单桩竖向抗拔静载试验的相关要求见表7.8.7。

四、单桩水平静载试验

（《基桩检测规范》第6章）单桩水平静载试验的相关要求见表7.8.8。

单桩竖向抗压静载试验的相关要求　　　　　　　　　　表 7.8.6

序号	项目	相　关　要　求		
1	适用范围	1)适用于检测单桩的竖向抗压承载力		
		2)当埋设有测量桩身应力、应变、桩底反力的传感器或位移杆时,还可测定桩的分层侧阻力和端阻力或桩身截面的位移量		
2	检测要求	1)试验装置要求	(1)试验桩(即破坏性试验用桩)应加载至破坏,当桩的承载力由桩身强度控制时,可按设计要求的加载量进行	
			(2)工程桩的加载量不应小于设计要求的单桩承载力特征值的 2 倍,当桩的承载力由桩身强度控制时,可按设计要求的加载量进行	
			(3)加载反力装置能提供的反力不得小于最大加载量的 1.2 倍	
			(4)采用工程桩作锚桩时,锚桩数量不应少于 4 根,并应监测锚桩上拔量	
			(5)压重施加于地基的压力不宜大于地基承载力特征值的 1.5 倍,有条件时宜利用工程桩作为堆载支点	
			(6)作为锚桩用的灌注桩和有接头的混凝土预制桩,检测前宜对其桩身完整性进行检测	
		2)加、卸载要求	(1)加载应分级进行,采用逐级等量加载;分级荷载宜为最大加载量或预估极限承载力的 1/10,其中第一级可取分级荷载的 2 倍	
			(2)卸载应分级进行,每级卸载量取加载时分级荷载的 2 倍,逐级等量卸载	
			(3)加、卸载时应使荷载传递均匀、连续、无冲击,每级荷载在维持过程中的变化幅度不得超过分级荷载的±10%	
		3)慢速维持荷载法	(1)为设计提供依据的竖向抗压静载试验,应采用慢速维持荷载法	
			(2)每级荷载施加后按第 5、15、30、45、60min 测读桩顶沉降量,以后每隔 30min 测读一次	
			(3)试桩沉降相对稳定的标准:每一小时内的桩顶沉降量不超过 0.1mm,并连续出现两次(从分级荷载施加后的第 30min 开始,按 1.5h 连续三次每 30min 的沉降观测值计算)	
			(4)卸载时,每级荷载维持 1h,按第 15、30、60min 测读桩顶沉降量后,即可卸下一级荷载。卸载至零后,应测读桩顶残余沉降量,维持时间为 3h,测读时间为 15、30min,以后每隔 30min 测读一次	
			(5)施工后的工程桩验收,宜采用慢速维持荷载法	
		4)快速维持荷载法	(1)每级荷载维持时间至少为 1h,是否延长维持时间应根据桩顶沉降收敛情况确定	
			(2)当有成熟的地区经验时,施工后的工程桩验收也可采用快速维持荷载法	
		5)终止加载的条件	(1)某级荷载作用下,桩顶沉降量大于前一级荷载作用下沉降量的 5 倍(即 Q-s 曲线出现明显的拐点,但应注意:当桩顶沉降能相对稳定且总沉降量小于 40mm 时,宜加载至桩顶总沉降量超过 40mm)	满足条件之一
			(2)某级荷载作用下,桩顶沉降量大于前一级荷载作用下沉降量的 2 倍,且经 24h 尚未达到相对稳定标准	
			(3)已达到设计要求的最大加载量	
			(4)当工程桩作锚桩时,锚桩上拔量已达到允许值	
			(5)当荷载-沉降曲线呈明显缓变型时,可加载至总沉降量 60～80mm;在特殊情况下,可根据具体要求加载至桩顶累计沉降量超过 80mm	
		6)侧阻力和端阻力测试	需要测试桩时,可在桩身内埋设传感器	

续表

序号	项目	相 关 要 求	
3	分析判定	1)单桩竖向抗压极限承载力 Q_u 可按下列方法综合确定	(1)根据沉降随荷载变化的特征确定:对于陡降型 Q-s 曲线,取其发生明显陡降的起始点对应的荷载值
			(2)根据沉降随时间变化的特征确定:取 s-$\lg t$ 曲线尾部出现明显向下弯曲的前一级荷载值
			(3)出现上述 5)之(2)的情况时,取前一级荷载值
			(4)对于缓变型 Q-s 曲线可根据沉降量确定,宜取 $s=40$mm 对应的荷载值;当桩长 $l>40$m 时,宜考虑桩身弹性压缩量;对于直径 $d\geqslant800$mm 的桩,可取 $s=0.05D$(D 为桩端直径)对应的荷载值
			(5)当按上述四款判定桩的竖向抗压承载力未达到极限时,桩的竖向抗压极限承载力应取最大试验荷载值
		2)单桩竖向抗压极限承载力统计值的确定	(1)参加统计的试桩结果,当满足其极差不超过平均值的30%时,取其平均值为单桩竖向抗压极限承载力
			(2)当极差超过平均值的30%时,应分析极差过大的原因,结合工程具体情况综合确定,必要时可增加试桩数量
			(3)对桩数 $n\leqslant3$ 的柱下承台,或工程桩抽检数量少于 3 根时,应取低值
		3)R_a	单位工程同一条件下的单桩竖向抗压承载力特征值 $R_a=0.5Q_u$

单桩竖向抗拔静载试验的相关要求　　　　　　　　　　表 7.8.7

序号	项目	相 关 要 求		
1	适用范围	1)适用于检测单桩的竖向抗拔承载力		
		2)当埋设有测量桩身应力、应变的传感器或桩端埋设有位移测量杆时,还可直接测量桩侧抗拔摩阻力,或桩端上拔量		
2	检测要求	1)为设计提供依据的试验桩(即破坏性试验用桩)应加载至桩侧土破坏或桩身材料达到设计强度		
		2)对工程桩抽样检测时,可按设计要求确定最大加载量(一般为单桩抗拔承载力设计值)		
		3)试验用反力装置	(1)宜采用反力桩(或工程桩)提供反力,也可根据现场情况采用天然地基提供支座反力	
			(2)反力架系统应能承担最大试验反力的 1.2 倍以上	
			(3)采用天然地基时提供反力时,施加于地基的压应力不宜超过地基承载力特征值的 1.5 倍	
		4)对混凝土灌注桩、有接头的预制桩,宜在试验前采用低应变法检测受检桩的桩身完整性		
		5)单桩竖向抗拔静载试验宜采用慢速维持荷载法。需要时也可采用多循环加、卸载方法		
		6)终止加载的条件	(1)某级荷载作用下,桩顶上拔量大于前一级上拔荷载作用下上拔量的 5 倍(即 U-δ 曲线出现明显的拐点)	符合条件之一
			(2)按桩顶上拔量控制,当累计桩顶上拔量超过 100mm 时	
			(3)按钢筋抗拉强度控制,桩顶上拔荷载达到钢筋强度标准值的 0.9 倍	
			(4)对于验收抽样检测的工程桩,达到设计要求的最大上拔荷载值(一般为单桩抗拔承载力设计值,或可取单桩抗拔承载力特征值的 1.35 倍)	
		7)需要测试桩侧抗拔摩阻力分布时,可在桩身内埋设传感器;当需要测试桩端上拔位移时,可在桩端埋设位移杆		
3	分析判定	1)单桩竖向抗拔极限承载力 T_u 的综合判定	(1)根据上拔量随荷载变化的特征确定:对陡变型 U-δ 曲线,取陡升起始点对应的荷载值	
			(2)根据上拔量随时间变化的特征确定:取 δ-$\lg t$ 曲线斜率明显变陡或曲线尾部明显弯曲的前一级荷载值	
			(3)当在某一级荷载下抗拔钢筋断裂时,取其前一级荷载值	
		2)单桩竖向抗拔极限承载力统计值的确定原则,同单桩竖向抗压静载试验;当作为验收抽样检测的受检桩未出现上述 1)的情况时,可按设计要求判定		
		3)单位工程同一条件下的单桩竖向抗拔承载力特征值 $T_a=0.5T_u$,当工程桩不允许带裂缝工作时,取桩身开裂前一级荷载作为单桩竖向抗拔承载力特征值,并与 T_a 相比取小值		

单桩水平静载试验的相关要求 表 7.8.8

序号	项目	相 关 要 求		
1	适用范围	1）适用于桩顶自由时的单桩水平静载试验，其他形式的水平静载试验可参考使用		
		2）适用于检测单桩的水平承载力，推定地基土水平抗力系数的比例系数 m		
		3）当埋设有桩身应变测量的传感器时，可测量相应水平荷载作用下的桩身应力，并由此计算桩身弯矩		
2	检测要求	1）为设计提供依据的试验桩（即破坏性试验用桩）宜加载至桩顶出现较大的水平位移或桩身结构破坏		
		2）对工程桩抽样检测，可按设计要求的水平位移允许值控制加载		
		3）加载方法宜根据工程桩实际受力特性，选用单向多循环加载法或慢速维持荷载法，也可按设计要求采用其他加载方法。需要测量桩身应力或应变的试桩宜采用维持荷载法		
		4）加、卸载及水平位移测量要求	（1）单向多循环加载法的分级荷载应小于预估水平极限承载力或最大试验荷载的 1/10，每级荷载施加后，恒载 4min 后可测读水平位移，然后卸载至零，停 2min 测读残余水平位移，至此完成一个加载循环。如此循环 5 次，完成一级荷载的位移观测。试验中间不停顿	
			（2）慢速维持荷载法的加载分级、试验方法及稳定标准同表 7.8.6	
		5）终止加载的条件	（1）桩身折断	满足条件之一
			（2）水平位移超过 30～40mm（软土取 40mm）	
			（3）水平位移达到设计要求的水平位移允许值	
3	分析判定	1）单桩的水平临界荷载	（1）取单向多循环加载法时的 $H\text{-}t\text{-}Y_0$ 曲线或慢速维持荷载法时的 $H\text{-}Y_0$ 曲线出现拐点的前一级水平荷载值	
			（2）取 $H\text{-}\Delta Y_0/\Delta H$ 曲线 $lgH\text{-}lgY_0$ 曲线上第一拐点对应的水平荷载值	
			（3）取 $H\text{-}\sigma_s$ 曲线第一拐点对应的水平荷载值	
		2）单桩的水平极限承载力	（1）取单向多循环加载法时的 $H\text{-}t\text{-}Y_0$ 曲线产生明显陡降的前一级、或慢速维持荷载法时的 $H\text{-}Y_0$ 曲线发生明显陡降的起始点对应的水平荷载值	
			（2）取慢速维持荷载法时的 $Y_0\text{-}lgt$ 曲线尾部出现明显弯曲的前一级水平荷载值	
			（3）取 $H\text{-}\Delta Y_0/\Delta H$ 曲线 $lgH\text{-}lgY_0$ 曲线上第二拐点对应的水平荷载值	
			（4）取桩身折断或受拉钢筋屈服时的前一级水平荷载值	
		3）单桩水平极限承载力和水平临界荷载统计值的确定原则，同表 7.8.6		
		4）单位工程同一条件下的单桩桩顶的水平承载力特征值	（1）当水平承载力按桩身强度计算时，取水平临界荷载统计值	
			（2）当桩身受长期水平荷载作用且桩不允许开裂时，取水平临界荷载统计值的 0.8 倍	
			（3）除上述（1）、（2）外，当水平承载力按设计要求的水平允许位移控制时，可取设计要求的水平允许位移值对应的水平荷载，但应满足有关规范抗裂设计的要求	

五、钻芯法

（《基桩检测规范》第 7 章）钻芯法检测的相关要求见表 7.8.9。

钻芯法检测的相关要求 表 7.8.9

序号	项 目	相 关 要 求
1	适用范围	1）检测桩身混凝土情况，如：桩身混凝土胶结情况、有无气孔、松散或断桩等，桩身混凝土强度是否符合规范的要求
		2）桩底沉渣厚度是否符合设计或规范要求
		3）桩端持力层性状（强度）和厚度是否符合设计或规范要求
		4）验证施工记录的桩长是否真实
2	受检桩要求	桩径 d 宜≥800mm，长径比 l/d 宜≤30
3	钻头规格及选用	钻头外径有 76mm、91mm、101mm、110mm 和 130mm 等
		当受检桩采用商品混凝土、骨料最大粒径小于 30mm 时，可用外径为 91mm 钻头
		若不检混凝土强度，可用外径为 76mm 钻头

续表

序号	项目	相 关 要 求		
4	钻孔数量	桩径 d<1200 时	钻 1 个孔	在距桩中心 100~150 的位置
		桩径 1200≤d≤1600 时	钻 2 个孔	在距桩中心(0.1~0.25)d 内均匀对称布置
		桩径 d>1600 时	钻 3 个孔	
5	钻孔的封堵	对工程桩,应采用 0.5~1.0MPa 的压力由孔底往上用水泥浆回灌封闭		
6	不合格桩的判定	1)桩身完整性类别为Ⅳ类的桩		符合条件之一
		2)受检桩混凝土芯样试件抗压强度代表值小于混凝土设计强度等级的桩		
		3)桩长、桩底沉渣厚度不满足设计或规范要求的桩		
		4)桩端持力层岩土性状(强度)或厚度不满足设计或规范要求的桩		
7	桩身完整性类别判定	Ⅰ	混凝土芯样连续、完整、表面光滑、胶结好、骨料分布均匀、呈长柱状、断口吻合,芯样侧面仅见少量气孔	
		Ⅱ	混凝土芯样连续、完整、胶结较好、骨料分布基本均匀、呈柱状、断口基本吻合,芯样侧面局部见蜂窝麻面、沟槽	
		Ⅲ	大部分混凝土芯样胶结较好,无松散、夹泥或分层现象,但有下列情况之一: 1)芯样局部破碎且长度不大于 100mm; 2)芯样骨料分布不均匀; 3)芯样多呈短柱状或块状; 4)芯样侧面蜂窝、麻面、沟槽连续	
		Ⅳ	1)钻进很困难; 2)芯样任一段松散、夹泥或分层; 3)芯样局部破碎且破碎长度大于 100mm	

六、低应变法

(《基桩检测规范》第 8 章) 低应变法检测的相关要求见表 7.8.10。

低应变法检测的相关要求 表 7.8.10

序号	项目	相 关 要 求
1	适用范围	1)检测混凝土桩的桩身完整性,判定桩身缺陷的程度及位置
		2)有效检测桩长范围应通过现场试验确定(一般情况下不宜超过 30m)
		3)带有普查性质的完整性检测
2	测试报告的主要内容	1)应给出桩身完整性检测的实测信号曲线
		2)桩身波速的取值
		3)桩身完整性描述、缺陷位置及桩身完整性类别
		4)时域信号时段所对应的桩身长度标尺、指数或线性放大的范围及倍数;或幅频信号曲线分析的频率范围、桩底或桩身缺陷对应的相邻谐振峰间的频差

七、高应变法

(《基桩检测规范》第 9 章) 高应变法检测的相关要求见表 7.8.11。

八、声波透射法

(《基桩检测规范》第 10 章) 声波透射法检测的相关要求见表 7.8.12。

九、自平衡测试法

1. 自平衡测试法[13]的原理

自平衡测试法是在桩尖附近设置荷载箱(由活塞、钢顶盖和底板及箱壁组成),沿垂直方向加载,既可同时测得荷载箱上、下部桩身各自的承载力(见图 7.8.1)。

高应变法检测的相关要求　　　　　　　　　　　表 7.8.11

序号	项目	相关要求	
1	适用范围	1)检测基桩的竖向抗压承载力和桩身完整性	
		2)监测预制桩打入时的桩身应力和锤击能量传递比,为沉桩工艺参数及桩长选择提供数据	
		3)进行灌注桩的竖向抗压承载力检测时,应具有现场实测经验和本地区相近条件下的可靠对比验证资料	
		4)对于大直径扩底桩 $Q \cdot s$ 曲线具有缓变型特征的大直径灌注桩,不宜采用	
2	检测要求	1)锤的重量应大于预估单桩极限承载力的 1.0%~1.5%,混凝土桩的桩径大于 600mm 或桩长大于 30m 时取高值	
		2)采用自由落锤为锤击设备时,应重锤低击,最大锤击落距不宜大于 2.5m	
		3)承载力检测时宜实测桩的贯入度,单击贯入度宜在 2~6mm 之间	
3	需用静载法进一步验证的情况	1)桩身存在缺陷,无法判定桩的竖向承载力	符合情况之一
		2)桩身缺陷对水平承载力有影响	
		3)单击贯入度大,波形表现出的竖向承载性状明显与勘察报告中的地质条件不符合	
		4)嵌岩桩桩底同向反射强烈,且在时间 $2L/c$ 后无明显端阻力反射(也可采用钻芯法核验)	

声波透射法检测的相关要求　　　　　　　　　　　表 7.8.12

序号	项目	相关要求	
1	适用范围	对已预埋声测管的混凝土灌注桩进行桩身完整性检测,判定桩身缺陷的程度及位置	
2	声测管	内径	宜为 50~60mm 的钢管	
		埋设数量	$d \leqslant 800mm$ 时,2 根	声测管应均匀对称布置(d 为桩直径)
			$800mm < d \leqslant 2000mm$ 时,不少于 3 根	
			$d > 2000mm$ 时,不少于 4 根	

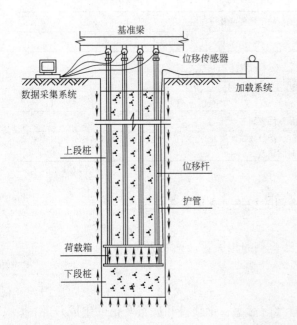
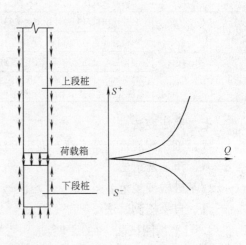

图 7.8.1　桩承载力自平衡测试原理图

基桩自平衡测试开始后，荷载箱产生的荷载沿着桩身轴向往上、下传递，基桩受荷后，当桩身结构完好（无破损、混凝土无离析、断裂现象）时，在各级荷载作用下混凝土产生的应变量等于钢筋产生的应变量，通过测量桩体内钢筋的应变可以推算出相应桩截面的应力-应变关系，由此可求得在各级荷载作用下桩身的轴力、摩阻力随荷载深度变化的传递规律。

测试完毕，通过预埋管对荷载箱进行压力注浆封堵。

2. 自平衡测试法的特点

1）试验装置简单，不占用场地，无需笨重的反力架，可多桩同时测试，省时、省力、安全；

2）可以清楚地区分出侧阻力和端阻力的分布规律和各自的荷载-位移曲线；

3）试验费用低，与传统方法相比可节约试验总费用的 30%～60%，桩的承载力越高，经济效益越明显；

4）试验桩可不报废，试验完毕经对荷载箱进行压力灌浆处理后，仍可作为工程桩使用。

3. 自平衡测试法的适用范围

1）适用于淤泥质土、黏性土、粉土、砂土、岩层以及黄土、冻土、岩溶特殊土中的钻孔灌注桩、人工挖孔桩等；

2）特别适合于传统静载试验相当困难的大吨位试桩、水上试桩、坡地试桩、基坑底试桩、狭窄场地试桩等情况。

十、理解与分析

1. 对表 7.8.4 中第 5 项，"桩数较多"的情况，应根据工程经验确定。当无可靠工程经验时，当表中第 3 项 1）～4）的桩数之和占总桩数的比值≥20% 时，可判定为"桩数较多"，相应的检测数量，建议可增加 20%。

2. 对表 7.8.5 中第 5 项扩大检测的数量及范围，应根据工程经验并经相关各方共同协商确定，一般情况下可考虑扩大检测数量 20%。

第九节 桩筏与桩箱基础

【要点】

桩筏与桩箱基础属于桩基础与筏形基础及箱形基础的组合形式，应同时满足规范对桩基础、筏形基础及箱形基础的基本要求。当采用梁板式桩筏基础时，应特别注意采用满堂均匀布桩可能存在的安全隐患。

桩箱与桩筏基础具有基础刚度大、承载力高、沉降均匀等明显优点，因此，在高层建筑中（桩筏基础）应用越来越普遍。由于桩箱基础对墙体布置的特殊要求常影响建筑的使用功能，因此，桩箱基础一般用于设置人防地下室的结构中。

一、计算要求

1.（《箱筏规范》第 5.4.1 条）当高层建筑箱形与筏形基础下天然地基承载力或沉降不能满足设计要求时，可采用桩加箱形或筏形基础。

2.（《箱筏规范》第 5.4.2 条）当箱形或筏形基础下桩的数量较少时，桩宜布置在墙下、梁板式筏形基础的梁下或平板式筏形基础的柱下。

3.（《箱筏规范》第5.4.3条，《桩基规范》第5.9.8条）箱形或筏形基础的相关计算要求：

1）基础底板沿桩顶、柱根、剪力墙或筒体周边的受冲切承载力按本章第五节的规定计算。

2）箱形承台及筏形承台可按公式（7.9.1、7.9.2）计算承台内部基桩的冲切承载力（图7.9.1）。

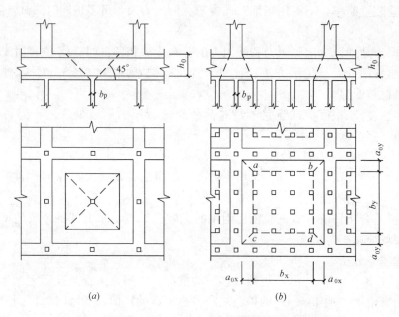

图 7.9.1 基桩对筏形承台的冲切和墙对筏形承台的冲切

(a) 受基桩的冲切；*(b)* 受桩群的冲切

（1）按公式（7.9.1）计算承台受基桩的冲切承载力（图7.9.1*a*）。

$$N_l \leqslant 2.8(b_p + h_0)\beta_{hp}f_t h_0 \qquad (7.9.1)$$

（2）按公式（7.9.2）计算承台受群桩的冲切承载力（图7.9.1*b*）。

$$\sum N_{li} \leqslant 2[\beta_{0x}(b_y + a_{0y}) + \beta_{0y}(b_x + a_{0x})]\beta_{hp}f_t h_0 \qquad (7.9.2)$$

式中 β_{0x}、β_{0y}——由公式（7.5.18）求得，$\lambda_{0x} = a_{0x}/h_0$，$\lambda_{0y} = a_{0y}/h_0$，$\lambda_{0x}$、$\lambda_{0y}$均应满足 0.25～1.0 的要求；

    N_l、$\sum N_{li}$——不计承台及其上土重，在荷载效应基本组合下，基桩或复合基桩的净反力设计值、冲切锥体内各基桩或复合基桩反力设计值之和。

4.（《箱筏规范》第5.4.4条）基础板的弯矩可按下列方法计算：

1）先将基础板上的竖向荷载设计值按静力等效原则移至基础底面桩群承载力重心处。弯矩引起的桩顶不均匀反力按直线变化原则计算，并以柱或墙为支座采用倒楼盖法计算板的弯矩。当支座反力与实际柱或墙的荷载效应相差较大时，应重新调整桩位再次计算桩顶反力；

2）当桩基的沉降量较均匀时，可将单桩简化为一个弹簧，按支承在弹簧上的弹性平板计算板的弯矩，桩的弹簧系数可按单桩载荷试验或地区经验确定。

5.（《桩基规范》第 5.9.3 条）箱形承台及筏形承台的弯矩按表 7.9.1 确定。

箱形承台及筏形承台的弯矩计算要求　　　　　　　　　　表 7.9.1

序号	情　　况	要　　求
1	箱形承台及筏形承台的弯矩	宜按地基-桩-承台-上部结构共同作用原理计算
2	箱形承台,满足右侧条件之一时可仅考虑局部弯矩作用	当桩端持力层为基岩、密实的碎石类土、砂土且深厚均匀时
		当上部结构为剪力墙结构时
		当上部结构为框架-核心筒结构且按变刚度调平原则布桩时
3	筏形承台,满足右侧条件之一时可仅考虑局部弯矩作用	当桩端持力层深厚坚硬、上部结构刚度较好,且柱荷载及柱间距的变化不超过 20% 时
		当上部结构为框架-核心筒结构且按变刚度调平原则布桩时

6.（《桩基规范》第 5.9.11 条）梁板式筏形承台梁的斜截面承载力,按《混凝土规范》第 7.5 节的要求计算,当为矩形、梯形和工字形截面的一般受弯构件,可按公式（7.5.34～7.5.36）计算。

7. 箱型筏形承台的抗剪计算可按《混凝土规范》的相关规定进行。

二、构造要求

（《箱筏规范》第 5.4.5 条,《桩基规范》第 4.2.3 条）桩箱或桩筏基础的构造除应符合表 7.9.2 的要求外还应满足本章第六节的要求。

桩箱或桩筏基础的构造　　　　　　　　　　表 7.9.2

序号	情　　况	要　　求	
1	计算中仅考虑局部弯矩作用时	支座(板底)钢筋:应有 1/2～1/3 且配筋率≥0.15% 的钢筋贯通全跨	
2		跨中(板顶)钢筋:按计算配筋全部连通	
3	筏板厚度>2m 时	宜在板厚中间部位设置直径≥12mm、间距≤300mm 的双向钢筋网	
4	桩顶嵌入箱基或筏基底板内的长度	对大直径桩	不宜小于 100mm
5		对中小直径桩	不宜小于 50mm
6	桩的纵向受力钢筋锚入箱基或筏基底板内的长度	对于抗拔桩基	不应小于钢筋直径的 45 倍
		其他	不宜小于钢筋直径的 35 倍
7	高层建筑筏形承台厚度	应≥400mm	
8	基础板的厚度	当桩布置在墙下或基础梁下时	不得小于 300mm 且不宜小于板跨的 1/20
		当满堂布桩时	应满足受冲切承载力的要求
		其他情况	应满足整体刚度及防水要求

三、理解与分析

1. 桩箱基础是基桩与箱形基础的组合,应同时满足规范对桩基础和箱形基础的要求;桩筏基础是基桩与筏形基础的组合,也应同时满足规范对桩基础和筏形基础的要求。

2. 桩箱及桩筏基础一般采用弹性地基梁板程序计算;程序[16]通过对桩基沉降的计算,直接模拟桩的弹簧刚度,采用有限元分析模型计算。

3. 当结构布置满足表 7.9.1 第 2、3 款的规定时,可采用简化方法计算。

四、结构设计的相关问题

桩与梁板式筏基组成的桩筏基础,当采用满堂均匀布桩时,由于梁板式筏基的梁板刚度差异很大，常引起梁下桩基受力很大而板下基桩受力很小，严重者出现各个击破的安全问题。

五、设计建议

1. 有限元分析程序适合于复杂情况下的桩箱及桩筏基础计算，但由于影响计算的因素众多、程序的适应性问题及程序使用人员的操作技巧等问题，常使得计算结果飘忽不定，基础布置越复杂，计算结果的可信度越低，建议有条件时，应采用简化方法进行补充分析比较。

2. 在桩箱及桩筏基础的设计计算，桩弹簧刚度的确定及地基的基床系数的确定等均与桩基的沉降密切相关，因此，基础计算的关键问题是桩基的沉降问题，在沉降量的确定过程中，工程经验为重要因素，有时可能是决定性的因素。合理的沉降量是结构设计计算的前提，它使得基础计算，变成一种在已知地基总沉降量前提下的基础沉降的复核过程，同时也是在基础配筋的确定过程。

3. 梁板式基础应尽量在基础梁下布桩；应避免采用满堂布桩的梁板式桩筏基础，必须采用时，应采取措施，保证筏板具有足够的刚度，确保板下桩能与基础梁下桩一样承担上部结构荷重。

六、相关索引

1.《地基规范》的相关规定见其第 8 章。

2.《箱筏规范》的相关规定见其第 5.4 节。

3.《混凝土高规》的相关规定见其第 12 章。

第十节　工程实例及实例分析

【要点】

本节通过工程实例进一步说明桩基础设计的技术要点，分析桩型选择、桩基施工图设计中的主要技术难点及应采取的技术措施，重点介绍后注浆灌注桩基础设计及人工挖孔扩底墩基础的设计过程，指出其设计说明中应交代的设计、施工及检测的主要问题。比较后注浆灌注桩与普通灌注桩的技术经济性指标。

【实例 7.1】 北京名人广场写字楼钻孔灌注桩（后压浆）基础设计

1. 工程实例

1）工程概况

北京名人广场位于北京亚运村，它是由写字楼和若干公寓楼组成的建筑群。其中写字楼是其标志性建筑。内筒外框架全钢筋混凝土结构，地下二层（局部三层）与服务式公寓楼相连，地上三十八层，顶部逐层收进，平面由方变圆，檐口高度 129.0m，其高度位居北京同类结构之首。写字楼剖面见图 7.10.1，总平面关系如图 7.10.2。1995 年 1 月开始施工图设计，同年 8 月底完成；1997 年底结构完工。

2）基础设计

采用桩底后压浆钻孔灌注桩基础，中筒和周边不均匀布桩，变厚度承台板设计。

2. 实例分析

1）地质情况

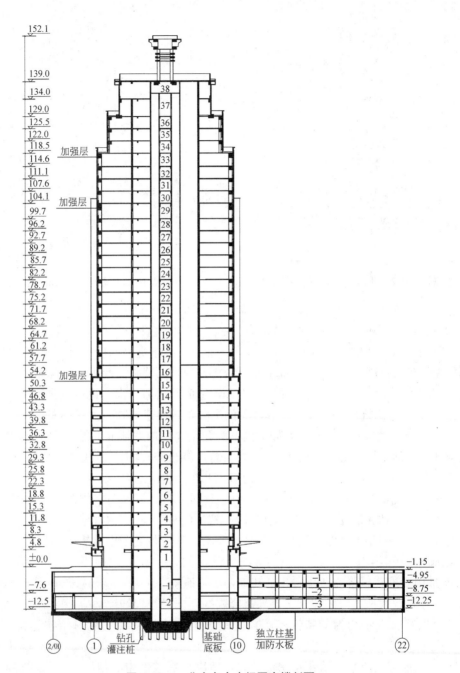

图 7.10.1　北京名人广场写字楼剖面

根据勘察报告，本工程地质情况见图 7.10.3。基础底面位于粉质黏土层⑤，其地基承载力特征值 $f_{ak} = 230 kPa$。

2）基础方案的优化

（1）写字楼优先考虑采用天然地基，地基承载力能基本满足规范要求。在沉降计算深度范围内，土层⑤、⑥为主压缩层，主压缩层总厚度约为 21m，地基主压缩层较厚，在地基变形及差异沉降等方面存在以下几方面的问题：

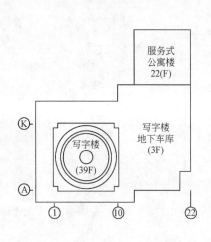

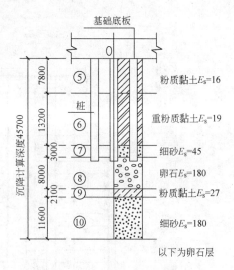

图 7.10.2　北京名人广场总平面　　　　图 7.10.3　场地地质情况典型剖面

① 写字楼的总沉降量过大，最终沉降计算值达 250mm；

② 主楼与裙房地下室之间的沉降差过大，虽然在主楼与裙房间可设置后浇带，以消除施工阶段的地基变形差（约为总沉降量的 50%），但建筑物的后期沉降仍将产生相当大的沉降差，最大沉降差估算值约 100mm，结构处理难以消除如此大的沉降差；

③ 由于结构总重量大，基础悬挑达 12m，造成其内力过大，也很难进行施工图设计；

④ 基础各边出挑尺寸不相同及其过大的沉降，造成建筑物较大的倾斜。

（2）由于天然地基方案存在着如上诸多问题，同时考虑到本工程荷重分布存在着较大的不均匀性，即占层平面面积约为 20% 的中筒，传给基础的荷重占整个结构总重量的一半，荷重分布的不均匀性，决定了基础的形式及布置也应适合这一特殊的要求。经多方案比较，采用厚筏板和经桩底压力灌浆的钻孔灌注桩基础，即在写字楼范围采用厚筏板和经桩底压力灌浆的钻孔灌注桩基础，调整桩的布置（中筒下及周边框架柱下不均匀布桩）及筏板的厚度，以满足上部结构重量对基础的要求。其他各处采用天然地基，地下车库用独立柱基加防水板。

① 采用经桩底压浆的钻孔灌注桩基础，较好地解决了写字楼与楼群内其他相邻建筑，在层数上相差较大所造成的建筑物差异沉降问题，同时也较好地适应了上部建筑的荷载分布特点及地基反力不均匀的特性。还较好地满足了建筑使用功能对结构不留抗震缝的要求。

② 采用经桩底压浆的钻孔灌注桩基础，解决了在城市中心地区，打入式预制桩施工所带来的噪声扰民问题，也解决了钻孔灌注桩桩底沉渣难以检测和处理的问题，提高了单桩的承载力，产生了明显的技术经济效益。

③ 采用"中点沉降调整法"，较好地处理了现行基础计算程序在筏板基础设计中的应用问题。

④ 采用合理的上部结构方案，使结构的传力直接，结构计算与实际受力情况能较好的吻合，同时增大了建筑布局的灵活性，节省了建筑面积。

（3）基础设计计算

桩基沉降按《建筑桩基技术规范》（JGJ 94—2007）的要求，采用等效作用分层总和法计算并结合试桩结果，参考已建成的同类工程实测沉降值，确定筏板中点的最终沉降量 s_c 为 50mm，基础梁板计算用北京土建学会的《弹性地基上梁板计算》（Base）程序，考虑桩土共同工作，采用分层地基模型计算，并根据桩的最终沉降量对地基土压缩模量作适当调整，求得设计所需的筏板内力与配筋。相关比较结果见图 7.10.4～图 7.10.7。

（4）地基沉降观测

地基沉降的实测结果显示，本工程地基的最大沉降在中筒下，结构完工时实测沉降最大值为 20mm，与设计计算基本吻合。

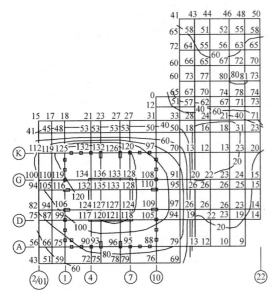

图 7.10.4 天然地基方案施工阶段沉降（mm）

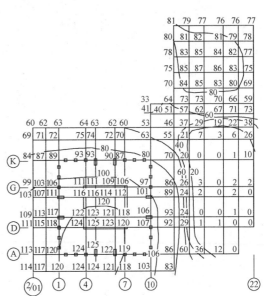

图 7.10.5 天然地基方案使用阶段沉降（mm）

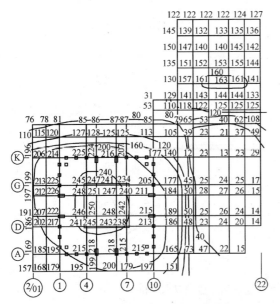

图 7.10.6 天然地基方案总沉降（mm）

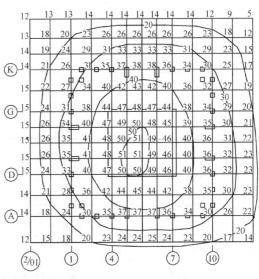

图 7.10.7 桩基础方案总沉降（mm）

（5）技术经济比较

采用桩底压浆的钻孔灌注桩，技术经济效益明显，分述如下：

① 大幅度提高了灌注桩的承载力

根据中国建筑科学研究院地基基础研究所对工程桩所做的对比试验结果，桩底压浆使单桩竖向极限承载力，由不压浆桩的 6900kN，提高到 10200kN，提高幅度达 48%，扣除试桩在桩顶至基底标高间的残余摩阻力，单桩竖向承载力标准值从 3000kN 提高到 4500kN；

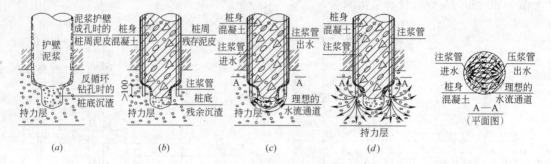

图 7.10.8 钻孔灌注桩的后注浆过程

(a) 桩周泥皮及桩底沉渣形成图；(b) 注浆前桩周泥皮及桩底沉渣现状图

(c) 注浆前洗井的理想水流通道；(d) 桩底后注浆时的浆液通道

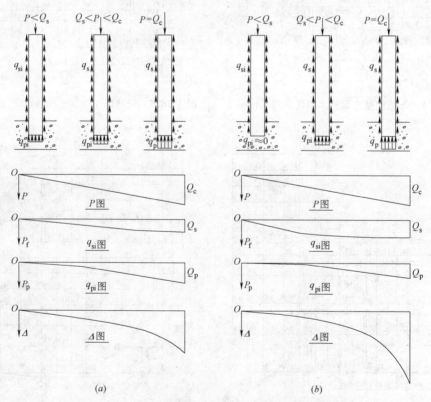

图 7.10.9 桩底后注浆灌注桩与普通灌注桩的受力分析

(a) 桩底后注浆灌注桩；(b) 普通灌注桩

② 有效地减小了桩基的沉降

从图 7.10.10 可以看出，经桩底压浆后，在同级荷载（Q）下，桩顶沉降（s）远小于不压浆桩，桩顶残余变形也大为减小；

③ 桩底压浆也大大消除了人们对钻孔灌注桩孔底沉渣的忧虑

普通钻孔灌注桩，在地下水位较高时通常采用泥浆护壁，孔底沉渣难以准确检测和清除，桩底压浆的过程从这个意义上讲，正是对桩底沉渣的处理和对桩底持力层的加固过程，从图 7.10.10 的试桩结果不难看出这一点；

④ 桩端压浆已大大改善了钻孔灌注桩的受力机理

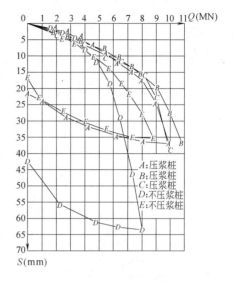

图 7.10.10 桩的 Q-s 曲线

普通钻孔灌注桩钻孔取土的过程，也正是桩周及桩底土体应力释放的过程，这一施工工序，降低了桩与土体的摩擦力和端承力，这也是普通钻孔灌注桩承载力低，沉降量大的根源。而采用压力灌浆，利用桩身自重，使桩身周边及桩底的土体得到预压，回到（或接近）它原有的应力状态，从而大大改善了桩与土体的咬合性能。此外，压浆后桩承载力的离散性远小于不压浆的桩，桩的沉降减小，桩端沉渣得到处理，桩底持力层得到加固（见图 7.10.8～7.10.10）。这些都说明，经压力灌浆的钻孔灌注桩，其受力机理已不同于普通意义上的钻孔灌注桩，而具有明显的预制桩的特性，同时，又克服了挤土桩的某些缺点，它集钻孔灌注桩与预制桩的优点于一身，既解决了施工扰民问题，又达到近乎于预制桩的理想的桩基效果，为受预制桩施工扰民，普通钻孔灌注桩承载力低、孔底沉渣难以检测和处理而长期困扰的结构设计，走出了一条新路；

⑤ 产生了明显的经济效益

采用后压浆钻孔灌注桩与普通钻孔灌注桩的主要经济指标比较见表 7.10.1。

后压浆钻孔灌注桩与普通钻孔灌注桩的主要经济指标比较　　　　表 7.10.1

桩基类型	桩数（根）	筏板厚度（m）	筏板配筋面积	压浆量	挖方深度	节约投资
普通灌注桩	494	3.5	269（cm²/m）	—		
后压浆灌注桩	333	2.5	180（cm²/m）	400～600kg/桩	减少 1m	≥300 万元

【实例 7.2】 **福建广播电视中心钻孔灌注桩（后压浆）基础设计**

1. 工程实例

1) 工程概况

福建广播电视中心工程的工程概况见实例 1.7，总平面结构分区见图 1.7.7，工程南立面图见 7.10.11。本工程于 2002 年初开始施工图设计，同年五月底完成，七月动工兴建。本工程总平面共设变形缝 13 条，其中沉降缝 5 条，伸缩缝 8 条，均为抗震缝。

2) 基础设计

本工程采用桩底后压浆钻孔灌注桩基础，中部剪力墙下集中密集布桩其他部位减少布桩，变厚度承台板设计。

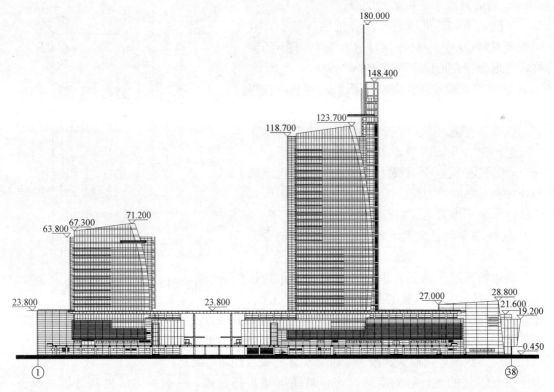

图 7.10.11　本工程南立面图

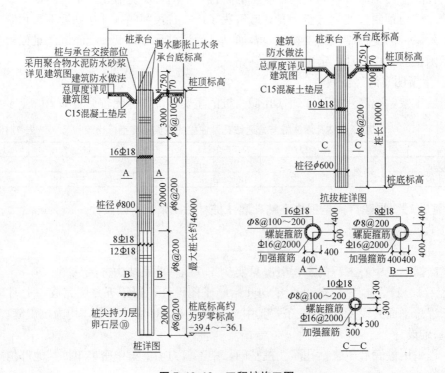

图 7.10.12　工程桩施工图

2. 实例分析

1）场地地质情况

根据福建岩土工程勘察研究院提供的《福建广播电视中心岩土工程施工图勘察报告》，在勘察深度范围内，自上而下各主要地质土层见表 7.10.2。

表 7.10.2

地质土层分布情况

土层编号	土层名称	层厚(m)	层顶标高(m)	$E_{s100-200}$(MPa)	f_{ak}(kPa)	预制桩		钻(冲)孔灌注桩	
						q_{sk}(kPa)	q_{pk}(kPa)	q_{sk}(kPa)	q_{pk}(kPa)
②	粉质黏土层	0.80~4.60	6.980~4.450	3.5	100	25	—	20	—
③	中砂淤泥层	4.60~12.90	5.170~3.790	14	170	50	—	40	—
⑤	中砂层	4.10~10.60	−1.820~−8.370	15	220	60	4000	45	2000
⑦	淤泥质粉质黏土层	13.00~20.00	−10.250~−16.570	3.2	80	18	—	14	—
⑧	粉质黏土层	1.00~3.90	−27.180~−31.610	6	220	35	—	25	—
⑨	粉砂层	1.50~5.30	−29.720~−34.340	15	200	65	4500	50	—
⑩	卵石层	9.90~23.70	−33.800~−36.540	22	700	120	10000	85	6500
以下	强风化花岗岩层	0~21.44	−45.710~−57.580	20	550	—	—	550	—

2）场地类别及液化判别

场地土类别为中软场地土，建筑场地类别为Ⅱ类（Ⅱ类弱、Ⅲ类强），7 度（0.1g，第一组），不考虑中砂层③的液化问题，中砂层⑤为不液化土。

3）地下水位及水质

场地地下水初见深度为地表下 2.600~3.500m，稳定水位埋深 2.400~3.200m，相应的绝对标高为 4.600~3.800m。地下水为主要赋存于①层杂填土孔隙中的上层滞水，中砂层③、⑤中的空隙潜水，下部粉砂层⑨、卵石层⑩的弱承压孔隙水以及强风化、中风化基岩中的裂隙水。粉质黏土层②、淤泥层④、粉质黏土层⑥、淤泥质粉质黏土层⑦属相对隔水层，地下水对混凝土结构及钢筋混凝土结构中的钢筋不具腐蚀性，对钢结构具有弱腐蚀性。

4）本工程采用经桩底压浆处理的钢筋混凝土钻孔灌注桩（泥浆护壁），桩基的安全等级为一级；桩尖进入持力层第⑩层（卵石层）2.000m，桩底标高约为−46.000m（桩身采用 C35 级水下混凝土）。根据试桩报告提供桩的桩承载力标准值如下：桩径 0.8m，单桩极限承载力标准值为 7400kN。

（1）电视中心区，主楼为桩筏基础，筏板（混凝土 C40 级）厚 2.5m（板底单向最大配筋量 14025mm²/m）；裙楼采用灌注桩加 0.8m 厚防水板基础；

（2）广播中心区，主楼为桩筏基础，筏板（混凝土 C40 级）厚 1.9m（板底单向最大配筋量 13403mm²/m）；裙楼采用灌注桩加 0.5m 厚防水板基础；

（3）演播中心区等，桩基础加 0.5m 厚防水板。

（4）剧场式演播厅台仓平面范围，基础底板下布设钢筋混凝土钻孔灌注桩（抗拔桩），桩径 0.6m，桩长 10m，单桩抗拔承载力标准值（由试桩确定）为 360kN。

5）桩底压浆问题的思考

（1）基本情况判断

根据钻孔灌注桩桩底压浆的工程实践和本地区的工程实践经验，判定在本工程所属的场地条件下采用钻孔灌注桩桩底后压浆基础，应能收到预期的效果，桩底压浆的钻孔灌注桩其单桩抗压承载力特征值应能有较大幅度的提高，经验表明应比普通钻孔灌注桩提高约30%～50%。同时还能明显减小桩的沉降量。

（2）后注浆情况分析

本工程钻孔灌注桩采用分区施工完后统一注浆法，注浆初始压力为1MPa左右，注浆量：群桩（外排桩除外）每桩≥1000kg；其他桩每桩≥1500kg，注浆时间控制在1～2h，最终注浆压力为1.5MPa左右，注浆压力稳定3min。

通过改变注浆管形式，采用间歇注浆方式，提高注浆的有效性。

（3）对比试验结果及原因分析

对比试验表明：经桩底压浆的单桩极限承载力标准值为7400kN。而不压浆桩的单桩极限承载力标准值为6000kN，压浆后承载力的提高幅度仅为20%，远低于经验值。分析主要原因为：受地下水位长期变化的影响，在桩基持力层形成明显的地下水流通道，后注浆时水泥浆浆路通畅（在远离试桩70m的地方，工程桩施工揭露发现有试桩的注浆浆片），桩底注浆压力难以维持和提高，虽采取改变桩底注浆角度及采取间歇注浆等技术措施，但效果不明显。

（4）设计体会

钻孔灌注桩采用后压浆技术，可以对桩底沉渣和桩周泥皮及桩底持力层起到一定的加固作用，工程实践证明，当条件合适时，一般可使桩基的承载力提高30%以上，同时还可以明显地减小灌注桩的沉降。但对于桩底持力层受地下水变化影响明显（如江湖湖岸的建筑等）形成明显的水流通道时，对后压浆的期望值不宜太高，同时不应采用过高的注浆压力和过大的注浆量。

6）本工程钻孔灌注桩（桩底后压浆）设计说明

（1）本工程钻孔灌注（桩底后压浆）桩的桩底持力层为⑩卵石层，其他各土层见本工程地质条件表。

压浆后钻孔灌注桩的单桩极限承载力标准值（Q_{uk}）依据试桩结果确定。

（2）地下水：场地上部孔隙潜水对混凝土结构具弱腐蚀性，对混凝土结构中的钢筋不具腐蚀性，对钢结构具有弱腐蚀性；下部孔隙承压水对混凝土结构不具腐蚀性，对混凝土结构中的钢筋和钢结构均具有弱腐蚀性。地下室抗浮设计水位为绝对标高5.000。

（3）关于钢筋混凝土灌注桩施工

3.1 关于成孔、清孔及泥浆护壁

3.1.1 孔壁护筒的埋设、成孔、泥浆、导管、隔水球、下钢筋笼、清孔、水下混凝土灌注应按有关规范、规程施工，应采取相应的技术措施，严防塌孔、夹泥、断桩、偏位、倾斜并严格控制孔底沉渣在允许的厚度范围内；

3.1.2 桩入土深度实行桩底标高和桩底（全截面）进入持力层深度（不小于2.0m）双控，当桩底标高与桩底进入持力层深度均满足设计要求时方可停钻；

3.1.3 每根桩必须进行严格的清孔，设计要求在成孔及下钢筋笼后分别进行两次清孔（最后一次清孔必须采用反循环清孔工艺），清孔后应立即浇灌混凝土，若时间太长，在混凝土浇灌前应再进行一次反循环清孔；

3.1.4　本工程桩底持力层为卵石层，设计要求孔底沉渣应以砂粒及卵石为主，避免土粒在孔底残留。孔底的最终沉渣厚度应不大于75mm；以桩尖截面为10％桩截面面积的界面为沉渣厚度计算起始面；

3.1.5　当桩穿越砂层时，应适当加大桩的孔径，避免砂层对泥浆的过度吸附造成桩缩径；

3.1.6　施工过程中必须结合地质资料核对钻孔情况，当地质情况与勘察报告出入较大时，应通知设计处理；

3.1.7　施工过程中需循环使用的泥浆，应经过脱砂处理，以确保泥浆的质量；施工过程中排出的泥浆，需经过沉淀处理后有组织排出，不得漫流或直接排入下水道。

3.2　关于钢筋笼

3.2.1　应确保钢筋笼尺寸符合设计要求，有条件时宜整根制作与吊装，钢筋接头应优先采用机械接头，也可采用焊接接头。钢筋接头相互错开间距应不小于35d及500mm，同一截面钢筋接头不多于50％，钢筋接头应避开桩顶区域（桩顶4m范围内），同一钢筋接头间距应大于3m，钢筋接头区（接头及接头上下各500mm）范围内箍筋加密至@100；

3.2.2　钢筋笼的制作宜与压浆管及超声波检测管布置同时进行；

3.2.3　钢筋笼的堆放及运输过程应严防扭转与弯曲；

3.2.4　下钢筋笼时应吊直、对准、缓慢下降，避免上浮；

3.2.5　为保证钢筋笼准确就位，应采取导向和必要的护壁措施，避免切削孔壁造成塌孔；

3.2.6　钢筋笼全部就位后，应采取相应的技术措施确保注浆管下端插入持力层，避免桩身混凝土堵塞注浆管。

3.3　关于水下混凝土施工

3.3.1　水下混凝土浇灌时，应控制必须的浇灌速度，加大浇灌时混凝土的冲击力，以便排渣，每次浇灌应有足够的混凝土量，确保导管在混凝土中的埋管深度不小于2m，混凝土浇灌过程中严禁将导管提出混凝土面，同时不应埋管太深，以免提管困难。桩身混凝土（每桩）应连续浇灌，不得停断；

3.3.2　桩身混凝土超灌高度（桩顶设计标高以上部分）不得小于0.8m，且应保证在凿去超灌部分混凝土后仍能确保桩顶设计标高以下的混凝土质量满足设计要求；

3.3.3　应确保桩身混凝土质量，混凝土的充盈系数不小于1.1。

3.4　关于桩底后压浆

3.4.1　ϕ800桩均需要进行桩底后压浆，每桩需沿桩直径两端在加劲箍内侧各留设根内径不小于15mm的压浆管，并与钢筋笼绑扎牢固；

3.4.2　桩钢筋混凝土施工时，应确保后压浆管不被堵塞；

3.4.3　高压注浆采用42.5MPa级水泥，水泥用量一般不少于试桩确定的用量（1000kg/桩），最终注浆压力不小于1.5MPa，反浆可作为停止注浆的标准。

3.5　关于桩的质量检测要求

本工程基桩检测以单桩静载试验（单桩竖向抗压静载试验、单桩竖向抗拔静载试验）为主，并配以取芯、超声波检测、动测等方法；

3.5.1　关于静载试验

静载试验分为三组，每组各三根 $\phi 800$ 桩，其中第一组为试验桩，第二、三组为工程桩，要求第一组试验桩加载至破坏或加至 11000kN，作出完整的 Q-s 曲线，以确定后续两组工程桩的加载量。第二、三组试桩最大加载量，采用第一组试桩确定的单桩极限承载力标准值（Q_{uk}）所对应的加载量，上述试桩的具体位置已由甲方、监理、施工和设计根据现场具体情况确定完毕；

依据上述静载试验（已完成），确定本工程的单桩竖向抗压极限承载力标准值，工程桩施工完毕后根据具体施工情况，采用重点部位随机抽查的办法，确定用于验收检测的静载试验的桩位，检测总数量满足规范要求（全部试桩数量，即：施工前的试桩数量加施工后验收检测的静载试验桩数量，不少于总桩数的 2%）；

3.5.2　关于桩身超声波检测

用超声波检测桩身混凝土质量和确定孔底沉渣的厚度，超声波检测管选用内径 50mm 的钢管，每桩在加劲箍内侧沿直径对称埋设两根超声波检测管，并与桩身钢筋固定，超声波检测管的埋设位置（桩位）按桩基平面图要求确定；

3.5.3　关于桩身取芯

当工程桩施工存在严重质量问题、桩底后压浆无法实现及桩基检测认为有必要时，采用取芯补充检测；取芯检测的桩位根据工程桩的施工及检测情况确定，必要时进行随机抽测；

3.5.4　关于桩动测

本工程采用大应变法对桩的承载力进行补充检测，以小应变对桩身完整性检测；

大应变检测的桩位根据工程桩的施工及检测情况确定，必要时进行随机抽测，检测总桩数不少于 85 根（约为全工程桩总数的 5%）；

设计要求本工程所有各桩均应进行小应变检测，考虑本工程桩长度对小应变检测效果的影响，必要时，根据实际检测效果调整小应变的检测范围；

3.5.5　桩的检测单位应根据上述设计要求制定详细的试桩及桩身检测方案，报监理核准后施工；

3.6　$\phi 600$ 抗拔桩（无后注浆要求）的施工要求同其他工程桩，用小应变法检测桩身质量。

3.7　本工程基桩施工及检测的其他要求，凡本设计未特殊说明者，均执行国家现行规范。

【实例 7.3】　北京银泰中心桩基础设计

1. 工程实例

1）工程概况

北京"银泰中心"工程位于北京市朝阳区建外大街 4 号。工程总建筑面积 35 万 m^2。由一座酒店、两座办公楼和三幢裙房组成，其中酒店及两个办公楼均为超高层建筑。酒店为钢框筒结构，高 249.90m；办公楼为钢筋混凝土筒中筒结构，高 186m。地下建筑为长 218.2m、宽 99.2m 的整体四层地下室，地面的三座高层建筑及裙房建筑均坐落在整体地下室的顶部，并且在地下室的顶面有很大面积的范围内没有任何建筑物，因而基础底面受力极不均匀。

建筑物的 ±0.00 相对的绝对标高为 39.00m。

2）基础设计

地下室底板结构顶面标高为－19.30m。裙房及纯地下室部分采用桩筏基础，底板厚度1.2m、钢筋混凝土抗拔钻孔灌注桩直径600mm。酒店及两个办公楼部分的基础为桩筏基础，采用桩端及桩侧后压浆的钢筋混凝土钻孔灌注桩，底板厚度为3.5m。图7.10.13为整个工程地下室底板和A塔、B塔、C塔的桩基布置图。

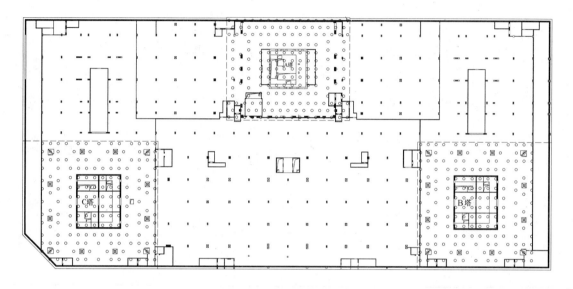

图7.10.13

2. 实例分析

1）工程地质情况

根据北京市勘察设计研究院提供的《北京银泰中心岩土工程勘察报告》，建设场地地面以下112.0m深度范围内的地层划分为人工堆积层及第四纪沉积层两大类，并按地层岩性及其物理力学性质指标进一步划分为17个大层。涉及桩基施工土层的基本岩性特征、典型地质剖面的综合柱状图见图7.10.14。

根据水文勘察报告，场地地面下40m范围内分布有四层地下水，从上而下分别为：台地潜水、层间潜水、第一层和第二层承压水，基础底板位于层间潜水层内，最深的基础底板板底面距承压水层仅2m左右。各层地下水类型及实测水位见表7.10.3。

本工程场地地下水位情况表　　　　　　　　　　　表7.10.3

地下水水层序号	地下水类型	地下水静止水位（承压水的测压水头）					
		测量时间：2002年4月下旬～5月下旬		测量时间：2003年2月中旬～3月中旬		测量时间：2003年7月中旬～下旬	
		埋深（m）	标高（m）	埋深（m）	标高（m）	埋深（m）	标高（m）
1	台地潜水	7.10～9.90	28.26～30.71	7.20～9.30	29.69～30.58	8.50	29.22
2	层间潜水	12.00～14.10	24.77～25.41	14.60～16.50	22.11～23.18	16.30～17.10	20.66～21.47
3	第一层承压水	13.10～14.90	23.06～24.39	15.40～17.50	21.33～22.27	18.80～19.90	17.87～18.95
4	第二层承压水	15.65～17.80	20.26～21.87	18.00～18.70	19.12～19.87	20.40～22.30	15.46～17.36

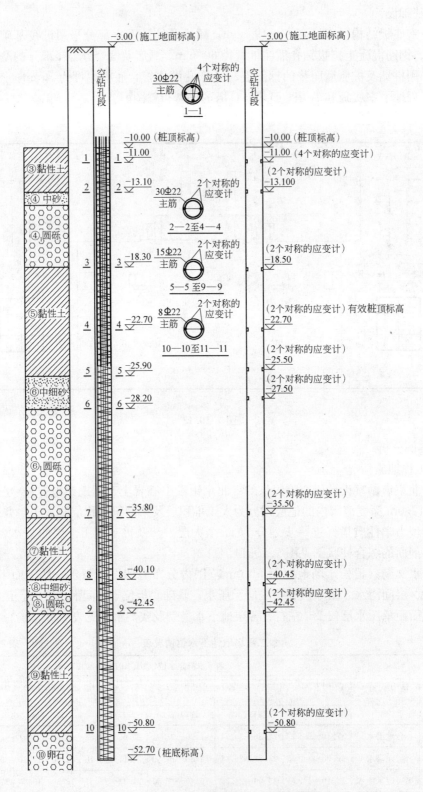

图 7.10.14　本工程典型地质剖面图

根据北京市勘察设计研究院提供的北京银泰中心工程"设防水位咨询报告"，场地抗浮设计水位按标高 33.50m（为相对标高－5.50m）设计。

2）基础方案的选择

在方案设计阶段就项目中的超高层建筑是采用天然地基上的筏板基础，还是采用桩基础，曾与建筑方案设计单位（外方）进行过深入的讨论。虽然筏板板底下持力层为第⑤层黏性土，对于 B、C 塔楼，通过向外扩展筏板增大筏板平面尺寸，可以基本满足采用天然地基的承载力要求。但对于 A 塔楼，由于筏板向北侧扩展受到限制，采用天然地基时地基承载力不满足要求。另外综合考虑以下几点因素，本工程的主楼不能采用天然地基方案：

（1）塔楼与其周边裙房、纯地下室之间的荷载差异极其悬殊，必然造成较大的差异沉降。经过计算，高层建筑如果采用天然地基上的筏板基础其平均沉降值约为 150mm 左右，而裙房和纯地下室部分的沉降仅为地基土卸载回弹后的再压缩变形；

（2）A 塔楼的内外筒基底附加压力的较大差异（内筒受荷面积占基底面积的 15%，内筒的荷重却占结构总重量的 40%）；

（3）酒店 A 塔楼在地下室最北端临近正在运行的地铁变电站房，该部位的基础底板无法向北扩展，因此无法通过调整基础底板形状，达到既能满足基础底板形心与上部结构竖向永久荷载重心的偏心距 $e \leqslant 0.1W/A$，又能满足天然地基承载力的要求；

（4）裙房、纯地下室部分的基底平均建筑荷载低于原位土体重力，使得超高层建筑地基土的侧限条件被永久性削弱，将影响相关部位地基土承载力的充分发挥；

（5）本工程三幢超高层塔楼的高宽比均较大，其中酒店 A 塔高宽比为 6.32，办公楼 B、C 塔高宽比为 4.13，它们对沉降的不均匀性都十分敏感；

基于上述因素的考虑，本工程的基础方案确定为：裙房及纯地下室部分采用筏板加钢筋混凝土抗拔桩基础；酒店及两个办公楼部分的基础为厚底板加桩基础。施工期间，在超高层建筑 A、B、C 塔楼与裙房、纯地下室间设置沉降后浇带，以减少差异沉降的影响。

3）桩端持力层和桩型的选择

在确定了塔楼使用桩基础后，桩端持力层和桩型的选择就成为基础设计最重要的问题。

（1）桩端持力层的选择

根据勘察报告提供的地质资料以及本工程特点，桩端持力层可在三个土层中选择（详见图 7.10.14），即第 10 层、第 12 层或第 13 层。而在选择建筑物的桩端持力层时，不但要考虑土层的工程要求，同时也要考虑不同桩端持力层对工程造价的影响。表 7.10.4 为不同桩径在不同桩端持力层单桩的竖向极限承载力标准值。由表 7.10.4 可以发现：

① 桩端持力层在第 12 层与桩端持力层在第⑩、⑩₁ 层相比，桩长增加 40%，而桩的竖向极限承载力标准值的提高不超过 21%；

② 桩端持力层在第 13 层与桩端持力层在第⑩、⑩₁ 层相比，桩长增加 73%，而桩的竖向极限承载力标准值的提高为 62%。

可见，桩端持力层选在第⑩、⑩₁ 层是比较经济的。另外，若桩端持力层选在第 12 层或第 13 层，从勘察报告中可以发现，在桩深范围内和桩端平面以下分布有很高压力水头的承压水层；在桩身施工时会带来较大难度和增加费用；在北京地区，虽有桩长 20～

不同桩径、不同桩端持力层时单桩竖向极限承载力标准值　　　表 7.10.4

桩端持力层	桩的竖向极限承载力标准值(kN)			
	$D=900\text{mm}$	$D=1000\text{mm}$	$D=1100\text{mm}$	$D=1200\text{mm}$
第⑩、⑩₁ 层卵石层($L=30\text{m}$)	9000	10000	11000	12000
第四纪中砂细砂层第 12 层($L=43\text{m}$)	10500	11760	13100	14500
第四纪卵石 13 层($L=53\text{m}$)	14000	16100	17500	19380

30m 大直径桩的工程先例,超长桩的施工目前尚缺乏足够可靠的工程实例和工程经验。经过认真的技术与经济分析,最后确定选用第⑩、⑩₁ 层作为桩端持力层。即桩端设计标高为 -51.8m,有效桩长 30m。另外,采用 $D=1100\text{mm}$ 桩径仅就桩基单项工程费用经简单估算,桩端持力层选在第 10 层比桩端持力层选在第 12、13 层的投资每单位 kN 承载力分别省 13%、9.2%左右。

（2）桩型与桩径的选择

在确定了桩端持力层后,针对采用预制桩还是采用灌注桩进行了分析比较。

① 预制桩具有桩身质量有保证、施工进度快等优点。然而,本工程紧邻北京的交通要道"长安街",场地北侧距正在运行的地下铁变电站仅 1m 左右;场地的东侧紧邻东三环的"大北窑立交桥",南侧和西侧是已经建成或正在建设的高层建筑。因此,无论是长桩的运输;施工时的躁声、振动;预制桩施工产生的挤土效应,对在这样的场地上都是不能接受的。其次,如果采用预制桩无论使用锤击还是静压送桩,要想穿过第 6、8 层的卵石-圆砾;中砂-细砂层都很困难。针对本工程场地的上述特点,采用预制桩方案不可行。

② 参考北京市已建成和在建的高层建筑工程经验,确定本工程采用钢筋混凝土钻孔灌注桩。为了提高单桩承载能力,在桩端和第 6、第 8 层处同时采用后注浆技术。根据北京地区的工程经验,桩底桩侧采用后注浆技术,会使桩的承载能力比按土体的侧阻和端阻计算得到的竖向承载力有较大的提高（桩的承载力特征值由试桩确定）。

（3）单桩竖向承载力的需求

本工程的 A 座酒店为框筒钢结构,地上 63 层。塔楼位处整个地下室最北侧的中间部位。其北侧紧邻地铁变压器室（本工程施工期间不能影响地铁变电站的使用）,因此,酒店主体结构的基础底板向北延伸受到限制。从而,无法采用通过向北延伸布置桩的方法,以加大主体结构的抗倾覆力矩。这样提高基础底板北端最外排的桩基承载力成为提高主体结构抗倾覆力矩的主要措施,即这一部位桩的单桩承载力成为对工程桩承载力的控制性要求。灌注桩单桩竖向承载力主要由以下两个因素确定:

① 由土体的侧阻和端阻所能提供的竖向承载力;

② 桩的自身混凝土材料强度所能提供的承载力,只有当上述两个条件同时满足且数量接近时,才是最合理的选择。而在桩的长度、土体的物理力学性质已经确定的情况下,只有通过合理桩径的选择来达到优化承载力的设计。经过表 7.10.5 比较计算,确定采用 1100mm 的桩径作为工程桩的桩径。桩的长细比为 27.27。根据桩身强度确定单桩承载力的设计值为 12000kPa。

不同桩径时桩承载力特征值（估算） 表 7.10.5

项 目	桩 径			
	$D=900$mm	$D=1000$mm	$D=1100$mm	$D=1200$mm
根据桩身强度计算的桩竖向承载力设计值 $R=0.7A_pf_c$(kN)	8500	10500	12700	15100
酒店基础底板北端最外排 51.7m 范围内桩的数量	18	17	16	14
根据桩身强度，酒店基础底板北端最外排桩提供的桩基总承载设计值(kN)	153000	178500	203200	211400
按桩的端阻力、侧阻力计算的桩的承载力设计值(桩底桩侧压浆后按提高 1 倍考虑)	10300	11300	13100	14300

4) 试桩方法的选择

根据《地基规范》第 8.5.5 条第一款的要求和《北京地基规范》第 9.2.1.1 条的要求：一级建筑物单桩竖向承载力标准值宜通过静载荷试验确定。为此本工程在三个主塔邻近处布置三个试验桩 S1、S2、S3 以确定在该场地情况下单桩竖向承载力特征值。但是，根据工期进度和现场施工环境的要求，不可能在基坑开挖到基础底板设计标高后，再进行桩基施工和桩基的静载试验。因此，本工程只能在接近自然地面的情况进行试验桩的施工和单桩竖向承载力标准值的静载荷试验。经与业主单位、施工单位、监理单位、试桩单位共同研究确定，在基坑开挖至 -3.00m 处施工三根试验桩，在基坑开挖至 -10.0m 处，进行单桩竖向静压试验，并对试验桩桩身质量进行检测。

试验桩与桩周土层的关系见图 7.10.14，桩顶设计标高为 -22.70m，设计桩径 $D=1100$mm，总桩长 $L=42.70$m，其中桩顶设计标高以下有效桩长 30m，桩顶设计标高以上无效桩长 12.70m，在 ⑥₁、⑧₁ 圆砾层桩侧和 ⑩ 圆砾层桩端进行后压注浆。在 -10.0m 处试桩过程中，要求采取措施消除标高 $-10.0\sim-22.70$m 间 12.70m 无效桩段周围土的摩阻力和该桩段的偏心问题，并对其进行严格的监测，以确认试验单桩承载力的准确性和可靠性。

为达到以上要求，在 12.70m 无效桩段采用图 7.10.15 的双套筒方案，使 12.70m 桩段与土无接触。双套管分两段进行加工，两段之间采用法兰式连接。内套管长 20m，内径 1100mm；外套管长 12.70m，外径 1180mm；内外套管均用 10mm 厚普通钢板卷制而成。在内外套管之间，沿内套管纵向均匀布置 16 根 ϕ16 通长定位圆钢，钢筋沿纵向应顺直，与内套管外壁点焊连接。在内外套管之间上下两端的横向各布置一道 ϕ16 定位圆钢，与内套管外壁通长焊接，上下端均采用复合防水材料柔性连接。定位圆钢在安装和使用过程中不应脱落。在外套管下端沿外径均匀布置 20 个 50mm 宽，10mm 厚的钢板绑条，并与外套管满焊连接。试验桩上埋设有应变计（见图 7.10.14）。以下为三根试验桩的试验结果：

(1) 12.70m 长的双套筒段摩阻力的消除检验：

表 10.7.6 为试验桩 S1、S2、S3 从 -10.0m 处试验桩顶位置到 -22.70m 设计桩顶位置双套筒段钢筋混凝土桩身应变的检测结果，由表 10.7.7 可知，-22.70m 处桩身应变与 -10.0m 处桩身应变相差不超过 6%，说明在标高 $-10.0\sim-22.70$m 间 12.70m 桩段采用双套筒的方案可消除该处桩段周围土的摩阻力。图 7.10.16 为双套筒段桩身在静载试验各级荷载作用下沿深度的压应变变化曲线，S1、S2 试验桩双套筒段桩身应变变化未呈递

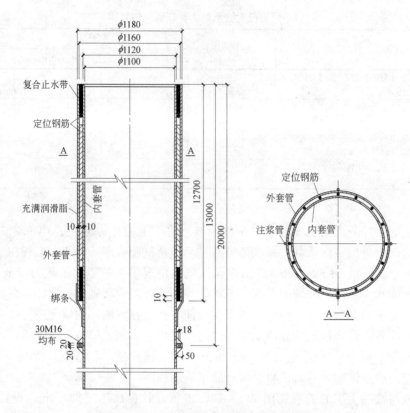

图 7.10.15　试桩时消除桩侧摩擦力的措施

减趋势，4 个位置桩身断面应变基本呈直线分布，由于桩身截面均匀，在桩身混凝土弹性模量变化不大的情况下，桩身轴力在 $-10.0\mathrm{m}$ 处与 $-22.70\mathrm{m}$ 处可认为基本不变。S3 试验桩双套筒段桩身应变测试结果不同于 S1、S2 试验桩，$-11.0\mathrm{m}$ 到 $-18.50\mathrm{m}$ 应变递减，根据桩身混凝土低应变测试结果在 $-18.5\mathrm{m}$ 处存在扩径现象，但在 $-10.0\mathrm{m}$ 处与 $-22.70\mathrm{m}$ 处桩身应变基本不变，说明应变递减的原因是由于桩身截面尺寸的增大引起的，可以认为 12.70m 长的双套筒段摩阻力基本消除。

试验桩顶到设计桩顶之间的桩身应变　　　　　表 7.10.6

试验桩号	桩身断面直径(mm)		试验最大加载时对应桩身应变($\mu\varepsilon$)		试验最大加载时对应桩身轴力估算值(kN)	
	$-10.0\mathrm{m}$ 处	$-22.70\mathrm{m}$ 处	$-10.0\mathrm{m}$ 处	$-22.70\mathrm{m}$ 处	$-10.0\mathrm{m}$ 处	$-22.70\mathrm{m}$ 处
S1	1100	1100	-884	-935	24000	25384
S2	1100	1100	-817	-857	24000	25175
S3	1100	1100	-1184	-1178	24000	23878

（2）在 $-10.0\mathrm{m}$ 处，桩顶加载时 12.70m 长无效桩段的偏心检验：

表 7.10.7 为三个试验桩在无效桩段的四个截面的四个正方向钢筋应变观测结果。由表可知，每个截面处 4 个位移测点变化均匀，桩顶无明显偏心。需要说明的是，S2 试验桩 $-10.00\mathrm{m}$ 处位移 1 测点变形明显偏小，经现场观察是桩顶受力后浮浆层开裂引起。

S1试验桩桩身套筒段应变曲线　S2试验桩桩身套筒段应变曲线　S3试验桩桩身套筒段应变曲线

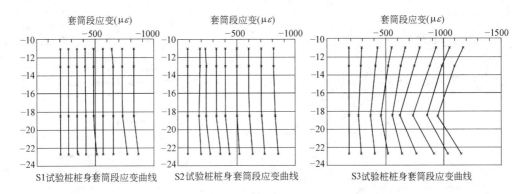

图 7.10.16　试验桩顶到设计桩顶之间的桩身应变曲线

试验桩在无效桩段钢筋应变观测结果　　表 7.10.7

试验桩号	测点位置	测点编号	初读数	最大加载对应读数	最大加载对应变形
S1	−10.0m 处试验桩顶位置	位移 1	7.52	34.68	27.16
		位移 2	7.69	34.08	26.39
		位移 3	7.12	34.10	26.98
		位移 4	7.33	34.92	27.59
	−22.70m 处设计桩顶位置	位移 1	0.00	15.88	15.88
		位移 2	0.18	16.40	16.22
		位移 3	0.00	16.84	16.82
		位移 4	0.03	16.33	16.33
S2	−10.0m 处试验桩顶位置	位移 1	4.36	14.20	9.84
		位移 2	3.11	29.04	25.93
		位移 3	3.64	28.76	25.12
		位移 4	3.91	29.17	25.26
	−22.70m 处设计桩顶位置	位移 1	0.01	18.33	18.32
		位移 2	0.19	19.34	19.15
		位移 3	0.58	19.59	19.01
		位移 4	0.04	18.38	18.34
S3	−10.0m 处试验桩顶位置	位移 1	3.88	32.08	28.20
		位移 2	3.70	32.71	29.01
		位移 3	4.08	32.36	28.28
		位移 4	3.23	32.38	29.15
	−22.70m 处设计桩顶位置	位移 1	0.00	16.85	16.85
		位移 2	0.04	17.22	17.18
		位移 3	0.14	17.40	17.26
		位移 4	0.07	15.59	15.52

（3）单桩极限承载力的取值：

图 7.10.17 分别为试验桩荷载沉降 Q-s 曲线和 s-lg（t）曲线。由试验结果可知，三个试验桩的 Q-s 曲线为缓变型，无明显陡降段，当加到最后一级荷载 24000kN，桩顶总沉降

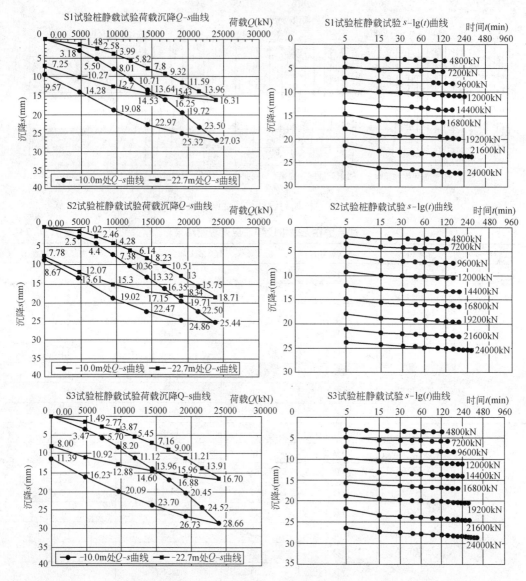

图 7.10.17   一、三幢超高层建筑沉降观测结果和桩底桩侧后压浆提高承载力、减少沉降的原理

量都不超过 20mm。S1 试验桩总沉降量 16.31mm，最后一级荷载的沉降增量与之比为 0.001mm/kN；S2 试验桩总沉降量 18.71mm，最后一级荷载的沉降增量与之比为 0.00123mm/kN；S3 试验桩总沉降量 16.70mm，最后一级荷载的沉降增量与之比为 0.00116mm/kN；三个试验桩的 s-lg(t) 曲线一直保持线性关系，直到最后一级荷载 24000kN 作用下，s-lg(t) 曲线的坡度未变陡，沉降速率也未骤增，同时该曲线也无明显的向下曲折。因此，在土对桩的作用下，三根试验桩的单桩竖向极限承载力为 24000kN，特征值为 12000kN。

由图 7.10.17 可看出，三根试验桩在 24000kN 力的作用下，最大沉降仅为 18.71mm。图 7.10.13 为三幢超高层建筑 A、B、C 塔楼的桩基布置。图 7.10.18 为 A、B、C 三幢塔楼在施工期间（该曲线仅到 2006 年 4 月 25 日）的沉降曲线，A 塔楼最大平均沉降

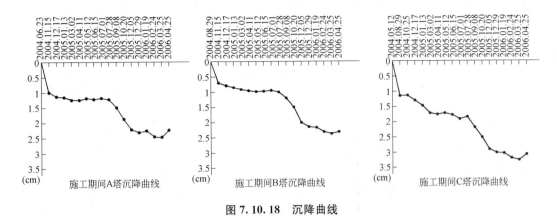

图 7.10.18　沉降曲线

24.68mm，B 塔楼最大平均沉降 23.69mm，C 塔楼最大平均沉降 32.54mm。A、B 塔楼 2004 年 11 月 15 日的第二次沉降观测、C 塔楼 2004 年 08 月 29 日的第二次沉降观测结果中含有基坑回弹再压缩的部分。

目前，钻孔灌注桩采用后压浆技术已在较多工程上应用，并且已取得了显著的经济效益和技术成果，其工作机理也得到广泛的重视。在桩侧的卵石层中注浆后，由于受压浆液在卵石层中渗透、挤密，经过填充和固结，不仅加大了桩侧土层的强度、变形模量，而且桩身和其周边卵石土层通过水泥浆组成复合桩身，扩大了桩身直径，通过应变检测，该处桩身应变急剧减小，相当于一个桩端扩大头。在桩端的卵石层中注浆后，桩端附近卵石层形成了水泥混凝土扩大头，增大了桩端受力面积，桩端沉渣也得到很好的处理，从而提高了桩端阻力和减少桩的沉降量。

5）设计小结

（1）选择合适的持力层、桩径和桩基的工艺技术对保证基础质量和降低工程造价具有重要意义。在进行桩基设计前，进行试验桩桩基承载力检验能够真实反应该场地单桩竖向极限承载力标准值，有利于降低桩基造价。

（2）在卵石层采用桩底桩侧后压浆技术对提高桩基承载力和减少群桩的沉降具有显著的效果。

（3）基坑未挖到底部前在基坑底部以上相应高度位置进行试验桩桩基承载力检验是可行的，但要采取合适的措施。这样有利于加快工程进度。

【实例 7.4】　青藏铁路拉萨站站房工程人工挖孔扩底墩设计

1．工程实例

1）同实例 1.8。

2）人工挖孔扩底墩设计

由于扩底墩墩侧为填土（无法考虑其正摩阻力，经与勘察单位沟通，根据当地经验也无需考虑负摩阻力），桩的作用不明显，因而，按天然地基计算墩的承载力较为合理。经铁道部审批确定本工程采用人工挖孔（带钢筋混凝土护圈）扩底墩基础，墩底标高约 -9m，墩底持力层为卵石层（见图 7.10.20）。

2．实例分析

1）本工程场地情况

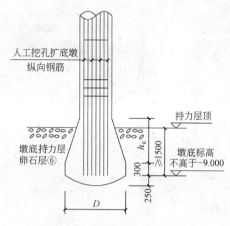

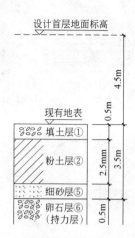

图 7.10.19   人工挖孔扩底墩详图   图 7.10.20   持力层与±0.000 的关系

(1) 工程地质情况

根据"铁道第一勘察设计院"2005 年 1 月提供的《拉萨火车站站房综合楼岩土勘察报告》，本工程场地属于拉萨河高漫滩阶地，地形平坦、开阔。场地自上而下主要地质土层见表 7.10.8。

本工程场地主要地质土层   表 7.10.8

土层编号	土层名称	土层厚度(m)	土层特征描述	承载力特征值 f_{ak}	钻孔灌注桩		备 注
					q_{sk}	q_{pk}	
①	人工填土	0.5~3.8	中密	—			天然地面标高约为 3638.0m
②	粉土	0.6~4.1	软塑	120kPa*	50kPa		不宜作持力层
③	细砂	0.5~2.0	稍密	100kPa	40kPa		属Ⅰ级松土
④	中砂	0.7~2.1	稍密	150kPa	60kPa		属Ⅰ级松土
⑤	粗砂	1.3~1.4	稍密	200kPa	90kPa		属Ⅰ级松土
⑥	卵石	未钻透(>10m)	中密	600kPa	150kPa	2300kPa	属Ⅲ级硬土

(2) 本工程紧邻拉萨河，场地内地下水属第四系孔隙潜水，地下水位顶标高为 3635.49m（约为天然地面下 3.5m 处）。

(3) 依据铁路轨顶标高确定本工程的±0.000 标高为 3642.940m。高出天然地面 4.5m 以上（见图 7.10.20）。

2) 建设单位的工期及质量要求

(1) 考虑本工程的重要政治意义，建设单位要求，首层房心土地面不得出现会造成不良影响的地面裂缝。

(2) 设计及施工周期大大压缩，原计划三年的施工周期，需在最后半年内完成。

(3) 要求无条件地确保在 2005 年 7 月底结构完工，8 月底建筑外立面完工亮相。

3) 自然条件对结构施工的影响

(1) 拉萨地区大气的含氧量随季节变化明显，在 12~2 月份，大气含氧量约为正常含氧量的 60%，此时间段内一般无法安排耗体力的工作。

(2) 拉萨地区，无法提供施工所需的特殊施工机具，应就地利用青藏铁路施工的现有大型机械设备。

4）各种基础形式的分析比较

（1）本工程可供选择的基础形式有：钢筋混凝土钻孔灌注桩基础、人工挖孔扩底墩基础和人工换填地基。

（2）人工换填地基

需挖除土层①～⑤并用卵石进行换填处理，由于处理深度为±0.000 以下约 8m，在如此换填深度的地基上建造具有重大影响的建筑物，各方担心较大，受施工工期、气候等其他因素的影响，没有绝对的把握实现建设方提出的万无一失的要求。最终放弃此方案。

（3）钢筋混凝土钻孔灌注桩

受施工设备的影响不考虑此方案。

（4）人工挖孔扩底墩基础

本工程持力层埋置深度不大，一般墩长在 8～9m 之间，因场地开阔，且大面积施工的季节为三月份以后，对人工作业较为有利，适合同时投入较多人力物力抢工期的三边工程。经比较将此方案作为本工程的实施方案。

5）对房心土的处理要求（见本书第三章实例 3.2，此处略）

6）施工表明，采用人工挖孔扩底墩基础施工周期有保证，适合于全面铺开施工抢工期的特殊工程。

7）人工挖孔扩底墩基础设计

（1）当桩的有效长度不大于 6m 时，按墩计算；

（2）本工程采用人工挖孔扩底墩长度为 7m，墩侧回填卵石层厚度约 4m，进入天然土层中的实际墩长为 3m，故按扩底墩设计；

（3）本工程扩底墩设计中，考虑以下因素：

① 持力层为卵石层，埋深较浅，级配良好；适宜采用垫层地基进行处理；

② 采用天然卵石回填，回填材料级配良好；采用压路机械进行分层回填，经检测施工质量良好（承载力和密实度均符合结构设计要求）；

③ 不考虑实际存在的摩擦力的有利影响（对大面积地基回填的抽样检测结果表明，回填卵石对扩底墩不产生负摩擦力），按深基础进行承载力修正。同时在结构设计中留有适当的余量。

（4）人工挖孔扩底墩设计说明

4.1　本工程±0.000 相对的绝对标高为 3642.940。本工程扩底墩的安全等级为二级。

4.2　扩底墩采用 C30 水下混凝土，墩主筋混凝土保护层 50mm。人工挖孔扩底墩护壁采用 C20 混凝土，必要时可根据施工需要采用预制护壁。

4.3　工程地质条件：（略）

4.4　本工程人工挖孔扩底墩墩底持力层为卵石层⑥。

4.5　关于钢筋混凝土扩底墩施工

4.5.1　关于钢筋笼

4.5.1-1　应确保钢筋笼尺寸符合设计要求，应整根制作与吊装，钢筋接头应优先采用机械连接，也可采用焊接接头。钢筋接头应相互错开，间距不小于 35d 及 500，同一截面钢筋接头不多于 50%，钢筋接头应避开墩顶区域（墩顶下 4m 范围内）同一钢筋接头间距应大于 3m，钢筋接头区（接头上、下各 500）范围内箍筋加密至 @100；

4.5.1-2　钢筋笼在堆放及运输过程中，应严防扭转及弯曲；

4.5.1-3　下钢筋笼时应吊直、对准、缓慢下降；

4.5.2　关于人工挖孔扩底墩

4.5.2-1　人工挖孔扩底墩施工前应试孔，试孔数量不少于两个，试孔应根据勘察报告，选择在本工程场地最不利人工挖孔的位置进行。针对试孔中发现的具体情况，制定相应的保证措施，对施工中可能出现的其他突发事情，制定相应的施工预案，确保施工安全，确保工程质量；

4.5.2-2　人工挖孔应采取切实有效的安全措施，应确保孔内降水和供氧的有效性，确保施工安全；下钢筋笼和水下混凝土浇注时应符合相关施工规范、规程的要求；

4.5.2-3　墩底进入持力层深度不小于 1.5m；

4.5.2-4　施工过程中必须结合地质资料核对挖孔情况，当地质情况与设计出入较大时，应通知设计处理；

4.5.3　关于水下混凝土施工

4.5.3-1　水下混凝土浇注时，应控制必须的浇灌速度，避免钢筋笼上浮，应加大浇灌时混凝土的冲击力，以便排渣。每次浇灌应有足够的混凝土量，确保导管在混凝土中的埋管深度不小于 2m，混凝土浇灌过程中严禁将导管提出混凝土面，同时也不应埋管太深，以免提管困难。墩身混凝土（每墩）应连续浇注，不得停断；

4.5.3-2　墩身混凝土超高（墩顶设计标高以上部分，承台施工时应凿除）高度不宜小于 0.5m，且应保证在凿去超高部分混凝土后，仍能确保墩顶设计标高以下混凝土强度满足设计要求；

4.5.3-3　应确保墩身混凝土质量，混凝土充盈系数不小于 1.1。

4.6　关于扩底墩的质量检测要求

4.6.1　扩底墩的墩身完整性检测以低应变检测为主，必要时配以取芯对墩身完整性进行检测；

4.6.1-1　关于墩身低应变检测

设计要求本工程所有扩底墩均应进行墩身低应变检测；

4.6.1-2　关于墩身取芯

当扩底墩施工存在严重质量问题及墩身低应变检测认为有必要时，采取取芯补充检测；取芯检测的墩位根据扩底墩施工的具体情况确定，必要时进行随机抽测，抽测数量另行商定；

4.6.2　扩底墩的检测单位应根据上述设计要求制定详细的墩身检测方案，报监理核准后施工；

4.6.3　本工程扩底墩基础施工及检测的其他要求，凡施工图未特别说明者均按国家现行规范执行。

第十一节　桩基的常见设计问题分析

【要点】

本节说明桩基设计中的主要问题，主要涉及：桩型的选择、基桩承载力特征值

的确定、工程桩的检测、人工挖孔灌注桩的施工、群桩承载力的折减及抗浮桩选用
中的相关问题等。对挤土桩应注意采取减少挤土效应的措施。

一、应采用试验桩确定单桩竖向抗压承载力特征值的工程，采用估算的承载力特征值设计

1. 原因分析

1）对采用试验桩确定单桩竖向抗压承载力特征值的重要性认识不足，对由于地质情况的差异可能对基桩承载力的影响估计不足，将一般工程经验作为结构设计依据；

2）工程工期紧，造成挤占试桩工期。

2. 设计建议

1）作为结构设计的依据性资料的单桩竖向抗压承载力特征值，应严格按相关规范要求，通过试验桩确定；

2）对较大规模的桩基工程，一般应先进行桩的破坏性试验，以便为桩基设计提供依据，同时提供桩基施工的基本参数和关键工序。工程桩施工后应进行工程桩的复核性试桩；

3）当工期紧张时，可先期在现场或地质条件相同的附近场区进行试桩；

4）确有依据时，也可只进行工程桩施工后的复核性检测，但结构设计时一定要考虑承载力不足时的加桩可能性。

二、对试验桩和工程桩采用相同的试验要求

1. 原因分析

1）工程桩施工前一般先应进行试验桩施工，试验桩施工的根本目的在于确定适合工程场地地质情况的最佳施工控制方案和关键工序的控制要点，作为工程桩施工的质量控制标准和依据，同时对工程桩施工中可能出现的问题，提供处理预案；

2）和工程桩施工不同，试验桩在于发现问题，带有一定的探索性质，试验桩的施工及试验，可以为工程桩的设计与施工提供准确的第一手资料，作为工程桩设计及施工的依据，可以最大程度上解决工程桩施工过程中可能出现的问题，避免出现因设计依据的改变而耽误工期，并耽误工期；

3）为最大限度的了解基桩的极限承载力，以提高单桩承载力，节约桩基费用，试验桩设计及检测，应能满足上述功能的要求，桩身的极限承载力要求及试验的最终加载要求应高于工程桩，并对可能发生的意外情况应有足够的估计；

4）工程桩的施工，是在试验桩基础上的施工，基桩施工中的主要问题在试验桩施工时已暴露并解决；

5）和试验桩试验不同，工程桩的试验属于复核性检验，检验的是施工质量是否满足设计要求，基桩的承载力是否满足设计要求；工程桩量大面广，工程桩的设计及检测，以满足其特定的基本功能为目的，桩身的极限承载力要求及试验的最终加载要求应低于试验桩。

2. 设计建议

1）应根据桩的极限承载力确定试验桩的桩身强度要求，并考虑可能出现的意外情况适当留有余地，不能因为试验桩极限承载力的不足而影响桩的承载力的确定，避免造成大面积的浪费；

2）试验加载的最大量值应根据试验桩的极限承载力确定，并考虑不小于20％的加载

余量；

3）试验桩应加载至破坏，并作出完整的 Q-s 曲线；

4）工程桩的桩身强度应以单桩承载力特征值为依据（一般不小于单桩承载力特征值的 2 倍）；

5）工程桩的试验加载应以单桩承载力特征值为依据（一般不小于单桩承载力特征值的 2 倍），以工程桩满足 2 倍的单桩承载力特征值为终止检验的依据，当工程桩的承载力不满足设计要求时，应采取钻芯检测、后注浆或补桩等措施解决。

6）一般情况下试验桩和工程桩不应采用相同的检测要求。

三、高度很高的高层建筑及超高层建筑，仍采用离散性较大的桩型

1. 原因分析

1）影响基桩承载力稳定性的主要原因有：基桩材料的均匀性、地基的稳定性和均匀性；

2）很高的高层建筑及超高层建筑一般都有很大的基底压力，对基桩的稳定性提出了较高的要求。

2. 设计建议

高度很高的高层建筑，对地基承载力和变形要求比较高，应采用承载力稳定的离散性较小的桩型（避免采用复合载体夯扩桩、挤扩支盘灌注桩等离散性较大的桩型）。

四、有很厚砂层的场地采用预制桩

1. 原因分析

采用锤击或静压法施工的预制桩，遇有砂层时，沉桩困难，砂层较厚或遇中密以上砂层时，无法沉桩。

2. 设计建议

1）预制桩施工前应进行预打（对静压桩进行预压），为工程桩施工提供施工控制参数及特殊情况下的处理方法；

2）对难以穿越的砂层，必要时应采用"引孔送桩法"施工；

3）分布均匀且层厚较大（如厚度≥4m 时）的密实砂层，一般情况下不宜穿透，可考虑作为桩基持力层的可行性。

五、挤土效应很大的场地，采用锤击桩或静压桩未采取减少挤土效应的措施

1. 原因分析

1）预制桩的沉桩过程中，当桩较密集时，挤土效应明显并伴随大范围的地面隆起，当地基为饱和淤泥、淤泥质土及黏性土时，挤土效应更为明显，地面隆起量也大；

2）地面隆起在桩顶附近产生的负摩擦力，从而降低基桩的竖向承载力。

2. 设计建议

为避免和减少沉桩的挤土效应和对邻近建筑物及地下管线的影响，应采取相应技术措施：

1）预钻孔沉桩，孔径约比桩径（方桩为对角线长度）小 50～100mm，深度根据桩距、土的密实度、渗透性而定，深度宜为桩长的 1/3～1/2，施工时宜随钻随打；

2）设置袋装砂井或塑料排水板，以消除部分地面超孔隙水压，减少挤土现象；

3）开挖防震沟以消除部分地面振动；

4）控制打桩速率；

5）沉桩结束后，宜普遍实施一次复打。

6）沉桩过程中应加强对邻近建筑物、地下管线等的观测、监护。

六、基桩设计时，未考虑试桩对工程桩的试桩要求

1. 原因分析

1）《基桩检测规范》对工程桩试桩的加载要求如下：

（1）进行单桩竖向抗压静载试验时，加载量应不小于设计要求的单桩承载力特征值的2倍；

（2）进行单桩竖向抗拔静载试验时，加载量应按设计要求确定最大加载量（一般取单桩抗拔承载力特征值的1.3倍）；

2）试桩数量应满足表7.8.4的要求。

2. 设计建议

1）桩身强度应满足抗压（或抗拔）静载试验的要求（即桩身强度不应小于单桩竖向抗压承载力特征值的2倍，单桩抗拔承载力特征值的1.3倍）；

2）工程桩兼作试桩的锚桩时，应同时满足抗压桩和抗拔桩的桩身强度要求。

七、采用梁板式筏基时，满堂布桩

1. 原因分析

在梁板式筏基中，地基梁与筏板的刚度差异比较大，采用满堂布桩时，由于筏板的刚度较小，一般很难实现梁板同时作用的设计构想，在上部荷载作用下，由于基础梁刚度很大，常容易造成板下桩"偷懒"，严重者有可能导致梁下桩的首先破坏，从而造成板下桩的破坏，造成对工程桩的各个击破现象，严重威胁结构安全。

2. 设计建议

1）梁板式基础应尽量在基础梁下布桩；

2）必须在板下补桩时，应加大筏板的厚度，使筏板具有合适的刚度，以保证板下桩能与基础梁下桩一样承担上部结构荷重；

3）梁板式筏基中当筏板刚度较小时，不应该采用均匀布置的满堂桩方案。

八、基桩设计时，未考虑群桩承载力的折减要求

1. 原因分析

1）两桩以上（含两桩）的基桩组成的桩基础称为群桩基础；

2）在摩擦型群桩基础中，桩顶荷载的一部分由桩周围的摩擦力承担，并扩散到桩端下的土层上，由于群桩间应力的相互重叠使中部基桩下土的应力大很多，压缩层厚度也较单桩的大很多，群桩的承载力（折算成每根单桩的承载力）也较单桩承载力下降较多；

3）低桩承台的群桩比无承台群桩的承载力提高约25%左右。

2. 设计建议

1）对9桩以下的群桩，基桩的承载力特征值取单桩承载力特征值；

2）对9桩以上的群桩，除按照单桩承载力特征值确定外还应按假想的实体基础进行验算。

九、人工挖孔灌注桩施工前，不进行试孔

1. 原因分析

人工挖孔灌注桩施工前进行试孔的主要目的在于：核对地质资料，并检验成孔设备、施工工艺及技术要求是否适宜等；

2. 设计建议

1）当出现孔径、垂直度、孔壁稳定等检验测试指标不能满足设计要求时，应拟定补救措施或修改施工工艺。

2）施工前试孔的数量不少于 2 个。

十、带裙房高层建筑中，当地下水位较高时对超补偿基础的裙房采用抗拔桩抗浮

1. 原因分析

1）高层建筑与裙房之间不设缝时，由于高层建筑基础底面的附加应力很大，常导致高层的沉降量较大，而裙房则多为超补偿基础（基底处土的自重应力大于基底的总压力）或基底附加压力很小的补偿基础，裙房的沉降量值（对超补偿基础为地基的回弹再压缩）很小；

2）如果因为抗浮设计需要而将裙房部分设置抗浮桩时，由于抗浮桩的支撑作用，裙房的沉降将受到很大的限制，反而会加大高层与裙房之间的沉降差。

2. 设计建议

1）与高层建筑不分缝的裙房，其抗浮设计应优先考虑采用自重平衡法或浮力消除法，避免采用抗力消除法（见第四章第三节之特别说明）；

2）高层与裙房一体时，当主楼采用桩基础且总沉降不大时，裙房也可采用抗拔桩。

十一、桩基设计的其他关注点

1. 嵌岩桩不一定就是端承桩

按表 7.1.7，端承型桩可分为端承桩和摩擦端承桩，对桩周土质较好的端承桩，可适当考虑桩周土体的摩擦力，避免采用按端承桩设计导致嵌岩深度加大，工期延长，桩基费用增加的问题。

2. 挤土沉管灌注桩不应用于高层建筑

由于挤土沉管灌注桩的挤土效应，造成断桩、缩颈、上浮，事故频发且严重，如东北某会展中心全部桩报废，云南某大厦筏板开裂不得不采取加固处理等。

3. 预制桩的质量稳定性不一定高于灌注桩

1）应注意下列三点对预制桩质量稳定性的影响：

（1）沉桩的挤土效应；

（2）无法穿透较厚的硬夹层，桩长度受地质条件的限制；

（3）单桩承载力可调范围小，难以实现变刚度调平设计。

2）预制桩的质量稳定性高于沉管灌注桩。

4. 应关注特殊情况下的人工挖孔灌注桩质量

1）地下水位以上的人工挖孔灌注桩可实现彻底清孔、对桩底持力层进行直观检查，无断桩、缩颈等现象的隐患；

2）地下水位以下的人工挖孔灌注桩施工应注意：

（1）边挖边抽水，桩周土的细颗粒极易流失，造成地面下沉，乃至护壁整体脱落。尤其应注意检查细颗粒流失后造成的局部空隙，并进行局部处理，否则，影响基础施工。深圳某高层住宅工程，由于未及时检查并发现人工挖孔灌注桩施工造成的局部空隙，当基础底板混凝土（一般厚度和自重较大）浇注时，造成局部塌陷；

（2）邻近新灌注的混凝土桩抽水，水流带走桩身水泥，造成离析；

（3）在流动性淤泥中挖孔，极易引起淤泥的侧向流动，导致土体失稳滑移，将桩体推歪、推断；

3）人工挖孔灌注桩施工前不进行试孔，对复杂场地情况缺乏必要的了解，没有制定突发事件的应急处理预案，处理不当，留有后患。

5. 并非所有的灌注桩都需要扩底

1）岩石地基承载力特征值 $f_a > f_c$（f_c 为桩身混凝土强度设计值）时，不用扩底；

2）桩侧土较好、桩长较大时，扩底即损失扩底端以上部分的侧阻力，又增加扩底费用，可能得失相当或得不偿失；

3）将扩底端置于有软弱下卧层的薄硬层上，加大了桩基的沉降。

6. 当承台范围不变时，加桩不能提高摩擦型群桩基础的总承载力

群桩效应对摩擦型群桩基础的总承载力影响很大，通常需考虑群桩基础周边的摩擦力并按整体深基础验算，因此，在承台面积不变时，应考虑通过改变桩长、桩径或采用后注浆技术等措施，提高桩基的承载力，而不能采用简单加桩的办法。

参 考 文 献

[1] 中华人民共和国国家标准. 建筑地基基础设计规范 GB 50007—2002. 北京：中国建筑工业出版社，2002

[2] 中华人民共和国行业标准. 建筑桩基技术规范 JGJ 94—2007. 北京：中国建筑工业出版社，2008

[3] 中华人民共和国行业标准. 复合载体夯扩桩设计规程 J 121—2001. 北京：中国建筑工业出版社，2001

[4] 中华人民共和国行业标准. 建筑基桩检测技术规范 J 256—2003. 北京：中国建筑工业出版社，2003

[5] 中国工程建设标准化协会标准. 挤扩支盘灌注桩技术规程 CECS 192：2005. 北京：中国建筑工业出版社，2005

[6] 北京市标准. 北京地区建筑地基基础勘察设计规范 DBJ 01-501—92. 北京：1992

[7] 全国民用建筑工程设计技术措施（结构）. 北京：中国计划出版社，2003

[8] 广东省标准. 广东省实施《高层建筑混凝土结构技术规程》（JGJ 3—2002）补充规定 DBJ/T 15-46—2005. 北京：中国建筑工业出版社，2005

[9] 华南工学院等四校合编. 地基及基础. 北京：中国建筑工业出版社，1981

[10] 邹仲康，莫沛锵. 建筑结构常用疑难设计. 长沙：湖南大学出版社，1987

[11] 黄熙龄，秦宝玖. 地基基础的设计与计算. 北京：中国建筑工业出版社，1981

[12] 中国建筑科学研究院. 建筑桩基技术规范（JGJ 94—2007）培训教材. 北京，2006

[13] 龚维明，戴国亮. 桩承载力自平衡测试技术及工程应用. 北京：中国建筑工业出版社，2004

[14] 朱炳寅，陈富生. 建筑结构设计新规范综合应用手册（第二版）. 北京：中国建筑工业出版社，2006

[15] 朱炳寅. 建筑结构设计规范应用图解手册. 北京：中国建筑工业出版社，2005

[16] 中国建筑科学研究院 PKPM CAD 工程部，独基、条基、钢筋混凝土地基梁、桩基础和筏板基础设

计软件. 北京：2007

[17] 北京名人广场写字楼结构设计. 中国建筑设计研究院，1995

[18] 福建广播电视中心结构设计. 中国建筑设计研究院，2002

[19] 北京银泰中心结构设计. 中国电子工程设计院，2003

[20] 莫斯科中国贸易中心结构设计. 中国建筑设计研究院，2007

第八章 挡 土 墙

说明

1. 本章内容涉及下列主要规范，其他地方标准、规范的主要内容在相关索引中列出。

1) 《建筑地基基础设计规范》（GB 50007—2002）（以下简称《地基规范》）；

2) 《北京地区建筑地基基础勘察设计规范》（DBJ 01—501—92）（以下简称《北京地基规范》）。

2. 挡土墙设计属于岩土工程问题还是结构工程问题，目前无明确结论，结构工程设计中也无法避免挡土墙的设计问题。民用建筑结构中涉及的挡土墙以地下室的钢筋混凝土挡土墙和总平面中的砌体结构重力式挡土墙为主，对特别重大的挡土墙，建议应由岩土工程师设计或结构工程师与岩土工程师共同设计。

3. 土压力的计算问题是挡土墙设计的主要问题，相关设计规范一般仅给出挡土墙土压力计算规定，而对于工程设计中多遇的地下室外墙的挡土设计，未给出明确的要求，相关的设计资料也很少，因此，合理确定设计荷载是挡土墙（包括地下室外墙）设计的关键。本章从土压力理论的基本假定和适用条件出发，剖析不同土压力的相互关系，确定土压力的经验方法，对相邻地下室的土压力问题，提出简化的设计方法。

4. 挡土墙设计中常需考虑地面汽车荷载，汽车轮压对挡土墙土压力的影响是挡土墙设计中的又一难以回避的问题。本章将结合工程设计实践，分析汽车轮压荷载对挡土墙土压力的影响，提出现阶段挡土墙设计中实用的轮压荷载计算方法。

5. 和其他结构构件一样，地下室外墙设计中，不可避免地会遇到下列的问题：

1) 是否可以按内力重分布方法进行设计；

2) 当按考虑内力重分布方法进行设计时，如何满足正常使用极限状态的要求，相应关键部位的挠度和裂缝的控制问题；

3) 如何考虑地下室建筑外防水做法对地下室外墙环境类别的影响。

本章对上述问题进行逐一分析，提出现阶段满足工程设计需要的实用设计建议，并举例说明之。

6. 本章还列举工程设计中常见挡土墙的设计做法，分析设计计算的主要过程，对关键公式和步骤予以明确和剖析，供读者参考使用。

7. 挡土墙设计中还应注意挡土墙尤其是地下室挡土墙的钢筋布置问题，一般情况下，主要受力钢筋应放置在外侧，以获取最大的内力臂。

8. 地下室外墙裂缝控制的标准问题，见本书第六章第一节"设计建议"之11。

第一节　基本要求

【要点】

本节介绍挡土墙设计的一般要求，主要涉及：挡土墙的种类及平面布置要求、挡土墙墙背填土的选择及施工要求、挡土墙的土压力及其变形条件，介绍库伦土压力理论和郎肯土压力理论及确定土压力的经验方法等。

一、挡土墙的分类及平面布置

1. 挡土墙的分类见图 8.1.1 及表 8.1.1。

挡土墙的分类　　　　　　　　　　　　　　　　表 8.1.1

分类标准	挡土墙类型			
按材料分	砖砌	毛石	混凝土	钢筋混凝土
按结构形式分	重力式	悬臂式	扶壁式	地下室和地下结构的挡墙

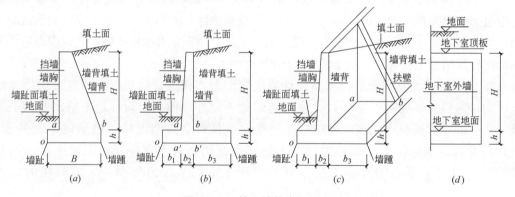

图 8.1.1　挡土墙的常用形式

(a) 重力式挡墙；(b) 悬臂式挡墙；(c) 扶壁式挡墙；(d) 地下室外墙

2. 地下室和地下结构的挡墙，常与建筑物或构筑的结构相结合，由水平的顶板和底板支撑。锚杆挡土墙由锚固在坚硬地基中的锚杆拉结（图 8.1.2）。

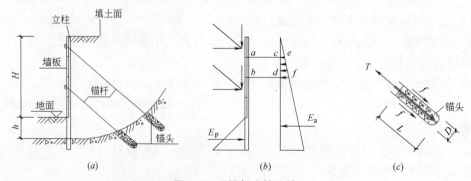

图 8.1.2　锚杆式挡土墙

3. 大多数挡土墙外立面是直立的，或带有不大于 10% 的倾角。

4. 挡土墙面临填土的一面称为墙背，另一面称为墙胸，墙背底部最低点称为墙踵，而墙胸底部最低点称为墙趾（图 8.1.1）。

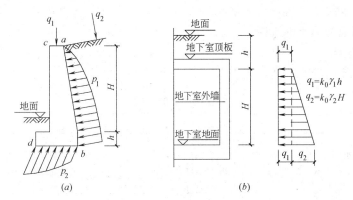

图 8.1.3 挡土墙的荷载

（a）重力式挡土墙；（b）地下室外墙

5. 挡土墙设计应考虑的主要因素见表 8.1.2。

挡土墙设计应考虑的主要因素 表 8.1.2

序号	项 目	要 求
1	在设计之前	应有经审查通过的勘察资料和填土资料
2	挡土墙形式的选择	应充分考虑场地土层的构成和地下水情况,应特别重视墙下地基土的承载力和压缩性能
3	填土由原状土组成时	其性质应在勘探中查明
4	采用人工填土时	对填料和回填方法进行对比选择
5	挡土墙的形式和各部位尺寸确定时应考虑的因素	力的平衡,使挡土墙的自重和部分填土的自重足以平衡土压力产生的倾覆力矩
		施工条件和适用性能
		美观和经济因素等

6. 作用在挡土墙结构和相邻土体上的荷载（图 8.1.3a）q_1 及 q_2，按规范规定并按结构的用途（如是否考虑汽车荷载等）和作用来确定；土压力 p_1 和基础上的反力 p_2 分别按土力学理论进行计算。地下室挡土墙受力如图 8.1.3b。挡土墙结构应符合稳定要求。

7. 挡土墙的平面布置应有利于增强整个挡土墙结构的空间刚度，如弧线布置挡土墙，或者结合场地地形布置适量的转折墙，比直线布墙更为有利（图 8.1.4）。

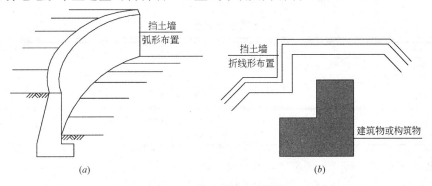

图 8.1.4 挡土墙的平面布置

（a）弧形布置的挡土墙；（b）折线形布置的挡土墙

8. 当建筑物处于高差较大的场地时,应结合建筑结构及其基础布置挡土墙,并利用基础底板、顶板和纵横墙体,组成空间结构。

二、挡土墙墙背填土的选择

1. 填土的类型

挡土墙的填土可分为五类,见表 8.1.3。

挡土墙填土的分类 表 8.1.3

填土类型	分 类 标 准		主 要 特 性
A 类	中粗砂和砾石,含 0.2mm 以下细粒少于 3%,或不含细粒土	级配良好的砾石	渗透性大,在能保证充分排水的情况下,土中不存在孔隙水压
		级配不好的砾石	
		级配良好的砂	
		一般级配的砂	
B 类	含有一些粉土粒的砂土和砾石,粉土粒含量大于 3%,小于 10%	粉土质砾石和级配不好的砾石	渗透性变化很大,不能把握地假定其孔隙水压总为零
		掺有粉质砾石的级配良好的砾石	
		掺有粉砂的级配砂	
		掺有粉砂的级配不好的砂	
C 类	含有相当数量的粉土粒和黏土粒的砂质土和砾质土细粒含量 10%～30%	粉土质砾石	渗透性小,不能很快排水,因此,在降水期间,其含水量会大大提高,设计时应采取措施保证墙背排水通畅
		黏土质砾石	
		粉土质砂土	
		黏土质砂土	
D 类	粉土和黏土	低塑性粉土	渗透性很小,不能排水,土变干或变湿时,体积变化很大。
		高塑性粉土	
		低塑性黏土	
		高塑性塑土	
E 类	大块黏土	土块相当硬时,土块之间的空隙被软料填充或可能未被填充	土体强度取决于填充物的性质

当采用表 8.1.3 中 D 类土回填时,这类土要完全击碎成小块。通常高塑性土、液限超过 40% 和塑限超过 20% 的粘土不应作为填料。因为这种土变干或变湿时,体积变化很大,当它在低于最优含水量压实时,塑性指数为 15 的黏土会产生高达 $4kN/m^2$ 的膨胀压力。因此,必须采用这种黏土作为填料时,应做专门试验以估计其膨胀压力,并在设计中加以考虑。由于这类土渗透性很小,不能排水,在靠近挡土墙背一定范围内应改用无黏性土填充。填土要分层回填,每层虚铺 150～300mm,并分层夯实。对黏性土不得将填料就地倾卸,不加压实。对于其他填料,也要分别采取措施,保证分层压实。

2. 挡土墙填土的选用原则见表 8.1.4。

挡土墙填土的选用原则 表 8.1.4

序号	填土类型	主要特性	选用后果	选用原则
1	颗粒状材料	土的抗剪强度与含水量无关	效果好	应优先选用
2	黏性土	土的抗剪强度随含水量变化而波动很大	经常造成墙体开裂、塌陷	不应采用
3	细粒土	不能正常排水	在寒冷气候下冻结,使土压力成倍增加	非寒冷地区可采用

3. 填土的抗剪强度

抗剪强度是土压力计算和稳定计算中最重要的土的性质指标,抗剪强度 s 可按式(8.1.1)计算:

$$s=c+\sigma\text{tg}\varphi \tag{8.1.1}$$

式中　　c——内聚力；

　　　　σ——总应力；

　　　　φ——内摩擦角。

对不同的土，测定 c、φ 的试验有很大的不同，应合理选择。

1）对低渗透性黏土，不排水抗剪强度 s_u 规定为紧跟施工后的强度，并按式（8.1.2）计算。

$$s_u=c_u+\sigma\text{tg}\varphi_u \tag{8.1.2}$$

式中　c_u、φ_u——分别表示不排水剪切试验所得的内聚力和内摩擦角。

2）对于粉土、黏质砂土等中间类土，不排水抗剪强度只能给出紧跟施工后的强度的粗略估算值。用有效应力参数表示的抗剪强度如式（8.1.3）。

$$s=\bar{c}+\bar{\sigma}(\sigma-u)\text{tg}\,\bar{\varphi} \tag{8.1.3}$$

式中　$\bar{c}$——土的有效内聚力（kPa）；

　　　$\bar{\sigma}$——剪切破坏面上的法向有效应力（kPa）；

　　　u——剪切破坏时的孔隙水压力，施工以后很久，孔隙水压力 u 等于静水压力；

　　　$\bar{\varphi}$——土的有效内摩擦角（度）。

式（8.1.3）可以用来计算任意时间的土压力和长期土压力。

3）对于高渗透性的无黏性土（如洁净的中粗砂和砾石等），孔隙水压力可取为零，因此，所有情况均可采用有效应力参数。

土与挡土墙之间的抗剪强度可以用与土的抗剪强度相同的形式来表达：

对不排水状态　　　　　　　　$s'=a_u+\sigma\text{tg}\delta_u$ 　　　　　　　　（8.1.4）

排水状态　　　　　　　　　　$s'=\bar{a}+\bar{\sigma}\text{tg}\delta_u$ 　　　　　　　　（8.1.5）

抗剪强度 s' 取决于土和挡土墙材料，并可用直剪试验确定。对于土和混凝土，其抗剪强度接近于土的抗剪强度；而对于土和粗糙的钢材表面，其抗剪强度为土的抗剪强度的 $1/2\sim3/4$。抗剪强度 s' 不是任何情况下都能发挥出来的，所以在大多数情况下，近似按式（8.1.6）取用：

$$s'=s/2 \tag{8.1.6}$$

作用在挡土墙背面的土压力，主要取决于挡土墙给予土的变形条件。土压力可以按抗剪强度参数 c 和 φ 计算，而 c 和 φ 值随着加荷条件的不同而变化很大，只有根据现场可能遇到的加荷条件的特定情况选择抗剪强度参数，其计算的土压力才有实际意义。

三、挡土墙的土压力及其变形条件

1. 挡土墙土压力的分类

挡土墙土压力的大小及其分布规律受墙体可能的运动方向、墙后填土的种类、填土的形式、墙的截面刚度和地基的变形等因素的影响。根据墙的位移情况和墙后土体所受的应力状态，土压力可分为以下三种（见图 8.1.5）：

1）主动土压力

当挡土墙在土压力作用下向前（墙胸一侧）移动或转动时，随着位移量的增加，作用于墙后的土压力逐渐减少，当位移达到某一（微小）量值时，墙后土体达到主动极限平衡状态，此时作用于墙背的土压力称为主动土压力，其压力强度以 σ_a 表示（主动土压力的合力为 E_a）。

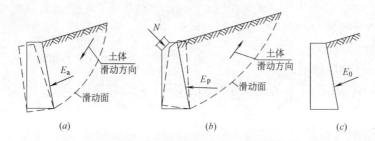

图 8.1.5　挡土墙的三种土压力

(*a*) 主动土压力；(*b*) 被动土压力；(*c*) 静止土压力

多数挡土墙可按主动土压力计算，因此主动土压力的计算问题将成为本章讨论的重点。

2）被动土压力

当挡土墙在外力（例如桥墩受到桥上荷载传来的推力）的作用下，推向土体时，随着墙向后（墙背一侧）位移量的增加，墙后土体因受到墙的推压，土体对墙背的反力也逐渐增加，当位移量足够大，直到土体在墙的推压下达到被动极限平衡状态时，作用在墙背上的土压力称为被动土压力，其土压力强度以 σ_p 表示（被动土压力的合力为 E_p）。

被动土压力在民用建筑结构设计中不多见，故不作为本章讨论的重点。

3）静止土压力

如果挡土墙在土压力作用下不发生向任何方向的位移或转动而保持原有的状态，则墙后的土体处于弹性平衡状态，此时墙背所受的土压力称为静止土压力，其土压力强度以 σ_0 表示（静止土压力的合力为 E_0）。

地下室的外墙可视为受静止土压力的作用。

实验和研究表明：墙身位移和土压力的关系如下（图 8.1.6）：

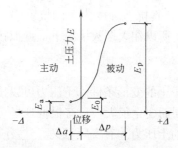

图 8.1.6　墙身位移和土压力的关系

（1）在相同条件下，主动土压力小于静止土压力，而静止土压力又小于被动土压力，即：$E_a < E_0 < E_p$，且主动土压力 E_a 与静止土压力 E_0 在数值上差异不大，而被动土压力 E_p 与静止土压力 E_0 及主动土压力 E_a 在数值上的差异很大；

（2）产生被动土压力 E_p 所需的位移量 Δ_p 在量值上大大超过产生主动土压力 E_a 所需的位移量 Δ_a。

2. 变形条件

使土体产生主动应力状态和被动应力状态，挡土墙必须有位移。相应的位移要求见表 8.1.5。

各类土产生主动和被动土压力所需的墙顶位移　　　　　表 8.1.5

土类	应力状态	移动类型	所需墙顶位移	备　注
砂土	主动	平行于墙	$H/1000$	H 为挡土墙高度（见图 8.1.1）
		绕基底转动	$H/1000$	
	被动	平行于墙	$H/20$	
		绕基底转动	$H/10$	
黏土	主动	平行于墙	$H/250$	
		绕基底转动	$H/250$	

由表 8.1.5 可以看出：土压力性质和墙后填土对墙顶的所需位移影响很大，土压力性质不同，对墙顶位移的要求差别很大，产生被动土压力所需的位移要大大超过产生主动土压力的墙顶位移，一般前者为后者的 50～100 倍；墙后填土的类别不同，所需墙顶位移的数值也不一样，墙后填土为黏土时所需的墙顶位移约为墙后砂土时的 4 倍。

当平移达到表 8.1.5 中数值时，图 8.1.7 中土体 abc 处于极限平衡状态，作用在墙背的土压力可按塑性理论计算。

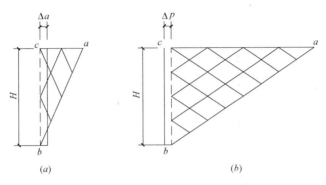

图 8.1.7 挡土墙主动和被动应力状态

(a) 主动土压力状态；(b) 被动土压力状态

当挡土墙离填土向外绕基底转动时，墙背离填土向外倾斜，其位移为 Δa 时，填土内出现破裂面 ab，且 Δa 与平移所需的位移值相近（图 8.1.8a）。当挡土墙朝向填土往里转动时，则需很大的位移时才能使土达到剪切破坏状态（图 8.1.8b）。对于密实砂土，当顶部位移 $\Delta = 0.1H$ 时，土的剪切破坏扩展到墙高的中点附近；对于松砂，即使当墙顶的位移 $\Delta = 0.1H$ 时，也未曾观察到填土出现破裂面。

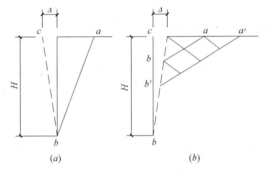

图 8.1.8 挡土墙绕基底的转动

(a) 主动土压力状态；(b) 被动土压力状态

大多数挡土墙，包括重力式挡土墙、悬臂式挡土墙和扶壁式挡土墙，顶部都能自由转动。如果挡土墙基础埋置在土内，当墙顶离填土向外移动时，挡土墙倾斜，通常情况下其位移都能满足产生主动土压力的变形条件。支承在桩基上的挡土墙也类似。

当挡土墙没有位移时，作用在墙背上的土压力将等于土体本身的土压力。

四、挡土墙的土压力理论

土压力的计算理论主要有古典的库伦（coulomb，1773）理论和朗肯（Rankine，1857）理论。

1. 郎肯土压力理论

1）基本假定

郎肯土压力理论是根据半无限空间内的应力状态和土的极限平衡理论而得出的土压力计算方法。土体为表面水平的半空间体，即土体向下和沿水平方向都伸展至无穷，当整个土体都处于静止状态时，各点都处于弹性平衡状态。

郎肯设想用墙背直立的挡土墙代替半无限空间左边的土（图 8.1.9），如果墙背与土的接触面上满足剪应力为零的边界应力条件，以及产生主动或被动郎肯状态的变形条件，则墙后土体的应力状态不变。由此推导出主动土压力和被动土压力的计算公式。它的基本假定（或称为郎肯条件）可概括如下：

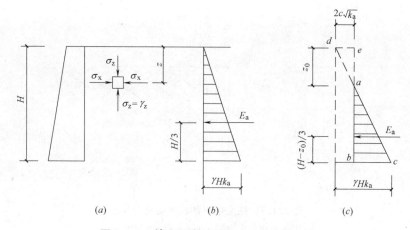

图 8.1.9　填土面水平时主动土压力的分布
(a) 主动土压力计算；(b) 无黏性土；(c) 黏性土

(1) 墙背光滑；

(2) 墙背直立；

(3) 填土面水平；

(4) 土压力的作用方向与填土表面平行。

2）主动土压力计算

(1) 填土面水平时，无黏性土的土压力计算

无黏性土的主动土压力强度与 z 成正比，沿墙高的压力分布为三角形，E_a 通过三角形形心，即作用在距离墙底 $H/3$ 处，E_a 按下式计算：

$$E_a=\frac{1}{2}\gamma H^2\tan^2\left(45°-\frac{\varphi}{2}\right) \tag{8.1.7}$$

或：

$$E_a=\frac{1}{2}\gamma H^2 k_a \tag{8.1.8}$$

$$k_a=\tan^2\left(45°-\frac{\varphi}{2}\right) \tag{8.1.9}$$

(2) 填土面水平时，黏性土的土压力计算

黏性土的主动土压力强度包括两部分：一是由土自重引起的土压力 $\gamma z k_a$；另一部分是由内聚力 c 引起的负侧压力 $2c\sqrt{k_a}$，这两部分压力叠加的结果见图 8.1.9c，其中 ade 是负侧压力，对墙背是拉力，但实际上墙与土在很小的拉力作用下就会分离，因此，计算上不考虑（取零），土压力分布仅考虑 abc 部分。土压力 E_a 通过三角形 abc 的形心，即作用在距离墙底 $(H-z_0)/3$ 处，E_a 和 z_0 按式（8.1.10、8.1.11）确定：

$$E_a=\frac{1}{2}\gamma H^2 k_a-2cH\sqrt{k_a}+\frac{2c^2}{\gamma} \tag{8.1.10}$$

$$z_0 = \frac{2c}{\gamma}\tan(45°+\varphi/2) \tag{8.1.11}$$

（3）填土面不水平时，无黏性土的土压力计算

对于无黏性土，假定作用在 ab 平面上（图8.1.10）的土压力与作用在半无限土体内 AB 面上的土压力相同，则主动土压力强度 σ_a 为：

$$\sigma_a = \gamma z\cos\beta\frac{\cos\beta - \sqrt{\cos^2\beta - \cos^2\varphi}}{\cos\beta + \sqrt{\cos^2\beta - \cos^2\varphi}} \tag{8.1.12}$$

式（8.1.12）表明：土压力随深度 z 成线性增加，土压力的方向与填土表面平行。故应控制 $\beta \leqslant \varphi$，否则公式不成立。

（4）填土面不水平时，黏性土的土压力计算

对于黏性土，主动土压力强度 σ_a 按式（8.1.13）确定：

$$\sigma_a = \gamma z\tan^2\left(45° - \frac{\varphi}{2}\right) - 2c\tan\left(45° - \frac{\varphi}{2}\right) \tag{8.1.13}$$

土压力的分布如图8.1.10c所示，在深度 z_0 范围内，应力计算为负值，可取为0。

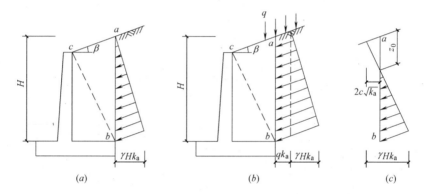

图8.1.10 填土面有坡度时土压力的分布

(a) 地面无超载；(b) 地面有超载；(c) 粘性土

当填土是部分饱和或全部饱和时，则作用在墙背上的总压力为土颗粒的压力（粒间压力）与水压力（空隙水压力）之和，可以对它们进行分别计算。作用在墙背上的粒间压力应按有效压力计算，如果没有渗流，则空隙水压力等于静水压力，这将对挡土墙造成很大压力，很不经济，应采取有效的墙背排水措施；如果水能排出，则接近于稳定渗流条件。

（5）由图8.1.9可以看出，由于黏性土内聚力 c 引起的负侧压力的存在，使黏性土的主动土压力要小于无黏性土。

3）被动土压力计算

（1）填土面水平时，无黏性土的土压力计算

和主动土压力计算类似，无黏性土的被动土压力 E_a 按式（8.1.14、8.1.15、8.1.16）计算：

$$E_p = \frac{1}{2}\gamma H^2\tan^2\left(45° + \frac{\varphi}{2}\right) \tag{8.1.14}$$

或：

$$E_p = \frac{1}{2}\gamma H^2 k_p \tag{8.1.15}$$

$$k_p = \tan^2\left(45° + \frac{\varphi}{2}\right) \tag{8.1.16}$$

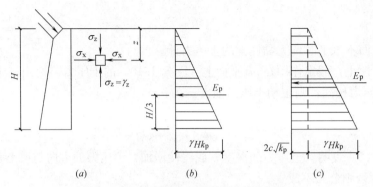

图 8.1.11　填土面水平时被动土压力的分布

(a) 被动土压力的计算；(b) 无黏性土；(c) 黏性土

（2）填土面水平时，黏性土的土压力计算

被动土压力由两部分组成，一是压力强度为 $2c\sqrt{k_p}$ 的矩形图形，二是墙底压力强度为 $\gamma H k_p$ 的三角形，E_p 的合力点在三角形形心和矩形形心之间，E_p 按式（8.1.17）计算：

$$E_p = \frac{1}{2}\gamma H^2 k_p + 2cH\sqrt{k_p} \qquad (8.1.17)$$

（3）填土面不水平时，无黏性土的土压力强度 σ_p 按下式计算：

$$\sigma_p = \gamma z \cos\beta \frac{\cos\beta + \sqrt{\cos^2\beta - \cos^2\varphi}}{\cos\beta - \sqrt{\cos^2\beta - \cos^2\varphi}} \qquad (8.1.18)$$

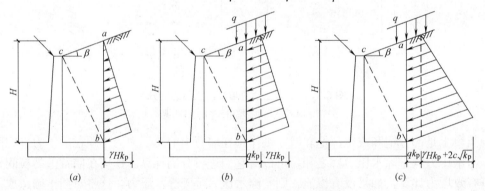

图 8.1.12　填土面有坡度时土压力的分布

(a) 地面无超载；(b) 地面有超载；(c) 黏性土地面有超载

（4）填土面不水平时，黏性土的土压力强度 σ_p 按下式计算

$$\sigma_p = \gamma z \tan^2\left(45° + \frac{\varphi}{2}\right) + 2c\tan\left(45° + \frac{\varphi}{2}\right) \qquad (8.1.19)$$

（5）由图 8.1.11 可以看出，由于黏性土内聚力 c 的存在，使黏性土的被动土压力要大于无黏性土。比较图 8.1.9 和图 8.1.11 可以发现，对于黏性土和无黏性土，主动土压力和被动土压力呈现相反的变化规律。

4）郎肯公式应用的相关问题

郎肯土压力理论应用半空间的应力状态和极限平衡理论的概念比较明确，公式简单，便于记忆。但为了使墙后的应力状态符合半空间的应力状态，必须假设墙背是直立的，光滑的和墙后填土是水平的，因而使应用范围受到限制，计算结果与实际也有出入，所得的主动土压力值偏大，而被动土压力值偏小。

2. 库伦土压力理论

库伦土压力理论是根据墙后土体处于极限平衡状态并形成一滑动楔体时，从楔体的静力平衡条件得出的土压力计算理论（图 8.1.13）。

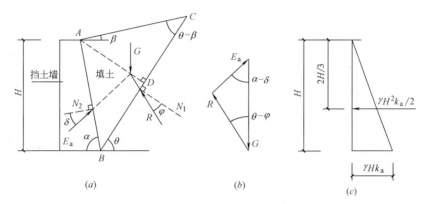

图 8.1.13　按库伦理论计算的主动土压力

(a) 土楔 ABC 上的作用力；(b) 力三角形；(c) 主动土压力分布图

1）基本假定：

(1) 挡土墙是刚性的；

(2) 墙后填土为理想的散体（无粘性砂土，$c=0$）；

(3) 墙身向前或向后移动产生的主动土压力或被动土压力的楔体是沿墙背和一个通过墙踵（B 点）的平面发生滑动；

(4) 滑动土楔体（ABC）可视为刚体；

(5) 滑动破坏面（BDC）为一平面；

(6) 取最大土压力为所求的主动土压力（E_a），其对应的滑动面（BDC）为最危险滑动面。

2）主动土压力

取单位长度（1m）的墙体分析，当墙体向前移动或转动时而使墙后土体沿某一破裂面 BC 破坏时，土楔体 ABC 向下滑动而处于主动极限平衡状态。此时，作用在土楔 ABC 上的力有下列各项：

(1) 土楔 ABC 自重 G，为三角形 ABC 的面积与土容重 γ 的乘积，只要破裂面 BC 的位置确定，G 的大小就能确定，G 的方向向下（图 8.1.13）；

(2) 破裂面 BC 的反力 R，其大小是未知的，但已知反力 R 与破裂面 BC 的法线 N_1 之间的夹角为土的内摩擦角 φ，并位于 N_1 的下侧（图 8.1.13）；

(3) 墙背对土楔体的反力 E_a，它与作用在墙背上的土压力大小相等、方向相反。反力 E_a 的作用方向与墙背的法线 N_2 成 δ 角，当土体下滑时，墙对土楔的阻力是向上的，因此 E_a 在 N_2 的下侧（图 8.1.13）；

(4) 库伦理论的主动土压力公式：

$$E_a = \gamma H^2 k_a / 2 \tag{8.1.20}$$

$$k_a = \frac{\sin^2(\alpha+\varphi)}{\sin^2\alpha\sin(\alpha-\delta)\left[1+\sqrt{\dfrac{\sin(\varphi+\delta)\sin(\varphi-\beta)}{\sin(\alpha-\delta)\sin(\alpha+\beta)}}\right]^2} \tag{8.1.21}$$

式中 E_a——按库伦理论计算的主动土压力值（kN）；

γ、φ——分别为填土的容重（kN/m³）和内摩擦角（度）；

H——挡土墙的高度（m）；

k_a——主动土压力系数；

α——墙背的倾斜角，即墙背与地面的夹角，当 $\alpha < 90°$ 时为俯斜；当 $\alpha > 90°$ 时为仰斜；

β——墙后填土表面的倾斜角；

δ——墙背与填土之间的摩擦角（称为外摩擦角），它与填土性质、墙背粗糙度、排水条件、填土表面轮廓和它上面有无超载有关，应由试验确定，当无可靠依据时，可取下列数值：

墙背粗糙且排水良好时：$\delta = (0.3 \sim 0.5)\varphi$；

墙背很粗糙且排水良好时：$\delta = (0.5 \sim 0.67)\varphi$；

墙背光滑而排水不良时：$\delta = (0 \sim 0.33)\varphi$。

主动土压力强度为沿挡土墙高度按直线分布的三角形，当 $z=0$ 时，$\sigma_a=0$；当 $z=H$ 时，$\sigma_a = \gamma H k_a$。主动土压力的合力 E_a 作用点在距墙底 $H/3$ 处（见图 8.1.13）。

当墙背直立（$\alpha=90°$）、光滑（$\delta=0$）、填土面水平（$\beta=0$）时，则公式（8.1.21）演变为（8.1.7）的形式（即库伦公式与郎肯公式相同）。

3）影响主动土压力 E_a 的主要因素

主动土压力 E_a 与 γ、h、k_a 有关，而 k_a 又与 φ、δ、α、β 等因素有关，相应关系见表 8.1.6。

影响主动土压力的因素   表 8.1.6

各因素与土压力的关系	影响土压力的因素	说　明
与土压力数值成正比	β、$\alpha < 90°$（俯斜墙）	应 $\beta \leqslant \varphi$，当 $\beta > \varphi$ 时公式（8.1.12）不适用
与土压力数值成反比	φ、δ、$\alpha > 90°$（仰斜墙）	

4）被动土压力

当挡土墙受外力作用推向填土，直到土体沿某一破裂面 BC 破坏时，土楔 ABC 向上滑动，并处于被动极限平衡状态（图 8.1.14）。此时，土楔 ABC 在其自重 G 和反力 R 和 E_p 的共同作用下处于平衡状态，R 和 E_p 的方向都分别在 BC 和 AB 面的法线的上方。按求解主动土压力的相同原理可求得被动土压力的库伦公式为：

$$E_p = 0.5\gamma H^2 k_p \tag{8.1.22}$$

式中 k_p——为被动土压力系数。

如果墙背直立（$\alpha=90°$）、光滑（$\delta=0$）、填土面水平（$\beta=0$）时，则公式（8.1.22）演变为（8.1.14）的形式（即库伦公式与郎肯公式相同）。

5）库伦公式应用中的相关问题

（1）库伦土压力理论假设墙后填土是理想散体，也就是填土只有内摩擦角 φ 而没有内聚力 c，因此，理论上只适合于无黏性填土。但在实际工程中常不得不采用黏性填土，为了考

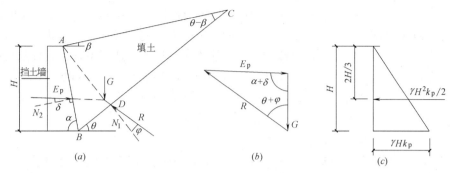

图 8.1.14　按库伦理论计算的被动土压力

(a) 土楔 ABC 上的作用力；(b) 力三角形；(c) 被动土压力分布图

虑黏性土的内聚力 c 对土压力的影响，在应用库伦公式时，常将内摩擦角 φ 增大，采用所谓的"等效内摩擦角 φ_e"来综合考虑内聚力 c 对土压力的效应，一般可取 $\varphi_e=30°\sim35°$；

（2）库伦理论假设墙后填土破坏时，破裂面是一平面，而实际上破裂面为一曲面，实验证明，在计算主动土压力时，只有当墙背的坡度不大，墙背与填土之间的摩擦角较小时，破裂面才接近于一个平面，因此，计算结果与按曲线滑动面有出入。在通常情况下，这种偏差在计算主动土压力时约为 $2\%\sim10\%$，可以认为已满足实际工程所要求的精度（但对于计算被动土压力，由于破裂面接近于对数螺旋线，因此计算结果误差较大，有时可达 $2\sim3$ 倍，甚至更大。

（3）在土压力计算中，计算指标选定的正确与否，对计算结果影响很大，一般应按试验确定，当无试验资料时，砂土的内摩擦角 φ 可参考表 8.1.7 确定。

砂土的内摩擦角 φ　　　　　　　　表 8.1.7

砂土的类型	细砂	中砂	砾石、卵石、粗砂
内摩擦角 φ	$20°\sim30°$	$30°\sim40°$	$40°\sim45°$

填土与墙背的摩擦角 δ 随墙背的粗糙度、填料性质、有无地面荷载、排水条件等因素而变化。墙背越粗糙，δ 角越大；填土的 φ 值越大，δ 也越大。δ 还与超载的大小和填土面的倾斜角 β 成正比。一般 δ 在 $0\sim\varphi$ 之间，可按表 8.1.8 取值。

填土与墙背摩擦角（外摩擦角）δ　　　　　　表 8.1.8

情况	墙背光滑，排水不良时	墙背粗糙，排水良好时	墙背很粗糙，排水良好时	墙背与填土间不可能滑动
δ	$(0\sim1/3)\varphi$	$(1/3\sim1/2)\varphi$	$(1/2\sim2/3)\varphi$	$(2/3\sim1)\varphi$

3. 作用在不变形挡土墙上的土压力

静止土压力强度 σ_0 按式（8.1.23）计算：

$$\sigma_0=\gamma z k_0 \tag{8.1.23}$$

式中　k_0——静止土压力系数，可按表 8.1.9 确定。

静止土压力系数 k_0　　　　　　　表 8.1.9

土类	正常固结	手工夯实黏土	机械夯实黏土	超固结黏土	松散砂土	压实砂土
k_0	$1-\sin\overline{\varphi}$	$1.0\sim2.0$	2.0	$1.0\sim2.0$	0.5	$1.0\sim1.5$
$\overline{\varphi}$ 为用有效应力表示的内摩擦角						

资料[7]指出：对顶部受楼板限制的地下室墙，或顶部有拉杆的挡土墙，其顶部受到约束不能自由倾斜。当不允许有变形时，土的抗剪强度不能充分发挥，因此，土压力等于静止土压力。事实上，地下室挡土墙的变形并非铁板一块，在地下室顶、底板及多层地下室的楼层处，无明显变形，而在其他部位，由于地下室外墙的平面外刚度与地基刚度相比很小，将产生一定量的弯曲变形。因此，对地下室外墙的土压力应区分不同情况确定。

关于地下室挡土墙设计计算，详见本章第四节。

五、确定土压力的经验方法

1. 当具备下列条件之一时，可考虑采用经验方法确定挡土墙的主动土压力：

1) 当挡土墙规模较小并缺乏估算抗剪强度所需的试验资料时；

2) 当施工时难以控制填土的质量时；

3) 事先对填土的回填方法和填料性质不了解，设计中必须假定可能出现的最不利条件时。

$$\sigma_a = \gamma z k \tag{8.1.24}$$

式中　k——为土压力经验系数，可按表 8.1.10 采用。

土压力经验系数 k　　　　　　　　　　　　表 8.1.10

土类	A类	B类	C类	D类	E类	备　注
k	0.25	0.30	0.45	0.80	1.00	适宜填土表面坡度不大于 2∶1

表 8.1.10 中土的分类见表 8.1.3。从表 8.1.10 中可以看出，填土粗颗粒越多、渗透性越好，则土压力系数越小。因此，为减小挡土墙的土压力，有条件时，应尽量采用无黏性填土。

2. 考虑最简单的情况，墙背垂直、光滑、填土面水平与墙齐高，土压力可按下式确定：

1) 对无黏性土：

(1) 主动土压力强度：
$$\sigma_a = \gamma z \tan^2 \left(45° - \frac{\varphi}{2}\right) \tag{8.1.25}$$

(2) 被动土压力强度：
$$\sigma_p = \gamma z \tan^2 \left(45° + \frac{\varphi}{2}\right) \tag{8.1.26}$$

2) 对黏性土（当 $z = H$ 时）：

(1) 主动土压力的合力：
$$E_a = \frac{1}{2} \gamma H^2 \tan^2 \left(45° - \frac{\varphi}{2}\right) - 2cH\tan\left(45° - \frac{\varphi}{2}\right) + \frac{2c^2}{\gamma} \tag{8.1.27}$$

(2) 被动土压力的合力：
$$E_p = \frac{1}{2} \gamma H^2 \tan^2 \left(45° + \frac{\varphi}{2}\right) + 2cH\tan\left(45° + \frac{\varphi}{2}\right) \tag{8.1.28}$$

3. 主动和被动土压力的计算汇总见图 8.1.15 和图 8.1.16。

4. 填土表面超载对土压力的影响

1) 均布超载的影响

作用在填土表面的均布荷载为 $q(\text{kN/m}^2)$ 时，则深度 z 处的竖向应力将为 $\gamma z + q$，超载所产生的被动和主动土压力强度 σ_q 沿墙背为一个常数，它沿墙高的分布图形为矩形

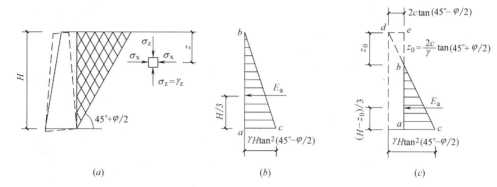

图 8.1.15 主动土压力的计算汇总

（*a*）主动土压力计算；（*b*）无黏性填土的主动土压力；（*c*）黏性填土的主动土压力

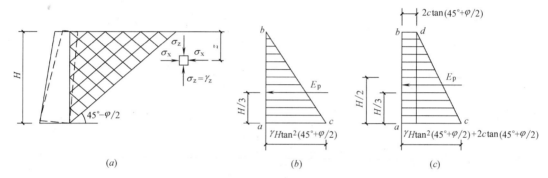

图 8.1.16 被动土压力的计算汇总

（*a*）被动土压力计算；（*b*）无黏性填土的被动土压力；（*c*）黏性填土的被动土压力

（图 8.1.10 及图 8.1.12），即：

$$\sigma_q = q\tan^2\left(45°\pm\frac{\varphi}{2}\right) \tag{8.1.29}$$

2）集中超载的影响

作用在填土表面的集中荷载 P(kN) 对挡土墙的影响，可将集中荷载按扩散角（土中每侧 $30°$、混凝土中每侧 $45°$）扩散，并按扩散后的等效均布荷载 q_e(kN/m²) 计算土压力增量 $q_e\tan^2\left(45°\pm\frac{\varphi}{2}\right)$（见图 8.1.17），并宜在（$2H\tan30°$）的墙长度范围内综合配筋。

六、结构设计的相关问题

1. 土压力理论计算中的墙后填土，指的是图 8.1.13 和图 8.1.14 的墙后土体楔体 ABC 的范围（而不是实际施工过程中的墙后肥槽范围内的回填土），它属于地质条件提供的原状土，墙厚肥槽回填土的选择和回填质量，对土压力的影响不大。计算主动土压力时，土楔体的范围较小，而计算被动土压力时，土楔体的范围相对较大。

2. 墙后填土类型对挡土墙土压力的影响各不相同，同时不同的土压力计算模型对墙后填土的要求也不同，黏性土可以削减主动土压力，但又对被动土压力起增大作用。

3. 墙后回填土可以改善墙后填土的性能，采用渗透性好的无黏性填土，可改善墙后填土的排水条件。

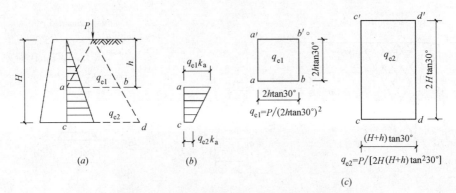

图 8.1.17　集中荷载作用下主动土压力的近似计算

(a) 集中荷载的土压力计算；(b) 集中荷载的土压力强度；(c) q_{e1}、q_{e2} 计算

七、相关索引

1. 《地基规范》对挡土墙的相关规定见其第 6.6 节。

2. 全国民用建筑工程设计技术措施（结构）对土压力的相关规定见其第 2.6 节。

第二节　重力式挡土墙

【要点】

重力式挡土墙在工业与民用建筑工程中应用普遍，本节主要涉及：重力式挡土墙的种类、计算及构造设计的一般要求、重力式挡土墙设计的其他相关问题，介绍整体滑动稳定性验算及圆弧滑动面法，分析减压平台对减小平台下段挡土墙土压力的作用。

靠墙身自重来保证墙身稳定性的挡土墙称为重力式挡土墙。设计时应先根据经验确定挡土墙的类型，合理确定墙身截面尺寸，再算它所承受的土压力，最后分别验算墙和地基的强度和稳定性。

一、重力式挡土墙的种类

重力式挡土墙按墙背的倾斜情况分为仰斜（$\alpha > 90°$）、垂直（$\alpha = 90°$）和俯斜（$\alpha < 90°$）（见图 8.2.1）。

从受力情况看：仰斜主动土压力最小，俯斜主动土压力最大。从挖、填方要求来看，

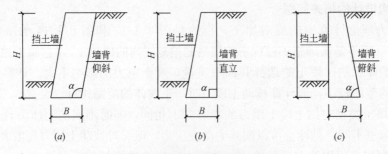

图 8.2.1　重力式挡土墙的形式

(a) 墙背仰斜；(b) 墙背垂直；(c) 墙背俯斜

边坡是挖方，以仰斜较为合理，为填方则以墙背垂直或俯斜较为合理。墙前地形较陡则用直墙背较好。应优先采用仰斜墙，其次是直立墙，少用俯斜墙。对于较大高度（一般情况下，当 $H>5m$ 时可确定为挡土墙较高）的挡土墙，还可以采用折线形墙背和减压平台做法（图 8.2.2），以减小主动土压力。

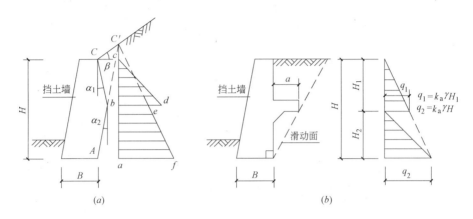

图 8.2.2 重力式挡土墙的其他形式

（a）折线型墙背；（b）减压平台（$H_2=1.43a$）

二、重力式挡土墙的设计计算

1. （《地基规范》第 6.6.3 条）边坡支挡结构土压力计算应符合下列规定：

1）计算支挡结构的土压力时，可按主动土压力计算；

2）边坡工程主动土压力应按式（8.2.1）进行计算。

$$E_a=\psi_c\frac{1}{2}\gamma H^2 k_a \tag{8.2.1}$$

式中 E_a——主动土压力；

ψ_c——主动土压力增大系数，土坡高度小于 5m 时宜取 1.0；高度为 5～8m 时宜取 1.1；高度大于 8m 时宜取 1.2；

γ——填土的重度；

H——挡土结构的高度；

k_a——主动土压力系数，可按《地基规范》附录 L 确定。

3）当填土为无黏性土时，主动土压力系数可按库伦土压力理论（公式 8.1.21）确定。当支挡结构满足朗肯条件时，主动土压力系数可按朗肯土压力理论（公式 8.1.9）确定。黏性土或粉土的主动土压力也可采用楔体试算法图解求得。

4）当支挡结构后缘有较陡峻的稳定岩石坡面，且岩坡的坡角 $\theta>(45°+\varphi/2)$ 时（φ 为填土的内摩擦角）（图 8.2.3），应根据有限范围填土计算土压力，取岩石面为破裂面。根据稳定岩石坡面与填土间的摩擦角按式（8.2.2）计算主动土压力系数。

$$k_a=\frac{\sin(\alpha+\theta)\sin(\alpha+\beta)\sin(\theta-\delta_r)}{\sin^2\alpha\sin(\theta-\beta)\sin(\alpha-\delta+\theta-\delta_r)} \tag{8.2.2}$$

式中 θ——稳定岩石坡面的倾角；

δ_r——稳定岩石坡面与填土的摩擦角，根据试验确定。当无试验资料时，可取 $\delta_r=0.33\varphi_k$，φ_k 为填土的内摩擦角标准值。

2.（《地基规范》第6.6.5条）挡土墙的稳定性验算应符合下列要求：

1）抗滑移稳定性应按下式验算（图8.2.4）：

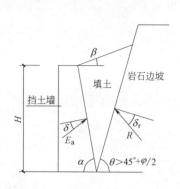

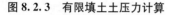

图 8.2.3　有限填土土压力计算

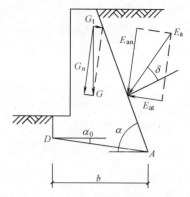

图 8.2.4　挡土墙抗滑移稳定验算示意

基本假定：挡土墙沿墙底面方向滑动，且不考虑墙趾 D 后填土的被动土压力对抗滑移稳定性的有利影响。

$$\frac{(G_n + E_{an})\mu}{E_{at} - G_t} \geqslant 1.3 \tag{8.2.3}$$

与墙底面垂直的墙自重分量：$\quad G_n = G\cos\alpha_0 \tag{8.2.4}$

与墙底面平行的墙自重分量：$\quad G_t = G\sin\alpha_0 \tag{8.2.5}$

与墙底面平行的土压力合力分量：$E_{at} = E_a\sin(\alpha - \alpha_0 - \delta) \tag{8.2.6}$

与墙底面垂直的土压力合力分量：$E_{an} = E_a\cos(\alpha - \alpha_0 - \delta) \tag{8.2.7}$

式中　G——挡土墙每延米自重（kN/m）；

　　　α_0——挡土墙基底的倾角（°）；

　　　α——挡土墙墙背的倾角（°）；

　　　δ——土对挡土墙墙背的磨擦角（°），可按表8.1.8选用；

　　　μ——土对挡土墙基底的磨擦系数，由试验确定，也可按表8.2.1选用。

土对挡土墙基底的摩擦系数 μ　　　　　　　　　　　表 8.2.1

土的类别		摩擦系数 μ	说　明
黏性土	可塑	0.25～0.30	1. 对易风化的软质岩和塑性指数 $I_P > 22$ 的黏性土，基底摩擦系数应通过试验确定。 2. 对碎石土，可根据其密实程度、填充物状况、风化程度等确定。
	硬塑	0.30～0.35	
	坚硬	0.35～0.45	
粉土		0.30～0.40	
中砂、粗砂、砾砂		0.40～0.50	
碎石土		0.40～0.60	
软质岩		0.40～0.60	
表面粗糙的硬质岩		0.65～0.75	

2）抗倾覆稳定性应按式（8.2.8）验算（图8.2.5）。

假定：挡土墙以墙趾 D 为倾覆转动点，且不考虑墙趾 D 后填土的被动土压力对抗倾覆稳定性的有利影响。

$$\frac{Gx_0 + E_{az}x_f}{E_{ax}z_f} \geqslant 1.6 \tag{8.2.8}$$

土压力合力的水平分量：$E_{ax}=E_a\sin(\alpha-\delta)$
$$(8.2.9)$$

土压力合力的垂直分量：$E_{az}=E_a\cos(\alpha-\delta)$
$$(8.2.10)$$

E_{az} 作用点与 D 点的水平距离：$x_f=b-z\cot\alpha$
$$(8.2.11)$$

E_{ax} 作用点与 D 点的垂直距离：$z_f=z-b\tan\alpha_0$
$$(8.2.12)$$

式中 z——土压力作用点离墙踵 A 的高度；

$\quad x_0$——挡土墙重心离墙趾 D 的水平距离；

$\quad b$——基底的水平投影宽度。

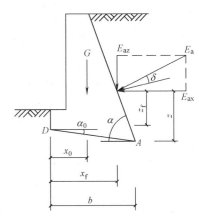

图 8.2.5 挡土墙抗倾覆稳定验算示意

3. 整体滑动稳定性验算：可采用圆弧滑动面法。

4. 地基承载力验算，除应符合《地基规范》第 5.2 节的规定外，基底合力的偏心距 e 不应大于 0.25 倍基础的宽度 b，即

$$e\leqslant b/4 \qquad (8.2.13)$$

三、重力式挡土墙的构造

(《地基规范》第 6.6.4 条) 重力式挡土墙的主要构造要求如下 (见图 8.2.6)：

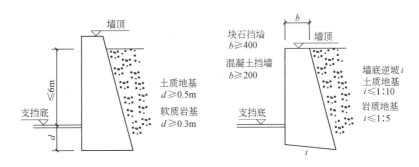

图 8.2.6 重力式挡土墙的构造

1. 重力式挡土墙适用于高度小于 6m、地层稳定、开挖土石方时不会危及相邻建筑物安全的地段。

2. 重力式挡土墙可在基底设置逆坡。对于土质地基，基底逆坡坡度不宜大于 1：10；对于岩质地基，基底逆坡坡度不宜大于 1：5。

3. 块石挡土墙的墙顶宽度不宜小于 400mm；混凝土挡土墙的墙顶宽度不宜小于 200mm。

4. 重力式挡墙的基础埋置深度，应根据地基承载力、水流冲刷、岩石裂隙发育及风化程度等因素进行确定。在特强冻胀、强冻胀地区应考虑冻胀的影响。在土质地基中，基础埋置深度不宜小于 0.5m；在软质岩地基中，基础埋置深度不宜小于 0.3m。

5. 重力式挡土墙应每间隔 10～20m 设置一道伸缩缝。当地基有变化时宜加设沉降缝。在挡土结构的拐角处，应采取加强的构造措施。

四、重力式挡土墙设计的相关问题

1. 挡土墙设计是属于岩土工程的范畴还是属于结构工程的范围，相关规范未予明确。

2. 挡土墙设计中，应注意通过构造手段，减小挡墙的土压力并控制挡墙背后的土压力在设计预期的范围内。

3. 挡土墙设计采用极限平衡状态计算，实际工程中是不容许出现设计所假定的极限状态的，因此，对重要挡土墙设计应留有适当的余地。

4. 在排水不畅或受洪涝灾害影响时，由于土体侵水，土体达到饱和状态，使土体的力学性能发生重大改变，也常给挡土墙结构带来巨大的超设计压力，造成滑坡和泥石流等重大地质灾害，给生命和财产带来重大损失。

5. 理论计算与实测对比表明，对高大的挡土墙（墙高5m以上）采用古典土压力理论计算结果偏小，土压力分布偏差较大，因此，在土压力计算中宜引入增大系数。

6. "挡土墙不用算，宽是高之半"，这一工程界的口头禅是对重力式挡土墙墙体截面特征的形象描述，应重视重力式挡土墙的构造设计。

7. 减压平台阻断了平台以上土体对平台以下一定高度范围内土体的压力，减压平台对其下土体的这种屏蔽作用，减小了下段土体的土压力，但其减小的幅度及相应的计算规定，规范未予明确。

8. 有限土压力的计算问题，在结构设计中经常遇到，对相邻间距很小的直墙间有限土压力的计算问题，规范未予明确。

9. 整体滑动稳定性验算及圆弧滑动面法简介

1）整体滑动稳定性验算要求

挡土墙的整体滑动稳定性验算参考《地基规范》第5.4.1条规定，地基整体滑动稳定性，可采用圆弧滑动面法进行验算。最危险的滑动面上诸力对滑动中心所产生的抗滑力矩与滑动力矩应符合式（8.2.14）要求：

$$M_R/M_S \geqslant 1.2 \tag{8.2.14}$$

式中 M_S——滑动力矩；

M_R——抗滑力矩。

2）圆弧滑动面法简介：

假定滑动面为圆弧形（图8.2.7a）将滑体内土体分为若干垂直条块（取厚度为单位厚度1）每块土体的重量为 Q_i，土体的下滑力（在滑动面上切于弧线）为 T_i，而土体的抗滑力由两部分组成，其一是垂直于弧面的力 N_i 乘上摩擦系数 $\tan\varphi$，其二是整个圆弧面上土体的内聚力 $C = cL$，则：

土体的抗滑力矩：
$$M_R = cLR + R\sum_{i}^{n} N_i \tan\varphi \tag{8.2.15}$$

土体的滑动力矩：
$$M_S = R\sum_{i}^{n} T_i \tag{8.2.16}$$

稳定安全系数 $K = M_R/M_S$，K 值最小的滑动面为最危险滑动面，规范要求 $K_{min} \geqslant 1.2$。

3）最危险滑动面的简化计算方法：

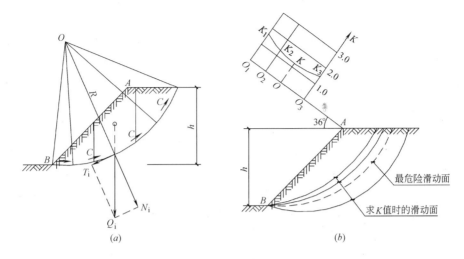

图 8.2.7　最危险滑动面的简化计算方法

(a) 圆弧滑动面法；(b) 最危险滑动面的简化计算

对条形建筑物地基的稳定计算，可通过下述简化方法（图 8.2.7b）计算：

自坡顶 A 点作与水平交角为 36° 的斜线，然后在该线上任意取 O_1、O_2、O_3 三点作为滑动中心，以圆心至坡趾 B 点的距离 R 为半径作滑动面，分别计算出 K_1、K_2 和 K_3 值，由各 K 值作 K 值线，对应于 K 值最小处即为最危险滑动面的圆心 O，从而可求出对应的最危险滑动面。

4）土体稳定计算可借助于电算程序[8]完成。

五、设计建议

1. 在相关规范未明确挡土墙的设计归属问题以前，可按目前通行的做法，与建筑物有关的挡土墙设计，一般由注册结构工程师完成。对特别重要的挡土墙设计，建议由注册岩土工程师完成或注册结构工程师与注册岩土工程师共同设计。

2. 对挡土墙的失效可能导致严重地质灾害的特别重要的挡土墙，结构设计时，应根据其重要性，采用恰当的重要性系数，并对重要部位留有适当的余地。

3. 对重要的挡土墙，应重视对其在使用阶段的维护和监测，并应在设计文件中予以重点说明。

4. 当不能满足上述抗滑移要求时，可以将基底做成逆坡或将基础做成锯齿状（图 8.2.8），以增强抗滑移能力。当基底下有软弱夹层时，应按圆弧滑动面法进行地基稳定性验算。

5. 当不能满足上述抗倾覆要求时，可通过改变墙胸或墙背的坡度（图 8.2.1、图 8.2.2），以减小主动土压力，或在墙背设置平衡重台，以增加稳定力矩。

6. 当不能满足上述地基承载力要求时，可设置墙趾台阶增大底面宽度（图 8.2.9），这样做同时还有利于提高挡土墙的抗滑移和抗倾覆稳定性。墙趾的高宽比可取 $h/a = 2$：1，且应使 $a \geqslant 200$mm。

7. 加强挡土墙墙趾外的填土和地面刚度，可以增加挡土墙的被动土压力，有利于提高挡土墙的稳定性。

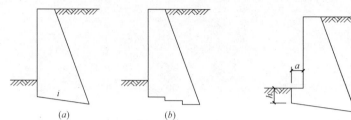

图 8.2.8　增强挡土墙抗滑移能力的措施
(a) 墙底逆坡；(b) 墙底做成锯齿状

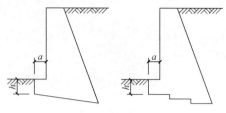

图 8.2.9　挡土墙下地基承载力不满足时的措施

8. 减压平台对减小平台下段挡土墙土压力的有利作用与减压平台的出挑长度（图 8.2.2b 中尺寸 a）有关，其有效屏蔽的范围与 a 和填土的压力扩散角有关，若按土压力的扩散范围为单侧 1：0.7（结构设计习惯上可取土压力扩散角为 30°，此处取规程［3］规定的数值）计算，则减压平台对土压力的屏蔽深度系数为 1/0.7＝1.43。因此，笔者建议：对一般填土可取屏蔽深度为 1.43a 计算，挡土墙高度不同时，土压力的计算原则见图 8.2.10。

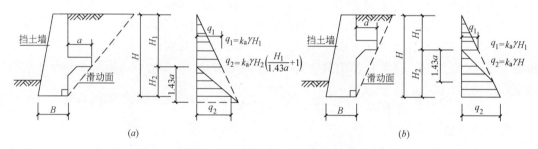

图 8.2.10　减压平台的有限减压作用
(a) $H_2 \leqslant 1.43a$；(b) $H_2 > 1.43a$

9. 有限土压力的计算问题，尤其是相邻地下室外墙的有限土压力问题，相关讨论见本章第四节。

六、相关索引

《地基规范》的相关规定见其第 6.6 节。

第三节　悬臂式和扶臂式挡土墙

【要点】

悬臂式和扶臂式挡土墙适宜用于高大挡土墙，本节介绍悬臂式和扶臂式挡土墙的设计计算要点和主要构造措施，提出确定挡土墙计算跨度的设计建议。悬臂式和扶臂式挡土墙的计算，涉及公式较多且比较烦琐，设计时应仔细核查计算过程，避免出错。应注意采用合理的结构重要性系数 γ_0 及取用恰当的土压力增大系数 ψ_c。

一、悬臂式挡土墙

1. 受力特点

悬臂式挡土墙是将挡土墙设计成竖向放置的悬臂梁形式（图 8.3.1），$(b_1+b_2+b_3)/$ $(H+h)=1/2\sim2/3$，墙趾宽度 b_1 约为 $(b_2+b_3)/2$，其墙身和基础都承受弯曲应力。

2. 悬臂式挡土墙的荷载计算

作用在悬臂式挡土墙上的荷载（见图 8.3.1a），可依据悬臂式挡土墙将其分为墙身的荷载、突出墙趾部分的荷载和突出墙踵部分的荷载三部分，可忽略墙身范围内墙底土压力和墙身外侧的被动土压力，及基础与地基土之间的剪应力。

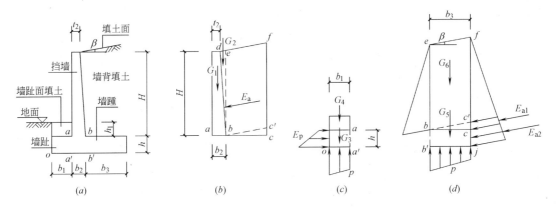

图 8.3.1　作用在悬臂式挡土墙上的主要荷载

(a) 悬臂式挡土墙；(b) 作用在挡墙上的荷载；(c) 作用在墙趾上的荷载；(d) 作用在墙踵上的荷载

1）墙身的荷载（图 8.3.1b）

(1) 直接作用在墙背上的主动土压力 E_a，可按作用于垂直面 $c'f$ 上的土压力计算。直线 bc' 平行于填土表面，计算符合朗肯土压力理论（挡土墙背直立、光滑、填土面水平），按公式（8.1.8）计算，$E_a=\gamma H^2 k_a/2$。

(2) 墙身范围内挡土墙重量 G_1 和其上土楔块重量 G_2

$$G_1=12.5(b_2+t_2)H \text{ (kN/m)}; G_2=0.5\gamma H(b_2-t_2) \text{ (kN/m)};$$

2）突出墙趾部分的荷载（图 8.3.1c）

(1) 突出墙趾部分的重量 $G_3=25b_1h$ （kN/m）；

(2) 突出墙趾部分以上的土重 $G_4=\gamma_1 h_1$ （kN/m）；

(3) 基础左面的被动土压力 $E_p=0.5\gamma h^2 k_p$ （kN/m）；

3）突出墙踵部分的荷载（图 8.3.1d）

(1) 作用在 $c'j$ 上的主动土压力为 $E_{a1}+E_{a2}$，其中，E_{a1} 作用在 cc' 范围内，E_{a2} 作用在 cj 范围内。

(2) 突出墙踵部分的重量 $G_5=25b_3h$ （kN/m）；

(3) 突出墙踵部分以上 cbef 的土重 $G_6=\gamma b_3(H+0.5b_3\tan\beta)$ （kN/m）。

3. 悬臂式挡土墙的滑移稳定性验算

以悬臂式挡土墙的底面作为验算滑动面（见图 8.3.1a）。

1）产生滑移的力有：墙背的主动土压力（E_a、E_{a1} 和 E_{a2}）的水平分力，按式（8.3.1）计算：

$$E_x=E_a\cos\alpha+E_{a1}\cos\alpha_1+E_{a2}\cos\alpha_2 \tag{8.3.1}$$

式中　α、α_1、α_2——分别为主动土压力（E_a、E_{a1} 和 E_{a2}）与水平轴的夹角，可根据各主动土压力与墙背或作用面的夹角按图 8.2.4 关系推算求得。

2）抗滑移的力有：被动土压力 E_P、基础底面的摩擦力 $\mu(G+E_y)$，其中：$G=G_1+G_2+G_3+G_4+G_5+G_6$；$E_y$ 为主动土压力的竖向分力，$E_y=E_a\sin\alpha+E_{a1}\sin\alpha_1+E_{a2}\sin\alpha_2$；$\mu$ 为挡土墙基底的摩擦系数，应由试验确定，当无资料时可按表 8.2.1 确定。

挡土墙的滑移稳定性按式（8.3.2）计算：

$$K_s=\frac{\mu(G+E_y)+E_P}{E_x}\geqslant 1.3 \tag{8.3.2}$$

式中　K_s——抗滑移稳定系数。

当基底下有软弱夹层时，应按圆弧滑动面法进行地基稳定性验算（见本章第二节）。

4. 悬臂式挡土墙的倾覆稳定性验算

以悬臂式挡土墙的墙趾边缘 O 点作为倾覆计算转动点（见图 8.3.1a）。

1）产生倾覆的力矩有：墙背的主动土压力（E_a、E_{a1} 和 E_{a2}）的水平分力 E_{ax}、E_{a1x} 和 E_{a2x} 对 O 点的力矩，按式（8.3.3）计算：

$$M_{0v}=E_{ax}z_a+E_{a1x}z_{a1}+E_{a2x}z_{a2} \tag{8.3.3}$$

式中　z_a、z_{a1}、z_{a2}——分别为主动土压力 E_a、E_{a1} 和 E_{a2} 的作用点离 O 点的竖向距离（m），其中 $z_a=h+H/3$，$z_{a1}=h+0.5b_3\tan\beta$，$z_{a2}=h/2$。

2）抗倾覆的力矩有：被动土压力 E_P、基础及其上部土重 G、主动土压力的竖向分力（E_{ay}、E_{a1y} 和 E_{a2y}）对 O 点的力矩 M_b，按式（8.3.4）计算：

$$M_b=E_Pz_p+\sum_{i=1}^{6}G_ix_i+E_{ay}x_a'+E_{a1y}x_{a1}+E_{a2y}x_{a2} \tag{8.3.4}$$

式中　z_p——为被动土压力 E_P 的合力作用点距 O 点的竖向距离（m）；

G_i——为基础或上部填土的重量；

x_i——为 G_i 的重心离 O 点的水平距离（m）；

x_a、x_{a1}、x_{a2}——分别为 E_{ay}、E_{a1y} 和 E_{a2y} 的作用点离 O 点的水平距离（m）。

挡土墙的倾覆稳定性按式（8.3.5）计算：

$$K_{ov}=M_b/M_{ov}\geqslant 1.6 \tag{8.3.5}$$

式中　K_{ov}——抗倾覆稳定系数。

当不能满足上式时，可通过改变墙胸或墙背的坡度，以减小主动土压力，或在墙背设置平衡重台，以增加稳定力矩。

5. 地基承载力验算

1）轴心荷载作用时下基底平均地基反力 p_k 验算

$$p_k=(G+E_{ay}+E_{a1y}+E_{a2y})/B,\ 0\leqslant p_k\leqslant f_a \tag{8.3.6}$$

2）偏心荷载作用时下基底反力 p_{kmax}（及 p_{kmin}）验算

$$p_{k_{min}}^{max}=p_k\left(1\pm\frac{6e}{B}\right),p_{max}\leqslant 1.2f_a,p_{min}\geqslant 0 \tag{8.3.7}$$

式中　p_k——相应于荷载效应标准组合时，基础底面处的平均压力（kPa）；

p_{kmax}、p_{kmin}——相应于荷载效应标准组合时，基础底面边缘处的最大和最小压力（kPa）；

f_a——修正后的地基承载力特征值；

B——挡土墙的基底总宽度（m）对应于图 8.3.1a，$B=b_1+b_2+b_3$；

e——荷载作用于基础底面边缘上的偏心距（m），按式（8.3.8）确定：

$$e = \frac{B}{2} - \frac{E_{\mathrm{P}}z_{\mathrm{p}} - E_{\mathrm{ax}}z_{\mathrm{a}} - E_{\mathrm{a1x}}z_{\mathrm{a1}} - E_{\mathrm{a2x}}z_{\mathrm{a2}} + \sum\limits_{i=1}^{6}G_{i}x_{i} + E_{\mathrm{ay}}x_{\mathrm{a}} + E_{\mathrm{a1y}}x_{\mathrm{a1}} + E_{\mathrm{a2y}}x_{\mathrm{a2}}}{G + E_{\mathrm{ay}} + E_{\mathrm{a2y}} + E_{\mathrm{a2y}}}$$

$$(8.3.8)$$

当地基承载力不满足上述要求时，可设置墙趾台阶增大底面宽度。同时还有利于提高挡土墙的抗滑移和抗倾覆稳定性。

6. 悬臂式挡土墙的内力计算

1）墙身截面 ab

（1）ab 截面上的弯矩 M_{ab} 按式（8.3.9）计算：

$$M_{\mathrm{ab}} = E_{\mathrm{ax}}H/3 - G_{1}b_{2}/2 - G_{2}(b_{2}+t_{2})/2 \qquad (8.3.9)$$

（2）ab 截面上的剪力 $V_{\mathrm{ab}} = E_{\mathrm{ax}} = E_{\mathrm{a}}\cos\alpha$

2）突出墙趾截面 aa'

（1）aa' 截面上的弯矩 $M_{\mathrm{aa'}}$ 按式（8.3.10）计算：

$$M_{\mathrm{aa'}} = 0.5p_{\mathrm{a'}}b_{1}^{2} + (p_{\max}-p_{\mathrm{a'}})b_{1}^{2}/3 - (G_{3}+G_{4})b_{1}/2 \qquad (8.3.10)$$

式中　$p_{\max}$——相应于荷载效应基本组合时，点 O 处的地基反力（kPa）。

　　　　$p_{\mathrm{a'}}$——相应于荷载效应基本组合时，点 a' 处的地基反力（kPa）。

（2）aa' 截面上的剪力 $V_{\mathrm{aa'}} = (p_{\max}+p_{\mathrm{a'}})b_{1}/2 - G_{3} - G_{4}$

3）突出墙踵截面 bb'

（1）截面 bb' 上的弯矩 $M_{\mathrm{bb'}}$ 按式（8.3.11）计算：

$$M_{\mathrm{bb'}} = (E_{\mathrm{a1y}}+E_{\mathrm{a2y}})b_{3} + (G_{5}+G_{6})b_{3}/2 - p_{\min}b_{3}^{2}/2 - (p_{\mathrm{b'}}-p_{\min})b_{3}^{2}/6 \quad (8.3.11)$$

式中　$p_{\min}$——相应于荷载效应基本组合时，点 j 处的地基反力（kPa）。

　　　　$p_{\mathrm{b'}}$——相应于荷载效应基本组合时，点 b' 处的地基反力（kPa）。

（2）截面 bb' 上的剪力 $V_{\mathrm{bb'}}$ 按式（8.3.12）计算：

$$V_{\mathrm{bb'}} = E_{\mathrm{a1y}}+E_{\mathrm{a2y}}+G_{5}+G_{6} - (p_{\mathrm{b'}}+p_{\min})b_{3}/2 \qquad (8.3.12)$$

7. 配筋要求

1）墙身、墙趾和墙踵的最大内力分别为 ab、aa' 和 bb' 截面，根据求得的截面弯矩 M 和剪力 V，按悬臂板进行配筋计算，配置相应的抗弯和抗剪钢筋。

2）由于实际受力情况复杂，在受压一侧应配置构造钢筋（配筋率 $\rho \geqslant 0.2\%$），配筋构造见图 8.3.2。

3）确定截面有效高度 h_{0} 时，墙身受力钢筋的混凝土保护层厚度应取不小于 30mm；当底板下设置素混凝土保护层时，底板受力钢筋的混凝土保护层厚度取 40mm；无垫层时取 70mm。

二、扶臂式挡土墙

扶臂式挡土墙，一般取 $(b_{1}+b_{2}+b_{3})/(H+h)=1/2\sim2/3$，扶臂的间距 L 一般为 $(1/3\sim1/$

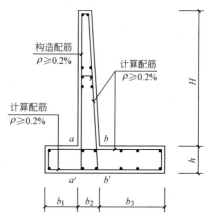

图 8.3.2　悬臂挡土墙的配筋构造

2）$(H+h)$。作用在扶臂式挡土墙上的土压力与作用在悬臂式挡土墙上的相同（见图 8.3.1）。

1. 墙板

扶臂式挡土墙上的墙板由竖向扶臂和基础板支承，可采用下列方法计算，即：取三角形荷载，按三面支承、一面自由的双向板计算，可采用电算程序计算或直接按《建筑结构静力计算手册》（第二版）表 4-41 计算。

沿两个扶壁间的中线的水平和垂直方向弯矩的变化规律见图 8.3.3c。

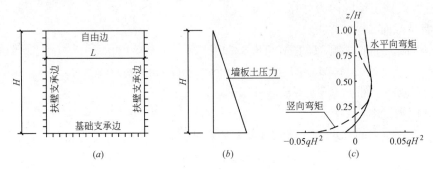

图 8.3.3　扶臂式挡土墙的墙板弯矩

（a）计算简图；（b）荷载；（c）$H=L$ 时的弯矩分布规律

2. 墙趾板

墙趾板的设计与悬臂式挡土墙的墙趾板相同。

3. 墙踵板（图 8.3.4 中 $cdfe$）

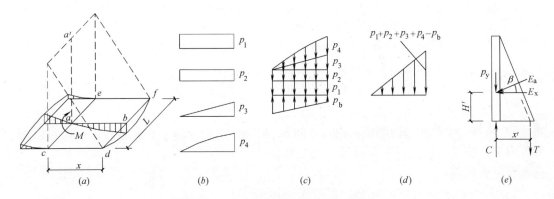

图 8.3.4　作用在扶壁式挡土墙上的荷载

（a）～（d）墙踵板荷载；（e）墙板荷载

墙踵板由扶壁的底部和墙板的底部支承，但一般按由扶壁支承的单向板设计。作用在墙踵板上的荷载有 $bcfe$（见图 8.3.1d）内的土重 G_6、板重 G_5、土压力 E_{a1} 和 E_{a2} 的竖向分力，以及作用在板底的地基反力 P。这些荷载的分布见图 8.3.4b。

自重 G_5 和 G_6 传来的均布荷载：　　　　　$p_1 = (G_5 + G_6)/x$　　　　　　　　　　（8.3.13）

土压力 E_{a1} 传来的均布荷载：　　　　　$p_2 = (E_{a1}\sin\beta)/x$　　　　　　　　　（8.3.14）

土压力 E_{a2} 传来的三角形分布荷载：$p_3 = (2E_{a2}\sin\beta)/x$　　　　　　　　（8.3.15）

由于墙踵和墙趾是连续的，在两个扶壁间中点处的变形与墙趾的弯矩 M 有关，并可按作用在墙踵板上的竖向附加荷载来考虑。假定此荷载沿板宽 ab 呈抛物线分布，其最大值 p_4 发生在 b 点处（图 8.3.4a），p_4 可按式（8.3.16）计算：

按抛物线分布的等效荷载最大值：$p_4 = 2.4M_a/x^2$　　　　　　　　　　（8.3.16）

式中　M_a——为墙趾板对挡墙根部的弯矩。

作用在墙踵板上荷载总和见图 8.3.4d，b 点的总竖向荷载 q 为：

$$q = p_1 + p_2 + p_3 + p_4 - p_b = \frac{G_5 + G_6 + (E_{a1} + 2E_{a2})\sin\beta}{x} + \frac{2.4M_a}{x^2} - p_b \quad (8.3.17)$$

式中　p_b——相应于荷载效应基本组合时，点 b 处的地基反力（kPa）。

墙踵板按支承在扶壁上的连续板设计，板可按承受三角形均布荷载考虑。

对于基础板边 dbf（图 8.3.4），取单位板宽（按连续单向板）计算，板上作用按抛物线分布的线荷载，在 b 点处的荷载最大值等于 q，板的最大弯矩 M_s 近似按作用均布荷载 q 的两端固定单跨梁计算：

$$M_s \approx ql^2/12 \quad (8.3.18)$$

式中　l——为沿扶壁间距方向的计算跨度。

对墙板底边 cae，荷载线性地减为零（图 8.3.4a）。

墙踵板的剪力，可按固定在挡墙根部的悬挑板计算挑板根部的最大剪力 V_s。

4. 扶壁

扶壁应能抵抗作用在墙上的土压力 E_a（图 8.3.1b），按固定在基础板上的悬臂梁计算。土压力所引起的弯矩及抵抗力矩见图 8.3.4e。假定受压区合力 C 作用在墙中心，T 为钢筋的拉力，则

$$C = -T = \frac{H'E_a\cos\beta}{x'} = \frac{HE_a\cos\beta}{3(x-0.07)} \quad (8.3.19)$$

式中　H'——E_a 作用点的高度（m），$H'=H/3$；

　　　x'——内力臂高度（即：钢筋合力点至受压区合力作用点的距离），可取 $x'=x-0.07$（m）。

三、结构设计的相关问题

同本章第二节的相关问题。

四、设计建议

1. 悬臂式及扶臂式挡土墙属于高度较大的挡土墙，一般用于比较重要的位置，因此在结构设计中，应采用合理的结构重要性系数 γ_0 及取用恰当的土压力增大系数 ψ_c。

2. 由于电算程序的普遍应用，在墙板的设计计算中，建议采用电算程序计算或按《建筑结构静力计算手册》计算，简化计算方法可用来进行结构方案或初步设计阶段估算。

3. 当按《建筑结构静力计算手册》（第二版）表 4-41 计算墙板内力时，应注意下列问题：

1）取混凝土的泊桑比 $\mu=1/6$；

2）计算跨度（m）的取值问题

（1）在两扶壁之间，由于扶壁的存在，使板的跨度很容易确定，可取扶壁中到中间距、扶壁间板净跨度＋板厚度、扶壁间板净跨度＋0.3，上述三者的最小值作为墙板沿扶壁间距方向的计算跨度。

（2）在挡土墙的高度方向，可取板顶至基础厚度一半高度的距离、基础顶面以上墙板高度+0.5倍墙板厚度、基础顶面以上墙板高度+0.15，上述三者的最小值作为墙板在垂直扶壁间距方向的计算跨度；一般情况下，可不考虑墙趾上填土对减小墙板跨度的有利影响，确有依据时可适当考虑。

（3）在对挡土墙进行正常使用极限状态验算时，可适当考虑墙板的塑性内力重分布，并按墙板的净跨度计算。

4. 注意构件内力设计计算时，应考虑荷载效应基本组合的内力，并与地基承载力计算时考虑荷载效应标准组合的内力区分开。

第四节　地下室挡土墙

【要点】

地下室挡土墙设计是结构设计的重要内容之一，本节介绍地下室挡土墙设计的一般要求、影响地下室挡土墙土压力的主要因素及土压力的分布规律、地下室挡土墙设计的其他相关问题，分析汽车轮压荷载对地下室的影响，提出汽车轮压荷载的取值建议、地下室外墙及基础考虑塑性内力重分布的设计建议等。

一、地下室挡土墙的设计要求

1. 挡土墙设计计算的主要内容

1）挡土墙的主要荷载计算

（1）确定作用在挡土墙上的侧向压力；

挡土墙上的侧压力包括：土压力、车辆荷载引起的侧向压力和作用在挡土墙上的水压力等；

（2）确定挡土墙承受的竖向荷载：

挡土墙上的主要竖向荷载有：上部结构传来的竖向荷载、挡土墙的重力荷载等；

（3）挡土墙上的其他荷载。

2）挡土墙的承载力极限状态计算

（1）挡土墙的受弯承载力计算；

（2）挡土墙的受剪承载力计算。

3）挡土墙的正常使用极限状态验算

（1）挡土墙的平面外挠度验算；

（2）挡土墙关键部位的裂缝宽度验算。

2. 地下室挡土墙的土压力计算

结构设计中土压力计算的相关技术参数一般均按《全国民用建筑工程设计技术措施》（结构）的相关规定取值如下：

1）地下室侧墙承受的土压力宜取静止土压力 k_0；

2）计算钢筋混凝土挡土墙的侧墙受弯及受剪承载力时，土压力引起的效应为永久荷载效应，当考虑可变荷载效应控制的组合时，土压力的荷载分项系数取 1.2；当考虑由永久荷载效应控制的组合时，其荷载分项系数取 1.35。

二、影响地下室挡土墙土压力的主要因素

1. 地下室挡土墙的变形特征

地下室挡土墙，其顶部因受到楼板的限制而不能产生明显的水平位移，其变形特征见图 8.4.1。

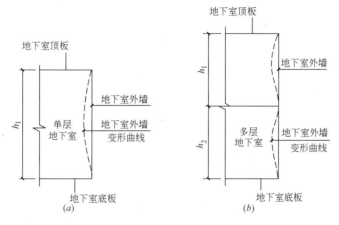

图 8.4.1　地下室挡土墙的变形特征

(a) 单层地下室；(b) 多层地下室

1）在楼板支承处，地下室外墙没有水平位移，其顶端发生转动；

2）在楼层中部，则由于土压力的作用，墙体发生弯曲变形，楼层中部的变形量一般控制在 $(1/400 \sim 1/250) h_i$，满足产生主动土压力的变形条件（表 8.1.5）；

3）受上下支承处不产生水平位移的影响，支承点上下墙体的水平位移大为减小，一般不具备产生主动土压力的变形条件。

2. 地下室挡土墙的土压力变化规律

依据挡土墙的变形特征（见图 8.4.1），其可能出现的土压力系数曲线如图 8.4.2，土压力系数随挡土墙的变形大小而变化，其规律如下：

1）在基础、楼层和地下室顶板处的挡土墙，由于其侧向位移受到结构构件的限制，其土体无相对侧移，此处可取静止土压力系数 k_0；

2）在楼层中部，墙外土体对挡土墙产生水平推力，使墙体产生相应的水平位移，而墙体的变形又使土压力减小（此处土压力系数为 k_0），达到土体对墙体作用力和墙体对土体反作用力的暂时平衡。注意到受挡土墙墙外填土施工顺序的影响，填土对墙体的土压力随墙外填土的不断加高而不断增大，同时，墙的变形也不断加大，当挡土墙回填结束，土体对墙体作用力和墙体对土体反作用力达到最后的平衡，此时挡土墙竖向的土压力系数见图 8.4.2。

3）根据土压力系数的分布曲线与地下室外墙在土压力作用下的变形规律相同的原则，土压力系数曲线可

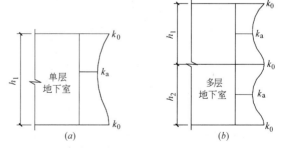

图 8.4.2　土压力系数沿挡土墙竖向的变化规律

(a) 单层地下室；(b) 多层地下室

简化为：两端 k_0，中间 k_a，其间按曲线分布，则作用在挡土墙上的土压力系数（为便于说明问题，此处简化为四段圆弧曲线）总值比全部按 k_0 计算减小的幅度为 $\Delta = \frac{1}{2}\left(1-\frac{k_a}{k_0}\right)\times 100\%$，对不同的土压力数值，其减小的幅度各不相同，若取 $k_0=0.5$，$k_a=0.3$，则地下室的总土压力系数减小的幅度为 20%，对顶部有转动的顶层挡土墙，其土压力系数减小的幅度将大于 20%。

3. 关于静止土压力

静止土压力系数 k_0 与墙后填土的类型有关，并随土体密实度、固结程度的增加而减小，对正常固结土取值见表 8.4.1。

静止土压力系数 k_0 表 8.4.1

土类	坚硬土	硬塑—可塑黏性土、粉质黏土、砂土	可塑—软塑黏性土	软塑黏性土	流塑黏性土
k_0	0.2~0.4	0.4~0.5	0.5~0.6	0.6~0.75	0.75~0.8

自然状态下的土体内水平向有效应力，可以认为与静止土压力相等，土体侧向变形会改变其水平应力状态，地下室外墙的土压力随着变形的大小和方向而呈现出主动极限平衡和被动极限平衡两种极限状态。

目前在地下室挡土墙结构设计中，将静止土压力系数 k_0 统一取 0.5 的做法，适用于墙后填土较好的情况，对于如可塑、软塑及流塑的黏性土等特殊土体（$k_0>0.5$）取值偏小，不安全，故应区别填土的不同情况，合理取值。

4. 地震作用对土压力的影响

1）岩土在地震作用下的主要作用

岩土为地震波的传播介质并对其起放大与滤波作用后，将震动传到建筑物上，使结构产生惯性力。

2）高层建筑地下室的影响分析

高层建筑，常有地下室，有的甚至设置 3~4 层地下室。由土层传至高层建筑地下室的地震波分为两部分，一是基底处的地震波，另一是地下室外墙接受到的地震波。显然，地下室深度范围内的地震波与地表的地震波是不一样的。理论推导与实测结果表明[6]，一般土层的地震加速度在地表处最大，并随距地表面深度的加大而减小。图 8.4.3 是 5 个场地的实测地震加速度随深度变化的关系曲线。日本规范规定，地表下 20m 的土中加速度为地面加速度的 1/2~2/3，中间深度则按插入法确定加速度。我国《抗震规范》（第 5.2.7 条）规定符合其要求的特殊结构（8 度和 9 度时建造于 Ⅲ、Ⅳ 类场地，采用箱基、刚性较好的筏基和桩箱联合基础的钢筋混凝土高层建筑，当结构基本自振周期处于特征周期的 1.2 倍至 5 倍范围时），当计入地基与结构动力相互作用的影响时，应对刚性地基假定计算的水平剪力进行折减。

3）地震时的土压力估算

地震时地面运动使土压力增加，超过静态土压力。

地震时土压力可按式（8.4.1）估算：

$$E_e = (1\pm 3k)E \tag{8.4.1}$$

式中　E_e、E——分别为有地震作用时、无地震作用时作用在挡土墙墙背上的土压力，对于计算主动土压力，式中取正号；计算被动土压力时取负号。

　　　　　k——水平地震系数，即地震时地面最大加速度与重力加速度的比值，见表8.4.2。

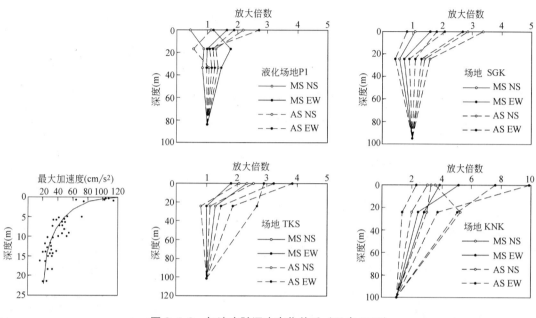

图 8.4.3　加速度随深度变化关系（日本 1995）

水平地震系数 *k* 表 8.4.2

抗震设防烈度	7 度	8 度	9 度
k	0.025	0.05	0.10

　　资料[7]表明，对于具有水平填土面的挡土墙，如按静荷载进行设计，并具有 1.5 倍的富裕度，则可以预计其能承受不超过 0.2g 的水平加速度。

　　5. 汽车轮压对地下室挡土墙的影响

　　1)《荷载规范》表 4.1.1 中的汽车荷载为直接作用在楼面上的荷载，仅可用于楼面板设计计算，一般不适宜直接用于挡土墙的设计计算中；

　　2) 直接承受消防车（或客车）荷载的结构楼（屋）面板（车轮直接作用在楼板上），当消防车为 300kN 及以下级时，可直接按《荷载规范》表 4.1.1 中的荷载数值进行楼板设计；当消防车为 300kN 以上级时，楼板设计中还应考虑车轮的局部动荷载效应（应考虑动力系数）。

　　3) 消防车（或客车）轮压的动力系数与楼面覆土厚度等因素有关，见表 8.4.3。

　　4) 对于较大范围的挡土墙还应考虑多辆消防车（或客车）的共同作用。各类汽车的主要技术指标见表 8.4.4。

汽车轮压荷载传至楼板和梁顶面的动力系数 表 8.4.3

覆土厚度(m)	0.25	0.30	0.35	0.40	0.45	0.50	0.55	0.60	0.65	≥0.7
动力系数	1.30	1.27	1.24	1.20	1.17	1.14	1.10	1.07	1.04	1.0

　　注：覆土厚度不为表中数值时，其动力系数可按线性内插法确定。

各级汽车的主要技术指标　　　　　　　　　　　　　　表 8.4.4

		100	150	200	300	550
汽车总重力(kN)		100	150	200	300	550
中、后轴重力(kN)		70	100	130	2×120	$2 \times 120 + 2 \times 140$
后轮着地宽度及长度(m)		0.5×0.2	0.5×0.2	0.6×0.2	0.6×0.2	0.6×0.2
轴距(m)		4.0	4.0	4.0	$4.0 + 1.4$	$3 + 1.4 + 7 + 1.4$
轮距(m)				1.8		
外形尺寸(长×宽)(m)		7×2.5	7×2.5	7×2.5	8×2.5	15×2.5
车身范围内的平均重量(kN/m²)		5.72	8.57	11.43	15.00	14.67
考虑汽车合理间距时	外形尺寸(长×宽)(m)	7.6×3.1	7.6×3.1	7.6×3.1	8.6×3.1	15.6×3.1
	实际占地面积(m²)	23.56	23.56	23.56	26.66	48.36
	按后轴重量比确定的后轴轮压扩散面积(m²)	16.49	15.71	15.31	21.33	24.62
	汽车的平均重量(kN/m²)	4.25	6.34	8.5	11.25	11.38

注：合理间距指考虑汽车之间的纵向及横向最小间距均为 600mm

5) 当覆土厚度足够时，可采用表 8.4.4 中汽车的平均重量计算汽车轮压的土压力。

足够的覆土厚度指：汽车轮压通过土层的扩散、交替和重叠，达到在某一平面近似均匀分布时的覆土层厚度。足够的覆土厚度数值应根据工程经验确定，当无可靠设计经验时，可按后轴轮压的扩散面积不小于按荷重比例划分的汽车投影面积确定（如：300kN级汽车，汽车的合理投影面积为 $(8+0.6) \times (2.5+0.6) = 26.66m^2$，后轴轮压占全车重量的比例为 $240/300 = 0.8$，取后轴轮压的扩散面积为 $0.8 \times 26.66 = 21.33m^2$，相应的覆土厚度为 h_{min}，当实际覆土厚度 $h \geqslant h_{min}$ 时，可认为覆土厚度足够），一般情况下，当可取 $h_{min} = 2.5m$。

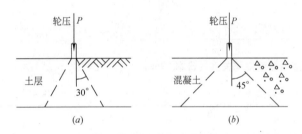

图 8.4.4　汽车轮压的扩散

(a) 在土层中；(b) 在混凝土中

6) 地下室外墙（或管沟壁），在汽车荷载作用下的侧向压力应考虑汽车轮压的扩散作用，其轮压在土中的扩散角取 30°（规程 [3] 规定可取 1：0.7，此处按结构设计的习惯做法取 30°，偏安全）、在混凝土中的扩散角取 45°（见图 8.4.4），挡土墙应考虑荷载作用组合后，在宽度 b_2 范围内综合配筋（如图 8.4.5）。

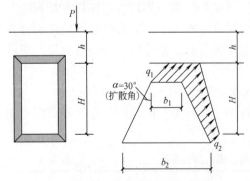

图 8.4.5　管沟壁或地下室外墙由汽车轮压引起的侧向压力

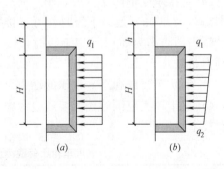

图 8.4.6　轮压对土压力的影响

(a) 轮压不扩散 $(q_2 = q_1)$；(b) 轮压扩散 $(q_2 < q_1)$

当上端自由下端固定时，在宽度 b_2 范围内，墙底总弯矩：

$$M=(q_1 b_1/3 + q_2 b_2/6)H^2 \qquad (8.4.2)$$

当上端简支下端固定时，在宽度 b_2 范围内，墙底总弯矩：

$$M=(7q_1 b_1 + 8q_2 b_2)H^2/120 \qquad (8.4.3)$$

式中　q_1、q_2——汽车荷载在深度为 h 及 $h+H$ 处的水平侧压力；

　　　　b_1、b_2——汽车荷载在深度为 h 及 $h+H$ 处的水平侧压力分布宽度，其值＝轮宽＋两侧各按 $30°$ 角向下扩散的宽度。在需考虑多辆汽车共同作用且当水平侧压力的分布宽度 b_2 大于汽车考虑合理间距时的占地长度（表 8.4.4）时，应按汽车的平均重量计算土压力。

当汽车轮压的扩散面积不大于表 8.4.4 中"按后轴重量比确定的后轴轮压扩散面积"时，按实际扩散面积计算轮压荷载；当填土厚度足够（一般为填土厚度不小于 2.5m）时，即汽车轮压的扩散面积大于表 8.4.4 中"按后轴重量比确定的后轴轮压扩散面积"时，按表 8.4.4 中"汽车的平均重量"计算轮压荷载（相关做法见实例 8.7）。

三、地下室挡土墙设计的相关问题

1. 地下室外墙设计中，常伴有汽车轮压等特殊荷载，相应荷载的取值尚无统一标准。

2. 按无侧限状态确定挡土墙土压力，偏于保守。尤其是用于正常使用极限状态计算时，则富裕较多。

3. 在确定地下室外墙的裂缝控制标准时，如何合理考虑地下室外墙外表面防水层对裂缝控制等级的影响问题。

4. 如何恰当地考虑地下室外墙支承构件的实际截面尺寸对外墙计算跨度的影响，合理确定挡土墙的计算跨度，使计算结果真实可信。

5. 地震作用对土压力的影响问题。

6. 在工程中，大量遇到相邻挡土墙（相邻间距很小，一般在 500～1000mm 之间，主要为保证不同结构单元地下室的侧限）的有限土压力计算问题，对于墙背直立的相邻挡土墙，其有限土压力计算，相关规范未有明确规定。

四、设计建议

1. 地下室挡土墙除应满足承载能力极限状态要求外，还应满足正常使用极限状态要求。

2. 地下室外墙或挡土墙的设计计算，可结合设计现状进行适当的调整，即考虑地震往复作用对接近地表之地下室土压力的增大作用，按静止土压力系数 k_0 计算，一般可取 $k_0=0.5$，对填土为软土时，可参考表 8.4.1 取用较大的 k_0 值。

3. 地下室挡土墙设计时应考虑汽车轮压的影响，并考虑轮压的合理扩散；

4. 当进行地下室侧墙的设计时，应采用考虑塑性内力重分布的分析方法，可采用下列两种方法计算：

1）调幅系数法——按弹性计算方法确定地下室侧墙的计算跨度，取用合理的负弯矩调幅系数 β（注意 β 可适当取小值，建议取 $\beta=0.05\sim0.1$）；

（1）支座截面——取支座边缘的计算内力，确定截面配筋并验算构件的挠度和裂缝宽度；当地下室侧墙主要承受均布荷载（均布荷载引起的弯矩占全部弯矩的 75% 以上）时，

支座边缘截面弯矩 M' 可按式（8.4.4）估算：

$$M_a' = (l_n/l_0)^2 M_a \qquad (8.4.4)$$

式中　l_n——地下室侧墙的净计算跨度（m）；

　　　l_0——地下室侧墙的计算跨度（m）；

　　　M_a——按弹性方法计算并考虑负弯矩调幅系数 β 后的地下室侧墙支座弯矩设计值（kN·m）。

（2）跨中截面——根据 M_a' 确定跨中截面的计算内力，进行截面配筋并验算构件的挠度和裂缝宽度。

2）净跨设计法——计算跨度取净跨（图 8.4.6），按挡土墙支座边缘的内力进行设计计算（注意不应再进行支座内力调幅）。

需要说明的是："净跨设计法"是编者结合工程实际，在对挡土墙进行实际受力状况分析并考虑到结构设计的现状后，参考相关规程[2]的规定而提出的一种满足工程计算要求的近似计算方法，其对解决工程实际问题有一定的积极作用。这种方法在理论上可能并不严密，尚需在工程实践中不断补充完善。

5. 地下室外墙考虑塑性内力重分布的设计建议

1）地下室裂缝的控制标准可见本书第六章第一节"设计建议"之 11。

2）关于裂缝宽度验算

（1）裂缝宽度验算时，在确定正常使用极限状态下纵向受拉钢筋的应力时，计算截面取考虑塑性内力重分布影响的弯矩值；

（2）按连续梁板和单向板计算时，当计算截面的弯矩调幅系数 β 和配置的纵向受拉钢筋直径符合下列（3）、（4）要求之一时，可不进行裂缝宽度验算；

（3）混凝土保护层厚度（从最外排纵向受拉钢筋外边缘至受拉底边的距离）$C \leqslant 40mm$（注意：地下室外墙外表面混凝土保护层比内表面加大 15mm）的连续板、单向连续板，当其纵向受拉钢筋直径不超过图 8.4.7 中根据弯矩调幅系数 β 和截面相对受压区高度系数 ζ 查得的钢筋直径时，可不进行裂缝宽度验算；

（4）当混凝土强度等级不低于 C30，弯矩调幅系数 $\beta \leqslant 0.25$，采用 HPB235 级钢筋且钢筋直径小于 25mm 时，可不进行裂缝宽度验算；

（5）图 8.4.7 中未列出的混凝土和钢筋级别，应按"混凝土规范"进行裂缝宽度验算。

3）使用结构计算程序对构件挠度及裂缝宽度验算时的注意事项

（1）现有计算程序可以考虑在竖向荷载下钢筋混凝土构件的内力重分布，一般通过构件端部负弯矩调幅系数来实现，以适当减小支座弯矩，同时相应增大跨中弯矩，端部弯矩调幅系数可在 0.8～1.0 范围内取值；

（2）应注意结构分析程序中设计弯矩放大系数对弯矩计算值的影响，弯矩放大系数同时放大构件的端部负弯矩和跨中正弯矩，在挡土墙挠度及裂缝宽度验算时应取设计弯矩放大系数为 1.0；

（3）应注意计算跨度的取值，依据规程[2]规定，对于两端与柱、墙或主梁整体连接的钢筋混凝土连续构件，在对构件挠度及裂缝宽度验算时可按构件的净跨计算；

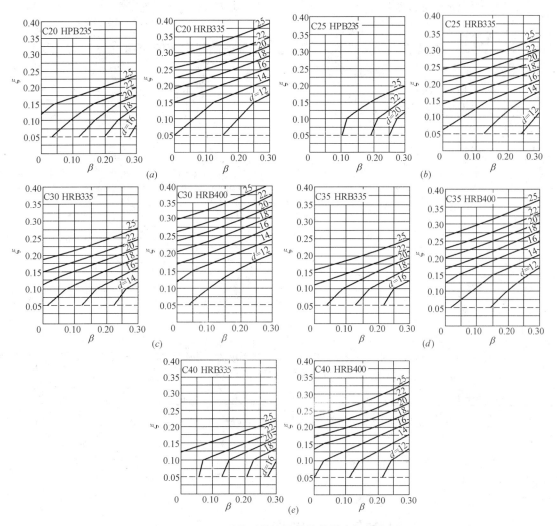

图 8.4.7　不需作裂缝宽度验算的最大钢筋直径

① 当所选用的程序有取用支座边缘内力功能时，应按支座边缘内力设计计算（注意：考虑刚域与取用支座边缘内力不同）；

② 当所选用的程序不能自动取用支座边缘内力时，可采用下列近似计算方法将梁端及跨中弯矩均乘以折减系数 C，C 可根据简支梁在集中荷载下的跨中弯矩 M_{P0} 与全部荷载下的跨中弯矩 M_0 的比值 $n(n=M_{P0}/M_0)$ 按下式确定，$C=[nl_0+(1-n)l_n]l_n/l_0^2$，其中 l_n 为梁的净跨，l_0 为梁的支座中心距；当以均布荷载为主时 $C=(l_n/l_0)^2$，以集中荷载为主时 $C=l_n/l_0$；

③ 应注意，按上述公式调整后应适当控制构件端部弯矩的调幅数值，避免端部弯矩减少过多。

4）在侧向荷载下钢筋混凝土挡土墙的内力重分布与构件裂缝宽度验算的关系

地下室墙端内力调幅与裂缝宽度限值是矛盾的两方面，调幅过小则达不到调幅的目的，调幅过大将难以满足规范规定的裂缝宽度限值，因此，合理的墙端弯矩调幅可以恰当地降低端部的弯矩值，按《混凝土规范》要求"采取有效的构造措施"（即规程中对 β、ζ

及纵向受力钢筋直径的控制等），才能从构造上保证墙端调幅的合理有效。

6. 关于有限土压力的计算问题

1）对地震区墙背直立的相邻地下室挡土墙，考虑墙间填土的作用主要为保证地下室的侧限并传递水平力，建议其土压力系数仍取 k_0；

2）对非地震区墙背直立的相邻地下室挡土墙，可将填土等效为顶部 2 倍墙净距的等腰三角形，按公式 8.2.2 计算 k_a，同时应使 $k_a \leqslant 0.5$，见图 8.4.8。需要说明的是，本方法的提出，目的在于解决工程实践中经常遇到的问题，有条件时，还应采用其他有效方法进行辅助计算。

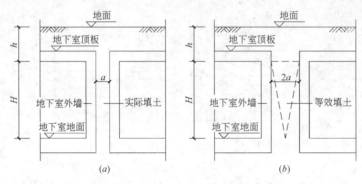

图 8.4.8　墙背直立相邻地下室挡土墙的有限土压力计算

(a) 墙背直立的相邻地下室挡土墙；(b) 有限土压力的简化计算

五、相关索引

1. 关于地下室设计的相关规定见《全国民用建筑工程设计技术措施》（结构）第 2.6 节。

2. 考虑塑性内力重分布的设计规定见《钢筋混凝土连续梁和框架考虑内力重分布设计规程》（CECS 51—93）。

第五节　工程实例及实例分析

【要点】

本节主要涉及：按郎肯土压力理论和库伦土压力理论的土压力计算、重力式挡土墙设计、带减压平台的挡土墙设计、悬臂式挡土墙和扶壁式挡土墙的主要设计过程和构造、单层地下室钢筋混凝土挡土墙设计、非地震区相邻地下室钢筋混凝土挡土墙土压力计算等。在挡土墙设计计算中，土压力计算相对复杂，应注意把握。

【实例 8.1】　按郎肯土压力理论计算挡土墙的土压力

1. 实例：挡土墙高 5m，墙背直立，光滑、填土面水平。填土 $c=10\text{kN/m}^2$、$\varphi=20°$、$\gamma=18\text{kN/m}^3$。计算主动土压力及其作用点和土压力分布图。

计算过程：

1）在墙底处的土压力强度按公式（8.1.13）计算：

$$\sigma_a = \gamma H \tan^2\left(45° - \frac{\varphi}{2}\right) - 2c\tan\left(45° - \frac{\varphi}{2}\right) = 18 \times 5 \times \tan^2\left(45° - \frac{20°}{2}\right) -$$

$$2 \times 10 \times \tan\left(45° - \frac{20°}{2}\right) = 90 \times 0.49 - 20 \times 0.7 = 30.1 \text{kN/m}^2$$

2）主动土压力的合力按公式（8.1.27）计算：

$$E_a = \frac{1}{2}\gamma H^2 \tan^2\left(45° - \frac{\varphi}{2}\right) - 2cH\tan\left(45° - \frac{\varphi}{2}\right) + \frac{2c^2}{\gamma}$$

$$= \frac{1}{2} \times 18 \times 5^2 \times \tan^2\left(45° - \frac{20°}{2}\right) - 2 \times 10 \times 5 \times \tan\left(45° - \frac{20°}{2}\right) + \frac{2 \times 10^2}{18}$$

$$= 225 \times 0.49 - 100 \times 0.7 + 11.1 = 51.4 \text{kN/m}$$

3）临界深度 z_0 按公式（8.1.11）计算：

$$z_0 = \frac{2c}{\gamma}\tan\left(45° + \frac{\varphi}{2}\right) = \frac{2 \times 10}{18} \times \tan\left(45° + \frac{20°}{2}\right) = \frac{20}{18} \times \tan 55° = 1.59 \text{m}$$

4）主动土压力的合力离墙底的距离为：$\dfrac{H - z_0}{3} = \dfrac{5 - 1.59}{3} = 1.14 \text{m}$

5）主动土压力分布见图 8.5.1。

2. 实例分析

1）本算例已知墙背直立（$\alpha = 90°$），光滑、填土面水平，符合郎肯条件，故按郎肯土压力公式计算；

2）本例填土为黏性土（$c \neq 0$）。

【实例 8.2】 按库伦土压力理论计算挡土墙的土压力

1. 实例：挡土墙高 4m，墙背倾斜角 $\alpha = 80°$（俯斜）、填土坡角 $\beta = 30°$、填土容重

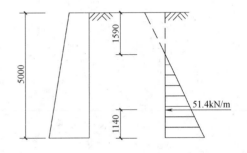

图 8.5.1 主动土压力分布图

$\gamma = 18 \text{kN/m}^3$，$\varphi = 30°$，$c = 0$，填土与墙背的摩擦角 $\delta = 20°$，计算主动土压力的合力及其作用点位置。

计算过程：

1）按公式（8.1.21）求主动土压力系数 k_a

$$k_a = \frac{\sin^2(\alpha + \varphi)}{\sin^2\alpha\sin(\alpha - \delta)\left[1 + \sqrt{\dfrac{\sin(\varphi + \delta)\sin(\varphi - \beta)}{\sin(\alpha - \delta)\sin(\alpha + \beta)}}\right]^2}$$

$$= \frac{\sin^2(80° + 30°)}{\sin^2 80° \times \sin(80° - 20°)\left[1 + \sqrt{\dfrac{\sin(30° + 20°)\sin(30° - 30°)}{\sin(80° - 20°)\sin(80° + 30°)}}\right]^2} = \frac{0.883}{0.970 \times 0.866} = 1.051$$

2）主动土压力的合力按公式（8.1.20）计算：

$$E_a = 0.5\gamma H^2 k_a = 0.5 \times 18 \times 4^2 \times 1.051 = 151.3 \text{kN/m}$$

3）土压力合力的作用点离墙底的距离为 $H/3 = 4/3 = 1.33 \text{m}$

4）主动土压力分布见图 8.5.2。

2. 实例分析

本例填土为无黏性土（$c = 0$）、墙背倾斜（$\alpha = 80°$俯斜）、填土面有坡（$\beta = 30°$），符合

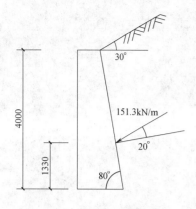

图 8.5.2　主动土压力分布图

库伦土压力理论的基本假定，故可用库伦土压力理论计算。

【实例 8.3】　重力式挡土墙设计

1. 实例：设计重力式挡土墙，用 MU20 级毛石及 M5 级水泥砂浆砌筑，砌体的抗压强度设计值 $f=1.935\text{MPa}$，抗剪强度设计值 $f_v=0.144\text{MPa}$，墙顶宽 1.45m，墙高 5m，墙背仰斜角 $\alpha=14.04°$（1：0.25），墙胸与墙背平行如图 8.5.3 所示。墙后填土水平与墙顶齐高，即 $\beta=0$，其上作用有均布超载 $q=10\text{kN/m}^2$。墙后填料为黏土，其容重 $\gamma_1=18\text{kN/m}^3$，内摩擦角 $\varphi=26.5°$，内聚力 $c=8\text{kN/m}^2$，土与墙背的摩擦角 $\delta=14.04°$。浆砌毛石的容重 $\gamma_2=22\text{kN/m}^3$，基底摩擦系数 $\mu=0.4$。墙底地基承载力特征值 $f_a=150\text{kPa}$。

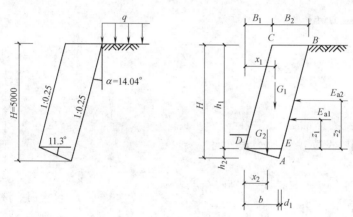

图 8.5.3

计算过程：

1）挡土墙各部分尺寸：

由墙顶宽度 $B_2=1.45\text{m}$ 可换算出：$b=1.38\text{m}$、$B_1=1.18\text{m}$、$h_1=4.73\text{m}$、$h_2=0.27\text{m}$、$d_1=0.07\text{m}$

2）主动土压力及其力臂计算

（1）由填土自重引起的主动土压力：

填土自重引起的主动土压力的合力为 E_{a1}，按式（8.1.27）计算：

$$E_{a1}=\frac{1}{2}\gamma_1 H^2 \tan^2\left(45°-\frac{\varphi}{2}\right)-2cH\tan\left(45°-\frac{\varphi}{2}\right)+\frac{2c^2}{\gamma_1}$$

$$=\frac{1}{2}\times18\times5^2\times\tan^2\left(45°-\frac{26.5}{2}\right)-2\times8\times5\times\tan\left(45°-\frac{26.5}{2}\right)+\frac{2\times8^2}{18}$$

$$=225\times0.383-80\times0.619+7.111=43.77\text{kN/m}$$

（2）地面超载引起的主动土压力：

地面超载引起的主动土压力按式（8.1.29）计算，其合力为 E_{a2}，

$$E_{a2} = qH\tan^2\left(45° - \frac{\varphi}{2}\right) = 10 \times 5 \times 0.383 = 19.15\text{kN/m}$$

（3）总的主动土压力：

填土自重及超载所引起的主动土压力的合力为 $E_a = E_{a1} + E_{a2}$，即：

$$E_a = E_{a1} + E_{a2} = 43.77 + 19.15 = 62.92\text{kN/m}$$

（4）土压力对墙趾 D 点的力臂分别为：

$$z_1 = H/3 - h_2 = 5/3 - 0.27 = 1.40\text{m}$$
$$z_2 = H/2 - h_2 = 5/2 - 0.27 = 2.23\text{m}$$

3）挡土墙的重量及重心计算

（1）墙身重量：

墙身截面可分为平行四边形 $BCDE$ 和三角形 ADE 两部分，其重量分别为 G_1 及 G_2。

$$G_1 = B_2 \times h_1 \times \gamma_2 = 1.45 \times 4.73 \times 22 = 150.89\text{kN/m}$$
$$G_2 = B_2 \times h_2 \times \gamma_2/2 = 1.45 \times 0.27 \times 22/2 = 4.31\text{kN/m}$$

墙身总重 $G = G_1 + G_2 = 150.89 + 4.31 = 155.2\text{kN/m}$

（2）G_1、G_2 对墙趾 D 点的重心距分别为：

$$x_1 = (B_1 + B_2)/2 = (1.18 + 1.45)/2 = 1.315\text{m}$$
$$x_2 = 2(b + d_1)/3 = 2 \times (1.38 + 0.07)/3 = 0.967\text{m}$$

4）滑动稳定计算

对应图 8.2.4 可知：

$$\alpha = 90° + \alpha_1 = 90° + 14.04° = 104.04°, \quad \alpha_0 = 11.3°, \quad \delta = 14.04°,$$
$$\alpha - \alpha_0 - \delta = 104.04° - 11.3° - 14.04° = 78.7°,$$
$$\sin\alpha° = \cos(\alpha - \alpha_0 - \delta) = 0.196, \quad \cos\alpha° = \sin(\alpha - \alpha_0 - \delta) = 0.981$$

由公式（8.2.4）可知 $G_n = G\cos\alpha_0 = 155.2 \times 0.981 = 152.25\text{kN/m}$

由公式（8.2.5）可知 $G_t = G\sin\alpha_0 = 155.2 \times 0.196 = 30.42\text{kN/m}$

由公式（8.2.6）可知 $E_{at} = E_a\sin(\alpha - \alpha_0 - \delta) = 62.92 \times 0.981 = 61.72\text{kN/m}$

由公式（8.2.7）可知 $E_{an} = E_a\cos(\alpha - \alpha_0 - \delta) = 62.92 \times 0.196 = 12.33\text{kN/m}$

由公式（8.2.3）可知：

$$\frac{(G_n + E_{an})\mu}{E_{at} - G_t} = \frac{(152.25 + 12.33) \times 0.4}{61.72 - 30.42} = \frac{65.83}{31.3} = 2.1 > 1.3 \text{（满足要求）}$$

5）倾覆稳定计算

对应图 8.2.5 可知，$\alpha - \delta = 104.04° - 14.04° = 90°$，验证本例 E_{a1} 和 E_{a2} 为水平力，即：

$$E_{ax} = E_a = 62.92\text{kN/m}, \quad E_{az} = 0$$
$$Gx_0 = G_1x_1 + G_2x_2 = 150.89 \times 1.315 + 4.31 \times 0.967 = 202.59\text{kN/m}$$
$$E_{ax}z_f = E_{a1}z_1 + E_{a2}z_2 = 43.77 \times 1.40 + 19.15 \times 2.23 = 103.98\text{kN/m}$$

由公式（8.2.8）可知：

$$\frac{Gx_0 + E_{az}x_f}{E_{ax}z_f} = \frac{Gx_0}{E_{ax}z_f} = \frac{202.59}{103.98} = 1.95 > 1.6 \text{（满足要求）}$$

6）基底容许承载力验算（相应于荷载效应的标准组合）

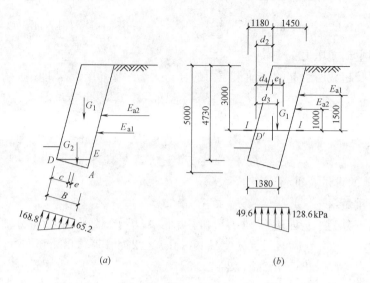

图 8.5.4

(a) 地基承载力验算；(b) 墙身应力验算

由图 8.5.4 可知，$e=B/2-c$，其中 B 为直线 DA 的长度。

已知 $B=B_1/\cos 11.3°=1.38/0.981=1.407\text{m}$

挡土墙上各力对基底的合力点距 D 点的距离 c 为：

$$c=\frac{G_1 x_1+G_2 x_2-E_{a1}z_1-E_{a2}z_2}{G\cos 11.3°+E_a\sin 11.3°}=\frac{150.89\times 1.315+4.31\times 0.967-43.77\times 1.40-19.15\times 2.23}{155.2\times 0.981+62.92\times 0.196}$$

$$=\frac{98.61}{164.58}=0.60\text{m}$$

$e=B/2-c=1.407/2-0.60=0.104\text{m}<B/6=0.235\text{m}$（基底地基土不出现零应力区）

（1）墙趾（D）处的基底反力 p_D

$$p_D=p_{kmax}=\frac{G\cos 11.3°+E_a\sin 11.3°}{B}\left(1+\frac{6e}{B}\right)=\frac{155.2\times 0.981+62.92\times 0.196}{1.407}\left(1+\frac{6\times 0.104}{1.407}\right)$$

$=116.97\times 1.443=168.8\text{kPa}<1.2f_a=1.2\times 150=180\text{kPa}$（满足要求）

（2）墙踵（A）处的基底反力 p_A 为

$$p_A=p_{kmin}=\frac{G\cos 11.3°+E_a\sin 11.3°}{B}\left(1-\frac{6e}{B}\right)=\frac{155.2\times 0.981+62.92\times 0.196}{1.407}\left(1-\frac{6\times 0.104}{1.407}\right)$$

$=116.97\times 0.557=65.2\text{kPa}<1.2f_a=1.2\times 150=180\text{kPa}$（满足要求）

7）墙身应力验算（按永久荷载效应控制的组合验算）

离墙顶 3m，取截面 I—I（$H_1=3\text{m}$）

（1）I—I 上部的墙重为 G_1

$$G_1=B_2 H_1\gamma_2=1.45\times 3\times 22=95.7\text{kN/m};$$

（2）I—I 上部的主动土压力为：

$$E_{a1}=\frac{1}{2}\gamma_1 H_1{}^2\tan^2\left(45°-\frac{\varphi}{2}\right)-2cH_1\tan\left(45°-\frac{\varphi}{2}\right)+\frac{2c^2}{\gamma_1}$$

$$=0.5\times 18\times 3^2\times 0.383-2\times 8\times 3\times 0.619+2\times 8^2\div 18=31.02-29.71+7.11=8.42\text{kN/m}$$

$$E_{a2}=qH_1\tan^2\left(45°-\frac{\varphi}{2}\right)=10×3×0.383=11.49\text{kN/m}$$

（3）相关尺寸计算

$$d_2=\frac{3×1.18}{4.73}=0.748\text{m}，G_1\text{作用点距}D'\text{点的水平距离}d_3=\frac{0.748+1.45}{2}=1.10\text{m}$$

Ⅰ—Ⅰ剖面以上各力对Ⅰ—Ⅰ剖面的合力点距 D' 点的水平距离 d_4 为：

$$d_4=\frac{G_1d_3-E_{a1}H_1/3-E_{a1}H_1/2}{G_1}=\frac{95.7×1.1-8.42×1-11.49×1.5}{95.7}=\frac{79.62}{95.7}=0.832\text{m}$$

（4）Ⅰ—Ⅰ截面上的偏心距为：

$$e_1=B_2/2-d_4=1.45÷2-0.832=-0.107\text{m}<B_2/6=1.45/6=0.242\text{m}$$

（5）截面Ⅰ—Ⅰ上的正应力

$$\sigma_{\max}=\frac{1.35G_1}{B_2}\left(1+\frac{6e_1}{B_2}\right)=\frac{1.35×95.7}{1.45}\left(1+\frac{6×0.107}{1.45}\right)=1.35×66×1.443=128.6\text{kN/m}^2$$

$$<f=1.935\text{MPa（满足要求）}$$

$$\sigma_{\min}=\frac{1.35G_1}{B_2}\left(1-\frac{6e_1}{B_2}\right)=\frac{1.35×95.7}{1.45}\left(1-\frac{6×0.103}{1.45}\right)=1.35×66×0.557=49.6\text{kN/m}^2$$

（6）截面Ⅰ—Ⅰ上的剪应力

$$\tau=\frac{1.35(E_{a1}+E_{a2})}{B_2}=\frac{1.35×(8.42+11.49)}{1.45}=18.5\text{kN/m}^2<f_v=0.144\text{MPa（满足要求）}$$

2. 实例分析

1）本例符合郎肯土压力条件，按郎肯土压力公式计算；

2）本例中采用仰斜式挡土墙，主动土压力比采用直立式或俯斜式挡土墙小；

3）挡土墙底设置逆坡，可增强挡土墙的抗滑动能力；

4）当挡土墙墙背的倾角和土与墙背的摩擦角 δ 相同时，土压力沿水平方向作用在墙背；

5）计算挡土墙自重时，可将复杂形状的挡土墙拆分为几个简单形状的块体分别计算；

6）挡土墙的土压力，可根据不同情况（土压力引起或地面超载引起等）分别计算；

7）依据《地基规范》的相关规定，**计算挡土墙土压力、地基或斜坡稳定及滑坡推力时，荷载效应应按承载能力极限状态下荷载效应的基本组合，但分项系数均取 1.0，**（注意：此处在荷载效应的量值上等同于荷载效应的标准组合）为简化计算，本例各计算过程中的 1.0 系数均未表示；

8）在进行挡土墙墙身应力计算时，按承载能力极限状态下荷载效应的基本组合计算，为简化计算，本例按由永久荷载效应控制的组合计算，对工程实际中应正确区分控制性的荷载效应组合；

9）挡土墙底部的地基反力，其作用方向垂直于墙底面，应根据相应的地基规范验算地基承载力，当采用国家现行《地基规范》时，应正确确定控制性荷载效应组合；

10）墙身验算时，应注意满足相关规范的要求；

11）应注意地基承载力验算（相应于荷载效应的标准组合）和挡土墙的截面验算（相应于荷载效应的基本组合），采用的荷载效应组合形式不同。

【实例8.4】　带减压平台的挡土墙设计

1. 实例：某浆砌块石挡土墙高 10m，墙后填土面水平与墙齐高（$\beta=0$），墙后填料采用碎石砂土，$\gamma_1 = 19kN/m^3$，内摩擦角 $\varphi = 45°$，下部 6.4m 挡土墙，墙背仰斜，$\alpha_1 = 15°$，块石容重 $\gamma_2 = 22kN/m^3$，6.4m 高处设置带减压平台的挡土墙，墙胸全部仰斜（1∶0.05，$\alpha_2 = 2.86°$），其他做法及尺寸见图 8.5.5a。

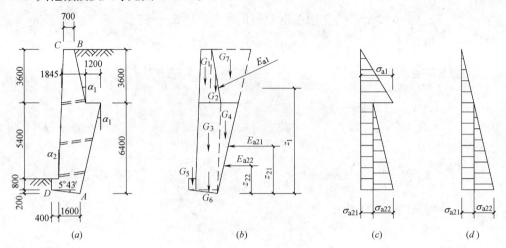

图 8.5.5

(a) 挡土墙断面尺寸；(b) 墙重和土重计算；(c) 土压力分布；(d) 若墙背均仰斜时的土压力分布

计算过程：

因挡土墙墙背面粗糙，回填用无黏性土，计算土压力用库伦理论。

1）挡土墙重量及重心

（1）截面尺寸

已知：挡土墙顶宽 $B_1 = 0.7m$，上段的底宽 $B_2 = 1.845m$，下段顶宽 $B_3 = 3.045m$

在挡土墙底部，墙宽 $B_4 = 1.6m$，墙趾宽 $B_5 = 0.4m$，墙底总宽度 $B_0 = B_4 + B_5 = 2.0m$

下段顶至墙趾底面 D 点的距离 $h_3 = h_2 - h_4 = 6.4 - 0.2 = 6.2m$，墙趾高度 $h_5 = 0.8m$，$h_6 = 5.4m$。

（2）挡土墙自重

计算墙自重时，分别把上、下段墙身分成平行四边形和三角形（见图 8.5.5b），则每部分的重量如下：

$$G_1 = B_1 h_1 \gamma_2 = 0.7 \times 3.6 \times 22 = 55.44kN/m$$

$$G_2 = (B_2 - B_1) h_1 \gamma_2 / 2 = (1.845 - 0.7) \times 3.6 \times 22 / 2 = 45.34kN/m$$

$$G_3 = B_4 h_3 \gamma_2 = 1.6 \times 6.2 \times 22 = 218.24kN/m$$

$$G_4 = (B_3 - B_4) h_2 \gamma_2 / 2 = (3.045 - 1.6) \times 6.4 \times 22 / 2 = 101.73kN/m$$

$$G_5 = B_5 h_5 \gamma_2 = 0.4 \times 0.8 \times 22 = 7.04kN/m$$

$$G_6 = B_0 h_4 \gamma_2 / 2 = 2 \times 0.2 \times 22 / 2 = 4.4kN/m$$

（3）上段平台以上的土重

平台以上上段高度范围内的等腰梯形土块，梯形的顶宽为 $1.2 + 2 \times 3.6 \times \tan15° = 3.13m$，下底宽为 1.2m。

$$G_7 = (1.2 + 3.13) \times 3.6 \times 19 / 2 = 148.09kN/m$$

（4）墙和土的总重量

$$G=\sum G_i=55.44+45.34+218.24+101.73+7.04+4.4+148.09=580.28\text{kN/m}$$

（5）各部分自重（$G_1\sim G_7$）对墙趾 D 的重心距（$x_1\sim x_7$）

$$x_1=B_5+0.05(h_b+h_1/2)+B_1/2=0.4+0.05\times(5.4+3.6/2)+0.7/2=1.11\text{m}$$

$$x_2=B_5+0.05(h_b+h_1/3)+B_1+(B_2-B_1)/3=0.4+$$

$$0.05\times(5.4+3.6/3)+0.7+(1.845-0.7)/3=1.81\text{m}$$

$$x_3=B_5+0.05(h_3/2-0.4)+B_4/2=0.4+0.05\times(6.2/2-0.4)+1.6/2=1.34\text{m}$$

$$x_4=B_0+0.05\times2h_2/3+(B_3-B_4)/3=2+0.05\times2\times6.4/3+(3.045-1.6)/3=2.70\text{m}$$

$$x_5=B_5/2=0.4/2=0.2\text{m}$$

$$x_6=2B_0/3=2\times2/3=1.33\text{m}$$

$$x_7=B_5+0.05h_b+B_3-1.2/2=0.4+0.05\times5.4+3.045-0.6=3.12\text{m}$$

2）主动土压力计算

以 6.4m 处为界分成两段计算，上段 $h_1=3.6$m，下段 $h_2=6.4$m，上段主动土压力为 E_{a1}，下段主动土压力为 E_{a2}。因墙高大于 8m，取土压力增大系数 $\psi_c=1.2$。

（1）上段主动土压力计算

上段 $\alpha_1=15°$，$\alpha=90°-\alpha_1=90°-15°=75°$，$\varphi=45°$，$\beta=0$，$\delta=\varphi/3=15°$，主动土压力增大系数 $\psi_c=1.2$。

按公式（8.1.21）计算主动土压力系数 k_{a1}

$$k_{a1}=\frac{\sin^2(\alpha+\varphi)}{\sin^2\alpha\sin(\alpha-\delta)\left[1+\sqrt{\dfrac{\sin(\varphi+\delta)\sin(\varphi-\beta)}{\sin(\alpha-\delta)\sin(\alpha+\beta)}}\right]^2}$$

$$=\frac{\sin^2(75°+45°)}{\sin^275°\sin(75°-15°)\left[1+\sqrt{\dfrac{\sin(45°+15°)\sin45°}{\sin(75°-15°)\sin75°}}\right]^2}$$

$$=\frac{0.75}{0.933\times0.866\times\left(1+\sqrt{\dfrac{0.866\times0.707}{0.866\times0.966}}\right)^2}=\frac{0.75}{2.782}=0.270$$

上段按三角形分布的主动土压力，在底截面处的压力（应力）值

$$\sigma_1=\psi_c\gamma h_1k_{a1}=1.2\times19\times3.6\times0.270=22.16\text{kN/m}^2$$

上段的总主动土压力 $E_{a1}=\sigma_1h_1/2=22.16\times3.6/2=39.89$kN/m，其作用方向从墙背垂直线逆时针角度 δ，即与 x 轴正方向转（$\alpha_1+\delta$）$=2\times15°=30°$角，上段土压力合力的分力为：

$$E_{a1x}=E_{a1}\cos30°=39.89\times0.866=34.54\text{kN/m}$$

$$E_{a1y}=E_{a1}\sin30°=39.89\times0.5=19.95\text{kN/m}$$

（2）下段主动土压力计算

下段 $\alpha_1=-15°$，$\alpha=90°-\alpha_1=90°+15°=105°$，$\varphi=45°$，$\beta=0$，$\delta=\varphi/3=15°$

下段土压力可拆分为以下两部分：

一是：由上段高度范围内的土重引起的沿高度 h_2 均匀分布的土压力 E_{a21}；

二是：由 h_2 高度范围内土重引起的沿 h_2 按三角形分布的土压力 E_{a22}。

按公式（8.1.21）计算主动土压力系数 k_{a2}

$$k_{a2}=\frac{\sin^2(\alpha+\varphi)}{\sin^2\alpha\sin(\alpha-\delta)\left[1+\sqrt{\dfrac{\sin(\varphi+\delta)\sin(\varphi-\beta)}{\sin(\alpha-\delta)\sin(\alpha+\beta)}}\right]^2}$$

$$=\frac{\sin^2(105°+45°)}{\sin^2105°\sin(105°-15°)\left[1+\sqrt{\dfrac{\sin(45°+15°)\sin45°}{\sin(105°-15°)\sin105°}}\right]^2}$$

$$=\frac{0.25}{0.933\times1\times\left(1+\sqrt{\dfrac{0.866\times0.707}{1\times0.966}}\right)^2}=\frac{0.25}{3.010}=0.083$$

下段土压力的合力作用方向为从墙背垂直线逆时针 15°角，即与 x 轴平行，数值如下：

下段均布主动土压力（应力）值 $\sigma_{a21}=\psi_c\gamma h_1 k_{a2}=1.2\times19\times3.6\times0.083=6.81\mathrm{kN/m^2}$

下段按三角形分布的主动土压力，在底截面处的压力（应力）值

$$\sigma_{a22}=\psi_c\gamma_1 h_2 k_{a2}=1.2\times19\times6.4\times0.083=12.11\mathrm{kN/m^2}$$

下段的总主动土压力 $E_{a2}=E_{a21}+E_{a22}$

$$E_{a21}=\sigma_{a21}h_2=6.81\times6.4=43.58\mathrm{kN/m}$$

$$E_{a22}=\sigma_2 h_2/2=12.11\times6.4/2=38.75\mathrm{kN/m}$$

$$E_{a2}=E_{a21}+E_{a22}=43.58+38.75=82.33\mathrm{kN/m}$$

（3）各土压力对墙趾 D 点的内力臂计算

对应于土压力 E_{a1x}、E_{a1y}、E_{a21} 和 E_{a22} 的内力臂数值分别为 z_1、x_{a1}、z_{21} 和 z_{22}。

$$z_1=h_1/3+(h_2-0.2)=3.6/3+(6.4-0.2)=7.4\mathrm{m}$$

$$x_{a1}=B_5+0.05h_6+B_2-(\tan\alpha_1)\cdot h_1/3=0.4+0.05\times5.4+1.845-(\tan15°)\times3.6\div3=2.193\mathrm{m}$$

$$z_{21}=h_2/2-0.2=6.4/2-0.2=3\mathrm{m}$$

$$z_{22}=h_2/3-0.2=6.4/3-0.2=1.933\mathrm{m}$$

3）倾覆稳定验算（略）

4）滑动稳定验算（略）

5）地基承载力验算（略）

6）墙身应力验算（略）

2. 实例分析

1）本例为折线形墙背及带减压平台的复杂截面形状挡土墙；

2）受折线形墙背的影响，土压力（应力）的分布在上下段交接处发生变化。上段采用墙背俯斜的挡土墙，其主动土压力系数较大（$k_a=0.27$），作用在墙背的主动土压力（应力）也较大；而下段采用墙背仰斜的挡土墙，其主动土压力系数（$k_a=0.083$）明显减小，仅为上段墙体的 30%，作用在墙背的主动土压力（应力）也减小许多（若挡土墙墙背均采用下段倾角时，则其主动土压力图形如图 8.5.5d）。

3）本例的减压平台，无明显的平台外伸段（与图 8.2.2b 不同），对上段传给下段的土压力没有明显的屏蔽作用，不是真正意义上的减压平台，故其对下段土压力没有明显的减小作用。

4）由于带减压平台的挡土墙，其墙后填土沿下段墙背及其延长线形成滑动面，因此减压平台以上的土块面积按滑动面与上段墙背形成的梯形面积计算；

5）按库仑土压力理论计算，主动土压力合力的作用方向位于计算面垂线沿逆时针 δ 角度

方向，即本例作用在下段墙体滑动面上的土压力沿水平方向作用，而上段墙背处土压力为沿水平方向逆时针转角 $(\alpha_1+\delta)=2\times15°=30°$，图 8.5.5c 的土压力分布图中，上段土压力的作用方向与 x 轴成 30°角，而下段土压力的作用方向与 x 轴平行。

6）本例中墙体和土体重量及其重心的计算，以满足工程精度为原则，对次要部分可适当简化。

7）计算过程第 3）~6）同实例 8.3，此处不再重复。

【实例 8.5】 悬臂式挡土墙的主要设计过程和构造

1. 实例：某悬臂式钢筋混凝土挡土墙，高 8m，计算尺寸如图 8.5.6，墙背光滑，填料采用干砂土，容重 $\gamma=18.5\mathrm{kN/m^3}$，内摩擦角 $\varphi=30°$，填土面坡角 $\beta=10°$；混凝土容重 $\gamma_c=24\mathrm{kN/m^3}$。

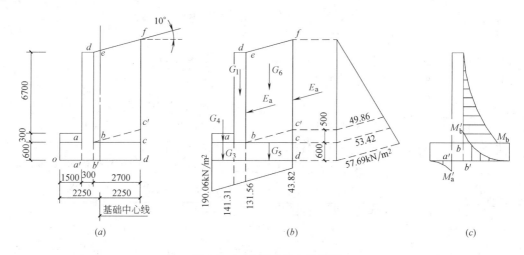

图 8.5.6 悬臂式挡土墙算例

(a) 截面尺寸；(b) 荷载及反力；(c) 挡土墙弯矩图

计算过程：

1）土压力及基底压力计算

（1）土压力计算

由于墙背光滑，填土为砂土，可按郎肯土压力理论计算挡土墙承受的主动土压力，土压力的方向与填土表面平行，取土压力增大系数 $\psi_c=1.1$，则在 $c'f$ 面上作用在 c' 点处的土压力（应力）强度（按公式 8.1.12 计算）为：

$$\sigma_1=1.1\gamma z\cos\beta\frac{\cos\beta-\sqrt{\cos^2\beta-\cos^2\varphi}}{\cos\beta+\sqrt{\cos^2\beta-\cos^2\varphi}}$$

$$=1.1\times18.5\times7.0\times\cos10°\frac{\cos10°-\sqrt{\cos^2 10°-\cos^2 30°}}{\cos10°+\sqrt{\cos^2 10°-\cos^2 30°}}$$

$$=1.1\times18.5\times7.0\times0.350=49.86\mathrm{kN/m^2}$$

在 c 点处：$\sigma_2=1.1\times18.5\times7.5\times0.350=53.42\mathrm{kN/m^2}$

在 d 点处：$\sigma_3=1.1\times18.5\times8.1\times0.350=57.69\mathrm{kN/m^2}$

（2）各部分的自重

$$G_1 = 24 \times 0.3 \times 7.6 = 54.72 \text{kN}$$
$$G_3 = 24 \times 0.6 \times 1.5 = 21.6 \text{kN}$$
$$G_4 = 18.5 \times 0.3 \times 1.5 = 8.33 \text{kN}$$
$$G_5 = 24 \times 0.6 \times 2.7 = 38.88 \text{kN}$$
$$G_6 = 18.5 \times 0.5(7.0 + 7.5) \times 2.7 = 362.14 \text{kN}$$

对应图 8.3.1，本例墙背直立，故无 G_2。

总自重 $\sum G_i = 54.72 + 21.6 + 8.33 + 38.88 + 362.14 = 485.67 \text{kN}$

（3）总土压力及其分量

$$E_a = 0.5 \times 57.69 \times 8.1 = 233.64 \text{kN}$$
$$E_a^x = E_a \cos 10° = 233.64 \times \cos 10° = 230.09 \text{kN}$$
$$E_a^y = E_a \sin 10° = 233.64 \times \sin 10° = 40.57 \text{kN}$$

（4）全部荷载对底板中心线的总弯矩

G_1 至底板中心线的水平距离：$x_1 = 2.25 - 1.5 - 0.15 = 0.6 \text{m}$

G_3、G_4 至底板中心线的水平距离：$x_3 = x_4 = 2.25 - 0.75 = 1.5 \text{m}$

G_5、G_6 至底板中心线的水平距离：$x_5 \approx x_6 = 2.25 - 1.35 = 0.9 \text{m}$

E_a^x 至底板底面的垂直距离（按作用在 df 面上计算）：$z_a = 8.1/3 = 2.7 \text{m}$

E_a^y 至底板中心线的水平距离（按作用在 df 面上计算）：$x_a = 2.25 \text{m}$

$\sum M_0 = G_1 x_1 + (G_3 + G_4)x_3 - (G_5 + G_6)x_5 + E_a^x z_a - E_a^y x_a = 54.72 \times 0.6 + (21.6 + 8.33) \times 1.5 - (38.88 + 362.14) \times 0.9 + 230.09 \times 2.7 - 40.57 \times 2.25 = 246.77 \text{kN·m}$

（5）墙趾和墙踵处的基底反力（特征值）：

$$p_{k\min}^{\max} = \frac{\sum G_i + E_a^y}{B} \pm \frac{6\sum M_0}{B^2}$$

$$= \frac{485.67 + 40.57}{4.5} \pm \frac{6 \times 246.77}{4.5^2} = 116.94 \pm 73.12 = \frac{190.06}{43.82} \text{kN/m}^2$$

基底反力的分布见图 8.5.6b。

2）墙板的计算

作用在墙板上的土压力如图 8.5.6b，墙板按承受三角形荷载悬臂板计算

（1）墙板底部弯矩设计值（按由永久荷载效应控制的组合计算）M_b 为：

$$M_b = 1.35qH^2/6 = 1.35 \times 49.86 \times \cos 10° \times 7^2/6 = 541.36 \text{kN·m}$$

（2）墙板底部剪力设计值 V_b 为：

$$V_b = 1.35qH/2 = 1.35 \times 49.86 \times \cos 10° \times 7/2 = 232.01 \text{kN}$$

3）墙趾板的计算

（1）墙趾板对 a' 点的弯矩设计值

$M_{a'} = 1.35 \times [141.31 \times 1.5^2/2 + (190.06 - 141.31) \times 1.5^2/3 - (21.6 + 8.33) \times 0.75]$

$= 1.35 \times (158.97 + 36.56 - 22.45) = 233.66 \text{kN·m}$

（2）墙趾板在 a' 点处的剪力设计值

$$V_{a'} = 1.35 \times [0.5 \times (190.06 + 141.31) \times 1.5 - (21.6 + 8.33)]$$

$$= 1.35(248.53 - 29.93) = 295.11 \text{kN}$$

4）墙踵板的计算

（1）墙踵板对 b' 的弯矩

$$M_{b'}=M_b-M_{a'}=541.36-233.66=307.7\text{kN}\cdot\text{m}$$

（2）墙踵板在 b' 的剪力

$$V_{b'}=1.35[38.88+362.14+40.57-(131.56+43.82)\times2.7/2]$$
$$=1.35\times(441.59-236.76)=276.52\text{kN}$$

5）挡墙的配筋计算，按普通钢筋混凝土构件的计算要求计算其配筋，配筋构造见图 8.3.2，此处不再重复。

6）挡土墙的抗倾覆和抗滑移验算同重力式挡土墙，此处不再重复。

2. 实例分析

1）本例符合朗肯条件（墙背直立、光滑），故采用朗肯土压力理论计算；

2）由于本例墙背光滑，土压力的作用方向与填土面平行，若墙背不光滑则土压力作用方向为沿墙背垂线顺时针转动 δ 角，其中 δ 为挡土墙与填土的摩擦角；

3）悬臂式挡土墙的土压力计算过程和重力式挡土墙相同；

4）悬臂式挡土墙的墙身验算与钢筋混凝土构件设计计算要求相同，注意其设计值的计算应考虑荷载效应控制性的内力组合（本例按永久荷载效应控制的组合计算）。

【实例 8.6】 扶壁式挡土墙的主要设计过程和构造

1. 实例：某扶壁式钢筋混凝土挡土墙（见图 8.5.7），扶壁间距 3m，扶壁板厚 200mm，其他条件同实例 8.5，进行挡土墙设计。

计算过程：

1）土压力及基底压力计算同实例 8.5。

2）墙板的计算

作用在墙板上的土压力如图 8.3.4，墙板

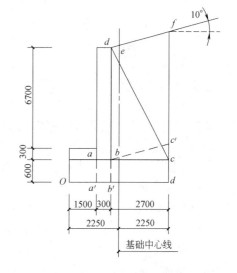

图 8.5.7 扶臂式挡土墙算例

的内力可按三角形荷载、三面支承板计算。采用电算程序或按《建筑结构静力计算手册》（第二版）表 4-40 计算。计算的主要过程如下：

（1）墙板的计算跨度

扶壁间板的计算跨度 l_x，取 $l_x=3$m、$l_x=2.8+0.3=3.1$m 的小值，$l_x=3$m；

沿竖向扶壁板计算跨度 l_y，取 $l_y=6.7+0.3+0.3=7.3$m、$l_y=6.7+0.3+0.15=7.15$m 的小值，$l_y=7.15$m。

（2）墙板底部的计算土压力 q

可按基础顶面处的土压力计算，即取 $q=49.86\times\cos10°=49.1\text{kN/m}^2$

（3）按计算过程（1）、（2）确定主要计算参数后，可采用相关电算程序计算。

（4）按 $l_y/l_x=7.15/3=2.38>2$，取 $l_y/l_x=2$，查《建筑结构静力计算手册》（第二版）表 4-41，计算结果见表 8.5.1。

墙板的主要计算结果   表 8.5.1

项　目		弯矩系数 k_m	ql_x^2 (kN·m)	弯矩设计值 $M=1.35k_m \times ql_x^2$ (kN·m)
板中部弯矩	M_x	0.0204		12.17
	M_y	0.0050		2.98
	M_{ox}	0.0047	$49.1 \times 3^2 = 441.9$	2.80
板支座弯矩	M_x^0	−0.0415		24.76
	M_y^0	−0.0458		27.32
	M_{xz}^0	−0.0011		0.66

3) 墙趾板的计算同实例 8.5。

(1) 墙趾板对 a' 点的弯矩设计值 $M_{a'}=233.66$kN·m

(2) 墙趾板在 a' 点处的剪力 $V_{a'}=295.11$kN

4) 墙踵板的计算

(1) 作用在墙踵板边 b 点的竖向荷载 (见图 8.3.4) 为：

G_5、G_6 传给墙踵板的均布荷载 (按公式 (8.3.13) 计算)：

$$p_1=(G_5+G_6)/x=(38.88+362.14)/2.7=148.53\text{kN/m}^2$$

土压力 E_{a1} 的竖向分力传给墙踵板的均布荷载 (按公式 (8.3.14) 计算)：

$$p_2=(E_{a1}\sin\beta)/x=(49.86+53.42) \times 0.5 \times 0.5(\sin10°)/2.7=1.66\text{kN/m}^2$$

土压力 E_{a2} 的竖向分力传给墙踵板的三角形荷载 (按公式 (8.3.15) 计算)：

$$p_3=(2E_{a2}\sin\beta)/x=2 \times (53.42+57.69) \times 0.5 \times 0.6(\sin10°)/2.7=4.29\text{kN/m}^2$$

作用在墙踵板上按抛物线分布的竖向等效荷载 (由墙趾弯矩 M_a 引起，按公式 (8.3.16) 计算)：

$$p_4=2.4M_a/x^2=2.4 \times (233.66/1.35)/2.7^2=56.98\text{kN/m}^2$$

墙踵板边 b 点地基反力：$p_b=43.82\text{kN/m}^2$

墙踵板中点 (图 8.3.4a 中 b 点) 处的总竖向荷载 (按公式 (8.3.17) 计算) 为：

$$q=p_1+p_2+p_3+p_4-p_b=148.53+1.66+4.29+56.98-43.82=167.64\text{kN/m}^2$$

(2) 墙踵板边的最大弯矩设计值 M_s (按公式 (8.3.18) 计算)：

按作用均布荷载 q 的两端固定单跨梁计算，其计算跨度按 $l=3$m、$l=2.8+0.6=3.4$m 和 $l=2.8+0.3=3.1$m 的最小值，取 $l=3$m，其跨中弯矩 M_s 为：

$$M_s \approx 1.35ql^2/12=1.35 \times 167.64 \times 3^2/12=169.74\text{kN·m}$$

(3) 墙踵板的最大剪力 V_s 按 a 点固定的悬臂板 (取板宽为 1m) 计算，同实例 8.5。

$$V_s=276.52\text{kN}$$

5) 扶壁的计算

$$H=6.7+0.3=7\text{m}；E_a=0.5 \times 53.42 \times (7+0.5) \times 3=600.98\text{kN}$$

扶壁钢筋的拉力设计值按公式 (8.3.19) 计算：

$$T=\frac{1.35HE_a\cos\beta}{3(z-0.07)}=\frac{1.35 \times 7 \times 600.98 \times \cos10°}{3(3-0.07)}=636.30\text{kN}$$

6) 扶壁式挡墙的配筋计算

按普通钢筋混凝土构件的计算要求计算其配筋，配筋构造见图 8.3.2，此处不再重复。

2. 实例分析

1）在扶壁式挡土墙的设计计算中，其土压力及墙趾的计算原则同悬臂式挡土墙；

2）扶壁式挡土墙的设计重点在挡墙、扶臂及墙踵板的设计计算；

3）挡墙为承受三角形荷载（沿竖向），顶部自由的三边支承（固接）板，按弹性理论计算，注意，取混凝土的泊桑比 $\mu = 1/6$；

4）扶臂作为扶臂式挡土墙的主要侧向支承构件，主要承受土压力，用扶臂底部的拉、压力平衡土压力引起的弯矩，按相应的简化公式（8.3.19）计算；

5）墙踵板可以看成承受地基反力和上部土体自重的三边支承（挡墙和扶臂）一边自由板，可按本章第三节规定的相关简化计算公式计算。

【实例8.7】 单层地下室钢筋混凝土挡土墙设计

1. 实例：某单层地下室钢筋混凝土挡土墙，混凝土强度等级C30，受力钢筋HRB335级；填土为黏土，其容重 $\gamma = 18\text{kN/m}^3$，墙外设消防车道，通行 300kN 级的消防车，已知 $h = 1.4\text{m}$，$H = 4\text{m}$，其他情况见图 8.5.8。进行挡土墙设计。

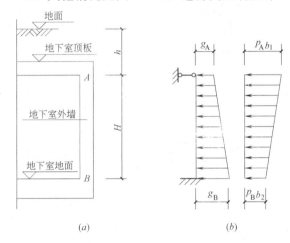

图 8.5.8 单层地下室钢筋混凝土挡土墙

（a）截面尺寸；（b）计算简图

计算过程：

取静止土压力系数 $k_0 = 0.5$。

挡土墙的侧压力由挡土墙的静止土压力和消防车荷载引起的侧向压力组成。

1）静止土压力计算

（1）挡土墙顶板底面 A 处的土压力强度 $g_A = 18 \times 1.4 \times 0.5 = 12.6\text{kN/m}^2$

（2）挡土墙底板顶面 B 处的土压力强度 $g_B = 18 \times 5.4 \times 0.5 = 48.6\text{kN/m}^2$

2）消防车荷载引起的侧向压力计算

查表 8.4.4，300kN 级的消防车，后轴轮压 $2 \times 120 = 240\text{kN}$，后轴轮距1.8m，轴距1.4m。

（1）在地表下 1.4m 处后轴轮压的投影面积

至地表下 1.4m 处，轮压的水平扩散距离为 $1.4 \times \tan 30° = 0.81\text{m} > (1.8 - 0.2)/2 = 0.8\text{m}$，土压力在两个方向均有重叠，因此，在地表下 1.4m 处后轴轮压按考虑轮胎着地面积的后轴（两个）扩散面积计算。

后轴扩散长度为：$1.4+0.6+2\times1.4\times\tan30°=3.62m$

后轴扩散宽度为：$1.8+0.2+2\times1.4\times\tan30°=3.62m$

则扩散面积为 $3.62\times3.62=13.10m^2<21.33m^2$（由表 8.4.4 查得的按后轴重量比确定的后轴轮压扩散面积）。

(2) 汽车轮压在 A 点引起的侧向压力 $p_A=\dfrac{240}{13.1}\times0.5=9.16kN/m^2$

(3) 在地表下 5.2m 处后轴轮压的投影面积

后轴扩散长度为：$1.4+0.6+2\times5.4\times\tan30°=8.24m$

后轴扩散宽度为：$(3.62+8.24)/2=5.93m$（此时对墙影响最大）

则扩散面积为 $5.93\times8.24=48.86m^2>21.33m^2$

应按汽车投影面积（考虑合理车距）计算汽车重量，按表 8.4.4 取汽车重量为 $11.25kN/m^2$。

(4) 汽车轮压在 B 点引起的侧向压力 $p_B=11.25\times0.5=5.63kN/m^2$

3）挡土墙的内力计算

挡土墙计算简图见图 8.5.8b（查静力计算手册表 2-4 计算）。

(1) 由填土侧压力引起的弯矩计算

$$M_{Bg}=-\frac{(7g_A+8g_B)H^2}{120}=-\frac{(7\times12.6+8\times48.6)\times4^2}{120}=-63.6kN\cdot m/m$$

(2) 由填土侧压力引起的剪力计算

$$V_A=\frac{(11g_A+4g_B)H}{40}=\frac{(11\times12.6+4\times48.6)\times4}{40}=33.3kN/m$$

$$V_B=\frac{(9g_A+16g_B)H}{40}=\frac{(9\times12.6+16\times48.6)\times4}{40}=89.1kN/m$$

(3) 由消防车荷载引起的弯矩计算

消防车荷载为图 8.4.5 所示按双梯形分布的立体荷载，其中沿墙长度方向体形上底宽度 $b_1=3.62m$，下底宽度 $b_2=8.24m<$汽车的合理投影长度 $8+0.6=8.6m$，$q_1=p_A=9.16kN/m^2$，$q_2=p_B=5.63kN/m^2$，则：

$$M_{Bp}=-\frac{(7p_Ab_1+8p_Bb_2)H^2}{120b_2}=-\frac{(7\times9.16\times3.62+8\times5.63\times8.24)\times4^2}{120\times8.24}=-9.76kN\cdot m/m$$

$$V_{Ap}=\frac{(11p_Ab_1+4p_Bb_2)H}{40b_1}=\frac{(11\times9.16\times3.62+4\times5.63\times8.24)\times4}{40\times3.62}=15.20kN/m$$

$$V_{Bp}=\frac{(9p_Ab_1+16p_Bb_2)H}{40b_2}=\frac{(9\times9.16\times3.62+16\times5.63\times8.24)\times4}{40\times8.24}=12.63kN/m$$

(4) 挡土墙的弯矩设计值

$M_B=1.2M_{Bg}+1.4M_{Bp}=1.2\times63.6+1.4\times9.76=89.98kN\cdot m/m$

$M_B=1.35M_{Bg}+0.7\times1.4M_{Bp}=1.35\times63.6+0.7\times1.4\times9.76=95.42kN\cdot m/m$

取 $M_B=95.42kN\cdot m/m$

(5) 挡土墙的剪力设计值

$V_A=1.2V_{Ag}+1.4V_{Ap}=1.2\times33.3+1.4\times15.2=61.24kN/m$

$V_A = 1.35 V_{Ag} + 0.7 \times 1.4 V_{Ap} = 1.35 \times 33.3 + 0.7 \times 1.4 \times 15.2 = 59.85 \text{kN/m}$

取 $V_A = 61.24 \text{kN/m}$

$V_B = 1.2 V_{Bg} + 1.4 V_{Bp} = 1.2 \times 89.1 + 1.4 \times 12.63 = 124.60 \text{kN/m}$

$V_B = 1.35 V_{Bg} + 0.7 \times 1.4 V_{Bp} = 1.35 \times 89.1 + 0.7 \times 1.4 \times 12.63 = 132.66 \text{kN/m}$

取 $V_B = 132.66 \text{kN/m}$

根据上述内力和荷载，查静力计算手册表 2-4 可求出跨中弯矩设计值（此处略）。

4）其他计算略

2. 实例分析

1）本例主要描述挡土墙土压力和消防车引起的侧向压力的计算过程；

2）地下室挡土墙的设计中，因通常取静止土压力计算，因此，土压力的计算过程相对较为简单。但应注意，对特殊的软填土，应注意取恰当的静止土压力系数（见表 8.4.1）；

3）从严格意义上说，地下室挡土墙是受压、弯、剪的复杂受力构件，本例为简化计算过程，忽略轴力对挡土墙的影响，一般情况下，挡土墙的轴力不大（大偏心受压），简化计算偏于安全，但当轴力特别大（小偏心受压）时，不可忽略轴力对挡土墙的影响；

4）综合考虑土压力系数的实际情况（见图 8.4.2）及考虑设计习惯，地下室挡土墙可按"净跨计算法"进行设计计算；

5）消防车荷载计算过程中，当顶部填土厚度符合表 8.4.3 中数值时，应考虑消防车轮压的动力系数；

6）消防车轮压荷载的计算较为繁琐，应把握以下计算原则：

（1）在墙顶标高处，应首先考虑后轴轮压的扩散，当填土厚度小于 1.31m 时，由单个轮压扩散控制，当填土厚度不小于 1.31m 时，由全部后轴轮压扩散控制，当填土足够厚（一般填土厚度不小于 2.5m）时，才有可能由表 8.4.4 的"汽车的平均重量"控制；

（2）在墙底（或地下一层地面及以下部位）标高处，由于按轮压扩散的面积已大于表 8.4.4 中"按后轴重量比确定的后轴轮压扩散面积"，因而需改按表 8.4.4 中的合理间距时汽车的平均重量来计算土压力；

（3）应注意消防车荷重对地下室墙体产生的土压力，是按梯形分布的上下顶面荷载数值不同的立体荷载（见图 8.4.5），产生在一定范围内均匀分布的内力（如在梯形上底处分布在宽度 b_1 范围内，而在梯形下底处分布在宽度 b_2 范围内），计算截面全部内力时，应注意区分并进行合理组合；

（4）为说明不同计算方法对计算结果的影响，现列出在 300kN 级消防车作用下，采用下列不同方法计算的地下室挡土墙的墙底弯矩：

① 按本例方法计算，$p_A = 9.16 \text{kN/m}^2$，$p_B = 5.63 \text{kN/m}^2$，则墙底由汽车荷载产生的弯矩标准值为 $M_{B1} = -9.76 \text{kN} \cdot \text{m/m}$；

② 按荷载规范提供的楼面折算荷载 35kN/m² 直接作为挡土墙的地面超载计算，对应图 8.5.8b 则 $p_A = p_B = 35 \times 0.5 = 17.5 \text{kN/m}^2$，则墙底由汽车荷载产生的弯矩标准值为 $M_{B1} = -17.5 \times 4 \times 4/8 = -35 \text{kN} \cdot \text{m/m}$；

③ 按 $p_A = 9.16 \text{kN/m}^2$，$p_B = 5.63 \text{kN/m}^2$，只考虑轮压扩散但不考虑轮压荷载的合理分布宽度，则墙底由汽车荷载产生的弯矩标准值为 $M_{B1} = -(7 \times 9.16 + 8 \times 5.63) \times 4^2/$

$120 = -14.55 \text{kN} \cdot \text{m/m}$；

比较发现，②为①的 358.6%，③为①的 149.1%，③为②的 41.6%，由此可见，采用不同的计算方法，其计算结果差异很大，结构设计中应认真把握；

7）截面内力设计值，应根据《荷载规范》要求，合理确定荷载效应控制的组合，一般需要比较计算，并取大值；

8）地下室挡土墙的其他截面内力，均可根据已计算出的支座边缘内力，按结构力学原理计算；

9）地下室挡土墙在水平力（由土压力及消防车等荷载产生）作用下的挠度裂缝验算，取用上述计算内力，并按《混凝土规范》的相关规定计算；

10）建筑外防水做法对耐久性设计时混凝土结构环境类别的影响：

由于地下建筑外防水材料的有效使用年限远小于结构使用年限，同时考虑影响建筑外防水有效性的因素很多，因此，在进行耐久性设计并确定地下室混凝土结构环境类别时，一般不考虑建筑防水层的作用（对地面以上可更换建筑防水层的部位，有可靠经验时可适当考虑其对混凝土结构环境的有利影响）；

11）地下室外墙的裂缝控制标准可按下列原则确定：

（1）地下室挡土墙迎水面（挡土墙外侧），有条件时应考虑建筑外防水层的作用，对挡土墙的支座截面，可按相应的环境类别（如：一类环境类别）确定裂缝控制等级；

（2）地下室挡土墙背水面（挡土墙内侧），对挡土墙的跨中截面，可按相应的环境类别（室内环境）确定裂缝控制等级。

【实例 8.8】　多层地下室钢筋混凝土挡土墙设计

1. 实例：某两层地下室钢筋混凝土挡土墙如图 8.5.9，已知 $H_1 = H_2 = 4\text{m}$，$t = 0.2\text{mm}$，其他条件同实例 8.7，进行挡土墙设计。

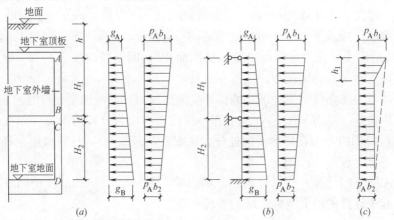

图 8.5.9　两层地下室钢筋混凝土挡土墙

（a）截面尺寸及土压力分布；（b）简化的计算简图；（c）地面局部荷载引起的土压力

本例的计算过程与实例 8.7 相似，主要过程如下：

1）确定挡土墙的土压力

（1）确定挡土墙 A 点处的土压力 g_A 和 p_A，计算过程同例 8.7 且数值也相等。

（2）确定挡土墙 D 点处的土压力 g_D 和 p_D，计算过程同例 8.7 中 g_B 和 p_B。

$$g_D=18\times9.6\times0.5=86.4\text{kN/m}^2$$
$$p_D=11.25\times0.5=5.63\text{kN/m}^2$$

2）计算简图的确定

按地下室净跨度计算，为减少计算工作量可取图 8.5.9b 的计算简图（偏于安全）。

3）挡土墙的内力设计值计算

取支座边缘截面的内力作为支座内力，并按其计算出跨中截面的内力设计值，计算过程同实例 8.7，此处略。

4）其他计算过程略。

2. 实例分析

1）多层地下室挡土墙的设计计算原理同单层地下室；

2）比较本例和实例 8.7 可以发现，由消防车荷载引起的作用在挡土墙上的水平力的计算数值，在地面下相同位置处不完全一致，该误差是由计算简化造成的（偏于安全），且随地下室深度的加大而增加。理论推导表明：地面局部荷载引起的对地下室挡土墙的土压力，在地面下一定深度范围内是递减的，而当轮压扩散面积大于表 8.4.4 中汽车的合理投影面积时，由于设计中需考虑多辆汽车荷载的共同作用，其扩散荷载已接近常数，不再随深度改变而变化，见图 8.5.9c（本例中 h_1 约为 2.5m）。

【实例 8.9】　非地震区相邻地下室钢筋混凝土挡土墙土压力计算

1. 实例：非地震区相邻地下室钢筋混凝土挡土墙如图 8.5.10a，墙间净距 $a=600\text{mm}$，填土为黏土，其容重 $\gamma=18\text{kN/m}^3$，土对挡土墙墙背的摩擦角 $\delta=15°$，填土面水平 $\beta=0°$，$h=1.4\text{m}$，$H=4\text{m}$。计算挡土墙的有限土压力。

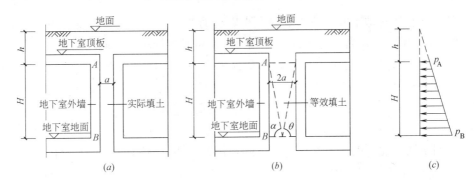

图 8.5.10　相邻地下室挡土墙的有限土压力计算
(a) 截面尺寸；(b) 简化计算；(c) 土压力

按图 8.4.8 进行简化计算。

1）有限土压力系数计算

对比图 8.2.3，可知：$\alpha=\theta=\tan^{-1}(4000/600)=81.47°$，有限土压力系数按公式 (8.2.2) 计算，则：

$$k_a=\frac{\sin(\alpha+\theta)\sin(\alpha+\beta)\sin(\theta-\delta_r)}{\sin^2\alpha\sin(\theta-\beta)\sin(\alpha-\delta+\theta-\delta_r)}$$
$$=\frac{\sin(81.47°+81.47°)\sin81.47°\sin(81.47°-15°)}{\sin^281.47°\sin81.47°\sin(2\times81.47°-2\times15°)}=\frac{0.293\times0.989\times0.917}{0.978\times0.989\times0.732}=\frac{0.266}{0.708}$$

=0.376<0.5（可以）

2）墙顶 A 点处土压力 $p_A = \gamma h k_a = 18 \times 1.4 \times 0.376 = 9.48 \text{kN/m}^2$

3）墙底 B 点处土压力 $p_B = \gamma(h+H)k_a = 18 \times (1.4+4) \times 0.376 = 36.55 \text{kN/m}^2$

4）挡土墙的有限土压力数值见图 8.5.10c，作用方向按垂直于墙背考虑。

2. 实例分析

1）规范未规定墙背直立相邻挡土墙的有限填土土压力计算公式；

2）本例为墙背直立相邻挡土墙的有限填土土压力的近似计算，本方法还需在工程实践中不断完善。

3）有条件时，可以采用其他有效方法进行补充计算。

4）对地震区相邻地下室钢筋混凝土挡土墙土压力计算，可直接取静止土压力系数 k_0 计算。

第六节 挡土墙的常见设计问题

【要点】

挡土墙设计中的问题多发于地下室挡土墙，本节涉及：地下室挡土墙土压力的计算、消防车荷载对土压力的影响、如何考虑永久性护坡对减小地下室外墙土压力的有利影响及挡土墙设计与基础设计的衔接等问题。

一、地下室外墙设计时，消防车荷载取值不正确

1. 原因分析

1）消防车轮压对地下室外墙影响的大小，与消防车的平面位置、地下室填土厚度等因素有关，由于消防车位置的不确定性，和火灾发生时多辆消防车同时出现的可能性，每辆消防车的实际占地面积可按规范规定的车辆最小间距考虑（即车辆投影尺寸＋周边各600mm 的最小间距）；

2）《建筑结构荷载规范》第 4.1.1 条所规定的消防车荷载，为直接作用在楼板上的等效均布荷载；

3）土对消防车轮压的扩散作用具有空间扩散的特点，计算位置与轮压作用点之间的距离越小，消防车轮压的土压力越大。

2. 设计建议

1）地下室外墙设计时，应考虑土层厚度对消防车轮压的扩散作用，不能直接取用《建筑结构荷载规范》第 4.1.1 条所规定的消防车荷载数值；

2）消防车轮压对地下室外墙的土压力为荷载分布强度上大下小、荷载扩散面积上小下大的立体梯形（图 8.4.5）；

3）当覆土厚度足够（计算原则见本章第 8.4 节）时，可按表 8.4.4 中汽车的平均重量计算土压力。

4）当高层建筑地下室外墙与上部结构的外轮廓线平齐时，还可以考虑消防车作业时与建筑物的实际距离，当覆土厚度足够时可比表 8.4.4 中汽车的平均重量再适当降低计算土压力。

二、地下室外墙设计时，未考虑永久性护坡桩对减少土压力的有利影响

1. 原因分析

地下室施工时设置的永久性护坡桩，对地下室外墙的土压力有一定的减小作用；

2. 设计建议

1）确有依据时，可考虑地下室外墙与永久性护坡桩的共同作用，按静止土压力系数的 2/3（即按土压力系数 0.5×2/3＝0.33）计算土压力；

2）对边坡支挡结构，确有依据时，也可考虑支挡结构与永久性护坡桩的共同作用，对土压力系数乘以折减系数 2/3 计算土压力。

三、地下室外墙设计中，当墙高超过 5m 时，仍按边坡支挡结构的要求采用土压力放大系数

1. 原因分析

1）对于高大边坡支挡结构，采用古典土压力理论的计算的结果比采用楔体试算法相差较大，规范采用放大土压力系数的方法加以弥补；

2）地下室外墙与边坡支挡结构不同，一般情况下无侧向变形，采用的是静止土压力。

2. 设计建议

地下室外墙设计中，当墙高超过 5m 时，不应对土压力及水压力进行放大，一般情况下，土压力系数可取 0.5。

四、地下室挡土墙基础设计时，未考虑土压力的影响

1. 原因分析

1）地下室挡土墙在承受竖向荷载的同时还承受挡土墙的土压力引起的弯矩；

2）基础布置时应同时考虑竖向荷载和墙底弯矩的共同作用。

2. 设计建议

1）当采用条形基加防水板基础时，条形基础的中心应与基础竖向荷载和墙底弯矩的合力作用点相重合；

2）当采用墙下筏板基础时，筏板应考虑挡土墙竖向荷载和墙底弯矩的共同作用。

五、抗震设计的地下室永久性防震缝两侧的地下室挡土墙，未考虑土压力的影响

1. 原因分析

防震缝两侧的地下室墙体之间应采用粗砂填实，以使结构在地震作用时获得必要的侧向约束，地震发生时，地下室墙体之间通过密实粗砂传递水平地震作用。

2. 设计建议

防震缝两侧的地下室墙体应考虑墙体间填土的局部土压力作用，并考虑地震作用的影响，一般情况下可按静止土压力计算。

六、挡土墙配筋与基础配筋不协调

1. 原因分析

1）挡土墙与其相连的基础之间是共同受力的连续构件，基础同样也承受挡土墙的墙底弯矩；

2）挡土墙和基础的分离式设计方法，常造成挡土墙和基础配筋不协调，基础设计时漏算挡土墙的墙底弯矩，造成设计错误；

3）受设计进度的影响，设计校审工作不细致，导致设计错误。

2. 设计建议

1）当采用条形基加防水板基础时，条形基础的厚度及相应配筋应能满足承担挡土墙墙底弯矩的要求；

2）当采用墙下筏板基础时，筏板的厚度及配筋应能满足承担挡土墙的墙底弯矩要求。

七、挡土墙下的基础厚度小于挡土墙厚度

1. 原因分析

由于基础受力钢筋的混凝土保护层厚度（有垫层时 40mm，无垫层时 70mm）要大于挡土墙受力钢筋的混凝土保护层厚度（根据环境类别的不同，一般为 15mm～25mm），从结构设计的合理性角度看，基础的厚度应不小于挡土墙的厚度。

2. 设计建议

基础的厚度应不小于挡土墙的厚度，一般情况下，基础的厚度应不小于挡土墙的厚度＋50mm。

八、框架柱作为地下室外墙的扶壁柱时，采用柱下独立基础

1. 原因分析

1）结构计算中，采用柱加墙的计算模型，程序中不考虑柱轴力的扩散，将柱荷载直接传至基础顶面，常出现下列计算问题：

（1）柱底集中力过大，导致局部基础面积很大；

（2）柱底集中力过大，导致局部基础抗冲切所需的截面高度很大。

2）采用设置柱下独立基础，通过外墙将墙体荷重传给柱下基础的设计方法，与外墙的实际受力情况不一致，同时为消化由土压力等引起的墙底弯矩，还应在墙下设置一定厚度的防水板，经济性差；

3）框架柱与地下室外墙整体浇注时，应考虑地下室外墙对框架柱竖向荷载的扩散作用（一般从墙顶起按 45°扩散），可将框架柱及挡土墙承担的竖向荷载折算为扩散范围内的均布荷载考虑。

2. 设计建议

1）结构计算时，为避免同一位置布置两种不同的计算单元（墙、柱单元）造成的计算单元间轴力的分配与传递不协调问题，可不考虑扶壁柱的作用，只按单一墙元计算（注意：在带边框剪力墙的上部结构中，同样存在同一位置设置两种计算单元的问题，结构计算中应采取相应的简化措施，以确保计算结果真实可信）；

2）基础设计时，应对同一位置布置两种不同的计算单元的计算结果进行适当的调整，考虑地下室外墙对框架柱竖向荷载的扩散作用（从墙顶起按 45°向下扩散），可将框架柱及挡土墙承担的竖向荷载折算为扩散范围内的均布荷载（注意：当墙高度较大，计算的扩散范围大于柱间距时，应取扩散范围＝柱距）；

3）考虑挡土墙对竖向荷载的扩散作用，一般情况下应采用条形基础，不宜采用柱下独立基础。

4）考虑条形基础同时承担竖向荷载和挡土墙的墙底弯矩，必要时，可调整与条形基础相连的防水板的厚度，或设计成变厚度防水板。

九、挡土墙配筋方式不正确

1. 原因分析

1）受上部结构剪力墙的配筋影响，对地下室挡土墙采用与剪力墙相同的配筋布置方式。

2）对上部结构的剪力墙，由于其主要用来承担地震作用及承担风荷载等水平荷载的作用，其墙长度方向为其主要受力方向，因此，其钢筋的布置以满足特殊的受力要求及方便施工为目的（一般情况下，水平钢筋在外侧，竖向钢筋在里侧）；

3）挡土墙主要承受墙外土压力等荷载的作用，其墙厚度方向为其主要受力方向，通常情况下以顶板、楼层及基础作为挡土墙的支承点，此时，挡土墙的主要受力钢筋为墙的竖向钢筋，相应的墙内水平钢筋仅作为分布钢筋（水平钢筋在里侧，竖向钢筋在外侧）；

4）当地下室的层高很高（如为地下冷冻机房等层高要求很高的设备机房）时，可考虑采用设置扶壁柱作为挡土墙的横向支承构件（应注意：此时的扶壁柱应按钢筋混凝土压弯构件进行复核验算），此时挡土墙的主要受力钢筋为墙的水平钢筋，相应的墙内竖向钢筋仅作为分布钢筋（水平钢筋在外侧，竖向钢筋在里侧）。

2. 设计建议

1）应根据挡土墙的不同支承情况，确定挡土墙的合理配筋方式；

2）当以顶板、楼层及基础作为挡土墙的支承点时，挡土墙的配筋方式不同于剪力墙，采用水平钢筋在里侧、竖向钢筋在外侧的布筋方式；

3）当以扶壁柱等竖向构件作为挡土墙的支承点时，挡土墙的配筋方式与剪力墙相同，采用水平钢筋在外侧、竖向钢筋在里侧的布筋方式。

参 考 文 献

[1] 中华人民共和国国家标准. 建筑抗震设计规范 GB 50011—2010. 北京：中国建筑工业出版社，2001
[2] 中国工程建设标准化协会标准. 钢筋混凝土连续梁和框架考虑内力重分布设计规程 CECS 51—93. 北京：中国计划出版社，1994
[3] 中国工程建设标准化协会标准. CECS 190—2005. 给水排水工程埋地玻璃纤维增强塑料夹砂管管道结构设计规程. 北京：中国建筑工业出版社，2005
[4] 全国民用建筑工程设计技术措施（结构）. 北京：中国计划出版社，2003
[5] 华南工学院等四校合编. 地基及基础. 北京：中国建筑工业出版社，1981
[6] 龚思礼主编. 建筑抗震设计手册（第二版）. 北京：中国建筑工业出版社，2002
[7] 邹仲康，莫沛锵. 建筑结构常用疑难设计. 长沙：湖南大学出版社，1987
[8] 理正工具箱.
[9] 朱炳寅，陈富生. 建筑结构设计新规范综合应用手册（第二版）. 北京：中国建筑工业出版社，2004
[10] 朱炳寅. 建筑结构设计规范应用图解手册. 北京：中国建筑工业出版社，2005

附　　录

附录 A　地震安全性评价管理条例

地震安全性评价管理条例

（中华人民共和国国务院第 323 号令　2001 年 11 月 26 日）

第一章　总　　则

第一条　为了加强对地震安全性评性的管理，防御与减轻地震灾害，保护人民生命和财产安全，根据《中华人民共和国防震减灾法》的有关规定，制定本条例。

第二条　在中华人民共和国境内从事地震安全性评价活动，必须遵守本条例。

第三条　新建、扩建、改建建设工程，依照《中华人民共和国防震减灾法》和本条例的规定，需要进行地震安全性评价的，必须严格执行国家地震安全性评价的技术规范，确保地震安全性评价的质量。

第四条　国务院地震工作主管部门负责全国的地震安全性评价的监督管理工作。

县级以上地方人民政府负责管理地震工作的部门或者机构负责本行政区域内的地震安全性评价的监督管理工作。

第五条　国家鼓励、扶持有关地震安全性评价的科技研究，推广应用先进的科技成果，提高地震安全性评价的科技水平。

第二章　地震安全性评价单位的资质

第六条　国家对从事地震安全性评价的单位实行资质管理制度。

从事地震安全性评价的单位必须取得地震安全性评价资质证书，方可进行地震安全性评价。

第七条　从事地震安全性评价的单位具备下列条件，方可向国务院地震工作主管部门或者省、自治区、直辖市人民政府负责管理地震工作的部门或者机构申请领取地震安全性评价资质证书：

（一）有与从事地震安全性评价相适应的地震学、地震地质学、工程地震学方面的专业技术人员；

（二）有从事地震安全性评价的技术条件。

第八条　国务院地震工作主管部门或者省、自治区、直辖市人民政府负责管理地震工作的部门或者机构，应当自收到地震安全性评价资质申请书之日起 30 日内作出审查决定。对符合条件的，颁发地震安全性评价资质证书；对不符合条件的，应当及时书面通知申请单位并说明理由。

第九条　地震安全性评价单位应当在其资质许可的范围内承揽地震安全性评价业务。

禁止地震安全性评价单位超越其资质许可的范围或者以其他地震安全性评价单位的名

义承揽地震安全性评价业务。禁止地震安全性评价单位允许其他单位以本单位的名义承揽地震安全性评价业务。

第十条　地震安全性评价资质证书的式样，由国务院地震工作主管部门统一规定。

第三章　地震安全性评价的范围和要求

第十一条　下列建设工程必须进行地震安全性评价：

（一）国家重大建设工程；

（二）受地震破坏后可能引发水灾、火灾、爆炸、剧毒或者强腐蚀性物质大量泄露或者其他严重次生灾害的建设工程，包括水库大坝、堤防和贮油、贮气、贮存易燃易爆、剧毒或者强腐蚀性物质的设施以及其他可能发生严重次生灾害的建设工程；

（三）受地震破坏后可能引发放射性污染的核电站和核设施建设工程；

（四）省、自治区、直辖市认为对本行政区域有重大价值或者有重大影响的其他建设工程。

第十二条　建设单位应当将建设工程的地震安全性评价业务委托给具有相应资质的地震安全性评价单位。

第十三条　建设单位应当与地震安全性评价单位订立书面合同，明确双方的权利和义务。

第十四条　地震安全性评价单位对建设工程进行地震安全性评价后，应当编制该建设工程的地震安全性评价报告。

地震安全性评价报告应当包括下列内容：

（一）工程概况和地震安全性评价的技术要求；

（二）地震活动环境评价；

（三）地震地质构造评价；

（四）设防烈度或者设计地震动参数；

（五）地震地质火害评价；

（六）其他有关技术资料。

第十五条　建设单位应当将地震安全性评价报告报送国务院地震工作主管部门或者省、自治区、直辖市人民政府负责管理地震工作的部门或者机构审定。

第四章　地震安全性评价报告的审定

第十六条　国务院地震工作主管部门负责下列地震安全性评价报告的审定：

（一）国家重大建设工程；

（二）跨省、自治区、直辖市行政区域的建设工程；

（三）核电站和核设施建设工程。

省、自治区、直辖市人民政府负责管理地震工作的部门或者机构负责除前款规定以外的建设工程地震安全性评价报告的审定。

第十七条　国务院地震工作主管部门和省、自治区、直辖市人民政府负责管理地震工作的部门或者机构，应当自收到地震安全性评价报告之日起15日内进行审定，确定建设工程的抗震设防要求。

第十八条　国务院地震工作主管部门或者省、自治区、直辖市人民政府负责管理地震工作的部门或者机构，在确定建设工程抗震设防要求后，应当以书面形式通知建设单位，并告知建设工程所在地的市、县人民政府负责管理地震工作的部门或者机构。

省、自治区、直辖市人民政府负责管理地震工作的部门或者机构应当将其确定的建设工程抗震设防要求报国务院地震工作主管部门备案。

第五章　监督管理

第十九条　县级以上人民政府负责项目审批的部门，应当将抗震设防要求纳入建设工程可行性研究报告的审查内容。对可行性研究报告中未包含抗震设防要求的项目，不予批准。

第二十条　国务院建设行政主管部门和国务院铁路、交通、民用航空、水利和其他有关专业主管部门制定的抗震设计规范，应当明确规定按照抗震设防要求进行抗震设计的方法和措施。

第二十一条　建设工程设计单位应当按照抗震设防要求和抗震设计规范，进行抗震设计。

第二十二条　国务院地震工作主管部门和县级以上地方人民政府负责管理地震工作的部门或者机构，应当会同有关专业主管部门，加强对地震安全性评价工作的监督检查。

第六章　罚　则

第二十三条　违反本条例的规定，未取得地震安全性评价资质证书的单位承揽地震安全性评价业务的，由国务院地震工作主管部门或者县级以上地方人民政府负责管理地震工作的部门或者机构依据职权，责令改正，没收违法所得，并处 1 万元以上 5 万元以下的罚款。

第二十四条　违反本条例的规定，地震安全性评价单位有下列行为之一的，由国务院地震工作主管部门或者县级以上地方人民政府负责管理地震工作的部门或者机构依据职权，责令改正，没收违法所得，并处 1 万元以上 5 万元以下的罚款；情节严重的，由颁发资质证书的部门或者机构吊销资质证书：

（一）超越其资质许可的范围承揽地震安全性评价业务的；

（二）以其他地震安全性评价单位的名义承揽地震安全性评价业务的；

（三）允许其他单位以本单位名义承揽地震安全性评价业务的。

第二十五条　违反本条例的规定，国务院地震工作主管部门或者省、自治区、直辖市人民政府负责管理地震工作的部门或者机构向不符合条件的单位颁发地震安全性评价资质证书和审定地震安全性评价报告，国务院地震工作主管部门或者县级以上地方人民政府负责管理地震工作的部门或者机构不履行监督管理职责，或者发现违法行为不予查处，致使公共财产、国家和人民利益遭受重大损失的，依法追究有关责任人的刑事责任；没有造成严重后果，尚不构成犯罪的，对部门或者机构负有责任的主管人员和其他直接责任人员给予降级或者撤职的行政处分。

第七章　附　则

第二十六条　本条例自 2002 年 1 月 1 日起施行。

附录B　北京市建设工程抗震设防要求和地震安全性评价监督管理工作有关规定（暂行）

（京震发抗［2003］1号）及补充规定（京震发抗［2003］14号）

北京市建设工程抗震设防要求和地震安全性评价监督管理工作有关规定（暂行）的补充规定

根据我局《关于印发〈北京市建设工程抗震设防要求和地震安全性评价监督管理工作有关规定（暂行）〉的通知》（京震发抗（2003）1号）文件的执行情况，为适应和满足首都城市建设、经济发展和城市综合防震减灾工作的需要，现对本规定中第四条"高层、超高层建筑抗震设防地震风险水平的确定"补充规定如下：

一、建筑高度在 80m 以上（包括 80m）的高层、超高层建筑工程，抗震设防地震的风险水平在地震安全性评价报告中均应给出以下三组不同年限的设计地震动参数：

1. 50 年期限超越概率为 63%、10% 和 3%～2% 条件下的设计地震动参数；

2. 获取土地使用权年限超越概率为 63%、10% 和 3%～2% 条件下的设计地震动参数；

3. 100 年期限超越概率为 63%、10% 和 3% 条件下的设计地震动参数。

上述设计地震动参数可作为批复抗震设防要求的参照依据。抗震设防要求原则上按设计使用年限（其取值也可参照获取土地使用权年限，设计使用年限不足 50 年的取 50 年）对应的设计地震动参数采用。当建设方有要求或者地震环境特别不利，或根据建筑物重要性可按 100 年期限或大于 50 年期限所对应的设计地震动参数采用。

二、抗震设防要求与抗震设计规范的衔接问题

建筑结构必须按照抗震设防要求和抗震设计规范进行抗震设计，目标是在设防的地震风险水平下，结构具备要求的抗震能力，以确保建设工程在抗御相应的地震袭击时仍具有一定的建筑功能和使用功能，保证人民生命和财产的安全。

在依据抗震设防要求和抗震设计相关的规范标准进行设计时，直接使用管理地震工作的部门批复的地震安全性评价结果进行抗震设计，或按照抗震设计技术规范标准进行抗震设计，达到或满足相应抗震设防地震风险水平下的抗震设防要求。

三、建设工程抗震设防要求的明示问题

明示建设工程抗震设防要求是对城市长远规划与经济建设、人民生命与财产安全、工程建设与设计部门负责。设计施工图件和说明中应注明设计使用年限与抗震设防要求，建设方有义务介绍建筑抗震设防要求，有利于逐步提高社会公众对建设工程抗震防灾和综合防震减灾的意识，保障抗震设防要求的贯彻落实。

本补充规定自发布之日起执行。行政区域内不良记录的准确性负责。

第十六条　省、自治区、直辖市建设行政主管部门，应定期在媒体上公布本行政区域内的不良记录。

市（地）建设行政主管部门也可定期在媒体上公布本行政区域内的不良记录。

第十七条　建设行政主管部门或其委托的工程质量监督机构，应将不良记录备案中所涉及的在建房屋建筑和市政基础设施工程的质量状况予以公布。

第十八条　不良记录通过有关工程建设信息网公布的，公布的保留时间不少于 6 个月，需要撤销公布记录的须经原公布机关批准。

第十九条　各地建设行政主管部门要高度重视不良记录管理工作，明确分管领导和承办机构、人员及职责。对在工作中玩忽职守的，应进行查处并给与相应的行政处分。

第二十条　省、自治区、直辖市建设行政主管部门可根据本办法制定实施细则。

第二十一条　本办法自 2003 年 7 月 1 日起施行。

北京市地震局关于印发《北京市建设工程抗震设防要求和地震安全性评价监督管理工作有关规定（暂行）的补充规定》的通知

京震发抗〔2003〕14 号

各区、县人民政府地震工作管理部门，市各有关单位及中央在京有关单位：

我局于 2003 年 1 月 2 日下发了《北京市建设工程抗震设防要求和地震安全性评价监

督管理工作有关规定（暂行)》（京震发抗［2003］1 号）文件，为适应和满足首都城市建设、经济发展和城市综合防震减灾工作的需要，现对规定中第四条"高层，超高层建筑抗震设防地震风险水平的确定"做出补充规定，现将《〈北京市建设工程抗震设防要求和地震安全性评价监督管理工作有关规定（暂行)的补充规定》印发给你们，请遵照执行。

二〇〇三年六月十八日

附录 C　地基载荷试验要点

地基载荷试验要点 表 C.1

序　号	名　称	项　目		主　要　内　容	备　注
1	浅层平板载荷试验	实验目的		确定浅部地基土层的承压板下应力主要影响范围内的承载力	《地基规范》附录 C
		承压板面积	软土	不应小于 0.5m²	
			其他	不应小于 0.25m²	
		试验基坑宽度		不应小于承压板宽度或直径的 3 倍	
		土层保护		应保持试验土层的原状结构和天然湿度	
				宜在拟试压表面用粗砂或中砂层找平，其厚度不超过 20mm	
		加载要求	加载分级	不应少于 8 级	
			最大加载量	不应小于设计要求的 2 倍	
		承载力特征值的确定	当 p-s 曲线上有比例界限时	取该比例界限所对应的荷载值	
			当极限荷载小于对应比例界限的荷载值的 2 倍时	取极限荷载值的 1/2	
			当不能按上述要求确定时	当压板面积为 0.25～0.5m² 时，取 s/b=0.01～0.015 所对应的荷载值，但其值不应大于最大加载量的 1/2	
			当试验实测值的极差不超过其平均值的 30% 时	取此平均值作为该土层的地基承载力特征值 f_{ak}	
		试验点数		同一土层参加统计的试验点不应少于 3 点	
2	深层平板载荷试验	适用范围		确定深部地基土层及大直径桩桩端土层在承压板下应力主要影响范围内的承载力	《地基规范》附录 D
		承压板要求		采用直径 0.8m 的刚性板	
		试验基坑要求		紧靠承压板周围外侧的土层高度应≥80cm	
		加载等级		按预估极限承载力的 1/10～1/15 分级施加	
		承载力特征值的确定	当 p-s 曲线上有比例界限时	取该比例界限所对应的荷载值	
			满足终止加载条件时	其对应的前一级荷载为极限荷载	
			当极限荷载值小于对应比例界限的荷载值的 2 倍时	取极限荷载值的 1/2	
			当不能按上述要求确定时	取 s/b=0.01～0.015 所对应的荷载值，但其值不应大于最大加载量的 1/2	
			当试验实测值的极差不超过其平均值的 30% 时	取此平均值作为该土层的地基承载力特征值 f_{ak}	
			试验点数	同一土层参加统计的试验点不应少于 3 点	

序号	名　称	项　目	主　要　内　容		备　注
3	岩基载荷试验	适用范围	确定岩石地基(作为天然地基或桩基持力层)的承载力		《地基规范》附录 H
		承压板要求	直径为 300mm 的圆形刚性板		
			当岩石埋藏深度较大时	可采用钢筋混凝土桩,但桩周需要采取措施以消除桩身与土之间的摩擦力	
		加载要求	第一级加载值	为预估设计荷载的 1/5	
			以后每级加载值	为预估设计荷载的 1/10	
		岩石地基承载力的确定	对应于 p-s 曲线上起始直线段的终点为比例极限	将极限荷载 1/3 与对应于比例界限的荷载值相比,取小值	
			符合终止加载条件的前一级荷载为极限荷载		
			每个场地的载荷试验数量应≥3 个	取最小值作为岩石地基承载力特征值	
			岩石地基承载力不进行深宽修正		
4	岩石单轴抗压强度试验	适用范围	确定完整、较完整、较破碎的岩石地基承载力特征值		《地基规范》附录 J
		试件要求	可用钻孔的岩心或坑深、槽探中采取的岩块		
			试件尺寸	ϕ50mm×100mm	
			试件数量	≥6 个,并进行饱和处理	
		单轴抗压强度	根据统计试样的试验值计算其平均值、标准差、变异系数,计算岩石饱和单轴抗压强度的标准值 f_{rk}		
		岩石地基承载力的确定	根据 f_{rk} 按公式(2.2.3)计算		
5	标准贯入试验	主要设备(图 C.1)	标准贯入器		广东《地基规范》附录 L
			触探杆	一般为直径 42mm 的钻杆	
			穿心锤	重 63.5kg	
		试验要求	先用钻具钻至土层标高以上 15cm 处,以免下层土受扰动		
			贯入前,应检查触探杆的接头,不得松脱		
			贯入时,穿心锤落距为 76cm,使其自由下落,将贯入器打入土层中 15cm。记录再打入 30cm 的锤击数,即为实测击数 N'		
		使用要求	确定地基承载力特征值的经验值时	宜采用经修正的 N 值,$N=\alpha N'$	
			当判别砂土液化和砂土的密实度时	宜用实测的 N' 值	
		试验目的	根据已有的经验关系,从 N 值间接求得地基土的各项物理力学性指标以及地基的承载力等		
6	轻便触探试验	适用范围	本试验可用于贯入深度小于 4m 的土层		广东《地基规范》附录 L
		主要设备(图 C.2)	探头		
			触探杆	直径 25mm 的金属管,每根长 1.0~1.5m	
			穿心锤	重 10kg	
		试验要求	用轻便钻具钻至土层标高后,对所需试验的土层连续触探		
			试验时,穿心锤落距为 50cm,应使其自由下落,将探头竖直打入土层中,每打入 30cm 的锤击数为 N_{10}		
			若需要描述土层时,可将触探杆换成轻便钻头,进行取样		

续表

序　号	名　　称	项　目	主　要　内　容	备　注
7	十字板剪切试验	试验目的	测定饱和软黏土（$\varphi_u \approx 0$）的不排水抗剪强度和灵敏度	广东《地基规范》附录L
		试验原理	将十字板插入钻孔内的软土层中，并对十字板匀速施加扭转力矩，根据土体剪损时的抵抗力矩，求得土的抗剪强度	
		试验要求	十字板头形状宜为矩形，径高比1：2，板厚宜为2～3mm	
			十字板头插入钻孔底的深度不应小于钻孔或套管直径的3～5倍	
			为测定软黏土不排水抗剪强度随深度的变化，试验点竖向间距可取1m	
			十字板剪切试验抗剪强度的测定精度应达到1～2kPa	
		试验成果分析	计算软黏土的不排水抗剪强度峰值、残余值和灵敏度	
			绘制不排水抗剪强度峰值和残余值随深度的变化曲线，需要时绘制抗剪强度与扭转角度的关系曲线	
			根据土层条件及地区经验，对不排水抗剪强度进行修正	
			计算地基承载力，桩的极限端承力和摩擦力	
			确定软土地区路基、海堤、码头、土坝的临界高度	
			判定软土的固结历史	
8	重型动力触探试验	主要设备	主要由触探头（图C.3）、触探杆及穿心锤三部分组成	广东《地基规范》附录L
		试验要求	贯入前，触探架应安装稳定，保持触探孔垂直	
			试验时，穿心锤应自由下落并宜连续贯入，锤击速率宜15～30击/min	
			当土层较密实（5击贯入量小于10cm）时，可直接记读每贯入10cm所需的锤击数 $N'_{63.5}$	
			其他情况时，记录一阵击的贯入量及相应锤击数，经换算得每贯入10cm所需的锤击数 $N'_{63.5}$	
		试验成果分析	对于砂土和松散～中密的圆砾、卵石，触探深度在1～15m的范围内时，可不考虑侧壁摩擦的影响	
			当触探杆长度大于2时，应进行校正	

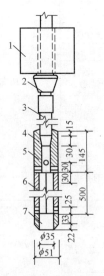
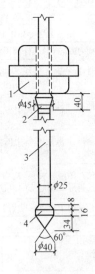
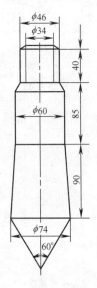

图C.1　标准贯入试验设备
单位（mm）
1—穿心锤；2—锤垫；3—触探杆；
4—贯入器头；5—出水孔；6—由两个
半圆形管合成之贯入器身；7—贯入器靴

图C.2　轻便触探试验设备
单位（mm）
1—穿心锤；2—锤垫；
3—触探杆；4—探头

图C.3　重型动力触探探头